光合生物制氢理论与技术

张全国 等 著

科学出版社

北京

内 容 简 介

本书比较全面地从理论上和技术上解答了光合生物制氢研究过程中常见的问题。书中分别对光合生物制氢过程中的菌种选育、原料预处理、制氢工艺优化、反应器设计及其研发等进行了阐述。第 1 章详细列举了国内外专家学者对该领域各问题的研究进展，指出本书工作开展的重要性。高效光合产氢菌种的选育和光合细菌连续培养系统的研发在第 2 章中进行了详细的描述。第 3 章则是对产氢过程中的产氢基质、光源、金属离子、反应器形态等对光合生物制氢过程的影响进行了阐释与工艺优化技术整合。第 4 章是对光合生物制氢过程中产氢原料预处理科学与技术问题的阐述，探讨了不同预处理方式对产氢原料产氢潜力的影响。第 5 章对课题组自主研发和改进的光合生物制氢系统进行了介绍。

本书可供可再生能源领域相关研究人员和工程技术人员，以及高等院校有关专业的本科生、研究生参考。

图书在版编目(CIP)数据

光合生物制氢理论与技术/张全国等著. —北京：科学出版社，2016

ISBN 978-7-03-049801-4

Ⅰ.①光… Ⅱ.①张… Ⅲ.①光合细菌－应用－制氢－研究 Ⅳ.①TE624.4

中国版本图书馆 CIP 数据核字（2016）第 210850 号

责任编辑：吴卓晶 / 责任校对：马英菊
责任印制：吕春珉 / 封面设计：北京睿宸弘文文化传播有限公司

科 学 出 版 社 出版
北京东黄城根北街 16 号
邮政编码：100717
http://www.sciencep.com

北京京华虎彩印刷有限公司 印刷
科学出版社发行 各地新华书店经销

*

2016 年 10 月第 一 版 开本：B5 （720×1000）
2017 年 9 月第二次印刷 印张：32 1/2 插页：4
字数：650 000

定价：199.00 元
（如有印装质量问题，我社负责调换〈京华虎彩〉）
销售部电话 010-62136230 编辑部电话 010-62137026（BN12）

序

在新能源发展日新月异的今天，氢能作为清洁零污染的高能量密度能源，得到了越来越多的重视。氢能利用技术的开发，也助力了氢能经济的到来。利用高效光合产氢细菌进行的光合生物制氢，是诸多制氢方式中最为节能环保的一种制氢手段，其可利用多种废弃生物质资源，且原料转化率高，并可与暗发酵生物制氢等结合，实现终端产物的再利用。因此，对光合生物制氢科学与技术开展研究，是缓解能源危机、保护生态环境的有效途径之一。

张全国教授是我国农村可再生能源领域的领军人物，几十年间一直致力于可再生能源的研发，是可再生能源和工程热物理领域教学和科研的老教授之一。他在该领域的教学和科研实践中积累了丰富的心得和体会，指导了数十位可再生能源领域的博士后、博士研究生及硕士研究生等。他在光合生物制氢领域取得了多项令人瞩目的科研成果，并应邀前往国内外著名高校进行访问及学术交流，其对我国光合生物制氢科学技术的发展功不可没。近几年，他集合了他以及团队成员在光合生物制氢理论与技术研究方面所取得的学术成果，撰写了这本专著。书中描述了其在高效光合产氢菌种选育、产氢原料预处理、制氢工艺优化、制氢系统研发等领域的分析与研究。

本人有幸能先睹此书全稿，感到此书内容丰富、编排合理，以生物发酵及可再生能源研究过程的工艺过程前后为序，逐章描述了生物制氢过程各环节的关键问题、研究手段及取得的成果。同时在撰写过程中，尽力考量了上下文联系，即先阐明各环节的重要性及关键作用，然后再介绍有关的科研手段及实验方法，最后对各实验操作过程及结果分析进行了详细的阐述。本书包含了其团队 10 年间的研究心血，本人认为本书不仅可以作为可再生能源领域相关专业研究生的参考书籍，为其思路拓展及合理的实验设计提供帮助，同时也可供从事此方面工作的科研人员和技术人员参阅。本书的出版，弥补了我国光合生物制氢领域学术专著的空白，具有重要的科研和实践意义。

中国工程院院士

中国科学院广州能源研究所

2016 年 3 月

前　言

　　氢能是公认的最具发展潜力的清洁能源，在低碳和零碳能源经济时代脱颖而出。探索高效低成本制取氢气的科学方法和途径已成为世界各国公认的研究热点，有力推动了常规能源制氢、光解水制氢、生物法制氢等科学技术的迅速发展。其中，生物法制氢因其不消耗常规能源、产氢底物多样、无二次污染等优势，得到了诸多学者广泛的关注。近年来，我国高度重视氢能科学技术的发展，制定出氢能科学技术发展路线图，并投入了大量的资金和人力资源用于资助氢能源的研究和开发，以摆脱遏制我国经济长期发展的能源短缺瓶颈，力争使其成为未来能源供应系统的支柱。

　　本书作者及其研究团队在国家"十五""十一五""十二五"计划期间连续主持承担了"863"计划、国家自然科学基金、教育部博士点基金等多项有关光合生物制氢理论与技术的研究课题，提出了较为系统的光合生物制氢理论与技术。本书凝结了作者及其 30 多位研究生过去十余年来在光合生物制氢领域所开展的科学研究进展和原创性成果，在国内外发表了百余篇学术论文，申请了近 20 项国家发明专利，建成了世界最大的太阳能光合生物连续制氢试验装置，其研究水平处于国际生物制氢科学领域的学术前沿。作者的研究涉及高效光合产氢细菌的选育、光合细菌生长及产氢基质的优化筛选、产氢原料的预处理工艺优化以及光合产氢系统的设备及装置研发等多个方面。本书是对光合生物制氢理论与技术研究成果的系统性总结和展示，内容覆盖了光合生物制氢理论与技术的方方面面，而不是对具体研究内容的列举。与常见的侧重知识性和技术性的书籍不同，本书是作者及其研究团队就光合生物制氢理论与技术方面出版的一本专著，体现了坚实的研究基础和显著的创新性。

　　全书共分 5 章，比较全面的从理论上和技术上解答了光合生物制氢研究过程中常见的科学与技术问题，对光合生物制氢过程中的菌种选育、原料预处理、制氢工艺优化、反应器及其装备研发等问题进行了阐述。第 1 章综述了国内外专家学者对光合生物制氢领域诸多问题的研究进展以及开展光合生物制氢理论与技术研究工作的重要性；第 2 章和第 3 章分别对高效光合产氢菌种的选育及产氢原料的预处理技术进行了详细的描述；第 4 章介绍了主要工艺参数对光合生物制氢过程的影响规律及其优化试验方法；第 5 章介绍了光合生物制氢系统及其运行试验结果。由于研究过程中，各个研究内容及研究方法不能截然分开，因此在本书撰写中存在个别内容互相交叉的情况。

　　本书第 1 章主要由荆艳艳博士负责编撰、第 2 章主要由王毅博士负责编撰、

第 3 章主要由贺超博士负责编撰、第 4 章主要由胡建军教授负责编撰、第 5 章主要由周雪花副教授负责编撰，张全国教授、张志萍博士对全书进行了编辑统稿和定稿。此外，参与本书撰写工作的还有周汝雁博士（上海海洋大学教授）、王素兰博士（郑州大学副教授）、师玉忠博士（河南科技学院教授）、岳建芝博士（河南农业大学副教授）、李刚博士（河南农业大学副教授）、杜金宇博士（河南牧业经济学院讲师）、李德峰博士（河南农业大学讲师）、张志萍博士（美国路易斯安娜州立大学访问学者）、蒋丹萍博士（美国俄亥俄州立大学访问学者）、王毅博士（北京林业大学博士生）、李亚丽硕士（北京城市学院教务处老师）、冯宜鹏硕士（中国科学院大学博士生）、杨晋晖硕士（郑州市二七区新型城镇化建设办公室科员）、申翔伟硕士（郑州文化路街道办事处科员）、韩滨旭硕士（睢县产业集聚区管委会科员）、安静硕士（河南油田工程咨询有限公司工程师）、陈蕾硕士（华为技术有限公司工程师）、朱艳艳硕士（河南中原环保有限公司工程师）、尤希凤博士（美国科罗拉多州立大学访问学者）、张川博士后（华北水利水电大学教师）、李鹏鹏硕士（河南职业技术学院副教授）、原玉丰硕士（新乡学院高级经济师）、曾凡硕士（郑州职业技术学院教师）、赫倚风硕士（上海交通大学博士生）、郭婕硕士（开封市鼓楼区农林局科员）、张军合硕士（河南科技学院副教授）、张丙学硕士（河南路贝卡节能技术有限公司工程师）、任晓硕士（郑州锅炉有限公司 工程师）等。农业部可再生能源新材料与装备重点实验室的博士研究生路朝阳、李亚猛以及硕士研究生孙堂磊、张洋、魏斌、孙亚飞、陈笑、张甜、刘会亮等也为本书的编撰工作付出了辛勤的劳动，在此一并表示感谢。

本书努力将光合生物制氢研究过程中遇到的科学问题进行系统的阐释，以便读者能够对著者及其研究团队的相关研究工作有清晰的了解，并为生物制氢科学领域的研究工作者或学生提供理论和技术上的帮助。对于书中存在的问题和疏漏，敬请有关同行专家和广大读者给予指正，我们愿与广大同仁开展进一步的探讨和合作，以期共同为推动生物制氢科学技术发展贡献力量。

张全国

2016 年 3 月

目　　录

1 绪　　论

1.1 氢　　能

能源是人类赖以生存和发展的重要物质基础。随着全球经济的迅猛发展，化石能源的大规模开发利用带来了严重的全球性环境问题，能源短缺、资源枯竭、环境恶化，人类的发展甚至生存受到前所未有的威胁。因 CO_2 大量排放造成的温室效应，导致了极端天气的增加，全球气候变暖。频频出现的雾霾天气也已经成为危害人类健康的重要因素之一。这一切不利因素的出现，都促使人类开始重视替代能源的开发和利用。从 1850～2150 年全球能源供应趋势图可以看到（见图 1.1），全球能源供应是由固体向液体，再向气体形式的逐渐转化，最终氢气将会成为全球能源供应的主要来源。氢能是人类能够从自然界获取的，储量最丰富且高效的合能体能源。

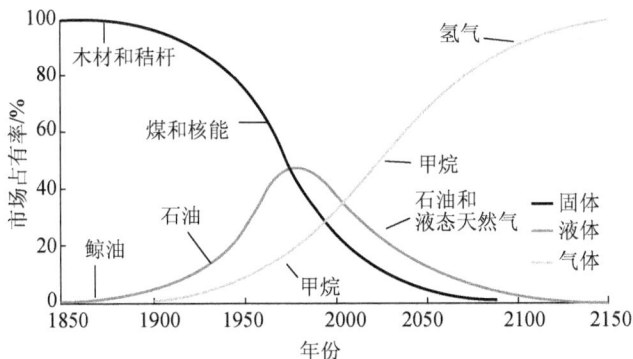

图 1.1　1850～2150 年全球能源供应趋势
Fig. 1.1　Trend of energy supply in the world from 1850 to 2150

路锦程在中国能源发展面临的挑战及应对措施探讨中指出以氢的规模制备和高效利用为标志的氢经济的出现为我国解决日趋严峻的能源短缺、环境污染等问题提供了一种全新的战略选择。对于氢能的开发和利用将是今后能源发展的关键。

氢能清洁无污染、能量密度高、可再生和应用形式多，是一种理想的能源载体，而被能源界公认为最理想的化石燃料的替代能源。氢能的主要特点为：①氢是最洁净的燃料。氢作为燃料使用，其最突出的优点是与氧反应后生成的是水，不会像化石燃料那样产生诸如一氧化碳、二氧化碳、碳氢化合物、硫化物和粉尘颗粒等对环境有害的污染物质，因此它是最洁净的燃料。氢在空气中燃烧时可能产生少量的氮化氢，经过适当处理也不会污染环境，而通过燃料电池转换为电能则完全转化为洁净的水，而且生成的水还可继续制氢，反复循环使用，氢能的利用将使人类彻底消除对温室气体排放造成全球变暖的担忧。②氢能的效率高。由于热力学第二定律的作用，所有将燃料的化学能转化为机械能的热机都伴随着一定比例的冷源损失，目前效率最高的火力发电厂的能源转化效率只不过在40%左右，内燃机的效率一般不超过30%。一百多年以来，科学家们一直在寻找不受热力学第二定律限制的能源转换方式，燃料电池就是其中一种。理论上燃料电池可以使用多种气体燃料，但目前真正技术上取得突破的只有氢气，这使得氢能成为目前转换效率最高的能源。目前燃料电池的转换效率为60%～70%，还有继续提高的潜力。③氢是可储存的二次能源。二次能源可以分成两类，一类是电力、热力等基本不可储存携带的能源，另一类是汽油、柴油等可以储存携带的能源，两类能源是不能互相替代的。电能可从各种一次能源中生产出来，例如煤炭、石油、天然气、太阳能、风能、水力、潮汐能、地热能、核燃料等均可直接生产电能。而汽油、柴油等则几乎完全依靠石油资源。随着经济的发展，人们需要越来越多的旅行，物资需要越来越快的运输，快速便捷的交通工具是现代文明的象征，在这些交通工具上，只能使用可储存携带的二次能源。清洁可再生的高能量密度的氢能源将得到越来越多的重视。

1.2　制氢技术的分类及特点

氢气的生产有常规制氢方法和生物法两种途径，常规的制氢方法主要有水电解法制氢、矿物燃料制氢、生物质制氢、其他含氢物质制氢以及化学法制氢等。①电解水制氢：已经是比较成熟的一种传统制氢方法，也是国内外广泛采用的制氢方法，水为原料制氢过程是氢与氧燃烧生成水的逆过程，因此只要提供一定形式的能量，则可使水分解。该法制得的氢纯度高，工艺过程简单，无污染，但电解水制氢能耗较高，一般生产每立方米氢气电耗为4.5～5.5kW·h，制氢效率低且消耗大量电能等决定了电解水制氢的生产成本高等缺点，并不能真正解决目前的能源危机和环境污染等问题。②矿物燃料制氢：以矿物燃料（主要为煤、石油及天然气为原料）制取氢气是当今制取氢气最主要的方法，制得的氢气主要作为化工原料（如生产合成甲醇、合成氨等）。用矿物燃料制氢的方法包括含氢气体的制造、气体中CO组分变换反应及氢气提纯等步骤，该方法在我国都具有成熟的工艺，并建有工业生产装置。③生物质热化学转换制氢：是指通过热化学方式将生物质转化为富含氢的可燃气，然后通过气体分离得到纯氢。某些技术路线与煤气化制氢相似，但生物质的硫含量和灰分含量较低，氢含量高，比矿物燃料更适用于热化学转换工艺。④其他含氢物质制氢：国外曾研究从硫化氢中制取氢气，我国也有丰富的 H₂S 资源，从硫化氢中制取氢有各种方法，我国在 90 年代开展了多方面的研究，如石油大学进行了"间接电解法双反应系统制取氢气与硫黄的研究"，中国科学院感光研究所等单位也进行了"多相光催化分解硫化氢的研究"及"微波等离子体分解硫化氢制氢的研究"等，取得了一定进展。⑤化学法制氢：已经作为比较成熟的技术应用于大规模的工业化生产，目前大约 90% 的氢气是由天然气或由轻油高温裂解、重油氧化、煤气化、热化学循环等化学生产法生产。由于化学生产法均以消耗矿物能源为代价，生产过程中不可避免造成对环境的污染，而且除电解法外均需在高温、高压或强酸强碱的条件下进行，反应条件苛刻，成本很高。因此同样不能从根本上解决能源和环境污染问题，不适应社会发展的要求。⑥生物法制氢：生物法制氢是指通过微生物的作用将有机质分解制取富含氢的气体，然后通过气体分离得到纯氢。生物法制氢，具备制氢过程清洁无污染、不需要消耗矿物资源等突出优点。所用原料为有机废水、城市垃圾或者工农业废弃物等生物质原料，且在常温、常压和接近中性的温和条件下即可进行产氢反应。产氢底物来源丰富，制氢成本较低。生物法制氢，既实现了废弃物资源化利用，降低了环境污染，又提供了清洁的氢能源，缓解了能源危机，因此生物制氢技术受到各国科学家的广泛重视。与传统的物理化学方法相比，生物制氢利用某些微生物代谢过程来生产氢气的一项生物工程技术，作为一种发展前景广阔的环境友好型制氢新方法，利用生物方法进行氢气生产越来越受到人们的关注。

生物制氢技术的特点及分类如下。

1.2.1.1 生物制氢技术的特点

生物制氢技术是产氢微生物通过光能或发酵途径，在常温常压的水溶液中以自然界中的有机化合物为底物，进行催化产氢的过程，与需要提供高温或高压环境的化学法或电化学法等常规制氢方法相比，具有以下特点：①反应条件温和。氢气产出是源于产氢微生物自身的新陈代谢，不需要提供高温高压，在接近中性的环境下便可进行，能耗低，且适合于在生物质或废弃物资源丰富的地区建立小规模制氢车间，输运环节的节省，一定程度上降低了制氢成本。②可利用多种可再生碳水化合物为产氢底物，如各种工农业废弃物和有机废水，有效地将能源产出、废弃物再利用和污染治理等结合，在实现废弃物资源化利用的同时，削减了制氢成本。对农林废弃生物质资源和能源作物的利用开发，能显著提高生物能源的产量。③制氢工艺多样，包括：利用绿藻和蓝藻等进行的直接和间接光解水反应；厌氧细菌黑暗环境中的发酵有机物制氢；光合细菌在光照下利用有机物代谢产氢等。

1.2.1.2 生物制氢技术的分类

1）光解水制氢

蓝细菌和绿藻的产氢属于光解水制氢，它们是在厌氧条件下，通过光合作用分解水产生氢气和氧气，所以通常也称为光分解水产氢途径。其作用机理和绿色植物光合作用机理相似。这一光合系统中，具有两个独立但协调起作用的光合作用中心，为接收太阳能分解水产生 H^+、电子和 O_2 的光合系统 II（PS II）以及产生还原剂用来固定 CO_2 的光合系统 I（PS I）。PS II 产生的电子，由铁氧化还原蛋白携带经由 PS II 和 PS I 到达产氢酶，H^+ 在产氢酶的催化作用下在一定的条件下形成 H_2。产氢酶是所有生物产氢的关键因素，绿色植物由于没有产氢酶，所以不能产生氢气，这是藻类和绿色植物光合作用过程的重要区别所在，因此除氢气的形成外，绿色植物的光合作用规律和研究结论可以用于藻类新陈代谢过程分析。Benemann 研究了绿藻的混合产氢途径，采用开放池塘培养绿藻使其固定 CO_2 储存碳水化合物（绿藻的生物质），然后将培养好的绿藻转入黑暗、密闭的厌氧发酵容器中进行氢气生产。Belkin 等分离到 *Chromatium* SP. Miami PBS1071，对其研究发现它是他们见到的繁殖速度最快的海洋光合微藻，其倍增时间仅为 1.75h，研究发现它不能利用碳水化合物，但能利用其他多种碳源和氮源进行生长繁殖。Sasikala 等研究了 *Rhodobacter sphaeroides* O.U.001 的生长阶段、产氢基质 pH 以及谷氨酸含量与产氢速率之间的关系，结果表明菌种生长的静止期对产氢有利，pH 以及谷氨酸含量对产氢速率和氢气产量有较大影响，同时还研究了光照度和细胞生长速度及产氢量之间的关系，结果表明，高光照度不会抑制细胞生长和产氢，这与绿藻生长和产氢会受到强光的抑制不同。许多研究表明，藻类产生 H_2 的同时产生 O_2 是其不能连续产氢的主要障碍，因为产氢酶对氧气极其敏感，而氢气吸收酶的活性不受 O_2 的影响。Lee 等研究发现，绿藻可能比蓝细菌具有更高的产氢效率，因为蓝细菌的氮酶需要生物体的能量载体三磷酸腺苷（ATP）参与才能起作用。光解水制氢存在很多优点，如只需要水为原料、太阳能转化效率比树和作物高 10 倍左右、有两个光合系统等，但也有很多缺点，如不能利用有机物、不能利用有机废弃物、需要光照、需要克服氧气的抑制效应、光转化效率低，最大理论转化效率为 10%、复杂的光合系统产氢需要克服的自由能较高等，从而影响了光解水生物产氢技术的发展。

2）厌氧暗发酵有机物制氢

厌氧暗发酵有机物制氢是通过厌氧微生物可在黑暗条件下将有机物降解制取氢气。许多厌氧微生物在氮化酶或氢化酶的作用下能将多种底物分解而得到氢气。这些底物包括：甲酸、丙酮酸、CO 和各种短链脂肪酸等有机物、硫化物、淀粉、纤维素等糖类。这些物质广泛存在于工农业生产的高浓度有机废水和人畜粪便中，利用这些废弃物制取氢气，在得到能源的同时还会起到保护环境的作用。目前厌氧微生物对废水中有机物的转化效率还比较低。许多国家的科学家对厌氧发酵有机物制氢的过程开展了研究，在菌种选育、驯化和反应器结构方面进行了较多的工作。Bagai 等研究了三株厌氧发酵细菌混合连续产氢时氮源对氢气产量的影响，结果发现向产氢基质间歇性地添加氮源是保证细胞活性的必要条件，定期添加氮源增加了氢气产量。Zhu 等用琼脂固定 *Rhodobacter spharoides*，利用豆腐加工厂废水产氢，得出最大产氢速率为 2.1L/（h·min）。Singh 等进行了高温产氢光合细菌的筛选，从三种水生植物中分离到 4 株光合细菌，根据细胞形态和染色分析，鉴定为 *Rhodopseudomonas Sp.* 分别记为 BHU1-4，研究表明其中 BH1 和 BH4 两株菌在印度赤道高温天气下具有较好的产氢效果。Tanisho 等研究了 *Enterobacter aerogenes* 产氢的工艺条件，发现不断排出液相中的 CO_2 对产氢有促进作用，产氢基质的 pH 对产氢量有显著影响，pH 为 7 时该菌生长最快。Kumar 等研究了用木屑固定 *Enterobacter cloacae* 进行产氢实验，稀释速率为 0.93/h 时的产氢速率为 44mmoL/h。Sasikala 等研究了红球菌利用乳酸发酵厂废水间歇和连续产氢，结果发现乳酸废液是很好的产氢基质。Rousset 等研究发现当将 *Plectinema boryanum* 从含氮有氧培养基转入微氧或厌氧的无氮培养基中时有氢气产生。Banerjee 等研究表明 NH_4Cl 和 KNO_3 的混合氮源能促进 *Azolla Anabaena* 产氢。哈尔滨工业大学较早开展了厌氧法生物制氢技术的研究，以有机废水为原料，利用驯化厌氧微生物菌群的产酸发酵作用生产氢气，形成了集生物制氢和高浓度有机废水处理为一体的综合工艺，取得了阶段性研究成果。研究表明，利用两相厌氧处理工艺的产酸香通过厌氧发酵法从有机废水中制取氢气是可行的。该技术将生物制氢工艺和高浓度的有机废水处理相结合，在有效治理有机废水的同时可回收大量的氢气，具有很好的经济效益和环境效益。虽然厌氧细菌能够分解糖类产生氢气和有机酸，但对底物的分解不彻底，不能进一步分解所生成的有机酸而生产氢气，氢气产率较低。

3）光合细菌有机物制氢

光合细菌制氢是在一定光照条件下，通过光合微生物分解有机物产生氢气。普遍认为，光合细菌制氢很有发展前景。据美国太阳能研究中心估算，如果光能转化率能达到 10%，就可以同其他能源竞争。光合制氢与其他生物制氢技术相比具有只含有光合色素系统Ⅰ、不产生 O_2、工艺简单、可利用太阳能以及能量利用率高，光转化的理论效率可达 100%。光合细菌在光照条件下可利用多种小分子有机物作为产氢原料，它利用太阳光照的波谱范围较宽等优点，使得产氢需要克服的自由能较小（乙酸光合细菌产氢的自由能只有 $+8.5kJ/mol\ H_2$），终产物氢气组成可达 95% 以上，且产氢过程中也不产生对产氢酶有抑制作用的氧气，是一种最具发展潜力的生物制氢方法，因而得到了众多研究者的关注。有关光合制氢的最早报道，始于 1937 年 Nakamura 观察到的 PSB 在黑暗中释放氢气的现象。1949 年，Gest 和 Kamen 报道了深红螺菌（*Rhodospirilum*）在光照条件下的产氢现象，同时还发现了深红螺菌的光和固氮作用。但受到光转化效率、生物制氢途径等因素的制约，一直没有进行深入的研究。1973 年美国的能源危机促使了生物制氢应用性研究的进行。国内外光合制氢的研究主要包括：产氢机理、产氢工艺条件、产氢菌种、产氢工艺路线、产氢酶以及光转化效率和反应器等。Singh 等进行了高温产氢光合细菌的筛选，从三种水生植物中分离到 4 株光合细菌，根据细胞形态和染色分析，

鉴定为 *Rhodopseudomonas*SP.分别记为 BHU1－4，研究表明，BH1 和 BH4 两株菌在印度赤道高温天气下具有较好的产氢效果。山东大学微生物技术国家重点实验室[43]也对产氢光合细菌进行了一系列的研究工作，选用有机废水主要降解产物－乙酸为唯一氢供体，在自然生态环境条件下，利用紫色非硫细菌培养基，紫色硫细菌培养基和绿硫细菌培养基，从不同的水域环境中进行了产氢光合细菌的筛选。从影响太阳能转化效率主要因素出发，对分离纯化的 15 株光合细菌进行形态学特征的研究基础上，着重进行了最适生长温度、光合色素成分、利用硫化物能力和耐盐能力的测定。厦门大学龙敏南等研究了光合细菌的可溶性氢酶的理化性质及初级结构，中国科学院化学研究所马淑华、张小东等对红假单胞菌的光合反应中心电子传递的机理、结构以及结构与功能之间的关系进行了较为深入的研究。

近几年已有少数学者从提高光合细菌的光转化效率方面着手对光合生物制氢进行了实验研究，河南农业大学农业部可再生能源新材料与装备重点实验室利用猪粪污水等作为原料进行了高效光合细菌产氢菌群的筛选与培养，并对光合产氢菌群的产氢工艺条件、太阳能光合产氢细菌光谱耦合特性、不同产氢基质的产氢及产氢过程中的工程热物理等方面的问题都进行了深入研究，并取得了一些重要进展。

生物制氢的各种途径各有其优缺点及产氢特性，见表 1.1。

表 1.1   不同生物制氢途径的对比

Table 1.1   Comparison of different biohydrogen production methods

产氢工艺	产氢速率 /（mL·H₂ L⁻¹·h⁻¹）	产氢量 /%	优点	缺点	前景展望
生物光解水制氢	2.5～13[a]	≤0.1[b]	用之不尽的产氢基质（水）；完全的碳独立途径；产物单一，为氢气和氧气	产生 O₂，氢化酶会消耗 H₂；光合转化效率低；存在形成爆炸性混合气体的潜在危险；需要较大的表面积；反应器遮光，容积产气率较低	突变体的研究；固定化技术的引入；抗氧氢化酶的开发；材料科学技术的突破
光发酵制氢	12～83[c]	≤1[d]，80[e]	可利用多种废弃物资源；几乎可实现基质的全部转化；可利用暗发酵废液提取 H₂	需要光生化反应器；固氮酶产氢效率低；光合转化效率低；需要较大的表面积	代谢工程改良菌株性能；利用氢酶代替固氮酶；突变体的研究；材料科学技术的突破
暗发酵制氢	10×10³～15×10³	33[f]	可利用多种废弃物资源；反应器易操作，无须灭菌；固定化混合培养可得到较高产气量	产生大量的副产物；COD去除率较低；不同反应器间存在差异	对代谢限制因素进行代谢工程改良；两步法制氢系统能够产生更多能量，降低 COD

注：a 脱硫绿藻和蓝细菌

　　b 太阳光光能转化率

　　c 参考文献（Eroglu，1999）和（Kim，2006）

　　d 低光照度下的产氢效率

　　e 基质（有机酸）转化效率，不计算光能的利用

　　f 4 mol H₂ mol⁻¹ 葡萄糖，理论上产氢量可达 12mol。产氢速率和产氢量之间呈反比关系，所以高容积产气率的高效反应器往往产氢量较低。

1.3　光合生物制氢工艺技术研究进展

1.3.1　光合生物制氢菌种选育技术

光合细菌在光照条件下,可分解有机质产生氢气,终产物中氢气组成可达 60% 以上,且产氢过程中也不产生对产氢酶有抑制作用的氧气,是一种最具发展潜力的生物制氢方法之一。国内外一些学者已对光合细菌产氢机理开展了一些探索性研究。

1.3.1.1　光合细菌产氢机理

Gest 和 Kamen 等在研究中发现:在光照条件下,用谷氨酸作为氮源培养光合细菌时,有 H_2 产生,以铵盐、N_2 为氮源时,产 H_2 受到抑制。较为系统的研究表明,产氢与氮代谢的酶有关,光合细菌产氢是由固氮酶催化进行的。

Chadwick 和 Irgens 对 *E. vacuolata* 菌株的研究也表明,产氢受到 N_2 的抑制,在缺 N_2 的条件下,固氮酶能还原 H^+ 生成 H_2。Madigan 等观察到 *Rp.capsulate* 在氢气相中,黑暗条件下能自养生长,研究表明:光合细菌可以通过氢为电子供体还原 CO_2 而生长,H_2 的吸收由氢酶完成。可在厌氧光照条件、好氧黑暗条件下生长的 *Rs.rubrum*、*Rp.sphaeroides*、*Rp.palustris*、*Rp.vividis*、*T.roseopersicina* 细菌,在厌氧黑暗条件下、有乙醇及醋酸存在时也能产 H_2,同时产生 CO_2,研究表明:黑暗条件下产氢与乙酸脱氢酶有关。

Arlt 和 Lin 等对原初电子供体 P870 在定点突变理论上的研究显示:P870 的氧化还原电位降低,电荷分离速率加快,光能的转化效率将会提高。

大量的生理生化研究揭示出光合细菌属于原核生物,只含有光合系统 I(PSI),所以,只能进行以有机物作为电子供体的不产氧光合作用。光合细菌光合作用及电子传递的主要过程见图 1.2。

光合细菌产氢是分解有机酸所致,是与光合磷酸化耦联的固氮酶的放氢作用,电子供体或氢供体是有机物或还原态硫化物,主要依靠分解低分子有机物产氢。在光合细菌内,参与氢代谢的酶主要是固氮酶和氢酶。光合细菌固氮产氢所必需的三磷酸腺苷(ATP)来自光合磷酸化,由光捕获复合体上的细菌叶绿素 Bchl 和类胡萝卜素吸收光子后,其能量被传送到光合成反应中心,而产生一个高能电子(见图 1.3)。

由于 PSB 只有光合系统 PS I,而不含 PS II,所以该高能电子经环式磷酸化产生 ATP,故产氢所需的能量来源不受限制,因此,其产氢效率高于厌养细菌。固氮产氢所需的细胞还原力由细胞内还原性铁氧还原蛋白(Fd)水平决定,在光照、有 N_2 等底物条件下,固氮酶由 ATP 提供能量,接受 Fd 传递的电子 e,将

H^+还原为H_2，把空气中的N_2转化生成NH_4^+或氨基酸，完成固氮产氢。

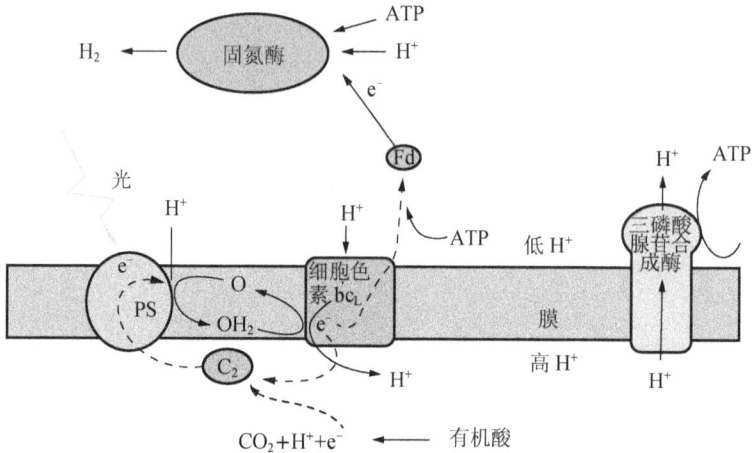

图1.2 光合细菌光合产氢过程电子传递示意图

Fig. 1.2 Illustration of electron transmit process of photobacteria hydrogen production

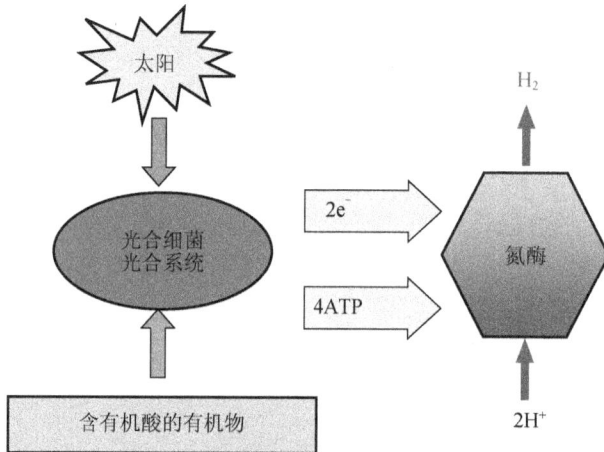

图1.3 光合细菌产氢途径示意图

Fig. 1.3 Illustration of hydrogen production model in photobacteria

在黑暗条件下，光合细菌通过氢酶的催化作用，也能以葡萄糖、有机酸、醇类物质产生H_2，产氢机制与严格厌养细菌相似。光合细菌在利用光能产氢的同时也伴随有吸氢现象，一旦有机供体被消耗完，细菌利用H_2为电子还原CO_2而继续生长，H_2的吸收由可逆氢酶催化。

Uffen等的研究表明，一些光合细菌(如胶状红环菌 *Rubrivivax gelatinosus* 等)，在黑暗条件下能够利用CO作为唯一碳源，产生ATP的同时释放出H_2。反应方程式如下：

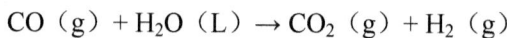

$$CO（g）+ H_2O（L）\rightarrow CO_2（g）+ H_2（g）$$

这类光合细菌不仅可以在暗条件下进行 $CO-H_2O-H_2$ 转换反应，而且能利用光能固定 CO_2 将 CO 同化为细胞质，即使在有其他有机底物的情况下，其也能够很好利用 CO，能够 100%转换气态的 CO 成 H_2，这类光合细菌的氢酶具有很强的耐氧性，在空气中充分搅拌时氢酶的半衰期为 21h，有很好的产氢前景。

由光合细菌产氢机理可看出，由于光合细菌不能分解水，所以用于光合作用反应的电子是由有机物质或还原性硫化物提供，反应中的质子由有机物的碳代谢提供。与其他可以产氢的光合微生物，如绿藻和蓝细菌相比，光合细菌光合放氢过程不产氧，无需氢氧分离，故工艺简单，而且产氢纯度和产氢效率高，原料转化率和能量利用率高，并且光合产氢过程使氢气的生成、有机物的转化和光能的利用结合到一起，显示了光合细菌利用有机物进行光能转化的优越性。但由于光合放氢过程的复杂性和精密性，在产氢机制研究中仍有很多问题需要解决和研究，目前，对其碳代谢途径、固氮酶的调控机理还不很清楚，对光合细菌适应外界环境变化进行代谢模式转化的调控机制也有待研究和探索。

近年来，为了进一步弄清光合细菌产氢的内在机制，国内外学者对光合细菌的光合系统结构（图 1.4）及光合基因做了许多研究，取得了令人欣喜的成果，大大推动了光合细菌产氢的研究进程。

近年来，超快时间分辨光谱技术的应用，加快了人们对光合细菌内部结构的认识，使光合细菌产氢机制研究取得了新的进展。1995 年，Karrash 等发表了紫细菌红螺菌 *Rhodospirillum rubrum* 的捕光色素蛋白复合体 I（LH1）和光化学反应中的 85 nm 处的电子密度图谱。1995 年 MacDermott 等获得了紫细菌红假单胞菌 *Rhodopseudomonas acidophila* 的捕光色素蛋白复合体 II（LH2）的 25nm 处的 X 射线晶体衍射结构。2003 年，Papiz 等得到了 *Rp.acidophila* LH2 的 20 nm 处的 X 射线晶体衍射结构，对光合作用的原初反应有了更深的认识。

1985 年，Deisenhofer 等用 X 射线晶体衍射法测定了并解析了紫细菌 *Rp.vividis* 光化学反应中心的晶体结构，并因此获得 1988 年诺贝尔化学奖后，光合细菌光化学反应中心的晶体结构被确定，光合反应中心的研究有了很大的突破。

对于光合细菌的光合系统研究最多的是紫色硫细菌，紫硫细菌的光合单位由捕光色素蛋白复合体及光光反应中心蛋白两部分组成，紫硫细菌含有两种捕光色素蛋白复合体，围绕光化学反应中心的光捕获复合体（LH1）和外围光捕获复合体（LH2）。

Simone Karrasch 等 1995 年发表了 *Rs. Rubrum* LH1-RC 85nm 电子密度图谱，在此基础上 Robin Ghosh 等得到了 LH1-RC 的二维晶体，证实 RC 位于 LH1 的环状结构内部，但高分辨率的 LH1 的晶体 X 射线衍射结构还未得到。LH1 由 12～16 个相同的蛋白质亚基加上类胡萝卜素和长波长菌绿素构成。

MacDermott 等和 Papiz 等分别得到了紫细菌红假单胞菌属 *R acidophila* 外周捕光色素蛋白复合体 II（LH2）的 25nm 和 20nm 的 X 射线晶体衍射结构。*R. acidophila*

的 LH2 有 9 个 α 亚基和 9 个 β 亚基，27 个细菌叶绿素（Bchl）分子及 18 个类胡萝卜素，在靠近膜外侧的一组由 18 个细菌叶绿素组成一个紧密的环状结构导致了相对于 850nm 的激发能的吸收跃迁，被称为 B850。在靠近膜内侧的由 9 个细菌叶绿素组成另一个环状结构导致 800nm 的激发能的吸收跃迁，被称为 B800。而类胡萝卜素排列存在两种方式，一种是排列于 B800 环中，一种与 B850 分子连接。

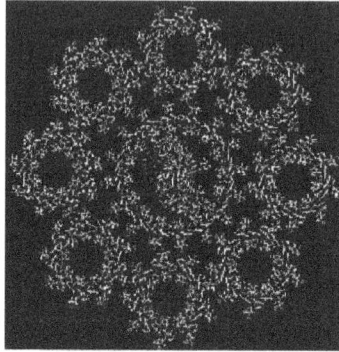

图 1.4　光合细菌光合系统结构模式图
Fig. 1.4　Schematic diagram of the photosynthesis system structure of photobacteria

光合细菌光合基因簇结构及其调控机制是近年光合作用研究最多、最深的领域之一。研究最多的是红细菌属，对荚膜红细菌和浑球红细菌光合作用过程的了解最为透彻，对其他种属的光合细菌的研究则刚刚起步。分子生物学、生物化学和生物物理学的不断进步及其在光合作用研究上的应用，大大地促进了光合细菌光合基因的研究，研究内容包括光化学反应中心和捕光天线结构基因的克隆，光合基因操纵子的分析以及光合基因的遗传和物理图谱等方面。

绝大多数光合细菌是典型的兼性菌，在好氧环境中，它们可以进行化能生长；而当氧分压降低时，细胞迅速合成光合器官，通过光合磷酸化反应获取能量。厌氧光照条件下，光合细菌的细胞膜迅速内陷形成内质膜系统（intracytoplasmic membrane system，ICM）。ICM 是细胞进行光合作用的基础，含有光合作用所需的全部膜成分。光合细菌的光合基因大部分都集中于染色体上大约 46kb 的片断的光合基因簇上，包括 RC 多肽基因、*puf* 操纵子、*bch* 基因以及 *crt* 基因等。

研究发现细菌叶绿素和类胡萝卜素基因在浑球红细菌染色体上位于固氮基因和腺嘌呤基因之间。此外，光合细菌的光合基因中还存在一种"超操纵子结构（superoperon）"。在这种结构中，下游操纵子启动子区处于上游操纵子内部，而且属于同一操纵子的若干操纵子功能密切相关。

基于光合作用及光合基因的复杂性和多样性，目前对光合基因表达的调控方式还知之甚少，光合基因表达的调控是光合作用研究的难点也是热点。光合细菌光合基因的调控主要是光和氧两方面的调控。

研究发现通过基因操作手段对光合细菌的光合系统进行改进,提高光的捕获效率是有可能的。Kondo 等分离得到了一株 *R. sphaeroides Rv* 的突变株,在 350～1 000nm 的波长范围内吸收的光比野生菌株的少,其色素含量也比野生菌株的少,其产氢量比野生菌株提高了 50%。Melis 也发现减少绿藻中叶绿素的含量其光合效率也会有较大提高。通过遗传或诱变手段获得光合系统改进的突变株,对于实现规模化光合产氢具有重要意义。

目前,对光合基因的调控机制还知之甚少,调控因子的性质及其作用方式,不同启动子的结构及其调控方式,不同基因之间的相互协调控制,相关基因的协调表达,细胞整体水平对基因表达的调控,外界环境(光、氧)变换对功能基因的开闭效应等问题都需要进一步的研究。

光合细菌产氢现象已经受到人们的广泛关注。随着对光合细菌产氢机理研究的深入,国内外一些研究机构,已将目光投向利用光合细菌获取氢气的技术研究。光合细菌产氢的影响因素成为研究重点。大量关于光合细菌制氢的研究报告、论文面世,这些研究主要集中在产氢菌种选育、生产工艺、光生化反应器等方面,旨在提高产氢效率、简化生产工艺、降低生产成本,为规模化、商业化制氢提供技术支撑。

1.3.1.2 产氢光合细菌的选育

光合细菌的种类繁多,产氢和生长特性各不相同,基于制氢的目的,筛选和培育高效产氢菌株成为利用光合细菌制氢技术相关研究的重要内容。主要包括菌株筛选和改良方法、菌株的基本特性、最佳培养条件、产氢活性及底物适性等。

尤希凤等,从养殖场、食品厂等废水中分离出多株能高效利用猪粪污水产氢的光合细菌,由多株光合细菌形成的混合菌群产氢能力最强。

Singh 等进行了高温产氢光合细菌的筛选,从三种水生植物中分离到 4 株光合细菌,根据细胞形态和染色分析,鉴定为 *Rhodopseudomonas* Sp.分别记为 BHU1-4,研究表明其中 BH1 和 BH4 两株菌在印度赤道高温天气下具有较好的产氢效果。

Gest 等发现 *Rs.rubrum* 菌株可利用果酸、草酰乙酸、丙酮酸、乙酸、延胡索酸、琥珀酸等产氢,而 *Chromatium* 可利用苹果酸、延胡索酸、琥珀酸、草酰乙酸、丙酮酸产氢,*Rp.capsulate* 则可利用 DL -磷酸乳酸、DL-苹果酸、葡萄糖、琥珀酸、丙酮酸、果糖、蔗糖、甘油产氢,且在以乙酸、丙酮酸、苹果酸、延胡索酸、琥珀酸、甘油产氢时产氢活性比以丙酮酸、乳酸产氢时高。谷氨酸、门冬氨酸一般说来是光合细菌产氢较好的氮源,但以谷氨酸、门冬氨酸培养的 *Rs.rubrum* 菌株中,即使加入苹果酸,在充氮气、光照条件下无氢释放,而有 CO_2 产生。

Macler 等分离到 *R. sphaeroides* 的一株变异株,可将葡萄糖转化为氢的量接近理论产氢量,并且产氢速率也接近以苹果酸盐或乳酸盐为底物产氢的速率。Kern 等获得的 *Rs.rubrum* 的吸氢酶缺失的变异株在以 50mmol/L 的乳酸盐和 7mmol/L

的谷氨酸钠为底物产氢时，其底物转化效率由原来的 52%提高到 82%。Ooshima 等获得的 *R. capsulatus* 的吸氢酶缺失的变异株比野生菌株能产生多很多的氢气，在含 60mmol/L 苹果酸盐和 7mmol/L 谷氨酸钠的培养液中，变异株的底物转化效率为 68%，而野生菌株为 25%。Hustede 等通过对 *R.sphaeroides* 的一株没有合成聚 β-羟基丁酸（pHB）能力变异株的研究发现，在以乳酸盐、苹果酸盐和琥珀酸盐这些高效的产氢电子供体为碳源产氢时，其产氢量较野生菌株并没有显著的提高，而在以乙酸盐为碳源产氢时其产氢量却有明显的提高，乙酸盐是低效的产氢电子供体，但却是高效的 pHB 合成的电子供体。

Odom 等利用 *Rp.capsulata* 野生型和吸氢酶缺陷变异株分别与纤维素降解菌 *Ccllulomonas* sp. ATCC21399 共同培养进行纤维素产氢研究，结果表明野生型产氢量只有 1.2～4.3 mol H_2/mol 葡萄糖，而变异株产氢量达 4.6～6.2 mol H_2/mol 葡萄糖。因此将不同特性的菌株混合培养产氢或联合产氢也可大大提高产氢能力。

1.3.1.3　光合细菌产氢影响因素

基于光合产氢机理，所有对光合细菌的光合作用、产氢酶生成和活性发挥构成影响的因子，均会影响光合细菌的产氢作用。

1）光照

光照是光合细菌生长和产氢的重要条件。光合固氮、产氢需要光合磷酸化作用提供能量 ATP（三磷酸腺苷）。光源类型（辐射光谱不同）、光照强度等均影响光合细菌产氢的活性。光照强度对产氢影响明显，ATP 与还原力的提供是由光合作用完成的。在光饱和以下，光照强度大则产氢速率高，另光照与黑暗时间比对产氢也有影响。

Miyake 等比较了不同光照强度的太阳能模拟器和氙灯对 *Rb.sphaeroides* 8703 菌株光转化效率的影响，结果显示光照强度对光转化效率影响显著，而光源的影响较小；且在 50W/m^2、75W/m^2 低光照强度下，菌株有较高的光转化效率，而在 1000W/m^2 高光照强度下，菌株的光转化效率明显降低。

Uyar 等对 *Rb.sphaeroides* O.U.001 菌株产氢量与光照强度的研究表明，产氢量随着光照强度的增加而增大，在 4000lx 时达到最大值，光照强度的继续增加，产氢量不再增加；Wakayama 等的研究发现，利用卤素灯光照射和黑暗交替处理 *Rb.sphaeroides* 菌株，交替时间为 30s 时，获得了 22L/（m^2·d）的高产氢量。

利用光合细菌制氢目前的关键问题是光能转化效率问题，光转化效率普遍较低制约了光合生物制氢技术的应用和发展，经研究发现，影响光合生物光转化效率的因素有：①光合产氢菌对光的吸收利用能力。②光合产氢菌所吸收的光的波段范围。据初步研究，光合产氢菌只对特定波长的光有吸收作用，这样，即使没有其他因素的影响，光转化效率也会受到很大的限制。③"光饱和效应"的存在。

张全国等对几株光合细菌光吸收、利用特性进行的研究显示：不同菌株的吸收光谱不同；光源光谱组成的改变，对同一菌株的生长和产氢均有显著影响。

2）接种浓度及菌龄

光合细菌的接种浓度和菌龄对其产氢持续时间和产氢量都有很大的影响。通常来说，产氢培养液中菌体浓度越高产氢速率越高，产氢量也越大，但过高的菌体浓度不仅会影响细胞的营养供给和产氢原料的供应，菌体的遮光效应还会影响深层细菌光能的获取，会导致负效应。

不同光合细菌及同一菌种不同初期活性所具有的酶系发育程度有所不同，表现在产氢能力上的不同。普遍的研究认为处于对数生长期的菌种表现最佳。

3）产氢底物

不同菌株光照放氢对底物有所选择，产氢效率各异。同一菌株在不同基质中产氢效率也各不相同。同一底物的不同浓度对不同菌株的产氢动态变化的影响是不同的，底物浓度只有控制在适当的水平时，才具有较高的底物转化产氢效率。因此，通过多种菌株混合使用，有可能提高多组分有机废水的产氢量。

Hillmer 等的研究发现：*Rh.capsulata* Z-1 菌株在丁酸和丙酸体系中的产氢速率为 20～40μL/（h·mg）（细胞干重），而在 DL-苹果酸、DL-乳酸、琥珀酸、丙酮酸体系中的产氢速率可达到 130μL/（h·mg）。

Sasikalak 等的研究表明：乳酸是荚膜红假单胞菌 *Rh.capsulata* 放氢较好的底物，且乳酸盐同时还具有缓解氨盐抑制的作用。乙酸则是沼泽红假单胞菌 *Rb.aphae-roides* 产氢活性最高的底物。Barbosa 等的研究也表明 *Rhodopseudomonas sp.* 菌株在苹果酸和乳酸中的产氢速率分别为 1.1 mL/（h·L）和 10.7mL/（h·L），而在乙酸中的产氢效率高达 25.2mL/（h·L）。但 *Rhodopseudomonasp palustris* 菌株在乙酸中的产氢速率仅有 2.2mL/（h·L），而在苹果酸和乳酸中的产氢速率分别达到 9.1mL/（h·L）和 5.8mL/（h·L）。

为了获得低成本的产氢原料，国内外展开了各种工业废水、生活有机废水、农副产品废弃物等为原料的研究。

Vincenzini 等利用固定化光合细菌处理糖厂废液和纸浆厂废液并产氢。Zurrer 等利用乳清、酸乳酪或其他含乳酸的废水作为 *Rp. rubrum* 的产氢原料，结果表明：这三种原料都可作为产氢基质，而且产氢量较高。Sasikala 等研究了以乳酸发酵废水产氢，发现乳酸废水是很好的产氢原料。Bollinger 等进行了利用糖厂废水的产氢研究。Singh 等研究了蔬菜淀粉、甘蔗汁和乳清为原料产氢的对比实验，还研究了果蔬市场废弃物产氢，结果表明果蔬废弃物产氢速率比合成培养基产氢速率提高了近 3 倍。Fascetti 等研究了先将城市蔬菜市场固体垃圾发酵成以乳酸为主的有机酸，然后作为连续产氢的原料，获得了较好的产氢效果。Turkarslan 等研究了牛奶厂生产废水的产氢，发现以牛奶厂废水 *Rh. sphaeroides* 不能产氢，而添加苹果酸盐后产氢效果良好。Thangaraj 等通过利用牛奶厂废水和蔗糖厂废水等的产氢研究，发现了光合细菌既可利用有机酸产氢，也可利用无机酸产氢。Vrati 等研究了牛粪作为原料的产氢。Kim 等研究了将发酵细菌与光合细菌混合培养利用食品处理废水和下水道废水为原料产氢。

4）其他

光合细菌光照条件下产氢主要是由固氮酶催化的，这已得到广泛的认可。固氮酶是一类研究较多的酶类，人们对固氮酶的结构和功能已有一定的认识，对于光合细菌固氮酶产氢的条件及产氢影响因素研究很多。

由于与产氢有关的固氮酶既可进行固氮反应，又可催化光合产氢反应，氢酶虽然可催化分子氢的产生和利用，但当细胞处于自养条件下，氢酶主要催化氢的光还原反应，因此，在光合产氢的研究中，人们希望吸氢酶无活性或失缺，希望固氮酶保持很高的活性，因为凡抑制或钝化固氮酶的因素，同样抑制光合产氢。如采用生物技术进行菌种改良，通过氢酶活性缺失的基因改造以消除氢酶的吸氢活性，可获得氢酶合成能力低的变异菌株。对固氮酶产氢活性的影响因素，目前研究最多的是 N_2、NH_4^+ 和氧对产氢的影响。

作为固氮酶底物的 N_2 竞争性抑制固氮酶的催化光合产氢活性，N_2 的存在使固氮酶的电子用于氨气的还原，从而抑制了固氮酶催化质子的还原，John 指出 R.capsulata 在以 N_2 为氮源时，产氢总量减少 90% 左右，但该抑制是可逆的，可用氢气相加以恢复。

有 NH_4^+ 存在时不仅使光合细菌丧失固氮的能力，也丧失产 H_2 的能力，吴永强等对浑球红假单胞菌的分析研究表明：固氮无效变种（Nif）同时也是光合产氢的无效菌株；与固氮酶活性受 NH_4^+ 阻遏与抑制一样，光合产氢的活性亦受 NH_4^+ 的阻遏与抑制；NH_4^+ 对固氮酶的抑制表现为"瞬间关闭"效应。

空气能抑制光照放氢，加入一定浓度的还原剂（如 Na_2S），可缓解这种抑制作用。由于光合细菌主要是经环式光合磷酸化作用将光能转变成 ATP，在环式电子传递系统中，铁氧还蛋白的催化活动只能在严格无氧条件下进行，当存在有氧气时，光合细菌的光合作用色素系统的光合磷酸化被阻抑，不能进行光能营养生长，而采用好氧呼吸代谢方式。这种氧化磷酸化代谢方式产生的能量不能与光照产氢相耦联，因此在此条件下，光照产氢被抑制。但也有试验表明：光合细菌产氢并非是严格厌氧的，微量氧的存在有助于提高产氢活性。这可能是因为微量氧的存在使细胞以呼吸的方式代谢产生更多的 ATP，当氧气耗尽，细胞进入厌氧状态时，代谢多余的能量则用于产氢。

温度、pH 等因素也对光合菌种产氢有显著的影响。温度对细胞的生长和细胞内所进行的各种生化反应和代谢都有很大影响，不同光合细菌生长和代谢产氢的最佳温度也不尽相同，光合细菌在 10～45℃ 温度范围内均可生长繁殖，适宜产氢温度在 20～40℃。光合细菌光合产氢的最佳温度在 30～40℃。pH 对产氢过程有明显的影响。研究表明，一般光合细菌产氢的最适宜 pH 一般在 7 左右，Shi 等对

R. capsulata 的研究表明，在以醋酸、丙酸、丁酸为基质时 pH 7.29～7.31 最佳。

光合细菌细胞固定化也对产氢过程有不同程度影响。固定化细胞可消除氧气对固氮酶的抑制，防止渗透压对细胞危害。大量的报道认为：固定化技术能提高产氢能力和稳定性，并延长产氢时间。

1.3.2 光合生物制氢原料预处理技术

光合生物制氢过程是光合细菌在光合细菌利用供氢体进行的代谢产氢过程，产氢条件温和。但大部分研究中的供氢体仍局限在碳水化合物，如葡萄糖、淀粉及其含糖和淀粉的废水等，制氢成本高居不下。利用现代科学技术手段开发蕴藏丰富的生物质能，是氢能源开发的一个重要方向。生物质资源包括多种多样的自然产物及其衍生物，如农林业废弃物、工业废弃物、废弃纸张、城市固体垃圾、食品加工业副产物、能源作物、藻类等，占据了可再生能源供应量的53%。其中，木质纤维素是储量极为丰富的全球性有机物资源，作物秸秆又占其总量的50%以上，我国的农作物的年产量达 6 亿吨左右，是巨大的可再生资源库。

秸秆类生物质能源转化的关键技术路线见图 1.5。

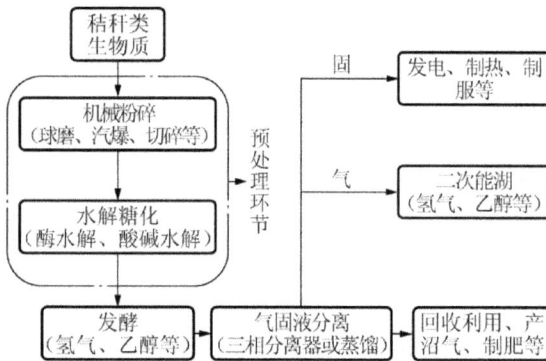

图 1.5 秸秆类生物质能源转化的关键技术路线

Fig. 1.5 Key technical route of the energy conversion of biomass straw

秸秆类生物质的预处理，是生物能源生产环节耗能最多、花费较大的环节，且作为最关键、对后续反应影响最大的步骤，得到了越来越多的关注。

1.3.2.1 物理预处理

1）机械粉碎

机械粉碎预处理包括干法粉碎、湿法粉碎、振动球磨以及压缩踯磨，通过这些预处理把生物质变成 10～30mm 的切片或者 0.2～2mm 甚至更细的颗粒，其中震荡球磨的效率比较高。通过机械粉碎，木质纤维素原料粒径减小，从而达到了可及表面积增大和聚合度减小的目的，在很多研究中比表面积的增大和聚合度的降低都起到了提高水解产量和缩短反应时间的目的。研究表明即使没有其他的预处理手段，粒径 53～75μm 的玉米秸秆的酶解产量是粒径 425～710μm 的 1.5 倍。Sidiras 通过研究认为球磨可以降低木质纤维素物质的结晶度，并且在温和条件下就有 50%的麦秸秆酶解糖化，且只有很少量的葡萄糖降解。Jin 和 Chen 研究了稻秆蒸汽爆破后进行超细粉碎处理然后酶解，结果表明蒸汽爆破后超细粉碎再酶解得到了最大的酶解效率和非常高的还原糖浓度。机械粉碎预处理的弊端是能耗较高和无法去除木质素，但是随着机械粉碎程度增大，酶解反应中酶负荷将会减小，从这一方面又减少了昂贵的酶的使用，所以机械预处理在很多研究中都和其他预处理联合应用。

2）辐射预处理

通过 γ 射线、电子射线和微波可以促进木质纤维素酶解。辐射的作用一方面可以使纤维素解聚，聚合度下降，分子量的分布集中；另一方面使纤维素结构松散，晶体结构受到影响。这些都使纤维素活性增大，可及性提高。Kumakura 等研究了蔗渣辐射预处理后酶解，与未处理蔗渣直接酶解相比，辐射后酶解的葡萄糖产量是未处理的两倍，通过辐射可以使纤维素生物质中的纤维素成分降解为低分子的寡糖或者纤维二糖。当辐射不含木质素的滤纸并酶解时，辐射对酶解并没有促进作用，辐射含有少量木质纤维素的报纸时，辐射对后续酶解有促进作用但是作用不大。因此认为辐射预处理效果除了和结晶度有关还和木质素的存在有关。张裕卿等利用超声波预处理木质纤维素后酶解糖化，通过 SEM、FTIR 研究了处理前后纤维素的形态结构和结晶性能，结果表明超声波作用能有效地破坏纤维素分子中的氢键，降低其结晶程度，而且能有效地提高木质素的脱除率和酶解糖化率。Yang 以 140 目麦秸秆为原料采用 γ 射线预处理，结果表明在辐射剂量 500kGy 的 γ 射线条件辐射下麦秸秆微观结构遭到破坏，并有残渣失重现象。

3）超微粉碎

尽管大多预处理方法都和机械粉碎方法联合应用，但是对与机械粉碎中的超微粉碎用于纤维素酶解预处理的研究非常少。在全球最大的科学文献出版发行商 Elsevier 公司的 ScienceDirect 全文数据库中搜索，能搜到的超微粉碎用于酶解预处理的仅有 3 篇，而且都是近几年来出现的研究论文，这说明超微粉碎用于木质纤维素酶解预处理已经引起科研界的注意。

Jin 在 2006 年 6 月发表了蒸汽爆破后的稻秆再经过超微粉碎进行酶解的实验研究，这项研究采用的是流化床逆向喷射气流粉碎机（型号 FJM-200，功率 1.5kW）对蒸汽爆破后的稻秆进行超微粉碎，在原料水分含量 4.6%，料负荷 15kg/h，转速 4544rpm/min 条件下粉碎 25min 后得到了超微粉碎的原料，以此原料为基质进行酶解反应，以蒸汽爆破后未超微粉碎的稻秆为参照，结果表明蒸汽爆破后再超微粉碎的稻秆酶解 24h 后得到还原糖得率为 61.4%，是仅仅蒸汽爆破预处理过的稻秆酶解 24h 得到的还原糖得率的 2.8 倍。

RAJESH K 于 2007 年利用木工行业的锯末废弃物筛分出不同粒径范围（33～

75μm、150~180μm、295~425μm 和 590~850μm）的样品在底物浓度为 10%和 13%、酶负荷为 15FPU 的条件下进行酶解实验，研究发现随着粒径的减小，酶解得到的葡萄糖浓度呈现明显递增趋势，粒径范围 33~75μm 的原料比粒径范围 590~850μm 的原料得到的葡萄糖浓度分别高出 50%和 55%。

国立台湾大学的 Yeh 于 2009 年 7 月研究了利用磨介湿磨结晶棉纤维素的酶解糖化实验，结果表明在基质浓度为 2.5g/L 的条件下，在酶解 120h 过程中所有粒径的纤维素都呈现前 40h 葡萄糖得率急剧增大然后趋于平缓的规律，粒径从 25.52μm 减小到 6.08μm 时，其葡萄糖产率增大了 40%。

1.3.2.2 化学预处理

1）稀酸预处理

稀酸水解工艺较简单，是木质纤维素原料生产酒精的最古老的方法，也是较为成熟的方法。稀酸预处理技术是在温度 160~220℃条件下利用 0.05%~5%的酸（普遍为硫酸）作为催化剂用于溶解半纤维素和木质素，反应时间通常是数分钟到几秒，目的在于减小副产物的形成，因为减小糖降解副产物的形成就意味着糖产量的提高。

稀酸预处理可以在较高温度下反应较短时间，也可以在较低温度下反应较长的时间。Sun 和 Chen 等在 121℃用不同的硫酸浓度（0.6%，0.9%，1.2%和 1.5%），不同的预处理时间（30 min，60 min 和 90 min）条件下酶解 rye straw 和 bemuda grass 生产乙醇。Emmel 等在 200~210℃条件下用 0.087%和 0.175%（w/w）的 H_2SO_4 预处理 Eucalyptus grandis 2~5min，研究结果表明 210℃处理 2min 是半纤维素回收的最佳条件，而较低温度 200℃和较长的时间却得到了 90%的最大纤维素酶解转化率。Cara 等利用 olive tree 为原料进行稀酸预处理，预处理后进行酶解糖化，结果表明在 170℃条件下用 1%的稀硫酸预处理 olive tree 原料得到了实验中 83%的半纤维素最大回收率，但是酶对反应后残渣的可及度并不高。而在 210℃用 1.4%的酸浓度得到了 76.5%实验最大酶解率，在反应温度 180℃，1%硫酸浓度条件下得到了 75%的最高总糖得率，由此可以推测最大的半纤维素得率、酶解得率和总糖得率是分别在不同的条件下得到的。

在稀酸预处理中，半纤维素几乎被全部去除，虽然木质素溶解较小，但是能剥离木质素从而增加木质纤维素对酶的可及度。但是这种技术要求反应后的纤维素残渣必须经过大量冲洗或者在发酵前去除毒性。这种预处理的最大优点是由于半纤维素在预处理中几乎全部去除，因此酶解的时候不必加入半纤维素酶，这将减少了酶使用成本，但反应料液必须脱毒，如果反应液不做脱毒处理，很多微生物将不能发酵木聚糖。目前，用于稀酸预处理或者稀酸糖化的多种反应器，如批式、渗透式、逆流、顺流等反应器已经有应用。

2）碱处理

碱预处理指利用 NaOH，石灰或者氨水去除木质素和部分半纤维素，从而提高酶对纤维素的可及度，碱处理可以有效地提高糖化效果。碱处理机理在于 OH⁻能够削弱纤维素和半纤维素之间的氢键及皂化半纤维素和木质素分子之间的酯键。稀 NaOH 预处理会引起木质纤维原料润胀，结果导致内部表面积增加，聚合度降低，结晶度下降，木质素和碳水化合物之间化学键断裂，木质素结构受到破坏。Xu 以豆秆为原料在室温下用 10%的氨水浸润 24h，结果表明处理后的残渣中半纤维素和木质素分别减少了 41.45%和 30.61%。Zhao 等以 *crofton weed stem* 为原料用不同预处理方法处理后酶解，发现用 NaOH 处理后的酶解效果要比用 H₂SO₄ 处理效果好很多。与酸处理相比，碱处理对木质素、半纤维素和纤维素之间的酯键更具破坏作用，而且能够避免半纤维素聚合物的破碎。另有研究表明，碱处理木质纤维原料的效果主要取决于原料中的木质素含量，当木质素的含量超过 20%时，碱处理几乎不能提高后续酶水解率。

3）氧化预处理

氧化处理指利用臭氧、氧气或者过氧化氢在碱性条件下使木质素分解溶出，纤维素部分氧化，从而提高木质纤维素原料的酶解率。在氧化预处理的过程中同时有多种反应发生，例如亲电取代反应、侧链取代、烷基芳醚键的断裂等。Teixeira 等在室温下用过氧乙酸处理甘蔗渣和杂交杨树时发现过氧乙酸对木质素具有选择性，而碳水化合物几乎没有损失，当底物被浓度为 21%的过氧乙酸处理后，其纤维素的酶解率达到了 98%，而未经过预处理的酶解率仅有 6.8%。木质纤维素原料经过 H₂O₂ 的预处理可以脱除 50%的木质素和大部分半纤维素，使纤维素酶解率达到 95%。采用 H₂O₂ 处理木质纤维素原料时，pH 的影响非常大。当 pH 低于 10 时，几乎没有木质素被脱除；在 pH 大于 12.5 时，H₂O₂ 处理对酶解几乎没有影响，因此采用 H₂O₂ 处理木质纤维素原料的 pH 应控制在 11.5～11.6。臭氧预处理木质纤维素原料可以有效降解木质素和部分半纤维素，并且反应条件一般在室温进行，不产生抑制物。汪丹妤等对臭氧处理麦草浆的研究表明，低 pH 更有利于臭氧对木质素的脱除，pH 大小在 2 左右时，纤维素损伤较小，在温度相对较低时，纤维素的降解较少。Neely 等的研究表明反应基质的水分含量、粒径大小和气流中的臭氧含量是影响预处理效果的反应参数，在这些参数中最重要的是物料的水分含量，最佳的水分含量为 30%。但是臭氧预处理中需要大量的臭氧，处理费用十分高昂，还没有实际应用的可能。

1.3.2.3　物理化学预处理

1）高温液态水预处理

水在 25℃温度下 pH 为 7.0，而在 220℃时的液态水 pH 达到 5.6，因此高温液态水预处理从另一个角度也属于稀酸预处理的一种。高温液态水预处理是通过加压使水在温度高于 100℃时仍然保持液态，在这种高温高压状态下的水与常温水在介电常数、密度、极性等方面有很大差异，例如在近临界状态下的水可以溶解常温下无法溶解的有机物，从而表现出非极性。高温液态水预处理使木质纤维素原料中的半纤维素水解为低聚木糖和木糖。此外，为了避免抑制物的生成，高温液态水预处理必须将 pH 控制在 4～7，因为 pH 在此区间单糖产物很少，从而避免了单糖进一步降解为抑制物。Gil Garrote 等利用高温液态水预处理玉米芯，结果表明高温液态水预处理可以溶解玉米芯中90%的半纤维素，去除10%～50%的木质素，同时纤维素损失很小，提高了生物质的酶接触性，显著地提高了纤维素的酶水解性能。Mark Laser 利用高温液态水预处理甘蔗渣发酵生产乙醇，结果表明高温液态水预处理基本上不产生后续发酵抑制物。

2）蒸汽爆破预处理

蒸汽爆破法是 Mason 发展起来的一种预处理木质纤维素非常有效的方法。通常是指在几十个大气压下，160～290℃饱和水蒸气中经几十秒至几分钟的瞬间处理之后，瞬间降至常压，使纤维素材料爆碎成渣，空隙增大。高温高压加剧了纤维素内部氢键的破坏和有序结构的变化，游离出新的羟基，增加了纤维素的吸附能力。某个限度下的温度增加非常有助于半纤维素降解，但是超过某个温度界限糖损失增大，从而导致总糖产量降低。Ruize 等用蒸汽爆破法预处理 *sunflower stalk*，处理的温度范围为 180～230℃，在 220℃的预处理温度下得到了最高的葡萄糖产量，而最高的半纤维素得率是在 210℃。以粉碎的杨树碎屑为原料，在蒸汽爆破 4min 条件下，纤维素回收率达到了 95%，液相部分的酶解率达到 60%，木聚糖的回收率达到 41%，并且发现蒸汽爆破原料的尺寸对酶解效果没有明显影响。Ballesteros 等的研究表明，基质颗粒在 8～12mm 时，蒸汽爆破处理后酶解效果较好，基质颗粒较小时，酶解效果反而较差。

蒸汽爆破相对于传统的机械粉碎法的优点是粉碎物料到同样的粒径尺寸，蒸汽爆破需要的能量仅仅是机械粉碎的 30%。但是蒸汽爆破存在着形成对发酵和酶解有抑制作用的降解物的弊端。

1.3.2.4 生物预处理

生物法是用能分解木质素的天然微生物如白腐菌、褐腐菌和软腐菌降解木质素，从而提高纤维素和半纤维素的酶解糖化率。在这三种真菌中，白腐菌分解木质素的能力最强，但是白腐菌在分解木质素的同时也消耗部分纤维素和半纤维素；褐腐菌只能改变木质素结构但是不能分解木质素；软腐菌分解木质素能力比较低。Kurakake 等用两株菌种预处理办公废纸，在最优工艺条件下，糖回收率达到了94%。潘亚杰利用白腐菌对玉米秸秆进行生物降解，玉米秸秆的降解率达到 55%～65%。Taniguchi 等利用四株白腐真菌处理稻秆，研究表明 *pleurotus ostreatus* 菌株可以有选择的降解木质素而对综纤维素成分没有影响，增大了酶对预处理后的稻秆的作用效果。

生物预处理的具有能耗较低,不需要化学药品、反应条件温和的优点;但大多生物预处理的缺点是处理时间长,这必将限制其大规模应用。

1.3.3　光合生物制氢工艺过程

1.3.3.1　光合细菌利用不同底物的产氢特性研究

目前光合细菌所能利用的产氢底物可分为两大类,即人工合成的有机物质(各种化学试剂和合成有机物)和天然有机物。在人工合成的有机物质中目前研究最多的就是葡萄糖、乙酸、苹果酸、琥珀酸、柠檬酸等单糖和小分子有机酸和各种食品加工业的有机废水(豆腐废水、糖蜜废水、淀粉废水)等,天然有机物主要指天然的蔗糖、淀粉、橄榄油等糖源类物质。在目前研究的各类产氢底物中,食品加工的有机废水、农业生产的有机废弃物的利用成为近年来光合细菌产氢的一个亮点问题,原因主要在于其不但可以将有机废弃物进行无害化处理,还能产生清洁的优质能源,达到能源供给和废弃物处理的双重效果。同时研究人员还根据光合细菌可以利用小分子酸产氢的特性将厌氧发酵与光合制氢联合起来,利用厌氧过程中产生的酸为光合细菌提供产氢底物,提高原料利用效率。

1.3.3.2　光照条件对光合细菌生长及产氢的研究

除温度、酸碱度、厌氧环境等外界影响因素外,外界光源类型、光照形式对光合细菌的产氢体系都有显著影响。Miyake 利用.R.sphaeroides8703 菌株对氙灯、太阳能模拟器为光源的产氢试验表明同等条件下不同光源形式对光合细菌的产氢影响不同,过高的光照强度并不利于产氢。黑暗和光照交替进行对光合细菌的产氢的促进作用在于光合细菌在连续光照后的黑暗状态下有利于固氮酶的合成。Wakayama 将光暗条件按 30min 进行交替转换获得了 22L/(m²·d)的高产氢量,这时同条件下每 12h 交替转换的 2 倍。Pietro Carlozzi 利用管式制氢反应器分别按照自然光照和人工控制对光照/黑暗(15L/9d、10L/14d)交替循环下产氢特性进行了对比试验,结果显示在自然交替循环状态下最大光转化效率为 11.2%,而后者仅为 8.5%,说明了自然形式光源是光合细菌生长、产氢的最佳光源形式。

1.3.3.3　温度、pH 等对光合细菌生长及产氢的研究

温度、pH 等因素也对光合菌种产氢有显著的影响。pH 是影响细胞生长的一个重要因素,对于细胞能够生长的 pH 范围约为 3~4 个单位,而最适宜的 pH 范围为 1~2 个单位,对不同菌种光合产氢微生物而言,产氢的最适宜的 pH 会有少许差别,研究表明一般光合细菌产氢的最适宜 pH 一般在 7 左右,Shi 等对 *R. capsulata* 的研究表明,在以醋酸、丙酸、丁酸为基质时 pH 7.29~7.31 最佳。温度对细胞的生长和细胞内所进行的各种生化反应和代谢都有很大影响,不同光合细菌生长和代谢产氢的最佳温度也不尽相同,光合细菌在 10~45℃温度范围内均可生长繁殖,最适宜产氢温度在 20~40℃。

目前国内外在光合微生物产氢的机理、产氢方法和途径、高活性产氢菌株的选育、产氢影响因素、产氢原料等方面的研究都有了一定的研究进展，针对光合微生物产氢机理，以及影响因素，提出了许多改善措施，但是研究进展并不非常显著，仍没有突破性进展，目前光合微生物制氢技术仍处于研究和发展的起步阶段，在投入大规模工业化生产前还有很多的研究工作要做。对光转化效率、多菌种混合或联合培养、新型光合微生物产氢反应器等方面的研究是目前光合细菌产氢研究中新的主要研究方向之一。

1.4　光合制氢生物反应器的研究进展

光生化反应器（photo bioreactor）是指能用于光合微生物及具有光合作用能力的组织或细胞培养的一类装置，与一般的生化反应器具有相似的结构，具有光照、温度、pH和营养物质等培养条件的调节与控制系统。由于光生化反应器有较高的光能利用效率且可以进行连续或半连续培养，因此，能实现光合生物的高密度培养并获得较高的单位面积或体积产量。对于光合细菌生物制氢系统来说，光合制氢生化反应器是关键设备，其反应器的设计应在充分了解微生物的生化反应机制、代谢特性和各种传输过程的基础上进行，一个良好的生化反应器应结构合理紧凑，满足生化反应操作要求，适合微生物生长代谢，符合生产工艺过程需要；有良好的物料接触和混合性能，高效的能量、质量、动量传递性能；有良好的热量交换性能，以维持生化反应的最适宜温度；有可行的管路和仪表控制，适用于各项操作和自动化控制；有较好的生产制作和运行经济性。对于利用光合细菌产氢的生化反应器，其各项性能，如反应器结构、操作模式、基质输送和混合特性、热的传输特性、光的传输特性和反应器的经济性等方面都应满足光合细菌产氢的代谢条件和产氢工艺过程需要，为光合微生物提供适宜的生长代谢环境，以达到生产尽可能多的氢气的目的。

由于光合细菌生物制氢研究起步较晚，自从认识到光合细菌产氢所存在巨大潜力以来，国内外纷纷开展光合细菌的产氢研究，得到了光合细菌生长、产氢的基本特性和各种影响因素，并在此研究基础上研制了多种形式的光合细菌制氢反应器。但由于光合细菌产氢技术研究的起步较晚，目前光合细菌制氢反应器的研究还处于初级探索阶段，且更多的借鉴了其他光生化反应器的研究成果，其研究水平和规模还基本局限在实验室水平。

1.4.1　光合生物制氢反应器的主要结构形式

目前光合制氢反应器按照结构形式可分为管式、板式、箱式、螺旋管式和柱式等几种结构形式；按照光源的分布形式，光合制氢反应器可分为内置光源和外置光源两种结构形式。

1.4.1.1　管式光合细菌制氢反应器

管式反应器是最早开发的光合细菌制氢反应器，也是结构最简单的反应器之一。反应器一般有一支或多支尺寸相等透光管组成，为了最大可能增加采光面积，反应器一般采用圆管形式。目前已研制有单管式、列管式、正弦波浪管式等形状的光合细菌制氢反应器。图 1.6 是意大利研制的环管式反应器，该反应器由 10 支直管通过 U 型接头联结而成，每支 2m，内径 48mm，有效工作容积 53L，通过外置联箱、气体收集装置实现原料供给和气体的储存。反应器采用自然光源（试验时也采用人工光源）。由于裸露在环境中反应液温度受环境条件变化较大，当白天太阳直射反应器时，由于光线的加热作用使反应器内溶液温度不断升高，需要采取喷淋方式对试验系统进行降温，而晚间由于环境温度较低，反应液向环境散热又导致反应液温度下降，系统不得不配置水浴床实现反应器的恒温要求。光能利用低、反应器温度不易控制成为该类反应器设计中的难题。

图 1.6　环管式光合制氢反应器
Fig. 1.6　Photo-hydrogen production loop tubular reactor

相对于单管或列管式反应器只能利用反应管的一侧作为采光面导致光能利用率低的问题，研究人员研制了螺旋管式反应器。图 1.7 是一种内布光式的盘绕管光合制氢反应器，柔性反应管沿固定框架绕成一个桶形结构，将光源置于反应管所绕成的空间内可以实现光能的多方位利用，减少了外布光所造成光损失，提高了光能利用率。图 1.8 是澳大利亚 Murdoch 大学研制了螺旋管式光合细菌制氢反应器，反应器由柔性透明管沿螺旋方向旋转围绕而成，该反应器容积达到 1m^3。对于螺旋管反应器来说为由于螺旋管的长度过大，无形中增加了反应液的流动阻力，驱动能耗成为一个关键问题，同时由于盘绕支架本身的结构问题不易使用较大管径的绕管，其运行中的温度控制也同样是不容忽视的问题。

图 1.7 盘绕管光合制氢反应器

Fig. 1.7 Photo-hydrogen production coil pipe reactor

图 1.8 螺旋管式光合制氢反应器

Fig. 1.8 Photo-hydrogen production spiral tube reactor

对管式反应器来说，反应器的单位体积产氢率与管径具有负相关性，其主要原因在于光线沿管内半径方向传递时，由于管壁和反应液对光线的吸收、折射和散射作用，容易造成管径中心部位的光照暗区。但缩小管径又不利于反应液的流动和产气排出，容易形成气阻，因此管式反应器的管径一般控制在 10cm 左右。管式反应器的主要缺点在于：①管径尺寸受限，占地面积大。②反应液在管内的流动阻力大，动力消耗增加。③采光面同时作为散热面不易控温。④加工材料要求严格，只能采用透光性能优良且具有柔性的材料。⑤光转化效率低。⑥反应器寿命受色素累积及材料老化等外界因素的影响。目前这类反应器研究重点主要集中在管径及结构形式设计、反应管排列、反应液的混合及循环等内容的研究。

1.4.1.2 板式（箱式）光合制氢反应器

相对于管式反应器通体材料既作为采光面又作为结构材料导致反应器容积受加工材料限制、反应器温度不易控制等问题，板（箱）式反应器一般采用硬性材料做骨架，仅使用透光材料做采光面，非采光面可以使用强度较高的材料制作同时还可以进行保温处理。通过减少反应器厚度和采用双侧光照使反应器采光面积与容积比有了很大提高。目前已研制有单板式、多板叠合式、嵌槽式、网格板式等形式的反应器。图 1.9 是 Karlsruhe Technische Hechschule 研制的横板式反应器，该反应器由多组板状单元横放组合而成，将光源置于两板之间提高了光能利用率，该反应器采光面积为 1.7m²，有效工作容积为 10L，使用光合细菌中的绿细菌作为产氢菌。图 1.10 是日本 Hiroo Takabatake 研制的具有单色光源和磁力搅拌的板式反应器，采用双侧单色光源照射，反应器容积为 1.5L。图 1.11 是欧盟研制的悬挂薄板式反应器，该反应器由 4 个单元组成，每个单元都采用独立的框架支撑，悬挂设计

图 1.9 板状（plate）光合反应器

Fig. 1.9 Plate photobioreactor

形式增加了光线的透过性，反应器的工作容积 4×28L，采光面积为 4m²，该反应器的产氢和运行特性还未见报道。图 1.12 是日本 E. Nakada 等研制的立箱式光合制氢反应器，反应器有效容积为 11L，使用有机玻璃作为采光面，反应器厚度为 5cm，使用钨灯做光源。同时该反应器还在光照面添加一个薄层水箱以吸收红外热辐射并达到保温目的，其试验系统见图 1.13。图 1.14 是日本 Jun Miyake 等设计的重合板式光合制氢反应器，该反应器由 4 个相同的薄板结构重叠而成，每个薄板厚度为 0.5cm，光线由一侧依次通过提高了光能利用效率。该反应器使用有机玻璃作为采光面并采用水浴加热保证反应所需温度。图 1.15 是日本 Toshihiko Kondo 研制的双层式光合生物反应器，其主要利用两种不同的光合细菌 *Rhodobacter sphaeoides*（RV）和其取出色素的变株 MTP4 不同的吸光特性分别置于不同的层中从而实现高效产氢，试验表明这种组合形式下反应器的产氢率达到 3.64L/m²/h，比仅仅利用 RV 产氢提高了 33%，其光能转化率也达到 2.18%。

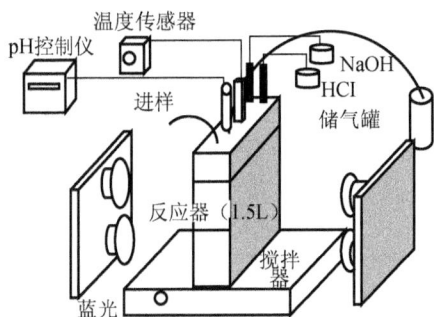

图 1.10　具有单色光源的板式反应器
Fig. 1.10　Plate reactor with a monochromatic light source

图 1.11　悬挂薄板式反应器
Fig. 1.11　Hanging plate type reactor

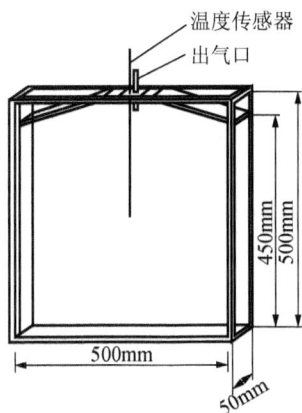

图 1.12　立箱式反应器结构图
Fig. 1.12　Box type reactor structure

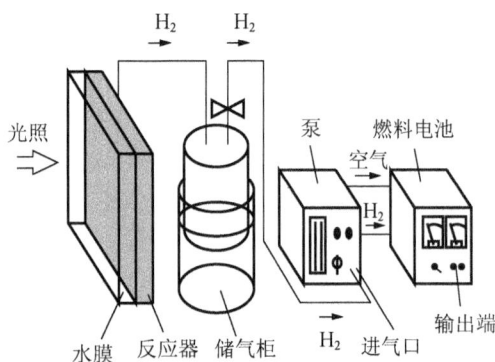

图 1.13　立箱式反应器与燃料电池的工作示意图
Fig. 1.13　Box type reactor and the schematic diagram of fuel cell operation

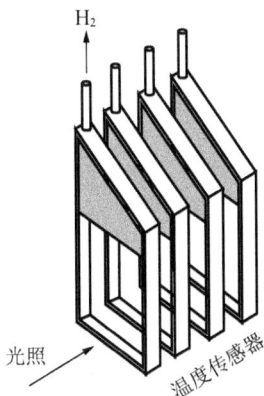

图 1.14　重合板式光合反应器
Fig. 1.14　Overlapping plate photobioreactor

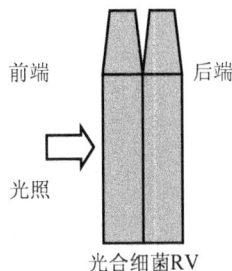

图 1.15　双层式光合反应器
Fig. 1.15　Double deck photobioreactor

　　板（箱）式反应器的主要缺点是：①由于受光线透过性的影响反应器厚度不能太大，造成反应器容积受限。②不易实现温度控制。③光能利用率和光能转化率低。④反应器内溶液混合性差。目前板式反应器的眼研制重点在于通过反应器的不同组合形式实现光能最大利用，同时通过对板内结构优化实现反应液的混合搅拌。同时为了增大有效采光面积和高效利用光能，在单板式反应器基础上研制了多板重合的竖形反应器、弯曲屋顶形反应器、浮床形反应器。

1.4.1.3　柱状光合细菌制氢反应器

　　柱状光合细菌制氢反应器是在管式反应器的基础上进行的改进设计，通过多级串联或并联实现大容积反应器的开发。目前已研制了单柱式、双柱式及多柱回流等几种形式光合制氢反应器。图 1.16 是荷兰研制的单柱式反应器，反应器由有机玻璃制成，直径 20cm，高 2m，总容积为 65L，反应器安装于室外，使用自然光源并配制了温度控制装置，其产氢率达到 0.4mmol H_2/L·h，其光能转化率为 1.5%。图 1.17 中国台湾 National Chung-hsing university 的 Chi-Mei Lee 研制的多柱回流式光合制氢反应器，该反应器由 3 个直径 8cm 高 68cm 的透明柱体构成，有效容积为 7.5L；反应器配置磁力搅拌和料液回流装置，反应器可通过不同柱间料液的分离和回流，实现料液搅拌、菌株的回收利用，提高了料液处理能力和产气率。同时土耳其中东技术大学（Middle Eadt Technical University）利用研制的 400mL 柱状反应器处理橄榄油加工废水，在废水浓度 2%的情况下得到了最大产氢率 13.9L_{H_2}/L_{OMW}（OMW: olive mill wastewater），该反应器由玻璃制成，使用钨灯作光源。印度 Kaushik Nath 也研制了夹层柱状光合细菌制氢反应器，该反应器直径 6cm，高度 36cm，有效工作容积为 500mL。夹层设计为水套结构，通过循环水来控制反应器内部溶液的温度。

　　柱状光合细菌制氢反应器的存在的主要问题是：①柱体直径同样受限于光在

反应液中穿透性。②反应器的高度受加工材料限制。③光能利用效率低。④温度不易控制。⑤反应器运行寿命受色素沉积和菌体吸附影响。

图 1.16　柱式光合生物反应器
Fig. 1.16　Pillar photosynthetic bioreactor

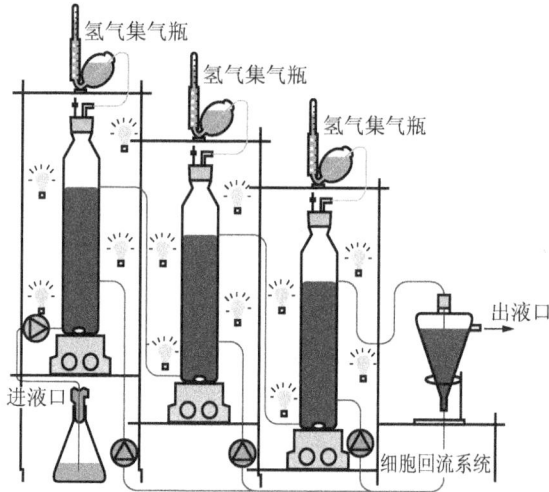

图 1.17　多柱回流式反应器
Fig. 1.17　Column return flow reactor

1.4.1.4　瓶状反应器

瓶状反应器的研制主要是基于增大反应器光照表面积，同时通过缩小反应器高度可以容易实现反应液的温度控制。图 1.18 是 D.B. Lata 研制的球状光合细菌制氢反应器，该反应器容积虽仅为 300mL，但其采光面积达到 $3.84 \times 10^{-3} m^2$，其在 4 000lx 的光照下产氢率达到 1.63L/h。图 1.19 是 Deliang He 设计的一种双层瓶装结构的光合生物制氢反应器，该反应器有效容积为 3L，反应器夹层中通入温水以保证反应器的反应温度，试验并配置了小型燃料电池。

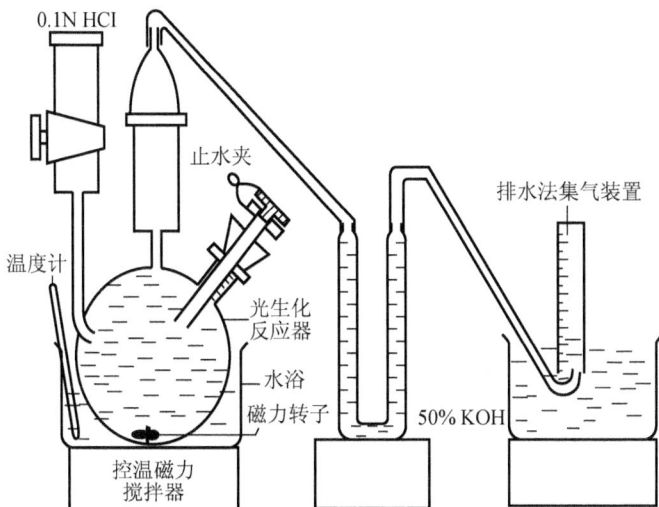

图 1.18 球状光合生物制氢反应器

Fig. 1.18 Globular hydrogen production photobioreactor

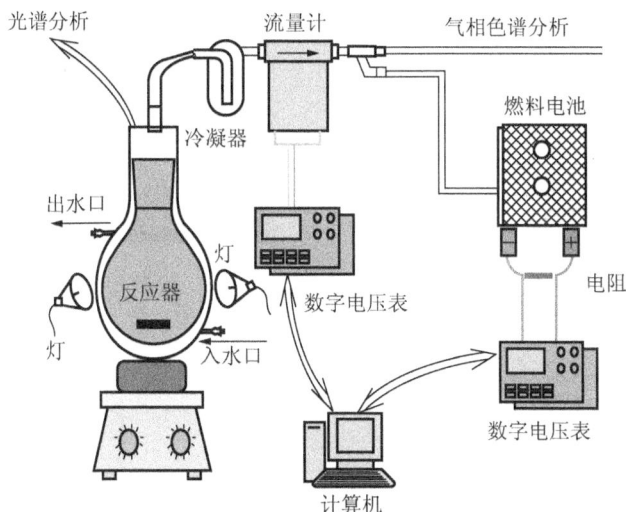

图 1.19 瓶状光合生物制氢反应器

Fig. 1.19 Doliform photosynthetic bioreactor

1.4.1.5 内置光源的光合制氢反应器

当使用人工光源时，光能利用率低是各类外置光源反应器主要技术缺陷，其主要原因在于反应器只能利用光源某个特定方向上的光能辐射，这样就造成了不必要的光能浪费。为了提供光能利用率，张全国、Chun-yen 等研制出多种内置光源的光合生物制氢反应器，这类反应器一般直接采用人工光源供光或通过使用光导纤维导入自然光和设置石英发光体为反应器提供光源。内置光源形式使光源向四周的辐射光能都能被利用，提高了反应器的光能利用率。图 1.20 是一种的典型内置光源反应器，其通过直接在反应器中心增加了一个透光性的柱体密封空腔结构，将一个 60W 钨灯放入空腔内实现内部布光，避免了反应器中心光线不足的问题，同时又在反应器外部设置了光源，实现双面布光。该反应器有效工作容积为 1.5L，配置了磁力搅拌装置。反应器连续运行过程中的最大产氢量为 37.8mL/g dwt/h（dwt 细胞干重，挥发性脂肪酸为电子供体）光能转化率达到 3.69%。图 1.21 是日本研制的一种罐状光合生物制氢反应器，该反应器设计了向日葵式太阳能聚光装置（图左，图上），通过石英发光体将光能引入反应器内部。图 1.22 是河南农业大学研制的内置光源环流式光合制氢反应器，反应器由有机玻璃制成，有效容积 7.5L，通过光纤将太阳光引入到反应器内侧空间，并使用白炽灯作为补充光源。图 1.23 是台湾成功大学（National Cheng Kung University）内置光纤和外辅光源的罐式反应器，反应器由白炽灯和人工光源机提供光能，其中人工光源机的光能通过光纤导入反应器内部。反应器在内部通过设置固体载块使反应器产氢效率提高了 32.5%～37.2%。

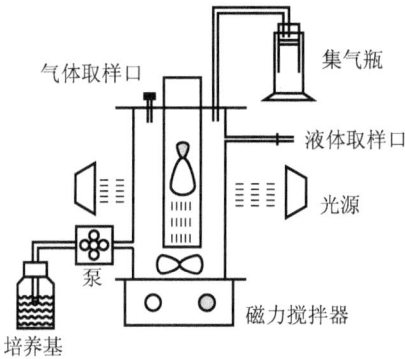

图 1.20　内置光源的罐式反应器
Fig. 1.20　Built-in light tank reactor

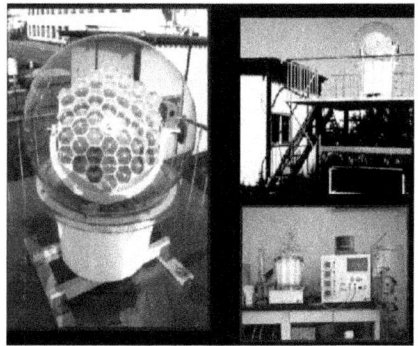

图 1.21　太阳能采光器及光生物反应器
Fig. 1.21　Solar lighting apparatus and
photobioreactor

图 1.22　环流罐状反应器
Fig. 1.22　Circulation tank reactor

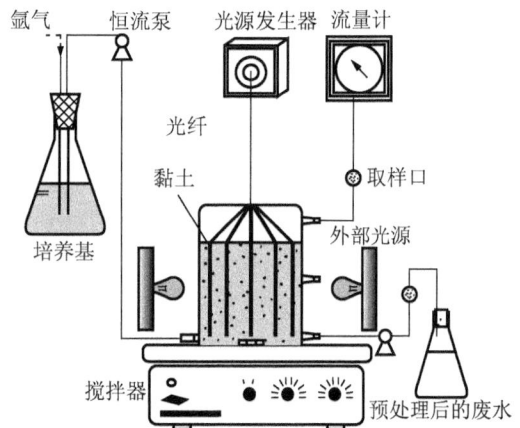

图 1.23　内置光纤与外置光源的罐状反应器
Fig. 1.23　Built-in optical fiber tank reactor with
external light source

内置光源反应器存在的主要问题有：①反应器结构复杂。②工作容积小。③人工热辐射光源使用易引起局部高温和光饱和效应。从上述各类反应器的设计中可以看出，目前光合细菌制氢反应器的设计还主要集中在如何增大反应器的采光面积和实现系统的温度控制，在现有的反应器设计中都采用人工光源和附加温度控制以实现较高的产氢率。

1.4.2　光合细菌制氢反应器光源的选择

光是光合细菌生长和产氢的基本要素，也是光合细菌制氢反应器设计中首先考虑的因素。光合细菌对光的吸收主要集中在光合色素的捕光机制上，由于不同种类的光合细菌由于所含光合色素种类的不同，其主要的光谱吸收范围也会有所改变。目前研究表明，不同菌属的光合细菌都有相应的光谱吸收范围，其吸收峰值主要集中在470nm、590nm的波长范围内。

光合细菌产氢的光源主要有自然光源和人工光源，太阳光是最廉价的自然光源，但由于其品质低、周期性和不稳定性一直没有得到必要的重视。目前光合制氢技术研究中主要使用容易操控的人工光源。

人工光源按发光原理可分为热辐射和非热辐射两大类。热辐射型光源是依靠灯丝在高温下的黑体效应发出的电磁波实现发光，热辐射光源由于是受热辐射激发至光，其光谱一般为连续性光谱，如燃料的燃烧火焰、白炽灯和卤钨灯等。非热辐射主要包括场致辐射、荧光、磷光、化学发光、生物发光等发光过程，这些发光过程的光谱一般为线状、带状光谱，其每个波长成分反映了发光成分的一条特征谱线，如钠灯、汞灯或大多数激光器发出的光谱。表 1.2 给出了常用光源的光谱特性。

表 1.2　常用光源的发光特性

Table 1.2　Characteristics of commonly used light emitting

光源类型	发光原理	主要可见光谱范围/nm	光谱特性
太阳光	热辐射	380～780	连续光谱
白炽灯	热辐射	400～780	连续光谱
卤钨灯	热辐射	600～800	连续光谱
低压汞灯	气体放电	460、530、580、620	混合光谱
高压汞灯	气体放电	404.7、435.8、546.1、578、620	带装光谱
低压钠灯	气体放电	589.0、589.6	线装光谱
高压钠灯	气体放电	454、467、498、515、568、589.0、589.6、615	带装光谱
金属卤化钨灯	气体放电	400～780	连续光谱+线状光谱
氙灯	气体放电	400～780	连续光谱
发光二极管	电致发光	460～465、590、589、650～790、550～568、900、普带组合波长（450、540、510）	分段光谱

为了便于试验控制，目前光合细菌制氢试验中一般选择了热辐射性人工光源

作为光合制氢反应器提供光照。但热辐射型只能将一部分电能通过热辐射形式转为光辐射，发光效率较低，其在制氢过程中的光能转化率更低。表 1.3 给出常用光源的发光效率。在当前能源供应紧张的情况下，热辐射光源高额的运行成本受到质疑，且这类光源在提供光照时还产生大量的红外热辐射容易造成反应器局部温度升高。同时为了克服反应液对光线的衰减满足反应器内部光照要求，人工光源在反应器采光面的光照度较大，容易造成采光面附近光合细菌的光饱和现象，降低产氢率。

表 1.3　常用光源的发光效率

Table 1.3　Luminous efficiency of commonly used light source

光源种类	发光效率/（lm·w^{-1}）	光源种类	发光效率/（lm·w^{-1}）
普通钨丝灯	8～18	高压汞灯	30～40
卤钨灯	14～30	高压钠灯	90～100
普通荧光灯	35～60	球形氙灯	30～40
三基荧光灯	55～90	金属卤化灯	60～80

1.4.3　光合细菌制氢反应器材料的选择

光合细菌制氢反应器的材料包括结构材料和采光面材料。由于光合制氢反应器的研究还停留在实验室水平上，目前反应器的材料还主要从方便、简单的角度出发进行选择，一般选择玻璃或有机玻璃等透光性材料作为采光面，甚至整体采用上述材料制成。但从实践中发现，这些材料除本身透光外，在机械性能、加工、维护方便都不适合作为工程化应用的材料。有机玻璃虽然加工、维护相对方便，但其随光照强度和时间的逐步老化也影响了其使用寿命。M. Waligoraska 在对不同反应器结构材料对光合细菌产氢的影响研究中使用普通钠玻璃作反应器材料获得了最高产氢率，而硼硅酸盐玻璃对紫外线辐射较高的透过性对光合细菌的生长是有害的，最终导致了较低的产氢率。不同反应器材料的产氢量高低的另一个因素在于光线在不同玻璃中的透过特性和不同材料对氢的扩散能力。因此选择易于实现工程化的材料作结构材料，使用普通钠玻璃作采光面是反应器工程化应用的首选。

1.4.4　光合生物制氢反应器存在的主要问题

虽然目前国内外学者对光合细菌制氢的研究给予了较高的重视，但受多种因素的影响，光合细菌制氢反应器在实际生产实验中还存在诸多问题。

1.4.4.1　反应器的结构形式

无论是管状反应器、板（箱）式反应器还是柱状反应器都在强调表面采光面积的设计，但由于反应液对光线的吸收和散射作用使光线在反应液中的迅速衰减，而为了满足反应器中心部位的光照要求过度增强光照度又易引起反应器壁面附近光合细菌的光饱和现象。因此不同部位的光照度要求就限制反应器厚度或管径大小，从而限制了反应器的容积。因此采光面直接作为反应器骨架材料的结构形式不适于大容积反应器的研制。

1.4.4.2 反应器的结构材料

目前所研制的反应器主要以玻璃或高透光性的有机玻璃为材料，或者采用高透光性玻璃作为采光面，使用金属材料作骨架制成。玻璃和有机玻璃的透光性和抗腐蚀性虽然较好，但其机械强度、加工工艺都不适宜直接用作大型反应器的结构材料。同时有机玻璃长期使用时出现老化现象使光通量降低，不易用作反应器的采光材料。

1.4.4.3 反应器的温度控制问题

外置光源的反应器一般使用反应器的外表面作采光面，无法采取必要的保温措施。虽然目前实验研究中有部分反应器采取了底部水浴和夹层水浴的方法对试验系统进行温度控制，但底部水浴易造成纵向温度梯度不利于菌体代谢，也在一定程度上限制了反应器的高度。夹层水浴虽然较易实现温度的控制，但夹层水对光线的吸收造成了大量有效光能的损失，同时也对加热用水的水质提出了严格要求。而对于内置光源的反应器来说，外壁保温虽可最大程度减少反应器热量损失，但为了提高反应器的有效容积，反应器内部采光通道一般较小，当使用热辐射型光源时，光源释放出的大量热量又易造成局部温度过高。

1.4.4.4 光源

相对于太阳光品质低、不稳定和周期性而言人工光源具有光强度大、可控性强而成为光合制氢研究的主要光源。目前广泛采用的人工光源基本都是热辐射型光源，这类光源不但能耗高，也易其造成的局部热效应和壁面附近的光饱和效应，引起反应器产氢率下降。由此有学者在研究了光合细菌对光谱的吸收特性的基础上使用低能耗发光二极管和石英发光体作为上述光源的替代光源，但这类光源的波谱范围较窄，虽然能适应光合细菌产氢的要求，但对光合细菌的遗传及变异特性缺少必要的理论支持。

1.4.4.5 光合色素的吸附

几乎所有的光合细菌都具有趋光性，在光照情况下易在采光面上吸附汇聚，其生长和产氢过程中产生的光合色素和菌体在采光面的沉积将极大地降低光的穿透性，使反应器产氢量下降。

1.4.4.6 运行成本

当采用热辐射型光源时，不间断的连续照明造成运行成本的升高。当使用光导纤维、发光二极管进行内部布光时，由于光通过反应液的距离（光径）较短，需要进行高密度布光，增加光导纤维或二极管的使用量，造成反应器成本的增加。同时由于目前研究中大多都采用纯物质作为产氢底物，其原料价格也是运行成本居高不下的一个重要原因。

1.4.4.7　大容积反应器内部的布光

布光问题是光合反应器设计的关键，也是影响反应器内光合细菌生长代谢的主要因素，布光均匀性、光强度大小、光谱范围、光源的选择都将影响反应器的正常运行。

1.4.4.8　连续性生产问题

由于光合制氢的研究起步较晚，目前在光合制氢反应器的设计中大都采用批次进料的产氢模式，对于连续性生产的研究还较少，解决反应器中连续生产中进料、消氧、菌体保留和光照问题成为制约连续进料的关键。

1.5　光合生物制氢过程研究的重要性

光合细菌产氢具有无污染、能耗低、操作简单、可分解有机废弃物、有效利用太阳能等优点，环境的保护和能源的可持续发展具有重要意义。但光合细菌产氢仍存在产氢速率较低，反应器产氢效率不高，离工业化生产和运用存在较大距离等问题，因此集中探索提高产氢效率的技术途径，寻找高效廉价的制氢原料和产氢工艺，研发高性能光生化反应器等对优化光合生物制氢技术至关重要。

同时光合制氢过程中存在着大量的多相流热物理问题，不仅包括光能传输过程中的光热转化，光生化反应器与外界的热量传导，还存在着光合细菌生长和产物生成过程中的代谢热以及系统生化反应过程中的反应热等。生物质多相流光合生物制氢体系的温度场分布和热效应问题，也是影响光合生物制氢过程中的重要因素，研究生物制氢过程中的生化反应和热物性成为目前生物制氢研究领域的热点问题。光合生物制氢过程中，反应器的结构、搅拌方式以及操作工艺参数都对光生化反应器内部的传热传质过程有影响。生物质多相流的流动特性、光能及热能的传递、传质等特性都直接影响其光合微生物产氢过程，因此，选育优势高效产氢菌种，优化产氢工艺，完善秸秆类生物质等产氢原料的预处理工艺，研发适用于光合生物制氢过程的高效光生化反应器，对生物质多相流内部光热质的分布传递规律进行研究，并建立相应的数学模型，揭示生物质多相流光合产氢能力和热量变化规律之间的相关关系，并提出行之有效的产氢体系调控方法，对实现生物质制氢的低成本、规模化生产具有非常重要的意义。

主要参考文献

计红芳, 陈锡时, 王爱杰. 2002. 光合细菌光合产氢的研究进展[J]. 微生物学杂志, 22(22)5: 44-60.

加滕荣. 1998. 光合作用研究方法[M]. 北京: 科学出版社.

江月松, 李亮, 钟余. 2005. 光电信息技术基础[M]. 北京: 北京航空航天大学出版社. 12: 172.

荆艳艳. 2011. 超微秸秆光合生物产氢体系多相流数值模拟与流变特性实验研究[D]. 郑州: 河南农业大学.

柯水洲, 马晶伟. 2006. 生物制氢研究进展(II): 应用与前景[J]. 化工进展. 25(9): 1006-1010.

李刚. 2008. 太阳能光合细菌连续制氢试验系统研究[D]. 郑州: 河南农业大学.

李建政, 汪群慧. 2004. 废物资源化与余生物能源[M]. 北京: 化学工业出版社. 3: 13-15.

李鹏鹏. 2006. 固定化光合细菌利用畜禽粪便产氢的研究[D]. 郑州: 河南农业大学.

梁光建, 吴永强. 2002. 生物产氢研究进展[J]. 微生物学通报, 29(6): 81-85.

林明, 任南琪, 王爱杰, 等. 2002. 高效产氢发酵细菌在不同气项条件下产氢, 中国沼气, 20(2)3-7.

刘江华. 2007. 氢能源-未来的绿色能源[J]. 新疆石油科技, 17(1): 72-77.

刘晶璘. 1998. 光生物反应器光现象的理论研究[D]. 广州: 华南理工大学.

刘如林, 梁凤来, 刁虎欣, 等. 1995. 光合细菌应用[M]. 北京: 中国农业出版社.

刘双江, 孙燕, 杨惠芳. 1994. 红假单胞菌 H 菌株生长细胞光照放氢条件的研究[J]. 微生物学通报, 21(5): 259-262.

刘源, 高金鹏, 徐春和. 2005. 紫细菌捕光色素蛋白复合体及光化学反应中心的研究进展[J]. 植物生理与分子生物学学报, 31 (6): 567-574.

刘志敏, 张建玲, 韩布兴. 2005. 超(近)临界水中的化学反应[J]. 化学进展, 17(2): 266-274.

龙敏南 苏文金, S P J A lbracht 等. 2001. 光合细菌 Chromatium vinosum 可溶性氢酶的某些理化性质[J]. 厦门大学学报, 40(6): 282-288.

路锦程, 黄峥. 2007. 中国能源发展面临的挑战及应对措施探讨[J]. 建筑节能, 35(5): 1-4.

潘亚杰, 张雷, 郭军, 等. 2005. 农作物秸秆生物降解法的研究[J]. 可再生能源. 3: 33-35.

任南琪, 李永峰, 郑国香, 等. 2004. 生物制氢: 理论研究进展[J]. 地球科学进展, 19(Z): 537-541.

日本能源学会, 史仲平, 华兆哲(译). 2007. 生物质和生物质能源手册[M]. 北京: 化学工业出版社.

三宅淳著. 1991. 利用光合作用细菌制氢[J]. 王伟廉, 译. 新能源. 13(3): 48-52.

师玉忠, 张全国, 张军合. 2006. 猪粪污水中 NH_4^+ 与产氢光合细菌的相关关系研究[J]. 武汉理工大学学报, 28(专辑II): 264-267.

师玉忠. 2008. 光合细菌连续制氢工艺及相关机理研究[D]. 郑州: 河南农业大学.

孙琦, 徐向阳, 焦杨文. 1995. 光合细菌产氢条件的研究[J]. 微生物学报, 35(1): 65-73.

汤桂兰, 孙振钧. 2007. 生物制氢技术的研究现状与发展 [J]. 生物技术, 17(1): 93-97.

汪丹好, 王海燕, 薛国新. 2004. 麦草浆臭氧漂白中戊聚糖含量的变化[J]. 纸和造纸, 23(5): 58-59.

王昶, 贾士儒, 贾庆竹等. 2005. 光合细菌生物制氢技术[J]. 生物加工过程. 3(4): 9-13.

王继华, 赵爱萍. 2005. 生物制氢技术的研究进展与应用前景[J]. 环境科学研究, 18(4): 170-177.

王继华, 赵爱萍. 2005. 生物制氢技术的研究进展与应用前景[J]. 环境科学研究. 18(4): 129-135.

王素兰, 张全国, 李刚. 2006. 光合生物制氢过程中光合菌群热动力学研究[C]. 广州: 第一届全国研究生生物质能研讨会, 会议论文, 12.

王素兰, 张全国, 李刚. 2006. 光合生物制氢过程中系统温度变化实验研究[C]. 哈尔滨: 2006 中国生物质能科学技术论坛, 会议论文, 8.

王素兰. 2007. 光合产氢菌群生长动力学与系统温度场特性研究[D]. 郑州: 河南农业大学.

王艳锦. 2004. 畜禽粪便污水光合细菌制氢技术研究[D]. 郑州: 河南农业大学.

王长海, 鞠宝, 董言梓等. 1998. 光生物反应器及其研究进展[J]. 海洋通报, 17(6): 79-86.

吴永强, 陈秉俭, 仇哲. 1991. 浑球红假单胞菌在暗处发酵生长时的固氮酶、吸氢酶以及放氢机制的研究[J]. 微生物学通报, 18(2): 71-75.

吴永强, 仇哲, 宋鸿遇. 1993. 丙酮酸诱导浑球红假单胞菌谷氨酸合成酶突变株[J]. 生物化学与生物物理学报, 20(5): 259-262.

熊犍, 叶君, 梁文芷. 1998. 高羧基含量的羧酸纤维素抗凝血性[J]. 功能材料, (10): 555.

徐向阳, 俞秀娥, 郑平. 1994. 固定化光合细菌利用有机物产氢的研究[J]. 生物工程学报, 10(4): 362-368.

杨健, 章非娟, 余志荣. 2005. 有机工业废水处理理论与技术[M]. 北京: 化学工业出版社. 1: 227-240.

杨素萍, 曲音波. 2003. 光合细菌生物制氢[J]. 现代化工, 23(9): 17-22.

杨素萍, 赵春贵, 曲音波, 等. 2003. 光合细菌产氢研究进展[J]. 水生生物学报. 23(1): 85-91.

杨素萍, 赵春贵. 2002. 高效选育产氢光合细菌的研究[J]. 山东大学学报(理学版), (4): 353-358.

杨素萍. 2002. 光合细菌生物制氢研究[D]. 济南: 山东大学. 5: 21-23, 41.

姚建铨, 于意仲. 2006. 光电子技术[M]. 北京: 高等教育出版社, 5: 87-91.

尤希凤, 张全国, 杨群发, 等. 2006. 天然混合产氢红螺菌培养条件. 太阳能学报, 27(4): 331-334.

尤希凤, 周静懿, 张全国, 等. 2005. 红假单胞菌利用畜禽粪便产氢能力实验研究[J]. 河南农业大学学报, 39(2): 215-217.

尤希凤. 2005. 光合产氢菌群的筛选及其利用猪粪污水产氢因素的研究[D]. 郑州: 河南农业大学.

岳建芝. 2011. 超微化秸秆粉体物性微观结构及光合生物产氢实验研究[D]. 郑州: 河南农业大学.

张军合, 张全国, 师玉忠, 等. 2006. 光合细菌高效产氢菌群在猪粪污水中产氢量的研究[J]. 河南农业大学学报, 40(2): 177-180.

张明, 史家梁. 1999. 光合细菌光合产氢机理研究进展[J]. 应用与环境生物学报, 5(增): 25-29.

张全国, 范振山, 王艳锦, 等. 2004. 猪粪污水光合细菌制氢的影响因素[J]. 化工学报, 55: 85-90.

张全国, 雷廷宙, 尤希凤. 2005. 影响高效产氢光合菌群产氢因素的实验研究[J]. 太阳能学报, 26(2): 248-252.

张全国, 师玉忠, 张军合. 2007. 太阳光谱对光合细菌生长及产氢特性的影响研究[J]. 太阳能学报, 28(10): 1135-1139.

张全国, 王素兰, 尤希凤. 2006. 影响光合菌群产氢量因素的研究[J]. 农业工程学报, 22(10): 182-185.

张全国, 尤希凤, 雷廷宙, 等. 2004. 太阳能光合生物制氢光转化效率的影响因素研究. 河南农业大学学报, 38(1): 96-99.

张志萍. 2015. 生物质多相流光合产氢过程调控及其热流场特性研究[D]. 郑州: 河南农业大学.

赵建林. 2006. 光学[M]. 北京: 高等教育出版社, 5: 41-43.

赵志刚, 程可可, 张建安, 等. 2006. 木质纤维素可再生生物质资源预处理技术的研究进展 [J]. 现代化工, 26(z2): 39-42, 44.

周汝雁, 尤希凤, 张全国. 2006. 光合微生物制氢技术的研究进展[J]. 中国沼气, 24(2): 31-34.

周汝雁. 2007. 环流罐式光合生物制氢反应器及其能量传输过程研究[D]. 郑州: 河南农业大学.

周太明, 周详, 蔡伟新. 2006. 光源原理与设计[M]. 上海: 复旦大学出版社.

朱核光, 赵琦琳, 史家梁. 1997. 光合细菌 Rhodopseudomonas 产氢的影响因子实验研究[J]. 应用生态学报, 8(2): 194-198.

朱章玉, 俞吉安, 林志新, 等. 1991. 光合细菌的研究及其应用[M]. 上海: 上海交通大学出版社.

朱章玉, 俞吉安. 1991. PSB 的研究及其应用[M]. 上海: 上海交通大学出版社.

Abo-Hashesh M, Ghosh D, Tourigny A, et al. 2011. Single stage photofermentative hydrogen production from glucose: an attractive alternative to two stage photofermentation or co-culture approaches [J]. International Journal of Hydrogen Energy, 36(21): 13889-13895.

Adams M W W. 1998. Biological Hydrogen Production [J]. Science, 4: 282, 1842-1843.

Akiko Ike, Tomoko Murakawa, Hideo Kawaguchi, et, al. 1999. Photoproduction of hydrogen from Raw starch using a Halophilic bacterial community[J]. Journal of bioscience and bioengineering. 88(1): 72-79.

Allen J P, Feher G, Yeates T O, et al. 1987. Structure of the reaction center from *Rhodobacter sphaeroides* R-26: the cofactors [J]. Proc Natl Acad Sci USA, 84: 6162-6166.

An I Yeh, Yi Ching Huang, Shih Hsin Chen. 2010. Effect of particle size on the rate of enzymatic hydrolysis of cellulose[J]. Carohydrate Polymers. 79(1): 192-199.

Arlt T, Bibikova M, Penzkofer H, et al. 1996. Strong acceleration of primary photosynthetic electron transfer in a mutated reaction center of *Rhodopseudomonas viridis* [J]. J Phys Chem, 100(29): 12060-12065.

Bagai R, Madamwar D. 1998. Prolonged evolution of photohydrogen by intermittent supply of nitrogen using a combined system of *Phormidium valderiannum*[J]. Halobacterium halobium and Escherichia coli Int Hydrogen Energy. (23): 545-550.

Ballesteros I, Oliva J M, Negro M J. 2002. Enzymic hydrolysis of steam exploded herbaceous agricultural waster(Brassica carinata)at different particle sizes. Process Biochemistry. (38)2, 187-192.

Banerjee M, Kumar A, Kumar H D. 1989. Factors regulating nitrogenase activity and hydrogen evolution in Azolla Anabaena symbiosis[J]. Int J hydrogen Energy. 12: 871-879.

Barbosa M J, Rocha J M, Tramper J, et al. 2001. Acetate as a carbon source for hydrogen production by photosynthetic bacteria [J]. Biotechnol, 85(1): 25-33.

Belkin S, Padan E. 1978. Hydrogen metabolism in the facultative anoxygenic cyanobacteria (blue-green algae), Oscillatoria limnetica and Aphanothece halophytica[J]. Arch Microbial. 116(6): 109-111.

Benemann J R, Berenson J A, Kaplan N O, et al. 1993. Hydrogen evolution by a chloroplast- hydrogenase system. Proc Natl Acad Sci USA. 70(5): 2317-2320.

Bernado Ruggeri. 2007. Bio-routes to hydrogen production[C]. Hydrogen and fuel cell technologies. Bardonecchia. 1. http: //www. flamesofc. org/public/hyschool-bardonecchia/presentations/15_Ruggeri. pdf.

Berndt Esper, Adrian Badura, Matthias Rogner. 2006. Photosynthesis as a power supply for bio-hydrogen production[J]. Trends in Plant Science. 11(11): 543-549.

Bollinger R, Zurrer M, Bachofen R. 1985. Photoproduction of molecular hydrogen from waste water of a sugar refinery by photosynthetic bacteria [J]. Applied Microbiology and Biotechnology, 23: 147-151.

Bothe H, Distler E, Eisbremmer G. 1978. Hydrogen metabolism in blue-green algae[J]. Biochimie, 60(2)277-298.

Buhner J, Agblevor F A. 2004. Effect of detoxification of dilute-acid corn fiber hydrolysate on xylitol production[J]. Appl Biochem Biotechnol. 119: 13-30.

Cara C, Ruiz E, Oliva J M, et al. 2007. Conversion of olive tree biomass into fermentable sugars by dilute acid pretreatment and enzymatic saccharification[J]. Bioresource Technol. 99: 1869-1876.

Chi Mei Lee, Kuo Tsang Hung. 2006. Hydrogen production using Rhodopseudomonas palustriesWP 3-5 with hydrogen fermentation reactor effluent[C]. 16th World Hydrogen Energy Conference (WHEC 16). Lyon France. 7.

Chun yen, Jo shu Chang. 2006. Enhancing phototropic hydrogen production by solid-carrier assisted fermentation and interal optical-fiber illumination[J]. Process Biochemistry. 41: 2041-2049.

Claassen P A M, Vrije G J de.2007. project participant BWPII. Hydrogen from biomass[M]. Wageningen: Agrotechnology and Food Sciences Group. 1.

Curreli Nicoletta, Agelli M ario, Pisu Brunella, et al. 2002. Com plete and efficient enzymic hydrolysis of pretreated wheat straw [J]. Process Biochemistry, 37(9): 937-941.

Das D, Veziroǧlu T N. 2001. Hydrogen production by biological processes: a survey of literature [J]. International Journal of Hydrogen Energy, 26(1): 13-28.

Deisenhofer J, Epp O, Miki K, et al. 1985. Structure of the protein subunits in the photosynthetic reaction centers of the *Rhodopseudomonas viridis* at 3Å resolution [J]. Nature, 318: 618-624.

Deisenhofer J, Epp O, Sinning I, et al. 1995. Crystallographic refinement at 2. 3Å resolution and refined model of the photosynthetic reaction centre from *Rhodopseudomonas viridi* [J]s. J Mol Biol, 246: 429-457.

Deliang He, Yann Bultel et al. 2005. Hydrogen photosynthesis by *Rhodobacter capsulatus* and its coupling to a PEM fuel cell. Journal of power sources, 141:19-23.

Ela E, Ufuk G, Meral Y, et al. 2004. Photobiological hydrogen production by using olive mill wastewater as a sole substrate source [J]. International Journal of Hydrogen Energy. 29: 163-171.

Emmel A, Mathias A L, Wypych F, et al. 2003. Fractionation of Eucalyptus grandis chips by dilute acid- catalysed steam explosion[J]. Bioresource Technol. 86: 105-115.

Ermler U, Fritzsch G, Buchanan S K, et al. 1994. Structure of the photosynthetic reaction center from *Rhodobacter sphaeroides* at 2. 65Å resolution; cofacter and protein-cofacter interaction [J]. Structure, 2 (10): 925-936.

Eroglu I, Aslan K, Gündüz U, et al. 1999. Substrate consumption rates for hydrogen production by *Rhodobacter sphaeroides* in a column photobioreactor [J]. Journal of Biotechnology, 70(1): 103-113.

European commission. 2007. Non-Thermal Production of Pure Hydrogen from Biomass, HYVOLUTION019825[C]. Brussel. 10.

Fan L T, Lee Y, Beardmore D H. 1980. Mechanism of the enzymatic hydrolysis of cellulose: Effects of major structural features of cellulose on enzymatic hydrolysis[J]. Biotechnol. Bioeng. 22: 177-199.

Fascetti E, Addario E D, Todini O, et al. 1998. Photosynthetic hydrogen evolution with volatile organic acids derived from the fermentation of source selected municipal solid wastes [J]. Int J Hydrogen Energy, 23: 753-760.

Gaffron H, Rubin J. 1942. Fermentative and photochemical production of hydrogen in algae[J]. J Gen Physio,26: 219-240.

Gaspar M, Kalman G, Reczey K. 2007. Corn fiber as a raw material for hemicellulose and ethanol production[J]. Process Biochem. 42: 1135-1139.

Gest H, Kamen M D. 1949. Photoproduction of molecular hydrogen by *Rhodospirillum rubrum*. [J] Science, 109: 558-559.

Gest H, Ormerod J G, Ormerod K S. 1962. Photometabolism of Rhodospirillum rubrum light-dependent dissimilation of organic compounds to carbon dioxide and molecular hydrogen by an anaerobic citric acid cycle [J]. Arch Biochem Biophys, 97: 21-23.

Gil G. 2002. Autohydrolysis of corncobs: study of non-isothermal operation of xylo-oligaccharides production[J] . Journal of food engineering, 52: 211-218.

Gorrell T E, Uffen R L. 1977. Fermentative metabolism of pyruvate by *Rhodospirillum rubrum* after anaerobic growth in darkness [J]. J Bacteriol, 131-533.

Gorrell T E, Uffen R L. 1978. Photopred uction of hydrogen gas and catabolism of pyruvate by *Rhodospirilium rubrum* grown an aerobically in the dark and in the light [J]. Photochem Photobiol. 27: 351.

Gould J M. 1984. Alkaline peroxide delignification of agricultural residues to enhance enzymatic saccharification[J]. Biotechnol. Bioeng. 26: 46-52.

Greg B, Javier G. 2007. Fernandez-Velasco. Materials, operational energy inputs, and net energy ratio for photobiological hydrogen production[J]. International Journal of Hydrogen Energy [J]. 32: 1225-1234.

Hallenbeck P C, 2002. Benemann J R. Biological hydrogen production: fundamentals and limiting processes [J]. International Journal of Hydrogen Energy, 27(11): 1185-1193.

Hallenbeck P C, Abo-Hashesh M, Ghosh D. 2012. Strategies for improving biological hydrogen production [J]. Bioresource Technology, 110: 1-9.

Hefner R A. 2000. The age of energy gases. The 10th Repsol-Harvard seminar on energy policy, in Madrid, Spain, 1999[R]. The Industrial Physicist, 2: 16-19.

Herbert H P, Hong Liu, Tong Zhang. 2005. Phototrophic hydrogen production from acetate and butyrate in wastewater [J]. International Jouranl Hydrogen Energy. 30: 785-793.

Hillmer P, Gest H. 1977. H_2 metabolism in the photosynthetic bacterium *Rhodopseudomonas capsulata* H_2 production by growing cultures [J]. J Bacterial, 129: 724-731.

Hiroo Takabatake, Kiyohiko Suzuki, In-Beom Ko , et, al. 2004. Characteristics of anaerobic ammonia removal by a mixed culture of hyrogen producing photosynthetic bacteria[J]. Bioresource Technology. 95: 151-158.

Jin S, Chen H. 2006. Superfine grinding of steam-exploded rice straw and its enzymatic hydrolysis[J]. Biochem. Eng. *J.* 30: 225-230.

John W P. 1999. Structure and mechanism of iron-only hydrogenases [J]. Current Opi Strul Biol, 9: 670-676.

Jun Miyake, Masato Miyake b, Yasuo Asada. 1999. Biotechnological hydrogen production: research for efficient light energy conversion [J]. Journal of Biotechnology, 70: 89-101.

Karrasch S, Bullough PA, Ghosh R. The 8. 1995. 5Å project map of the light-harvesting complex I from *Rhodospirillum rubrum* reveals a ring composed of 16 subunits [J], EMB0 J, 14: 631-638.

Kassim E A, El-shaded A S. 1986. Enzymatic and chemical hydrolysis of certain cellulosic materials[J]. Agr. Wastes. 17:

229-233.

Kern M, Klipp W, Klemme J H. 1994. Increased nitrogenase dependent H_2 production by hup mutants of *Rhodospirillum rubrum* [J]. Appl Env Microbiol, 60(6): 1786-1774.

Khanal S K, Chen W H, Li L, et al. 2004. Biological hydrogen production: effects of pH and intermediate products [J]. Int J Hydrogen Energy, 29: 1123-1131.

Kim E J, Kim J S, Kim M S, et al. 2006. Effect of changes in the level of light harvesting complexes of *Rhodobacter sphaeroides* on the photoheterotrophic production of hydrogen [J]. International Journal of Hydrogen Energy, 31(4): 531-538.

Kim J S, Lee Y Y. 2001. Cellulose hydrolysis under extremely low sulfuric acid and high-temperature conditions[J]. Appl Biochem Biotechnol 91-93, 331-340.

Kim M S, Moon K W, Lee S K. 2001. Hydrogen production from food processing waste water and sewage sludge by anaerobic dark fermentation combined with photofermentation [J]. In: Miyake J et al. (eds)biohydrogen II. Elsevier, Amsterdam, 263-272.

Kinke H B, Thomsen A B, Ahring B K. 2004. Inhibition of ethanolproducing yeast and bacteria by degradation products produced during pre-treatment of biomass[J]. Appl Microbiol Biotechnol. 66: 10-26.

Koku H, Eroglu I, Gunduz U, et al. 2002. Aspects of the metabolism of hydrogen production by *Rhodobacter sphaeroides* [J]. Int J Hydrogen Energy, 27: 1315-1329.

Koku H, Eroglu I, Gunduz U, et al. 2003. Kinetics of biological hydrogen production by *Rhodobacter sphaeroides* O. U. 001 [J]. Int J Hydrogen Energy, 28: 381-388.

Kondo T, Arakawa M. 2002. Enhancement of hydrogen by a photosynthetic bacterium mutants with recent pigment [J]. J Bioeng, 93(2): 145-150.

Kumakura M, Kaetsu I. 1978. Radiation-induced decomposition and enzymatic hydrolysis of cellulose[J]. Biotechnol. Bioeng. 20: 1309-1315.

Kumakura M, Kaetsu I. 1982. Radiation degradation and the subsequent enzymatic hydrolysis of waste papers[J]. Biotechnol. Bioeng. 24: 991-997.

Kumakura M, Kaetsu I. 1983. Effect of radiation pretreatment of bagasse on enzymatic and acid hydrolysis[J]. Biomass. 3: 199-208.

Kumar N, Das D. 2002. Biological hydrogen production in a packed bed reactor using agroresidues as solid matrices[M]. Processings of 13th WHEC, Beijing.

Kurakake M, Ide N, Komaki T. 2007. Biological pretreatment with two bacterial strains for enzymatic hydrolysis of office paper. Curr Microbiol. 54: 424-428.

Lambert G R, Smith G D. 1990. Hydrogen metabolism by filermentous cyanobacteria[J]. Arch Biochem Biophys, 205(12)36-50.

Lata D B, Chandra Ramesh, Kumar Arvind. 2007. Effect of light on generation of hydrogen by Halobacterium halobium NCIM 2852 [J]. International Journal of Hydrogen Energy. 32: 3293-3300.

Laurinavichene T V, Fedorov A S, Ghirardi M L, et al. 2006. Demonstration of sustained hydrogen photoproduction by immobilized, sulfur-deprived *Chlamydomonas reinhardtii* cells[J]. International Journal of Hydrogen Energy, 31(5): 659-667.

Lay J J, Lee Y J, Noike T. 1999. Feasibility of biological hydrogen production from fraction of municipal solid waste [J]. Water research. 33: 2579-2586.

Lee K S, Lo Y C, Lin P J, et al. 2006. Improving biohydrogen production in a carrier-induced granular sludge bed by altering physical configuration and agitation pattern of the bioreactor [J]. International Journal of Hydrogen Energy, 31(12): 1648-1657.

Levin D B, Pitt L, Love M. 2004. Biohydrogen production: prospects and limitations to practical application [J]. International Journal of Hydrogen Energy, 29(2): 173-185.

Li M, Wang H X. 2012. The analysis of comprehensive utilization measures of agricultural waste [J]. China Population

Resources and Environment, 22(5): 37-39.

Lin X, Murchison H A, Nagarajan V, et al. 1994. Specific alteration of the oxidation potential of the electron donor in reaction centers from *Rhodobacter sphaeroides* [J]. Proc Natl Acad Sci USA, 91: 10265-10269.

MacDermott G S M, Prince A, Freer A, et al. 1995. Crystal structure of an integral membrane light-harvesting complex from photosynthetic bacteria [J]. Nature, 374: 517-521.

Macler B A, Pelroy R A, Bassbam J A. 1978. Hydrogen formation in nearly stoichiometric amounts by a Rhodopseudomonas sphaeroides mutant [J]. J Bacterial, 138 (2): 446-452.

Madigan M T, Gest H. 1978. Growth of a photosynthetic bacterium. Anaerobically in darkness supported by "oxidant-dependent" sugar [J]. Fermentation. Arch　Microbiol, (117): 119-122.

Maness P C, Weaver P F. 1997. A potential bioremediation role for photosynthetic bacteria [M]. Bioremediation: principles and practice, vol II. Lancaster P A.

Mark Laser. 2002. A comparison of liquid hot water and steam pretreatment of sugar cane bagasse for bioconversion to ethanol [J]. Bioresource technology, 81: 33-44.

Marshall W L, Franck E u. 1981. Ion product of water substance, 0-1000℃, 1-10, 000bars-new international formulation and its background[J]. J. Phys. Chem. Ref. Data, 10, 295.

Matsunaga T, Hatano T, Yamada A, et al. 2000. Micro aerobic hydrogen production by photosynthetic bacteria in a double-phase photobioreactor [J]. Biotechnol Bioeng, 68: 647-651.

Mcmillan J D. 1994. Pretreatment of lignocellulosic biomass. In: Himmel M E, Baker J O, C}verend R P(Eds.). Enzymatic Conversion of Biomass for Fuels Production[M]. ACS Symposium Series, 292-324.

Melis A, Neidhardt J, Baroli I, et al. 1998. Maximizing photosynthetic production and light utilization by microalgae by minimizing the light-harvesting chlorophyll antenna size of the photosystems[R]. In: Zaborsky OR Biohydrogen, London, New York: Plemum press.

Menisher T M, Metghalchi E B. 2000. Cutoff Mixing studies in bioreactors [J]. Bioprocess and Biosystems Engineering. 22 (2): 115-120.

Michael B, Salernoa, Wooshin Parkb, et al. 2006. Inhibition of biohydrogen production by ammonia [J]. Water Research. 40: 1167-1172.

Mitsui A, Ohta Y. 1981. Photosynthetic bacteria as alternative energy sources-overview on hydrogen production research [J]. Proceeding of the 2nd International Conference on Alternative Energy Source, 3483-3510.

Mitui A, Matsunaga T, Ikemolo H, et al. 1985. Organic and inorganic waste treatment and simultaneous photoproduction of hydrogen by immobilized photosynthetic bacteria. Develop Industry Microbiol, 26: 209-222.

Miyake J, Kawamura S. 1987. Efficiency of light energy conversion to hydrogen by the photosynthetic bacterium *Rhodobacter sphaeroides*[J]. Int J Hydrog Energy, 12: 147-149.

Miyake J, Miyake M, Asada Y. 1999. Biotechnological hydrogen production: research for efficient light energy conversion [J]. Journal of Biotechnology, 70: 89-101.

Mohan S V, Babu V L, Sarma P N. 2007. Anaerobic biohydrogen production from dairy wastewater treatment in sequencing batch reactor (AnSBR): effect of organic loading rate [J]. Enzyme and Microbial Technology, 41(4): 506-515.

Mosier N, Wyman C, Dale B, et al. 2005. Features of promising technologies for pretreatment of lignocellulosic biomass[J]. Bioresour. Technol. 96: 673-686.

Murchison H A, Alden R G, Allen J P, et al. 1993. Mutations designed to modify the environment of the primary electron donor of the reaction center from *Rhodobacter sphaeroides:* phenylalanine to leucine at L167 and histidine to phenylalanine at L168 [J]. Biochem, 32 (13): 3498-3505.

Murooka Y, Emanaka T. 1994. Recombinant microbe for industrial applications [R]. Mew York: Marcel Dekker Inc. 771.

Nabarlatz D, Ebringerova A, Montane D. 2007. Autohydrolysis of agriculture by-product for the production of xylo-oligosaccharides[J] . Carbohydr Polym, 69: 20-28.

Nakada E, Nishikat S, Asada Y, et al. 1999. Photosynthetic bacterial hydrogen production combined with a fuel cell[J].

International Journal of Hydrogen Energy. 24: 1053-1057.

Nandi R, 1998. Sengupta S. Microbial production of hydrogen: An overview [J]. Crit Rev Microbiol, 24 (1): 61-84.

Nath K, Das D. 2004. Improvement of fermentative hydrogen production: various approaches [J]. Applied Microbiology and Biotechnology, 65(5): 520-529.

Neely W C. 1984. Factors affecting the pretreatment of biomass with gaseous ozone[J]. Biotechnol. Bioeng. 26: 59-65.

Negro M J, Manzanares P, Ballesteros I, et al. 2003. Hydrothermal pretreatment conditions to enhance ethanol production from poplar biomass. Appl. Biochem. Biotechnol. 105: 87-100.

Odom J M, Wall J D. 1983. Photoproduction of H_2 from cellulose by an anaerobic bacterial co- culture. Appl Environ Microbiol [J]. 45: 1300-1305.

Papiz M Z, Prince S M, Howard T, et al. 2003. The structure and thermal motion of the B800-850 LH2 complex from *Rhodopseudomonas acidophila* at 2. 0 Å resolution and 100K: New structural features and functionally relevant motions [J]. Journal of Molecular Biology, 326(5): 1523-1553.

Papiz1 Z M, Prince S M, Howard T, et al. 2003. The structure and thermal motion of the B800-850 LH2 complex from *Rhodopseudomonas acidophila* at 2. 0 Å resolution and 100 K: new structural features and functionally relevant motions [J]. J Mol Biol, 326: 1523-1538.

Park I H, Rao K K, Hall D O. 1991. Photoproduction of hydrogen, hydrogen peroxide and ammonia using immobilized cyanobacteria[J]. Int J Hydrogen Energy. (16): 313-318.

Partrick C, John R. 2002. Biological hydrogen production; fundamentals and limiting process [J]. Int J Hydrogen Energy. 27(2): 1185-1193.

Patrick C, Hallenbeck, John R, Benemann. 2002. Biological hydrogen production fundamentals and limiting processes [J]. International J of Hydrogen Energy, 27 (1): 1185-1193.

Pietro Carlozzi, Benjamin Pushparaj, Alessandro Degl' Innocenti, et al. 2006. Growth characteristics of Rhodopseudomonas palustris cultured outdoors, in an underwater tubular photobioreactor, and investigation on photosynthetic efficiency[J]. Appl Microbiol Biotechnol, 73: 789-795.

Rajesh K Dasari, R Eric Berson. 2007. The effect of particle size on hydrolysis reaction rates and rheological properties in cellulosic slurries[J]. Appiled Biochemistry and Biotechnology. 137-140(1-12): 289-299.

Ramachandran R, Menon R K. 1998. An overniew of industrial uses of hydrogen[J]. Int J Hydrogen Energy. 23: 593-598.

Richard J Cogdell, Alastair T Gardiner, Aleksander W Roszak, et al. 2004. Rings, ellipses and horseshoes: how purple bacteria harvest solar energy[J]. Photosynthesis Research. 81: 207-214.

Rousset M, Montet Y, Guigliarell B, et al. 1998. Hatchikian EC. [3Fe-4S] to [4Fe-4S] cluster conversion in *Desulfovibrio fructosovorans* [NiFe] hydrogenase by site-directed mutagenesis[J]. Pro Natl Acad Sci USA. 95: 1625-1630.

Ruiz E, Cara C, Manzanares P. 2008. Evaluation of steam explosion pretreatment for enzymatic hydrolysis of sunflower stalks[J]. Enzyme Microb Tech, 42, 160-166.

Sasiala C H, Ramana Chv, Rao P R. 1995. Regulation of simultaneous hydrogen photoproduction during growth by pH and glutamate in *Rhodobacter sphaeroides* O. U. 001[J]. Int J Hydrogen Energy. (20)123-126.

Sasikala K, Ramana C V, Rao P R. 1991. Environmental regulation for optimal biomass yield and photoproduction of hydrogen by Rhodobacter sphaerodies O. U. 001 [J]. Int J Hydrogen Energy. 15: 795-797.

Sasikala K, Ramana C V, Subrahanyam M. 1991. Photoproduction of hydrogen from wastewater of a lactic acid fermentation plant by a purple nonsulphur photosynthetic bacterium *Rhodobacter sphaeroides* O. U. 001 [J]. Indian J Exp Biol, 29 (7): 74,75.

Sasikalak, Ramana C V, Rao P R. 1992. Photoproduction of hydrogen from the waste water of a distillery by *Rhodbacter sphaeroides* O. U. 001 [J]. International Journal of Hydrogen Energy, 17: 23-27.

Semastiaan Hoekema, Martijn Bijmans, Marcel Janssen. 2002. A pneumatically agitated flat-panel photobioreactor with gas re-circulation : anaerobic photoheterotrophic cultivation of a purple non-sulfur bacterium[J]. International Journal of Hydrogen Energy. 27: 1331-1338.

Shi X Y, Yu H Q. 2005. Optimization of glutamate concentration and pH for H_2 production from volatile fatty acids by

Rhodopseudomonas capsulata[J]. Letters in Applied Microbiology, Volume 40: 401.

Sidiras D K, Koukios E G. Acid saccharification of ball-milled straw[J]. B*iomass*. 1989;19: 289-306.

Singh S P, Srivastava S C, Pandey K D. 1994. Hydrogen production by *Rhodopseudomonas* at the expense of vegetable starch, sugar cane juice and whey [J]. Int J Hydrogen Energy, 19 (1): 437-440.

Singh S P, Srivatava S C. 1991. Isolation of non-sulfur photosynthetic bacteria strains efficient in hydrogen production at evevated temperatures[J]. Int J Hydrogen Energy. 16: 404,405.

Stevens P, Vertonghen C, DeVos P, et al. 1984. The effect of temperature and light intensity on hydrogen gas production by different *Rhodopseudomonas capsulata* strains. Biotechnology Letters, 6: 277-282.

Sun Y, Cheng J J. 2005. Dilute acid pretreatment of rye straw and bermudagrass for ethanol production[J]. Bioresource Technol. 96: 1599-1606.

Taniguchi M, Suzuki H, Watanabe D. 2005. Evaluation of pretreatment with pleurotus ostreatus for enzymatic hydrolysis of rice straw[J]. J. Biochem. Booeng. 100: 637-643.

Tanisho S, Suzuki Y, Wakoo N. 1987. Fermentative hydrogen evolution by Enterbacter aerogenes strain E. 82005[J]. Int J Hydrogen Energy. (12): 623-627.

Teixeira L C, Linden J C, Schroeder H A. 1999. Alkaline and peracetic acid pretreatments of biomass for ethanol production[J] . *Appl*. Biochem. Biotechnol. 19-34.

Tel-or E, Luijk L W, Packer L. 1978. Inducible hydrogenase in cyanobacteria enhances N_2-fixation[J]. FEBS Lett (78)49-52.

Thangaraj A, Kulandaivelu G. 1994. Biological hydrogen photoproduction using dairy and sugarcane waste waters [J]. Bioresource Technol, 48: 9-12.

Toshihiko Kondo, Masayasu Arakawa, Tatsuki Wakayama, et al. 2002. Hydrogen production by combining two types of photosynthetic bacteria with different characteristics[J]. International Journal of Hydrogen Energy. 27: 1303-1308.

Tsygankov A A, Hall D O, Liu J, et al. 1998. An automated helical photobioreactor incorporating cyanobacteria for continuous hydrogen production [A]. Biohydrogen, Springer US, 431-440.

Turkarslan S, Yigit D O, Aslan K, et al. 1998. Photobiological hydrogen production by *Rhodobacter sphaeroides* O. U. 001 by utilization of waste water from milk industry [R]. In: Zaborsky O R. Biohydrogen, London, New York: Plentm Press, 151-156.

Uffen R L. 1976. Anaerobic growth of a *Rhodopseudomonas* species in the dark with carbon monoxide as sole carbon and energy substrate [J]. Proc Natl Acad Sci USA. 73: 3298-3302.

Uffen R L. 1983. Metabolism of carbon monoxide by *Rhodopseudomonas gelatinosa*: cell growth and properties of the oxidation system [J]. J Bacteriol, 155: 956-965.

United States Department of Energy. A prospectus for biological H_2 production [OL]. http: //www. eere. energy. gov/hydrogenandfuelcells/production/pdfs/photobiological. pdf.

Uyar B, Eroglu I, Yücel M, et al. 2005. Effect of Light Intensity and Illumination Protocol on Biological Hydrogen Production by *Rhodobacter sphaeroides* O. U. 001[R]. Proceedings International Hydrogen Energy Congress and Exhibition IHEC 2005 Istanbul, Turkey, 13-15.

Vidal P F, Molinier J. 1988. Ozonolysis of Lignin-Improvement of in vitro digestibility of poplar sawdust[J]. *Biomass*. 16: 1-17.

Vincenzini M, Balloni W, Mannelli D, et al. 1981. A bioreactor for continuous treatment of wastewaters with immobilized cells of photosynthetic bacteria [J]. Experiential. 37(7): 710-712.

Vrati S, Verma J. 1983. Production of molecular hydrogen and single cell protein by *Rhodopseudomonas cpsulata* from cow dung [J]. J Ferment Technol, 61: 157-162.

Wakayama T, Asada Y, Miyake J. 2000. Effect of light/dark cycle on bacterial hydrogen production by *Rhodobacter sphaeroides* RV from hour to second range[J]. Appiled biochem biotech. 84-86: 431-440.

Wakayama T, Nakada E, Asada Y, et al. 2000. Effect of light/dark cycle on bacterial hydrogen production by *Rhodobacter sphaeroides* RV from hour to second range [J]. Appl Biochem Biotechnol, 84-86.

Wakim B T, Uffen R L. 1982. Membrane association of the carbon monoxide oxidation system in *Rhodopseudomonas gelatinosa* [J]. J Bacteriol, 153: 571-573.

Waligorska M, Moritz M, Laniecki M. 2006. Hydrogen generation by *Rhodobacter spahaeroides* O. U. 001: the effect of photobioreactor construction material. WHEC 16, Lyon France. 13-16 June.

Weaver P F, Lien S, Senbert M. 1980. Photobiological production of hydrogen[J]. Solar Energy. 24: 3-45.

Weil J R, Sarikaya A, Rau S L, et al. 1998. Pretreatment of corn fiber by pressure cooking in water[J]. Appl. Biochem. Biotechnol. 73: 1-17.

Wu D Q, Qian X M. 1996. Advance in regulation and expression of photosynthetic gene in purple non-sulfur bacteria [J]. Microbiology, 23 (2): 115-121.

Wu K J, Chang C F, Chang J S. 2007. Simultaneous production of biohydrogen and bioethanol with fluidized-bed and packed-bed bioreactors containing immobilized anaerobic sludge [J]. Process Biochemistry, 42(7): 1165-1171.

Xian Yang Shi, Han Qing Yu. 2005. Response surface analysis on the effect of cell concentration and light intensity on hydrogen production by Rhodopseudomonas capsulate[J]. Process biochemistry. 40: 2475-2481.

Xian Yang Shi, Han-Qing Yu. 2006. Continuous production of hydrogen from mixed volatile fatty acids with Rhodopseudomonas Capsulate [J]. International Journal of Hydrogen Energy. 31: 1641-1647.

Xu Z, Wang Q, Jiang Z, et al. 2007. Enzymatic hydrolysis of pretreated soybean straw[J]. Biomass Bioenerg. 31: 162-167.

Yaman S. 2004. Pyrolysis of biomass to produce fuels and chemical feedstocks[J]. Energy Conversion and Management, 45(5): 651-671.

Yang C, Shen Z. 2008. Effect and after effect of radiation pretreatment on enzymatic hydrolysis of wheat straw[J]. Bioresour. 99(14): 6240-6245.

Yasuo Asada. 2003. The 11th international symposium on phototrophic prokaryotes[D]. TOKYO. 8. 24-29.

Zeng M, Mosier N S, Huang C P, et al. 2007. Microscopic examination of changes of plant cell structure in corn stover due to hot water pretreatment and enzymatic hydrolysis[J]. Biotechnol. Bioeng. 97, 265-278.

Zhao X, Zhang L, Liu D. 2007. Comparative study on chemical pretreatment methods for improving enzymatic digestibility of crofton weed stem[J]. Bioresource Technol. 99: 3729-3736.

Zurrer H, Bachofen R. 1979. Hydrogen Production by the photosynthetic bacterium Rhodospirillum rubrum[J]. Appl Environ Microbiol, 37: 789-793.

2 光合产氢细菌选育技术

研究开发以农作物秸秆和畜禽粪便为主要原料的光合细菌制氢技术，对于保障国家能源安全，实现农业生物质资源化清洁利用具有重要的意义。高效菌种选育作为光合生物制氢科学技术领域的主要研究方向得到了能源与环境科学界研究工作者的广泛关注。普遍认为纯菌种制氢需要较为严格的无菌环境，制氢成本较高，效率较低，而混合菌群中的光合细菌具有不同的光吸收波谱和原料利用性能，存在多菌种的协调效应，因此混合菌群有原料利用率高和产氢效率高等优势，选育高效优势混合菌群对推动光合生物制氢技术研究进展至关重要。

2.1 高效光合产氢细菌的富集与筛选

随着经济的快速发展，环境污染和能源短缺日益受到各个国家的注视。由于氢气燃烧热值高，燃烧无污染，运输方便，是一种可储存的能源载体，因此氢气作为新能源在世界能源舞台上占有举足轻重的地位。有人将氢气誉为"世界上最干净的能源"。氢气可通过化学方法对化合物进行重整、分解、光解或水解等方式获得，也可通过电解水获得，或是利用产氢微生物进行发酵或光合作用来制得（生物制氢）。在目前的文献中光合细菌被认为是生物制氢最有前途的微生物，光合细菌制氢是一种极有发展前景的生物制氢方法。菌种是所有影响生物制氢技术和效率中最关键的因素，菌种的性能是影响光合细菌的产氢效率、原料转化效率和光转化效率大小等各方面的决定因素。光合细菌产氢要求的工艺条件较高，至今对光合细菌产氢的研究还没有像绿藻产氢和黑暗厌氧产氢那样深入、系统。目前，在光合细菌制氢的研究中大多采用已知的纯菌种或者系统筛选纯菌种进行研究，而系统筛选混合光合细菌的研究报道较少。常用的纯菌种有类球形红细菌（*Rhodobacter sphaeroides*）、荚膜红细菌（*Rhodobacter capsulatus*）、嗜硫红细菌（*Rhodobacter sulfidopHilus*）、海红菌（*Rhodobium marinum*）、沼泽红假单胞菌（*Rhodopseudomonas palustris*）等。纯菌种制氢有灭菌成本高、易受杂菌污染、菌种保藏困难、原料利用单一等方面的缺点。混合菌群中的光合细菌不同，具有的光吸收波谱和原料利用性能不同，而且混合菌群存在多菌种的协调效应，因此混合菌群具有原料利用率高，产氢效率高等优势，筛选高效优势混合菌群的对光合细菌制氢产业化的发展有很大的推动作用，具有很深的发展潜力和广泛的应用前景。

　　光合细菌类别繁多，国际上已经对其进行了大量的分离工作，分离到了紫色非硫细菌（*purple nonsulfur bacteria*）、红（紫）色硫黄细菌（*Chromatiaceae*）、绿色硫细菌（*Chlorobiaceae*）和滑行丝状绿色硫黄细菌（*Chloroflexaceae*）4个科的22个属中的60多个种，光合细菌广泛存在于湖、下水道、沼泽、污水处理厂的活性污泥中、食品加工厂以及各种养殖场的污水排放处，甚至树叶和土壤中也可能存在光合细菌，尤其在腐败有机质含量高的环境中大量存在，光合细菌在厌氧光照条件下能利用多种有机物营光能异养生活。不同地点可能含有不同属、种的光合细菌，所以河南农业大学生物制氢团队从产氢的源头——光合细菌入手，在菌源丰富的五个不同地点广泛取样获得菌源，采用特殊培养基进行光合细菌菌种的富集培养得到光合细菌优势菌群，采用多种不同培养基较全面地进行光合细菌的系统分离与鉴定，再根据细菌形态，采用平板计数法得出原混合菌群中各个菌种所占的百分含量。然后将这些不同性能的优势菌株组合形成高效立体混合生态菌群，最后修正优化适合该光合菌群的产氢培养基，从而提高产氢量和加快产氢速率，加快了光合细菌制氢工业化应用的进程，光合产氢产业化后能实现环保和产能的双层效益，具有很大的实用意义。详细的工艺路线见图2.1。

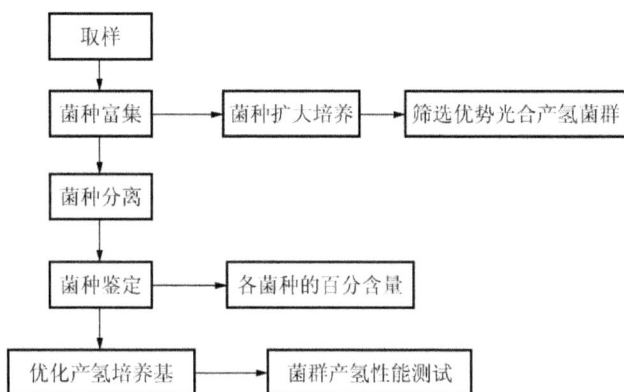

图2.1　产氢实验工艺路线

Fig. 2.1　Technology routing of hydrogen production

2.1.1　菌种富集与筛选的试验设计

2.1.1.1　试验内容

（1）取样，其中菌源有5个，不同种类的光合产氢菌群的富集。

（2）光合细菌成为优势菌群后，扩大培养。采用不同培养基对其进行分离。

（3）分离后的单菌株，鉴定其种属，然后根据细菌形态，采用平板计数法得出原混合菌群中各个菌种所占的百分含量。

（4）再针对鉴定后的混合细菌进行产氢培养基优化，研究光合产氢菌群产氢过程和产氢能力，进行各种产氢性能测试。

2.1.1.2　试验菌种

从河南农业大学牧医工程学院养殖场、郑州市郊豆腐加工厂、郑州市五龙口污水处理厂、黄河鲤鱼厂、河南花花牛养殖场五个地点取得样品，混匀后用特殊的光合细菌培养基对其中的光合细菌进行富集、然后采用多种培养基对其混合菌群进行分离、鉴定。

2.1.1.3　培养基组成

富集及生长培养基：NH_4Cl：0.1g；$NaHCO_3$：0.2g；K_2HPO_4：0.02g；CH_3COONa：0.3g；$MgSO_4 \cdot 7H_2O$：0.02g；$NaCl$：0.2g；酵母膏：0.1g；蒸馏水：96mL；微量元素溶液：1mL；pH 为 7.0。其中：

（1）5%的 $NaHCO_3$ 水溶液，过滤除菌取 4mL 加入无菌培养基中。

（2）微量元素溶液：$FeCl_3 \cdot 6H_2O$：5mg；$CuSO_4 \cdot 5H_2O$：0.05mg；H_3BO_4：1mg；$MnCl_2 \cdot 4H_2O$：0.05mg；$ZnSO_4 \cdot 7H_2O$：1mg；$Co(NO_3)_2 \cdot 6H_2O$：0.5mg，以上药品分别溶于蒸馏水中，并定容至 1000mL。

除（1）（2）外，各成分溶解后在 0.1MPa 下灭菌 20min，然后分别加入（1）（2）。

分离筛选培养基有 4 种。

1 号分离培养基采用《微生物学实验教程》中配方：NH_4Cl：0.1g；$NaCl$：0.2g；$MgCl_2$：0.02g；酵母膏：0.01g；$K_2HPO_4$0.05g；琼脂 2g；蒸馏：90mL，0.1MPa、121℃灭菌 20min。灭菌后，无菌操作加入经过滤除菌的（10%）0.5g/5mL·$NaHCO_3$；无菌加 5mL 经过过滤除菌的乙醇、戊醇或 4%丙氨酸。用过滤除菌的 0.1M 的 H_3PO_4 调 pH 至 7.0。

2 号分离培养基为 RCVBN 1L 培养基中含有 DL-苹果酸 4g；$MgSO_4 \cdot 7H_2O$ 0.12g；$CaCl_2 \cdot 2H_2O$ 0.075g；EDTA 0.02g；生物素 15 μg；维生素 B_1 1mg；尼克酸 1mg；微量金属储备液 1mL；$(NH_4)_2SO_4$ 1g；琼脂 20g；K_2HPO_4 和 KH_2PO_4 缓冲液终浓度为 10 mM，pH6.8（微量金属储备液配方：硼酸 0.7g；$MnSO_4 \cdot H_2O$ 0.398g；钼酸钠 0.188g；$Cu(NO_3)_2$0.01g；溶于 250mL 蒸馏水中）。其中生物素、尼克酸、维生素 B_1 和微量金属储备液用过滤除菌的方法加入。

3 号分离培养基：KH_2PO_4 0.33g；$MgSO_4 \cdot 7H_2O$ 0.33g；$NaCl$ 0.33g；NH_4Cl 0.5g；$CaCl_2 \cdot 2H_2O$ 0.05g；丁二酸钠 1g；琼脂 20g；酵母粉 0.02g；溶于 1 L 蒸馏水中，调 pH7.0，121℃灭菌 20min，后加入过滤除菌的 0.02% $FeSO_4 \cdot 7H_2O$ 0.5mL 和 1mL 微量盐溶液（$ZnSO_4 \cdot 7H_2O$ 10mg；$MnCl_2 \cdot 4H_2O$：3mg；硼酸：30mg；$CoCl_2 \cdot 6H_2O$：20mg；$CuCl_2 \cdot 2H_2O$：1mg；$NiCl_2 \cdot 6H_2O$：2mg；钼酸钠：3mg，溶于 1 L 蒸馏水中）。

4 号分离培养基：$K_2HPO_4 \cdot 3H_2O$ 1.006g；KH_2PO_4 0.544g；$MgSO_4 \cdot 7H_2O$ 0.3g；$FeSO_4 \cdot 7H_2O$ 0.0018g；$(NH_4)_2 Mo_7O_{24} \cdot 4H_2O$ 0.0075g；$ZnSO_4 \cdot 7H_2O$ 0.0024g；$NaCl$

0.2g；$CaCl_2 \cdot 2H_2O$ 0.015g；$Co(NH_4)_2$ 1.5g；酵母粉 0.4g；琼脂 20g；葡萄糖 4.024g；生长因子溶液 1mL 溶于 1L 水中，调 pH6.8。

菌种保存培养基（也是 LB 培养基）：蛋白胨 1%；氯化钠 1%；牛肉膏 0.5%。

产氢培养基：本课题以组成为 NH_4Cl1.0g；$MgCl_2$0.02g/L；酵母膏 0.1g/L；$K_2HPO_4$0.5g/L；NaCl2.0g/L；pH 为 7 等作为产氢培养基的基本配方，并对此进行修正优化。

2.1.1.4　菌种的取样

红螺菌目细菌广泛分布于高浓度有机废水中，由于不同类别的细菌生活环境有可能不一样，为了获得多种属、种细菌，分别从河南农业大学牧医工程学院养殖场、郑州市郊豆腐加工厂、郑州市五龙口污水处理厂、黄河鲤鱼厂、河南花花牛养殖场五个地点取得样品。在上述各地方的有光照处，用无菌铲子取活性污泥大概 50～100g，装入透明的玻璃圆捅标本缸内，再取上述地方的有机废水约 100mL，加入标本缸内，然后把各个地方采集的样品混合均匀，盖好盖子，带回实验室。

2.1.1.5　混合菌群的富集

将采集回来混合均匀的样品取 40mL 污水和 200g 底泥放入 1 000mL 带塞磨口瓶中，加满富集培养基，搅拌均匀。盖上塞子，用凡士林封口，隔绝空气。置于 30℃，白炽灯 40W 照明（光照为 5 000～10 000 lx）的培养箱中培养 3～5d，待液体培养物呈现红色或红棕色。再用吸管插入菌液中光合细菌生长良好的瓶内壁处，吸入菌液 75mL，转移到具塞的 1 000mL 磨口玻璃瓶中，加入新配制的富集培养液继续按照上述条件进行光照、厌氧培养，直至玻璃瓶壁上出现光合细菌菌落，或整个培养液长成红色。再按照上述同样的步骤转接三次培养基培养，光合细菌压倒其他细菌而占绝对优势，培养液呈深红色，这时富集培养成功。

2.1.1.6　菌种的扩大培养和保存

在 1 000mL 三角瓶中加入细菌富集培养基，接种 10% 的富集好的生长至对数生长期的菌种菌液，塞上橡皮塞放置于 30℃ 的恒温箱中光照厌氧培养，直至光合细菌生长至对数生长期，一般处于稳定生长期的菌体悬液细胞干重为 1.1～1.5mg/mL（以菌体均匀、颜色鲜红、不出现菌体沉淀为准，一般为 50h 左右），以备实验产氢情况所用。

由于细菌变异比较快，而且容易受杂菌污染，所以必须采取良好的菌种保存措施，防止菌种死亡、变异和杂菌污染，并保持其优良性状，以利于以后生产和科研的应用。菌种变异发生在微生物生长繁殖过程，为了长期保持菌种优良特性，不发生变异，核心问题是尽量减少微生物生长繁殖过程，从而降低菌种变异率。因此需创造一种环境，使微生物处于生长繁殖不活跃、新陈代谢最低水平状态。

根据微生物的特性，选择把光合细菌保藏在 4℃低温冰箱内。

在 100mL 三角瓶中加入菌种保存培养基，接种 10%的上述生长至对数生长期的菌种菌液，塞上橡皮塞放置于 30℃的恒温箱中光照厌氧培养，直至光合细菌生长至对数生长期，把此瓶细菌置于 4℃冰箱中保存，贴上标签，以便以后分离和鉴定实验。

2.1.1.7　混合菌群的分离

1）双层平板法

采用平板稀释分离法进行菌种的分离和纯化，利用双层平板法提供厌氧环境，将富集培养液进行梯度稀释，涂布接种于培养皿底层分离培养基上，上边加盖一层 1.5%琼脂以隔绝氧气，将接种后的上述培养基平板置于 30℃光照恒温培养箱中，光照培养 4～7d；待长出菌落后，挑选着色、生长快、形态大而单一的菌落为目的菌种，重复进行多次分离培养，直到显微镜下观察到菌落、细胞形态较一致即判定得到纯菌种。

2）琼脂柱法

在含有 100μL 梯度稀释富集培养液的试管中，加入分离培养基（琼脂含量 1%），混匀后，管口蜡封隔绝氧气。置于 30℃光照培养箱中培养 4～7d。反复挑取单菌落培养以获得纯培养。

2.1.1.8　单个菌株的鉴定

1）形态鉴定

将分离纯化的各个菌株分别进行固态培养，在显微镜下观察其菌落形态；进行液态扩大培养，收集菌体，稀释后进行生理生化鉴定分析。

2）分子鉴定

菌种的分子鉴定采取 DNA 鉴定方法，细菌总 DNA 的提取（模板的制备）参考《分子克隆实验指南》（第三版）中小量提取 DNA 的方法。

3）各菌种百分含量的测定

采用平板菌落计数法，计算混合菌种中各个菌种的百分含量。将混合菌种稀释之后（所有的微生物充分分散成单个细胞），取一定量的稀释样液涂布到平板上，经过 2d 的培养，由每个单细胞生长繁殖而形成肉眼可见的菌落，一个单菌落应代表原样品中的一个单细胞。根据各个菌落的形态不同，统计出各个菌落的菌落数，由其稀释倍数和取样接种量计算出原混合菌种中的含菌数，得出各个菌种的百分含量。

2.1.2　光合产氢细菌混合菌群的培养基优化

2.1.2.1　NH_4^+含量的优化

NH_4^+含量的多少，对氢气的产量有很大的影响，NH_4^+含量过高时将完全抑制氢气的产生。以 1%葡萄糖为产氢基质，加入 3.5g/L 谷氨酸钠作氮源。调 pH 为 7，温度为 32℃，光照强度为 2 000lx。改变 NH_4^+的含量为 1.0g/L，0.8g/L，0.6g/L，0.4g/L，0.2g/L。每隔 24h 记录一次产气量，记录不同 NH_4^+含量时，所产生的气体体积和所产气体中氢气含量。从而计算出氢气产量，寻找出产氢量最高的 NH_4^+含量。

2.1.2.2　氮源的优化

加入基本的产氢培养基，NH_4Cl 0.4g/L，调 pH 为 7，温度为 32℃，光照强度为 2 000lx。做三个对比试验：①加入 3.5g/L 谷氨酸钠同时加入 1%葡萄糖为产氢基质。②不加谷氨酸钠却加入 1%葡萄糖为产氢基质。③不添加葡萄糖液、不添加谷氨酸钠。记录不同时间下三个试验的产气量。

2.1.2.3　光合细菌混合菌群的产氢装置

光合细菌混合菌群的产氢装置见图 2.2。在反应器中装有 500mL 基本的产氢培养基，按照 10%的接种量接入富集至对数生长期的液体菌种 50mL，然后用胶塞密封，保证厌氧环境。为了以后实际应用的推广，上部留有的空间不进行抽真空处理。将导气管插入到反应瓶上部余留空间，导气管上有一阀门。温度 32℃，通过恒温箱来实现的，光照强度 2 000lx，通过反应瓶周围均匀地布置的 4 个白炽灯来实现，反应产生的气体用排水集气法收集。

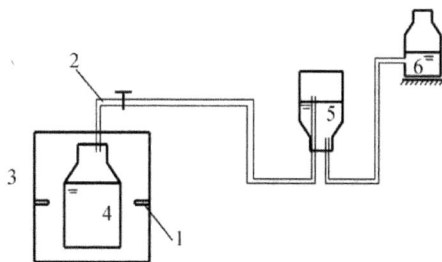

图 2.2　光合细菌产氢实验装置

Fig. 2.2　Illustration of experiment equipment of the hydrogen production system

1.光源；2.导气管；3.恒温箱；4.抽真空反应器；5.收集瓶；6.储水瓶

光合细菌的产氢能力用产氢量（mL）和产氢速率［mL H_2/（L·h）］两个指标来表示。本实验采用排水法对产气量进行测量，气体产量等于排开水的体积。用安捷伦公司生产的 6820gC-14B 型气相色谱仪进行氢气含量测定。色谱条件：进样口温度 100℃，柱温 80℃，TCD 检测器 150℃，进样量 500μL，保留时间 2min。每天定时用针管抽取 70mL 气体进行测量，按平均值计算氢气的平均浓度。

2.1.3　光合产氢细菌混合菌群的富集与筛选

采用特殊培养基从五个高浓度有机废水污染的活性污泥中富集光合细菌，这是下一步进行分离鉴定和其产氢性能测试的基础。光合细菌种类比较多，有红螺菌科、着色菌科、绿色硫细菌科等 7 大类群。由文献可知，在光合细菌 7 大类群中，能够产氢的光合细菌大多属于红螺菌科细菌，其中包括红假单胞菌属、红螺菌属、红微菌属、红细菌属等，而其他六大科光合细菌的产氢报道甚少。因此本章在进行光合产氢菌的富集和筛选时，采用的红螺菌科富集的培养基，筛选目标菌都是由光合细菌的红螺菌科组成的混合菌群。

微生物的富集，是利用各种微生物生理特性上的差异，选择性地使用只适合目标细菌生长，而抑制其他杂菌增殖的培养基进行筛选。用无菌铲和采样器采集含有光合细菌的污泥和活性底泥样品。贴上标签，为了以后的科研翻阅。记录采集的地点、日期、水温、是否有 H_2S 气味、pH 等一些对光合细菌生长影响较大的因素见表 2.1。

表 2.1　菌源采集一览
Table 2.1　List of bacteria source

菌种来源	地点	日期	水温/℃	pH	是否有 H_2S 气味
猪粪污泥	河南农业大学牧医工程学院养殖场	2010.5	27	6.9	微弱气味
工业垃圾污泥	郑州市郊豆腐加工厂	2010.5	24	6.5	微弱气味
牛粪污泥	河南花花牛养殖场	2010.5	25	6.7	无
鱼塘污泥	黄河鲤鱼厂	2010.5	26	7.1	无
活性污泥	郑州市五龙口污水处理厂	2010.5	23	6.5	无

将上面采集回来混合均匀的样品取 40mL 污水和 200g 底泥放入 1 000mL 带塞磨口瓶中，加满富集培养基，与底泥、污水搅拌均匀。盖上塞子，用凡士林封口，隔绝空气，保证厌氧环境。见图 2.3 中左上图所示是将采来的污泥放入磨口瓶中，加满富集培养基所得到的原始图片；把此瓶置于 30℃，白炽灯 40W 照明（光照为 5 000～10 000lx）的培养箱中培养 3～5d 后，各种水生微生物均在磨口玻璃瓶内由于营养丰富而迅速生长起来，由于硫酸盐还原细菌、发酵性细菌的增殖，使磨口瓶的水层中积累了 CO_2 和 H_2S 等物质，满足了光合细菌的营养来源，造成厌氧状态，于是光合细菌大量生长繁殖，由于厌氧、光照条件控制，磨口玻璃瓶壁上迅速出现红色菌落状菌团。

一周后，磨口瓶中光合细菌生长开始占优势，液体培养物开始呈现红色或红棕色。这时再用吸管插入菌液中光合细菌生长良好的瓶内壁处，吸入菌液 75mL，移植到另外一个具塞的 1 000mL 磨口玻璃瓶中，然后再加入新配制灭过菌的富集培养液，见图 2.3 右上的图片所示。再把玻璃瓶继续按照上述条件进行光照、厌氧培养，直至玻璃瓶壁上出现光合细菌菌落，或整个培养液长成红色。再按照上述同样的步骤转接三次培养基培养，液体培养物颜色见图 2.3 左下，光合细菌压倒其他细菌而占绝对优势，再将培养液培养 3d 见图 2.3 右下。培养液呈深红色，这时富集培养成功。图 2.3 可以看出最终富集出光合产氢混合菌群呈深红色，属红螺菌科。整个富集过程中，玻璃瓶中菌的颜色逐渐改变，光合产氢混合菌群的富集过程见图 2.3。

图 2.3　光合产氢菌群富集的四个阶段

Fig. 2.3　The four stages of enrichment hydrogen-producing photosynthetic bacteria

整个富集过程总共需要转接四次细菌，在这过程中，光合细菌越来越占优势，而其他杂菌，由于没有其生长所需要的营养和环境条件，逐渐的死亡。从光合细菌的富集结果可以看出，培养液的最终颜色是深红色，里面含有较多的红螺菌，到达了最初富集的目的，要是真正知道里面到底有哪些种细菌组成，还需要进一步的做分离鉴定工作。光合细菌富集最终的图片见图 2.4。

图 2.4　光合产氢菌群富集的最终图片

Fig. 2.4　The final picture of enrichment hydrogen-producing photosynthetic bacteria

2.1.4 光合产氢细菌混合菌群的分离鉴定

微生物分离纯化技术是微生物学中重要的技术，经常需要从自然界混杂的微生物群体中分离出具有特殊功能的纯种微生物，来满足人们的生产和科研需要。随着人们对环境保护、生态平衡、可持续发展的意义了解越来越深入，对微生物生态学的研究也提出了更高要求。由于现在环境污染物成分越来越复杂，种类和含量都经常在变化，对于环境污染物的处理，单靠某种微生物可能解决不了。无论是厌氧菌消化还是好氧的活性污泥处理，都要靠多种微生物在混合状态下协同作用，共同降解，单一光合细菌菌种产氢也不如混合菌种产氢研究的深入和广泛。混合培养是光合细菌产氢中，必要的和有益的，特别是在发现单一种或单一菌株的活性有不足时更是如此。为了使混合细菌的产氢技术有更大的提高，必须了解混合菌种中各个菌种的特性和生存环境，以便找出混合菌种最佳的生存环境和产氢条件，以下就对前面富集好的混合细菌，进行分离和鉴定，了解富集好的混合菌种的具体菌种，为混合细菌产氢技术的迅速发展做准备。

2.1.4.1 双层平板稀释法分离光合细菌

1）稀释菌液

将 1 瓶 99mL 和 6 管 9mL 的无菌水排列好，按 10^{-2}、10^{-3}、10^{-4}、10^{-5}、10^{-6}、10^{-7} 及 10^{-8} 依次编号。在无菌操作条件下，用 1 000μL 的无菌移液枪吸取 1 000μL 菌样置于第一瓶 99mL 无菌水瓶中，持移液管吹洗三次，用手摇匀样品，即为 10^{-2} 浓度的菌液。用 1 000μL 的无菌移液枪吸取 1 000μL 10^{-2} 浓度的菌液于其中一管 9mL 无菌水中，将移液管吹洗三次，摇匀即为 10^{-3} 浓度菌液。同样方法，依次稀释到 10^{-8}。稀释过程见图 2.5。

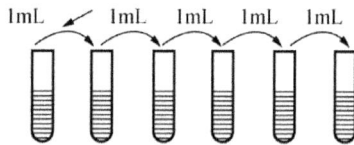

图 2.5　菌液稀释过程

Fig. 2.5　The process of dilution hydrogen-producing photosynthetic bacteria

2）倒平板

将配制好的四种分离培养基高压灭菌后，置于 37℃培养箱中培养 1～2d。验证无菌长出后，说明此培养基灭菌比较好可以正常使用。将培养基加热融化，当培养基冷却至 45℃左右时，在无菌环境中，右手拿装有培养基的锥形瓶，左手拿无菌培养皿，以中指、无名指和小指托住皿底，拇指和食指夹住皿盖，靠近火焰，将皿盖掀开，倒入培养基后将培养皿平放在桌上、冷凝后即成平板待用。

3）注入菌液涂布分离

待平板冷却后，取出无菌平板 4 组编号 10^{-2}、10^{-3}、10^{-4}、10^{-5}、10^{-6}、10^{-7} 及

10^{-8} 各 3 个平行。用一支新的无菌枪头，由低浓度 10^{-8} 开始，以 10^{-8}、10^{-7}、10^{-6}、10^{-5}、10^{-4}、10^{-3}、10^{-2} 浓度为序的菌液稀释液中各吸取 100μL 菌液对号较均匀地放入已写好稀释度的固体分离培养基平板上。每次吸取前，用移液管在菌液中吹泡使菌液充分混匀，然后用灼烧冷却后的无菌玻璃刮铲在平板上旋转涂布均匀。等菌液风干后，再倒入一薄层只含 1.5%琼脂培养基隔离氧气，用封口纸密封。放在 30℃光照恒温培养箱中培养，次日把培养皿倒置继续培养。分离培养皿在培养箱培养图片见图2.6。

图2.6 混合菌群分离培养图

Fig. 2.6 The picture of culture isolated photosynthetic bacteria

4）划线分离

上述平板在培养箱中培养 5～7d 后，平板中长出菌落，然后在无菌工作台上，在每个浓度用无菌牙签挑取着色、生长快、形态大而单一的菌落为目的菌种，用适量蒸馏水稀释后，分别在另一新的空白平板上分区划线和连续划线做进一步的分离和纯化，放在培养箱内培养，待光合细菌在培养基上再次长成菌落后，重复进行多次分离培养，直到显微镜下观察到菌落、细胞形态较一致即判定得到纯菌种。判定为纯菌种后将，纯菌种接入盛有经高压蒸煮灭过菌的液体培养基的试管内，进行密封厌氧培养，培养好的单菌种做进一步的菌种鉴定。

可穿刺接种上述琼脂平板或半固体深层培养基（注意接种时不要将接种针穿透琼脂底部），上层添加灭过菌的液体石蜡，28℃、3 000lx 光照条件下厌气培养 48h，也可穿刺或接种到带有螺旋盖帽、内装红螺菌分离培养基斜面的厌氧管中，稍稍松开螺旋盖，放入厌氧光合装置中，待长出菌落后，立即旋紧螺盖，保存于 20℃暗室内，2 周传代一次。

5）平板稀释法初步分离结果

光合细菌混合菌群经过初步涂布分离得到如下的平板图2.7，第一张是稀释度为 10^{-2} 的图片，第二张是稀释度为 10^{-7} 的图片。初步分离的平板进一步培养见

图 2.8。

图 2.7　初步分离图片
Fig. 2.7　The picture of isolating photosynthetic bacteria

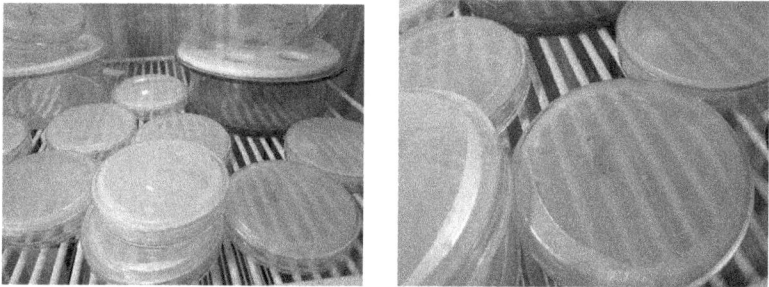

图 2.8　初步分离的平板进一步培养
Fig. 2.8　Future culture of photosynthetic bacteria

从图 2.8 中可以看出，有单个菌落，然后挑取单个菌落继续进行多次的划线分离。得到六株单菌落，要想知道他们是不是光合细菌还需要进行生理生化鉴定和分子鉴定。

2.1.4.2　琼脂柱法分离光合细菌

1）稀释菌液

光合细菌菌液的稀释和双层平板分离法稀释菌液的方法一样。

2）琼脂柱分离

在含有 $100\mu L$，10^{-2}、10^{-3}、10^{-4}、10^{-5}、10^{-6}、10^{-7} 及 10^{-8} 梯度稀释富集培养液的试管中分别加入经灭菌，验证无菌生长后加热融化并冷至 50℃ 左右的光合细菌分离培养基（琼脂含量 1%），装至 4/5 左右之处，充分摇震均匀，管口石蜡密封隔绝氧气，塞好试管塞，置 30℃ 光照恒温箱中培养。一周后长出菌落，用无菌小刀切断试管，取出琼脂柱于无菌平皿中，再用灭菌接种环钓取独立菌落作厌氧纯培养，反复挑取单菌落划线分离培养，以获得纯培养。实验方法和平板稀释分离的方法一样。

3）琼脂柱法分离结果

由于在试管中，光合细菌培养液比较充分而且容易形成厌氧环境，见图 2.9

光合细菌富集液通过琼脂柱分离法得到明显的单菌落。

用无菌小刀切断试管，取出单菌落，在无菌培养皿中进行多次划线分离，见图2.10，得到八株单菌落，下一步对各个单菌落进行鉴定。

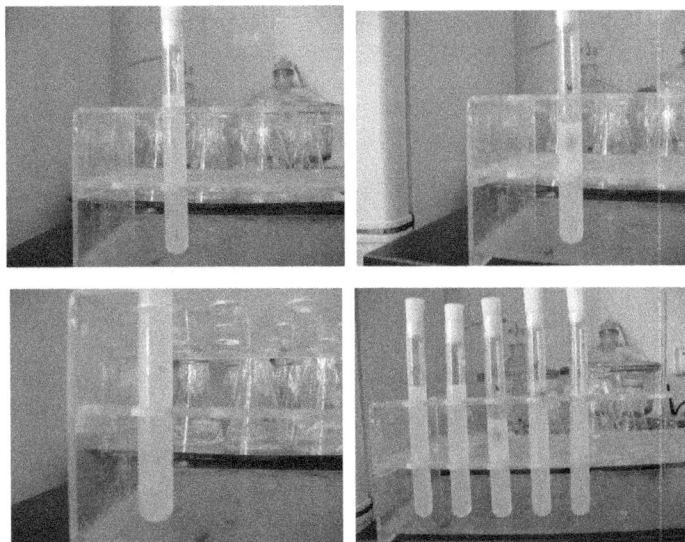

图2.9　琼脂柱法初步分离细菌
Fig. 2.9　AGAR column of isolating photosynthetic bacteria

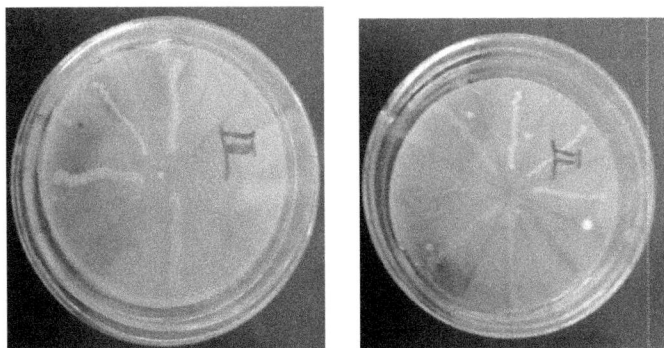

图2.10　分离出的单菌落
Fig. 2.10　AGAR column of isolated photosynthetic bacteria

2.1.4.3　形态与生理生化鉴定光合菌株

经过平板分离和琼脂柱法分离混合菌种，总共得到14株纯菌种，直接从颜色观察就可以排除6株不是光合细菌，对其余的8株纯菌种进行鉴定，将分离纯化得到的这8株细菌根据所使用的培养基不同进行分别编号：1号培养基得到的一株细菌编号为Hnau1-2，2号分离培养基得到3株细菌分别编号为Hnau2-1、Hnau2-2、Hnau2-3，3号分离培养基得到两株细菌编号为Hnau9-1、Hnau11-5，4

号分离培养基得到两株细菌编号为 Hnau12、Hnau13 等。对这 8 株纯细菌分别进行固态培养，观察其菌落形态；然后在富集培养基上对各个纯菌种进行液态培养，收集菌体，稀释后进行生理生化鉴定分析。

Hnau1-2 形态特征：在双层平板上培养 1～2 周后，其菌落形态为圆形，由乳白色逐渐从中间转为粉红色，表面湿润，易挑取；在 LB 平板上，光照厌氧培养 2～3d 后，菌落为圆形，约 2mm，表面光滑，边缘整齐，乳白色。显微观察其菌体为短杆形或椭圆形，革兰氏染色阳性见图 2.11a 和图 2.11b，可以从菌体颜色和革兰氏染色为阳性上来判断，Hnau1-2 不是光合细菌，要想知道到底属于什么菌株还得进一步做分子鉴定。

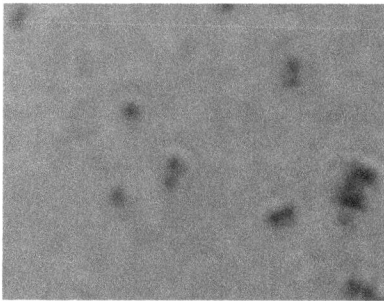

a. Hnau1-2 显微照片（×1 000）　　　　　　　　b. Hnau1-2 菌落形态

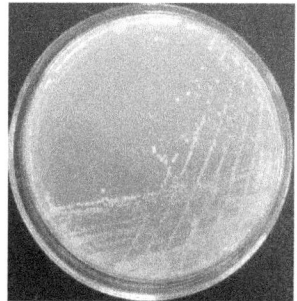

Fig. 2.11　Hnau1-2 micrograph（×1 000）and colonial morphology

Hnau2-1 形态特征：在双层平板上培养 4～7d 后，菌落为红色，周生鞭毛，表面光滑，边缘整齐，易挑取，圆形，色素不扩散。直径 0.5～2mm；在 LB 平板上，光照厌氧培养 2d 后，菌落为圆形，直径约 2mm，表面光滑，边缘整齐，淡橙色。显微观察其菌体为卵圆形，革兰氏染色阴性见图 2.12a 和图 2.12b。

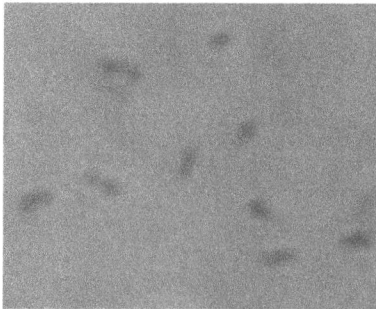

a. Hnau2-1 显微照片（×1 000）　　　　　　　　b. Hnau2-1 菌落形态

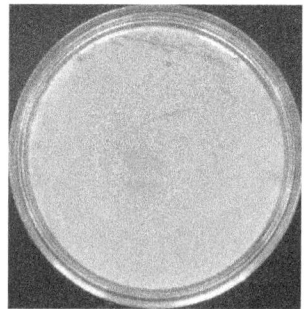

Fig. 2.12　Hnau2-1 micrograph（×1 000）and colonial morphology

Hnau2-2 形态特征：在双层平板上培养 4～7d 后，其菌落形态为圆形，橘黄色，表面湿润，易挑取；在 LB 平板上，光照厌氧 2d 后，菌落近圆形，表面干燥有皱褶，边缘略有突起，亮黄色。显微观察其菌体为杆状，革兰氏染色阴性见图 2.13a 和图 2.13b。

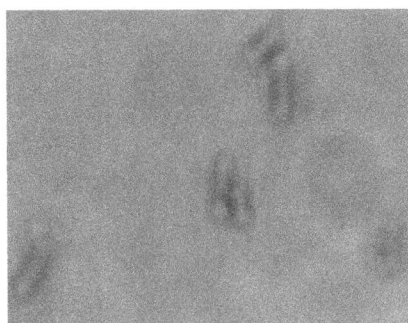

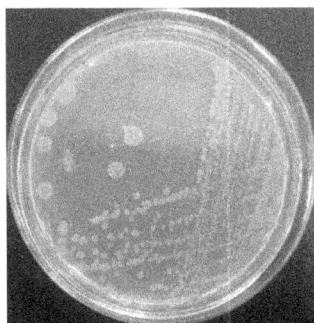

a. Hnau2-2 显微照片（×1 000）　　　　　b. Hnau2-2 菌落形态
Fig. 2.13　Hnau2-2 micrograph（×1 000）and colonial morphology

Hnau2-3 的形态特征：在 RCVBN 琼脂平板上，光照厌氧条件下，细胞形状：杆状，细胞大小：$0.5\sim1\mu m\times1.5\sim4\mu m$；鞭毛：单根极生。增值方式：二均分裂，红色。紫红色，边缘整齐，草帽形或圆形，表面高突起，光滑湿润，有光泽，易挑取；直径 0.5~1.0mm。在琼脂柱中，菌落呈深紫红或紫色，大小从针尖状至直径 0.5mm，质软，边缘整齐，圆形在琼脂浓度较低时，可见菌落边缘有向外扩展生长的现象。在 LB 平板上，光照厌氧条件下培养 2d 后，菌落呈粉红色；菌体为短杆形或椭圆形，革兰氏染色阴性见图 2.14a 和图 2.14b。

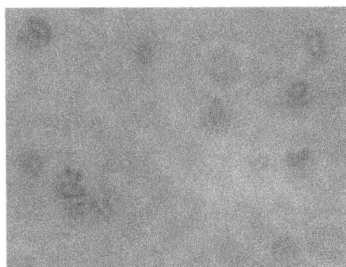

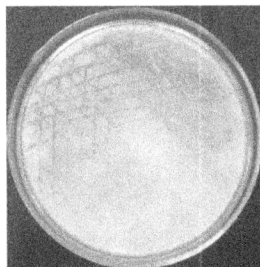

a. Hnau2-3 显微照片（×1 000）　　　　　b. Hnau2-3 菌落形态
Fig. 2.14　Hnau2-3 micrograph（×1 000）and colonial morphology

Hnau9-1 的形态特征：在琼脂平板上光照厌氧或微好氧条件下培养后，细胞形状：椭圆形或短杆状，细胞大小：$0.5\sim1.0\mu m$；鞭毛：单根极生，紫红色，二均分裂；菌落形态：光照厌氧条件下菌落为亮红色，边缘整齐透明，圆形，高突起，表面光滑有光泽。直径为 1.0~2.0mm 菌体，液体培养后为紫红；在 LB 平板上，光照厌氧培养 2d 后，菌落为淡粉至无色，表面湿润，边缘整齐。显微观察其菌体为短杆状，革兰氏染色阴性见图 2.15a 和图 2.15b。

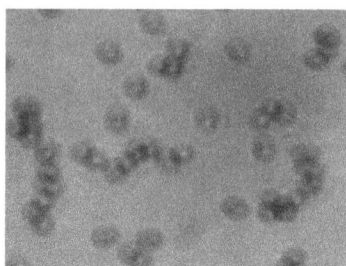

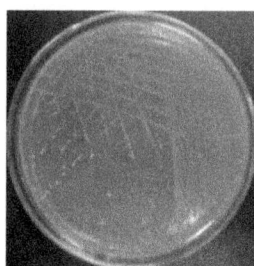

a. Hnau9-1 显微照片（×1 000）　　　　　　图 2.15b　Hnau9-1 菌落形态
Fig. 2.15　Hnau9-2 micrograph（×1 000）and colonial morphology

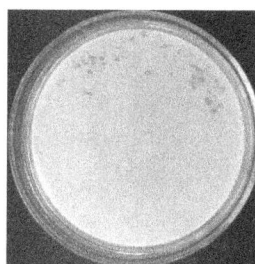

Hnau11-5 的形态特征:在光照厌氧下，菌落为圆形粉红色，直径 0.5～2mm，边缘整齐，表面光滑湿润，易挑取；在 LB 平板上，光照厌氧培养 1d 后，菌落为圆形，表面光滑，少隆起，边缘整齐，淡粉色。显微观察其菌体为杆状，革兰氏染色阴性见图 2.16a 和图 2.16b。

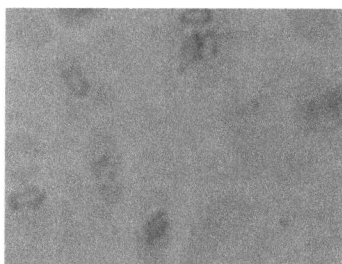

a. Hnau11-5 显微照片（×1 000）　　　　　　b. Hnau11-5 菌落形态
Fig. 2.16　Hnau11-5 micrograph（×1 000）and colonial morphology

Hnau12 形态特征：培养 4～7d 后，其菌落形态为圆形，紫红色，细胞大小 0.5～0.8μm，极性鞭毛。直径 0.5～2.0mm，表面湿润，柔软，易挑取；在 LB 平板上，培养 3d 后，菌落圆形，表面光滑，橘红色。菌体为短杆至椭圆状，革兰氏染色阴性见图 2.17a 和图 2.17b。

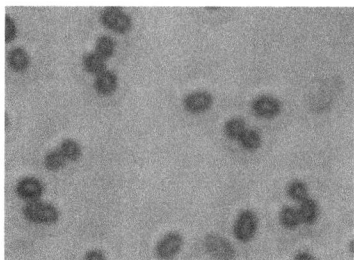

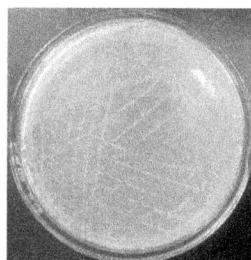

a. Hnau12 显微照片图（×1 000）　　　　　　b. Hnau12 菌落形态
Fig. 2.17　Hnau12 micrograph（×1 000）and colonial morphology

Hnau13 形态特征：在双层平板上培养 4～7d 后，其菌落形态为圆形，亮黄色，表面湿润，易挑取；在 LB 平板上，光照厌氧培养 2d 后，菌落圆形，约 2mm，表面光滑，边缘整齐，无色半透明，表面湿润。显微观察其菌体为短杆状，革兰氏染色阳性见图 2.18a 和图 2.18b。

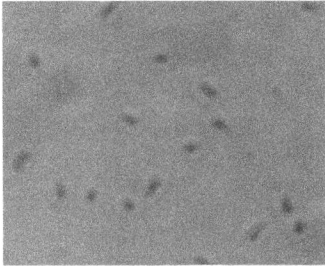

a. Hnau13　显微照片（×1 000）　　　　　　　b. Hnau13 菌落形态

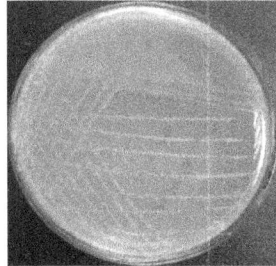

Fig. 2.18　Hnau13 micrograph（×1 000）and colonial morphology

2.1.4.4　光合细菌菌株的分子鉴定

1）收集菌体

将通过平板分离和琼脂柱分离获得的 8 株疑似光合细菌的纯菌种，斜面接种 5mL LB 液体培养基中，37℃，140r/min 摇床过夜培养 12 000r/min 离心 5min，收集菌体。将收集到的菌体用 1mL 无菌水重悬菌体，后 12 000r/min 离心洗涤菌体 2～3 次。

2）提取纯菌种 DNA

用 100 μL 无菌水重悬菌体，后加入 DNA 抽提液（668μL TE+32μL 50mg/mL 溶菌酶）混匀，37℃水浴 2h。加入 200μL 10%SDS，混匀后，加入 5μL 20mg/mL 蛋白酶 K，55℃水浴 3h。加入等体积的 Tris-饱和酚，充分混匀后再加入等量的氯仿:异戊醇（24∶1），充分混匀，15 000r/min 离心 10min。吸取上清液至洁净离心管中，加入 2 倍体积的冰冻无水乙醇，混匀后 15 000r/min 离心 10min，除去上清，倒置离心管，风干后，加入适量 TE 溶解 DNA，置于冰箱中备用。

3）菌株的 16S rDNA PCR 扩增反应

16S PCR 扩增通用引物序列为：5'-AGAGTTTGATCCTGGCTC-3'，5'-GGTTACCTTGTTACGACTT-3'。

PCR 体系为：10×PCR buffer 5μL，10μmol·L^{-1} 引物各 1.0μL，dNTP 4.0μL，模板 DNA1μL，rTaq Platinum DNA 聚合酶 0.5μL，补充灭菌超纯水至 50 μL；PCR 条件为：94℃预变性 3min，94℃ 30s，66℃ 45s，72℃ 2min，30 个循环，72℃ 7min。

其扩增产物在 1%琼脂糖凝胶中，120 V 电压下电泳 30min；EB 染色；在凝胶成像系统中观察电泳结果见图 2.19，纯化的 PCR 扩增产物由华大基因测序。

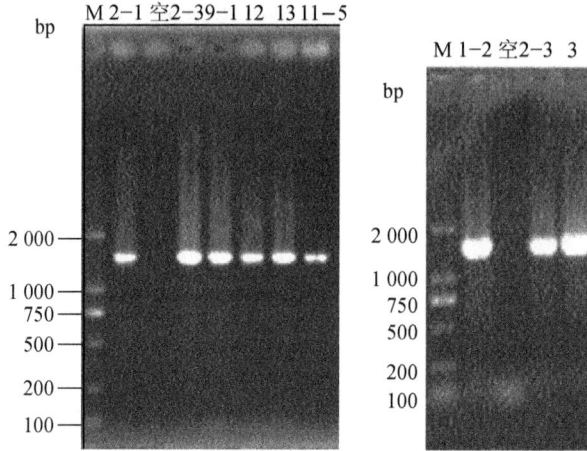

图 2.19　菌株 16s rDNA 电泳图
Fig. 2.19　16s rDNA electrophoresis map

4）分子鉴定结果

各菌株的 16s rDNA 序列分析结果如下：

Hnau1-2(1 414bp)——

CGGATCACTTCGAAGCTCCCTCCCACAAGGGGTTAGGCCACCGGCTTC
GGGTGTTACCAACTTTCGTGACTTGACGGGCGGTGTGTACAAGGCCCGGGA
ACGTATTCACCGCAGCGTTGCTGATCTGCGATTACTAGCGACTCCGACTTCAT
GGGGTCGAGTTGCAGACCCCAATCCGAACTGAGACCGGCTTTTTGGGATTA
GCTCCACCTCACAGTATCGCAACCCTTTGTACCGGCCATTGTAGCATGCGTG
AAGCCCAAGACATAAGGGGCATGATGATTTGACGTCGTCCCCACCTTCCTCC
GAGTTGACCCCGGCAGTCTCCTATGAGTCCCCACCATCACGTGCTGGCAACA
TAGAACGAGGGTTGCGCTCGTTGCGGGACTTAACCCAACATCTCACGACAC
GAGCTGACGACAACCATGCACCACCTGTAAACCGACCGCAAGCGGGGGAC
CTGTTTCCAGGTCTTACCGGTTCATGTCAAGCCTTGGTAAGGTTCTTCGCGTT
GCATCGAATTAATCCGCATGCTCCGCCGCTTGTGCGGGCCCCGTCAATTCCT
TTGAGTTTTAGCCTTGCGGCCGTACTCCCCAGGCGGGGCACTTAATGCGTTA
GCTACGGCGCGGAAAACGTGGAATGTCCCCCACACCTAGTGCCCAACGTTT
ACGGCATGGACTACCAGGGTATCTAATCCTGTTCGCTCCCCATGCTTTCGCTC
CTCAGCGTCAGTTAATGCCCAGAGACCTGCCTTCGCCATCGGTGTTCCTCCT
GATATCTGCGCATTTCACCGCTACACCAGGAATTCCAGTCTCCCCTACATCAC
TCTAGTCTGCCCGTACCCACCGCAGATCCGGAGTTGAGCCCCGGACTTTCAC
GGCAGACGCGACAAACCGCCTACGAGCTCTTTACGCCCAATAATTCCGGATA
ACGCTTGCGCCCTACGTATTACCGCGGCTGCTGGCACGTAGTTAGCCGGCGC

TTCTTCTGCAGGTACCGTCACTTTCGCTTCTTCCCTACTGAAAGAGGTTTACA
ACCCGAAGGCCGTCATCCCTCACGCGGCGTCGCTGCATCAGGCTTGCGCCC
ATTGTGCAATATTCCCCACTGCTGCCTCCCGTAGGAGTCTGGGCCGTGTCTC
AGTCCCAGTGTGGCCGGTCACCCTCTCAGGCCGGCTACCCGTCGTCGCCTTG
GTAAGCCATTACCTCACCAACAAGCTGATAGGCCGCGAGTCCATCCAAAAC
CACAATAAAGCTTTCCACCCCCCACCATGCGATGAGGAGTCATATCCGGTATT
AGACCCAGTTTCCCAGGCTTATCCCAGAGTTAAGGGCAGGTTACTCACGTGT
TACTCACCCGTTCGCCACTAATCCCCCCAGCAAGCTGGGGATCATCGTTCGA
CTGCATGGTAAGCAT

在 NCBI 上进行序列的 blast 比对分析，结果发现：Hnau1-2 与氧化节杆菌属
（*Arthrobacter oxydans*）的相似度最高，为 100%。结合生理生化分析，确定菌株
Hnau1-2 为氧化节杆菌属（Arthrobacter oxydans）。

Hnau2-1(1 441bp)

TCAGAACGAACGCTGGCGGCAGGCTTAACACATGCAAGTCGAACGCAC
CGCAAGGTGAGTGGCAGACGGGTGAGTAACGCGTGGGAACCTTTCCTTTGG
TACGGAATAACTTCGGGAAACCGAAGCTAATACCGTATATCTCCTCCGGGAG
AAAGATTTATCGCCAAAGGATGGGCCCGCGTTGGATTAGCTAGTTGGTGTGG
TAAAGGCGCACCAAGGCGACGATCCATAGCTGGTCTGAGAGGATGATCAGC
CACACTGGGACTGAGACACGGCCCAGACTCCTACGGGAGGCAGCAGTGGG
GAATCTTGGACAATGGGGGCAACCCTGATCCAGCCATGCCGCGTGAGTGAA
GAAGGCCTTAGGGTTGTAAAGCTCTTATGGCGGGGACGATAATGACGGTACC
CGCAGAATAAGCCCCGGCTAACTTCGTGCCAGCAGCCGCGGTAATACGAAG
GGGGCTAGCGTTGTTCGGAATCACTGGGCGTAAAGCGTACGCAGGCGGATA
GATAAGTCAGGGGTGAAATCCCGGGGCTCAACCTCGGAATTGCCTTTGATAC
TGTCTATCTTCGAGTTCGGGAGAGGTTGGCGGAATTCCTAGTGTAGAGGTGA
AATTCGTAGATATTAGGAAGAACACCAGTGGCGAAGGCGGCCAACTGGCCC
GATACTGACGCTCATGTACGAAAGCGTGGGGAGCAAACAGGATTAGATACC
CTGGTAGTCCACGCTGTAAACTATGGATGCTAGCCGTTGGGGAGCTTGCTCT
TCAGTGGCGCAGCTAACGTCTTAAGCATCCCGCCTGGGGAGTACGGTCGCA
AGATTAAAACTCAAAGGAATTGACGGTGGCCCGCACAAGCGGTGGAGCATG
TGGTTTAATTCGAGGCAACGCGAAGAACCTTACCAGCTCTTGACATGTCGTG
CTACGTGGAGAGATTCACGGTTCCCTTCGGGGACGCGAACACAGGTGCTGC
ATGGCTGTCGTCAGCTCGTGTCGTGAGATGTTGGGTTAAGTCCCGCAACGAG
CGCAACCCTCGCCCTTAGTTGCTACCATTTAGTTGAGCACTCTAAGGGGACC
GCCGGTGATAAGCCGGAGGAAGGTGGGGATGACGTCAAGTCATCATGGCCC
TTACGGGCTGGGCTACACACGTGCTACAATGGCGGTGACAGTGGGCAGCGA

CACAGCGATGTGATGCTAATCCCAAAAAGCCGTCTCAGTTCAGATTGCACTC
TGCAACTCGAGTGCATGAAGTCGGAATCGCTAGTAATCGCGGATCAGCATGC
CGCGGTGAATACGTTCCCGGGCCTTGTACACACCGCCCGTCACACCATGGG
AGTTGGTTTTACCCGAAGGCGTTACGCTAACCGCAAGGAGGCAGACGACCA
CGGTAAGGTCAGCGACTGGGGTGAAGTCGTAACAAGGTAGCCGTAGGGGA
ACCTGCG

在 NCBI 上进行序列的 blast 比对分析，结果发现：Hnau2-1 与红螺菌属深红红螺菌（*Rhodospirillum rubrum*）的相似度最高，为 99%，结合生理生化分析，确定菌株 Hnau2-1 为红螺菌属深红红螺菌（*Rhodospirillum rubrum*）。

Hnau2-2(1 414bp)

CCGTGGTACCGTCCCCCCGAAGGTTAGACTAGCTACTTCTGGAGCAACC
CACTCCCATGGTGTGACGGGCGGTGTGTACAAGGCCCGGGAACGTATTCAC
CGTGACATTCTGATTCACGATTACTAGCGATTCCGACTTCACGCAGTCGAGT
TGCAGACTGCGATCCGGACTACGATCGGTTTTATGGGATTAGCTCCACCTCG
CGGCTTGGCAACCCTTTGTACCGACCATTGTAGCACGTGTGTAGCCCAGGCC
GTAAGGGCCATGATGACTTGACGTCATCCCCACCTTCCTCCGGTTTGTCACC
GGCAGTCTCCTTAGAGTGCCCACCTTAACGTGCTGGTAACTAAGGACAAGG
GTTGCGCTCGTTACGGGACTTAACCCAACATCTCACGACACGAGCTGACGA
CAGCCATGCAGCACCTGTGTCAGAGTTCCCGAAGGCACCAATCCATCTCTG
GAAAGTTCTCTGCATGTCAAGGCCTGGTAAGGTTCTTCGCGTTGCTTCGAAT
TAAACCACATGCTCCACCGCTTGTGCGGGCCCCCGTCAATTCATTTGAGTTTT
AACCTTGCGGCCGTACTCCCCAGGCGGTCGACTTAATGCGTTAGCTGCGCCA
CTAAGATCTCAAGGATCCCAACGGCTAGTCGACATCGTTTACGGCGTGGACT
ACCAGGGTATCTAATCCTGTTTGCTCCCCACGCTTTCGCACCTCAGTGTCAGT
ATTAGCCCAGGTGGTCGCCTTCGCCACTGGTGTTCCTTCCTATATCTACGCAT
TTCACCGCTACACAGGAAATTCCACCACCCTCTGCCATACTCTAGCTCGCCA
GTTTTGGATGCAGTTCCCAGGTTGAGCCCGGGGCTTTCACATCCAACTTAAC
GAACCACCTACGCGCGCTTTACGCCCAGTAATTCCGATTAACGCTTGCACCC
TTCGTATTACCGCGGCTGCTGGCACGAAGTTAGCCGGTGCTTATTCTGTTGGT
AACGTCAAAACAGCAAGGTATTAACTTACTGCCCTTCCTCCCAACTTAAAGT
GCTTTACAATCCGAAGACCTTCTTCACACACGCGGCATGGCTGGATCAGGCT
TTCGCCCATTGTCCAATATTCCCCACTGCTGCCTCCCGTAGGAGTCTGGACC
GTGTCTCAGTTCCAGTGTGACTGATCATCCTCTCAGACCAGTTACGGATCGT
CGCCTTGGTGAGCCTTTACCTCACCAACTAGCTAATCCGACCTAGGCTCATC
TGATAGCGTGAGGTCCGAAGATCCCCCACTTTCTCCCGTAGGACGTATGCGG
TATTAGCGTTCCTTTCGAAACGTTGTCCCCCACTACCAGGCAGATTCCTAGG

CATTACTCACCCGTCCGCCGCTGAATCATGGAGCAAGCTCCACTCATCCGCT
CGACTTGCATGTG

在 NCBI 上进行序列的 blast 比对分析，结果发现：Hnau2-2 与固氮斯氏假单胞菌（*Pseudomonas stutzeri*）的相似度最高，为 100%。结合生理生化分析，确定菌株 Hnau2-2 为固氮斯氏假单胞菌（*Pseudomonas stutzeri*）。

Hnau2-3(1 454bp)

AGAGCGAACGCTGGCGGCAGGCTTAACACATGCAAGTCGAACGGGCAT
AGCAATATGTCAGTGGCAGACGGGTGAGTAACGCGTGGGAACGTACCTTTT
GGTTCGGAACAACTGAGGGAAACTTCAGCTAATACCGGATAAGCCCTTACG
GGGAAAGATTTATCGCCGAAAGATCGGCCCGCGTCTGATTAGCTAGTTGGTG
TGGTAAAGGCGCACCAAGGCGACGATCAGTAGCTGGTCTGAGAGGATGATC
AGCCACATTGGGACTGAGACACGGCCCAAACTCCTACGGGAGGCAGCAGT
GGGGAATATTGGACAATGGGCGAAAGCCTGATCCAGCCATGCCGCGTGAGT
GATGAAGGCCCTAGGGTTGTAAAGCTCTTTTGTGCGGGAAGATAATGACGGT
ACCGCAAGAATAAGCCCCGGCTAACTTCGTGCCAGCAGCCGCGGTAATACG
AAGGGGGCTAGCGTTGCTCGGAATCACTGGGCGTAAAGGGTGCGTAGGCGG
GTCTTTAAGTCAGAGGTGAAAGCCTGGAGCTCAACTCCAGAACTGCCTTTG
ATACTGAGGATCTTGAGTATGGGAGAGGTGAGTGGAACTGCGAGTGTAGAG
GTGAAATTCGTAGATATTCGCAAGAACACCAGTGGCGAAGGCGGCTCACTG
GCCCATAACTGACGCTGAGGCACGAAAGCGTGGGGAGCAAACAGGATTAGA
TACCCTGGTAGTCCACGCCGTAAACGATGAATGCCAGCCGTTAGTGGGTTTA
CTCACTAGTGGCGCAGCTAACGCTTTAAGCATTCCGCCTGGGGAGTACGGTC
GCAAGATTAAAACTCAAAGGAATTGACGGGGGCCCGCACAAGCGGTGGAG
CATGTGGTTTAATTCGACGCAACGCGCAGAACCTTACCAGCCCTTGACATGT
CCAGGACCGGTCGCAGAGATGTGACCTTCTCTTCGGAGCCTGGAGCACAGG
TGCTGCATGGCTGTCGTCAGCTCGTGTCGTGAGATGTTGGGTTAAGTCCCGC
AACGAGCGCAACCCCCGTCCTTAGTTGCTACCATTTAGTTGAGCACTCTAAG
GAGACTGCCGGTGATAAGCCGCGAGGAAGGTGGGGATGACGTCAAGTCCTC
ATGGCCCTTACGGGCTGGGCTACACACGTGCTACAATGGCGGTGACAATGG
GACGCTAAGGGGCAACCCTTCGCAAATCTCAAAAAACCGTCTCAGTTCGGA
TTGGAGTCTGCAACTCGACTCCATGAAGTTGGAATCGCTAGTAATCGTGGAT
CAGCATGCCACGGTGAATACGTTCCCGGGCCTTGTACACACCGCCCGTCACA
CCATGGGAGTTGGTTCTACCTGAAGGCAGTGCGCTAACCCGCAAGGGAGGC
AGCTGACCACGGTAGGGTCAGCGACTGGGGTGAAGTCGTAACAAGGTAGCC
GTAGGGGAACCTGCGGCTGGAT

在 NCBI 上进行序列的 blast 比对分析，结果发现：Hnau2-3 与荚膜红假单胞菌（*Rhodopseudomonas capsulata*）的相似度最高，为99%。结合生理生化分析，确定菌株 Hnau2-3 为红螺菌目红螺菌科红假单胞菌属的荚膜红假单胞菌（*R.capsulata*）。

Hnau9-1(1 420bp)

ACATGCAAGTCGAGCGGTAACATTTCAAAAGCTTGCTTTTGAAGATGAC
GAGCGGCGGACGGGTGAGTAATGCCTGGGAATTTGCCCATTTGTGGGGGAT
AACAGTTGGAAACGACTGCTAATACCGCATACGCCCTACGGGGGAAAGCAG
GGGAACTTCGGTCCTTGCGCTGATGGATAAGCCCAGGTGGGATTAGCTAGTA
GGTGGGGTAATGGCTCACCTAGGCAACGATCCCTAGCTGGTCTGAGAGGAT
GATCAGCCACACTGGGACTGAGACACGGCCCAGACTCCTACGGGAGGCAG
CAGTGGGGAATATTGCACAATGGGGGAAACCCTGATGCAGCCATGCCGCGT
GTGTGAAGAAGGCCTTCGGGTTGTAAAGCACTTTCAGCGAGGAGGAAAGG
GTGTAAGTTAATACCTTACATCTGTGACGTTACTCGCAGAAGAAGCACCGGC
TAACTCCGTGCCAGCAGCCGCGGTAATACGGAGGGTGCGAGCGTTAATCGG
AATTACTGGGCGTAAAGCGTGCGCAGGCGGTTTGTTAAGCGAGATGTGAAA
GCCCCGGGCTCAACCTGGGAACCGCATTTCGAACTGGCAAACTAGAGTCTT
GTAGAGGGGGGTAGAATTCCAGGTGTAGCGGTGAAATGCGTAGAGATCTGG
AGGAATACCGGTGGCGAAGGCGGCCCCCTGGACAAAGACTGACGCTCAGG
CACGAAAGCGTGGGGAGCAAACAGGATTAGATACCCTGGTAGTCCACGCCG
TAAACGATGTCTACTCGGAGTTTGGTGTCTTGAACACTGGGCTCTCAAGCTA
ACGCATTAAGTAGACCGCCTGGGGAGTACGGCCGCAAGGTTAAAACTCAAA
TGAATTGACGGGGGCCCGCACAAGCGGTGGAGCATGTGGTTTAATTCGATG
CAACGCGAAGAACCTTACCTACTCTTGACATCCAGAGAACTTTCCAGAGAT
GGATTGGTGCCTTCGGGAACTCTGAGACAGGTGCTGCATGGCTGTCGTCAG
CTCGTGTTGTGAAATGTTGGGTTAAGTCCCGCAACGAGCGCAACCCCTATCC
TTACTTGCCAGCGGGTAATGCCGGGAACTTTAGGGAGACTGCCGGTGATAA
ACCGGAGGAAGGTGGGGACGACGTCAAGTCATCATGGCCCTTACGAGTAGG
GCTACACACGTGCTACAATGGTCGGTACAGAGGGTTGCGAAGCCGCGAGGT
GGAGCTAATCTCATAAAGCCGGTCGTAGTCCGGATTGGAGTCTGCAACTCGA
CTCCATGAAGTCGGAATCGCTAGTAATCGTGGATCAGAATGCCACGGTGAAT
ACGTTCCCGGGCCTTGTACACACCGCCCGTCACACCATGGGAGTGGGCTGC
ACCAGAAGTAGATAGCTTAACCTTCGGGAGGGCGTTTACCA

在 NCBI 上进行序列的 blast 比对分析，结果发现：Hnau9-1 与类球红细菌（*Rhodobacter sphaeroides*）的相似度最高，为100%。结合生理生化分析，确定菌株 Hnau9-1 为类球红细菌（*Rhodobacter capsulatus*）。

Hnau11-5(1 458bp)

TGGCTCAGAGCGAACGCTGGCGGCAGGCTTAACACATGCAAGTCGAAC

GGGCGTAGCAATACGTCAGTGGCAGACGGGTGAGTAACACGTGGGAACGTA
CCTTTTGGTTCGGAACAACTGAGGGAAACTTCAGCTAATACCGGATAAGCCC
TTACGGGGAAAGATTTATCGCCGAAAGATCGGCCCGCGTCTGATTAGCTAGT
TGGTGAGGTAATGGCTCACCAAGGCGACGATCAGTAGCTGGTCTGAGAGGA
TGATCAGCCACATTGGGACTGAGACACGGCCCAAACTCCTACGGGAGGCAG
CAGTGGGGAATATTGGACAATGGGCGCAAGCCTGATCCAGCCATGCCGCGT
GAGTGATGAAGGCCCTAGGGTTGTAAAGCTCTTTTGTGCGGGAAGATAATGA
CGGTACCGCAAGAATAAGCCCCGGCTAACTTCGTGCCAGCAGCCGCGGTAA
TACGAAGGGGGCTAGCGTTGCTCGGAATCACTGGGCGTAAAGGGTGCGTAG
GCGGGTCTTTAAGTCAGAGGTGAAAGCCTGGAGCTCAACTCCAGAACTGCC
TTTGATACTGAAGATCTTGAGTATGGGAGAGGTGAGTGGAACTGCGAGTGTA
GAGGTGAAATTCGTAGATATTCGCAAGAACACCAGTGGCGAAGGCGGCTCA
CTGGCCCATAACTGACGCTGAGGCACGAAAGCGTGGGGAGCAAACAGGATT
AGATACCCTGGTAGTCCACGCCGTAAACGATGAATGCCAGCCGTTAGTGGGT
TTACTCACTAGTGGCGCAGCTAACGCTTTAAGCATTCCGCCTGGGGAGTACG
GTCGCAAGATTAAAACTCAAAGGAATTGACGGGGGCCCGCACAAGCGGTG
GAGCATGTGGTTTAATTCGACGCAACGCGCAGAACCTTACCAGCCCTTGACA
TGTCCAGGACCGGTCGCAGAGATGTGACCTTCTCTTCGGAGCCTGGAGCAC
AGGTGCTGCATGGCTGTCGTCAGCTCGTGTCGTGAGATGTTGGGTTAAGTCC
CGCAACGAGCGCAACCCCCGTCCTTAGTTGCTACCATTTAGTTGAGCACTCT
AAGGAGACTGCCGGTGATAAGCCGCGAGGAAGGTGGGGATGACGTCAAGT
CCTCATGGCCCTTACGGGCTGGGCTACACACGTGCTACAATGGCGGTGACAA
TGGGATGCTAAGGGGCGACCCCTCGCAAATCTCAAAAAGCCGTCTCAGTTC
GGATTGGGCTCTGCAACTCGAGCCCATGAAGTTGGAATCGCTAGTAATCGTG
GATCAGCATGCCACGGTGAATACGTTCCCGGGCCTTGTACACACCGCCCGTC
ACACCATGGGAGTTGGCTTTACCTGAAGACGGTGCGCTAACCAGCAATGGA
GGCAGCCGGCCACGGTAGGGTCAGCGACTGGGGTGAAGTCGTAACAAGGT
AGCCGTAGGGGAACCTGCGGCTGG

在 NCBI 上进行序列的 blast 比对分析，结果发现：Hnau11-5 与沼泽红假单胞菌（*Rhodopseudomonas palustris*）的相似度最高，为 99%。结合生理生化分析，确定菌株 Hnau11-5 为红螺菌目红螺菌科红假单胞菌属的沼泽红假单胞菌（*R.palustris*）。

Hnau 12(1 432bp)

TAACACATGCAAGTCGAGCGGTAACATTTCAAAAGCTTGCTTTTGAAGA
TGACGAGCGGCGGACGGGTGAGTAATGCCTGGGAATTTGCCCATTTGTGGG
GGATAACAGTTGGAAACGACTGCTAATACCGCATACGCCCTACGGGGGAAA

GCAGGGGAACTTCGGTCCTTGCGCTGATGGATAAGCCCAGGTGGGATTAGCT
AGTAGGTGGGGTAATGGCTCACCTAGGCAACGATCCCTAGCTGGTCAGAGA
GGATGATCAGCCACACTGGGACTGAGACACGGCCCAGACTCCTACGGGAGG
CAGCAGTGGGGAATATTGCACAATGGGGGAAACCCTGATGCAGCCATGCCG
CGTGTGTGAAGAAGGCCTTCGGGTTGTAAAGCACTTTCAGCGAGGAGGAAA
GGGTGTAAGTTAATACCTTACATCTGTGACGTTACTCGCAGAAGAAGCACCG
GCTAACTCCGTGCCAGCAGCCGCGGTAATACGGAGGGTGCGAGCGTTAATC
GGAATTACTGGGCGTAAAGCGTGCGCAGGCGGTCTGTTAAGCGAGATGTGA
AAGCCCCGGGCTCAACCTGGGAACCGCATTTCGAACTGGCAAACTAGAGTC
TTGTAGAGGGGGGTAGAATTCCAGGTGTAGCGGTGAAATGCGTAGAGATCT
GGAGGAATACCGGTGGCGAAGGCGGCCCCCTGGACAAAGACTGACGCTCA
GGCACGAAAGCGTGGGGAGCAAACAGGATTAGATACCCTGGTAGTCCACGC
CGTAAACGATGTCTACTCGGAGTTTGGTGTCTTGAACACTGGGCTCTCAAGC
TAACGCATTAAGTAGACCGCCTGGGGAGTACGGCCGCAAGGTTAAAACTCA
AATGAATTGACGGGGGCCCGCACAAGCGGTGGAGCATGTGGTTTAATTCGAT
GCAACGCGAAGAACCTTACCTACTCTTGACATCCAGAGAACTTTCCAGAGA
TGGATTGGTGCCTTCGGGAACTCTGAGACAGGTGCTGCATGGCTGTCGTCA
GCTCGTGTTGTGAAATGTTGGGTTAAGTCCCGCAACGAGCGCAACCCCTATC
CTTACTTGCCAGCGGGTAATGCCGGGAACTTTAGGGAGACTGCCGGTGATAA
ACCGGAGGAAGGTGGGGACGACGTCAAGTCATCATGGCCCTTACGAGTAGG
GCTACACACGTGCTACAATGGTCGGTACAGAGGGTTGCGAAGCCGCGAGGT
GGAGCTAATCTCATAAAGCCGGTCGTAGTCCGGATTGGAGTCTGCAACTCGA
CTCCATGAAGTCGGAATCGCTAGTAATCGTGGATCAGAATGCCACGGTGAAT
ACGTTCCCGGGCCTTGTACACACCGCCCGTCACACCATGGGAGTGGGCTGC
ACCAGAAGTAGATAGCTTAACCTTCGGGAGGGCGTTTACCACGGTGTGGT

在 NCBI 上进行序列的 blast 比对分析，结果发现：Hnau12 与荚膜红细菌（*Rhodobacter capsulatus*）的相似度最高，为 99%，结合生理生化分析，确定菌株 Hnau12 为荚膜红细菌（*Rhodobacter capsulatus*）。

Hnau13(1 397bp)

GCTTACCATGCAGTCGAACGGTGAACACGGAGCTTGCTCTGTGGGATC
AGTGGCGAACGGGTGAGTAACACGTGAGCAACCTGCCCCTGACTCTGGGAT
AAGCGCTGGAAACGGCGTCTAATACTGGATATGTGACGTGATCGCATGGTCT
GCGTCTGGAAAGAATTTCGGTTGGGGATGGGCTCGCGGCCTATCAGCTTGTT
GGTGAGGTAATGGCTCACCAAGGCGTCGACGGGTAGCCGGCCTGAGAGGGT
GACCGGCCACACTGGGACTGAGACACGGCCCAGACTCCTACGGGAGGCAG
CAGTGGGGAATATTGCACAATGGGCGCAAGCCTGATGCAGCAACGCCGCGT

GAGGGATGACGGCCTTCGGGTTGTAAACCTCTTTTAGCAGGGAAGAAGCGA
AAGTGACGGTACCTGCAGAAAAAGCGCCGGCTAACTACGTGCCAGCAGCCG
CGGTAATACGTAGGGCGCAAGCGTTATCCGGAATTATTGGGCGTAAAGAGCT
CGTAGGCGGTTTGTCGCGTCTGCTGTGAAATCCGGAGGCTCAACCTCCGGC
CTGCAGTGGGTACGGGCAGACTAGAGTGCGGTAGGGGAGATTGGAATTCCT
GGTGTAGCGGTGGAATGCGCAGATATCAGGAGGAACACCGATGGCGAAGGC
AGATCTCTGGGCCGTAACTGACGCTGAGGAGCGAAAAGGGTGGGGAGCAA
ACAGGCTTAGATACCCTGGTAGTCCACCCCGTAAACGTTGGGAACTAGTTGT
GGGGTCCATTCCACGGATTCCGTGACGCAGCTAACGCATTAAGTTCCCCGCC
TGGGGAGTACGGCCGCAAGGCTAAAACTCAAAGGAATTGACGGGGACCCG
CACAAGCGGCGGAGCATGCGGATTAATTCGATGCAACGCGAAGAACCTTAC
CAAGGCTTGACATATACGAGAACGGGCCAGAAATGGTCAACTCTTTGGACA
CTCGTAAACAGGTGGTGCATGGTTGTCGTCAGCTCGTGTCGTGAGATGTTGG
GTTAAGTCCCGCAACGAGCGCAACCCTCGTTCTATGTTGCCAGCACGTAATG
GTGGGAACTCATGGATACTGCCGGGGTCAACTCGGAGGAAGGTGGGGATG
ACGTCAAATCATCATGCCCCTTATGTCTTGGGCTTCACGCATGCTACAATGGC
CGGTACAAAGGGCTGCAATACCGCGAGGTGGAGCGAATCCCAAAAAGCCG
GTCCCAGTTCGGATTGAGGTCTGCAACTCGACCTCATGAAGTCGGAGTCGCT
AGTAATCGCAGATCAGCAACGCTGCGGTGAATACGTTCCCGGGTCTTGTACA
CACCGCCCGTCAAGTCATGAAAGTCGGTAACACCTGAAGCCGGTGGCCTAA
CCCTTGTGGAGGGAGC

在 NCBI 上进行序列的 blast 比对分析，结果发现：Hnau13 与氧化微杆菌（*Microbacterium oxydan*）的相似度为 99%，结合生理生化分析，确定菌株 Hnau13 为氧化微杆菌（*Microbacterium oxydan*）。

5 株光合细菌的 16S DNA 序列的分类进化树见图 2.20。

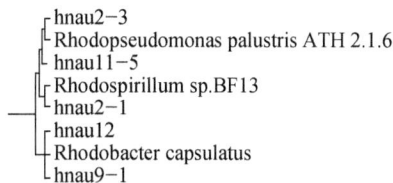

hnau2-3
Rhodopseudomonas palustris ATH 2.1.6
hnau11-5
Rhodospirillum sp.BF13
hnau2-1
hnau12
Rhodobacter capsulatus
hnau9-1

图 2.20　基于 16S DNA 序列的系统分类进化树
Fig. 2.20　Classification system evolutionary tree based on DNA sequence 16S

综上，依据 NCBI blast 结果，确定所筛 8 株菌中，有 5 株菌（Hnau2-1 Hnau2-3、Hnau9-1、Hnau11-5 和 Hnau12）属于光合细菌中的紫色非硫细菌，其中 Hnau2-1 属于红螺菌属的深红红螺菌（*Rhodospirillum rubrum*）、Hnau2-3 和 Hnau11-5 分别

属于红假单胞菌属的荚膜红假单胞菌（*R.capsulata*）和沼泽红假单胞菌（*R.pulastris*）。Hnau9-1 和 Hnau12 分别属于红细菌属（*Rhodobacter*）的类球红细菌（*Rhodobacter sphaeroides*）和荚膜红细菌（*Rhodobacter capsulatus*）。

2.1.4.5 各个菌种在混合菌种的百分含量

鉴定出 5 株光合细菌之后，知道了各个菌株的菌落形态有一定的差别，我们根据菌株的菌落形态不同，采用平板菌落计数法，大概计算出混合菌群中各个菌种的百分含量，从而进一步了解在产氢过程中占主导的是哪个菌种。通过上面的分离鉴定得出的 5 株光合细菌的形态特征见表 2.2。

表 2.2 分离菌株的形态特征
Table 2.2 Characteristic of separated strains

项目	Hnau2-1	Hnau2-3	Hnau11-5	Hnau9-1	Hnau12
细胞形状	卵圆形	短杆形或椭圆形	杆状	椭圆或短杆状	短杆或椭圆状
细胞大小/μm	0.5～1.0	0.5～1×1.5～4.0	0.5～1×1.8～4.0	0.5～1.0	0.5～0.8
鞭毛	周生	单根极生	单根极生	单根极生	单根极生
革兰氏染色	阴性	阴性	阴性	阴性	阴性
液体培养颜色	红色	红色	红色	紫红色	紫红色
增值方式	二均分裂	二均分裂	二均分裂	二均分裂	二均分裂
菌落形态	圆形，表面光滑，边缘整齐，易挑取，色素不扩散，d=1.0～2.0mm	边缘整齐，圆形，高突起，表面有光泽，d=0.5～1.0mm	圆形粉红色，边缘整齐，表面光滑湿润易挑取，d=0.5～2.0mm	亮红色，边缘整齐透明，圆形，高突起，表面光滑有光泽，d=1.0～2.0mm	圆形，表面湿润，柔软，高突起，易挑取，d=0.5～2.0mm

菌群的稀释—倾注平皿—培养 48h—计数报告得出结果。用灭菌生理盐水将菌群稀释成几个不同的 10 倍递增稀释液，使所有的微生物充分分散成单个细胞。按照倒平板和注入菌液涂布分离的方法，在每个无菌培养平皿中倒入约 15mL 晾至 46℃左右的光合细菌分离培养基，并转动平皿，混合均匀制成平板。同时选择 2～3 个菌群适宜稀释度，用无菌枪吸取该稀释度的 1mL 稀释液于培养基平皿中，每个稀释度做两个平皿。然后用灼烧冷却后的无菌玻璃刮铲在平板上旋转涂布均匀。等菌液风干后，再倒入一薄层只含 1.5%琼脂培养基隔离氧气，用封口纸密封。待琼脂凝固后，翻转平板，放在 30℃光照恒温培养箱中培养。从样品稀释开始到涂布完最后一个平皿所用时间不宜超过 20min，以防止细菌有所死亡或繁殖。

经过 2d 的培养，由每个单细胞生长繁殖而形成肉眼可见的菌落，一个单菌落代表原样品中的一个单细胞。根据表 2.2 各个菌落的形态不同，用肉眼观察，同时借助放大镜检查，统计出每个平皿中各个菌落的菌落数量，有其稀释倍数和取样接种量计算出每毫升原始样品中所含细菌菌落总数，得出各个菌种的百分含量。

通过统计得出每个平皿中各个菌落的数量，然后按照下列公式计算出细菌富集液中各个菌种的数量，从而进一步计算出各个菌种的百分含量。

样品中各个菌种光合细菌数（个/mL）=各个菌种的菌落平均数×稀释倍数。

按上式计算的各个菌种细菌数见表 2.3。

表 2.3　混合菌群中各个菌种的个数及占总光合细菌的百分含量

Table 2.3　The number of different strains of photosynthetic bacteria and the percentage of content

菌种名称	菌种个数/（$\times 10^8$ 个/mL）	菌种百分含量/%
深红红螺菌（*Rhodospirillum rubrum*）	12	27
荚膜红假单胞菌（*R.capsulata*）	11	25
沼泽红假单胞菌（*R.pulastris*）	12.5	28
类球红细菌（*Rhodobacter sphaeroides*）	4	9
荚膜红细菌（*Rhodobacter capsulatus*）	5	11

从表 2.3 中可以看出，深红红螺菌（*Rhodospirillum rubrum*）、荚膜红假单胞菌（*R.capsulata*）和沼泽红假单胞菌（*R.pulastris*）的百分含量在混合菌群中占绝对优势，达到 80%，是产氢的主题菌种。而类球红细菌（*Rhodobacter spHaeroides*）和荚膜红细菌（*Rhodobacter capsulatus*）只占有 20%，是协助产氢的菌种。

2.1.5　光合产氢细菌混合菌群的产氢特性

光合细菌产氢现在还处于实验室研究阶段，为了促进光合细菌制氢产业化的发展，必须提高光合细菌的产氢量和产氢速率。对课题组富集到的光合细菌混合菌群的产氢能力进行实验研究，并对其产氢培养基进行修正优化，找出适合该光合菌群的产氢培养基，从而提高产氢量和产氢速率，在最佳的产氢培养基下测试此混合菌群的各项产氢性能指标。

2.1.5.1　不同 NH_4^+ 浓度对产氢的影响

氮源是光合细菌生长的必须物质，氮源的添加量对光合细菌的产氢有显著影响。选用成本低廉的 NH_4Cl 为光合细菌的生长氮源，以 1%葡萄糖为产氢基质，加入 3.5g/L 谷氨酸钠作氮源。调 pH 为 7，温度为 32℃，光照强度为 2 000lx。改变 NH_4^+ 的含量为 1.0g/L、0.8g/L、0.6g/L、0.4g/L、0.2g/L。每隔 24h 记录一次产气量，记录不同 NH_4^+ 浓度时，所产气体体积，用气相色谱法测量所产混合气体中氢气含量，从而计算出氢气产量，寻找出产氢量最高的 NH_4^+ 浓度。

NH_4^+ 浓度过高会对光合细菌的产氢产生抑制作用，不同 NH_4^+ 浓度对光合细菌混合菌群产氢的影响见图 2.21。

从图 2.21 可以看出 NH_4^+ 对产氢菌群光合产氢的影响比较显著，NH_4^+ 的浓度达到 1.0g/L 时，完全抑制了氢气的产生。当 NH_4^+ 为 0.4g/L 时，产氢量为最大，达到 1 520mL。主要是因为少量的 NH_4^+ 可以加快混合菌种的生长，使碳源能更充分的被利用来产氢，但随着 NH_4^+ 浓度的增加，用于菌体生长的碳源也增多了，而用于产氢的碳源就越少，从而使得产氢率减少。因此优化后的培养基中 NH_4^+ 浓度为 0.4g/L。

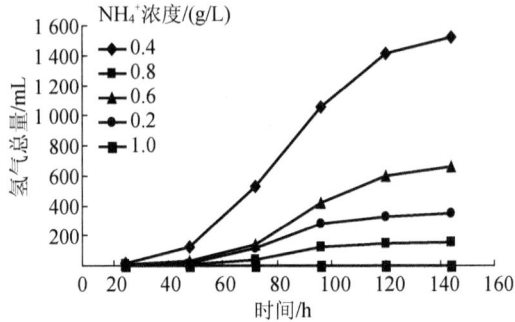

图 2.21　NH_4^+对产氢效果的影响

Fig. 2.21　Effects of NH_4^+ on hydrogen production

2.1.5.2　谷氨酸钠对产氢的影响

无机氮对光合细菌产氢有明显的抑制作用，光合细菌产氢过程中，添加铵盐等形式的无机氮，光合细菌会立刻停止产氢，为了保证光合细菌产氢过程中的氮源需要，研究中多采用有机氮为氮源，以降低 NH_4^+ 对光合细菌产氢的抑制作用。选用谷氨酸钠为氮源，研究谷氨酸钠的添加对光合细菌产氢的影响，加入基本的产氢培养基，NH_4Cl 0.4g/L，调 pH 为 7，温度为 32℃，光照强度为 2 000lx。做 3个对比试验：①加入 3.5g/L 谷氨酸钠同时加入 1%葡萄糖为产氢基质。②不加谷氨酸钠却加入 1%葡萄糖为产氢基质。③不添加葡萄糖液、不添加谷氨酸钠。按照上述方法记录不同时间下 3 个试验的产气量，测出氢气含量，得出氢气的产量见表 2.4。

表 2.4　不同条件下的产氢量

Table 2.4　The amount of hydrogen production under different conditions

产氢量/mL　　产氢时间/h　　　产氢条件	24	48	72	96	120	144
谷氨酸钠、葡萄糖	12	58	240	725	923	1 024
葡萄糖	12	35	35	35	35	35
只添加基本培养基	0	0	0	0	0	0

从表 2.4 中可以看出，在有葡萄糖加入的条件下，前 24h 内得到的产氢量，加不加谷氨酸钠是一样的都是 12mL，这是葡萄糖作为碳源产生的氢气。在前 48h内，只加葡萄糖不加谷氨酸钠只产生了 35mL 的氢气体，而且在以后的试验中产氢量没有再增加。而加入谷氨酸钠以后，产气高峰期在 72h 以后，而且产氢量达到 1 024mL，这说明谷氨酸钠作为氮源，对产氢量有很大的影响作用，也说明氮

源决定产氢效率。不加葡萄糖也不加谷氨酸钠的试验中，不产生任何氢气。

修正优化后的产氢培养基配方为 NH_4Cl 0.4g/L；$MgCl_2$ 0.2g/L；酵母膏 0.1g/L；$K_2HPO_4$0.5g/L；$NaCl$2g/L；葡萄糖 10g/L；谷氨酸钠 3.5g/L；调 pH 为 7。

2.1.5.3 光合产氢混合菌群在最佳培养基下的产氢性能

通过在阳光充裕、有机物污染严重的地区采样，并利用特殊培养基富集得到光合细菌混合菌群。基于对产氢过程中不同因素的探讨，对该混合菌群的产氢培养基进行了优化，在最佳的产氢培养基配方下，考察混合菌群的产氢能力。

向光合细菌产氢实验装置的反应器中装入 500mL 优化后的最佳产氢培养基，按照 10%的接种量接入生长至对数生长期的富集好的液体混合菌种 50mL，然后用胶塞密封，保证厌氧环境。放在温度为 32℃的，光照强度 2 000lx 的恒温箱中来维持光合细菌产氢的最佳温度和光照强度。

采用排水法收集气体，气体产量等于排开水的体积，每隔 24h 记录一下所产生的气体体积。每天定时用针管抽取 70mL 所产气体用气相色谱仪进行氢气含量测定，每次做三个平行，按平均值计算氢气的平均浓度。根据记录的每 24h 气体体积产量和测出的氢气含量，可以得出每 24h 的产氢量，把每 24h 的产氢量累计即氢气总量，氢气总量变化见图 2.22。

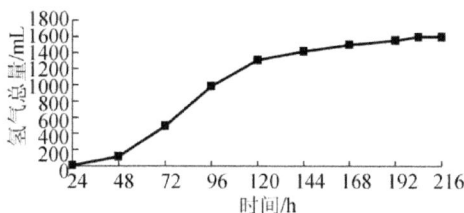

图 2.22　氢气总量变化曲线

Fig. 2.22　The variation curve of amount of hydrogen production

从图 2.22 中可以看出，前 24h 的产氢量比较少，主要是因为前 24h 是细菌生长期。产氢量最多的 48h 到 120h 的时候，这时候产氢量急剧增加。产氢时间长达到 204h，产氢总量达到 1 710mL。

见图 2.23 给出了筛选出的光合产氢混合菌群以 56mM 葡萄糖为产氢基质时菌体的氢气含量变化曲线，从图中可以看出，在 120h 时，氢气含量高达 46.7%。刚开始氢气含量比较低，由于反应瓶中上部留有空气导致。根据记录的每 24h 内的产气量和测出的氢气含量以及培养基的体积，可以粗略的得出产氢速率见图 2.23。从 48h 开始到 96h，混合菌群的产氢速率在急剧增加，到 96 h 时的产氢速率达到 44.17mL/（L·h）。到 144h，产氢速率开始大幅度降低，以后稳定慢慢降低。

测光合菌群的产氢性能时，是间歇产氢实验。因此在产生氢气的过程中，培养基的 pH 也发生了变化，初始 pH 为 7.0，在产氢进行到 72h 时，pH 降为 6.73，

到 144h 时 pH 都在降低，到 168h 时为 6.13。产氢终了时，pH 降为 5.80。这说明
在产氢过程中培养基的酸性在增加。由图 2.24 可知，此光合菌群在 pH 为 6.0～7.0
范围内均有较高的放氢活性，酸性环境也不影响该菌群的催化放氢。此菌群的产
氢 pH 适应范围比纯种细菌广泛。

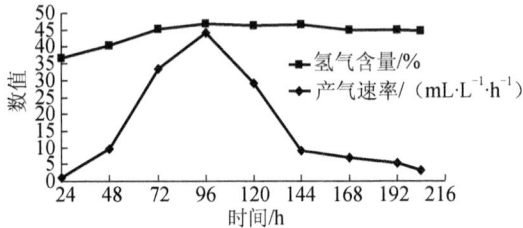

图 2.23　氢气含量及产氢速率变化曲线
Fig. 2.23　The variation curve of hydrogen content and velocity

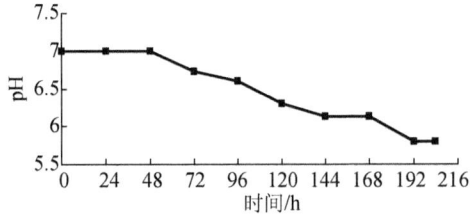

图 2.24　pH 变化曲线
Fig. 2.24　pH value variation curve

2.1.6　小结

从河南农业大学牧医工程学院养殖场、郑州市郊豆腐加工厂、郑州市五龙口
污水处理厂、黄河鲤鱼厂、河南花花牛养殖场五个地点取得样品，混匀后用特殊
的光合细菌培养基对其中的光合细菌进行富集，得到光合细菌混合菌群。该混合
菌群的产氢效率比纯种细菌要高，而且生长条件和产氢条件都比纯种细菌要求低，
便于实际应用。

采用双层平板稀释法和琼脂柱分离法，利用四种分离培养基从富集好的混合
菌群分离得到的 14 株纯菌种。通过分离从 1 号培养基筛选得到的一株疑似光合细
菌编号为 Hnau1-2，2 号分离培养基得到三株疑似光合细菌分别编号为 Hnau2-1、
Hnau2-2、Hnau2-3，3 号分离培养基得到两株疑似光合细菌编号为 Hnau9-1、
Hnau11-5，4 号分离培养基得到两株疑似光合细菌编号为 Hnau12、Hnau13。

通过生理鉴定和分子鉴定，得出从混合菌群中分离得到的有 5 株菌（Hnau2-1
Hnau2-3、Hnau9-1、Hnau11-5 和 Hnau12）属于光合细菌中的紫色非硫细菌，其
中 Hnau2-1 属于红螺菌属的深红红螺菌（*Rhodospirillum rubrum*）、Hnau2-3 和
Hnau11-5 分别属于红假单胞菌属的荚膜红假单胞菌（*R.capsulata*）和沼泽红假单

胞菌（*R.pulastris*）。Hnau9-1 和 Hnau12 分别属于红细菌属（*Rhodobacter*）的类球红细菌（*Rhodobacter sphaeroides*）和荚膜红细菌（*Rhodobacter capsulatus*）。

根据菌株的菌落形态不同，采用平板菌落计数法，计算出混合菌群中各个菌种的百分含量深红红螺菌（*Rhodospirillum rubrum*）27%、荚膜红假单胞菌（*R.capsulata*）25%、沼泽红假单胞菌（*R.pulastris*）28%、类球红细菌（*Rhodobacter sphaeroides*）9%、荚膜红细菌（*Rhodobacter capsulatus*）11%。

利用筛选富集的光合细菌混合菌群进行光合生物制氢试验，得出 NH_4^+ 对该菌群的产氢有很大的影响，当 NH_4^+ 的浓度到达 1g/L 时，完全抑制了光合细菌产氢，适宜的 NH_4^+ 浓度有利于氢气的产生。当 NH_4^+ 为 0.4g/L 时，加入 3.5g/L 的谷氨酸钠作氮源时，产氢时间较长，可达到 204h，比以前的混合菌群产氢时间长，最大产氢量为 3.41L/L，最大产氢速率 44.17mL/（L·h），最高氢气含量为 46.73%。产氢过程中，氮源谷氨酸钠的添加对产氢量有很大的影响，此光合菌群产氢对氮源的需求量很大。这与以前的氮源对光合细菌产氢速率和氢气产量有较大的影响相一致。

对文中富集的混合菌种的产氢培养基进行优化，得知 NH_4^+ 对该菌群的产氢有很大的影响，当 NH_4^+ 的浓度到达 1g/L 时，完全抑制了光合细菌产氢，适宜的 NH_4^+ 浓度有利于氢气的产生。产氢过程中，加不加谷氨酸钠作氮源对产氢量有很大的影响，此光合菌群产氢对氮源的需求量很大。修正优化后的产氢培养基配方为 NH_4Cl 0.4g/L；$MgCl_2$ 0.2g/L；酵母膏 0.1g/L；K_2HPO_4 0.5g/L；NaCl 2g/L；葡萄糖 10g/L；谷氨酸钠 3.5g/L；调 pH 为 7。

在优化后的最佳培养基配方下，该菌群的各项产氢性能指标为，产氢时间较长，可达到 204h，比以前的混合菌群产氢时间长。最大产氢量为 3.41L/L，最大产氢速率为 44.17mL/（L·h），最高氢气含量为 46.73%。

2.2 光合产氢细菌菌群特性研究

目前，光合产氢技术的研究已进入对产氢过程中光合细菌的生长及生长代谢中各反应的具体路径分析的层面，但光合细菌的产氢研究仍然处于初级探索阶段，产氢时生长代谢的途径以及其碳氮等元素的转移方式尚不明确。正确阐明生长环境和培养条件对微生物的生长代谢产生着至关重要的影响，因此，开展以下两方面的研究，即①研究光合产氢微生物在不同培养条件下的生长状况和最优生长条件。②不同碳源、氮源对光合细菌菌群生长和产氢的影响。从不同环境影响因素和培养机制的角度出发，研究微生物的生长特性及动力学特性，为培养高效光合产氢混合菌群和为光合生物制氢的规模化发展提供参考和依据。

2.2.1 光合细菌生长性能的研究

光合生物制氢过程中，产氢料液中所接种光合细菌的数量及较佳活性，是实现稳定高效产氢的关键。不同培养条件对光合产氢菌群的生长影响很大，因此需对光合细菌生长过程中其性能参数进行研究。河南农业大学朱艳艳采用单因素的实验方法对光合产氢菌群的生长特性和产氢情况进行分析，这对光合制氢过程中微生物的生长繁殖与环境条件的关系的认识，确定光合产氢微生物群落的优化参数具有重要参考意义。

2.2.1.1　试验材料及方法

1）生长培养基

试验用生长培养基的主要组成为：KH_2PO_4 0.1g；$(NH_4)_2SO_4$ 0.1g；NaCl 1g；$MgCl$ 0.2g；NH_4Cl 0.5g；$NaHCO_3$ 1g；乙酸钠 2g；酵母膏 1g；微量元素 1mL；生长因子 1mL；pH 调为 7.0。培养基的微量元素组成为：$CuSO_4·6H_2O$ 0.05mg；$FeCl_3·6H_2O$ 5mg；$MnCl_2·4H_2O$ 0.05mg；$ZnSO_4·7H_2O$ 1mg；H_3BO_4 1mg；$CO(NO_3)·6H_2O$ 0.5mg；蒸馏水 1 000mL；过滤除菌。培养基的生长因子组成为：维生素 B_1 0.1mg；尼克酸 10mg；生物素 0.1mg；对氨基苯甲酸 10mg；蒸馏水 1 000mL；过滤除菌。

将上述成分溶于蒸馏水中，调解 pH 为 7.0，定容 1 000mL，在 115℃下灭菌 20min。

2）产氢培养基

试验用产氢培养基组成为 $(NH_4)_2SO_4$ 1.0g，$MgCl_2$ 0.2g，酵母膏 1g，K_2HPO_4 0.5g，NaCl 2.0g，葡萄糖 20g，蒸馏水 1 000mL，pH 为 7。

3）试验菌种

试验菌种为河南农业大学农业部可再生能源重点开放实验室筛选培养的光合产氢微生物菌群。该菌种主要从河南农业大学养殖场、水稻试验田、郑州市污水处理厂、郑州市金水河等地点的光照充裕处取得 12 个样品，经过富集、分离、鉴定等过程，筛选出来的光合产氢菌群。

4）光合细菌细胞生长的测定

采用光电比色计进行比浊，测定消光系数（Optical Density，OD），通过测定样品中的 OD 值来代表培养液中的微生物量。在一定的范围内，细菌液体浓度与光密度成线性关系：即 OD 值越大，培养液中的微生物量越多，相反，OD 值越小，培养液中微生物量越少。根据菌液的 OD 值推知细菌生长繁殖的进程。试验过程中，每天定时抽取各培养瓶中适量发酵液，采用 HP8453 型紫外可见分光光度计测定 660nm 处 OD 值。然后以光合细菌生长时间为横坐标，OD_{660} 值为纵坐标绘制生长曲线。

5）产氢微生物的计数方法

称取 10g 光合细菌菌液用无菌水 10 倍梯度稀释后，取合适稀释度悬浊液进行培养计数，采用平板稀释分离法计算光合产氢细菌总数。

混合菌群中各菌种百分含量的测定同样采用平板菌落计数法，然后计算混合菌种中各个菌种的百分含量。分别取 24h、48h、72h、96h、120h 不同产氢阶段的产氢菌液，将混合菌种充分稀释后（所有的微生物充分分散成单个细胞），取一定量的稀释样液涂布到平板上，在显微镜下观察，根据各个菌落的形态不同，统计出各个菌落的菌落数，由其稀释倍数和取样接种量计算出原混合菌种中的含菌数，得出各个菌种的百分含量。

6）氢气产量和含量的测定

采用排水法测氢气产量，气体产量等于排开水的体积；用气相色谱法测氢气含量，检测器为热导池，柱温 80℃，5A 分子筛填充柱，高纯氮气为载气，检测器温度 150℃，进样量 500μL，保留 3min，标准气体采用 H_2 含量为 99.999% 的高纯氢。每天定时用针管抽取 50mL，按平均值计算氢气的平均浓度。

7）光照强度的测量

利用 test 照度计，对产氢反应器壁面的最大光照度进行测量。将 LX1010B 数字式照度计置于反应瓶表面，对称取不同方位的点进行光照强度的测定后取平均值。

8）光合产氢菌群的生长特性研究的单因素试验设计

改变光合产氢菌群相应的培养条件，pH、温度、光照度及接种量对光合产氢微生物光密度的影响，通过不同条件下的生长状态了解光合产氢微生物菌群的最优生长条件。

用 HCl 和 NaOH 调节培养基的初始 pH，分别配成不同的初始 pH 6.0、6.5、7.0、8.0、9.0 测定适宜光合产氢菌群生长环境的酸碱度，考察酸碱度对光合产氢微生物菌群生长的影响。

培养温度分别控制在为 20℃、25℃、30℃、35℃四组，通过测定温度对光合产氢菌群光密度，分析其对光合产氢微生物菌群生长的影响。

按体积百分比接种菌液量分别为 5%、10%、30%、50%条件下，测定接种量对光合产氢微生物菌群生长的影响。

通过改变白炽灯不同组合以改变光照度，测定光照度分别为 500lx、1 000lx、1 500lx、2 500lx 时的光合产氢微生物的光密度值，分析光照度对光合产氢微生物菌群生长的影响。

9）产氢过程中光合细菌生长和产氢影响因素的单因素试验设计

培养容器采用 300mL 玻璃瓶，接种培养 48h 左右（处于对数期）的光合细菌菌液，接种量为 10%，接种后用反口橡胶塞密封。所有样品菌液均用长针头插入液面下方提取。气体收集用针头插入培养瓶上部，通过排水集气法收集，定时记录产氢量。光照厌氧培养在 30℃，3 000lx 条件下进行，试验周期为 5d。

选取等量 8g/L 乙酸、乳酸、丁酸等不同碳源代替原碳源乙酸钠，分析不同碳源对光合细菌生长和产氢的影响。

以乙酸为唯一氮源，分别设置 2g/L、3g/L、4g/L、5g/L、6g/L 五组不同浓度，分析不同乙酸浓度对光合细菌生长和产氢的影响。

选取等量 1g/L 的（NH$_4$）$_2$SO$_4$、谷氨酰胺、蛋白胨作为氮源，分析不同氮源对光合细菌生长和产氢的影响。

以（NH$_4$）$_2$SO$_4$ 为唯一氮源，分别设置 0g/L、1g/L、3g/L、5g/L、7g/L 五组不同浓度，分析不同铵盐浓度对光合细菌生长和产氢的影响。

2.2.1.2　单因素条件下光合产氢菌群生长特性的分析

1）pH 对光合产氢菌群生长特性的影响

将光合产氢菌群在初始 pH 分别设置为 6.0、6.5、7.0、8.0、9.0，光照强度为 2 000lx，温度为 30℃，接种量为 10%条件下光照厌氧培养。每天测定其 OD 值，初始 OD 值为 0.51，结果见表 2.5 和图 2.25。

表 2.5　不同 pH 下光合产氢微生物群落生长的影响

Table 2.5　Influence of different pH values on the growth of PSBG

时间/h	光合产氢微生物 OD 值				
	pH6.0	pH6.5	pH7.0	pH8.0	pH9.0
0	0.51	0.51	0.51	0.51	0.51
24	0.79	1.07	1.10	0.51	0.48
36	0.98	1.85	2.01	0.77	0.48
72	1.34	2.71	2.99	0.93	0.49
96	1.34	2.72	2.98	0.93	0.50
120	1.27	2.70	2.82	0.85	0.48

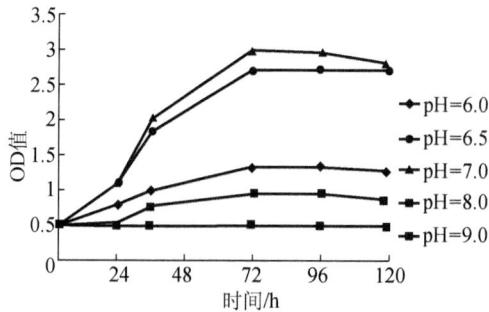

图 2.25　不初始 pH 下光合产氢微生物群落生长曲线

Fig. 2.25　Curve of the growth of the PSBG at different initial pH values

从图 2.25 以看出，在初始 pH 为 6.0，光合产氢微生物的生长受到抑制，部分细菌失去活性，其 OD 值很小；光合产氢微生物在初始 pH 为 6.5～8.0 均能正常的生长。由图中的五条曲线可知，当初始 pH 为 7.0 时，光合产氢微生物的生长曲线变化明显高于其余曲线，OD 值变化幅度最大，说明菌体生长状况最好；初始 pH 为 6.0 和 8.0 时微生物生长状况稍差；初始 pH 为 6.5 和 7.0 时，生长曲线较为接近，但总体生长情况比较：pH 为 7.0 生长最佳；说明光合产氢微生物较适宜的生长环境为偏中性。在初始 pH 为 6.0、8.0 和 9.0 时，生长曲线趋于平坦，OD 值变化很慢，菌体生长活性较低，说明在酸性或碱性环境中，微生物生长受到抑制，部分菌体失去活性。因此，生长环境的酸碱性是影响光合产氢微生物菌群生长的一个重要因素，光合产氢菌的最佳生长环境应为中性。

2）温度对光合产氢菌群生长特性的影响

在 20℃、25℃、30℃、35℃条件下，光照度 2 000lx、pH7.0、接种量 10%下光照厌氧培养光合产氢微生物，每隔 24 h 测定菌体的 OD 值，其中实验 4 组光合产氢微生物初始 OD 值为 0.51，OD 值用 721-A 型紫外可见分光光度计在 660nm 处测定。所得结果见表 2.6。

从图 2.26 中可看出，在 20℃温度条件下，光合产氢菌群生长曲线比较平缓，菌体生长活性不高，细菌生长速率较低；温度为 25℃、30℃、35℃的曲线比较接近，光合细菌的生长变化速率较大。在这四条曲线中，30℃温度最高，25℃、35℃曲线次之，20℃曲线较低。由此得出：在温度为 25~35℃时，光合产氢菌群的生长活性高，新陈代谢快，细菌数量增幅较大，但在这个温度范围内，不同温度对光合细菌生长的影响并不明显。在实际操作中，考虑到产氢量及成本问题，常采用光合产氢菌群比较适宜的生长温度条件是 30℃。

表 2.6 不同温度下光合产氢微生物群落生长的影响

Table 2.6 Influence of different temperatures on the growth of PSBG

时间/h	光合产氢微生物 OD 值			
	20℃	25℃	30℃	35℃
0	0.52	0.53	0.50	0.52
24	0.69	1.03	1.07	1.02
36	0.86	1.86	1.94	1.84
72	1.21	2.84	2.89	2.75
96	1.35	2.84	2.87	2.75
120	1.32	2.82	2.82	2.74

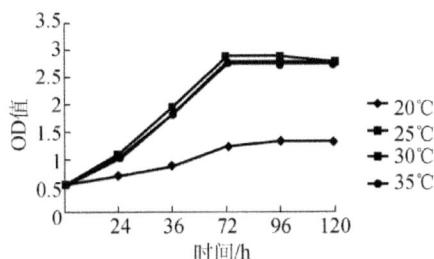

图 2.26 不同温度下光合产氢微生物群落生长曲线

Fig. 2.26 Curve of the growth of the PSBG at different temperature

3）接种量对光合产氢菌群生长特性的影响

用 300mL 反应瓶，接种量分别为 5%、10%、30%、50%，光照度为 2 000lx，pH 为 7.0，温度为 30℃光照厌氧培养测定培养液 OD 值，初始 OD 值为 0.51，结果见表 2.7。

由图 2.27 和表 2.7 分析可以得出：在接种量为 30%和 50%的条件下，光合细菌的生长曲线几乎重合，说明在条件下，细菌生长状况一致，接种量浓度的不同对细菌的最终生长结果的影响不明显；接种量为 5%时，细菌生长缓慢，这是由于种子菌体过少引起的；接种量为 10%，其生长曲线的走势与接种量为 30%时，基本相同，最终结果相差量不大。在实际操作中，为了节约成本、提高利用效率，一般情况下选取 10%作为接种量。

表 2.7　不同接种量下光合产氢微生物群落生长的影响
Table 2.7　Influence of different inoculation on the growth of PSBG

光合产氢微生物 OD 值				
时间/h	5%	10%	30%	50%
0	0.51	0.51	0.51	0.51
24	0.81	1.09	1.13	1.16
36	1.59	1.96	2.14	2.20
72	1.92	2.55	2.99	3.02
96	1.92	2.55	2.99	3.04
120	1.87	2.5	2.96	3.01

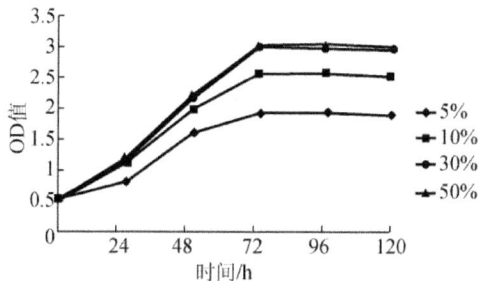

图 2.27　不同接种量下光合产氢微生物群落生长曲线
Fig. 2.27　Curve of the growth of the PSBG at different inoculations

4）光照度对光合产氢菌群生长特性的影响

将光合产氢菌群在光照强度分别为 500lx、1 000lx、1 500lx、2 500lx 的条件下，接种量 10%、30℃、pH7.0 光照厌氧培养，隔 24h 测其光密度。初始 OD 值为 0.53。结果见表 2.8。

表 2.8 不同光照强度下光合产氢微生物群落生长的影响
Table 2.8 Influences of different light strengths on the growth of PSBG

光合产氢微生物 OD 值				
时间/h	500lx	1 000lx	1 500lx	2 500lx
0	0.53	0.53	0.53	0.53
24	0.69	1.13	1.23	1.34
36	0.86	2.04	2.14	2.20
72	1.21	2.87	3.10	3.13
96	1.35	2.84	3.04	3.13
120	1.32	2.77	2.97	3.10

从图 2.28 中可看出，光照强度为 500lx 的曲线比较平缓，菌体生长速率较小，细菌增长速度较慢，光照强度为 1 000lx、1 500lx、2 500lx 的曲线比较接近，细菌生长速率较大，生长趋势明显优于光照度为 500lx 的生长状况。在这四条曲线中，光照度为 2 500lx 和光照强度 1 500lx 的细菌生长最优，菌体数量增长最为明显，其生长曲线最为接近，几乎为同步，说明在这个光照度范围内光合细菌对光照度的敏感性不强；光照强度为 1 000lx 时，细菌生长次之，500lx 的光照度下的菌体生长状况较差。由此得出：菌体生长随着光照度的增大而增快，但超过一定范围，光合产氢菌群的生长代谢对光照强度的敏感性变得较为迟钝，说明光合细菌对光照度的环境要求有一定饱和度，光照度过小会影响细菌的正常生长，光照度过大对细菌生长的增幅作用不大。因此出于成本和控制条件的把握考虑，30℃光照厌氧培养时，光照强度为大于 1 000lx 时为光合产氢微生物的适宜生长环境条件。

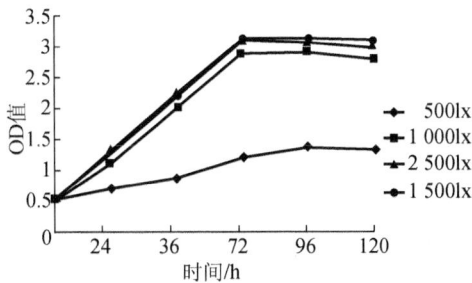

图 2.28 不同光照度下光合产氢微生物群落生长曲线
Fig. 2.28 Curve of the growth of the PSBG at different light strengths

2.2.1.3 光合细菌生长和产氢的影响因素的单因素试验结果分析

利用光合产氢微生物菌群进行单因素试验，讨论了利用葡萄糖进行光合产氢的过程中，不同因素对光合产氢细菌的生长和产氢的相关性能，分析了不同时间段，不同地点及各菌种独立的特性，最后并对产氢结果进行综合分析。目的在于揭示光合微生物菌群利用葡萄糖产氢的相关规律及生长特性，为光合细菌的葡萄糖产氢研究提供相关依据，也旨在为光合产氢工业化提供一定的理论基础。

1）碳源对光合产氢过程中混合菌群的生长和产氢量的影响

以乙酸、乳酸、丁酸三种醇酸作为光合细菌的碳源，分析其对菌种生长的影响，结果见图 2.29。

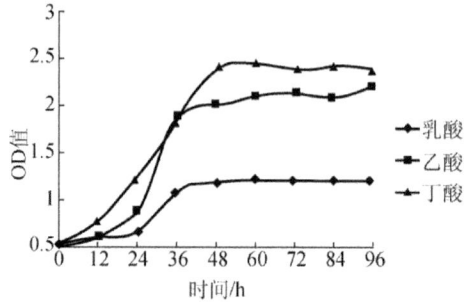

图 2.29　不同碳源对光合细菌生长的影响

Fig. 2.29　The impact of different carbon sources on the growth of PSB

光合产氢混合菌群的代谢途径具有多样性，因而对不同种类的小分子酸醇利用途径也不同。由图 2.29 可以看出混合菌群能有利用乳酸、乙酸和丁酸作为生长用的碳源。在培养 96h 后，乳酸 OD_{660} 值最大达到 1.2，乙酸 OD_{660} 值最大达到 2.2，丁酸 OD_{660} 值最大达到 2.39。由图 2.29 可知，由乳酸作为碳源的培养基对混合菌群的生长没有产生太大的影响，生长曲线没有太大变化，且细菌总体生长缓慢。培养 96h 后，OD 值最小仅为 1.2，说明乳酸不是光合细菌有效的生长碳源；乙酸对混合菌群的适应环境产生了一定的影响，使它在调整期滞留了较长时间，但过了调整期之后细菌生长活跃，在 48h 之后细菌的生长速率基本保持不变，细菌数目稳定；在碳源为丁酸的产氢环境下，混合菌群在接种后几乎没有调整期出现，菌种很快适应了新的环境并开始呈指数增长，且达到稳定期时 OD 值最大。这说明丁酸能够很有效地为光合混合菌群提供可生长的碳源，但丁酸能否有效的作为供氢体及其对产氢量的影响有待验证。

小分子酸醇既可以作为光合细菌的生长碳源，同时也是光合细菌产氢所需的供氢体，光合混合菌群中不同种属的光合细菌对不同种类的碳源利用效率也存在很大差异，采用乳酸、乙酸和丁酸三种小分子对光合细菌产氢的影响，结果见图 2.30。

图 2.30 给出了乳酸、乙酸和丁酸作为产氢基质对光合混合菌群产氢的影响。结果表明：光合产氢混合菌群能够很有效地利用乙酸和丁酸进行产氢，其产氢总量分别达到 563mL 和 985mL；以乳酸作为基质时，产氢总量只有 108mL，说明混合菌群利用乳酸产氢的活性较低。这一产氢结果与生长曲线呈现正相关的关系，验证了光合产氢菌群生长代谢旺盛则产氢量随之增加。

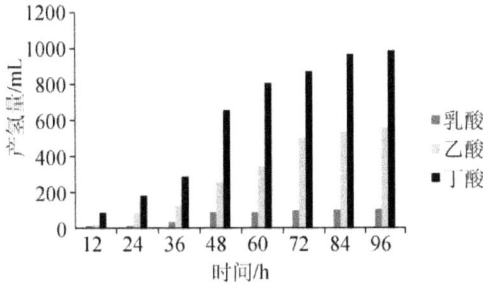

图 2.30 不同碳源对光合细菌产氢量的影响

Fig. 2.30 The impact of different carbon sources on the amount of hydrogen production by PSB

2）乙酸浓度对光合产氢过程中混合菌群的生长和产氢量的影响

由以上研究结果可知，乙酸与丁酸的最终生长状况相差不大，且乙酸是微生物厌氧发酵过程的末端产物，是微生物新陈代谢过程中常用的碳源。所以选取乙酸作为碳源，分别设置浓度为：2g/L、3g/L、4g/L、5g/L、6g/L、7g/L，分析不同乙酸浓度对光合产氢微生物生长和产氢的影响，结果见图 2.31 和图 2.32。

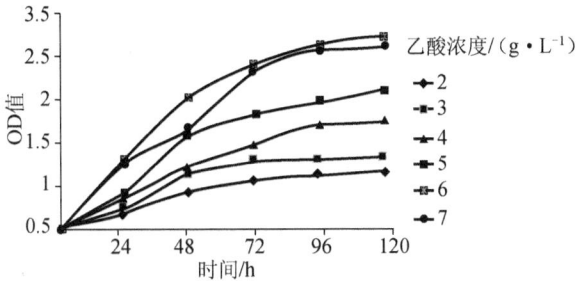

图 2.31 不同浓度乙酸对混合菌群生长的影响

Fig. 2.31 Effects of acetic concentration on the growth of photo-bacteria

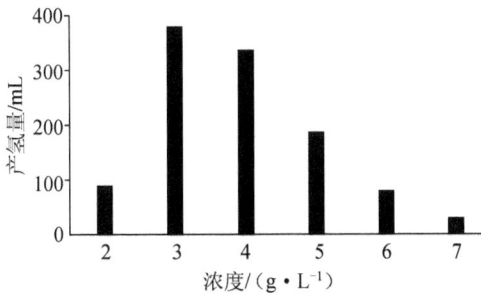

图 2.32 不同浓度乙酸对混合菌群产氢的影响

Fig. 2.32 Effects of acetic concentration on hydrogen production

由图 2.31 可以看出，乙酸浓度对菌体的整体影响是：在较高浓度的乙酸环境下，菌体生长活性较高，即乙酸浓度越高，光合细菌生长越良好。当乙酸浓度为 2～4g/L 时，生长初期，底物浓度尚可以支持混合菌群生长的生长代谢活动，但在 72h 内，底物几乎耗尽，细胞基本停止生长。当乙酸浓度为 5～6g/L 时，细胞生长活性较高，生长期持续长，当浓度为 6g/L 时，细胞生长情况最好，因为在乙酸浓度为 7g/L 时，菌体生长没有明显的增幅。

由图 2.32 可以看出，当乙酸浓度为 3g/L 时，产氢量总量最大，产氢速率也明显高于其他浓度条件下的产氢量。当乙酸浓度超过 3g/L 时，产氢量开始降低；在浓度为 7g/L 时，产氢量极少，几乎观察不到产氢现象，说明在利用乙酸产氢时，光合细菌的细胞在代谢过程中，会产生部分酸性物质，酸性物质过多，溶液 pH 降低，不利于细菌生长。所以在光合产氢菌群利用乙酸产氢时，乙酸的最佳添加浓度为 3g/L。

3）氮源对光合产氢过程中混合菌群的生长和产氢量的影响

氮源是光合微生物生长的必须物质，主要功能是合成细胞中含氮物质，但不作为能源物质被利用。微生物常用的氮源有蛋白质、硝酸盐、分子氮等物质，光合细菌对氮源的吸收利用具有很强的选择性，部分铵盐类物质能够直接被微生物利用，而硝酸盐类氮源则需要细菌将其进一步还原为 NH_4^+ 之后才能被细胞加以利用。

光合产氢混合菌群中不同种属的菌种对不同类型的氮源吸收利用途径和效率不同，且在生长过程中对氮源具有很强的选择性。选取（NH_4)$_2SO_4$、$NaNO_3$、谷氨酰胺和蛋白胨四种物质作为氮源，分析不同氮源对产氢过程中菌种生长特性的影响。结果见图 2.33。

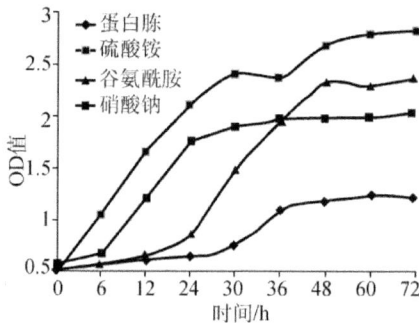

图 2.33　不同氮源对光合细菌生长的影响
Fig. 2.33　Different nitrogen sources on the growth of photosynthetic bacteria

由图 2.33 可以看出，光合细菌在蛋白胨为氮源的条件下，生长曲线属于比较标准的 "S" 形曲线，调整期和对数期的分界较为明确。由于蛋白胨不能为细菌生长提供足量的氮源，所以出现了长达 24h 的调整期，调整之后整体生长也较为缓慢。光合细菌在硫酸铵为氮源的条件下，由其生长曲线可以看出细菌很快适应该生长环境，调整期很短，对数期较长，总体呈现增长趋势。对比以谷氨酰胺和硝酸钠为氮源时的生长曲线可知，光合细菌在硝酸钠的生长环境下，较快地适应了新环境并在较短时期内进入对数期，但对数期较短，在培养 24h 后，光合细菌基本停止生长，但在谷氨酰胺作为氮源的培养条件下，细菌调整期较长，调整期后对数期长，整体生长良好。

综上，光合细菌在氮源是硫酸铵的条件下，在生长的任何阶段都优于其他氮源，生长情况最好，培养在产氢培养 72h 后，菌体 OD_{660} 值达到 2.83。这是因为光合细菌能利用的氮源形式为 NH_4^+，而铵盐不需进行转换就可直接被微生物利

用，因此更有助于细菌生长。对于硝酸钠，谷氨酰胺等氮源，需要进一步转换成
NH_4^+才能被细胞吸收利用，光合细菌在蛋白胨条件下生长最慢，这是因为光合细
菌的固氮效率低于生长速率，氮源的供给不足，导致生长速率较慢。

结合采用的混合菌群在纯菌种特性上的差异，探讨不同种类的氮源对混合菌
群产氢的影响。光合细菌之所以能产氢，是因为有固氮酶的催化，固氮酶的活性
直接影响光合细菌的产氢量，而NH_4^+对光合细菌的固氮酶有较强的抑制作用，使
菌体产氢能力下降。若菌体利用有机氮源则需要菌体先将其分解为NH_4^+，所以对
固氮酶抑制作用较弱，而无机氮源因为能直接被菌体利用，所以将直接影响固氮
酶的活性，进而影响产氢量。选取 10g/L（NH_4）$_2SO_4$、$NaNO_3$、谷氨酰胺、蛋白
胨几种物质作为氮源，其对混合菌群产氢情况的影响见图 2.34。

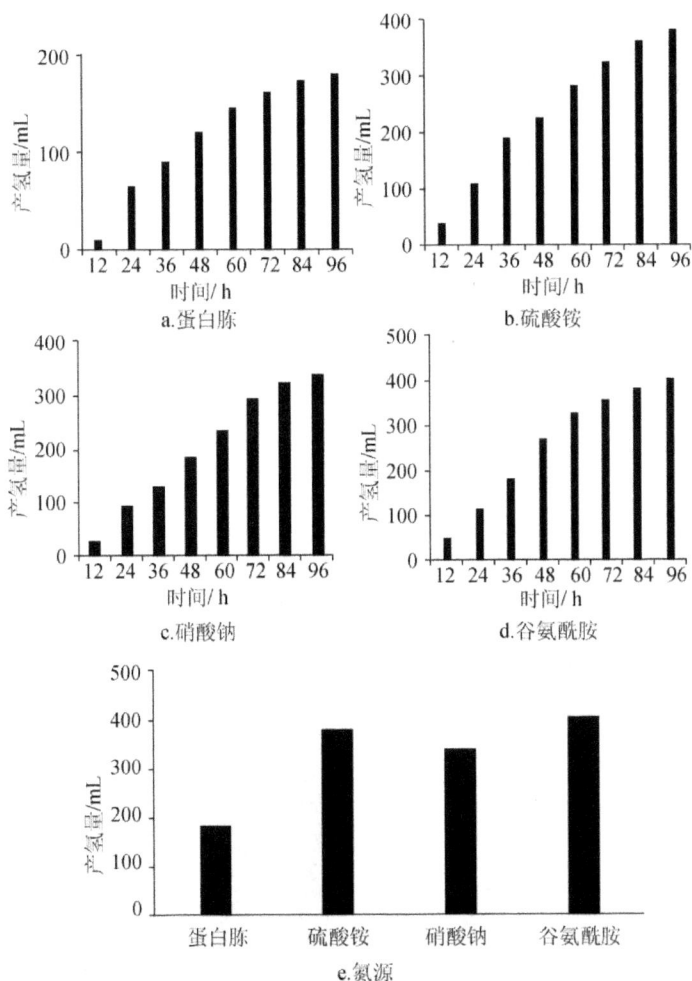

图 2.34　不同种类氮源对于光合细菌产氢的影响

Fig. 2.34　Effects of different nitrogen sources on hydrogen production

图 2.34 表明，在以蛋白胨，硫酸铵、硝酸钠和谷氨酰胺四种物质为氮源的条件下，谷氨酰胺条件下产氢量最高，为 400mL；其次为硫酸铵，产氢量也为 380mL；以蛋白胨为氮源的实验中，产氢量最少。这与其生长曲线趋势符合。因为氮源不足，光合细菌生长缓慢，代谢慢，产氢速率与产氢量也较低。在分别以硫酸铵、硝酸钠和谷氨酰胺为氮源的培养条件下，产氢总量的差别并不是很明显，无机氮源对光合细菌菌群产氢没有产生明显的抑制作用，这是因为混合菌种中不同种属的细菌之间存在协调相关的效应，不同的利用途径可以消除无机氮对产氢活性的抑制。已有相关研究表明，氮源对光合产氢量的抑制性并不能产生很关键的影响作用，然而无机氮源对光合产氢是否有抑制作用，也可能与培养液中的 C/N 有关，准确结论尚需要深入验证分析。

4）铵盐浓度对光合产氢过程中混合菌群的生长和产氢量的影响

选取 0g/L、0.5g/L、1g/L、1.5g/L、2g/L、2.5g/L 这六个水平的 $(NH_4)_2SO_4$ 浓度进行研究，分析不同的氮源浓度对产氢过程中光合细菌生长及产氢的影响，结果见图 2.35 和图 2.36。

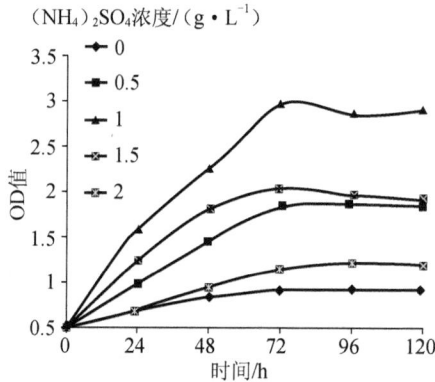

图 2.35　不同 $(NH_4)_2SO_4$ 浓度对光合细菌产氢的影响
Fig. 2.35　Effects of $(NH_4)_2SO_4$ concentration on hydrogen production

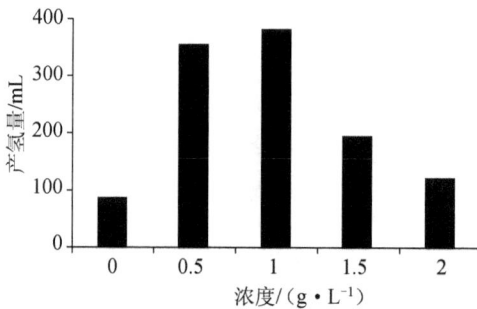

图 2.36　不同 $(NH_4)_2SO_4$ 浓度对光合细菌产氢的影响
Fig. 2.36　Effects of $(NH_4)_2SO_4$ concentration on hydrogen production

　　由图 2.35 可以看出，在没有氮源，光合细菌几乎没有生长，说明氮源是光合细菌生长代谢的必须物质，氮源参与了细胞新陈代谢的物质交换，因此氮源的缺乏导致菌体停止生长。当（NH$_4$）$_2$SO$_4$ 浓度为 0～1g/L 时，细菌代谢正常，生长状况较好；浓度为 1g/L 时，生长速率最高。（NH$_4$）$_2$SO$_4$ 添加浓度超过 1g/L 时，氮源对菌体的生长产生较强的抑制作用，菌体几乎没有出现生长。这是因为过高的浓度会引起细胞渗透压过大，导致细胞破裂死亡。

　　由图 2.36 可以看出，在不添加氮源时没有产氢现象，这与细菌生长保持一致，在无氮源可供细胞代谢时，固氮酶也不能合成，菌体没有产氢活性，因而不能产氢。在（NH$_4$）$_2$SO$_4$ 浓度为 0.5～1g/L 范围内，产氢量较大，产氢现象明显。当氮源浓度为 1g/L 时，光合产氢菌群代谢活跃，生长和产氢能力较强，产氢量最大。（NH$_4$）$_2$SO$_4$ 浓度为 1.5g/L 时，产氢总量并没有随着浓度的增加而增加，而当（NH$_4$）$_2$SO$_4$ 浓度为超过为 1.5g/L 时，产氢量明显下降；这是因为过高的氮源浓度，NH$_4^+$较多，处于游离状态，固氮酶活性受到 NH$_4^+$的抑制，最终导致产氢量的下降。在以（NH$_4$）$_2$SO$_4$ 为光合细菌的产氢氮源时，结合其生长曲线并就其产氢效果得出结论：最佳的添加浓度为 1g/L。

2.2.1.4　最佳产氢条件下不同产氢阶段微生物数量分析

　　不同种属的光合微生物在各自细胞生长代谢及生化反应制氢的过程中是存在很大差异性的，即使是同一菌种在不同条件下，其生长和产氢能力也不同。根据各个菌种不同的形态特征，用血球计数板在显微镜下观察，分析四种高效产氢光合细菌：深红红螺菌、荚膜红假单胞菌、沼泽红假单胞菌和荚膜红细菌在不同产氢时期菌体数量，以此为其生长活性及产氢能力的分析提供科学参考。

　　在以葡萄糖浓度为 3%的产氢基质条件下，做光合细菌产氢实验，分析光合产氢微生物产氢量，产氢速率的变化与不同菌种在各个时期生长状况的相关性。每隔 24h，记录在这一小时内的产氢量，根据培养基的体积和产氢量，得出产氢速率。累积产氢总量变化见图 2.37，产氢速率变化曲线见图 2.38。

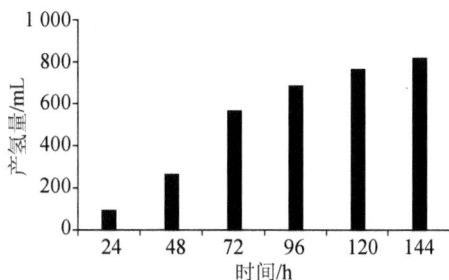

图 2.37　氢气总量变化曲线

Fig. 2.37　The variation curve of amount of hydrogen production

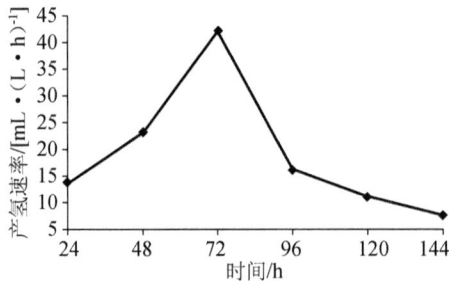

图 2.38　氢气含量及产氢速率变化曲线

Fig. 2.38　The variation curve of hydrogen content and velocity

由图 2.37 和图 2.38 可以看出,光合细菌的产氢速率在培养 72h 之前成增长趋势,在 48~72h 的时间段增长最快,并在培养 72h 时,产氢速率达到 42.08mL/(L·h);在培养 72h 后,但产氢速率不断下降。在培养 144h 后,产氢总量达到 820mL。在产氢后期,产氢速率下降的原因是在细胞在产氢过程中,一方面是由于培养基的产氢基质在不断消耗,原料供给不足,一方面是因为在光合细菌新陈代谢过程中,代谢产物使产氢环境的酸性增加,抑制细胞生长和其产氢活性,导致产氢量和产氢速率降低。

在不同产氢时期(24h、48h、72h、96h、120h、144h)观察分析不同菌种在混合菌种中所占的百分含量,结果见表 2.9。综合分析同一菌种在整个产氢过程中的产氢能力,结果见图 2.39。

表 2.9　不同时期各个菌种占总光合细菌数量的百分含量

Table 2.9　Various strains in different periods as the percentage of total PSB

时间/h 菌种名称	各菌种占总光合细菌数量的百分比/%					
	0	24	48	72	96	12
深红红螺菌	27	37	31	30	31	33
荚膜红假单胞菌	37	26	22	24	25	26
沼泽红假单胞菌	18	21	33	35	32	30
荚膜红细菌	18	16	14	11	12	11

由图 2.39 分析得知,在初始光合产氢菌液中,荚膜红假单胞菌所占比例较高,深红红螺菌次之,沼泽红假单胞菌和荚膜红细菌的基本相同,所占比例较低。在培养 24h 后,各个菌种分布有较大变化,深红红螺菌生长最好,所占比例达到 37%,荚膜红假单胞菌由于不适应新的产氢环境,生长较慢,但其仍让处于相对较为优势的生长趋势,沼泽红假单胞菌处于生长状态,荚膜红细菌处于生长劣势。培养 48h 后,产氢菌种分布格局基本稳定,沼泽红假单胞菌和深红红螺菌处于绝对优势地位,含量均达到 30% 以上,荚膜红细菌含量一直处于 25% 左右,而荚膜红细菌在产氢环境中,活性低,处于劣势,含量在 10% 左右。结合图 2.38,光合产氢速率在 48~72h 的时间段增长最快,且在培养 72h 时,产氢速率达到最大,为

42.08mL/（L·h）；说明在产氢过程中产氢能力较强的优势菌种为深红红螺菌和沼泽红假单胞菌，荚膜红假单胞菌产氢能力居中，荚膜红细菌则为辅助产氢菌种，产氢贡献能力较差。

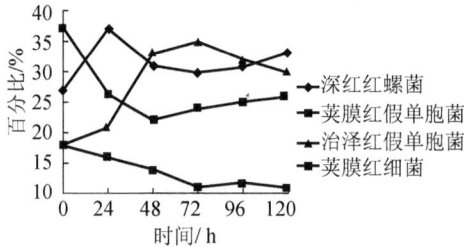

图 2.39　不同时期各个菌种占总光合细菌的百分含量变化曲线

Fig. 2.39　The variationcurve of various strains in different periods as the percentage of total photosynthetic bacteria strains

2.2.1.5　小结

（1）通过对光合产氢微生物群落单因素实验分析知，光合产氢微生物群落的最佳生长条件为：温度条件是 30℃；最佳光照强度为大于 1 000lx 光强度；最佳生长 pH 为 7 左右；适宜接种量为 10%。

（2）光合产氢混合能够利用乙酸、丁酸、乳酸等小分子酸醇作为生长碳源和产氢基质。在光合产氢过程中，在丁酸作为碳源的条件下，菌体生长最优，其次是乙酸，乳酸则不能被产氢微生物有效利用；丁酸的产氢活性最高，乙酸次之，乳酸的产氢活性很低，这与混合菌群的生长活性呈现一致性。光合细菌用乙酸作为产氢底物是，在浓度为 3g/L 时，菌体产氢活性最高，产氢量最大。因此乙酸的最佳添加浓度为 3g/L。

（3）在以（NH₄）₂SO₄、NaNO₃、谷氨酰胺、蛋白胨四种物质作为光合细菌产氢氮源的培养条件下，其中（NH₄）₂SO₄ 在生长和产氢量的实验中，具有很大优势，是光合产氢中效果较好的氮源添加剂；在以不同浓度的（NH₄）₂SO₄ 培养条件下，综合生长和产氢效果，（NH₄）₂SO₄ 的最佳添加浓度为 1g/L。

（4）光合细菌在以葡萄糖为产氢基质的产氢条件下，结合其产氢速率和混合菌种中各个菌种在不同时期所占的百分比，得出结论：在产氢过程中产氢能力较强的优势菌种为深红红螺菌和沼泽红假单胞菌，荚膜红假单胞菌产氢能力居中，荚膜红细菌则为辅助产氢菌种，产氢贡献能力较差。

2.2.2　基于连续制氢的产氢光合细菌相关特性研究

光合细菌是光合细菌制氢反应过程的主体。从目标产物氢气形成来说，代谢变化反映的是发酵中光合细菌的菌体生长、发酵参数的变化（培养基及培养条件）和产物形成速率这三者之间的关系。所以，要想充分发挥光合细菌产氢潜力，达到理想的制氢效果，就必须全面、深入地了解其基本特性和相关机理，并采取科学、可行的代谢调控方法来满足光合细菌产氢的要求。河南农业大学师玉忠就本实验室所选育的产氢光合细菌混合菌种与连续制氢工艺相关的特性，进行了探讨和实验研究，为规模化光合生物制氢提供可靠的依据。

2.2.2.1　试验材料、装置及方法

1）生长培养基

试验用生长培养基的主要组成为：KH_2PO_4 0.1g；$(NH_4)_2SO_4$ 0.1g；NaCl 1g；$MgCl$ 0.2g；NH_4Cl 0.5g；$NaHCO_3$ 1g；乙酸钠 2g；酵母膏 1g；微量元素 1mL；生长因子 1mL；pH 调为 7.0。培养基的微量元素组成为：$CuSO_4·6H_2O$ 0.05mg；$FeCl_3·6H_2O$ 5mg；$MnCl_2·4H_2O$ 0.05mg；$ZnSO_4·7H_2O$ 1mg；H_3BO_4 1mg；$CO(NO_3)·6H_2O$ 0.5mg；蒸馏水 1 000mL；过滤除菌。培养基的生长因子组成为：维生素 B_1 0.1mg；尼克酸 10mg；生物素 0.1mg；对氨基苯甲酸 10mg；蒸馏水 1 000mL；过滤除菌。

将上述成分溶于蒸馏水中，调解 pH 为 7.0，定容 1 000mL，在 115℃下灭菌 20min。

2）试验菌种

试验菌种为河南农业大学农业部可再生能源重点开放实验室筛选培养的光合产氢微生物菌群。该菌种主要从河南农业大学养殖场、水稻试验田、郑州市污水处理厂、郑州市金水河等地点的光照充裕处取得 12 个样品，经过富集、分离、鉴定等过程，筛选出的高效产氢优势菌种 F1、F5、F7、F11、L6、S7 和 S9 组成的光合产氢混合菌种群。

3）产氢培养基

产氢培养基组成为 $(NH_4)_2SO_4$ 1.0g，$MgCl_2$ 0.2g，酵母膏 1g，K_2HPO_4 0.5g，NaCl 2.0g，葡萄糖 20g，蒸馏水 1 000mL，pH 为 7。

产氢装置见图 2.40，为保持反应温度和光照条件的稳定，反应瓶置于恒温光照培养箱内。单纯生长培养时，只用具塞密封的反应瓶部分；产氢培养时，采用整套系统，并调整重砝重量，保持集气瓶内外压力一致。

4）混合菌种稳定性及环境适性的分析

为了考查光合细菌混合菌种的稳定性和环境适性，分别对菌液进行室温随机光照、黑暗冷藏、黑暗冷冻、定温控光等条件下的长期培养，并在培养过程中定期测定菌种的活性。

分别在无菌和有菌（以自来水为溶剂，培养基、容器等未经灭菌等处理）条件下进行菌种扩培等操作，连续传代培养，并进行生长和产氢实验，以考察菌种的质量变化。

菌种活性的测定：将待测样本摇匀，吸取 20mL，接入盛有 180mL 生长培养

基的培养瓶中，于 30℃、1 200lx 光照条件下培养，分别测定培养液的初始吸光度 OD_{660}（以 C_0 表示）和培养 48h 后培养液的吸光度 OD_{660}（以 C_{48} 表示），估算光合细菌的生长率 v。计算公式如下：

$$v = \frac{c_{48} - c_0}{c_0}$$

产氢活性测定：接种量为 20%，葡萄糖添加量为 3%，配制培养液 300mL，于 30℃、1 200lx 光照条件下培养，测定产氢总量。

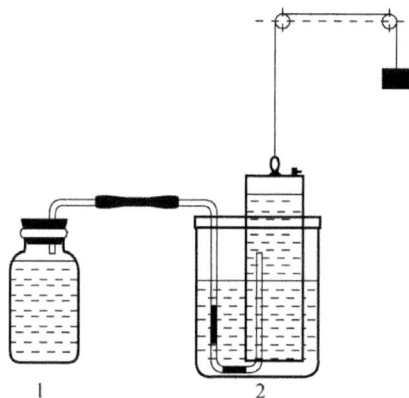

图 2.40　光合细菌实验装置示意图
Fig. 2.40　Illustration of experimental equipment of photosynthetic bacteria

1. 反应瓶；2. 气体收集系统

5）产氢培养基中葡萄糖添加量的选择

将葡萄糖作为光合细菌连续制氢的唯一底物，因此，葡萄糖添加量是光合细菌连续制氢的关键性影响因素之一。分别选用不同葡萄糖添加量的产氢培养基，光合细菌接种量均为 20%，配制成 300mL 的产氢反应液，于透光良好的玻璃瓶反应器中进行产氢发酵，具体培养条件为：温度 30℃，光照度 1 200lx。

6）产氢培养基中硫酸铵添加量的选择

在生长培养基基础上，改变铵盐的添加量，并按产氢反应液（接种后培养液总量）的 3% 添加葡萄糖；菌种直接接入葡萄糖水溶液中。

7）以葡萄糖为产氢底物的混合菌种接种量选择

产氢培养基中分别接入 5%、10%、20%、30%、40%、50% 的混合菌种，葡萄糖添加量均为 3%，在温度 30℃，光照度为 1 200lx 的培养箱中，连续培养直至产氢结束，记录产氢量。

8）分批添加葡萄糖对混合菌种生长及产氢的影响实验

分批添加葡萄糖（总量为 3%）的对比实验：接种时添加 1%，培养 48h，再进入 1%，96h 加入剩余的 1%。

2.2.2.2　光合细菌混合菌群运动性的分析

从荧光显微镜下观察到情况来看，混合菌种主要有球状、杆状、短杆状、螺旋状，运动方式有螺旋翻滚的慢速运动和不规则快速折转运动两种。菌体的运动性使其在反应液中的位置经常发生变化，有利于增加其获得光照的机会，所以，即使反应液的透光性较差，一些种类的光合细菌也能依靠自身的运动，到光照较好的位置接受光能。

连续制氢过程中，虽然不对产氢反应液进行机械搅拌，但借助于液体的缓慢流动和光合细菌自身的运动性，反应液深层的光合细菌也有较多获取光能的机会。

2.2.2.3　光合细菌混合菌群稳定性及环境适性的分析

工业发酵中，人们总是希望以最为简单的操作方式和尽可能低的生产费用，获取理想的产品和生产效率。其中，菌种的稳定性和环境适性对于发酵相关作业的影响非常直接。

对于微生物的连续培养方式来说，菌种的稳定性和环境适性尤为重要。长期的生产实践和实验研究发现，微生物在连续培养过程中的变异和染菌，是造成菌种生产性能退化的主要原因。在连续培养中，光合细菌是否稳定、是否具备较强的抗杂菌干扰能力，就成为其是否可用于连续制氢工艺的关键。

菌种稳定性实验结果见表 2.10。

表 2.10　不同保存方式对菌种活性的影响
Table 2.10　Effects of preservation methods on photosynthetic bacteria

保存方法	保存时间/d	生长率 v		产氢总量/mL	
		培养基灭菌	培养基不灭菌	培养基灭菌	培养基不灭菌
室内随机光照、室温	30	0.54	0.54	920	940
	60	0.52	0.56	935	920
	90	0.36	0.38	920	900
黑暗、4～10℃	30	0.48	0.48	920	930
	60	0.50	0.48	920	920
	90	0.48	0.48	915	890
黑暗、-18℃	30	0.48	0.48	900	900
	60	0.38	0.34	790	820
	90	0.34	0.30	800	810
1 000lx、30℃	30	0.42	0.39	900	890
	60	0.0	0.0	-	-
	90	0.0	0.0	-	-
1 000lx、30℃、15d 传代一次	30	0.58	0.54	910	920
	60	0.56	0.54	910	890
	90	0.54	0.56	920	910

结果显示：室内随机光照、室温和 1 000lx、30℃两种条件下，由于营养物长

时间未得到补充，导致菌体死亡，冷冻保藏的效果也较差；正常连续传代培养后的菌种，未发生明显的性能变化，产氢量保持在 900mL 左右；室内随机光照、室温及黑暗、4～10℃条件下，菌种均能保持良好的产氢活性。由此可见，光合细菌混合菌种对保存条件要求较低，给定的合适培养条件下，活性恢复速度普遍较快，产氢活性保持良好。连续制氢过程中，光合细菌的产氢活性下降，即可及时进行菌种的更换。

长期的有菌实验结果显示：光合细菌混合菌种的生长和产氢效果并无明显下降现象出现。说明其抗杂菌干扰能力很强，实验和实际生产无须刻意进行无菌处理。

从上述结果来看，本研究所使用的混合菌种具有良好的环境适性和稳定性，适合进行连续培养和工业化应用。

2.2.2.4 葡萄糖添加对混合菌群生长及产氢情况的影响

产氢培养基中，葡萄糖的存在影响光合细菌的代谢作用，图 2.41 为光合细菌在不同葡萄糖浓度的产氢培养液中的生长情况。

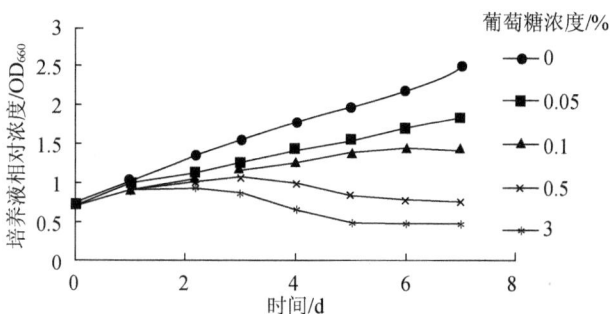

图 2.41 光合细菌在不同葡萄糖浓度的产氢培养液中的生长曲线

Fig. 2.41 Growth curve of photosynthetic bacteria in medium with different concentration of glucose

从图 2.41 可知，在单纯生长培养基的基础上，即使添加非常少量的葡萄糖（0.05%），光合细菌的生长也会受到明显的限制，葡萄糖浓度越高，生长情况越差。葡萄糖浓度较高的培养液中，光合细菌只在最初的两天内有一定的增长，随后细胞数量开始下降。这进一步说明，产氢的开始就是光合细菌增殖的结束。

以醋酸钠为唯一碳源的生长培养基培养光合细菌时，始终未发现其产氢现象。当光合细菌接种到产氢培养基中后，则会出现较为剧烈产氢反应现象。初步研究发现，葡萄糖浓度低于 0.5%时，产氢现象比较微弱，葡萄糖浓度大于 0.5%时，产氢速率和产氢总量均明显提高。

培养基中葡萄糖浓度对光合细菌混合菌群产氢的影响实验结果见图 2.42 和图 2.43。

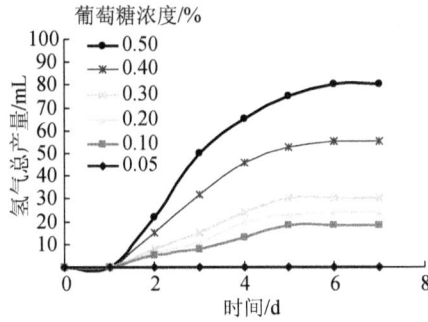

图 2.42　低浓度范围内葡萄糖对光合细菌产氢的影响

Fig. 2.42　Effects of glucose in the range of lower concentration on H₂ production by photosynthetic bacteria

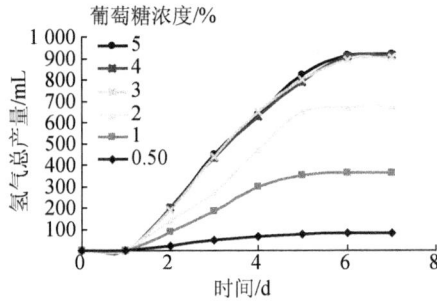

图 2.43　较高浓度范围内葡萄糖对光合细菌产氢的影响

Fig. 2.43　Effects of glucose in the range of higher concentration on H₂ production by photosynthetic bacteria

　　由图 2.43 可知，在所考察的浓度范围内，总的趋势是葡萄糖浓度与产氢量、产氢速率正相关，即浓度越高产氢速率越高、产氢量越大；葡萄糖浓度低于 0.5% 时，产氢量非常低甚至观察不到产氢现象（反应液内气泡上升）；葡萄糖浓度高于 0.5% 时，产氢量大幅上升，产氢现象非常明显，反应液内有大量气泡快速上升，葡萄糖浓度达到 3% 时，产氢速率和产氢总量达到峰值，即使继续提高葡萄糖浓度，产氢速率和产氢量也不再升高，所以，本实验条件下，3% 的葡萄糖浓度是光合细菌产氢的最佳浓度。

　　葡萄糖浓度低于 0.5% 时，产氢现象微弱或根本不产氢，主要原因有两方面：首先，葡萄糖也可以作为光合细菌生长繁殖的碳源，含量低时，葡萄糖仅能满足于细菌的生长需要，其次，低浓度的底物限制了产氢反应。

　　以葡萄糖为唯一产氢底物，考察不同葡萄糖接种量条件下光合细菌混合菌群的产氢情况，结果见图 2.44。

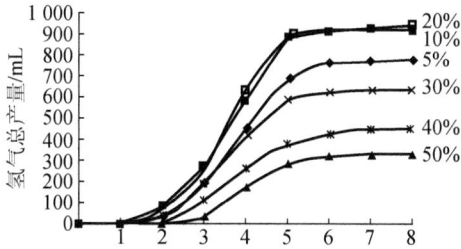

图 2.44 接种量量对光合细菌产氢量的影响

Fig. 2.44 Effects of inoculums sizes on H_2 production

由图 2.44 可以看出，接种量对光合细菌产氢延滞期和产氢总量均有影响。接种量越大，产氢延滞期越长，可能的原因主要是：细菌种液中[NH_4^+]引起产氢培养液的[NH_4^+]差异所致，接种量大则产氢培养液的[NH_4^+]高，[NH_4^+]对产氢酶的抑制作用强，产氢培养初期，细菌生长将[NH_4^+]逐步降低，消除其抑制作用后，产氢现象出现；接种量 10%和 20%产氢培养液的产氢量明显高于其他处理，说明在该接种量范围内培养液，产氢酶活力最高，产氢效果比较理想。

2.2.2.5 葡萄糖添加对光合细菌混合菌群产氢培养液性能的影响

以葡萄糖为底物的光合细菌产氢实验中，随着产氢的进行，培养液也在发生一些极为显著的变化。培养初期，反应液呈较浓的暗红色，随后逐步变浅，产氢现象出现初期，培养液呈淡粉色，产氢旺盛期颜色为灰白色。低浓度葡萄糖条件下，培养液由最初的暗红色转变为较为鲜亮的红色，并可保持较长的时间（7d 以上）。产氢过程中，培养液吸收光谱特征的变化见图 2.45。

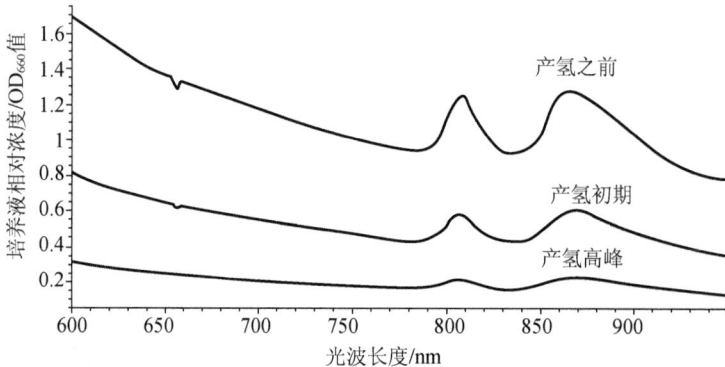

图 2.45 产氢过程中培养液吸收光谱特征的变化

Fig. 2.45 Changes of characteristic peaks of culture solution for H_2 production

从图 2.45 中可以看到，产氢培养过程中，培养液吸收光谱在 806nm 和 863nm 处的特征峰逐渐变缓，直至接近消失，OD_{660} 也值大幅下降，说明产氢过程中光合细菌逐步衰亡。这与尤希凤的研究结论相一致，即光合细菌生长过程不产氢，产氢过程不生长。进一步的验证性实验显示：产氢后，培养液中的光合细菌基本无活性。由此可见，光合细菌混合菌种产氢属于非生长关联型发酵。

葡萄糖是微生物可以快速分解利用的最简单的糖类之一。葡萄糖的微生物代谢途径多样，代谢过程的中间产物及终产物各不相同，代谢过程最为常见的产物主要有丙酮酸、柠檬酸、乳酸、乙酸等，这些产物的积累也会构成对微生物生理活性的影响。本研究采用的是光合细菌混合菌种，它们对葡萄糖的代谢途径及对代谢产物的敏感性可能存在差异。

基于上述分析，以光合细菌进行生物制氢的生产工艺中，必须把生产菌种的培养与产氢培养分开进行，即采用专门进行光合细菌培养的光生物反应器，为专门进行产氢发酵的光生物反应器提供生产菌种。

培养液中，葡萄糖浓度对培养液吸收光谱特征的影响见图 2.46。

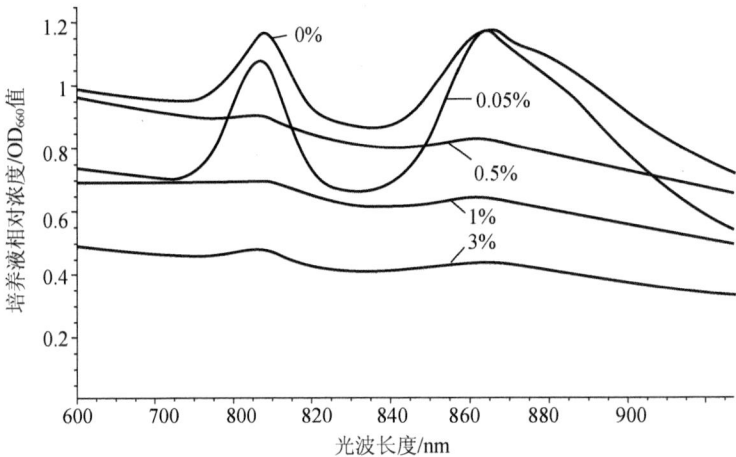

图 2.46　葡萄糖浓度对培养液吸收光谱特征的影响

Fig. 2.46　Effects of glucose concentration on characteristic peaks of photosynthetic bacteria culture solution

由图 2.46 可知，不同葡萄糖浓度的培养液，经过两天以上的厌氧、光照培养，位于红外区 806nm 和 863nm 两处的特征峰发生显著变化。葡萄糖浓度高于 0.5%，两吸收峰均非常平缓，而葡萄糖浓度为 0.05% 的培养液，它的两吸收峰均非常突出，且峰值接近未加葡萄糖的对照试样。

产氢培养过程中，培养液 pH 的变化见图 2.47。

在优化后的葡萄糖浓度范围内，光合细菌培养液的 pH 变化的情况基本一致，最后的均降低到 5.0 以下，并且产氢现象是伴随着培养液的酸化出现的，说明光合细菌利用葡萄糖产氢的代谢途径中，存在着产酸过程。

从 pH 和位于红外区 806nm 和 863nm 两处的特征峰变化情况来看，光合细菌培养液吸收光谱特征峰及颜色的变化，与 pH 并无直接关系，因为，葡萄糖浓度为 0.05%的培养液的 pH 也在 5.0 以下。培养液产氢现象与其颜色、特征峰消失存在关联，可能是代谢过程中还原作用或氢气的直接作用，改变了这些色素物质的结构。

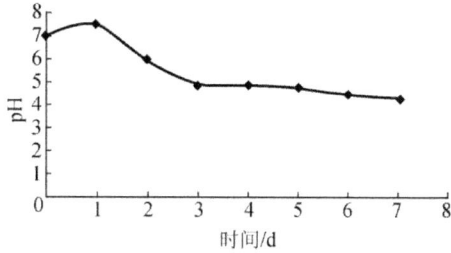

图 2.47 产氢培养过程中，培养液 pH 的变化

Fig. 2.47 Changes of pH within H₂ production process

2.2.2.6 分批添加葡萄糖对光合细菌生长及产氢情况的影响

分批添加葡萄糖时，光合细菌生长和产氢情况见图 2.48 和图 2.49。

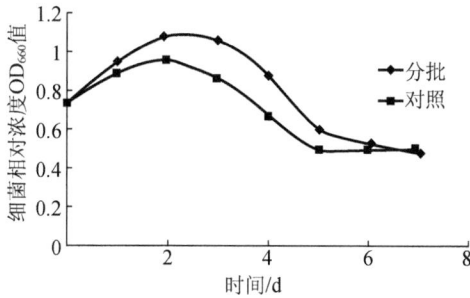

图 2.48 分批添加葡萄糖对光合细菌生长的影响

Fig. 2.48 Effects of glucose adding methods ongrowth of photosynthetic bacteria

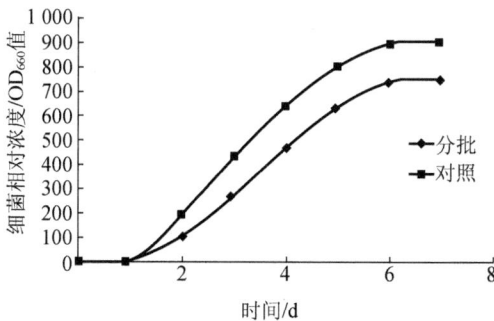

图 2.49 分批添加葡萄糖对光合细菌产氢的影响

Fig. 2.49 Effects of glucose adding methods on hydrogen production by photosynthetic bacteria

由图 2.49 可知，分批添加葡萄糖，培养液中的光合细菌增殖作用好于一次性加入葡萄糖的对照组，其细胞增殖幅度较大且维持时间长；分批添加葡萄糖时，

培养液产氢量明显低于对照组，说明这种方法并无可取之处，只会增加操作的复杂程度。

2.2.2.7　硫酸铵添加量对光合细菌混合菌群产氢情况的影响

产氢培养基中硫酸铵添加量对光合细菌产氢影响的实验结果见图 2.50 和图 2.51。

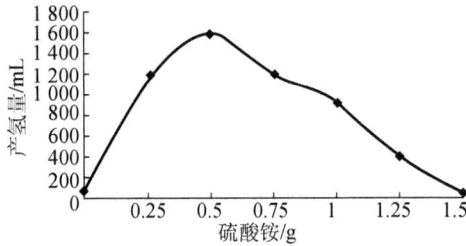

图 2.50　硫酸铵添加量对产氢量的影响
Fig. 2.50　Effects of （NH₄)₂SO₄ on H₂ production by photosynthetic bacteria

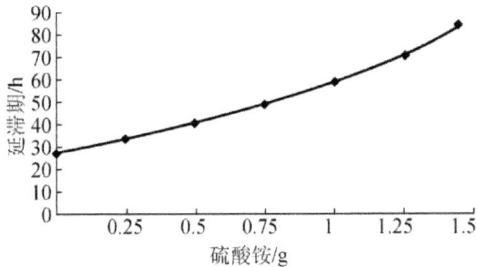

图 2.51　硫酸铵添加量对产氢延滞期的影响
Fig. 2.51　Effects of （NH₄)₂SO₄ on delay time of H₂ production by photosynthetic bacteria

由图 2.50 可知，产氢培养基中，硫酸铵添加量（主要是$[NH_4^+]$）对光合细菌混合菌群产氢的影响非常明显。可以说，$[NH_4^+]$越高，产氢延滞期越长，直至不产氢，说明产氢反应液中，$[NH_4^+]$是抑制产氢的关键因素，光合细菌在生长过程中，将$[NH_4^+]$降低到合适的水平后产氢现象才会出现。硫酸铵添加量为 0.5g 时，产氢反应液的产氢量最高，可以达到产氢反应液体积的 3 倍多，硫酸铵添加量为 0 和 1.5g 的两个试样的产氢量极小，只有 80mL 左右，由此可见，产氢培养基中$[NH_4^+]$既不能太高也不能太低。

另外，以葡萄糖水溶液作产氢培养基的产氢实验中，未出现产氢现象。

综合上述结果和分析，产氢培养中，光合细菌需要产氢基质（葡萄糖）以外的营养成分来维持其代谢活动，合适的$[NH_4^+]$既能满足光合细菌产氢代谢中某些必要条件的形成（如固氮酶的合成等），又不抑制或阻遏光合细菌产氢作用的发挥。因此，产氢培养基中硫酸铵的合适添加量为 0.5g/L（生长培养基添加量的 1/2）。

2.2.2.8　小结

对连续产氢过程中光合细菌基本特性及所用混合菌种的综合特性进行探讨，以醋酸钠为唯一碳源的培养基作为单纯生长培养基，在单纯生长培养基的基础上，加入葡萄糖（产氢底物）作为产氢培养基，考察了混合菌种的相关特性，得出如下结论。

（1）混合菌种的运动方式有螺旋翻滚的慢速运动和不规则快速折转运动两种，其他细胞无明显运动。混合菌种菌体的运动性使其在反应液中的位置经常发生变化，有利于增加其获得光照的机会。

（2）混合菌种具有良好的环境适性和稳定性，非常有利于工业化的应用。既可耐受温度、光照较大幅度的变化，又能耐受杂菌污染的干扰，产氢和生长活性稳定。

（3）以葡萄糖为产氢基质、光合细菌的接种量为 10%～20%时，产氢培养液的产氢效果比较理想。3%的葡萄糖浓度是光合细菌混合菌种产氢的最佳浓度。光合细菌产氢属于非生长关联型发酵，产氢开始后，细胞逐渐衰亡。需采用专门进行光合细菌培养的光生物反应器，为专门进行产氢发酵的光生物反应器提供生产菌种。

（4）光合细菌利用葡萄糖产氢的过程中，存在着产酸代谢途径，pH 最低可达 5.0 以下；产氢现象开始后，培养液由红色变为灰白色，其特征峰也逐渐消失，可能是代谢过程中还原作用或氢气的直接作用，改变了这些色素物质的结构，与培养液 pH 的改变无直接关系。

（5）分批添加葡萄糖，能改善培养液中的光合细菌增殖作用，其细胞增殖幅度较大且维持时间长，但产氢量明显低于对照组。

（6）产氢培养基中硫酸铵的合适添加量为 0.5g/L。

2.2.3　连续制氢工艺中光合细菌菌落特性的研究

光合生物制氢反应器的设计研究是提高氢气产量，加快氢气工业化生产的关键部分。光合制氢反应器按照结构形式可分为管式、板式、箱式、螺旋管式和柱式等几种结构形式；按照光源的分布形式，光合制氢反应器可分为内置光源和外置光源两种结构形式。图2.52是河南农业大学研制的光合细菌连续制氢反应系统，该系统由反应器本体、太阳能聚光及传输单元、太阳能光热转换单元、太阳能光伏转换及照明单元、热交换系统、菌体培养箱、原料预处理单元及自控单元等组成。通过光纤将太阳光引入到反应器内侧空间，并使用白炽灯作为补充光源。有效体积为 $5.18m^3$。河南农业大学李亚丽基于该连续制氢反应器，分别利用葡萄糖和预处理后的猪粪废水为产氢底物，考察连续制氢工艺中光合细菌菌落的特性，为进一步完善光合细菌连续产氢工艺技术提供了科学参考。

图 2.52　光合细菌连续制氢反应器

Fig. 2.52　Continuous biohydrogen production bioreactor by photosynthetic bacteria

光合细菌在培养箱里经过培养后，随着制氢底物进入上料箱，一起从上料箱进入反应器中，反应器中的反应液经过反应，剩余的废液沿管道排出，氢气收集到储气柜里。图 2.53 是光合细菌连续制氢反应器内的工艺流程图。

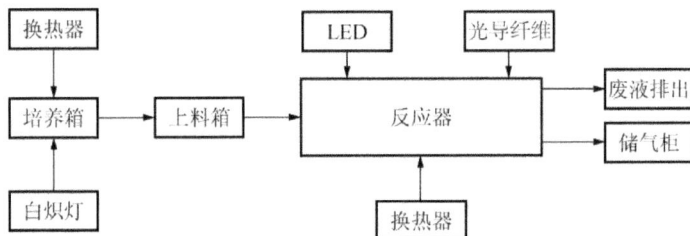

图 2.53　光合连续制氢流程图

Fig. 2.53　Flow chart for continuous biohydrogen production by photosynthetic bacteria

2.2.3.1　试验方法

1）活细胞吸收光谱测定

将光合细菌菌液 5 000r/mim 离心 10min，弃上清，沉淀用生理盐水洗涤 3 次，最后将菌体悬浮于 60%的蔗糖溶液中，用紫外可见分光光度计在 190～900nm 波长范围内扫描，记录其光吸收峰值。

2）细胞干重测定

取 50mL 洁净离心管置鼓风干燥箱于 105℃烘干 1h，冷却后称取质量 m_1；加入样品 30mL 后以 5 000 r/min 离心 10min，弃去上清液后再加入去离子水 20mL 继续离心 10min，离心完成后将上清液除去后于干燥箱 105℃烘干至 2h，冷却后称重 m_2。

$$\text{细胞干重(CDW, mg / mL)} = \frac{m_2 - m_1}{30} \times 1\,000$$

3）细胞数量测定

细胞的数量通过用血球计数板在显微镜下观察得出。

血球计数板是一块特制的厚型载玻片，载玻片上有 4 条槽而构成 3 个平台。中间的平台较宽，其中间又被一短横槽分隔成两半，每个半边上面各有一个计数区，计数区分成 25 个大方格（大方格之间用双线分开），而每个大方格又分成 16 个小方格。计数区共由 400 个小方格组成。其构造见图 2.54。

计数区边长为 1mm，则计数区的面积为 1mm^2，每个小方格的面积为 1/400mm^2。盖上盖玻片后，计数区的高度为 0.1mm，所以每个计数区的体积为 0.1mm^3，每个小方格的体积为 1/4 000mm^3。

使用血球计数板计数时，先要测定每个小方格中微生物的数量，再换算成每毫升菌液（或每克样品）中微生物细胞的数量。

已知：1mm^3 体积=10mm×10mm×10mm=1 000mm^3

所以：1mm^3 体积应含有小方格数为 1 000mm^3/1/4 000mm^3=4×10^6 个小方格，即系数 K=4×10^6。

因此：每 mL 菌悬液中含有细胞数= 每个小格中细胞平均数（N）×系数（K）×菌液稀释倍数。

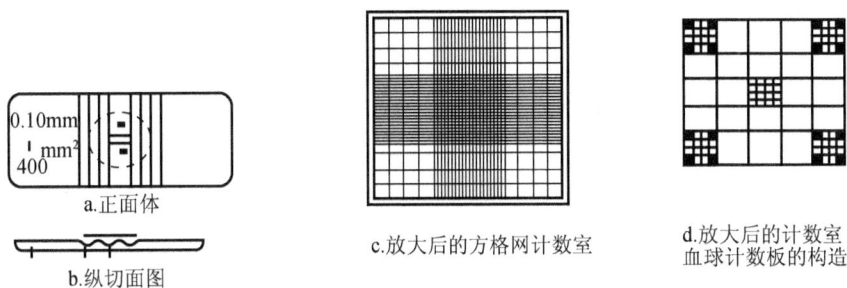

a.正面体

b.纵切面图

c.放大后的方格网计数室

d.放大后的计数室血球计数板的构造

图 2.54　血球计数板的构造图

Fig. 2.54　Structure diagram of blood count plate

2.2.3.2　光合细菌混合菌群形态特征

取产氢的光合细菌反应液，用光学显微镜在油镜下观察。从显微镜下观察到情况来看，混合菌种主要有球状、长杆状、短杆状、螺旋状、弧形等。有的细胞是单个生长，有的细胞还聚集成各种各样的细胞群，有些细胞形成链状丝状体或长丝状。从光合细菌悬浮液中看，许多光合细菌都在运动，这是由于它们大部分长有鞭毛。

2.2.3.3　活细胞吸收光谱测定

通过光合细菌活细胞紫外扫描可以看出，光合细菌在 230nm、250nm、806nm、

860nm 处有吸收峰。说明这类光合细菌含有叶绿素 a、叶绿素 b 和类胡萝卜素。

2.2.3.4　运行时光合细菌的浓度

反应器启动时先用反应液充满第一个隔室，第 3d 再上料充满第二个隔室，直到第 7d 才上完，反应液才把整个反应器充满。第 9d 开始正式运行。反应底物是 3%的葡萄糖溶液。

以无菌操作取 10mL 待测溶液，放入装有 90mL 稀释剂的试管中，混匀，制成 1∶100 的样品液。取洁净干燥的血球计数板盖上盖玻片，用无菌滴管从盖玻片的边缘滴一滴样品液，稀释液自行渗入。静止 5min，使细菌沉淀不再流动，然后在显微镜下观察计数。先在低倍镜下找到计数室位置，然后换成高倍镜计数。所用计数板分成 25 个中方格，每个中方格又分成 16 个小方格，计数室由 400 个小方格组成。计数左上、左下、右上、右下、中间共 5 个中方格的细胞数，共 80 个小格。

按照下列公式计算出原细胞液的浓度，

样品中光合细菌数（个/mL）=每小格的平均数×稀释倍数×4×10^6

按上式计算的各个隔室的细菌数见表 2.11。

表 2.11　反应器中各个隔室的光合细菌浓度（×10^8 个/mL）

Table 2.11　Concentration of photosynthetic bacteria in each compartment of the reactor

天数 ＼ 隔室	1#	2#	3#	4#
1	4	0	0	0
2	12	0	0	0
3	10	9	0	0
4	9	9	0	0
5	7	7.5	6	0
6	6	7	4	0
7	4	5	4	3
8	2	3	2.5	1
9	5	8	5	1.5
10	14	18	16	6
11	10	16	15	5
12	9	12	10	5
13	5	8	7.8	4
14	4	7	6	3
15	2	6	4	2.8
16	1.8	4	3	2

2.2.3.5　不同接种量对连续产氢过程中光合细菌数量及产氢量的影响

不同的接种光合细菌量可以影响到反应器中各个隔室光合细菌的浓度，进而影响连续制氢系统的产氢能力。图 2.55 和图 2.56 分别是不同接种量对光合制氢反应器各个隔室光合细菌浓度和产氢量的影响。

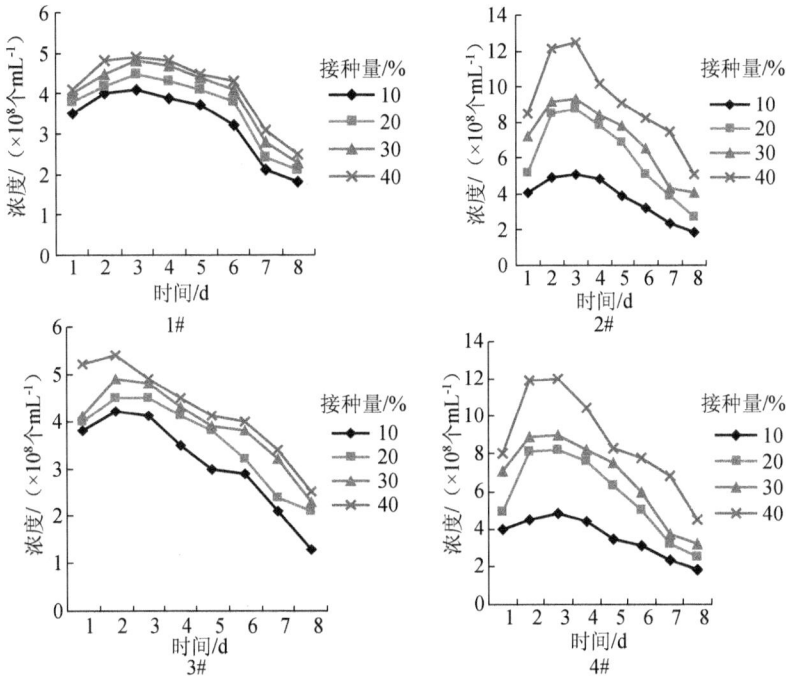

图 2.55   不同接种量对光合细菌数量的影响
Fig. 2.55   Effects of different inoculation on the quantity of PSB

由图 2.55 可以看出，光合细菌接种量越大，光合细菌的数量越多，在第 1d 光合细菌成长的越多。光合细菌只有在第 1d 才增殖，当第 2d 光合细菌开始大量产氢时，光合细菌的增殖速度就远远小于衰落速度，所以接入光合细菌的浓度越高，反应器中光合细菌的浓度就越高。1#隔室不是很明显，可能是由于不断进料，被稀释的缘故。但是随着反应时间的增长，光合细菌数量都是不断在减少。这也说明无论第一次接入光合细菌多少，随着产氢的进行，光合细菌的数量都在减少，但是反应到一定时间时，光合细菌浓度就稳定在一定水平，可能这类细菌不属于产氢菌。

从图 2.56 可知，光合细菌的接种量和产氢量密切相关。当接种量较低时，第一天基本不产生氢气，这说明接入的光合细菌菌种大部分在繁殖、生长，随着时间的延长，产氢量降得也比较快。在相同条件下，接种量越大产生的氢气越多。但无论接种量多少，产生的氢气量都是随着时间慢慢减少，这是因为光合细菌随着产氢的进行，慢慢在衰亡。

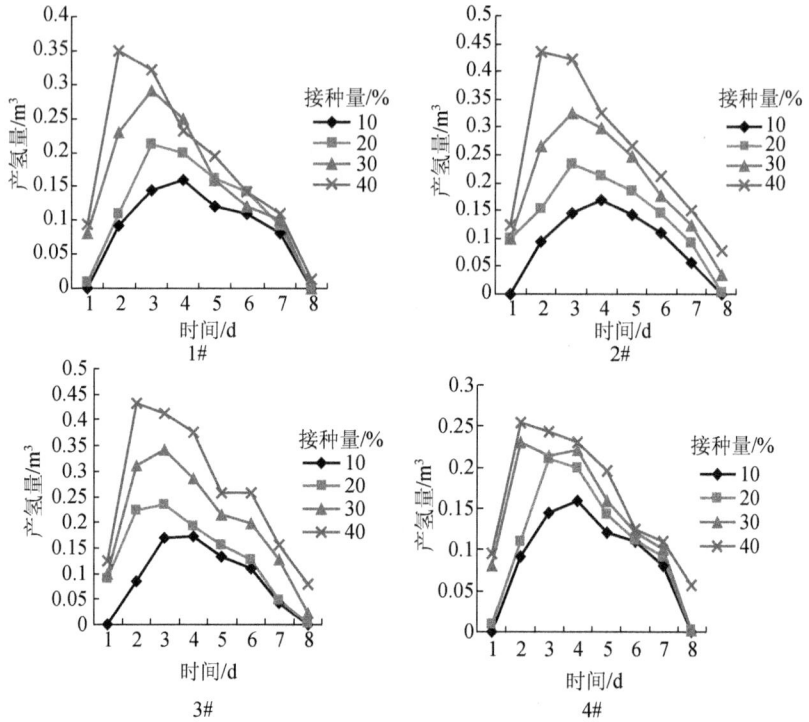

图 2.56　不同接种量对产氢量的影响

Fig. 2.56　Effects of different inoculation on the hydrogen yield

2.2.3.6　光合细菌菌体续加与光合细菌生长量和产氢量的关系

光合细菌的浓度直接影响着产氢量，而随着产氢的进行，光合逐渐在消耗。我们一次性加入光合细菌菌体后，随着反应的进行，测得各个隔室光合细菌的浓度见图 2.57，各个隔室的产氢气量见图 2.58，在反应进行 8d 时，随着产氢底物，再加入 25%的处于对数期生长的光合细菌菌体，测得各个隔室光合细菌的浓度见图 2.59，各个隔室的产氢量见图 2.60。

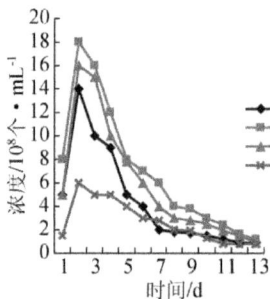

图 2.57　一次加菌后光合细菌的浓度

Fig. 2.57　Concentration of PSB after one-time bacteria load

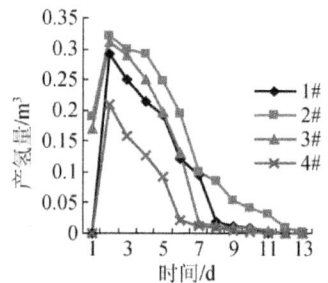

图 2.58　一次加菌后的产氢量

Fig. 2.58　Hydrogen yield after one-time bacteria load

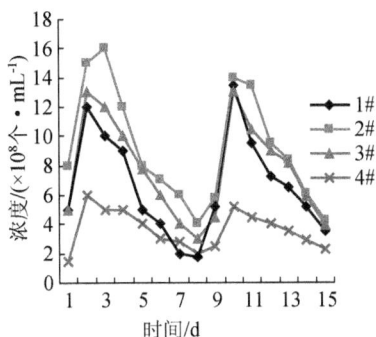

图 2.59 追加菌体后光合细菌的浓度

Fig. 2.59 Concentration of PSB after additional bacteria load

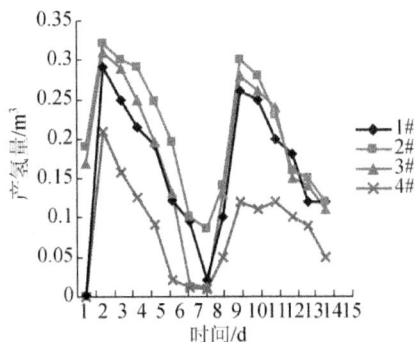

图 2.60 追加菌体后的产氢量

Fig. 2.60 Hydrogen yield after additional bacteria load

图 2.57 与图 2.58 为第一次上料时加入 25%的光合细菌，在以后的反应中只加入反应底物，不加光合细菌的情况下连续制氢反应器中光合细菌浓度和产氢量。从这两个图可以看出，光合细菌的浓度随着时间不断减小，从第 8d 开始，光合细菌数量基本不再改变，但是也基本不再产氢。继续添加反应底物，发现光合细菌的浓度和产氢量并没有增加。由此可以看出，产氢的光合细菌基本上消耗完了，剩下的细菌不再产氢。

图 2.59 与图 2.60 是从第 8d 开始，随着反应底物的加入，也加入 25%的光合细菌溶液。于是反应器中光合细菌数量开始增加，随之产氢量也开始增加。所以连续制氢反应器中每隔八天续加一次光合细菌，每隔 2d 进一次料。这样可以保证光合细菌反应器的连续运行，而且也不浪费菌体和反应液，因为第 8d 第 4 隔室产氢量已很少，光合细菌浓度也很低了，所以进料时，第四隔室的反应液就沿着管道排出去。

2.2.3.7 不同隔室光合细菌生长及产氢情况的变化

按照每 8d 进一次光合细菌菌体，每两天进一次料的方式运行，测得一个反应周期 8d 内各个隔室光合细菌的变化见图 2.61。

连续光合制氢反应器按全培养基运行，每隔两天上一次料，用 3%的葡萄糖溶液做反应底物，每隔 8d 加入 25%的光合细菌溶液。以 8d 为一个周期，用显微镜计数各个隔室光合细菌来观察光合细菌浓度随时间的变化。从四个图可以看到四个隔室光合细菌的浓度在第 1d 都比较低。由图 2.61 可知，第一个隔室是由于刚进料，刚接入光合细菌溶液，所以浓度不是很大；平均光合细菌数量约 5.01×10^8 个/mL。第二、三隔室由于上一周期的反应差不多结束，光合细菌随着产氢衰落、流失很多，而新接入的光合细菌由于有折流板，所以只有少部分进入第二隔室，第三、四隔室更少。第四个隔室由于光合细菌溶液是经过推流，最后才进入第四隔室，而反应浓度最低。第 2d，四个隔室的光合细菌浓度都比较高，这可能是由于第 1d 进入的光合细菌，经过 1d 的繁殖，第 2d 增长较多。到第 3d 时，由于要进料，所以第一个隔室的反应液被稀释，光合细菌浓度明显下降，而二、三、四隔室变化不是很大，这是由于他们相对来说，稀释度较低。而随后的几天，光合细菌浓度不断下降，第一、二、三隔室尤为明显，第四隔室浓度变化相对缓慢，但光合细菌浓度不是很高。总的来说，各个隔室光合细菌浓度在反应的第2、3d比较高，随后逐渐减少。

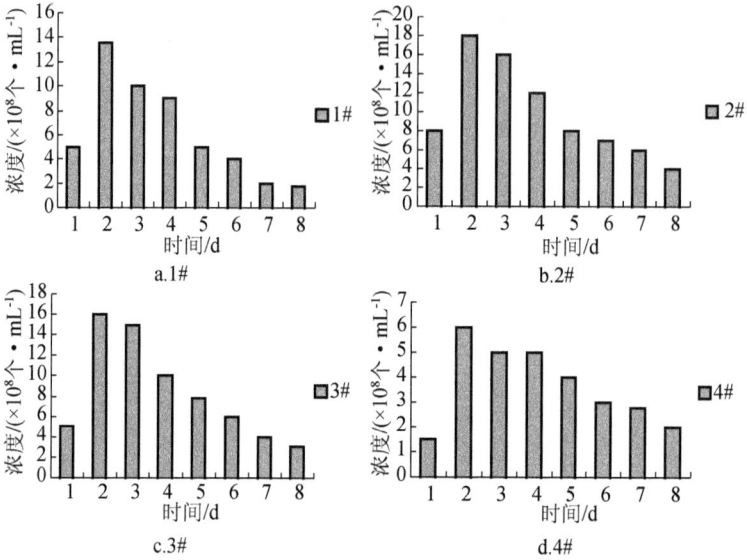

图 2.61　不同隔室光合细菌浓度的变化

Fig. 2.61　Changes of PSB concentration in different compartment

对四个隔室内的光合细菌浓度进行对比，结果见图 2.62。

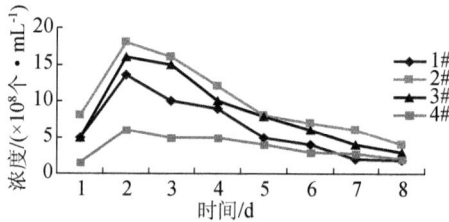

图 2.62　各个隔室光合细菌浓度的比较

Fig. 2.62　Comparative of PSB concentration in different compartment

从图 2.62 各个隔室光合细菌浓度的比较可以看出，四个隔室中光合细菌浓度变化最小的是第四隔室，这是由于四号隔室受新进入料液稀释影响较小，但相同条件下，第四隔室的光合细菌浓度相对其他隔室较小。这是因为反应器是推流式反应器，反应液由于在前三个隔室的反应，浓度有所降低，到第四隔室时，浓度不是很高。第一隔室由于不断进料，所以光合细菌浓度被稀释的最大，光合细菌浓度下降的也快。第二、三隔室的光合细菌浓度相对较大。但从第四天开始，四个隔室光合细菌浓度都逐渐减小。

为了找出光合细菌连续制氢反应器中产氢的规律，把各个隔室的产氢量做一下对比，见图 2.63。

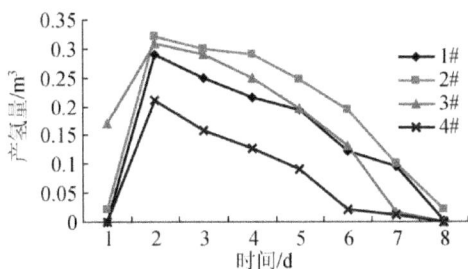

图 2.63　各个隔室产氢量的比较
Fig. 2.63　Comparative of hydrogen yield of different compartment

从图 2.63 可以看出，第 1d 第一个隔室产氢量几乎为零，这是由于光合细菌第 1d 在生长繁殖。第二、三隔室有少许氢气产生。第 2、3d 产氢量达到最大，但随后产氢量开始下降，到第 8d 几乎不产气了。从总产氢量上来说，第二、三隔室产氢量最大，第一、四隔室相对较少。这是由于第一隔室由于不但进料的冲击，使光合细菌浓度不断减少，所以产氢量较弱。第二、三隔室由于受进料稀释影响较小，加上进入这两隔室的光合细菌大多处于产氢旺盛期，所以产氢气量较其他隔室要多。第四隔室由于光合细菌浓度较低，所以产氢量相对较低。

对比反应器正常运行时周期（8d）内各个隔室的产气量和光合细菌浓度，得出二者之间的规律，结果见图 2.64。

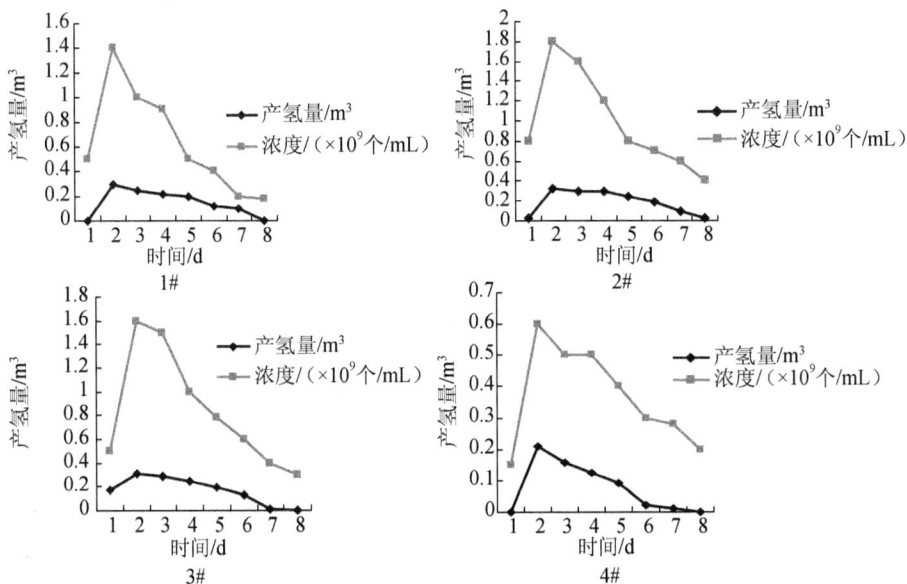

图 2.64　各个隔室产氢量与光合细菌浓度的对比
Fig. 2.64　Contrast between the PSB concentration and hydrogen yield of different compartment

　　由图 2.64 可知，光合细菌在各个隔室的浓度都呈现先增长后递减的趋势。在第 1d 加入含有光合细菌的反应液时，并没有马上产氢，而是到了第 2d 才开始产氢，第 2d 光合细菌的浓度比第 1d 也急剧增加。说明第 1d 光合细菌在反应液里繁殖生长，所以没有产氢。也说明光合细菌在繁殖生长时很少产生氢气。从第 2d 开始反应液开始产氢，但光合细菌浓度开始逐渐降低，说明产氢的光合细菌开始产氢后，光合细菌并不生长了。

　　从 1#、2#、3#、4#隔室产氢量和光合细菌浓度的对比可以看出，随着光合细菌数量的减少，产氢量开始降低，产氢量和光合细菌的数量成正比。

　　料液总是从 1#隔室进入反应器，料液经过第一隔室的折流板从反应室底部进入，在反应器的下部和原先的反应液充分混合后，同时上部分反应液沿折流板进入第二个隔室。依次类推，到第四隔室时，原先反室的溶液被排除反应器。从反应器中光合细菌的数量上来看，2#、3#最多，1#次之，4#最少。这是因为光合细菌先进入第一隔室后进行繁殖后才产氢，但是由于隔 2d 进一次料，当光合细菌数量长到足够多且开始产氢时，第一隔室的反应液又被稀释后流入 2#，3#，4#隔室，但稀释倍数是越来越小的。第二、三隔室中处于生长期的光合细菌最多，所以产氢量也比较大。但是随着产氢的进行，光合细菌消耗越来越多，到第 4#隔室时，显微镜计数发现细菌明显减少，所以 4#隔室产氢量相对较少。等再次进料时，第四隔室的反应液就排出反应器。

　　第 1d 开始启动，但 1#隔室并没有产氢，光合细菌的浓度也不高。第 2d 光合细菌浓度急剧增加，并开始产氢。光合细菌浓度在 2、3d 的时候达到最高。但是随着反应的进行，光合细菌浓度开始降低，到第 8d 细菌明显减少。而且随着光合细菌浓度的减少，产氢量也在下降。到第 8d 时，基本不产氢了。

　　从对各个隔室反应器中反应液的光合细菌计数发现。虽然光合细菌的数量随着产氢量在减少，但是相对来说还是有很多细菌的，只是这些细菌不再产氢了，这说明光合细菌在产氢生长中和一些非产氢菌是生长在一起的，至于这些细菌是有助于光合细菌产氢，还是抑制光合细菌产氢，还需要进一步研究。

2.2.3.8　小结

　　利用葡萄糖作产氢底物的连续产氢装置中的光合细菌特性进行研究，得出以下结论：

　　（1）在显微镜下观察光合细菌的形态，发现混合菌种主要有球状、长杆状、短杆状、螺旋状、弧形等。有的细胞是单个生长；有的细胞还聚集成各种各样的细胞群，形成链状丝状体或长丝状。从光合细菌悬浮液中看，许多光合细菌都在运动，这是由于它们大部分长有鞭毛。

　　（2）通过光合细菌活细胞紫外扫描测定活细胞的吸收光谱，光合细菌在 230nm、250nm、806nm、860nm 处有吸收峰。

　　（3）反应器开始运行时，光合细菌接种量越大，光合细菌的数量越多，特别是在第 1d 光合细菌增殖的越多。光合细菌只有在第 1d 才增殖，当第 2d 光合细菌开始大量产氢时，光合细菌的增殖速度就远远小于衰亡速度，所以接入光合细菌的浓度越高，反应器中光合细菌的浓度就越高。1#隔室不是很明显，是由于不断进料，被稀释的缘故。但是随着反应时间的增长，光合细菌数量都是不断在减少。这也说明无论第一次接入光合细菌多少，随着产氢的进行，光合细菌的数量都在减少，但是反应到一定时间时，光合细菌浓度就稳定在一定水平，可能这类细菌不属于产氢菌。

（4）光合细菌的浓度直接影响光合细菌的产氢量，光合细菌的浓度越大，产氢量也越多。

（5）一次加入的光合细菌随着产氢的进行，不断减少，不能满足光合细菌连续产氢的需求；每隔 8d 加一次光合细菌，正好满足光合细菌连续产氢的要求。

（6）光合细菌在 2#、3#光合细菌浓度最大，产氢量最大。1#次之，4#最少。产氢发生在光合细菌生长的稳定期，2#、3#隔室产氢量最大，这两个隔室的光合细菌大部分处于生长稳定期，第四隔室的光合细菌大部分处于衰亡期。而 1#隔室特别是第 1d 光合细菌处于增殖期，几乎不产气。

2.2.4 利用猪粪的连续产氢工艺中光合细菌菌落特性研究

近年来，由于畜禽养殖场的迅速发展，畜禽粪便的发生量急剧增加。据报道，全国畜禽粪便年排放量已达到 18.84 亿 t，相当于工业废气物年排放量的 3.4 倍。这些畜禽粪便对环境的污染主要表现在以下几个方面：污染堆放或流经地方的土壤和地下水；污染地表水，破换生态环境，甚至影响饮用水源，危及人类健康；粪便的臭气对周围人的生活造成影响；畜禽粪便中的细菌造成疾病的蔓延等等。可以说畜禽粪便的排放给环境和生活都带来了危害。所以现在对畜禽粪便资源化综合利用的途径比较多。利用光合细菌将畜禽粪便污水进行无害化和资源化处理是畜禽粪便污水生物处理的一个重要技术。恶臭污水中的光合细菌体内含有抗病毒物质，可以消灭废水中的病毒病源，大大减少释放到大气中难闻的气味。目前的产氢原料大部分用葡萄糖或小分子有机酸，成本很高。而畜禽粪便中含有光合细菌生长和产氢所需的多种大量元素、微量元素和有机物，可以满足光合细菌产氢的要求，大大降低了制氢成本。利用畜禽粪便进行产氢目前还处于初级阶段，张全国、尤希凤等对光合细菌利用猪粪养殖废水制氢的技术进行了研究，并得到了重要的参考数据。李刚比较了不同畜禽粪便废水对光合细菌产氢的影响。但畜禽粪便废水对光合细菌生长代谢特性的影响机理的相关研究还很少，因此，本节以经过处理的猪粪粪水和 1%的葡萄糖溶液为产氢底物，对光合细菌的菌落特性进行研究。

2.2.4.1 产氢底物的预处理

由于养猪场的猪粪废水包括猪尿、猪粪、冲猪舍的水，其中不溶物和杂质较高，光合细菌不能直接利用猪粪废水产氢，主要利用有机酸、氨基酸和糖类，除了油脂可以直接利用外，其他物质必须是低分子有机物才能被利用。所以在使用猪粪废水作为产氢原料时需要对其进行预处理，将猪粪转化为能被光合细菌利用小分子有机酸。张全国、尤希凤、师玉忠等先后研究了光合细菌利用猪粪废水制氢技术并得到了重要的参考数据。李刚对光合细菌利用牛粪进行产氢进行了研究得到了重要参考数据。猪粪废水的水质见表 2.12。研究表明猪粪中含有微生物生长所需的大部分营养成分，不仅包括 C、N 元素，而且较全面地含有微生物生长所需的大量元素和微量元素，而且化学元素的组成和含量与微生物生长所需基本保持一致，光合细菌和大多数微生物具有相似的营养需求，因此猪粪的成分同样能够满足产氢光合细菌生长的需求，猪粪成分的重金属元素中，合成产氢酶所需的 Fe、Mn、Mo 含量远远高于其他大多数重金属的含量，因此用畜禽粪便作为光合细菌产氢的原料，不仅可以节约原料成本，而且增加了畜禽粪便处理的新途径。

表 2.12　猪粪废水的水质
Table 2.12　Quality of swine manure wastewater

pH	色度/倍	CODcr/（mg·L⁻¹）	BODs/（mg·L⁻¹）	氨氮/（mg·L⁻¹）	悬浮/（mg·L⁻¹）
8~9	50	2 500~10 000	1 500~6 000	300~500	1 000~1 500

光合细菌生长繁殖、产氢时可以利用小分子有机酸、氨基酸和其他碳氮化合物，不能直接利用猪粪。而光合细菌在黑暗好氧状态下可以将粪便污水转化为小分子物质将粪便进行降解。我们按下列方法对猪粪废水进行预处理：新鲜猪粪和自来水按照 1∶10（重量）的比例混合，加入粪水体积 30%的光合细菌溶液，遮光进行黑暗好氧处理，其间不断搅拌使粪水和光合细菌充分反应。待粪水颜色由初始黑褐色逐步转为青黄色后，就可以用来做光合细菌制氢反应底物了。

猪粪废水经过处理后其中氨基酸和金属元素含量见表 2.13。

表 2.13　预处理后猪粪废水中的主要成分
Table 2.13　Major content of pre-treated swine manure wastewater

氨基酸/ng		微量元素/（μg·mL⁻¹）	
天冬氨酸	480.56	Na	620
苏氨酸	208.75	Ca	89
谷氨酸	450.12	P	253
甘氨酸	196.23	Mg	49
丙氨酸	234.25	Fe	5.3
苯丙氨酸	178.02	Cu	0.51
赖氨酸	156.78	Mn	0.42
色氨酸	79.56	Zn	5.72
丝氨酸	185.12	K	492.1

从表 2.13 可以看出经过光合细菌处理过的猪粪污水，含有大量光合细菌产氢需要的小分子有机酸和微量元素，可以用来产氢。猪粪污水有些偏碱性，但是经过处理后 pH 在 6.9 左右。经过预处理的猪粪废水，经过检测发现里面光合细菌的浓度有 1.5×10^8 个/mL。

2.2.4.2 利用猪粪废水产氢的光合细菌生长及产氢过程的分析

把经过预处理的猪粪污水，稀释到 5 000mg/L，加入反应器中。同时加入 1% 的葡萄糖和 25%处于对数期生长的光合细菌。反应运行时，每 2d 进一次料（处理过的猪粪污水和 1%的葡萄糖），每 8d 加入 25%的处于对数期生长的光合细菌。测得各个隔室光合细菌的浓度见图 2.65，各个隔室的产氢量见图 2.66。

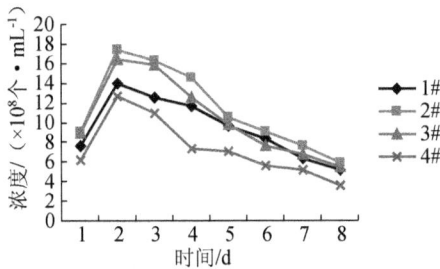

图 2.65　各个隔室中光合细菌的浓度变化

Fig. 2.65　Changes of PSB concentration in different compartment

从图 2.65 可以看出利用猪粪污水为基质进行产氢时，每个隔室光合细菌的浓度在第 2d 增加很多，但随后开始逐渐较少。第二、三隔室光合细菌浓度最大，第一、四隔室相对较少。这是因为第一隔室由于进料，反应液不断被稀释，所以光合细菌浓度不断下降。第四隔室由于反应液已经经过了前三个隔室反应液的混合，所以浓度也不是很高。

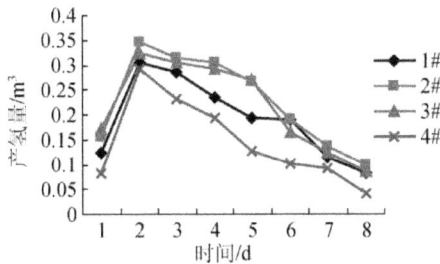

图 2.66　各个隔室的产氢量的变化

Fig. 2.66　Changes of hydrogen yield in different compartment

图 2.66 是光合细菌利用猪粪污水为基质产氢时，各个隔室的产氢量。从图 2.66 中看出，第二、三隔室产氢量相对较大，第一、四隔室相对较少。这与光合细菌在每个隔室浓度不同有关，第二、三隔室浓度相对较大，产氢也相对较多。

　　从利用猪粪废水进行连续产氢的反应液中测得的光合细菌浓度和产氢量可以看出，光合细菌可以利用处理过的猪粪污水进行产氢，猪粪污水中含有光合细菌生长繁殖和产氢的各种元素。

　　同时，由于 pH 对光合细菌的生长和产氢都起到很重要的限制，因此，利用猪粪污水进行产氢时，也需要考察其对产氢过程中产氢料液 pH 的影响。未经处理的猪粪废水呈弱碱性，pH 在 8.8～9.3。但是随着光合细菌对猪粪废水的预处理，pH 逐渐降低，这是因为猪粪发酵分解产生了小分子有机酸。预处理后的猪粪废水呈微酸性到中性，符合光合细菌的生长和产氢要求。对利用猪粪废水进行连续产氢的反应器中各个隔室的反应液 pH 进行测量，各隔室 pH 的变化见图 2.67。

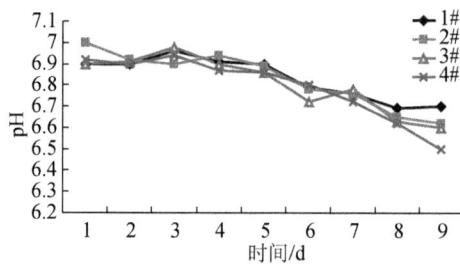

图 2.67　各个隔室 pH 的变化

Fig. 2.67　Changes of pH value in different compartment

　　从图 2.67 可以看出，反应器中各个隔室的 pH 变化在 6.5～7，正好符合光合细菌生长繁殖和产氢的要求。这说明随着猪粪废水中小分子酸的不断被利用，反应液的酸碱度正好可以平衡。

2.2.4.3　不同产氢基质的利用对光合细菌生长及产氢过程的分析

　　分别利用葡萄糖溶液和猪粪废水作为产氢基质，观察不同产氢基质用于连续流生物制氢反应器的细菌生长及代谢产氢情况，寻找较佳产氢基质。不同隔室内，产氢基质对连续产氢过程中光合细菌浓度的影响见图 2.68。

　　光合细菌分别利用葡萄糖和预处理后的猪粪废水（加入 1% 的葡萄糖做产氢引物）为产氢基质进行生长和代谢产氢，各隔室光合细菌浓度的对比见图所示。从第一个隔室的比较来看，第 1d 利用猪粪废水作为产氢基质比利用葡萄糖做产氢基质光合细菌的浓度高，这是因为预处理过的猪粪废水中本身就含有光合细菌，所以光合细菌的浓度比较高。第二、三、四隔室初始光合细菌浓度，猪粪废水中也比葡萄糖溶液中高。第 2、3d，无论在猪粪废水中还是在葡萄糖溶液中，各个隔室光合细菌的浓度都比较高。但是随后的几天光合细菌浓度都在下降，这说明无论利用哪种产氢基质，产氢后光合细菌的浓度都在下降。但是在猪粪废水中光合细菌浓度的减少速度要比在葡萄糖溶液中的小。

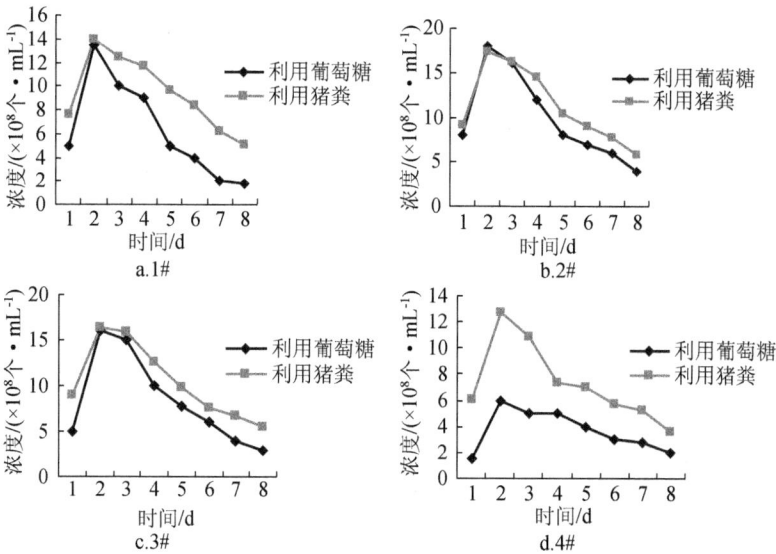

图 2.68　各隔室内不同产氢基质对光合细菌浓度的影响

Fig. 2.68　Effects of different substrate on PSB concentration in different compartment

对两种不同产氢基质的产氢能力进行考察，不同产氢基质对产氢量的影响，见图 2.69。

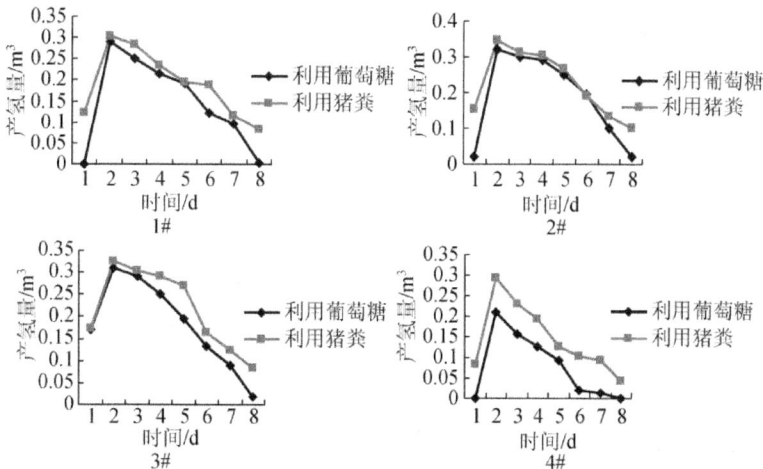

图 2.69　各隔室内不同产氢基质对产氢量的影响

Fig. 2.69　Effects of different substrate on hydrogen yield in different compartment

由图 2.69 可知，无论利用那种产氢基质，光合细菌在连续反应器各个隔室产氢总的趋势是不变的。各个隔室都是在第 1d 产氢量较少；第 2、3d 产氢量达到最大，平均每天大概在 $0.32m^3$ 左右，这和第 2、3d 光合细菌浓度较大有关；但随后产氢量开始减少，到第八天产氢量几乎没有。但是从上面各图我们也可以看出在第 1d，利用猪粪污水的产氢量明显高于利用葡萄糖。特别是第一隔室，利用葡萄糖时，第 1d 没有氢气产生；但是利用猪粪污水时却有氢气产生，说明猪粪废水中含有光合细菌更易利用的小分子酸和微量元素，可以更快地产氢。产氢量的减少几乎是同步的，说明无论利用哪种基质，光合细菌产氢量随着光合细菌的衰退，都在减少。

图 2.70 描述了是光合细菌分别利用葡萄糖溶液和猪粪污水时做产氢基质时，各隔室内反应液 pH 的变化情况。

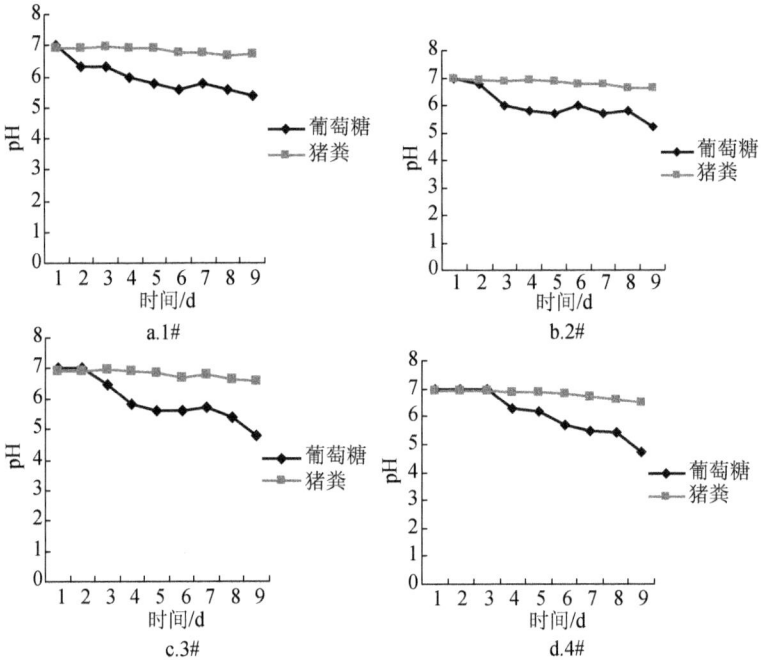

图 2.70　不同产氢基质对各隔室内 pH 的影响

Fig. 2.70　Effects of different substrate on pH value in different compartment

从图 2.70 可知，在利用猪粪废水为产氢基质的反应器各个隔室的 pH 变化不大，一直处于 6.5～7。而利用葡萄糖溶液为产氢基质的反应器各个隔室的 pH 在 4.7～7。利用这两种产氢基质，光合细菌连续制氢都能连续运行。但经过处理过的猪粪废水，pH 更稳定，更能满足光合制氢的要求。

2.2.4.4　小结

利用猪粪污水为产氢底物时，对连续制氢反应器中光合细菌的生长及产氢特性进行分析，得出以下主要结论。

（1）经过处理的猪粪废水中含有低分子有机酸、氨基酸和各种金属离子。处理过的猪粪废水里面光合细菌的浓度有 1.5×10^8 个/mL。

（2）在猪粪废水中的光合细菌浓度同样是在第二、三隔室比较大，第一、四隔室比较小。

（3）在猪粪废水中的产氢量第二、三隔室较大，第一、四隔室较小。

（4）把光合细菌分别利用葡萄糖（其中适当加入了各种微量元素，光葡萄糖并不产生氢气）为产氢基质，利用预处理后的猪粪废水（加入 1%的葡萄糖作产氢引物）为产氢基质后，各个隔室光合细菌浓度的对比。在第一个隔室第一天在猪粪污水中的光合细菌飞速增殖，增值速度大于葡萄糖溶液中的光合细菌。二、三、四隔室初始光合细菌浓度，猪粪废水中也比葡萄糖溶液中高。说明光合细菌可以很好地利用猪粪废水中的小分子有机物，在连续制氢反应器中利用猪粪废水产氢时可行的。

（5）利用猪粪废水和利用葡萄糖产氢量差不多，猪粪废水稍好些。

（6）利用猪粪废水产氢时，连续制氢反应器中各个隔室的 pH 变化在 6.5～7，正好符合光合细菌生长繁殖和产氢的要求。

（7）利用葡萄糖产氢时，反应液更易酸化。利用猪粪废水是 pH 指相对稳定。

2.3　光合产氢细菌的生长动力学特性研究

随着人们对光合细菌（PSB）形态、结构、生理生化以及生态等特性研究和认识的不断深入，发现 PSB 能利用多种硫化物或有机物作为其光合作用的供氢体和碳源，在厌氧光照、好氧光照、甚至好氧黑暗环境中都能很好地增殖，且能耐受很高盐度和浓度的有机物，具有很强的分解、去除有机物的能力，显示其在高浓度、高盐度有机废水处理中的独特优势和广阔应用前景，成为废水处理技术研究的一个新方向。同时，因其菌体富含蛋白质和胡萝卜素，可作为单细胞蛋白应用于种植业、养畜业和渔业以及作为各种食用色素。PSB 的上述特点，吸引着人们对其进行发掘、研究和商品化生产。研究光合产氢菌群的优化培养条件和生长动力学，以期了解它们的最适温度、最适光照度、最适 pH、最适接种量等参数，加深对光合制氢过程中光合产氢菌群（photosynthetic bacteria group，简称 PSBG）生长繁殖与环境条件的关系的认识以及大规模培养条件的优化提供依据，对其规模化生产和资源化开发利用以及应用于废水处理的光合生物反应系统的设计具有重要科学参考价值，而确定光合产氢菌群的生长动力学参数，对于光合反应器的设计也具有重要意义。

生物体的代谢过程都伴随着一定的热效应，微生物热动力学是从热能的角度研究微生物的热效应，通过测定微生物生长代谢过程中的产热功率一时间曲线，即生长代谢热谱图来反映其生长、生理生化的变化和遗传特征。

光合细菌代谢制氢过程中存在的大量热物理问题作为光合生物制氢体系中的一种基本现象，直接影响光合生物制氢体系的能量消耗、产氢酶活性、产氢速率等多种因素，但是目前光合生物制氢大多停留在产氢原料、产氢工艺条件等问题的研究上，对光合生物制氢体系在光合细菌代谢制氢过程中的热物理现象方面的研究还没见报道。不过，无论国内或国外对产氢菌在产氢过程中的热效应还没有研究和报道，这直接影响和妨碍了光合制氢体系主要是光合反应器的研制，从而阻碍了该项生物制氢技术的迅速发展。然而初步研究表明，光合生物制氢体系的温度场分布和热效应严重制约着光合细菌的生长速率及产氢速率，是影响光合生物制氢过程的重要因素。河南农业大学王素兰研究了太阳能光合生物制氢过程的热动力学特性，通过测量细菌浓度，观察细菌形态，并结合对产氢料液酸碱度、光照度及温度等的测量，揭示生物制氢过程的热动力学特性对光合细菌产氢酶活性和产氢速率的影响规律，从提高太阳能生物制氢体系的能量利用效率出发，构建与高效光合产氢菌群热力学特性相耦合的高效节能太阳能光合制氢体系，为实现太阳能光合生物制氢技术的工业化应用奠定理论基础。

2.3.1 光合产氢细菌培养工艺的单因素优化

2.3.1.1 光合细菌的培养条件

因以菌液作为原料发酵的接种物，所以培养时先在试管（用胶塞密封）中进行斜面培养，然后在 500mL 的盐水瓶（带可加封铝盖的反口橡皮塞）中培养。如果两次培养不是连续进行，则每次培养菌液之前，需要在斜面上活化菌种。斜面培养时间以菌种颜色鲜红为准，一般为 48h 左右，盐水瓶培养时间以菌体均匀、不出现菌体沉淀为准，一般为 50h 左右。本实验中，分别在厌氧或微耗氧条件下以液体培养基接种菌液，液体石蜡密封，进行培养、研究。用 721-A 型紫外可见分光光度计，去上层菌液在波长 660nm 处进行比色测定，以 OD_{660} 值作纵坐标，生长时间作横坐标，绘制生长曲线，确定光合产氢菌群在不同培养条件下的生长状态。

2.3.1.2 光合产氢细菌培养工艺的单因素试验设计

改变光合产氢菌群相应的培养条件，温度、光照度、接种量、pH 及不同的光照时间测定其对光合产氢菌群光密度的影响，通过不同条件下的生长状态了解光合产氢菌群的最优生长条件。

1）温度对光合产氢菌群生长的影响

培养温度分别控制在为 20℃、25℃、30℃、35℃、40℃ 5组，测定温度对光合产氢菌群光密度的影响。

2）光照度度对光合产氢菌群生长的影响

通过改变白炽灯不同组合以改变光照度，测定光照度分别为500lx、1 000lx、1 500lx、2 000lx、3 000lx 时其对光合产氢菌群光密度的影响。

3）pH 对光合产氢菌群生长的影响

用 HCl 和 NaOH 调节培养基的初始 pH，分别配成不同的初始 pH6.0、6.5、7.0、7.5、9.0，测定光合产氢菌群合适的酸碱度。

4）接种量对光合产氢菌群生长的影响

按体积百分比接种菌液量分别为 5%、10%、30%、50%、100%条件下接种量对光合产氢菌群生长的影响。

5）PSBG 初期活性对光合产氢菌群生长的影响

接种不同初期活性的光合产氢菌群了解其影响态势。

6）不同光照时间对光合产氢菌群生长的影响

光照时间设置四种不同光照时间条件对光合产氢菌群生长情况的影响。

（处理 1：采用光照度为 2 000lx 的白炽灯的恒光照，处理 2（非自然光）：16h 光照和 8h 黑暗的交替光照，处理 3（非自然光）：12h 光照 12h 黑暗的交替光照，处理 4：8h 光照和 16h 黑暗的交替光照）

2.3.1.3　光合产氢菌株的形态特征

通过显微镜研究了最终筛选出的 7 株高效产氢菌的形态，从显微镜图片可以看出，筛选出株高效产氢光合细菌具有不同的细胞形态，属于不同种群，见图 2.71。

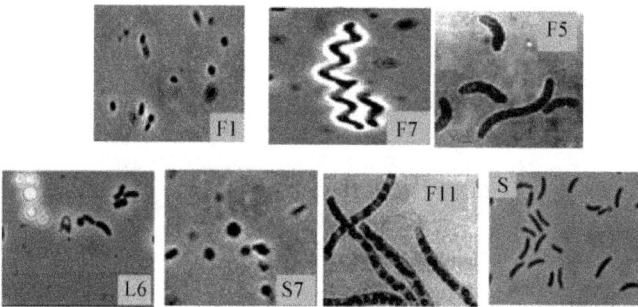

图 2.71　高效产氢光合细菌显微镜图片（1500×）
Fig. 2.71　Micrographs of high productivity photobacteria（1500×）

2.3.1.4　温度对光合产氢菌群生长特性的影响

在 20℃、25℃、30℃、35℃、40℃条件下，光照度 2 000lx、pH 7.0、接种量 10%下光照厌氧培养 PSBG，每隔 24h 测定菌体的 OD 值，其中实验 5 组光合产氢菌群初始 OD 值分别是 0.52、0.53、0.50、0.52、0.51。OD 值用 721-A 型紫外可见分光光度计在 660nm 处测定。不同温度下光合细菌的 OD 值汇总于表 2.14，生长曲线见图 2.72。

表 2.14　不同温度下光合产氢菌群生长的影响

Table 2.14　Influences of different temperatures on the growth of PSBG

时间/h	光合产氢菌群 OD 值				
	20℃	25℃	30℃	35℃	40℃
0	0.52	0.53	0.50	0.52	0.51
24	0.69	1.03	1.07	1.02	0.62
36	0.86	1.86	1.94	1.84	0.85
72	1.21	2.84	2.89	2.75	1.10
96	1.35	2.84	2.87	2.75	1.04
120	1.32	2.82	2.82	2.74	1.04

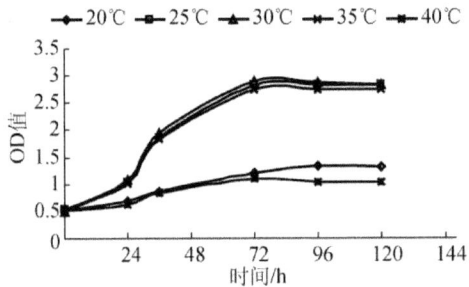

图 2.72　不同温度下光合产氢菌群生长曲线

Fig. 2.72　Curve of the growth of the PSBG at different temperature

由图 2.72 可知，在 20℃和 40℃温度条件下，光合产氢菌群生长曲线比较平缓，对数期曲线的斜率较小，细菌增长速度较慢，并且光密度最大值远远小于其他温度下的光密度值。温度 25℃、30℃、35℃时的曲线比较接近，对数期曲线的斜率较大。在这五条曲线中，30℃温度最高，25℃、35℃曲线次之，20℃、40℃曲线较低。由此得出：在温度为 25~35℃时，光合产氢菌群的生长代谢较快，光合产氢菌群的数量较多。光合产氢菌群的生长温度过高或过低都不利于光合产氢菌群的生长。因此，光合产氢菌群比较适宜的生长温度条件是 30℃。

2.3.1.5　光照度对光合产氢菌群生长特性的影响

将光合产氢菌群在光照强度分别为 500lx、1 000lx、1 500lx、2 000lx、3 000lx 的条件下，接种量 10%、30℃、pH7.0 光照厌氧培养，隔 24h 测其光密度。初始 OD 值为 0.53。不同光照强度下光合细菌的 OD 值汇总于表 2.15，生长曲线见图 2.73。

表 2.15 不同光照强度下光合产氢菌群生长的影响

Table 2.15 Influence of different light strengths on the growth of PSBG

时间/h	光合产氢菌群 OD 值				
	500lx	1 000lx	1 500lx	2 000lx	3 000lx
0	0.53	0.53	0.53	0.53	0.53
24	0.69	1.13	1.23	1.34	1.30
36	0.86	2.04	2.14	2.20	2.19
72	1.21	2.87	3.10	3.13	3.07
96	1.35	2.84	3.04	3.13	3.04
120	1.32	2.77	2.97	3.10	3.01

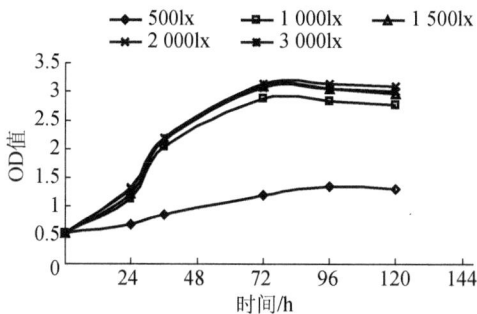

图 2.73 不同光照度下光合产氢菌群生长曲线

Fig. 2.73 Curve of the growth of the PSBG at different light strengths

从图 2.73 中可看出，光照强度为 500lx 的曲线比较平缓，对数期曲线的斜率较小，细菌增长速度较慢，光照强度为 1 000lx、1 500lx、2 000lx、3 000lx 的曲线比较接近，对数期曲线的斜率较大，而且光密度的最大值也比光照强度为 500lx 曲线的最大值大。在这五条曲线中，2 000lx 光照强度最高，1 500lx、3 000lx 曲线次之，1 000lx 曲线较低，而 500lx 的光照度下的光密度值远远小于 1 500lx～3 000lx 下的光密度值。由此得出：在光照强度为 1 500～3 000lx 时，光合产氢菌群的生长代谢较快，光合产氢菌群的数量较多。光照强度过大，会影响光合产氢菌群的正常生长。从总体上观察，5 条曲线最高值开始随着光照强度的增大而增高，在光照强度为 2 000lx 时达到最大值，然而当光照度达到 3 000lx 时，光合产氢菌群的光密度值开始下降，可见光照度太大，并不能增强光合产氢菌群的生长，光密度值反而降低，这与"光饱和效应"的理论是一致的。可见，光照强度对光合产氢菌群的生长繁殖有着较大的影响，过大或过小都不利于细菌的代谢。因此，30℃光照厌氧培养时，光照强度为大于 1 000lx 最有利于光合产氢菌群生长。

2.3.1.6 pH 对光合产氢菌群生长特性的影响

将光合产氢菌群在初始 pH 分别为 6.0、6.5、7.0、7.5、9.0，光照强度为 2 000lx，温度为 30℃，接种量为 10%条件下光照厌氧培养。每天测定其 OD 值，初始 OD

值为 0.48。不同 pH 时，光合细菌的 OD 值汇总于表 2.16，生长曲线见图 2.74。

表 2.16　不同 pH 下光合产氢菌群生长的影响

Table 2.16　Influence of different pH values on the growth of PSBG

时间/h	光合产氢菌群 OD 值				
	pH6.0	pH6.5	pH7.0	pH8.0	pH9.0
0	0.48	0.48	0.48	0.48	0.48
24	0.79	1.07	1.10	0.51	0.48
36	0.98	1.85	2.01	0.77	0.48
72	1.34	2.71	2.99	0.93	0.49
96	1.34	2.72	2.98	0.93	0.50
120	1.27	2.70	2.82	0.85	0.48

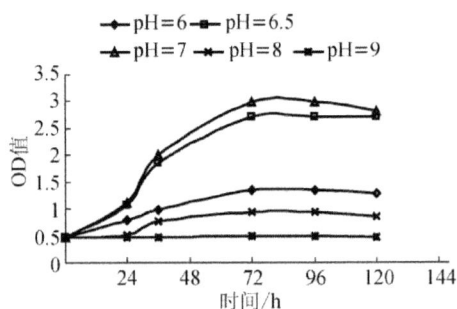

图 2.74　初始 pH 下光合产氢菌群生长曲线

Fig. 2.74　Curve of the growth of the PSBG at different initial pH values

从图 2.74 可以看出：在初始 pH 为 6.0 和 9.0 时，光合产氢菌群的生长受到抑制，光密度很小。光合产氢菌群在初始 pH 6.5～8.0 均能较好生长，可见适合光合产氢菌群生长的初始 pH 范围较为宽广。由图中的 5 条曲线可知，当初始 pH 为 7.0 时，光合产氢菌群的生长最好，光密度值最大。初始 pH 为 6.5 和 8.0 时次之，但初始 pH 为 6.5、7.0 和 8.0 这 3 条曲线比较接近，说明光合产氢菌群较适宜的生长环境为偏中性。在初始 pH 为 6.0 和 9.0 时，光合产氢菌群的生长曲线要远远低于其他三条曲线，光合产氢菌群的生长受到明显的抑制，说明其不适合在酸性或碱性的环境中生长。因此，pH 是影响光合产氢菌群生长的另一个重要因素，较适宜的生长环境应为中性。

2.3.1.7　接种量对光合产氢菌群生长特性的影响

用 500mL 反应瓶，接种量分别为 5%、10%、30%、50%、100%，2 000lx、pH7.0、30℃光照厌氧培养测定培养液 OD 值，初始 OD 值为 0.51。不同接种量时，光合细菌的 OD 值汇总于表 2.17，生长曲线见图 2.75。

表 2.17 不同接种量下光合产氢菌群生长的影响

Table 2.17 Influence of different inoculation on the growth of PSBG

时间/h	光合产氢菌群 OD 值				
	5%	10%	30%	50%	100%
0	0.51	0.51	0.51	0.51	0.51
24	0.81	1.09	1.13	1.16	1.01
36	1.59	1.96	2.14	2.20	1.89
72	1.92	2.55	2.99	3.02	2.75
96	1.92	2.55	2.99	3.04	2.80
120	1.87	2.5	2.96	3.01	2.80

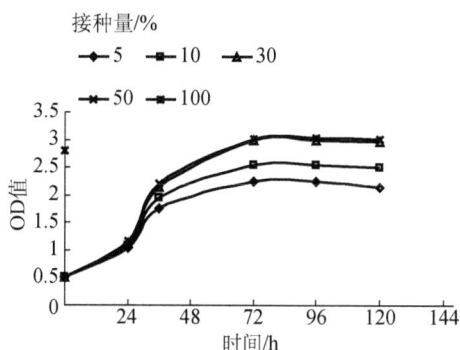

图 2.75 不同接种量下光合产氢菌群生长曲线

Fig. 2.75 Curve of the growth of the PSBG at different inoculations

比较 3d 后 OD 值，并计算生长效率μ值大小，其中μ值可用式（2-1）进行计算。

$$\mu = (3d \text{ 后 OD} - \text{初始 OD})/T \tag{2-1}$$

式（2-1）中：μ为生长效率；T为培养时间（单位为 d）。结果见表 2.18 所示。

由图 2.75 和表 2.18 分析可以得出：在所选定接种量为 5%、10%、30%、50%和 100%条件下，光合产氢菌群的生长曲线非常接近，而且 5 个接种量曲线的形状基本一致，延滞期、对数期和稳定期的时间大致相同，随着接种量的增加，光合产氢菌群的光密度略有升高。因此，接种量的大小对光合产氢菌群的生长影响并不是很大，增大接种量，不仅浪费种子菌液，而且收到的效果也不明显，只要给定良好的生长条件，接种少量菌种即可。所以一般情况下选取 10%作为接种量。

表 2.18 不同接种量生长效率表

Table 2.18 Test of different inoculation concentration

接种量/%	初始 OD 值	3d 后 OD 值	μ值
5	0.51	2.86	0.783 3
10	0.51	2.96	0.817 7
30	0.51	2.99	0.826 7
50	0.51	3.02	0.836 7
100	0.51	2.75	0.746 7

2.3.1.8　不同的光照时间对光合产氢菌群生长的影响

为了降低光合产氢菌群规模化产氢的成本，充分利用自然太阳光照条件，模拟自然光照时间设置以下四种处理分别研究不同光照时间条件对光合产氢菌群生长情况的影响，4 种处理为：处理 1：采用光照度为 2 000lx 的白炽灯的恒光照，处理 2（非自然光）：16h 光照和 8h 黑暗的交替光照，处理 3（非自然光）：12h 光照 12h 黑暗的交替光照，处理 4：8h 光照和 16h 黑暗的交替光照。其他条件完全相同，实验结果见表 2.19 和图 2.76。

表 2.19　不同光照时间下光合产氢菌群生长的影响
Table 2.19　Influences of natural light on the growth of PSBG

时间/h	处理 1	处理 2	处理 3	处理 4
0	0.47	0.47	0.47	0.47
24	1.07	0.98	0.52	0.49
36	2.11	1.51	0.94	0.57
72	2.83	2.19	1.18	0.86
96	2.85	2.14	1.22	0.94
120	2.84	2.11	1.22	0.94

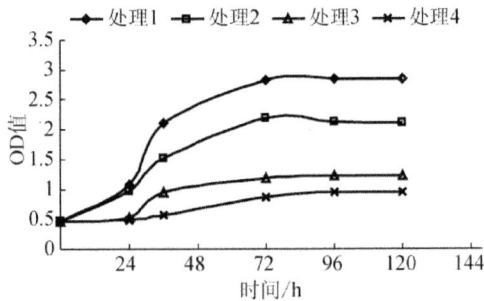

图 2.76　不同光照时间下光合产氢菌群生长曲线
Fig. 2.76　Curve of the growth of the PSBG at different natural light

从图 2.76 可以看出，光照时间对光合产氢菌群的生长有显著影响。可见恒光照是保证光合产氢菌群高效产氢的重要条件。但是从工业化的角度考虑，如果能够筛选到利用白天和黑夜间歇光照的自然条件光合产氢菌群，将大幅度降低生产成本，而且从微生物自然进化的原理可以推断，应该存在这类适应自然光照条件的光合产氢菌群，尚需进行这类菌种的筛选研究工作。用式（2-1）计算得到不同光照时间光合产氢菌群生长效率见表 2.20。由表 2.20 可看出，生长效率随不同光照时间依次减小，处理 1（为恒光照）的生长效率最大。

表 2.20　不同光照时间生长效率表

Table 2.20　Test of different light concentration

不同光照时间	初始 OD 值	3d 后 OD 值	μ值
处理 1	0.47	2.84	0.79
处理 2	0.47	2.11	0.54
处理 3	0.47	1.22	0.24
处理 4	0.47	0.94	0.16

2.3.2　光合产氢细菌培养工艺的多因素优化

基于光合产氢菌群生长条件的各个因素进行了单因素试验结果，得出比较好的光合产氢菌群生长条件组合，并利用正交实验方法对最佳光合产氢菌群生长条件进行正交优化。

2.3.2.1　多因素正交实验的目的和思路

实验的目的是想在各种因素条件下寻找合适的运行参数，寻找最适宜的光合产氢细菌培养工艺，以提高光合产氢菌群制氢的产氢量和产氢速率。在正交实验中，选取 OD 值单一指标作为分析评价的指标。通过正交实验，分析各个因素及其交互作用对实验指标的影响，按其重要程度找出主次关系，并确定对实验指标的最优工艺条件。由于影响关合细菌生长的因素比较多，所以进行正交实验时应注重因素的选择和各因素水平的确定，做到既能减少实验次数，又能说明问题。

2.3.2.2　因素及因素水平的确定

影响光合产氢菌群生长的因素有温度、光照强度、pH、PSBG 初期活性、溶解氧及接种量等。由前文分析及单因素实验结果可知 PSBG 初期活性取 36h 较为合适，而温度、光照强度、接种量和 pH 4 个参数的变化对光合产氢菌群的生长影响很大，是光合产氢菌群生长过程中重要的控制参数，因此选取对 PSBG 生长影响较大的 4 个因素：即光照度、接种量、pH、温度，进行正交实验，每个因素选取 3 个水平。具体设计见正交实验因素水平设计表 2.21。每次实验起始 OD_{660} 值为 0.53，培养 72h 后测定 OD_{660} 值，结果见表 2.21。

表 2.21　正交实验因素水平设计

Table 2.21　Factors and levels of the orthogond experiment

水平	因素			
	温度/℃	接种量/%	光照度/lx	pH
1	25	10	500	6
2	30	50	1 500	7
3	35	100	3 000	9

2.3.2.3　选择正交表

选表就是根据问题的具体情况选用一张合适的正交表。根据以上所选择的因素与水平，选用 $L_9(3^4)$ 正交表对各因素的实验条件进行优化较为合理，正交实验表见表 2.22。

表 2.22　$L_9(3^4)$ 正交实验表
Table 2.22　Orthogonal layout of $L_9(3^4)$

实验号	列号			
	1	2	3	4
1	1	1	1	1
2	1	2	2	2
3	1	3	3	3
4	2	1	2	3
5	2	2	3	1
6	2	3	1	2
7	3	1	3	2
8	3	2	1	3
9	3	3	2	1

根据已定的因素、水平及选用的正交表，将因素顺序上列，水平对号入座，则得出正交实验方案表。每个实验号所对应的一行是具体的一个实验方案。根据表，共需组织 9 次试验，具体试验因素水平见表 2.23。

表 2.23　PSBG 生长情况正交实验方案表
Table 2.23　Scheme for orthogonal experiment on the growth of PSBG

实验号	因子			
	温度/℃	光照强度/lx	pH	接种量/%
1	25	500	6	10
2	25	1 500	7	50
3	25	3 000	9	100
4	30	500	7	100
5	30	1 500	9	10
6	30	3 000	6	50
7	35	500	9	50
8	35	1 500	6	100
9	35	3 000	7	10

2.3.2.4　正交试验结果的直观分析

正交试验结果及分析见表 2.24。

表 2.24 PSBG 生长情况的正交试验结果及分析

Table 2.24 Results and analysis of the orthogonal experiment on the growth of PSBG

试验号	因子				
	温度/℃	接种量	光照度/lx	pH	OD_{660} 值
1	1	1	1	1	0.86
2	1	2	2	2	2.08
3	1	3	3	3	0.75
4	2	1	2	3	1.11
5	2	2	3	1	0.94
6	2	3	1	2	2.08
7	3	1	3	2	0.60
8	3	2	1	3	1.67
9	3	3	2	1	1.54
K_1	3.69	2.57	4.61	3.34	$\sum E=11.63$
K_2	4.13	4.69	4.73	4.76	$\mu=\sum E/9$
K_3	3.81	4.37	2.29	3.53	$=1.29$
R_1	1.23	0.86	1.54	1.11	
R_2	1.38	1.56	1.58	1.59	
R_3	1.27	1.46	0.76	1.18	
R	0.15	0.70	0.82	0.48	

2.3.2.5 正交试验结果的方差分析

前面所做的极差分析较为直观，但是没有把实验误差引起的数据波动与由实验条件改变所引起的数据波动区分开来，也没有提供一个标准，用来判断所考察的因素的作用是否显著。对正交表进行方差分析可以定量地给出因素的主次关系，可以判断哪些因素是重要因素，那些因素是次要因素，此时最优工艺条件的确定只要考虑重要因素。因此，需要进一步做正交试验的方差分析。

根据公式，计算统计量与各项偏差平方和，结果为

各统计量 $P = \dfrac{1}{n}\left(\sum_{z=1}^{n} y_z\right)^2 = \dfrac{1}{9}(3.69+4.13+3.81)^2 = 15.03$

$Q_1 = \dfrac{1}{3}(3.69^2 + 4.13^2 + 3.81^2) = 15.06$

$Q_2 = \dfrac{1}{3}(2.57^2 + 4.69^2 + 4.37^2) = 15.90$

$Q_3 = \dfrac{1}{3}(4.61^2 + 4.73^2 + 2.29^2) = 16.30$

$Q_4 = \dfrac{1}{3}(3.34^2 + 4.76^2 + 3.53^2) = 15.42$

$W = 0.86^2 + 2.08^2 + 0.75^2 + 1.11^2 + 0.94^2 + 2.08^2 + 0.60^2 + 1.67^2 + 1.54^2$

$\quad = 17.59$

组间偏差平方和计算如下：

$$S_1 = Q_1 - P = 15.06 - 15.03 = 0.03$$
$$S_2 = Q_2 - P = 15.90 - 15.03 = 0.87$$
$$S_3 = Q_3 - P = 16.30 - 15.03 = 1.27$$
$$S_4 = Q_4 - P = 15.42 - 15.03 = 0.39$$

总偏差平方和：

$$S_T = W - P = 17.59 - 15.03 = 2.56$$

$$\sum_{i=1}^{4} S_i = S_1 + S_2 + S_3 + S_4 = 0.03 + 0.87 + 1.27 + 0.39 = 2.56$$

组内偏差平方和：

$$S_E = S_T - \sum S_i = 2.56 - 2.56 = 0$$

此时只能将正交表中因素偏差中较小的偏差平方和代替误差平方和。因此 $S_E = S_1 = 0.03$

计算自由度，结果如下：

$$f_T = n - 1 = 9 - 1 = 8$$

$$f_i = 3 - 1 = 2$$

$$s_{误} = S_{误} / n_{误} , \quad F_i = s_i / s_{误}$$

根据以上计算结果，列出方差分析检验表，见表 2.25。

表 2.25　方差分析检验表

Table 2.25　Table for the test of variance analysis

方差来源	差方和（S_i）	自由度	均方（s_i）	统计量（F_i）	置信限（F_α）	统计推断
因素 1	0.03	2	0.015	1	19	影响不显著
因素 2	0.87	2	0.435	29	19	影响显著
因素 3	1.27	2	0.64	42	19	影响显著
误差 S_E	0.03	2	0.015			
总和	2.56	8				

根据各因素的自由度 n_i 和误差的自由度 n 误，查 F 分布表可得置信限 $F_{0.05}$（2，2）=19。进行统计推断时，当 $F > F_\alpha$ 时，认为相应的因素影响显著，当 $F < F_\alpha$ 时，认为相应的因素影响不显著。则由统计量和置信限比较可知因素 2 和因素 3 影响显著。即光照度和接种量对光合产氢菌群的生长影响较为显著，光照度的影响最为显著。

2.3.3　光合产氢菌群生长动力学模型的构建

基于光合细菌培养条件的优化结果，采用最适培养条件，即光照度 1 500lx、接种量 10%、30℃、pH7.0，研究 PSBG 生长动力学。在 5 个相同的 PSBG 培养器中，接种量相同（均为 10%），起始底物醋酸质量浓度不同的情况下，研究 PSBG

的生长速率和底物的消耗速率。初始醋酸质量浓度分别为 0.369、1.007、1.889、2.534、3.674g/L，其他组分的含量根据醋酸钠底物的含量按比例进行调整。在厌氧培养过程中每隔 24h 和 12h 测定培养液中醋酸质量浓度和光合产氢菌群的 OD 值。醋酸质量浓度用气相色谱测定，OD 值用 721 型紫外分光光度计在 660nm 处测定，实验结果见表 2.26 和表 2.27。

表 2.26　不同时间测得个实验组中底物浓度表

Table 2.26　Mass concentration of substrate at different time

| 时间/h | 醋酸质量浓度/（g·L⁻¹） | | | | |
	组 1	组 2	组 3	组 4	组 5
0	0.369	1.007	1.889	2.534	3.674
24	0.215	0.744	1.655	2.167	3.137
36	0.088	0.578	1.325	1.543	2.699
72	0	0.311	1.104	1.276	2.701
96	0	0.154	0.363	0.432	0.987
120	0	0	0.097	0.157	0.694

表 2.27　不同时间测得个实验组中菌群生长 OD 值

Table 2.27　OD values of PSBG at different time

| 时间/h | 光合产氢菌群 OD 值 | | | | |
	组 1	组 2	组 3	组 4	组 5
0	0.52	0.50	0.50	0.51	0.53
24	0.54	0.54	0.79	0.63	0.53
36	0.72	1.20	1.30	1.24	0.91
72	1.25	2.10	2.84	2.75	1.44
96	1.24	2.10	2.84	2.76	1.44
120	1.10	1.80	2.71	2.75	1.40

2.3.3.1　光合产氢菌群生长动力学模型中参数的估计

假设光合产氢菌群的生长速率只受单一底物 CH₃COONa 含量的影响，并且不考虑生成物对光合产氢菌群的抑制作用，则描述光合产氢菌群生长于底物消耗的方程可用 Monod 模型描述，其关系可用式（2-2）～式（2-5）表示。

$$\mu = \frac{\mu_{max} S}{K_s + S} \tag{2-2}$$

$$Q = \frac{Q_m S}{K_s + S} \tag{2-3}$$

$$\frac{\mathrm{d}X}{\mathrm{d}t} = \mu X \tag{2-4}$$

$$-\frac{\mathrm{d}S}{\mathrm{d}t} = \frac{1}{\gamma_{x/s}} \frac{\mathrm{d}X}{\mathrm{d}t} \tag{2-5}$$

式（2-2）～式（2-5）中：μ 为光合产氢菌群的比增长速率，h^{-1}；μ_{max} 为最大比增长速率，h^{-1}；S 为底物的质量浓度/$(g\cdot L^{-1})$；K_s 为光合产氢菌群以 CH_3COONa 为底物的饱和常数/$(g\cdot L^{-1})$；Q 为底物比消耗速率，h^{-1}；Q_m 为底物最大比消耗速率，h^{-1}；dX/dt 为光合产氢菌群的生长速率，$(g\cdot L^{-1}\cdot h^{-1})$；$-dS/dt$ 为底物的消耗速率，$(g\cdot L^{-1}\cdot h^{-1})$；$\gamma_{x/s}$ 为光合产氢菌群的得率系数，$(g\cdot g^{-1})$。

根据表 2.26 和表 2.27 中的结果，以优化目标函数 $\sum$（实验值-模型计算值）$_2$ 最小为目标，采用单纯形算法对上式中的参数进行优化计算估计，可得到参数的取值如下所示：

μ_{max}=0.01～0.07h^{-1}；

$\gamma_{x/s}$=0.01～0.10$g\cdot g^{-1}$；

K_s=0.1～0.4$g\cdot L^{-1}$。

估计结果得参数值分别为：μ_{max}=0.044h^{-1}；$\gamma_{x/s}$=0.081$g\cdot g^{-1}$；K_s=0.26$g\cdot L^{-1}$。

2.3.3.2　模拟值与实验值的比较

起始底物质量浓度为 2.147$g\cdot L^{-1}$ 在上述条件下培养，不同时间测得的剩余底物质量浓度和光合产氢菌群 OD 值，用上述模型对实验结果进行预测，结果见表 2.28、图 2.77 和图 2.78。模拟值与实验值吻合较好。表明模型能较好地描述光照条件下以醋酸钠为底物时 光合产氢菌群的生长规律。

表 2.28　计算值与实验值比较结果

Table 2.28　The comparison of simulation value and experiment value

时间/h	计算值		实验值	
	底物浓度/$(g\cdot L^{-1})$	OD 值	底物浓度/$(g\cdot L^{-1})$	OD 值
0	2.147	0.52	2.147	0.52
24	1.825	0.85	1.821	0.87
48	1.694	2.12	1.690	2.15
96	1.025	2.68	1.024	2.64

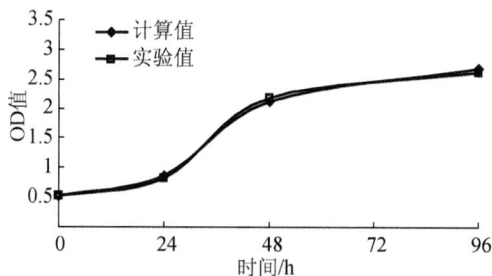

图 2.77　光合产氢菌群 OD 值计算值与实验值比较

Fig. 2.77　The comparison of simulation value and experiment value of OD

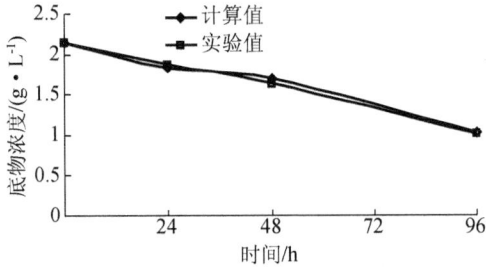

图 2.78 底物浓度计算值与实验值比较

Fig. 2.78 The comparison of simulation value and experiment value of mass concentration of substrate

2.3.4 小结

（1）通过对光合产氢菌群单因素实验分析知，在温度为 25~35℃时，光合产氢菌群的生长代谢较快，光合产氢菌群的数量较多。光合产氢菌群的生长温度过高或过低都不利于光合产氢菌群的生长。因此，光合产氢菌群比较适宜的生长温度条件是 30℃；光照强度对光合产氢菌群的生长繁殖也有较大影响，光合产氢菌群的最佳光照强度为大于 1 000lx 光强度；pH 的大小对光合产氢菌群的生长有较大影响，过高或过低的 pH 都会抑制细菌的生长光合产氢菌群的最佳生长 pH 为 7 左右；接种量的大小对细菌的生长影响不大，只要接种少量菌种，适宜的生长条件即可，实验选择 10%作为接种量；光照时间越长光合产氢菌群生长越好，恒光照是保证光合产氢菌群生长的重要条件。

（2）光合产氢菌群的生长动力学模型可用 Monod 方程来模拟，实验测得模型中饱和常数 K_s=0.26g·L^{-1}，最大比生长速率 μ_{max}=0.044 h^{-1} 模型能够较好描述光合产氢菌群的生长。

（3）通过对温度、接种量、光照度、pH 四因素的正交实验得到：各因素对 PSBG 生长影响的主次关系为:光照度、接种量、pH、温度。由表 2.28 中各因素水平值的均值可见各因素中较佳的水平条件分别为：温度为 30℃，接种量为 50%，光照度为 1 500lx，pH 为 7。且由方差分析知光照度和接种量对光合产氢菌群生长的影响显著，其中光照度是最显著影响因素。

2.4 光合产氢细菌连续培养系统及装置研究

2.4.1 活塞流循环连续光合细菌培养模式构建

微生物发酵工艺多种多样，一般工艺流程中均包括种子培养和发酵两个主要阶段。光合细菌发酵制氢也不例外。

光合细菌是光合细菌制氢反应过程的生物催化剂，又是微小的反应容器。从目标产物氢气形成来说，光合细菌放氢本身是一种代谢调节行为，即光合细菌产氢是细胞释放代谢过程中的过剩还原力、维持细胞氧化还原水平平衡的过程。由此可知，只有当内外因素全部具备时，即光合细菌代谢过程中出现了过剩的还原力，且只能通过放氢的方式释放还原力才能维持反应体系的氧化还原水平平衡，光合细菌才能出现我们所预期的产氢现象，所以，要维持长时间的产氢过程，获得理想的产氢量，光合细菌势必长期处于这种胁迫条件之下，其正常的生理、生命活动也必将受到严重影响，直至死亡。

光合细菌制氢过程属于生长与产物形成非耦联类型，产物（H_2）的形成与细胞生长不相关或无直接关系，其特点是细胞生长期基本无产物合成，细胞停止生长产物则大量合成。正因为如此，光合细菌的正常生长培养无法与产氢过程并行，只能分别单独进行。

微生物的生长和培养方式可以分为分批培养、连续培养和补料分批培养三种主要类型。

分批培养是将微生物置于一定容积的、定量的培养基中培养，培养基一次性加入，整个培养过程中不再补充和更换，最后一次性收获。分批培养的过程中，菌体和各种代谢产物的数量与营养物的数量呈负相关性。当微生物生长及基质变化达到一定水平时，菌体生长则会停止。在发酵工业中，可用中间补料或连续流加物料的方式，使培养基中营养物质的浓度保持在适合菌体生长和有利于菌体积累代谢产物的环境中。

补料分批培养又称流加培养，它是根据菌株生长和初始培养基的特点，在分批培养的某些阶段，以某种方式间歇地或连续地补加新鲜培养基，使菌体及其代谢产物的生产时间延长的培养方式。补料分批培养可以通过消除底物抑制，延长次级代谢产物的生产时间，稀释有毒代谢产物，最终达到细胞高密度培养，并降低染菌几率和降低遗传不稳定性。此外，通过分批补料发酵还可以有效的控制菌体的浓度和黏度，延长发酵周期，提高溶解氧水平，进而有效地提高产物的产量。

连续培养则是在微生物培养的过程中，不断地供给新鲜的营养物质，同时排除含菌体及代谢产物的发酵液，让培养的微生物长时间地处于对数生长期，以利于微生物的增殖速度和代谢活性处于某种稳定状态。与分批培养相比，连续培养优势主要表现在以下几方面。

（1）有利于缩短发酵周期，提高劳动生产率。连续发酵减少分批发酵中的清洗、投料、消毒等辅助操作，大大缩短发酵周期和提高设备利用率。同时，连续培养过程始终使细胞生长处于最高生长繁殖状态，因此可明显提高生产效率，特别是对生产周期短的产品，效果更为显著。

（2）连续发酵生产过程比较稳定、均衡，各项运行参数和产品品质也比较稳定，便于自动化控制。

（3）由于连续发酵采用管道化和自动化生产，明显降低劳动强度。

采用连续发酵的方法可以有效地提高产量，但是也存在着某些较难克服的困难，因此，目前仅在一些比较简单的发酵产品中应用，如酵母，单细胞蛋白，酒精发酵、丙酮乙醇、石油脱蜡、活性污泥废水处理等，其他产品的生产尚未实现工业化的连续发酵。

连续培养采用连续反应器。根据培养液流动或混合状况的不同，反应器中的流体有两种理想的流动模型：一种是反应器内的流体在各个方向完全混合均匀，称为全混流（CSTR），其主要特征是反应物加入到反应器中，同时反应产物也离开反应器，并保持反应液体积不变，其过程是一物系中的组成不随时间改变的定态过程；另一种则是通过反应器的所有物料以相同的方向、速度向前推进，在流体流动方向上完全不混合，而在垂直于流动方向的截面上则完全混合，所有微元体在反应器中所停留的时间都是相同的，这种流动模型称为平推流、柱塞流或活塞流（plug flow reactor，PFR）。实际上，反应器内流体的流动方式则往往介于上述两种理想流动模型之间，称为非理想流动（混合）模型。非理想生物反应器需要考虑流动和混合的非理想性，如：流体在连续操作反应器中的停留时间分布、微混合问题、反应器轴向或径向扩（弥）散及反应器操作的震荡问题等。间歇操作的非理想生物反应器则需要考虑混合时间、剪切力分布、各组分浓度及温度分布等复杂问题。

河南农业大学师玉忠主要针对光合细菌的生长特性，设计用于生产菌种连续培养的光生物反应器，并就光合细菌连续培养模式及相关问题进行研究，以期解决光合细菌规模化、连续化生物制氢工艺中生产菌种连续、稳定供应问题。

2.4.1.1　连续培养系统的设计思路

为了获得质量稳定的生产菌种，开发适宜的反应器至关重要。根据光合细菌混合菌种生长培养的特点，光生物反应器的设计必须考虑下述要求和相关问题。

（1）进出料液连续、稳定。

（2）光照分布均匀适宜，温度条件稳定、可控。

（3）由于光合细菌生长速度较慢，培养液在反应器中需要较长的停留时间；为了达到相应的产量，反应器容积的大小要合适。

（4）由于光合细菌培养过程中，时常会出现"贴壁"现象，影响光照效果，需要清洗，所以，反应器在结构上要便于拆装清洗。

（5）便于实验过程中取样分析。

（6）由于较大容积的罐式（恒化、恒浊培养）连续生物反应器，需要连续搅拌使料液均匀混合，结构相对复杂且不利于均匀布光，所以，这种类型的反应器不宜用作光合细菌的连续培养。

（7）普通管道反应器难以实现内部供光，管壁清洗困难；采用外部供光对管壁材料要求高，光能损失率高，反应器产能放大困难。

（8）厌氧培养应用较多的折流板式生物反应器，产能高、技术相对成熟，用作光生物反应器时，同样存在布光困难的问题，培养液在流动死角的滞留较为严重，如果能解决好供光和培养液滞留问题，这种反应器是可取的。

2.4.1.2 连续培养系统的整体设计

该系统的流体流动模式为活塞流。由培养基连续供应、反应罐、照明、培养液回流、环境条件控制及恒浊供种部分组成（图 2.79）。根据该连续培养装置的结构和运行特点，将其命名为活塞流循环连续培养系统（plug flow continuous culture system with culture solution recycles）。

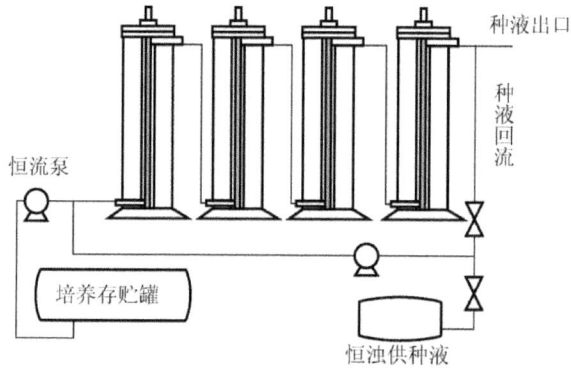

图 2.79　光合细菌连续培养系统示意图

Fig. 2.79　Illustration of the system of continuous culture for photosynthetic bacteria

1）活塞式连续培养装置的结构

为了满足均匀光照和减少培养液返混程度的要求，反应器采用了柱状罐体，其直径 240mm，高 800mm，罐体内部加装一个（底端封闭，顶端开口）透明有机玻璃管，并与反应器的上端盖固定在一起，用于布置照明光纤并使反应罐内形成环形结构；分别在反应罐底部和顶部的筒壁上切向开口，加装管道（图 2.80）。

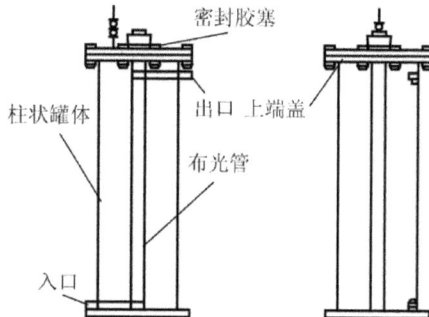

图 2.80　反应器的结构

Fig. 2.80　Structure of reactor

反应器采用底部切向进料方式，反应液在反应器内部以旋流上升流动，最后由顶部切向出口流出，滞留时间为反应器容积（单罐有效容积 24 000mL）与流量之比。可根据产量的要求，进行多罐串联运行。

2）供光方式

本系统采用人工光源机作光源，通过光导纤维（直径 6mm 的塑料端光纤）将光能传输到反应器内部，为了反应器内部的光照均匀，还要将探入反应器内的光纤剥去保护层，沿反应器高度方向，每隔 30mm 环剥去 5mm 左右的反射层，使该段光纤形成一个多点发光体。

3）培养基输送和培养液循环环节

为了保证反应液在反应器内的滞留时间、反应器进口处的接种比例等运行参数的稳定，必须精确控制培养基和回流培养液两部分液体的流量，该系统分别采用两套液体计量泵输送培养基和回流培养液，使它们在反应器进口前的一段管道内混合均匀，匀速流入反应器。

培养液进入反应器内以旋流上升流动，由于流动速度比较缓慢，不可能以理想的平推流流动，而是存在返混现象，但从整体来看，培养液可以遵循先进先出的规律，能够满足光合细菌在反应器中滞留培养时间的要求。

4）系统的温度控制

系统运行过程中，反应液温度应维持在 30℃左右，反应罐置于温度为 30℃的环境中（单罐或双罐串联时，直接放入恒温培养箱），培养基经预热后泵入。

5）系统的启动

由于本系统正常运行期间，是以反应器出口的部分培养液回流作为菌种，与新鲜培养基混合后进行培养，所以，在连续培养的初期（反应器出口流出培养液之前），需要给系统连续提供稳定的菌种。

系统启动过程中，采用恒化培养的方法连续提供菌种，需要选择稀释率、生长率与反应器容积相匹配的组合，满足系统对菌种的需求。

2.4.1.3　活塞流循环连续培养系统的特点

图 2.81 为活塞流循环连续培养系统实物照片。

该装置由四个容积为 24L 的柱状有机玻璃培养罐串联而成，单罐均采用底部切向旋流进液、顶部切向排液的方式，保持培养液平推流动；沿培养罐轴线布入一根塑料光纤，剥去光纤探入罐体内部分的保护层和反射层，使该段光纤成为侧发光光纤，光纤的另一端接入光源机，通过光源机调整罐体内部的光照度；通过稳定的环境温度，保持反应液的温度；由蠕动泵恒流输送液体培养基和部分循环的菌液（或启动时的恒浊菌种）。

光合细菌菌种培养、生长倍增时间测定实验均在光照等条件可调的人工气候箱中进行。

图 2.81 活塞流循环连续培养系统

Fig. 2.81 Plug flow continuous culture system with culture solution recycles

活塞流循环连续培养系统特点主要有以下几方面。

（1）采用光源机作光源，由置于反应器轴心线上多点发光光导纤维，从反应液内部供光，光能损失少，光照分布均匀、稳定。

（2）反应器结构比较合理，柱状环形结构保证了反应器高度方向上各层次光照一致性，水平方向的光径（反应液中光路长度）相同；反应器的顶部端盖和布置光纤的透明管通过法兰、螺丝固定的，拆装、清洗非常方便。

（3）多个反应罐串联运行即可成倍提高产量，有利于实验和生产规模的扩大，灵活、方便。

（4）系统正常运行过程中，以回流的培养液为菌种，循环连续培养光合细菌，易于实现操作的自动化。

（5）料液输送由精密计量泵控制，流量稳定、可调，加装反馈调节系统后，可实现借由出口培养液质量（光合细菌的浓度或生物量）为反馈信息的运行参数调整，保证培养液的质量。

（6）培养液旋流上升流动，使培养液中的质点不断发生位移，光合细菌距离光源时近时远，有更多接受适宜光照的机会，有利于光合细菌的均匀生长。

2.4.1.4 光合细菌连续培养试验安排

（1）光合细菌培养液菌体浓度测定：以 OD_{660} 值为 3.601 4、处于快速生长期的光合细菌培养液为标品（浓度视作 100%），用液体培养基进行稀释，配制成不同相对浓度的标准溶液，并以培养基为空白，采用安捷伦 8453 型紫外-可见光分光光度计定时测定 OD_{660} 值，做标准曲线。

（2）光合细菌生长倍增时间的测定：将接种量为 5%、10%、20%、30%、40%、50%的菌液各 1 000mL，初始 pH 调整为 7.0，分别装入 1 000mL 无色试剂瓶中，密封。（30±1）℃、1 200lx 连续光照培养，定时测定反应液 OD_{660} 值。

（3）菌体浓度倍增时间的稳定性实验：以产氢最适的菌体浓度（10%～20%）

的 1/2，作为初始培养浓度，按（2）中条件进行分批培养。每当菌体达到浓度倍增时，取 50%培养液接种到等量的培养基中（即保持初始菌体浓度不变）扩大培养，如此反复，记录菌体浓度的倍增时间。取 3 组平行实验结果的平均值。

（4）试验系统中，单个反应罐的内部供光条件选择实验：由可变发光功率的光源机作光源，由光导纤维将光线传输到反应罐内部，并沿反应罐的轴线方向布人后改造成侧发光光纤，改变光源机发光功率，以侧发光光纤侧面 2cm 处的光照度为光合细菌培养的光照指标，其他条件按分批培养的一般要求进行。

（5）光合细菌连续培养试验：采用光纤内部供光，光照度 400lx，控制反应温度 30℃。①启动：将菌体浓度接近 100%的扩培菌液，用培养基稀释到菌体相对浓度 15%左右，泵入恒浊供种罐，开启阀门 1，关闭阀门 2，开启蠕动泵，以 1.25L/h（水力滞留时间设定为 38h）的流速分别将菌液和培养基输入连续培养系统，定时向恒浊供种罐内添加培养基和新鲜培养液，保持菌体浓度的相对稳定。②运行、调整：培养液充满四联培养罐并沿培养液出口流出时，开启阀门 2，关闭阀门 1，进入培养液部分循环连续培养阶段，定时测定出口培养液 OD_{660} 值，调整培养基流量，使出口培养液浓度稳定在 10%～20%，培养液部分循环流量维持在 1.25L/h。记录培养液部分循环流量稳定在 1.25L/h 后的出口培养液浓度变化。

2.4.1.5　连续培养模式下光合细菌生长影响因素的分析

1）光合细菌培养液菌体相对浓度的表征

从图 2.82 可以看出：标准曲线的相关系数 $R^2 > 0.99$，菌体相对浓度与光密度值之间呈良好的线性关系，光密度值能够较为准确地反映光合细菌的相对浓度，所以，以光密度值表征菌种培养效果以及计算对应的相对浓度是可行的。

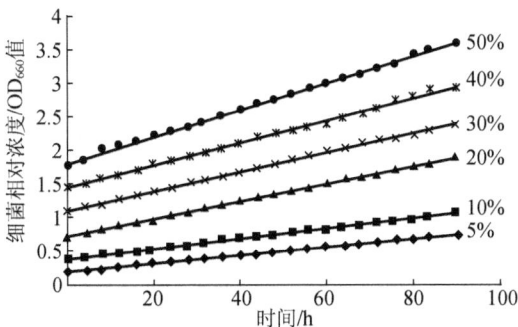

图 2.82　光合细菌菌体相对浓度与光密度值的相互关系（标准曲线）

Fig. 2.82　Relationship between concentration of photosynthetic bacteria and optical density

2）菌液初始浓度对光合细菌培养的影响

考察菌液的不同初始浓度对光合细菌培养的影响，90h 内光合细菌的生长曲线见图 2.83。回归分析结果及菌体浓度倍增时间等计算结果见表 2.29。

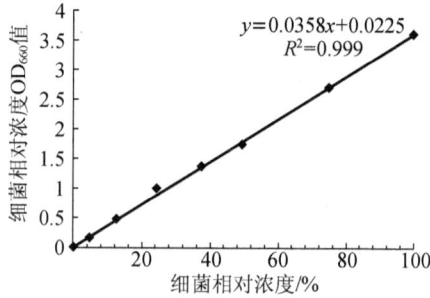

$y=0.0358x+0.0225$
$R^2=0.999$

图 2.83 不同接种量条件下光合细菌的生长曲线（90h 内）

Fig. 2.83 Growth curve of photosynthetic bacteria under different inoculums sizes within 90h

表 2.29 光合细菌的生长曲线回归分析及菌体浓度倍增时间计算结果

Table 2.29 Regression analysis of growth curve and result of bacteria intensity doubling time

初始浓度		回归方程	相关系数	倍增	倍增时间	培养时长/h
%	OD$_{660}$ 值	$y=ax+b$	R^2	OD$_{660}$ 值	/h	OD$_{660}$ 值=0.56*
5	0.202	$y=0.005\,9x+0.202$	0.996 1	0.380	30.2	60.8
10	0.380	$y=0.007\,3x+0.380$	0.997 7	0.740	49.3	24.7
20	0.740	$y=0.012\,5x+0.740$	0.998 2	1.455	57.2	—
30	1.100	$y=0.014\,5x+1.10$	0.996 4	2.171	73.9	—
40	1.455	$y=0.016\,7x+1.455$	0.994 8	2.887	85.8	—
50	1.813	$Y=0.019\,9x+1.813$	0.997 8	3.603	90.0	—

* 是通过标准曲线回归方程计算出的初始浓度为 15%的培养液的光密度值。

从图 2.83 和表 2.29 可以看出，6 种不同初始浓度的培养液，在 90h 内均达到了菌体浓度的倍增，且菌体浓度与培养时间呈良好的线性关系（$P>0.01$），计算结果准确可靠。可以判定，选择初始浓度在 5%～50%，在相同的培养条件下，生长曲线均符合线性规律。

由于初始浓度为 10%和 20%时的产氢实验效果极为相近，且达到了较为理想的状态，所以，一般应选择初始浓度 10%为最佳条件。但是，细胞生长的自主振荡是细菌连续培养中的常见现象，为了保证连续培养的生产菌种，能更好地满足产氢需要，选择菌体浓度 15%为连续培养的目标，以减少菌体浓度波动对产氢造成的不利影响。

表 2.29 所列结果表明：培养液初始浓度为 5%时，倍增时间最短（30.2h），但其达到最佳产氢初始浓度的培养时间为 60.8h，远大于以初始浓度为 10%的培养液所需的培养时间（24.7h），培养液初始浓度为 20%以上时，未经培养就已经超出最佳产氢初始浓度，用作生产菌种时需要稀释。

依照上述讨论，结合培养液部分循环连续培养方式对操作简便性的要求，选择菌体浓度 15%的 1/2（即 OD$_{660}$=0.273），作为连续培养的初始浓度，进行倍增培养，倍增时间在 30～50h。

从结果来看，光合细菌培养过程中，并未出现符合细菌正常生长规律的生长曲线。既没有明显的延滞期、稳定期和衰亡期，也无生长特别迅速的指数期，整条曲线的拟合曲线就是直线方程。为了验证实验数据的可靠性，先后做了多次重复实验，全部表现为同样的规律。至少可以说明：本实验所选混合状态的光合细菌，在设定的培养条件下，生长曲线基本上属于直线。说明所选接种量范围内，光合细菌生长特性相近。各生长曲线的斜率依接种量由小到大的顺序而增大，说明初始浓度越高，光合细菌的增殖速率越快，但是，由于不同接种量下的增殖速率差别不大，所以，接种量小的培养液中细胞的比增殖率高于接种量大的培养液。

3）光纤内部供光条件下，光照度对光合细菌生长的影响

采用光纤内部供光方式，不同光照度条件下，光合细菌的生长曲线见图 2.84。

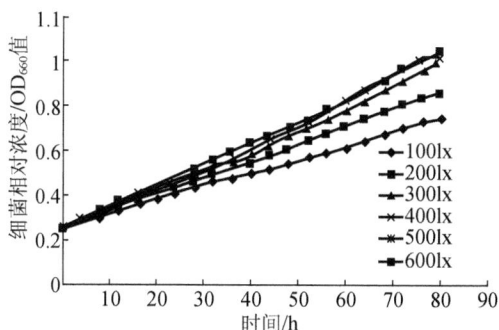

图 2.84　光照度对光合细菌生长的影响

Fig. 2.84　Effects of illumination t intensity on photosynthetic bacteria growth

由图 2.84 可知，光照度达到 300lx 以上时，光照度的提高对光合细菌生长速度的影响微弱，且光照度越高，细菌的"贴壁"现象越严重，需要及时清洗，给操作带来不便，所以，就本实验装置条件下，光照度选取 400lx 比较合适。这与一般的点光源反应器外部供光相比，光照效果得到大幅提高，说明采用线光源、内部光照的形式供光时，光照相对均匀、光能利用率更高。

4）不同培养模式对光合细菌倍增时间的稳定性的影响

分批培养条件下，光合细菌倍增时间的稳定性实验结果见表 2.30。

表 2.30　光合细菌倍增培养时间

Table 2.30　Doubling time of photosynthetic bacteria culture

初始 OD_{660} 值	培养级数							
	1	2	3	4	5	6	7	8
0.272	38	38	40	39	38	39	40	39
0.273	39	38	39	38	37	39	39	38

表 2.30 中的结果显示：初始浓度在 OD_{660}=0.273 附近时，光合细菌倍增时间相对稳定，基本保持在 37~40h，波动幅度为 3.9%。说明对于光合细菌混合菌种

来说，进行连续倍增培养操作是可行的。

活塞流循环连续培养系统中，反应液理想流动状态的实质是：整个反应液是由若干独立的微元组成，每个微元之间互不干扰，它们各自相当于一个单独的分批培养单元，所以，光合细菌分批培养的实验结果，应与理想状态条件下的连续培养结果相一致。

实际应用中，连续流反应器中的液体流动虽然不可能是理想流动，但在较长流动路径上，反应液依然可以形成相应的梯度，从宏观上来看，连续反应器中的反应液，在流动路线上各个位点上的反应状态相对稳定。因此，光合细菌分批培养的数据是连续培养的重要依据。

连续培养模式下，30℃、400lx 连续光照条件下，光合细菌回流连续培养过程中，菌液出口浓度的变化见图 2.85。

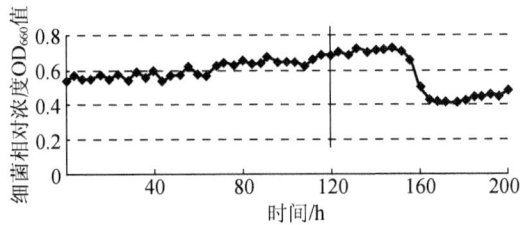

图 2.85　循环连续培养的菌液出口浓度变化

Fig. 2.85　Changes of photosynthetic bacteria intensity in recycles continuous culture

图 2.85 显示，培养周期 38h、不人为地调整培养基流量，菌液出口浓度随运行时间延长呈上升趋势；运行 120h 后，OD_{660} 值接近 0.7，调高培养基流量以降低入口处菌液浓度，此后的 36h 内，菌液出口浓度依然呈上升趋势，说明该实验装置内的培养液是以平推流动的状态运行的，有利于光合细菌的连续流动培养；运行到 160h 左右，菌液出口浓度明显下降。调高培养基流量既降低了入口处菌液浓度（培养液初始浓度），又缩短了培养周期，所以，这部分培养液到达出口时浓度比较低。说明在该实验装置连续运行期间，可以通过改变培养基流量来有效地控制菌液出口浓度，部分循环连续培养方法具有可行性。

该连续反应器运行期间，出口处的菌液浓度呈逐渐增加的趋势，说明在此条件下的连续培养中，光合细菌的倍增时间比分批培养时的倍增时间短。产生这种现象的主要原因可能是光照方式和反应液的"返混"等造成的。

在反应器容积已定的情况下，要保持出口处的菌液浓度不变，就需要通过调整反应器进出口料液的流量，来改变反应液在反应器中的培养周期。

5）循环连续培养系统培养周期的调整

对于特定容积的活塞流反应器来说，反应液在反应器中的停留时间（培养周期）取决于料液进出流量的大小。要调整连续培养系统的培养周期，需要适当提高培养基的流量，与此同时，为了保持反应器入口处菌液的菌体浓度（初始浓度）固定不变，需要同时提高接入的菌种流量。

以培养周期缩短 2h 的连续培养实验的运行参数为：培养基和接入菌种流量均为 1.3L/h，生产菌种产量 1.3L/h。连续运行过程中，菌液出口浓度的变化见图 2.86。

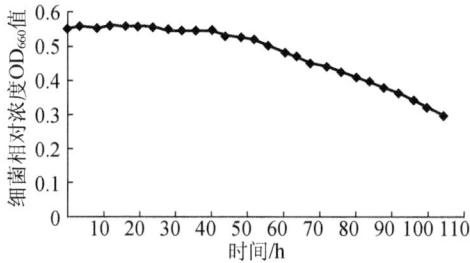

图 2.86　调整培养时间后，循环连续培养的菌液出口浓度变化

Fig. 2.86　Changes of photosynthetic bacteria intensity in recycles continuous culture after culture time modified

由图 2.86 可知，培养时间缩短 2h 后，反应器出口处的菌体浓度逐渐下降，说明培养时间偏短，应适当延长培养时间。从前后两次实验结果来看，合适的培养时间在 36～38h。培养时间的偏差，会使反应器出口处菌体浓度的偏差随时间的延长而逐步放大，所以，应及早做出调整。

循环连续培养光合细菌时，采用一般的实验方法进行过程控制存在着诸多不便，既费工时又难以保持生产的稳定。要想很好地解决光合细菌循环连续培养的过程控制问题，必须考虑计算机自动控制技术的使用。

由计算机进行光合细菌循环连续培养过程控制的基本思路：以控制反应器出口处反应液的菌体浓度为目标，即以出口处反应液的吸光度为反馈调控信号，经由计算机程序判别并向伺服系统发出相应的指令，改变运行参数（主要是生长培养基和回流反应液的流量），使新的运行参数条件下的反应液，在到达反应器出口时的菌体浓度趋向控制值。在反应器有效容积一定的情况下，反应器进口处反应液的流量变化，直接改变反应器的培养时间，生长培养基和回流反应液的配比也将改变入口处反应液的菌体浓度，同时，光合细菌的循环连续培养周期是几十个小时，每一次调控指令的最终响应要后推几十个小时，这些情况给光合细菌循环连续培养的过程控制增加了难度。比较切合实际的程序编写可作如下考虑：①适当放宽出口处反应液的吸光度预置值范围，减少培养时间调控的频度。②根据出口处反应液的吸光度变化，调整生长培养基和回流反应液的配比，保持入口处反应液中菌体浓度稳定。

2.4.1.6　循环连续培养过程的主要运行参数的选择

循环连续培养的最终目标是获得符合制氢需要的光合细菌，即流量和菌体浓度稳定的光合细菌菌液。循环连续培养过程中，反应器入口处的菌体浓度（初始浓度），同时受到反应器出口处的菌体浓度、菌液回流流量和培养基流量三个参数的直接影响，这些参数之间交互制约，直接用实验的方法无法确定理想的参数组合。为了解决循环连续培养方式的关键参数选择问题，选用了数学模型方法进行相关问题的讨论。

培养过程及考查节点布局见图 2.87。

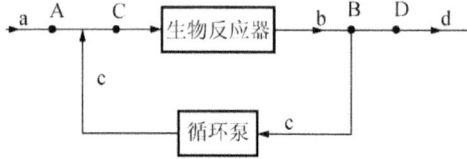

图 2.87　培养过程及考察节点布局示意图

Fig. 2.87　Illustration of node layout about cultivation process

由图 2.87 可知，A、B、C、D 为四个考查节点；a、b、c、d 为相应位置的物料质量流量，即，a 为新鲜培养基的流量；b 为反应器出口培养液流量；c 为回流（循环部分）培养液流量；d 为系统产出的生产菌种流量。

对连续培养过程进行假设和简化：

（1）光合细菌为无性繁殖，不考虑性别。

（2）光合细菌培养过程中，光照条件固定不变，不考虑光照条件的影响。

（3）光合细菌培养过程中，温度和其他条件固定不变。

（4）培养基中各种营养成分充足，不考虑细菌之间的生存竞争。

（5）光合细菌为稳态种群，作为一个整体看待。

（6）管道和光生物反应器中，料液的流动方式为理想的活塞流和平推流。

1）连续培养基本模型的选择

光合细菌属于典型的生物类别，符合生物生长的一般规律，所以，首先选用马尔萨斯（Malthus）模型来进行菌种生长过程的描述。

一般地，在考查 $[t, t+\Delta t]$ 时段中生物群体总量变化时，采用如下方程：

$$\mathrm{N}(t, t+\Delta t)-\mathrm{N}(t)=r\Delta t\mathrm{N}(t) \tag{2-6}$$

由式（2-6）得到生物群体生长的微分方程

$$\frac{\mathrm{d}N}{\mathrm{d}t}=rN \tag{2-7}$$

对式（2-7）积分，则有

$$\mathrm{N}(t)=\mathrm{N}_0\mathrm{e}^{r(t-t_0)} \tag{2-8}$$

基本模型中：t 为生物反应器的水力停留时间，$(t-t_0)$ / h；r 为菌体生长率%（光合细菌群体的自然增长率，由实验获得）；$r=r_b+r_d$，r_b 为繁殖率，r_d 为死亡率。

考查连续培养过程中，节点 B 处的菌体流量密度则有

$$K(t)=K_0e^{rt} \tag{2-9}$$

对菌种生产模型进行选择，由质量守恒定律得到

$$\begin{cases} b = a + c \\ d = a = b - c \end{cases} \tag{2-10}$$

t，v，b 之间的关系

$$t = \frac{v}{b} \tag{2-11}$$

其中，v 为生物反应器的有效容积。

已知菌体流量密度，由式（2-10）可知

$$\begin{cases} K_A = 0 \\ K_C = \dfrac{K_B \cdot c}{a + c} \end{cases} \tag{2-12}$$

由上述条件和式（2-9）可以导出菌种生长的模型

$$K_B = K_C \cdot e^{\frac{rv}{b}} \tag{2-13}$$

循环连续培养的运行特点及工艺要求如下：

① 节点 B、D 处菌体流量密度相等且均大于限定值

$$K_B = K_D = K_C \frac{a + c}{c} \geqslant K_\Delta \tag{2-14}$$

K_Δ 为产出生产菌种的最低限制菌体流量密度。

②

$$\frac{K_B}{K_C} = \frac{a + c}{c} \tag{2-15}$$

在反应器容积 v 确定时，要保证产出的生产菌种的菌体流量密度（K_D）恒等于 K_Δ，且产出的生产菌种的菌体流量（d）尽可能高，则需使 $a \geqslant c$，即：新鲜培养基的流量的至少等于回流菌液。

2）模型求解

取 $a \geqslant c$ 时，式（2-15）

$$\frac{K_B}{K_C} = \frac{a + c}{c} \geqslant 2$$

再由式（2-13）导出

$$e^{\frac{rv}{b}} \geqslant 2 \tag{2-16}$$

则有

$$b \leqslant \frac{rv}{\ln 2}$$

若要获得最大产出，应取 b 的最大值，即

$$b = \frac{rv}{\ln 2}$$

$$K_B = 2K_C$$

$$\frac{a+c}{c} = 2$$

$$a = c = d = \frac{1}{2}b$$

从模型求解结果可以看出：在 $a \geqslant c$ 的区间内，只有在 $a=c$ 时，才能取得 $K_B \cong K_\Delta$ 中某一定值下的 b 值的最大化，系统产出光合细菌总量最大。

当 $a<c$ 时，$K_B<2K_C$，d 值小，培养过程中，回流菌体比例增加，势必造成新增菌体滞留在循环培养系统内部，$K_B=K_B>K_\Delta$，且呈逐渐上升趋势，不能得到质量、性状稳定的生产菌种，给后道工序带来无法克服的困难。所以，取 $a=c$，是该连续培养模式的最佳流量控制方法。

由于未考虑菌种的生长上限，所以，该模型存在缺陷，需要作相应的改进。

3）模型改进

假设：在设定的培养条件下，菌体流量密度可达到最大值 $\pi \leqslant 5K_\Delta$（实验测定结果）。

套用自限（Logistic）模型进行改进，模型可改进为

$$\begin{cases} \dfrac{\mathrm{d}N}{\mathrm{d}t} = r\left(1 - \dfrac{N}{K}\right)N \\ N(0) = N_0 \end{cases} \tag{2-17}$$

积分得到

$$N(t) = \frac{\pi}{1 + \left(\dfrac{\pi}{N_0} - 1\right)\mathrm{e}^{-rt}} \tag{2-18}$$

综合式（2-15）和式（2-18）得到

$$K_B \geqslant 2K_C$$

$$2K_C \leqslant \frac{\pi}{1 + \left(\dfrac{\pi}{K_C} - 1\right)\mathrm{e}^{-rt}} \tag{2-19}$$

$$\mathrm{e}^{rt} \leqslant \frac{2\pi - 2K_C}{\pi - 2K_C} \tag{2-20}$$

将式（2-11）代入式（2-20），推导得到

$$b \leqslant \frac{rv}{\ln\left(\dfrac{2\pi - 2K_C}{\pi - 2K_C}\right)} \tag{2-21}$$

同样，若要获得最大产出，应取 b 的最大值，即

$$b = \frac{rv}{\ln\left(\dfrac{2\pi - 2K_C}{\pi - 2K_C}\right)}$$

模型改进后的求解结果与原模型一致。

上述求解结果的实际意义：循环连续培养稳定运行期间，最佳运行的流量控制条件是培养基流量、回流培养液流量和产出菌种流量完全相等，反应器内的培养液流量正好是它们的二倍，培养液在反应器中的滞留时间为特定初始浓度条件下的倍增时间。

据此，进行光合细菌循环连续培养反应器的设计时，其有效容积的确定即可据此模型求解结果进行计算。具体计算步骤如下：

① 用实验的方法，测定出初始浓度为产氢最佳菌体浓度的 1/2 的光合细菌的倍增时间 t（h）。

② 由工艺设计中的要求，确定产出生产菌种的流量 d，据此得到新鲜培养基流量和菌液的回流量。

③ 光生物反应器的容积由 $v = d \cdot t$ 求出。

2.4.1.7　小结

就光合细菌混合菌种连续培养问题进行了研究探讨，得出如下结论：

（1）分析探讨了光生物反应器的设计思路、原理、结构及特点；设计了一套活适合光合细菌连续培养的新型光生物反应器——活塞流循环连续培养系统。

（2）活塞流循环连续培养系统的主要特点：采用内部光照方式，光照均匀、稳定、损失少；拆装、清洗非常方便；多个反应罐串联运行即可成倍提高产量，有利于实验和生产规模的扩大，灵活、方便；以回流的培养液为菌种，循环连续培养光合细菌，易于实现操作的自动化；加装反馈调节系统后，可实现借由出口培养液质量（光合细菌的浓度或生物量）为反馈信息的运行参数调整，保证培养液的质量。找到了一种活塞流循环连续培养系统运行启动的有效方法。并得出以吸光度值表征菌种培养效果以及计算对应的相对浓度是可行的。

（3）光合细菌在连续倍增培养过程中，生长特性稳定，适合进行回流连续培养。回流连续培养方法具有可行性。

（4）进行了光合细菌在连续培养过程数学模型探讨。活塞流循环连续培养系统的最佳运行模式为：新鲜培养基流量等于回流培养液的流量（相当于 50% 的接种菌种量），培养时间为特定初始浓度下的倍增时间，产量即为培养基的流量。

2.4.2　辅光式光合细菌连续培养系统研究

为了配合光合微生物制氢反应器产氢，河南农业大学杨晋晖开展了辅光式光合细菌培养系统的研究，完成了光合微生物制氢反应器菌种连续培养系统的构建，并对光合微生物制氢反应器菌种连续培养系统的特点进行分析，并通过光合细菌连续产氢的工艺运行试验，验证了该系统的可行性。

2.4.2.1 辅光式光合细菌菌种连续培养系统的设计思路

为了配合光合微生物制氢反应器产氢，开发适宜的反应器至关重要。根据光合细菌混合菌种生长培养以及需求菌种量大等特点，菌种连续培养系统的设计必须考虑以下问题。

（1）结构能否满足大型反应器需求。

（2）结构是否能够密闭完全。

（3）光照分布是否均匀适宜。

（4）进出料液的连续性与稳定性。

（5）是否便于实验取样分析。

（6）结构能否承受压强大（需要菌种大量连续培养，结构需要承受足够大的压强）。

（7）反应器在结构上是否便于拆装清洗（因为光合细菌培养过程中，时常会出现"贴壁"现象，影响光照效果，需要清洗）。

（8）为了达到光合微生物制氢反应器相应的产量，反应器容积的大小要合适（因为光合细菌生长速度较慢，培养液在反应器中需要较长的停留时间）。

2.4.2.2 连续培养系统的设计

该系统单组大体由培养基储罐、恒流泵、反应罐、照明、种液出口（上料箱）等部分组成，系统示意图见图 2.88。

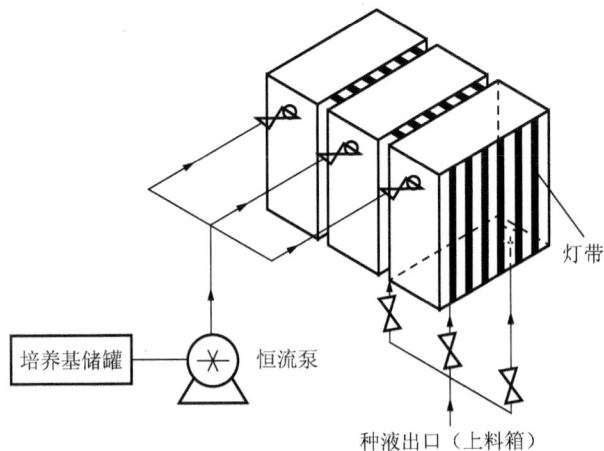

图 2.88　单组光合细菌连续培养系统示意图

Fig. 2.88　One group illustration of the system of continuous culture for photosynthetic bacteria

1）培养箱的结构

为了满足透光性和减少人工光源的要求，培养箱采用了玻璃材质的长方体箱体，其长、宽、高分别为 100cm、30cm、70cm，箱体分别在反应器底部和侧面的箱壁上开口，直径为 10cm，加装管道与阀门。灯带环绕箱体周围，辅助太阳光源。单个反应器的结构见图 2.89。

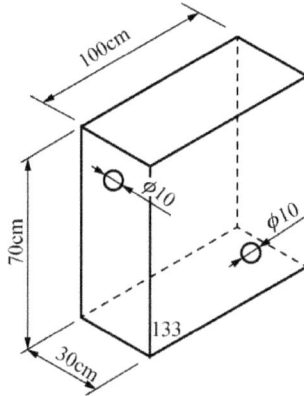

图 2.89　单个反应器的结构
Fig. 2.89　One structure of reactor

　　培养箱采用侧面切向进料方式，反应液在反应器上升流动，底部横向出口由阀门掌控流出，培养箱容积为（单箱有效容积 200L）。可根据产量的要求，进行多罐并联运行。

　　2）供光方式

　　本系统采用太阳光源和 LED 光源两种供光方式。

　　由于采用了玻璃材质，增加了其透光性，可以有效地利用太阳光源。光合细菌作为地球上最古老的生物体在地球的演化变迁中一直利用太阳光作为获取能量的驱动力参与到地球的物质和能量循环中，所以太阳光是光合细菌生长进化过程中唯一的可依赖光源。从图 2.90 太阳的光谱图和紫细菌对光谱的吸收图谱中可以

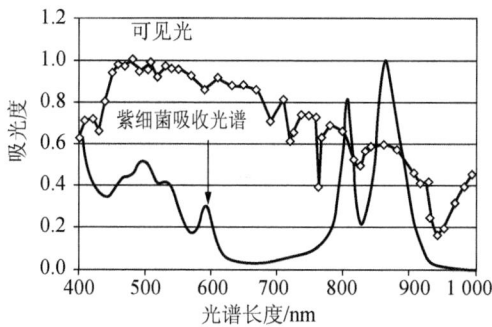

图 2.90　光合细菌吸收光谱与太阳光谱的对应关系
Fig. 2.90　Sunlight and light absorption by purple bacteria

发现看出在可见光范围内光合细菌的吸收光谱主要集中在太阳辐射光谱的主要能量区，光合细菌对可见光的吸收峰值与太阳辐射的光谱区表现出高度的耦合性，太阳光完全可以满足光合细菌生长的需要。

LED 是一种电至发光光源，也是一种新兴照明形式。其发光机理主要基于注入式电致发光原理而成，利用化合物材料的不同电子转移特性制成 PN 结，当通过正向电流是 PN 接即可发出特定波长的光线。根据半导体合成材料的不同，LED 可以发出不同波长光线从而表现出不同的颜色（见表 2.31）。具有特征峰及附近的可见光波段：黄（590nm 左右）、蓝（400～520nm）、绿（520～570nm）；没有明显特征峰：红光（620～800nm），还有白光 LED（发光二极管多色混合光谱带）。本系统采用的是高亮发光二极管带（黄光），这是由于从不同光源对细菌生长状况影响来看（图 2.91），黄光作用下细菌生长繁殖最快，细菌对 590nm 左右波段吸收利用率最高。

表 2.31　LED 基本特性

Table 2.31　Characteristics of LED

LED 类型	波长范围/nm	材料	可见光发光效率/（lm/W）	禁带宽带/eV
蓝光	460～465	GaN		3.5
红光	650～790	GaP:ZnO、GaAIAs、GaAsP	0.27～2.4	1.8～1.92
黄光	590、589	GaP:NN，GaAsPN	0.45～0.9	2.24
绿光	550～568	GaP、GaP：N	0.4～4.2	2.24
白光	普带，组合波长 450、540、510nm（三基色）	GaN＋YAG		
红外	900	GaAs		1.44

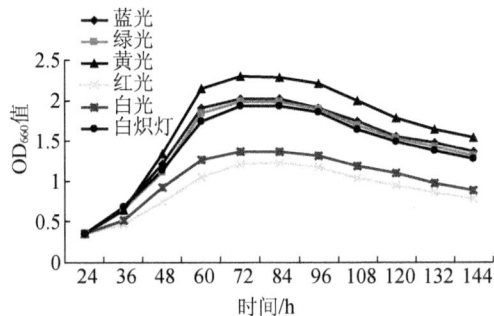

图 2.91　不同 LED 光源下光合产氢菌群生长特性

Fig. 2.91　Growth character of photosynthetic bacteria with different LED light

3）培养基输送

为了保证反应液培养箱进口处的接种比例等运行参数的稳定，必须精确控制培养基液体的流量，该系统采用两组共六个培养箱，一组三个培养箱，采用一组一套液体计量泵输送培养基，使它们在反应器进口前的一段管道内混合均匀，匀速流入三个培养箱内。

4）系统的温度控制

系统运行过程中,反应液温度应维持在 30℃左右,培养箱置于温度为(30±1)℃ 的环境中,培养基经预热后入泵。

5）系统的启动

本系统正常运行期间,需要在连续培养的初期,给系统连续提供稳定的菌种。 系统启动过程中,采用恒化培养的方法连续提供菌种,需要选择稀释率、生长率 与反应器容积相匹配的组合,满足系统对菌种的需求。

2.4.2.3 大型光合生物制氢反应器菌种连续培养系统的特点

图 2.92 为大型光合生物制氢反应器菌种连续培养系统实物照片。

图 2.92 光合细菌连续培养系统

Fig. 2.92 The system of continuous culture for photosynthetic bacteria

该装置由六个容积为 200L 的长方体箱状玻璃培养箱并联而成,总容积 1 200L。 放置于铁架上,铁架上铺有胶垫,以防止玻璃受力不均,产生碎裂等现象。单箱 均采用顶部切向进液、底部横向排液的方式。在太阳光源充足的情况下,不必开 启辅助 LED 光源进行培养,LED 光源分别置于单个培养箱侧面进行供光。液体 培养基由恒流泵输送。

该光合微生物制氢反应器菌种连续培养系统具有以下几个特点。

（1）太阳光是光合细菌进化过程中主要的可依赖光源形式,使用廉价、清洁 的太阳能资源能有效降低光合细菌制氢的运行成本,减少整个产氢过程对化石能 源的依赖。辅助光源为 LED 冷光源,与普通的白炽光源相比,节约了大量能源。

（2）合理的培养箱结构与材质。为光合微生物制氢反应器设计培养箱,首先 要考虑的就是菌种的培养量大。面对如此大的培养量,如果采用单个培养箱,势 必要使用承受压强大的材料,而这样的材质又往往不具有透光性,这样就减少了 太阳光源的使用,过多的使用了人工光源。而采用玻璃材质的培养箱就要考虑压 强问题。再者,此装置是为大型光合生物制氢反应器连续提供菌种,如果采用串联的方式，单个的环节出现问题，就会导致整体的不能使用。所以，本装置采用 6 个玻璃材质的小型培养箱以并联的方式为反应器提供菌种，如果单个培养箱出现问题，不会对连续供种产生影响。此外，每个培养箱顶部均有 5cm 的水封层（图 2.93），以增加培养箱的密闭性。

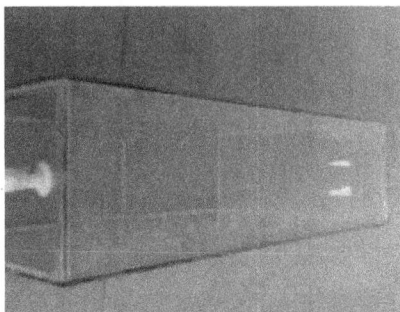

图 2.93　培养箱顶端水封层
Fig. 2.93　The layer of sealing water of the top of incubator

（3）培养箱顶端玻璃可以拆装，便于清洗。由于光合细菌在生长、繁殖和光合作用时期均表现出不同强度的趋光性，它们以感光器官接收光，以运动器官执行趋光运动，而这种趋光性往往导致光合色素集中在供光点的周围，造成色素吸附及色素沉淀，若不能及时清理，会对菌种的培养造成影响，从而影响整个制氢进程（图 2.94）。

图 2.94　培养箱可拆装顶端
Fig. 2.94　Removable top of the incubator

（4）料液输送由恒流泵控制，流量稳定，保证了培养液的连续供给。

2.4.2.4　系统光合细菌连续产氢工艺运行试验

利用辅光式光合细菌连续培养系统进行光合细菌的连续产氢工艺运行试验，工艺流程见图 2.95，主要包括光合细菌生产菌种连续培养、接种、产氢发酵、气体收集、残液收集等。

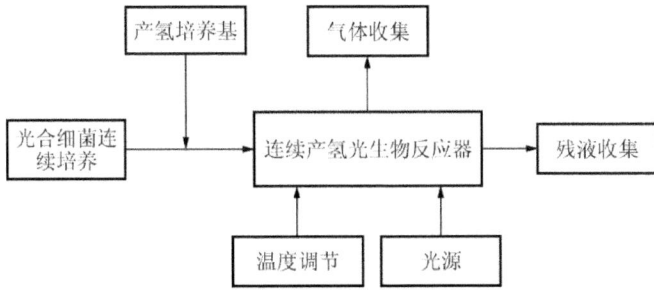

图 2.95 连续制氢流程图

Fig. 2.95 Equipment for continuous photo hydrogen production

光合细菌连续制氢试验装置为河南农业大学自行研制的连续产氢设备，见图 2.96。

图 2.96 大型太阳能光合生物制氢反应器

Fig. 2.96 Large-sized system of photo synthetic-hydrogen production

该套设备由培养箱单元、上料箱单元、反应器单元、太阳能光伏转换及 LED 辅助照明单元、换热单元、太阳能聚光器单元、自动控制单元、氢气计量及氢气储存单元等单元组成。

1）光合细菌连续制氢系统的启动

对于启动连续运行的大型光合细菌制氢反应器，由于不像小型制氢反应器一样简便，可以在启动前通入 CO_2，反应器顶部空气中会有氧的存在，这就对光合细菌的生长产生了一定的影响。所以，为了解决这一问题，使反应器在初始启动阶段具有较高的菌体浓度，需要在反应器启动过程中采用以培养基为原料的启动模式。这种启动模式要在反应器启动前期不添加任何产氢基质，只进光合细菌生长培养基，待完成光合细菌在反应器内的增殖培养，菌体浓度达到一定数值后，再加入低浓度产氢基质进入反应器。

启动步骤：检查反应器各隔室是否正常，检查光合反应器的光照、温度控制、气密性等各项指标，打开排气阀和排液阀，开启水泵向反应器内注入自来水，排出系统中的空气和残留在系统中的反应液,（此步骤可重复多次以便减少残留液渣的干扰）,直至反应器各隔室达到正常工作液位；将启动培养基加入反应器,采用排挤法依次向 1#、2#、3#、4#四个隔室向反应器进料替换反应器中的自来水。当 1#～4#隔室达到工作液位后关闭排液阀并继续进料,使反应器内液面达到反应器上限位置,以排出反应器上部空气。关闭水泵、排气阀以及进料阀,开启热交换系统,保持反应器内溶液温度恒定为 30℃；产氢运行过程中以预处理过的牛粪污水以及 0.1%葡萄糖溶液作为产氢底物进料,进料过程中开启排液阀。

2）光合微生物制氢反应器连续产氢过程中生产菌种的稳定性

在 30℃左右连续运行过程中菌种（培养箱出口处的菌液）的 OD_{660} 值变化情况见图 2.97。

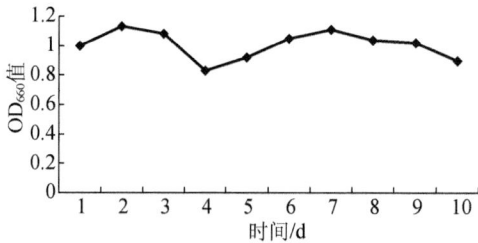

图 2.97　循环连续培养的菌液出口浓度变化

Fig. 2.97　The changes of photosynthetic bacteria intensity in recycles continuous culture

在连续运行期间,光合细菌生产菌种的吸光度数值在 0.8～1.2,属于基本符合产氢阶段对菌种的要求。

连续运行过程中菌种 pH 的变化情况见图 2.98。

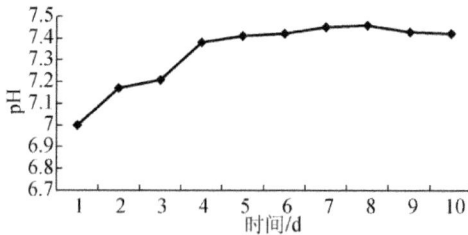

图 2.98　连续运行过程中菌种 pH 的变化

Fig. 2.98　The changes of pH of photosynthetic bacteria in recycles continuous culture

由图 2.98 可知,光合细菌生产菌种的 pH 保持在 7～7.5,较为稳定,生长培养基具有缓冲溶液的特性,呈弱酸性,接入菌种后 pH 一般维持在 7.0 左右,一般连续培养中,24h 后即可时达到 7.45 左右,其后的培养过程中,pH 基本稳定在这一水平。

连续产氢过程中,使用该培养箱生产菌种的稳定性基本符合产氢阶段对菌种的要求。

3）光合微生物制氢反应器连续制氢装置的工艺运行

启动培养基充满四个隔室以后，加入产氢基质。在30℃左右，接种量为20%的情况下，每隔1d测定、记录各个隔室的产氢量，各隔室的产氢量见图2.99。

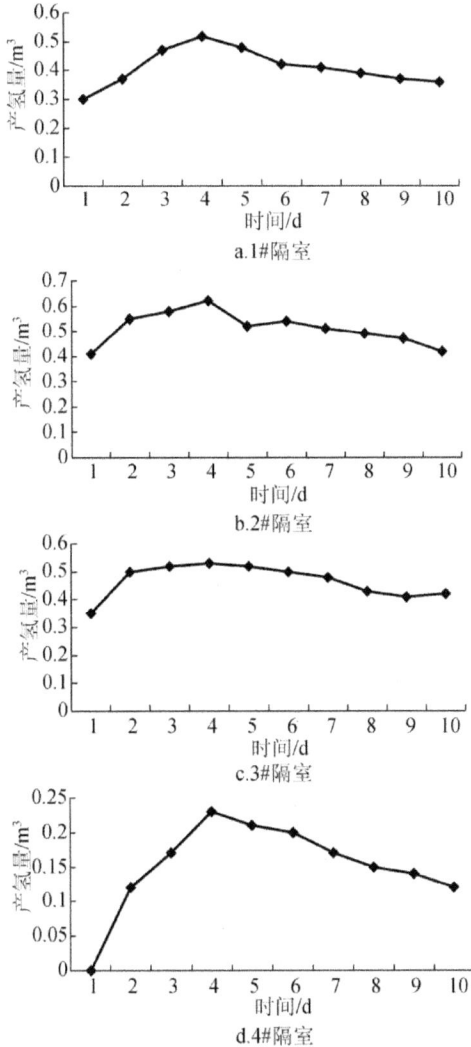

a.1#隔室

b.2#隔室

c.3#隔室

d.4#隔室

图2.99　连续运行过程中各隔室产氢量的变化

Fig. 2.99　Changes of hydrogen yield in different compartment by recycles continuous culture

连续制氢过程中，1#隔室的平均产氢速率为 0.41m³/d，2#隔室的平均产氢速率为 0.51m³/d，3#隔室的平均产氢速率为 0.47m³/d，4#隔室的平均产氢速率为 0.15m³/d。总产氢量为15.42m³。鉴于4#隔室的产氢量与其他三隔室产氢量差距较大，考虑到可能有密封性问题或者是遗有残留液。

4）连续产氢过程中反应液 pH 的变化

在 30℃左右，接种量为 20%的条件下，每隔 1d 分别从四个隔室取样测 pH，结果见图 2.100。

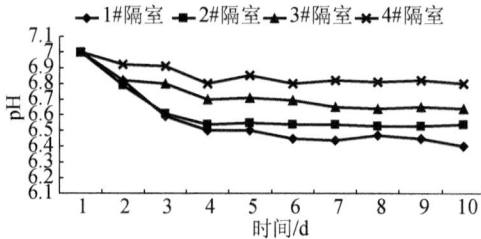

图 2.100　连续产氢过程中反应液 pH 的变化

Fig. 2.100　Changes of pH within continuous H$_2$ production process

由图 2.100 可知，光合细菌进入产氢阶段后，反应液的 pH 逐步降低，这是由于溶液的遮光效应使接近光源位置的光合细菌获得光能将有机酸转化为氢气，而相对远离光源位置的溶液由于光合细菌无法得到足够的光照而转为黑暗厌氧代谢模式，形成酸的积累而引起溶液的 pH 下降。该装置运行期间的反应进程基本上稳定，pH 基本符合预期效果。

2.4.2.5　结论

研制出一套辅光式光合微生物制氢反应器的连续培养装置，并进行了生物制氢系统和工艺方法的探索，对于光合微生物制氢工业化进程的推进，具有一定的实际意义。主要研究内容如下：

（1）为了配合光合微生物制氢反应器产氢，菌种连续培养系统的设计所需注意的内容。

（2）研制了一套适合光合微生物制氢反应器的连续培养装置，采用了玻璃材质的长方体箱体，其长、宽、高分别为 100cm、30cm、70cm，箱体分别在反应器底部和侧面的箱壁上开口，直径为 10cm，加装管道与阀门。灯带环绕箱体周围，辅助太阳光源。

（3）光合微生物制氢反应器菌种连续培养系统的特点：辅助光源为 LED 冷光源；结构与材质较为合理；可以拆装便于拆洗；料液的连续供给。

（4）光合细菌连续产氢工艺运行试验。结果发现培养装置生产菌种的稳定性较好；10d 4 个隔室的总产氢量为 15.42m^3；光合细菌进入产氢阶段后，反应液的 pH 逐步降低；所产气体绝大部分为氢气。

2.4.3　小结

高效产氢菌群的筛选富集以及连续稳定的培养，是实现稳定及连续产氢的关键。

（1）课题组通过生理鉴定和分子鉴定，对高效光合细菌混合菌群的菌种组成进行了确定。利用筛选富集的光合细菌混合菌群进行光合生物制氢试验，得出 NH_4^+ 对该菌群的产氢有很大的影响。对光合混合菌种的产氢培养基进行优化，得出修正优化后的产氢培养基配方为 NH_4Cl 0.4g/L；$MgCl_2$ 0.2g/L；酵母膏 0.1g/L；K_2HPO_4 0.5g/L；NaCl 2 g/L；葡萄糖 10g/L；谷氨酸钠 3.5g/L；调 pH 为 7。优化后的最佳培养基配方下，该菌群的各项产氢性能指标为，产氢时间较长，可达到 204 h，比以前的混合菌群产氢时间长。最大产氢量为 3.41L/L，最大产氢速率为 44.17mL/（L·h），最高氢气含量为 46.73%。

（2）对光合生物制氢过程中微生物菌群的生长繁殖与环境条件进行研究，以光合产氢混合菌群为菌种，采用单因素和正交实验方法，探索不同 pH、温度、接种量、光照强度等培养条件下的光合细菌的生长状况；探讨了不同碳、氮源对光合产氢混合菌群生长和产氢的影响，并分析了光合细菌以葡萄糖为产氢底物时的生长和产氢特性，为大规模培养条件的优化提供理论依据。光合细菌生长的最佳工艺条件为：温度 30℃，接种量 10%，光照度 1 500lx，pH 为 7。对不同碳源、氮源、乙酸浓度等因素对光合细菌生长及产氢过程的影响，得出乙酸为最佳碳源，且（NH_4）$_2SO_4$ 最佳氮源，最佳添加浓度为 1g/L。

（3）光合细菌在以葡萄糖为产氢基质的产氢条件下，结合其产氢速率和混合菌种中各个菌种在不同时期所占的百分比，得出结论：在产氢过程中产氢能力较强的优势菌种为深红红螺菌和沼泽红假单胞菌，荚膜红假单胞菌产氢能力居中，荚膜红细菌则为辅助产氢菌种，产氢贡献能力较差。在显微镜下观察光合细菌的形态，发现混合菌种主要有球状、长杆状、短杆状、螺旋状、弧形等。有的细胞是单个生长；有的细胞还聚集成各种各样的细胞群，形成链状丝状体或长丝状。从光合细菌悬浮液中看，许多光合细菌都在运动，这是由于它们大部分长有鞭毛。

（4）光合细菌的浓度直接影响光合细菌的产氢量，光合细菌的浓度越大，产氢量也越多。次加入的光合细菌随着产氢的进行，不断减少，不能满足光合细菌连续产氢的需求；每隔 8d 加一次光合细菌，正好满足光合细菌连续产氢的要求。光合细菌在 2#、3#光合细菌浓度最大，产氢量最大。1#次之，4#最少。产氢发生在光合细菌生长的稳定期，2#、3#隔室产氢量最大，这两个隔室的光合细菌大部分处于生长稳定期，第四隔室的光合细菌大部分处于衰退期。1#隔室特别是第一天光合细菌处于增殖期，几乎不产气。

（5）利用预处理后的猪粪废水（加入 1%的葡萄糖作产氢引物）为产氢基质后，各个隔室光合细菌浓度的对比。在第一个隔室第 1d 在猪粪污水中的光合细菌飞速增殖，增值速度大于葡萄糖溶液中的光合细菌。二、三、四隔室初始光合细菌浓度，猪粪废水中也比葡萄糖溶液中高。说明光合细菌可以很好地利用猪粪废水中的小分子有机物，在连续制氢反应器中利用猪粪废水产氢时可行的。利用猪粪废水产氢时，连续制氢反应器中各个隔室的 pH 变化在 6.5～7，正好符合光合细菌生长繁殖和产氢的要求。利用葡萄糖产氢时，反应液更易酸化。利用猪粪废水是pH 相对稳定。

（6）对光合细菌的生长动力学进行分析。光合产氢菌群的生长动力学模型可用 Monod 方程来模拟，实验测得模型中饱和常数 $Ks=0.26g·L^{-1}$，最大比生长速率$\mu_{max}=0.044~h^{-1}$ 模型能够较好描述光合产氢菌群的生长。细菌生长的最佳工艺条件为：温度30℃，接种量50%，光照度 1 500lx，pH 7。且由方差分析知光照度和接种量对光合产氢菌群生长的影响显著，其中光照度是最显著影响因素。

（7）设计了一套适合光合细菌连续培养的新型光生物反应器——活塞流循环连续培养系统。采用内部光照方式，光照均匀、稳定、损失少；拆装、清洗非常方便；多个反应罐串联运行即可成倍提高产量，有利于实验和生产规模的扩大，灵活、方便；以回流的培养液为菌种，循环连续培养光合细菌，易于实现操作的自动化；加装反馈调节系统后，可实现借出口培养液质量（光合细菌的浓度或生物量）为反馈信息的运行参数调整，保证培养液的质量。找到了一种活塞流循环连续培养系统运行启动的有效方法。并得出以吸光度值表征菌种培养效果以及计算对应的相对浓度是可行的。

光合细菌在连续倍增培养过程中，生长特性稳定，适合进行回流连续培养。回流连续培养方法具有可行性。活塞流循环连续培养系统的最佳运行模式为：新鲜培养基流量等于回流培养液的流量（相当于 50%的接种菌种量），培养时间为特定初始浓度下的倍增时间，产量即为培养基的流量。

（8）研制出一套辅光式光合微生物制氢反应器的连续培养装置，光合微生物制氢反应器菌种连续培养系统的特点：辅助光源为 LED 冷光源；结构与材质较为合理；可以拆装便于拆洗；料液的连续供给。对该系统进行光合细菌连续产氢工艺运行试验，得出培养装置生产菌种的稳定性较好，10d 4 个隔室的总产氢量为$15.42m^3$；光合细菌进入产氢阶段后，反应液的 pH 逐步降低；所产气体绝大部分为氢气。

主要参考文献

安立超, 高瑾, 张盛田, 等. 2004. 红色非硫光合细菌的生长特性研究[J]. 环境污染治理技术与设备, 5(12): 35-37.

韩滨旭. 2011. 光合产氢菌群的分离鉴定及其产氢特性分析[D]. 郑州: 河南农业大学.

胡运权, 张宗浩. 1997. 实验设计基础[M]. 哈尔滨: 哈尔滨工业大学出版社.

江月松, 李亮, 钟余. 2005. 光电信息技术基础[M]. 北京: 北京航空航天大学出版社. 12: 172.

李刚. 2008. 5m³太阳能光合细菌连续制氢实验系统研究[D]. 郑州: 河南农业大学.

李亚丽. 2010. 连续制氢工艺中光合细菌菌落特性研究[D]. 郑州: 河南农业大学.

沈锦玉, 刘问, 尹文林, 等. 2005. 光合细菌 HZPSB 菌株的分离鉴定及其生长特性的测定[J]. 科技通报, 21(1): 69-73.

师玉忠, 张全国, 张军合. 2006. 猪粪污水中 NH_4^+ 与产氢光合细菌的相关关系研究[J]. 武汉理工大学学报, 28(Ⅱ): 264-267.

师玉忠. 2008. 光合细菌连续制氢工艺及相关机理研究[D]. 郑州: 河南农业大学.

孙勇, 谢数涛, 杨泽民, 等. 2006. 一株富含类胡萝卜素光合细菌的分离鉴定[J]. 暨南大学学报(自然科学与医学版). 27(1): 145-150.

王德强, 郭养洁. 2001. 光合菌生长的动力学研究[J]. 安徽工业大学学报, 18(3): 224-226.

王庆有, 蓝天, 胡颖, 等. 2006. 光电技术. [M]. 北京: 电子工业出版社, 4: 131-138.

王绍校, 杨惠芳, 黄志勇, 等. 2003. 嗜盐光合细菌的分离鉴定及其营养成分分析[J]. 应用与环境生物学报, 9(3): 298-301.

王素兰. 2007. 光合产氢菌群生长动力学与系统温度场特性研究[D]. 郑州: 河南农业大学, 6.

王西傅, 刘之慧, 詹毅, 等. 1993. 净化有机废水的光合细菌 S1 和 S2 菌株的分离鉴定[J]. 太阳能学报, 14(1): 43-47.

王艳锦. 2004. 畜禽粪便污水光合细菌制氢技术研究[D]. 郑州: 河南农业大学.

王毅. 2009. 光合细菌产氢基质代谢实验研究[D]. 郑州: 河南农业大学.

王莹, 刘长江, 贾茹珍, 等. 2008. 甜高粱茎秆汁酒精分批发酵动力学研究[J]. 农机化研究, (2): 200-203.

吴川, 张华民, 衣宝廉. 2005. 化学制氢技术研究进展[J]. 化学进展, 17 (3): 423-428.

吴坤, 张世敏. 2004. 微生物学实验技术[M]. 北京: 气象出版社, 8.

吴淑航, 姜震芳, 俞清英. 2002. 畜禽粪便污染现状与发展趋势[J]. 上海农业科技, (1): 9,10.

吴永强, 郁金麟, 宋鸿遇, 等. 1984. 浑球红假单胞菌的分离鉴定及其分类特征的研究[J]. 微生物学通报, 11(1): 17-20.

熊万永, 李玉林, 林君锋. 2003. 光合细菌的优化培养和生长动力学[J]. 福建农林大学学报(自然科学版), 32(4): 514-517.

杨晋晖. 2011. 光合微生物制氢菌种连续培养系统及其装置研究[D]. 郑州: 河南农业大学, 5.

杨汝德. 2001. 现代工业微生物学[M]. 广州: 华南理工大学出版社, 2001 年 02 月第 1 版.

杨素萍, 曲音波. 2003. 光合细菌生物制氢[J]. 现代化工, 23(9): 17-21.

姚燕. 2003. 利用畜禽粪便为原料的优质厌氧发酵液生产工艺研究[D]. 郑州: 河南农业大学.

尤希凤. 2005. 光合产氢菌群的筛选及其利用猪粪污水产氢因素的研究[D]. 郑州: 河南农业大学.

袁志发, 等. 2000. 实验设计与分析[M]. 北京: 高等教育出版社.

原玉丰. 2006. 利用畜禽粪便产氢的高效光合菌筛选及其产氢过程初步研究[D]. 郑州: 河南农业大学.

张立宏, 周俊虎, 陈明, 等. 2008. NH_4^+ 对混合菌种的生长及光合产氢的影响[J]. 太阳能学报, 29(12): 1546-1552.

张全国, 雷廷宙, 尤希凤, 等. 2005. 影响天然混合红螺菌产氢因素的实验研究[J]. 太阳能学报, 26(2): 248-251.

张全国, 申翔伟, 周雪花, 等. 2009. 光合细菌制氢工艺参数对产热量的影响[J]. 河南农业大学学报, 43(5): 567-571.

周洁, 郑颖平, 谢吉虹. 2007. 制氢技术研究进展及在燃料电池中的应用前景[J]. 化工时刊, 21(5): 17-57.

周汝雁, 尤希凤, 张全国. 2006. 光合微生物制氢技术的研究进展[J]. 中国沼气, 24(2): 31-34.

朱艳艳. 2013. 光合生物制氢过程中的微生物菌群特性研究[D]. 郑州: 河南农业大学, 5.

Fontana A J, Hansen L D, Criddle R S. 1995. Calorespirometric analysis of plant tissue metabolism using calorimetry and pressure measurement[J]. Thermochimica Acta, 258: 1-14.

Borowitaka A, John M Huisman, Ann Osborn. 1991. Culture of the as taxanthin-producing green alga *Haematococus platialis* I. Effect of nutrients on growth and cell type[J]. J Apple phycol, 3: 295-304.

Elliott A M. 1934. Morphology and life History of *Haematococcus pluvialis*[J]. Archiv Fur Protistenkunde, 82(2): 250-272.

Hansel A, Lindblad P. 1998. Towards optimization of cyanobacteria as biotechnologically relevant producers of molecular hydrogen, a clean and renewable energy source[J]. Appl Microbiol Biotechnol. 50(7): 153-160.

Harker M, Tsavalos A J, Young A J. 1996. Factors responsible for astaxanthin formation in the Chlorophyte *Haematococcus pluvialis*[J]. Bioresource Technol, 55: 207-214.

Holt J G, Krieg N R. 1994. Bergey's Manual of systematic Bacteriology 9th ed[M]. Baltimore London: Williams and Wilkins Co, 353-376.

Lee Y K, Soh C W. 1991. Accumulation of astaxanthin in *Haematococcus Iacustris* C(Chlorophyta)[J]. J phycol, 27: 575-577.

Nisson H, Dundas I D. 1984. *Rhodospirillum Salinarum* SP. mv, a halophilic photosynthetic bacterium isolated from a Potuguess saltern [J]. Arch Microbiol, 138(3): 251-256.

Reith J H, Wijffels R H, Barten H. 2003. Bio-methane & Bio-hydrogen: Status and perspective of biological methane and hydrogen production[M]. Dutch Biological Hydrogen Foundation. http: //www. biohydrogen. nl/everyone/20804.

Sasiala C H, Ramana Chv, Rao P R. 1995. Regulation of simultaneous hydrogen photoproduction during growth by pH and glutamate in *Rhodobacter sphaeroides* O. U. 001[J]. Int J Hydrogen Energy, (20): 123-126.

3 光合生物制氢产氢工艺技术研究

光合细菌生物制氢的研究已从对现象的认识角度转向了规模化制氢研究。人们已在认识产氢过程轮廓的基础上，开始研究它各部反应的详细机理。光合细菌的光合放氢涉及细胞的光合作用、固氮作用、氢的代谢、碳和氮代谢等，各种代谢过程相互协调相互影响。产氢易受外界环境的影响，产氢基质、光源、光谱、金属离子、反应器形态等都是影响光合生物制氢的关键因素。

3.1 产氢基质对光合生物制氢过程的影响

光合细菌可以利用不同的有机碳源产氢，对于乙酸、丁酸、葡萄糖、果糖等挥发性小分子酸醇及简单糖类利用较好，对于纤维素、淀粉等结构复杂的碳源利用效率较差。菌体的种类不同，可利用的碳源不同。即使是同一菌种对不同浓度的碳源往往产氢效果也有很大差别。混合菌种由于多菌种之间协调效应，其利用率往往较纯菌株高。张立宏等研究了活性污泥中分离的得到的光合产氢混合菌群的产氢特性，发现混合菌群较单菌株产氢有更高的产氢能力和更好的稳定性，混合菌群能够利用淀粉产氢，而单菌株则几乎不能利用淀粉产氢。

除碳源以外，氮源也是光合生物制氢过程中所必需的元素补充。氮源为微生物的生长和代谢提供氮素来源，这类物质一般用来合成细胞中的含氮物质，一般不用做能源物质，已有的研究表明氮源对光合细菌的产氢作用有关键性影响，当菌体处于一定浓度的 N_2 或 NH_4^+ 的存在会抑制固氮酶的活性，导致产氢活性的下降。

3.1.1 碳源对光合细菌生长和产氢过程的影响

光合细菌可以广泛利用各种有机物作为碳源来生长和产氢，但是只有其中一部分适合用于产氢，当光合细菌以不同碳源作为生长碳源进行生长时，由于各种碳源进入碳源代谢的方式不同，光合细菌利用不同碳源进行生长时菌体的生长速率有所不同，而当光合细菌利用产氢基质进行产氢时，菌种不同，产氢条件不同，培养基条件不同，均会对光合细菌的产氢产生非常大的影响。不同碳源对光合细菌产氢的影响可能是由于碳源进入产氢代谢的途径不同所致，也有可能是因为不同产氢条件下碳源作为氢供体的供氢能力不同所致。供氢体是以何种方式进入产氢代谢的，又是通过何种途径与光合细菌的光合作用、固氮作用相互协调起来的，目前对光合细菌产氢过程的详细代谢机理还了解不多。河南农业大学王毅等人探讨了不同碳源对光合细菌生长和产氢的影响以及光合细菌在生长和产氢条件下对碳源的利用，目的在于初步揭示光合细菌在生长、产氢条件下对碳源的利用规律，为光合细菌产氢过程中碳源的代谢机理研究提供相关依据。

以葡萄糖为产氢基质，按 20%接种对数期种子液，利用排水法收集气体，主要研究内容如下：

1）不同碳源对光合细菌生长的影响

选取等量 80mmol/L 乙酸、乙醇、乳酸、丁酸、丙酮酸作为代替原 GM 乙酸钠，考察不同碳源对光合细菌生长的影响。

2）不同乙酸盐浓度对光合细菌生长的影响

以乙酸钠为唯一碳源，分别设置 20mmol/L、40mmol/L、60mmol/L、80mmol/L、100mmol/L 5 个浓度梯度，研究不同乙酸盐浓度对光合细菌生长的影响。

3）不同碳源对光合细菌产氢的影响

选取等量 40mmol/L 的乙酸、乙醇、乳酸、丁酸，考察不同小分子酸醇对光合细菌产氢的影响。

4）不同乙酸盐浓度对光合细菌产氢的影响

以琥珀酸钠代替 GM 中的乙酸钠作为碳源，以乙酸钠为产氢基质，分别设置 20mmol/L、40mmol/L、60mmol/L、80mmol/L、100mmol/L 5 个浓度梯度，研究不同碳源浓度对光合细菌产氢的影响。

通过以上研究的开展，得到了以下重要结论。

3.1.1.1　光合细菌生长过程中对碳源的利用

1）不同碳源对光合细菌生长的影响

不同种属的光合细菌对不同碳源的利用有很大不同，即使同一菌种在不同条件下对同一碳源的利用也不同。一般情况下光合细菌能够利用乙酸、丁酸、丙酮酸等小分子酸醇作为生长碳源快速生长，TCA（三羧酸循环）途径的中间代谢物也容易为光合细菌所利用。混合菌群由于代谢途径多样，多菌种之间存在代谢协调效应，碳源代谢更为复杂。以乙酸、乙醇、丙酮酸、丁酸几种小分子酸醇做为光合细菌的生长碳源，不同碳源对光合细菌混合菌群生长的影响见图 3.1，苹果酸盐、琥珀酸盐、丁二酸盐、柠檬酸盐几种 TCA 途径的中间代谢物盐对混合菌群生长的影响见图 3.2。

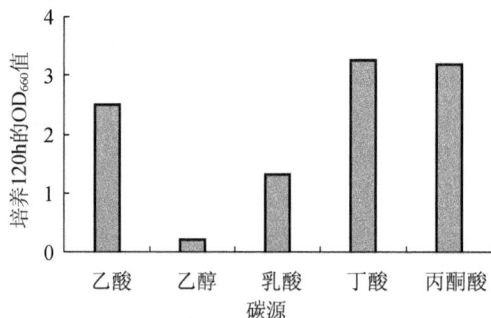

图 3.1　不同小分子酸醇对光合细菌生长的影响

Fig. 3.1　Effects of different fat acid to the growth of photo-bacteria

从图 3.1 可以看出，光合产氢混合菌群对不同小分子酸醇利用能力有很大不同，混合菌群能够有效利用乙酸、丁酸、丙酮酸作为生长碳源，菌体 OD_{660} 值在培养 120h 达到 2.51、3.22 和 3.34。而在乳酸条件在，菌体生长较为缓慢，OD_{660} 值培养 120h 仅为 1.32，说明乳酸不是光合细菌有效生长碳源，这与文献的结论有所不同，可能是由于菌种的不同所造成的。乙醇条件下菌体没有出现生长，说明乙醇对光合细菌的生长有较强的抑制作用，乙醇对细菌的抑制作用主要是由于乙醇能够破坏细胞外膜的结构，使细胞死亡。

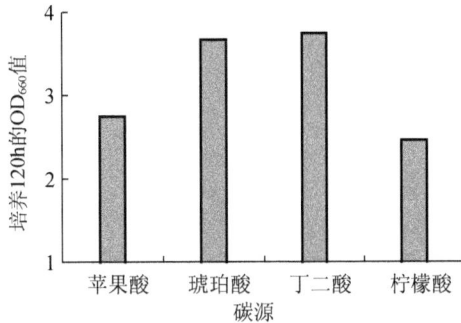

图 3.2　不同 TCA 中间代谢物盐类对光合细菌生长的影响
Fig. 3.2　Effects of different TCA pathway intermediate metabolites on the growth of photo-bacteria

图 3.2 表明，苹果酸盐、琥珀酸盐、丁二酸盐、柠檬酸盐几种 TCA（三羧酸循环）途径的中间代谢物盐类均为光合细菌良好的生长碳源，其中以琥珀酸盐、丁二酸盐细胞的生长情况最好，这是因为琥珀酸、丁二酸是 TCA 循环的中间代谢产物，细胞能够快速利用这些物质进行代谢，因此以琥珀酸盐、丁二酸盐等为光合细菌生长碳源时，细胞具有较高的生长活性。

2）不同乙酸浓度对光合细菌生长的影响

乙酸是许多厌氧发酵过程的末端产物，也是光合细菌一种良好的生长碳源，不同浓度乙酸对光合细菌生长的影响见图 3.3。

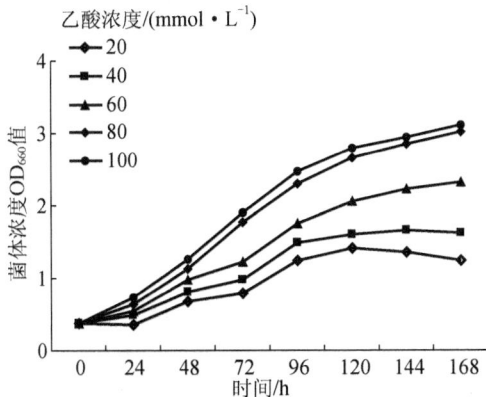

图 3.3　不同浓度乙酸对混合菌群生长的影响
Fig. 3.3　Effects of acetic concentration on the growth of photo-bacteria

可以看出，当乙酸浓度为 20～40mmol/L 时，混合菌群能够迅速利用乙酸生长，底物在 96h 内几乎完全消耗，表现为 96h 以后细胞停止生长，出现衰亡。乙酸浓度为 60～80mmol/L 时，细胞有较好的生长活性，细胞生长与底物浓度表现为正相关关系，乙酸浓度达到 80mmol/L 时，细胞生长情况最好。乙酸浓度达到 100mmol/L 时，菌体生长没有明显上升。所以乙酸为光合细菌的生长碳源时，其最佳添加浓度为 80mmol/L（图 3.4）。

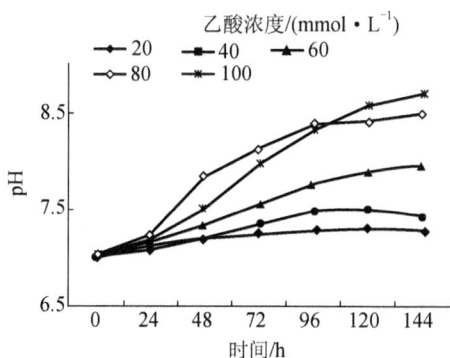

图 3.4　不同乙酸浓度对菌液 pH 影响
Fig. 3.4　Effects of acetic concentration to the pH of bacteria liquid

光合细菌利用乙酸作为碳源生长过程中由于乙酸不断被消耗，总体上看菌液 pH 呈上升趋势，但不同浓度的乙酸对菌液 pH 影响规律有所不同，当乙酸浓度为 20～40mmol/L 时，菌液 pH 在菌体培养 96h 后基本保持稳定，pH 不再上升，甚至生长后期有所下降，说明光合细菌能快速利用乙酸进行生长，在 96h 内底物全部利用，表现为乙酸利用完毕，菌液 pH 不再上升。生长后期菌液 pH 有所下降，可能是因为光合细菌因碳源缺乏进行其他的碳源代谢所致。当乙酸浓度为 60～100mmol/L 时，随着底物浓度的增加，菌液 pH 上升迅速，100mmol/L 乙酸条件下菌液 pH 96h 后不在上升，可能是由于乙酸浓度过大对菌体的产生一定的抑制作用所致，也可能是由于菌体对乙酸的利用程度已经达到最大值，过量的乙酸并不能促进菌体对乙酸的利用。

乙酸是光合细菌一种非常理想的生长碳源，光合细菌能够利用乙酸迅速生长，且能够耐受高浓度的乙酸。乙酸是大多数厌氧发酵的末端终产物，光合细菌能够快速利用乙酸作为生长碳源，在处理乙酸型工业发酵废水有具有较大的发展潜力。

3）光合细菌生长过程中对碳源（乙酸）的利用

选择乙酸作为光合细菌的生长碳源，研究光合细菌生长过程中对碳源的利用，乙酸浓度为 80mmol/L，光合细菌生长过程中对乙酸的利用见图 3.5。

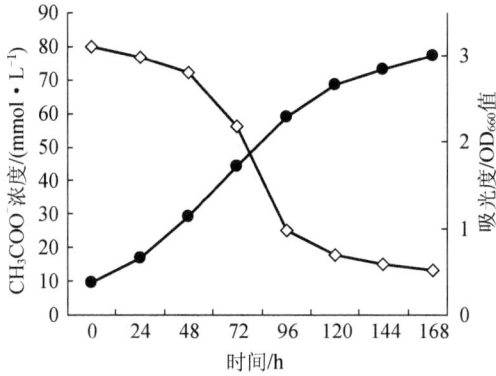

图 3.5 光合细菌生长过程中乙酸钠的利用

Fig. 3.5 Usage of acetic during the growth of photo-bacteria

图 3.5 表明，光合细菌以乙酸钠为碳源生长时，乙酸的利用属于典型的 S 曲线。0～24h 菌体生长处于停滞期时，对乙酸利用较少，这是由于菌体在乙酸条件下，细胞必须生成一些必要的诱导酶，该阶段菌体还不能有效利用乙酸，细胞处于停止生长状态。24h 后菌体进入对数生长期菌，利用乙酸快速生长，乙酸快速被利用，最大消耗速率 1.29mmol/h。120h 后随着乙酸浓度的不断降低，碳源浓度不能满足菌体的需要，生长开始受到抑制，菌体进入稳定期，乙酸钠的浓度缓慢下降。

3.1.1.2 光合细菌产氢过程中对碳源的利用

1）不同碳源对光合细菌产氢的影响

多种小分子酸醇即可以作为光合细菌的生长碳源也可作为光合细菌产氢的供氢体，但不同种属的光合细菌对不同种类的碳源利用效率存在很大差别，乙酸、乙醇、乳酸、丁酸几种小分子酸醇对光合细菌产氢的影响，结果见图 3.6。

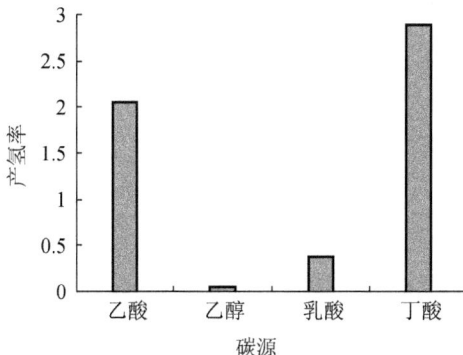

图 3.6 不同小分子酸醇对光合细菌产氢的影响

Fig. 3.6 Effects of different fat acid on hydrogen production

图 3.6 给出了乙酸、乙醇、乳酸、丁酸几种小分子酸醇作为产氢基质对混合菌群产氢的影响。结果表明：光合产氢混合菌群能够有效利用乙酸和丁酸产氢，产氢率分别达到 2.05 和 2.81mol H$_2$/mol。这与文献相近，但比文献高，这可能是由于混合菌群多菌种多菌株之间发生协调效应，代谢产物不易积累，较纯菌株有较高的生长活性和产氢活性。混合菌群几乎不能利用乙醇产氢，以乳酸为产氢基质时，产氢率也只有 0.43mol H$_2$/mol，说明混合菌群的乙醇、乳酸产氢活性较低。乙醇对光合细菌的生长有较强的抑制作用，因此菌体产氢活性较低。混合菌群利用乳酸产氢时产氢活性较低，造成这种现象的原因可能是由于光合细菌利用乳酸进行了其他的碳代谢造成还原力的流失所致，光合细菌产生 pHB 与产氢具有类似的代谢机理，两者同时竞争细胞的还原力，光合产氢混合菌群在乳酸条件下很可能有部分还原力流向 pHB 生成途径，没有流向 H$_2$ 生成途径，使得细胞产氢效果不好。

2）不同乙酸浓度对光合细菌产氢的影响

乙酸是厌氧发酵的主要成分，也是工业发酵废水的主要成分，光合产氢混合菌群在乙酸、丁酸条件下有较强的生长和产氢活性，说明该混合菌群在联合制氢方面和利用工业发酵废水产氢方面具有潜在的应用价值。采用平行对比试验的方法，考察不同浓度乙酸对混合菌群产氢的影响，结果见图 3.7。

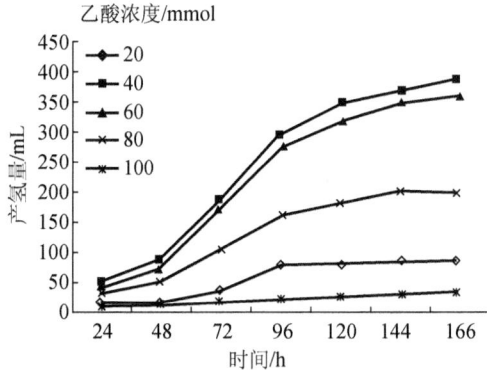

图 3.7　不同浓度乙酸对混合菌群产氢的影响

Fig. 3.7　Effects of acetic concentration on hydrogen production

从图 3.7 可以看出，乙酸浓度为 10～40mmol/L 时，随着乙酸浓度的增加，产氢量也逐渐增加，菌体产氢与底物浓度成正相关关系，乙酸浓度达到 40mmol/L 时菌体的产氢量达到最大。当乙酸浓度超 40mmol/L 时，菌体产氢量出现下降，产氢活性受到明显抑制。说明混合菌群利用乙酸产氢时，其对乙酸的耐受力有限。混合菌群利用乙酸产氢时，乙酸钠的最佳浓度为 40mmol/L。

3）光合细菌产氢过程中对碳源（乙酸）的利用规律

选择乙酸作为光合细菌的产氢基质，研究光合细菌产氢过程中对碳源的利用，乙酸浓度为 40mmol/L，光合细菌产氢过程中菌体的生长、产氢及产氢过程中菌体对乙酸的利用规律见图 3.8 和图 3.9。

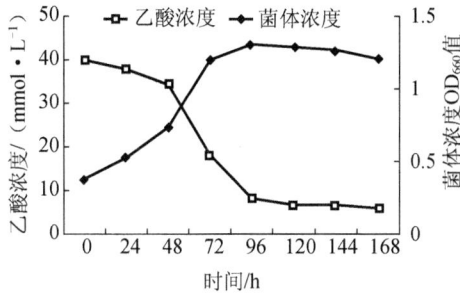

图 3.8　光合细菌产氢过程中菌体生长的变化
Fig. 3.8　Change of cell growth in the process of hydrogen production

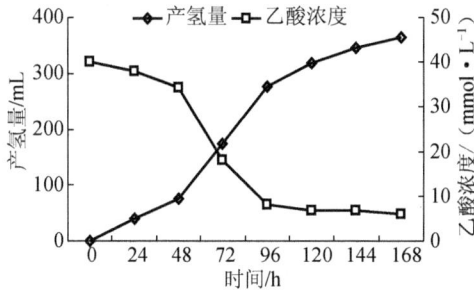

图 3.9　光合细菌产氢过程对乙酸的利用
Fig. 3.9　Usage of acetic in the process hydrogen production

　　光合细菌利用乙酸产氢时，乙酸即可作为生长碳源也可作为产氢基质进行利用，不同菌株对乙酸的利用除了受菌体自身的影响外，还受环境作用的影响，混合菌群由于不同菌株间的协同效应，其对乙酸利用的代谢过程则更为复杂。图 3.8 表明，光合细菌利用乙酸产氢时 0～48h 内菌体处于产氢延滞期，该阶段菌体处于适应产氢条件，合成产氢相关酶类的阶段，该阶段一个非常明显的现象是菌体颜色由原来的紫红色变为灰白色。48～120h 菌体处于产氢高峰期，表现为菌体放氢速率明显上升。菌体颜色进一步褪去，反应器底部有明显的沉淀产生。120h 后菌体处于产氢末期，菌体几乎不再放氢，气体成分以 CO_2 为主，氢气含量很少。

　　从乙酸的消耗曲线可以看出光合细菌利用乙酸产氢时，乙酸的消耗与菌体的产氢几乎是一致的，乙酸最终利用率可以达到 88.32%，说明乙酸是一种良好的产氢基质，光合细菌能够很好利用乙酸进行产氢。0～48h 内菌体处于产氢延滞期，该阶段菌体只是利用乙酸进行生长，乙酸消耗较少。48～120h 菌体处于产氢高峰阶段，该阶段菌体不止利用乙酸生长，也利用乙酸作为氢供体产氢，因此乙酸快速被消耗，最大消耗速率 0.64mmol/h，120h 后乙酸基本消耗完毕，菌体缺乏生长和产氢所需的碳源，进入产氢末期。

3.1.1.3　讨论

光合细菌能够利用广泛的碳源进行生长和产氢，尤其是能够利用小分子酸醇产氢，原料利用率高，被认为是一种理想的生物制氢方式，光合细菌是通过何种代谢途径产氢的，目前还没有统一的结论。混合菌群的产氢代谢途径由于不同菌株间的协调效应则更为复杂。光合细菌产氢过程中菌体的生长较菌体正常情况下的生长要缓慢得多，菌体 OD_{660} 值 120h 只达到 1.42，说明光合细菌产氢过程中产氢会抑制菌体的生长，菌体生长受到抑制的原因可能是因为大部分的碳源用于产氢，造成菌体生长碳源缺乏所致，也可能是因为光合细菌开始产氢后，碳源的代谢途径发生改变，导致胞内能量流方向发生改变所致。

光合细菌产氢过程中一个非常明显的变化就是菌体颜色由原来的红色变为灰白色，发生所谓的"褪色反应"，而且菌体一旦开始产氢，菌体的颜色就开始褪去，说明光合细菌产氢过程中菌体胞内的色素会发生变化。菌体褪色是由什么原因引起的，还未见相关的文献报道。可能是由于菌体产氢后胞内的 pH、还原电位等条件发生改变，引起色素的变化，也可能是由于光合细菌进入产氢后，菌体的碳代谢途径发生改变导致能量流改变所致。

3.1.1.4　小结

（1）光合细菌能够利用乙酸、丁酸、丙酮酸等小分子酸醇作为生长碳源快速生长，TCA 途径的中间代谢物也容易为光合细菌所利用。乙酸是光合细菌一种良好的生长碳源和产氢基质。光合细菌利用乙酸生长时，乙酸的最佳添加浓度为 80mmol/L，光合细菌利用乙酸作为产氢底物时，乙酸的最佳添加浓度 40mmol/L。

（2）光合细菌利用乙酸生长时，在 0～24h 生长停滞期乙酸钠的消耗较少，24～120h 对数生长期乙酸消耗速率较快，乙酸最大消耗速率 1.29mmol/h，120h 后乙酸基本消耗完毕，菌体进入生长末期。乙酸总体利用率为 82%。

（3）光合产氢混合菌群能够有效利用乙酸和丁酸产氢，乳酸产氢活性则较低，乙醇则几乎没有产氢活性，乙酸浓度 40mmol/L 时，菌体产氢活性最高。光合细菌利用乙酸产氢时 0～48h 内菌体处于产氢延滞期，乙酸利用速率较低，48～96h 菌体处于产氢高峰期，乙酸最大消耗速率 0.64mmol/h。120h 后乙酸基本消耗完毕，菌体进入产氢末期。

3.1.2　氮源对光合细菌生长和产氢过程的影响

氮源是微生物生长代谢所必需的物质，氮源的主要作用是合成细胞中的含氮物质，一般不用做能源物质，只有少数种类微生物在碳源物质缺乏的条件下利用铵盐、硝酸盐作为氮源和能源。蛋白质、硝酸盐、分子氮、酰胺等物质都可以作为微生物的氮源。光合细菌对氮源的吸收具有很强的选择性，$(NH_4)_2SO_4$、$(NH_4)_2CL$ 等铵盐类物质能够直接被微生物所利用，而硝酸盐类则需要进一步还原为 NH_4 后才能被细胞利用，研究表明厌氧产氢菌以铵盐类物质为最佳氮源，硝酸盐类次之。光合细菌产氢主要是由固氮酶催化的，氮源的种类及其氮源的浓度对光合细菌产氢有很大的影响，NH_4^+对光合细菌的固氮酶有较强的抑制作用，使菌体产氢能力下降。NH_4对固氮酶的抑制作用主要表现为对固氮酶合成的抑制，一般认为NH_4对固氮酶的抑制是因为NH_4^+在谷氨酰胺合成酶的作用下生成谷氨酰胺，谷氨酰胺结合到谷氨酰胺合成酶的操纵基因上，阻止谷氨酰胺合成酶结构基因的转录，由于缺乏谷氨酰胺合成酶催化固氮酶合成基因的 RNA 聚合酶不能转录固氮酶的结构基因，使得固氮酶不能合成。

此外，NH_4^+对光合磷酸化有解偶联作用，影响光合细菌通过光合作用产生ATP，而固氮酶产氢需要消耗大量的 ATP，因此光合产氢过程中过量的NH_4^+直接导致细胞内 ATP 水平的下降，对光合产氢产生明显的抑制作用。NH_4^+不但抑制固氮酶的合成而且也阻抑固氮酶在细胞内的固氮活性，不仅仅无机氮对固氮酶有抑制作用，有机氮对光合细菌的固氮酶也有抑制作用，NH_4^+对固氮酶的抑制作用是可逆的，当NH_4^+消耗完毕之后，固氮酶的固氮活性就可以恢复。有研究表明，光合细菌光合产氢过程中或是光暗交替发酵产氢过程中添加低浓度的 NH_4^+对产氢有促进作用。本章节探索了氮源对光合细菌生长和产氢的影响，目的在于初步揭示氮源对光合细菌生长和产氢的影响及光合细菌生长和产氢过程中氮源的利用规律，也旨在为光合氮代谢的机理研究提供相关依据。

该研究以葡萄糖为产氢基质，按 20%接种对数期种子液，利用排水法收集气体，主要研究内容如下：

1）不同氮源对光合细菌生长的影响

选取等量 N_2、$(NH_4)_2SO_4$、谷氨酰胺、蛋白胨、谷氨酸作为氮源，考察不同氮源对光合细菌生长的影响。

2）不同铵盐浓度对光合细菌生长的影响

以（$NH_4)_2SO_4$ 为唯一氮源，分别设置 0mmol/L、3.5mmol/L、7mmol/L、10.5mmol/L、14mmol/L 5 个浓度梯度，考察不同铵盐浓度对光合细菌生长的影响。

3）不同氮源对光合细菌产氢的影响

选取等量（$NH_4)_2SO_4$、$NaNO_3$、谷氨酰胺、蛋白胨、谷氨酸作为氮源，考察不同氮源对光合细菌产氢的影响。

4）不同铵盐浓度对光合细菌产氢的影响

以（$NH_4)_2SO_4$ 为唯一氮源，分别设置 0mmol/L、3.5mmol/L、7mmol/L、10.5mmol/L、14mmol/L 5 个浓度梯度，研究不同氮源浓度对光合细菌产氢的影响。

通过以上研究，得到相关结论如下：

3.1.2.1　光合细菌生长过程中对氮源的利用

光合细菌是一类古老的固氮菌类，可利用广泛氮源进行生长。既能利用无机氮源也可利用有机氮源，也可以通固氮作用，将空气中的氮气固定进行生长，但光合细菌对不同类型的氮源的利用效率有很大不同，不同菌种对同一氮源的利用也有很大不同，光合细菌生长过程中对氮源有很强的选择性。

1）不同氮源对光合细菌生长的影响

选取 N_2、$(NH_4)_2SO_4$、$NaNO_3$、谷氨酰胺、蛋白胨几种物质作为氮源，考察不同氮源对光合细菌生长的影响，结果见图 3.10。

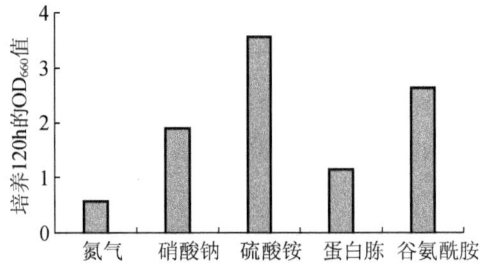

图 3.10　不同氮源对光合细菌生长的影响

Fig. 3.10　Effects of different nitrogen source on the growth of photo-bacteria

光合细菌是一类古老的固氮细菌，既能利用各种有机、无机氮源生长，也可以通固氮作用，将空气中的氮气固定进行生长。光合细菌对不同类型的氮源的利用效率有很大不同，从图 3.10 可以看出，铵盐和硝酸盐条件下，光合细菌的生长情况明显好于其他氮源，以铵盐作为氮源时，光合细菌的生长情况最为良好，培养 120h 后，菌体 OD_{660} 值达到 3.4。这是因为生物对氮源的利用形式为 NH_4^+，铵盐不需进行转换就可以直接为光合细菌所利用，而硝酸盐、谷氨酸等氮源，菌体不能直接利用，需要转化为 NH_4^+，才能为细胞所利用，所以铵盐类物质为光合细菌的最佳生长氮源。相对于其他氮源，光合细菌 N_2 条件下生长最为缓慢，这是因为光合细菌的固氮效率要比生长速率慢得多，氮源的缺乏导致生长速率较慢。

总体上看，光合细菌生长过程中对氮源有很强的选择性，无机氮源最有利用光合细菌的生长，尤其是铵盐类物质最易为光合细菌所利用，有机氮源次之，N_2 条件下菌体生长则最为缓慢。

2）不同铵盐浓度对光合细菌生长的影响

以 $(NH_4)_2SO_4$ 为唯一氮源，分别设置 0mmol/L、3.5mmol/L、7mmol/L、10.5mmol/L、14mmol/L 5 个浓度梯度，研究不同氮源浓度对光合细菌生长过程的影响，见图 3.11 和图 3.12。

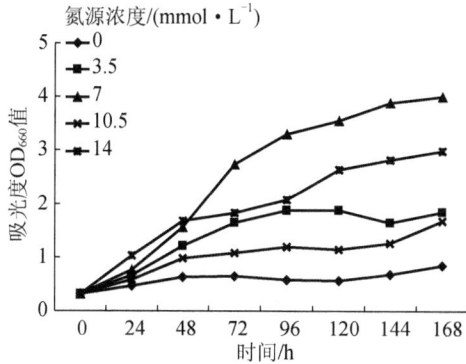

图 3.11 不同氮源浓度对光合细菌生长的影响

Fig. 3.11 Effects of nitrogen concentration on hydrogen production

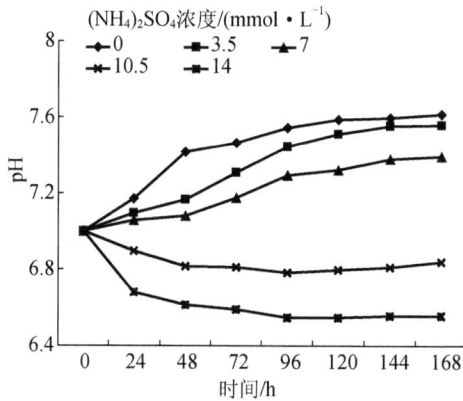

图 3.12 不同（NH$_4$）$_2$SO$_4$浓度对培养液 pH 的影响

Fig. 3.12 Effects of （NH$_4$）$_2$SO$_4$ concentration on the pH of bacteria liquid

图 3.11 表明，氨氮的添加浓度对光合细菌的生长有很大影响，（NH$_4$）$_2$SO$_4$浓度为 0mmol/L 时，菌体几乎没有生长，说明氮源是光合细菌生长的必须物质，氮源的缺乏会引起菌体生长的停止；（NH$_4$）$_2$SO$_4$浓度为 0～10.5mmol/L 时，在菌体生长初期，菌体生长随着氮源浓度的升高而升高，但当菌体进入对数生长期，10.5mmol/L 的浓度对菌体的生长产生较强的抑制作用，表现为菌体培养 48h 后生长放慢，生长速率下降；（NH$_4$）$_2$SO$_4$浓度为 3.5～7mmol/L 时，菌体生长情况较为良好，氮源添加浓度为 7mmol/L 时，菌体生长最为良好。（NH$_4$）$_2$SO$_4$添加浓度超过 10.5mmol/L 时，氨氮浓度对菌体的生长产生较强的抑制作用，菌体几乎没有出现生长，氨氮对细胞的抑制作用主要是由于过高的浓度会引起细胞渗透压过大，导致细胞破裂死亡。

图 3.12 给出了不同（NH$_4$）$_2$SO$_4$对培养液 pH 的影响，菌体培养过程中培养液的 pH 变化情况，可以一定程度上反应菌体对氨氮利用。从图 3.12 可以看出，（NH$_4$）$_2$SO$_4$浓度为 0～7mmol/L 时，菌液 pH 要大于起始的 7.0，这是因为菌体对

碳源乙酸钠的利用速率较氮源快，引起乙酸钠的迅速利用导致 pH 上升。$(NH_4)_2SO_4$ 添加浓度为 10.5～14mmol/L 时，氨氮浓度越大，菌体生长初期菌液 pH 下降越快，但 48 h 后 10.5 和 14mmol/L 氨氮浓度下菌液 pH 不再出现下降，说明高浓度的氨氮对菌体生长产生了抑制作用，菌体不再生长，因此菌液 pH 不再下降。

　　3）光合细菌生长过程中对氮源的利用规律

　　以 7mmol/L（$NH_4)_2SO_4$ 为光合细菌的唯一氮源，考察光合细菌生长过程中对氮源的利用规律，结果见图 3.13。

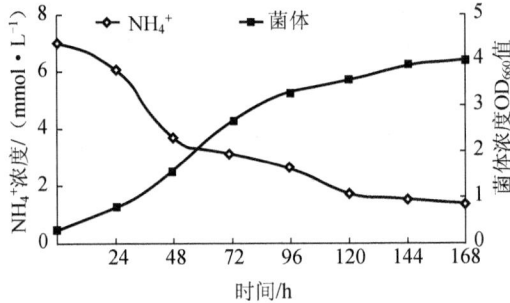

图 3.13　光合细菌生长过程中氮源的利用
Fig. 3.13　Usage of nitrogen in the process of growth

　　图 3.13 表明，光合细菌生长条件下以（$NH_4)_2SO_4$ 为氮源时，0～24h 菌体对氮源的利用较少，该阶段菌体处于生长延滞期。24～120h 随着菌体进入对数生长期，氮源利用速率也迅速上升，尤其是 24～48h 时间内，（$NH_4)_2SO_4$ 的消耗速率最大，达到 0.105mmol/h。120h 后，随着氮源的逐渐消耗，氮源浓度不能满足光合细菌快速生长的需要，菌体生长受到抑制，生长速率开始下降，菌体生长进入稳定期。

3.1.2.2　光合细菌产氢过程中对氮源的利用

　　光合细菌产氢主要是由固氮酶催化的，氮源的种类及氮源的浓度对光合细菌产氢有很大的影响。当培养环境中存在 N_2 或 NH_4^+ 时，NH_4^+ 会抑制固氮酶的产氢活性，使光合细菌产氢能力下降或完全停止，研究发现，不同的氮源种类及不同的氮源浓度对光合细菌的产氢均有显著影响，氮源对光合细菌产氢活性的影响主要表现为光固氮酶活性的影响，尤其是培养液中的 C/N 是光合细菌氮酶活性的决定因素，也是影响光合细菌产氢的最重要的一个因素。

　　1）不同氮源对光合细菌产氢的影响

　　氮源对光合细菌产氢的影响，主要是因为 NH_4^+ 对固氮酶有较强抑制作用，光合细菌的固氮酶活性在加入铵盐几分钟后就完全抑制，NH_4^+ 消耗完毕后固氮酶既可恢复产氢活性。不同菌种光合细菌对不同氮源的利用能力是不同的，有机氮源由于菌体要进一步分解为 NH_4^+ 才能进行利用，对固氮酶抑制作用较弱，而无机氮源则能够直接为菌体利用对固氮酶有较强的抑制作用。因此，光合细菌产氢过程中一般以有机氮谷氨酰胺作为氮源，但混合菌群由于存在代谢上的协调效应，对氮源利用与纯菌种有很大不同，选取 7mmol/L（NH$_4$）$_2$SO$_4$、NaNO$_3$、谷氨酰胺、蛋白胨几种物质作为氮源，考察不同氮源对光合细菌产氢的影响，结果见图 3.14。

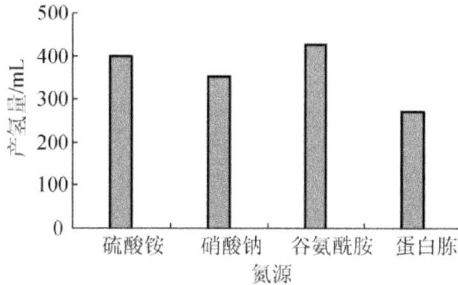

图 3.14　不同氮源对光合细菌产氢的影响
Fig. 3.14　Effects of different nitrogen source on hydrogen production

图 3.14 表明，不同氮源对光合细菌混合菌群产氢的影响其中以谷氨酸钠为氮源时的产氢量是最高的，达到 432mL。而以（NH$_4$）$_2$SO$_4$ 为氮源时产氢量也达到 400mL。四种氮源物质中蛋白胨的产氢量是最少的。可以看出不同氮源对光合产氢混合菌群产氢的影响并不是很明显，无机氮源对光合细菌产氢并没有表现出抑制作用，这可能是因为混合菌种间存在协调效应，能够有效消除无机氮对产氢活性的抑制，也可能是因为氮源添加浓度较低，还没有达到对固氮酶的抑制水平所引起的。已有的研究表明，氮源并不是光合细菌的产氢活性有决定性的抑制作用，培养液中 C/N 才是决定光合细菌固氮酶产氢活性的决定因素，无机氮源对混合菌群产氢并没有表现出抑制作用，也可能与培养液中 C/N 有关，其原因还需要进一步研究。

2）不同氮源浓度对光合细菌产氢的影响

设置（NH$_4$）$_2$SO$_4$ 浓度分别为 3.5mmol/L、7mmol/L、10.5mmol/L、14mmol/L 和 17.5mmol/L，乙酸钠浓度为 30mmol/L，研究不同氮源浓度及不同 C/N 对光合细菌产氢的影响。

图 3.15 可以看出，培养基中不添加氮源时，菌体几乎没有产氢现象的出现，说明氮源是光合细菌产氢的必须物质，没有氮源条件下，菌体生长受到抑制，固氮酶也不能有效合成，而固氮酶是光合细菌产氢的必需条件，因此菌体不具有产氢活性。此外，氮源在光合细菌产氢过程中可能也起到代谢的协调效应，因此培养基中缺失氮源时，菌体代谢受到抑制，其产氢活性也受到明显抑制。3.5～7mmol/L 范围内的（NH$_4$）$_2$SO$_4$ 浓度为产氢适宜浓度，尤其是氮源浓度为 3.5mmol/L 时，产氢延滞期较短，菌体具有较强的产氢活性。（NH$_4$）$_2$SO$_4$ 浓度为 7mmol/L 时，较 3.5mmol/L 的添加量虽然产氢延滞期有所延长，但对菌体的产氢量并没有很大

的影响。而当（NH_4）$_2SO_4$ 浓度为超过为 7mmol/L 时，菌体的产氢活性则受到了明显的抑制，产氢量明显下降。可能是由于产氢体系中出现了游离 NH_4^+，NH_4^+ 的出现会抑制固氮酶活性，使依赖于固氮酶的光放氢作用受到抑制，表现为产氢量和产氢活性的下降。

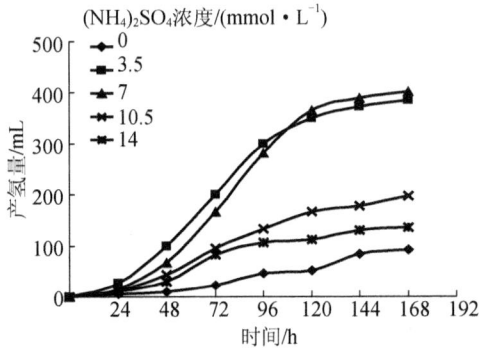

图 3.15　不同（NH_4）$_2SO_4$ 浓度对光合细菌产氢的影响

Fig. 3.15　Effects of（NH_4）$_2SO_4$ concentration on hydrogen production

3）光合细菌产氢过程中对氮源的利用规律

光合细菌产氢是在厌氧条件下，由固氮酶催化的，固氮酶的产氢活性又受到 NH_4^+ 的严格抑制。一般认为氮源在光合细菌产氢过程中的作用为提供菌体生长所需的氮素以合成产氢所必需的固氮酶，一旦固氮酶开始产氢后，过量氮源的存在则对产氢活性有较强的抑制作用，因此，氮源只在光合细菌生长过程中所必需的，而产氢过程中则需要严格控制氮源的浓度。选择 3.5mmol/L（NH_4）$_2SO_4$ 为氮源，以 40mmol/L 乙酸钠为碳源，考察光合细菌产氢过程中对氮源的利用规律，结果见图 3.16。

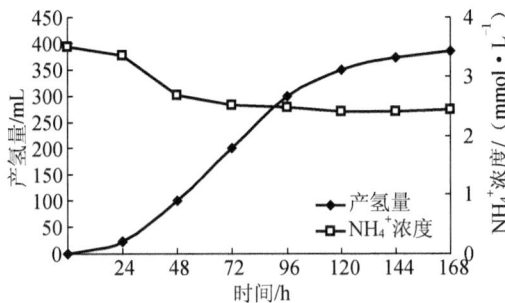

图 3.16　光合细菌生长过程中对氮源的利用

Fig. 3.16　Usage of nitrogen in the process of hydrogen production

氮源在光合细菌产氢过程中除了提供菌体生长所需的氮素，合成固氮酶所必须外，可能也会参与细胞的产氢代谢。图 3.16 表明，光合细菌产氢过程中氮源的消耗较少，只在0～48h内有所消耗，最大消耗速率仅为0.028mmol/L，这一阶段菌体处于产氢延滞期，菌体主要是适应产氢环境，进行生长，一旦菌体进入产氢高峰期后，细胞停止生长，菌体则不再利用氮源，说明氮源在光合产氢过程中并不参与细胞的产氢，氮源是否参与细胞的其他能量代谢过程还不得而知。一方面是由于菌体进入产氢高峰后，菌体的能量代谢途径发生改变，菌体不再利用氮源生长，另一方面，氮源对固氮酶产氢活性由强抑制作用，菌体开始产氢后，不再进行氮源的代谢，才能保证产氢的顺利进行。氮源在光合细菌产氢过程中的详细作用，还有待于进一步研究。

光合细菌产氢过程中，对氮源利用较少，说明氮源并不是决定细胞产氢的决定性因素，但是氮源对光合细菌产氢的影响，不仅仅体现在对产氢酶活性的抑制作用上，产氢条件下，如果培养基中不添加氮源，菌体则不产氢，一方面可能是由于氮源能够促进固氮酶的合成，氮源浓度低，固氮酶的活性也会受到抑制，另一方面，氮源在产氢过程中除了影响菌体的代谢途径，可能也会参与细胞的产氢代谢，其内在原因还有待于进一步研究。

3.1.2.3　小结

通过研究不同氮源对光合细菌生长和产氢的影响，并探讨了光合细菌生长和产氢过程中氮源的利用规律，得出以下结论。

（1）光合细菌生长过程中对氮源有很强的选择性，无机氮源尤其是铵盐类物质最易为光合细菌所利用，有机氮源次之，N_2条件下菌体生长则最为缓慢。以$(NH_4)_2SO_4$为氮源，添加浓度为7mmol/L时，菌体生长最为良好。

（2）光合细菌以$(NH_4)_2SO_4$为氮源生长时，0～24h菌体对氮源的利用较少，该阶段菌体处于生长延滞期。24～120h随着菌体进入对数生长期，氮源利用速率也迅速上升，尤其是24～48h内，$(NH_4)_2SO_4$利用速率最大，最大消耗速率为0.105mmol/L。120h后，$(NH_4)_2SO_4$基本消耗完毕，菌体进入稳定期。

（3）不同种类氮源对光合产氢混合菌群产氢的影响并不是很明显，有机氮源的产氢效果好于无机氮源。以$(NH_4)_2SO_4$为氮源产氢，添加浓度为3.5mmol/L时，菌体具有较强的产氢活性。光合细菌产氢过程中氮源只在0～48h内有少量消耗，最大消耗速率为0.03mmol/L。

3.1.3　以葡萄糖为产氢基质的光合生物制氢过程研究

光合细菌产氢能将氢气的生成与有机物的转化、光能的利用结合在一起，具备将太阳能和可再生的生物质转化为氢能的功能。光合细菌（特别是混合菌群）产氢的生化反应机理和代谢途径非常复杂，有待于长期、深入的研究。获取低成本的产氢原料，是目前国内外研究的热点之一。利用有机废水等原料产氢存在组成差异大，透光性差等缺陷，试验结果易受废水组分及理化条件的影响，结果变化较大，不易分析。葡萄糖是一种光合细菌非常容易利用的糖类，既可以作为细胞生长的碳源，也可以作为产氢基质利用。目前，针对其他生物质（如秸秆等）降解生产葡萄糖及其进一步应用的研究受到广泛重视，本章节以葡萄糖作为光合细菌产氢的底物，研究了葡萄糖作为产氢基质在产氢过程中对菌体的生长及产氢的影响，探讨了光合细菌以葡萄糖为产氢底物时的生长和产氢特性，分析产氢过程中菌体生长活性下降发生衰亡的原因，并就抑制菌体发生衰亡的相关措施进行了初步的探讨，此外还研究了光合细菌利用葡萄糖产氢过程中，葡萄糖的降解规律以及挥发性酸醇的生成规律，目的在于揭示光合细菌利用葡萄糖产氢的相关规律，为光合细菌的葡萄糖产氢研究提供相关依据，也旨在为光合细菌产氢机理研究提供参考。

以葡萄糖为产氢基质，按 20%接种对数期种子液，利用排水法收集气体，并定时测量菌液中残余葡萄糖浓度、菌液中 VFA 浓度以及产氢量。通过对不同葡萄糖浓度对菌体生长、产氢情况影响的研究以及对批次添加葡萄糖、外源调节产氢 pH 对细胞生长及光合产氢影响的研究，得到了一些重要的试验结论，相关结论分析如下。

3.1.3.1　葡萄糖对光合细菌生长和产氢影响

1）低浓度葡萄糖对光合细菌生长和产氢的影响

葡萄糖既可以作为光合细菌的生长碳源，也可以作为产氢基质来利用。为了研究不同浓度的葡萄糖对菌体产氢的影响，选择 0%（生长条件）、0.05%、0.1%、0.2%、0.3%、0.4%、0.5% 7 个浓度梯度的葡萄糖添加量进行对比产氢试验。不同葡萄糖添加浓度对菌体生长的影响见图 3.17。

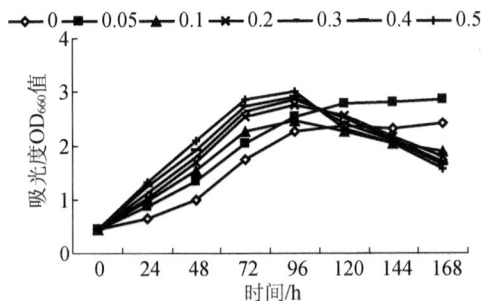

图 3.17　不同葡萄糖浓度对细胞细胞生长的影响

Fig. 3.17　Effects of glucose concentration on cell growth

图 3.17 表明，不论葡萄糖的添加浓度多少，培养初期菌体的生长速率都比正常生长条件下菌体的生长要快，而且添加量越大菌体生长得越快，说明产氢初期菌体会利用葡萄糖作为生长碳源，葡萄糖浓度越大生长越快，但随着产氢的开始，菌体生长出现下降，葡萄糖浓度越大菌体生长下降的越快，说明产氢阶段葡萄糖

浓度越高对菌体生长的抑制作用越明显。从图 3.17 也可以看出在 0.05%的葡萄糖浓度下菌体生长要比正常生长条件下好，而且也没有出现菌体生长的下降，说明当葡萄糖浓度低于 0.05%时，葡萄糖用做生长碳源、没有用做产氢。

　　图 3.18 给出了不同葡萄糖浓度下菌液 pH 的变化曲线，图 3.19 给出了不同葡萄糖浓度下的菌体的产氢量。

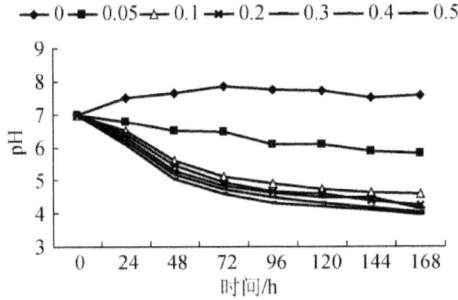

图 3.18　不同葡萄糖浓度下菌液 pH 的变化曲线

Fig. 3.18　Changes of pH under different glucose concentration

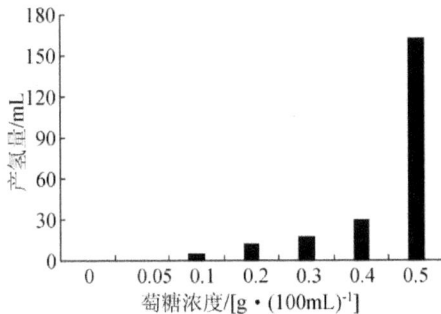

图 3.19　不同葡萄糖浓度对产氢的影响

Fig. 3.19　Effects of glucose concentration on hydrogen production

　　可以看出当葡萄糖添加量为 0.05%时，菌液 pH 几乎没有出现下降，而葡萄糖添加量为 0.1%～0.4%时，葡萄糖浓度越大，菌液酸化的速度越快，而且酸化也越严重，说明葡萄糖添加量为 0.1%～0.4%时，菌体主要利用葡萄糖进行产酸代谢。图 3.19 给出了不同葡萄糖浓度下的菌体的产氢量，可以看出 0.05%的葡萄糖并没有出现产氢，0.1%～0.4%的葡萄糖添加量都有产氢现象的出现，而且葡萄糖浓度越大产氢量越高，但总体产氢量都很少，当葡萄糖浓度达到 0.5%时，菌体的产氢量明显上升，产氢总量达到 162 mL。

　　综合以上分析，可以得到以下结论：①当葡萄糖浓度低于 0.05%时，细胞主要利用葡萄糖作为生长碳源，不用于产氢。②葡萄糖浓度处于 0.1%～0.4%时，细胞主要利用葡萄糖进行产酸代谢，有机酸的积累抑制菌体的生长，菌体产氢量少。③当葡萄糖浓度大于 0.5%时，菌体则能有效利用葡萄糖产氢，产氢量明显上升。

2）高浓度葡萄糖对光合细菌产氢的影响

从图 3.20 可以看出，葡萄糖浓度添加量越大，菌体产氢量越高，葡萄糖浓度与产氢量、产氢速率正相关；葡萄糖浓度低于 1%时，产氢量非常少；葡萄糖浓度高于 2%时，产氢量大幅上升，产氢现象非常明显；葡萄糖浓度达到 3%时，产氢总量达到最大，即使继续提高葡萄糖浓度，产氢总量也不再明显上升。所以，3%的葡萄糖浓度是光合细菌产氢的最佳浓度。

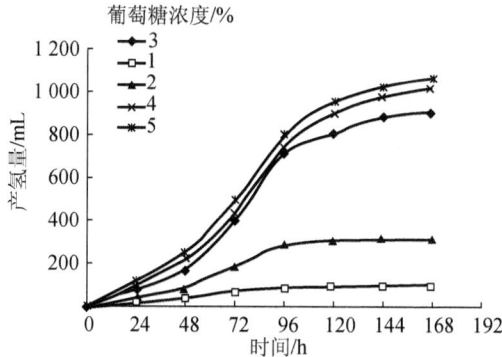

图 3.20 葡萄糖浓度对光合细菌产氢的影响

Fig. 3.20 Effects of glucose concentration on hydrogen production

3）葡萄糖添加量对光合细菌吸收光谱的影响

光合细菌利用葡萄糖作为产氢底物放氢时，随着产氢的进行，菌体的颜色发生了明显的变化。培养初期，菌体为深红色，产氢初期，菌体颜色开始褪去，呈淡粉色，产氢高峰期菌体颜色完全褪去，菌液变为灰白色，培养容器底部出现明显的沉淀。说明光合细菌利用葡萄糖产氢过程中，菌体的色素系统会发生变化，在葡萄糖浓度小于 0.05%的条件下，菌体颜色则由最初的暗红色转变为较为鲜亮的红色并可保持较长的时间。光合细菌利用葡萄糖产氢过程中，培养液吸收光谱特征的变化见图 3.21。

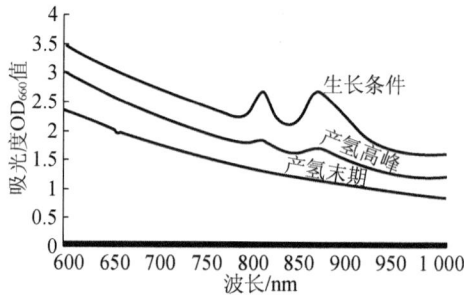

图 3.21 生长和产氢条件下菌体的吸收光谱对比曲线

Fig. 3.21 Absorption spectra of cells under the condition of growth and hydrogen production

从图 3.21 和图 3.22 可以看出正常生长条件下，细胞在 OD_{800} 和 OD_{850} 处有两个非常明显的红外吸收峰。而产氢条件下，随着产氢的进行，培养液吸收光谱在 800nm 和 850nm 处的特征峰逐渐变缓，直至接近消失，OD_{660} 值也大幅下降，说明产氢过程中光合细菌逐步衰亡。这与尤希凤、杨素萍等的研究结论是一致的。

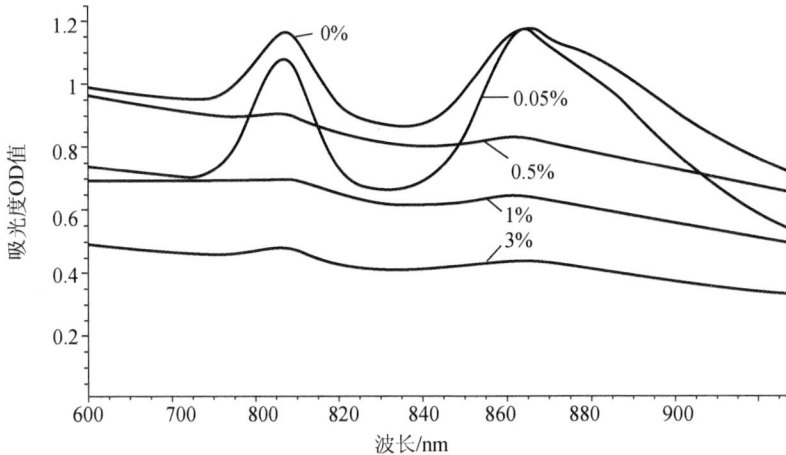

图 3.22　葡萄糖浓度对培养液吸收光谱特征的影响

Fig. 3.22　Effects of glucose concentration on characteristic peaks of photosynthetic bacteria

3.1.3.2　葡萄糖对光合细菌产氢过程中菌体活性的影响

图 3.23 和图 3.24 分别给出了菌体在生长和产氢条件的菌体的生长曲线及菌液 pH 对比曲线。

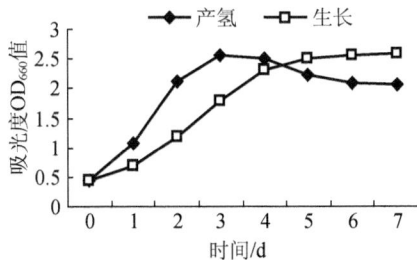

图 3.23　生长和产氢条件下菌体的生长曲线

Fig. 3.23　Cell growth curve under the condition of growth and hydrogen production

图 3.23 表明生长和产氢条件下，菌体生长趋势有所不同。生长条件下，菌体生长没有下降，细胞没有发生衰亡，而产氢条件下，培养 72h 后菌体不再生长，菌液 OD_{660} 值开始下降。菌体生长的下降说明菌体利用葡萄糖产氢过程中生长受到抑制，细胞发生衰亡。

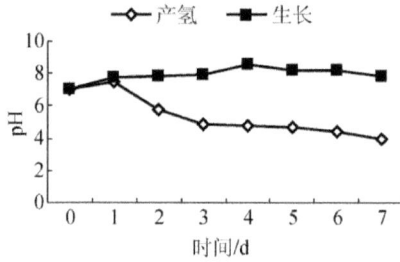

图 3.24　生长和产氢条件下菌液 pH 变化曲线

Fig. 3.24　Changes of pH curve under the condition of growth and hydrogen production

图 3.24 光合细菌生长和产氢条件下菌液 pH 对比曲线表明光合细菌利用葡萄糖产氢是代谢产酸的过程,菌体培养 72h 后菌液 pH 下降至 5 以下,说明光合细菌快速分解葡萄糖为有机酸,有机酸的积累造成菌液的酸化。低 pH 条件下,菌体生长受到明显抑制,细胞发生"漂白"现象,反应器底部有明显的沉淀产生,这是细胞衰亡自溶释放胞内物质所致。

依据上述结果,说明光合细菌利用葡萄糖产氢的过程存在着代谢产酸的过程,菌体代谢酸引起菌液的酸化,在低 pH 条件下菌体的生长活性下降,生长受到抑制并发生衰亡自溶,因此菌体的产氢活性也受到一定抑制,产氢稳定性较差。

3.1.3.3　批次添加葡萄糖、外源调节产氢 pH 对细胞生长及光合产氢的影响

光合细菌能够快速利用葡萄糖产氢,但细胞代谢葡萄糖产生的有机酸引起菌液酸化,抑制菌体的生长和产氢活性,而且葡萄糖浓度越高,菌液酸化速度越快酸化程度越高。尝试采用产氢过程中外源调节菌液 pH 和批次添加葡萄糖降低葡萄糖浓度两种方式来抑制由于代谢葡萄糖产酸所引起的菌体衰亡,提高细胞产氢的稳定性,结果见图 3.25。

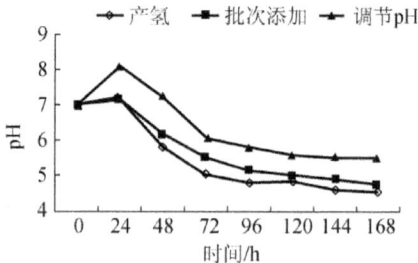

图 3.25　批次添加葡萄糖、外源调节菌液 pH 对菌液 pH 的影响

Fig. 3.25　Influences of adding glucose in batch and exogenous regulating pH on the pH of bacteria liquid

图 3.25 结果表明,产氢过程中批次添加葡萄糖对菌液的 pH 影响不大,批次添加葡萄糖并没有有效缓解培养液的酸化,这是因为即使是低浓度的葡萄糖光合细菌也快速分解葡萄糖产酸所致。产氢过程中外源调节菌液 pH 则可以有效缓解

菌液的酸化，培养 72h 后，培养液 pH 稳定在 5.5～6.0。外援调节菌液 pH 时，菌液 pH 调节范围有待于进一步优化。

批次添加葡萄糖、外源调节产氢 pH 对细胞生长及光合产氢的影响见图 3.26 和图 3.27。

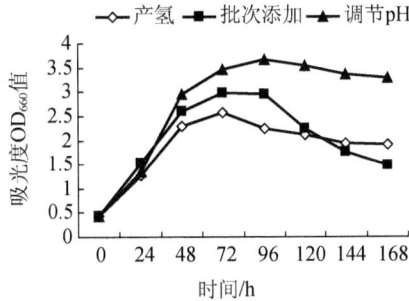

图 3.26　批次添加葡萄糖、外源调节菌液 pH 对菌体生长的影响
Fig. 3.26　Influences of adding glucose in batch and exogenous regulating pH on cell growth

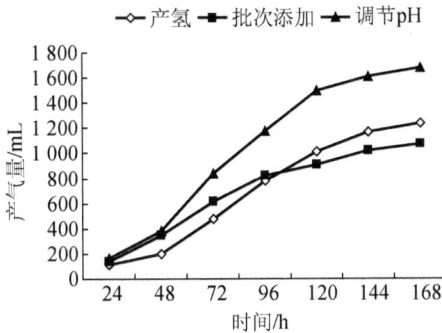

图 3.27　批次添加葡萄糖、外源调节菌液 pH 对产氢的影响
Fig. 3.27　Influences of adding glucose in batch and exogenous regulating pH on hydrogen production

图 3.26 和图 3.27 表明，产氢过程中批次添加葡萄糖对菌体的衰亡有一定的抑制作用，菌体生长最大达到对照组的 1.2 倍，但批次添加葡萄糖对产氢没有促进作用，产氢速率相对偏低，产氢总量只达到对照组的 87%。产氢过程中外源调节培养液的 pH 则对细胞的生长和产氢有显著促进作用，菌体生长最大达到对照组的 1.46 倍，产氢过程中没有出现生长的下降，产氢总量达到对照组的 1.36 倍，说明产氢过程中菌液的 pH 条件，对细胞的生长及产氢均有很大的影响。

3.1.3.4　光合细菌利用葡萄糖产氢过程中葡萄糖的降解规律

葡萄糖用作光合细菌的产氢原料时，一方面可以作为碳源和能量物质为光合细菌的生长提供基础物质条件，同时也为光合细菌产氢提供电子供体。光合细菌利用葡萄糖产氢过程中葡萄糖的降解规律见图 3.28。

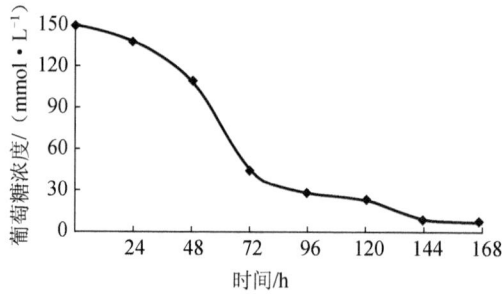

图 3.28　光合细菌利用葡萄糖产氢过程中葡萄糖的降解规律

Fig. 3.28　The degration of glucose in the process of hydrogen production

图 3.28 表明,光合细菌以葡萄糖为产氢底物产氢时,葡萄糖在 24~96h 内迅速降解,96h 后葡萄糖浓度只为 29mmol/L,0~24h 葡萄糖只有少量降解,该阶段菌体处于产氢延滞期,可能只是利用少量葡萄糖产能进行生长,24h 菌体进入利用葡萄糖产氢阶段,葡萄糖迅速开始迅速降解,96h 后由于光合细菌分解葡萄糖产酸导致菌液酸化,菌体生长和产氢活性都受到抑制,发生衰亡,进入产氢末期。

3.1.3.5　光合细菌利用葡萄糖产氢过程中 VFA 的生成

光合细菌利用葡萄糖产氢过程中,菌体能够迅速分解葡萄糖产能,进入产氢高峰,但葡萄糖并不是直接被用来产氢的,而是经过一定代谢途径降解后进入产氢代谢得到利用的,光合细菌利用葡萄糖产氢过程中菌液中 VFA 生成见图 3.29。

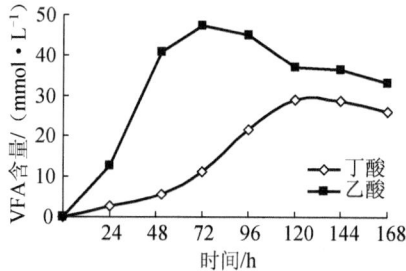

图 3.29　光合细菌利用葡萄糖产氢过程中 VFA 的生成

Fig. 3.29　Generation of VFA in the process of hydrogen production

图 3.29 表明,光合细菌以葡萄糖为底物产氢时,主要的代谢产物为乙酸和丁酸。可以看出,在产氢高峰期 24~96h,葡萄糖降解产物 VFA 主要为乙酸,丁酸含量很少,而当菌体进入产氢末期,菌液 VFA 中丁酸含量迅速上升,说明在产氢末期葡萄糖主要降解产物为丁酸。120h 后,菌体基本结束产氢,菌体活性较低,不能进一步降解剩余葡萄糖,所以产氢乙酸丁酸含量不再上升。产氢末期,乙酸和丁酸含量有一定程度的下降,可能是由于光合细菌进一步利用乙酸和丁酸产氢所导致的。

3.1.3.6 光合细菌利用葡萄糖产氢过程中的动力学分析

1）光合细菌利用葡萄糖产氢过程中的菌体生长动力学

假设光合细菌产氢过程中细胞均衡生长，为单一反应，细胞分布均匀；培养基中只有葡萄糖是生长限制性或抑制性基质，会影响菌体的生长，培养基中碳氮等其他组分为最适条件，不影响生长；细胞得率为常数，光合细菌生长遵循 Monod 方程。

$$\mu = \mu_{\max} \frac{S}{K_S + S} \tag{3-1}$$

$$\frac{\mathrm{d}X}{\mathrm{d}t} = \mu X \tag{3-2}$$

将式（3-2）代入式（3-1）得

$$\frac{\mathrm{d}X}{\mathrm{d}t} = \mu_{\max} \frac{S}{K_S + S} X \tag{3-3}$$

式中：μ 为 PSB 的比生长速率，h^{-1}；$\mu_{\max}$ 为最大比生长速率，h^{-1}；S 为限制性底物的浓度，mmol/L；K_S 为 PSB 的饱和常数；$\frac{\mathrm{d}X}{\mathrm{d}t}$ 为生长速率，g/（$h \cdot L^{-1}$）。

结合试验数据，采用 Rung-Kutta 法求解上述方程，求得 $\mu_{\max}$ =0.214 h^{-1}，K_S =8.257，所得结果见图 3.30。

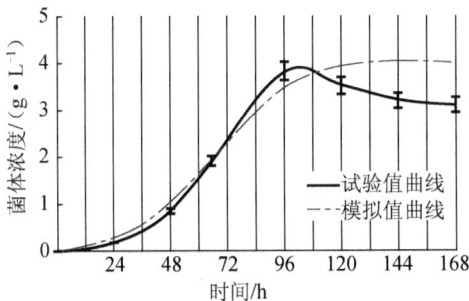

图 3.30 菌体生长动力学模型模拟值与试验值的比较

Fig. 3.30 Comparision of growth models'simulation and experiment data

从图 3.30 可以看出 Monod 方程可以较好地描述光合细菌产氢过程中延滞期和对数增长期菌体生长变化情况，0～96h 内模拟值与试验值相对误差小于 5%。96h 后随着时间的变化，由 Monod 方程来表达菌体的生长时，菌体进入稳定期后菌体量会趋于稳定，但是实际光合细菌利用葡萄糖产氢过程中，葡萄糖会对菌体的生长产生抑制作用，引起菌体的衰亡，模拟值与试验值出现较大误差，要想描述菌体稳定期的生长情况，需要对 Monod 方程进行修正。

2）光合细菌利用葡萄糖产氢过程中基质消耗动力学

根据反应动力学可知，光合细菌利用葡萄糖产氢过程中，底物消耗主要用于维持产氢能量代谢和细胞的生长代谢，因此

$$\gamma_s = \frac{1}{Y_{X/S}}\mu X + mX \tag{3-4}$$

将式（3-1）代入式（3-4），得到光合细菌底物消耗速率方程：

$$\gamma_s = \frac{1}{Y_{X/S}}\left(\mu_{max}\frac{S}{K_S + S}\right)X + mX \tag{3-5}$$

$$\gamma_s = -\frac{dS}{dt} \tag{3-6}$$

将式（3-6）代入式（3-5）可得

$$-\frac{dS}{dt} = \frac{1}{Y_{X/S}}\left(\mu_{max}\frac{S}{K_S + S}\right)X + mX \tag{3-7}$$

上述式中，γ_s 为底物消耗速率，mmol/（L·h）；$Y_{X/S}$ 为细胞得率系数，g/mol；m 为维持系数。

结合试验数据，采用 Rung-Kutta 法求解上述方程，求的 $Y_{X/S}$=0.352，m=0.85，所得结果见图 3.31。

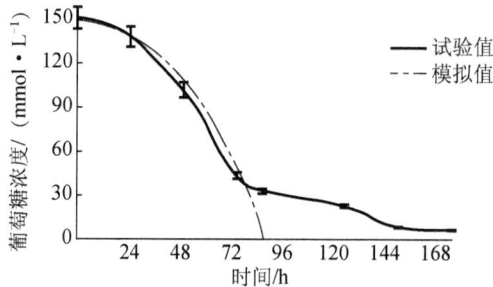

图 3.31 基质消耗动力学模型模拟值与试验值的比较

Fig. 3.31 Comparision of substrate consumption models'simulation and experiment data

从图 3.31 可以看出方程可以较好地描述光合细菌产氢过程中产氢延滞期和高峰期底物的消耗变化情况，0～72h 内模拟值与试验值相对误差小于 5%。72h 后光合细菌由于菌体产氢衰亡，活性下降，对葡萄糖的利用会逐渐下降，而在理想情况下，菌体不出现衰亡并且菌体活性保持不变，所以葡萄糖很快利用完毕，模拟值与试验值出现较大误差，要想描述菌体稳定期以后对葡萄糖的利用情况，需要对由 Monod 推导而出的基质消耗动力学模型进行修正。

3.1.3.7 讨论

光合细菌究竟是利用何种碳代谢途径进行产氢的现在尚不清楚，不同菌种不同菌株的碳代谢途径也存在着明显的差别，混合菌群则更为复杂。由于光合细菌产氢并非是光合细菌正常的生理代谢活动，菌体处于非正常的生长状态，菌体生长活性下降，容易发生老化自溶等衰亡现象。本实验在研究过程中发现，光合细菌利用葡萄糖产氢时，培养液的 pH 下降明显，说明光合细菌快速利用葡萄糖进行产酸，产生的有机酸引起了培养液的酸化。光合细菌最佳产氢 pH 范围在 6～9，低的 pH 条件无论是对菌体活性还是产氢酶活性都有很大的抑制作用，使得菌体迅速衰亡，无法对葡萄糖代谢产生的有机酸进行进一步的利用，产氢基质利用效率低。

产氢过程中批次添加葡萄糖虽然可以延长菌体的产氢时间，但是产氢速率相对偏低，产氢总量也有所下降，采用这种方法并没有有效地提高菌体的产氢效果。分析其原因，可能是由于分批添加葡萄糖时葡萄糖的添加浓度以及添加速度不适所引起的。C/N 是影响光合细菌产氢（固氮酶活性）的一个重要因素，当 C/N 值超过一个极限值时固氮酶活性就会消失，批次添加葡萄糖时，培养基的 C/N 一直处于低水平，没有形成过剩还原力，使得菌体产氢效果不好，葡萄糖的添加浓度及添加速度对光合产氢的影响还有待于深入探讨。非常有趣的是，这种情况下细胞也没有利用葡萄糖进行生长，菌体的生长也出现了一定程度的衰亡，其内在原因也有待于进一步研究。

产氢过程中外源调节菌液的 pH 对菌体的生长及产氢均有显著的促进作用，说明产氢过程中菌液的 pH 条件，对光合产氢有很大的影响。一方面，产氢过程中维持菌液 pH 的相对稳定有利于菌体的生长，有利于维持细胞活性及产氢相关酶活性的稳定，能够抑制产氢过程中由于菌液酸化所引起的菌体衰亡，延长产氢时间。另一方面，光合产氢过程中菌液的 pH 也是决定细胞碳代谢途径的一个重要因素，外源调节产氢的 pH 条件可能也会影响细胞产氢的代谢途径，从而影响细胞的总体产氢效果，其内在原因还有待于深入研究。

光合细菌利用葡萄糖产氢过程中，菌体的颜色有产氢初期的深红色变为灰白色，菌体的特征吸收光谱也发生了非常明显的变化，两个特征吸收峰随着产氢的开始逐渐消失，说明菌体内的色素发生改变，菌体对光能的吸收有了变化。分析其原因，一方面可能是由于菌体内部 pH、还原力等条件的变化，引起色素的改变，另一方面，可能是由于菌体进入产氢后，菌体的能量代谢途径发生改变，产氢所需还原力可能是由基质（葡萄糖）代谢提供的。

光合细菌利用葡萄糖产氢过程中，葡萄糖在 24～96h 内迅速降解，72h 后葡萄糖基本消耗完毕，降解速率则迅速下降，而 24～72h 正是光合细菌的产氢高峰期，说明光合细菌在该阶段迅速利用葡萄糖产氢，葡萄糖是通过何种代谢途径进入到细胞的产氢过程中的，现在还不得而知，通过产氢过程中菌液迅速酸化，可以推断出光合细菌利用葡萄糖产氢过程中葡萄糖要进行产酸代谢，由于产酸代谢能够迅速提供产氢所需的还原力，所以光合细菌在该阶段产氢所需的能量，很可能是通过葡萄糖的产酸代谢提供的，厌氧发酵过程能量利用率低，原料转化率低，而且发酵产酸也会引起菌液的酸化，会抑制菌体的生长和产氢活性，因此，光合细菌产氢过程中应尽量避免厌氧发酵产酸的出现。光合细菌的产氢过程中的碳代谢途径与碳源、温度、pH、C/N 等多种因素有关，如何避免光合细菌进入发酵产酸代谢途径，提高菌体产氢效率，还需要进一步的深入研究。

光合细菌利用葡萄糖产氢过程可能是分两步进行的，首先菌体利用葡萄糖厌氧发酵产生的还原力产氢，待葡萄糖降解完毕后，菌体进入一个产氢间歇期，该阶段菌体主要是适应葡萄糖降解后的酸化环境，合成相关酶类以进一步利用厌氧发酵产生的中间代谢产物，然后菌体再次进入产氢阶段，在该阶段菌体主要是利用厌氧发酵产生的中间代谢产物产氢，存在"二次产氢"的过程。在试验过程中也确实观察到菌体"二次产氢"现象，其内在原因还不得而知，光合细菌葡萄糖产氢的碳代谢机理还有待于进一步深入研究。

3.1.3.8　小结

（1）葡萄糖浓度低于 0.05%时，细胞主要利用葡萄糖作为生长碳源，不用于产氢。葡萄糖浓度处于 0.1%~0.4%时，细胞主要利用葡萄糖进行产酸代谢，产氢量很少。当葡萄糖浓度大于 0.5%时，菌体则能有效利用葡萄糖产氢。光合细菌利用葡萄糖产氢的最佳添加浓度为 3%。

（2）光合细菌利用葡萄糖产氢过程中菌体代谢产酸引起菌液的酸化，菌体的生长活性和产氢活性受到抑制，产氢稳定性较差。产氢过程中批次添加葡萄糖虽然可以延长菌体的产氢时间，但没有有效地提高菌体的产氢效果。外源调节菌液的 pH 对菌体的生长及产氢均有显著的促进作用。

（3）光合细菌能够迅速利用葡萄糖产氢，葡萄糖在 24~96h 迅速降解，该阶段菌体迅速分解葡萄糖产酸，菌液酸化，菌体处于产氢高峰期，72h 后葡萄糖基本降解完毕，菌液 pH 降至最低，菌体进入产氢末期。产氢高峰期菌体利用葡萄糖的主要代谢产物为乙酸，产氢末期菌体利用葡萄糖的主要代谢产物为丁酸。

（4）Monod 方程可以较好地描述光合细菌产氢过程中延滞期和对数增长期菌体生长变化情况，在 0~96h 内模拟值与试验值相对误差小于 5%。由 Monod 方程推导的底物消耗模型能够反应出光合细菌利用葡萄糖产氢过程中产氢延延滞期和高峰期底物的消耗变化规律，0~72h 内模拟值与试验值相对误差小于 5%，但不适用于 72h 后菌液中葡萄糖的降解消耗规律。

3.1.4 以超微粉碎高粱秸秆酶解料液为产氢基质的光合生物制氢过程研究

3.1.4.1 酶水解料液光发酵产氢

洗净烘干消毒过的 300 mL 锥形瓶，加入 5 g 高粱秸秆（底物浓度影响试验除外），向锥形瓶中加入 pH 为 4.8，0.05M 的柠檬酸-柠檬酸钠缓冲液 150mL，先置入 50℃ 恒温水浴锅中保温 20min，然后向锥形瓶中加入 187.5mg 酶粉，使酶负荷为 37.7mg 酶粉/g 秸秆，充分混匀后，放入温度为 50℃、转速为 150r/min 恒温摇床中酶解 48h，取出冷却至室温。取上清液在 4 000r/min 条件下离心 15min，用 DNS 法测定还原糖，试验平行 3 次，取平均值作为酶解料液光合产氢的初始还原糖浓度。

将酶水解后的高粱秸秆超微粉体反应料液置入光发酵反应器中，用质量分数为 50% 的 KOH（不同中和试剂选择实验除外）滴定调整料液的 pH 为 7.0，并将培养 48h（接种菌龄对产氢的影响实验除外）的种子液浓度调整为 OD$_{660}$ 值 0.5～0.6，按 20%（接种量对光合产氢的影响实验除外）的接种量加入光合混合菌群种子液，并按光发酵料液的容积加入 CH$_3$COONa 0.54g、NH$_4$Cl 0.18g、MgSO$_4$ 0.036g、NaCl 0.18g、KH$_2$PO$_4$ 0.054g、K$_2$HPO$_4$ 0.09g、CaCl$_2$ 0.009g、酵母膏 0.018g、微量元素溶液 0.18mL 和生长因子溶液 0.9 mL，调整白炽灯光源的距离使发酵反应器外表面的光照度为 3 000lx（光照度对产氢的影响除外），放置发酵反应装置的生化培养箱温度设置为 30℃，发酵时间为 7d，每 24h 取反应器中的液相进行还原糖测定，取所产气体进行色谱成分分析。

3.1.4.2 酶解糖化液光发酵产氢中和试剂的确定

高粱秸秆酶解糖化反应是在 pH4.8 条件下进行的，有资料显示光合细菌最适宜生长的初始 pH 为 7.0，因此酶解得到的糖化液需要先用碱中和至光合细菌光合发酵产氢所需的初始 pH 范围才可以接种光合细菌进行产氢反应。用于中和的碱试剂通常是 NaOH 和 KOH，因此这里采用这两种碱进行中和。由于中和反应过程引入了不同的金属离子 Na$^+$ 和 K$^+$，可能会对光合细菌产氢能力产生影响，因此有必要对中和试剂对后续光合细菌产氢能力的影响进行试验，从而确定在酶解糖化液光合产氢过程中所需添加的中和试剂。

取按上述酶水解糖化法得到的还原糖料液先用 DNS 法测定其平均还原糖浓度为 10.67g/L，分别用质量分数 50% 的 NaOH 试剂和 KOH 试剂滴定至 pH 为 7.0，然后接入 20% 处于生长对数期的光合混合菌，在温度 30℃，光照强度 3 000lx 条件下进行产氢试验。每 24h 对所产的气体体积、气体成分、反应液 pH 和反应料液还原糖进行测定，每组实验平行操作 3 次，取 3 次实验的平均值作为最后测定数据，测定结果见图 3.32～图 3.34。

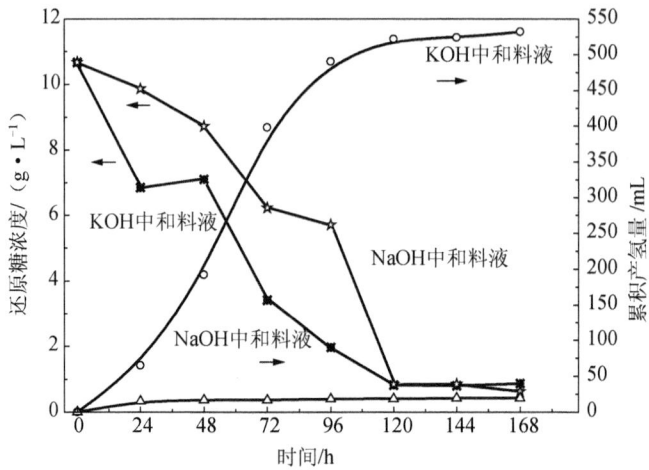

图 3.32　不同中和试剂对酶解料液光合产氢影响

Fig. 3.32　Effects of different neutralization reagent on photosynthetic hydrogen production of substrate hydrolysised by enzyme

　　分别用 KOH 溶液和 NaOH 溶液滴定的酶解料液累积产氢量和还原糖浓度随反应进程的变化见图 3.32。由图 3.32 可以直接看出酶解糖化料液在进行光合产氢前对酸碱度的调整采用 KOH 比 NaOH 调整要好很多。糖化料液经 KOH 中和后其 168h 累积产氢量达到了 532mL，而经 NaOH 中和后的酶解料液累积产氢量仅为 19.56mL，即 KOH 中和的糖化料液累积产氢量比 NaOH 中和糖化料液累积产氢量 27 倍还多，究其原因可能是由于在酶解糖化过程已经加入了柠檬酸-柠檬酸钠缓冲液，培养基中也有 Na^+，中和时继续采用 NaOH 调整 pH 势必给光合细菌的生长环境中引入了过多的 Na^+，造成高盐环境，传统的厌氧生物处理表明，当 Na^+ 浓度高过一定范围时，高浓度的阳离子将降低生物量并提高比生物死亡率，即产生所谓的的阳离子毒性。由图 3.32 还可以看出在反应进行的 24h 时，用 KOH 中和的酶解糖化液产生了 65mL 的氢气，反应进行到 72h 累积产氢量 398mL，尽管过了 72h 产氢速率开始下降，但在反应进行的 168h 一直有氢气产出。而用 NaOH 调整 pH 的反应料液仅产生了 15.05mL 氢气，此后用 NaOH 调整 pH 的反应料液的产氢量非常小，以至于反应至 144h 就停止产气，这可能是随着反应时间的延长，在高浓度的 Na^+ 作用下，光合细菌混合菌群迅速衰亡导致产气停止。

　　由图 3.32 还可以看出对两种中和试剂滴定料液光合产氢过程对应的还原糖浓度变化，随着反应的进行还原糖料液的浓度总体是下降趋势，最终都降至 1g/L 以下，可以看出尽管用 NaOH 中和的料液光合产氢量很小，但是最终料液中的还原糖浓度也降至很低，原因可能是在光合产氢过程产生的有机酸使还原糖继续降解的缘故或者光合细菌在 NaOH 中和料液中只是消耗还原糖进行生长，后者的推测缘于用 NaOH 中和的酶解料液颜色变得比 KOH 中和的酶解糖化液更红一些，也可能这两种情况同时存在。此外，24h 还原糖变化分别为 KOH 中和的酶解糖化液从 10.67mg/mL 下降至 6.84mg/mL，而 NaOH 中和的糖化料液 10.67mg/mL 下降至 9.86mg/mL，但此时产氢量分别为 KOH 中和料液 65mL 和 NaOH 中和料液 15.05mL。这种产氢能力和糖化液浓度变化的不对等现象可能因为高粱秸秆底物在酶的作用下依然在进行酶解糖化作用，一方面光合产氢在消耗底物还原糖，另一方面酶解在生产底物还原糖，最终料液总还原糖是这两种反应的加和，这种推断从 KOH 中和的酶解料液在反应进行至 72h 时还原糖浓度有小幅增大也可证实。

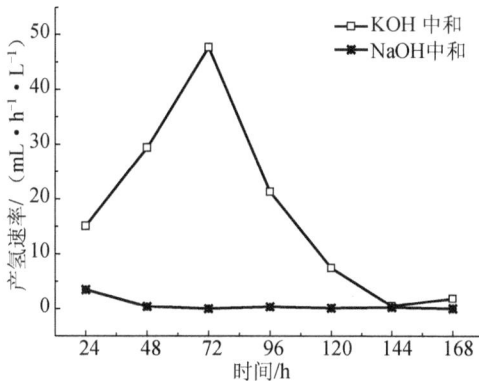

图 3.33 不同中和试剂对酶解料液光合产氢影响
Fig. 3.33 Effects of different neutralization reagent on photosynthetic hydrogen production of substrate hydrolysised by enzyme

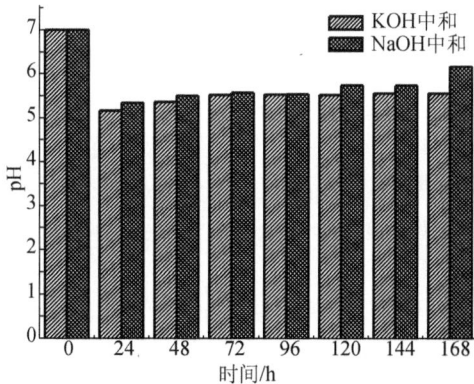

图 3.34 不同中和试剂酶解料液产氢过程 pH 变化
Fig. 3.34 pH of substrate with different neutralization reagent during the photosynthetic hydrogen production by PSB

由图 3.33 可以看出用 KOH 中和的酶解料液最大的产氢速率出现在光合产氢第 72h，产氢速率为 47.7mL/h·L，此后反应速率开始递减。而用 NaOH 中和的酶解料液的最大反应速率出现在光合产氢第 24h，此后速率一直降低，到 72h 时降为 0，此后又有小幅增大，到 168h 又减至 0，原因可能是在高浓度 Na$^+$ 条件下，菌体大部分衰亡, 产气结束, 但有小部分产生抵抗能力所以产气又有小幅增大。

资料显示光合细菌光合产氢系统的 pH 对菌株放氢有着重要的影响, 其产氢能力最强的初始 pH 为 7.0~8.0。整个产氢过程 pH 变化见图 3.34, 由图可看出已经调整为 pH 为 7.0 的糖化料液在反应进行至 24h 时 pH 都大幅降低, 其中 NaOH 中和的糖化料液 pH 在整个产氢过程中比 KOH 中和的糖化料液 pH 大, 而对应的前 24h 用 KOH 中和的糖化料液的产氢量也比 NaOH 中和的糖化料液产氢量大, 说明光合细菌混合菌群在本试验条件下的前 24h 主要是把还原糖降解成有机酸并伴随有氢气溢出, 也说明了反应初期光合细菌混合菌群的代谢产物主要是酸性产物。随着反应的进行可以看出 pH 又开始逐渐增大, 这可能是初期代谢的小分子有机酸被光合细菌混合菌群利用产氢, 此外光合生物反应过程产生的 NH_4^+ 也中和一部分酸, 这些因素都导致 pH 逐渐又开始增大, 而光合产氢后期的 pH 增大可能和菌体自溶有关, 因为在产氢末期检测到的还原糖浓度极低, 其不足以维持光合产氢的正常生理代谢, 从而引起自溶。

3.1.4.3　酶解液离心对光合细菌产氢能力的影响

超微化高粱秸秆先通过酶解糖化为可发酵糖, 然后再利用光合细菌进行光发酵产氢。由于光的吸收对光合细菌光合产氢有着重要影响, 利用超微粉碎的高粱秸秆可能存在对光透过率的影响, 由此推测超微化的高粱秸秆存在于反应液中可能对反应料液的光通透性产生影响, 进而影响光合细菌的产氢能力, 因此将酶解糖化料液进行了离心, 并以不离心的酶解糖化料液为参照, 进行了离心效果对光合细菌混合菌群的累积产氢量、产氢速率、酶解料液在产氢过程中还原糖浓度影响的研究, 以确定光合细菌利用超微秸秆酶解糖化液是否需要离心处理。试验步骤为: 将酶水解料液在大容量电动离心机上以 4 000r/min 的转速离心 15min, 取离心后的上清液 150mL 作为光合细菌混合菌群产氢底物, 用 KOH 滴定至 pH 为 7.0, 按照 20% 的接种量接入 OD_{660} 值为 0.5~0.6 的种子液, 其他步骤见试验方法中酶解糖化料液光合产氢试验部分; 对照组直接采用不离心的糖化料液, 用 KOH 滴定至 pH 为 7.0, 其他步骤同上。

由图 3.35 可以看出离心预处理后酶水解料液的 168h 累积产氢量为 302mL, 而不离心的酶解料液 168h 累积产氢量为 532mL, 是离心料液累积产氢量的 1.76 倍, 这与预先假设的离心可以提高料液透光率, 可能会使产氢能力增大的设想相反。究其原因可以从料液还原糖变化分析, 从图 3.35 中还原糖浓度变化可以看出酶解料液的还原糖浓度一直高于离心后料液的还原糖浓度, 其中酶解料液还原糖在光合产氢 48h 时有一个提升, 由此可以推测在产氢初期, 酶解还在进行, 并且由于还原糖在初期消耗较大, 所以酶解反应加速, 最终导致产氢消耗的还原糖小于酶解的还原糖而导致料液整体还原糖浓度增大, 随着产氢的进行和酶活力的降低, 产氢消耗的还原糖大于酶解还原糖, 料液整体还原糖浓度开始减小, 但是酶解料液的还原糖浓度一直要大于离心过料液的浓度，这说明酶解糖化反应一直在进行，由此认为，尽管离心料液的光透过率增大，但是离心处理过的酶解料液光透过率增大引起的光合产氢效果远比底物浓度增大引起的产氢量增大效果小，所以利用秸秆酶解料液光合产氢不必对料液进行离心处理。

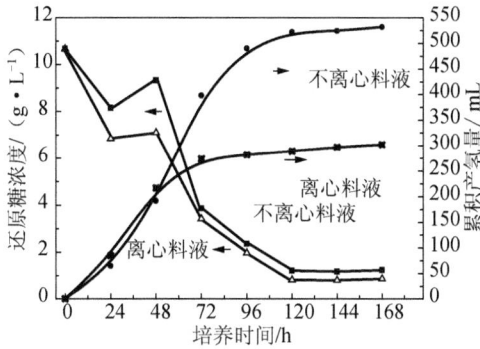

图 3.35 料液离心处理对光发酵产氢的影响

Fig. 3.35 Effects of centrifugal treament on the photosynthetic hydrogen production by PSB

对离心速率的计算依然以 24h 为计算时间段，每 24h 的产氢量除以光发酵料液的体积和时间就是 24h 平均产氢速率。由图 3.36 可以看出，经过离心预处理的酶水解料液在光合产氢初期产氢速率要高于没有离心处理的酶水解料液，并且产氢速率出现的峰值出现在 48h，而没有离心处理的酶水解料液产氢速率出现的峰值出现在 72h，这说明离心预处理能将产氢高峰提前，原因可能是离心预处理的酶水解料液消除了超微秸秆颗粒和纤维素酶对光在料液中传播的阻碍，使光合细菌混合菌群在较短时间内获得较多的光能从而有效产氢，但是可以看没有经过离心处理的酶水解料液的最大产氢速率达到了 47.68mL/（h·L），而离心处理过的酶

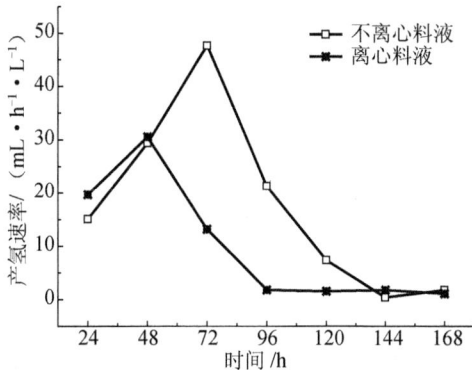

图 3.36 料液离心处理对酶解料液光合产氢速率影响

Fig. 3.36 Effects of centrifugal treament on rate of photosynthetic hydrogen production of substrate hydrolysised by enzyme

水解料液的最大产氢速率为 30.56mL/（h·L），两者相差达到了 17.12mL/（h·L），并且在光发酵进行到 48h 以后直到反应进行到 144h 前，没有经过离心处理的酶水解料液的产氢速率一直大于经过离心处理的酶水解料液。在光发酵进行到 144h 时经过离心处理的酶水解料液反应速率又超过经过离心预处理的酶水解料液，这可能是因为随着光发酵的进行，大多还原糖已经消耗，底物浓度对光合细菌混合菌群光和产氢的影响慢慢减小，光在料液中的透过性的影响又开始凸现引起。

　　反应过程 pH 的测量是微生物生命活动过程新陈代谢的反应，可以由此推测光合细菌混合菌群在利用不同处理料液进行光合作用的机理。这里可以结合离心预处理对光合细菌混合菌群产氢速率的影响来分析，由图 4.6 可以看出在光发酵开始的 24h 里，经过离心预处理的酶水解料液的 pH 为 5.28，而没有离心过的酶解料液 pH 为 5.16，对应的此时刻的产氢速率经过离心的酶水解料液要高于没有离心过的酶水解料液。当光发酵反应进行到 72h 时，可以看到没有经过离心的酶水解料液的 pH 为 5.52，而离心过的酶水解料液的 pH 为 5.27，此刻不离心的酶水解料液的产氢速率达到了最大并超过了离心处理料液的产氢速率。随后在光发酵进行的第 120h，离心预处理的酶水解料液的 pH 又开始高于没有经过离心处理的酶水解料液，而对应的产氢速率在此离心预处理过的也又高于没有离心处理的酶水解料液，这种趋势一致持续到168h。由此可见反应过程 pH 变化和产氢速率有着重要联系，也说明了本实验室筛选的光合细菌混合菌群产氢的主要途径是利用小分子有机酸，当有机酸消耗导致 pH 增大时，产气就会对应出现一个增大（图 3.37）。

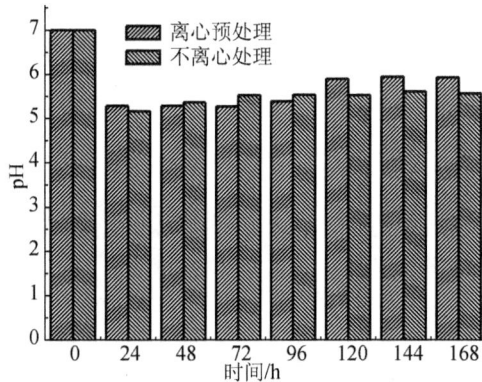

图 3.37　料液离心处理对酶解料液光合产氢速率影响

Fig. 3.37　Effects of centrifugal treament on pH during photosynthetic hydrogen production of substrate hydrolysised by enzyme

3.1.4.4　不同秸秆浓度对光合产氢的影响

为了制得不同还原糖浓度的酶解料液,在酶解阶段需采用不同的秸秆底物浓度。具体的酶解条件为:将球磨 2h 的高粱秸秆放入三个 250mL 三角瓶中,按秸秆底物浓度 25g/L、67g/L 和 109g/L 加入柠檬酸-柠檬酸钠缓冲液,将秸秆和缓冲液混合物放入 50℃恒温水浴中保温 20min,按照 0.042g 纤维素酶/1g 秸秆的酶负荷加入纤维素酶,摇晃混匀放入温度 50℃、转速 150r/min 摇床中反应 48h,取上清液按 DNS 法测定还原糖浓度。试验过程检测结果见图 3.38~图 3.40。.

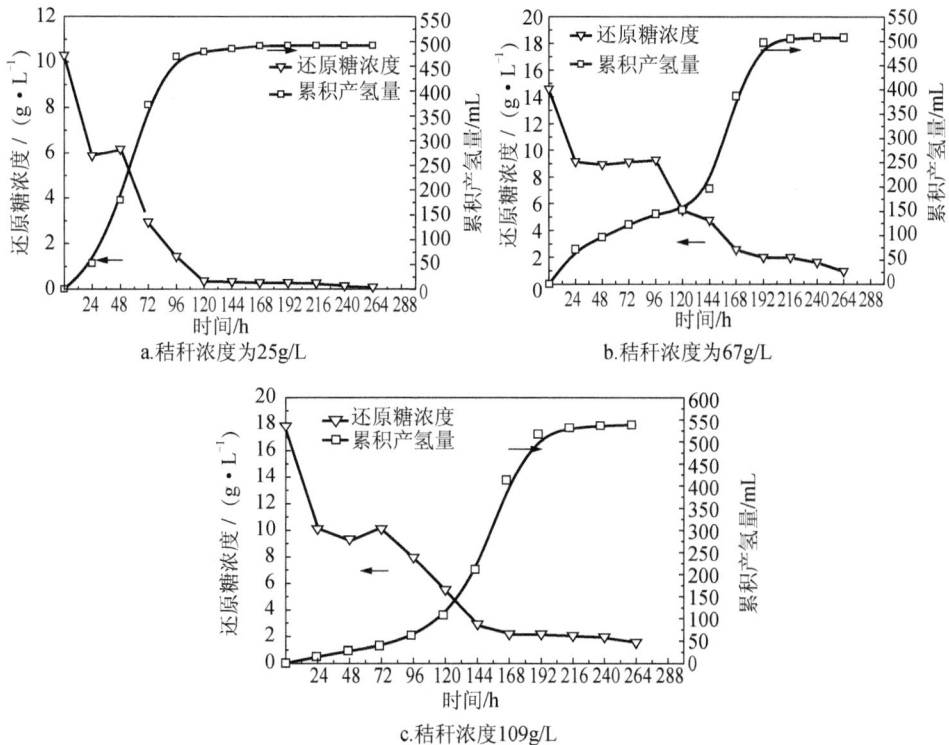

图 3.38　不同秸秆浓度光合产氢过程酶解料液的还原糖浓度及累积产氢量

Fig. 3.38　Reducing sugar concentration and cumulative H$_2$ production under the condition of different straw concentrations during photohydrogen production

图 3.38 是不同秸秆浓度的酶水解还原糖料液在光合产氢过程中还原糖浓度变化和累积产氢量的变化。由图 3.38 可以看出在光发酵进行的 264h 中,秸秆浓度为 25g/L 的秸秆累积产氢量达到了 492mL,秸秆浓度为 67g/L 的累积产氢量为 507mL,秸秆浓度为 109g/L 的累积产氢量为 538mL,即光合产氢累积产氢量随着秸秆浓度的增大而增大。由图 3.38 还可以看出,秸秆浓度为 25g/L 酶解料液的还原糖在反应进行的 24h 和 48h 之间还原糖浓度有小幅增加,秸秆浓度为 67g/L 的酶解料液的还原糖在反应进行的 24h 和 96h 之间有小幅增加,当秸秆浓度增大到

109g/L 时，酶解料液光合产氢过程在 48h 和 72h 之间也有小幅增加，这和前面对于离心处理试验和中和试剂试验中出现的规律很相似，因此基本可以断定，在光合产氢的初期，的确存在着酶水解糖化产还原糖和光合产氢消耗还原糖两种过程，测定得到的料液还原糖浓度是这两个过程的叠加体现。图 3.38 还显示，当秸秆浓度达到 109g/L 时，初期 72h 内的日产氢量是最小的，究其原因可能是过高的秸秆浓度尽管提供了较高的还原糖浓度，但是秸秆浓度的增大对光在料液中的传播也出现了阻碍，因此光合细菌在反应初期获取的光能减小，导致初期产气量较小，这种现象通过产氢速率图示也可以看出。此外还可以看出在不同秸秆浓度对光合产氢的影响的试验相比于离心预处理试验和中和试剂试验，其光合产氢监测时间延长至 264h，这是缘于在试验过程中发现秸秆浓度较高的产氢高峰期并不在 72h，而是推后至 168h，对于这个"产气高峰延滞"现象在下面的产氢速率中给予分析。

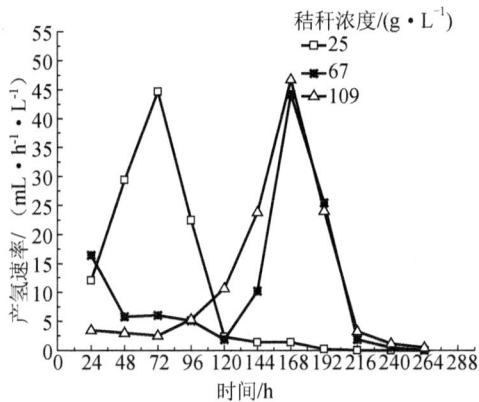

图 3.39　秸秆浓度对酶解料液光合产氢速率的影响

Fig. 3.39　Effects of straw concentration on photohydrogen production rate

图 3.39 是不同秸秆浓度酶水解料液光合产氢速率变化。由图 3.39 可以看出秸秆浓度为 25g/L 的酶水解料液的最大产氢速率为 44.67mL/（h·L），出现在光合产氢进行的第 72h；秸秆浓度为 67g/L 的酶水解料液的最大产氢速率为 44.21mL/（h·L），出现在光合产氢进行的第 168h；秸秆浓度为 109g/L 的酶水解料液的最大产氢速率围为 46.76mL/（h·L），出现在光合产氢进行的第 168h，可以看出最大产氢速率相差不大，但是产氢峰值出现的时间延后。产氢速率相差不大可能是尽管秸秆浓度造成了不同的还原糖浓度，但是光合细菌在这个试验中接种量都是 30%，不同的秸秆浓度所产的还原糖都达到了这个接种条件下光合细菌的最大产氢能力，所以提高还原糖浓度并不能大幅度提高最大产氢速率。产氢峰值延后可能是高浓度的秸秆酶水解提供了较高浓度的还原糖，根据前面离心处理试验和中和试剂试验的结论可以推测本试验室筛选的光合产氢混合菌群的前期主要是将糖代谢为酸，因此较大的还原糖浓度需要较长的时间进行代谢产酸，随后在产酸结束后

迅速代谢有机酸释放氢气，达到产氢峰值，此外还可以看出高浓度秸秆的峰值面积要大于低峰值的面积，由此可以认为以高浓度酶水解为底物的光合产氢光发酵过程可以保持较长时间的高效产氢期。

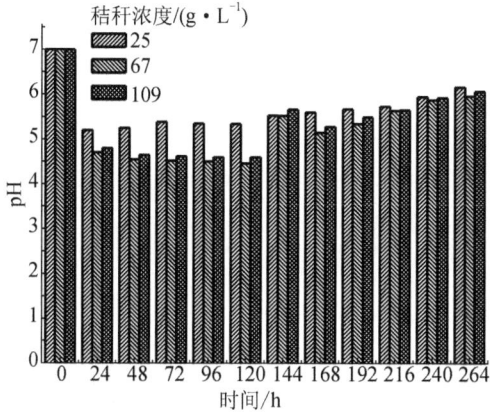

图 3.40 秸秆浓度对光合产氢过程 pH 的影响

Fig. 3.40 Effects of straw concentration on pH during photohydrogen production

将不同秸秆浓度的光合产氢过程 pH 的变化用柱状图 3.40 表达，由图 3.40 可以看出，秸秆浓度 25g/L 的酶水解料液的 pH 整个过程都比秸秆浓度为 67g/L 和 109g/L 的 pH 大，这种现象可以解释为底物浓度越小光合细菌混合菌群在初期利用还原糖产酸时产酸量比较小，所以 pH 较其他两种浓度秸秆的 pH 大。但有趣的是当秸秆浓度达到 109g/L 时的酶水解料液的 pH 在整个过程比秸秆浓度为 67g/L 的也要大，并不像预期的当还原糖浓度越大，在酸化阶段产生的有机酸越多而导致 pH 越低，从试验现象来看秸秆浓度为 109g/L 的光合反应器中反应料液的颜色比其他两种浓度秸秆的颜色都要红，而且光合产氢初期的产氢量较小，由此推测当还原糖浓度过大时，光合反应器内光合细菌混合菌群在反应初期主要是利用底物进行生长，减少了对光合产氢的底物供应，其生长代谢产生的代谢物 NH_4^+ 中和了所产生的有机酸，导致 pH 增大。

从中和试剂、离心处理和秸秆浓度对光合细菌混合菌群光合产氢过程的 pH 的变化规律可以看出相同的规律：在产氢初期存在酸化现象，这可能是光合细菌混合菌群利用酶解还原糖在厌氧的环境下通过 EMP 途径（Embdem-Meyerhof-Parnas Pathway）产生丙酮酸、ATP 和还原型辅酶 I（NADH，烟酰胺腺嘌呤二核苷酸），由于是厌氧环境，所产生的丙酮酸在 NADH 作用下进一步转变为乳酸，最后光合细菌利用乳酸在光照条件下产氢，这种过程体现在试验现象就是光发酵料液的 pH 先大幅降低，然后随着氢气的溢出开始逐渐小幅增大。三组试验现象的 pH 监控过程相似，所以认为可以由对产氢量的变化来推测 pH 的变化，因此后面的试验将不再酶水解料液变化进行 pH 监测。

同时，在中和试剂、离心处理和秸秆浓度对光合细菌混合菌群光合产氢过程中光发酵料液的还原糖浓度监测中也发现了相似的规律：在产氢初期，同时存在着酶水解糖化和光和细菌利用还原糖光合产氢两个反应，当光合细菌光合产氢消耗了还原糖后使秸秆酶水解反应向着正方向进行，由此会出现光发酵料液在初期出现小幅增大的现象。

3.1.4.5　接种量对光合菌利用酶解料液光合产氢的影响

以 5g 球磨 2h 的高粱秸秆为酶解底物、酶试剂 187.5mg、柠檬酸-柠檬酸钠缓冲液 150mL 混合后按酶水解试验步骤酶解 48h 得到酶解糖化产物为光合产氢碳源，同时加入初始 OD_{660} 值为 0.5～0.6 光合细菌混合菌群种子液，分别进行 10%、20%、30%、50%接种量的产氢研究。试验过程检测结果见图 3.41 和图 3.42。

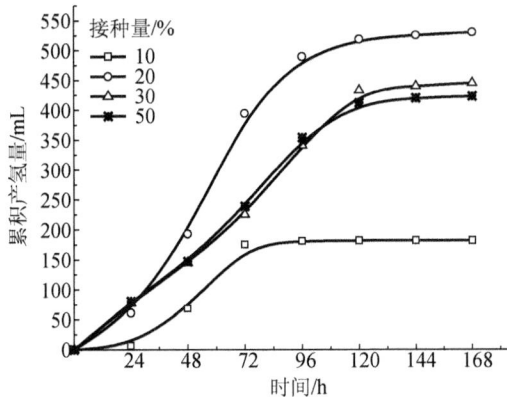

图 3.41　不同接种量对累积产氢量的影响
Fig. 3.41　Effects of inoculum on cumulative hydrogen production

图 3.41 是不同种子液接种量对光发酵产氢的影响，结果表明接种量对光合混合菌群利用酶解还原料液累积产氢量具有直接影响。当种子液接种量为 10%时，发酵 24h 仅有 6mL 氢气产生，最大产氢量出现在反应进行的 72h，日产氢量达到了 107mL，发酵 96h 后产氢停止；当种子液接种量为 20%时，发酵 24h 即有 61mL 氢气产生，最大产氢量出现在反应进行 72h，日产氢量达到了 201mL，产氢过程一直持续到 168h，只是日产氢量有较大下降；种子液接种量 30%时，24h 产氢量达到了 78mL，初期产氢量要大于 20%接种量，72h 后累积产氢量低于 20%；当种子液接种量达到 50%时，累积产氢规律与 30%接种量的产氢规律很相似，24h 初始产氢量达到 80mL，最大日产氢量出现在 96h，72～96h 产氢量为 115mL，此后日产氢量逐步减小。可以看出接种量超过 30%的光发酵产氢代谢曲线和小于 30%的有很大不同，这可能是接种量超出一定范围光合细菌混合菌群发生了一些生理变化。从总累积产氢量来看，20%的接种量较合适。接种量为 10%时，接种量前后光合细菌混合菌群的环境变化也要相对大些，菌体需要更产的时间适应环

境，所以初始 24h 产氢量较小，当接种量增大时，接种时带入了较多的种子液，种子液中含有较多的体外水解酶有利于对基质的作用，在氮源缺乏的情况下利用还原糖代谢快速产氢，所以初始日产氢量随着接种浓度增大而增大，但随着光发酵的进行，接种量大的由于代谢过快，基质黏性增大，衰老细胞增多，光透过率降低，导致光发酵后劲不足，日产氢量减少。

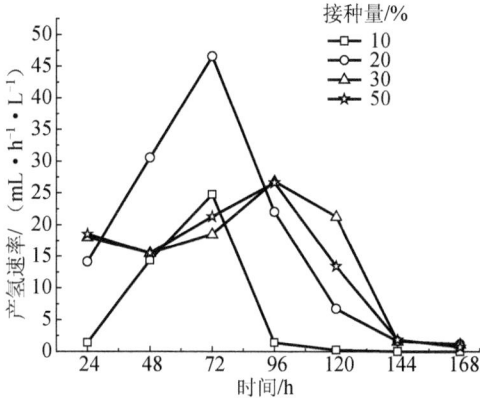

图 3.42　接种量对产氢速率的影响

Fig. 3.42　Effects of inoculum on hydrogen production rate

图 3.42 是接种量对光合产氢速率的影响，从图 3.42 中可以看出在其他反应条件相同时，10% 和接种量 20% 的最大反应速率出现在 72h 外，30% 和 50% 接种量的最大反应速率都出现在 96h。其中 10% 接种量的产气周期比较短，96h 后就不再产气，20% 的种子液接种量的反应料液具有最大反应速率 46.53mL/（h·L）和最大的累积产氢量，而接种量超过 20% 的光发酵过程初始产气速率都比较大，但是最大产气速率要低于接种量为 20% 的光发酵。由此可见接种量过低或者过高对高粱秸秆酶解液光合产氢过程都产生负影响。因此总体上来说，利用超微粉碎高粱秸秆酶水解料液光发酵产氢的接种量以 20% 比较合适。

3.1.4.6　菌龄对光合混合菌利用酶解料液光合产氢的影响

不同菌龄细菌具有的酶系统的特性不同，菌株菌龄的长短对菌株的生理状态和培养物的化学组分也有着直接影响。Felten 利用不同菌龄的 *R. rubrum* 并采用固定化技术发现菌龄 70h 的细菌具有最高的产氢活性，因此认为菌龄是影响光合产氢的关键因子。采用 24h、48h、72h 和 96h 菌龄的光合混合菌按接种量 20% 接种至酶解料液光合产氢 48h，酶解料液是以 5g 高粱秸秆为底物、酶试剂 187.5mg、柠檬酸-柠檬酸钠缓冲液 150mL 酶解 48h 得到酶解糖化产物，并用 KOH 中和至 pH 为 7.0。结果见表 3.1。

表 3.1　菌龄对光合混合菌利用酶解料液产氢的影响

Table 3.1　Effects of strain age on H₂ photo production from enzymatic hydrolysis

不同菌龄光合混合菌	48h 累积产氢量/mL	48h 平均产氢速率/ [mL·(L·h)⁻¹]
24	154	17.82
48	192	22.22
72	189	21.87
96	182	21.06

由表 3.1 可以看出在利用酶解料液进行光合产氢时,菌龄 48h 的光合混合菌的产氢速率最大,24h 菌龄的产氢速率最小,其中 48h、72h 和 96h 菌龄的产氢速率差别不大,该结论和钱一帆的研究基本一致,只是产氢速率比他的研究结果要大,这可能是由于产氢利用的基质、光合细菌菌群和反应条件的差别而引起的。

3.1.4.7　光照度对光合细菌混合菌群利用酶解料液光合产氢的影响

和暗发酵不同的是,光和细菌的光发酵过程必须有光的参与才能完成。光合细菌光发酵产氢过程中分子氢的产生是经固氮酶催化的不可逆过程,光合细菌利用光产氢的能力不仅和菌体本身的活性和菌体利用有机底物的能力有关,也取决于固氮酶的含量。合理调节合成固氮酶的外界条件使固氮酶含量有所增加,就可以提高产氢率。有研究资料表明增加光强度能刺激固氮酶的合成,从而影响光合产氢过程。当光合菌利用超微粉碎的高粱秸秆酶解料液光发酵产氢时,由于超微颗粒和酶试剂存在于料液中,它们对光在料液中的传输产生影响,从而进一步影响光合细菌对光的捕捉,因此就非常有必要对光合细菌利用超微秸秆酶解光发酵过程中光照度对产氢能力的影响进行研究,以确定在秸秆酶解料液作为发酵基质的条件下选择合适的光照强度。

图 3.43 和图 3.44 分别给出了光合细菌在不同光照度下利用秸秆酶水解料液累积产氢量的变化和产氢速率的变化。结果表明,光照度对光合细菌混合菌群累积产氢量、最大产氢速率和平均产氢速率都有显著影响。当光照度从 500lx 增大到 1 000lx 时,其累积产氢量从 328mL 增大到 396mL,增幅为 68mL;当光照度从 1 000lx 增大到 3 000lx 时,其累积产氢量从 396mL 增大到 530mL,增幅为 134mL;当光照度从 3 000lx 增大到 5 000lx 时,其累积产氢量从 530mL 增大到 560mL,增幅为 30mL;当光照度从 5 000lx 增大到 6 000lx 时,其累积产氢量反而从 560mL 减小到 538mL,减少量为 22mL,原因可能是当光照度为 500lx 时,光合细菌混合菌群捕获的光能不足,所以累积产氢量较小,同时由图 3.43 可以看出光照度为 500lx 时的最大日产氢量出现的时间要比光照度强的晚,这可能是由于种子液培养环境是在 2 000lx 条件下,当进入光照度为 500lx 的光发酵反应器后需要有一个"适应期",从而出现产气高峰期滞后的现象。

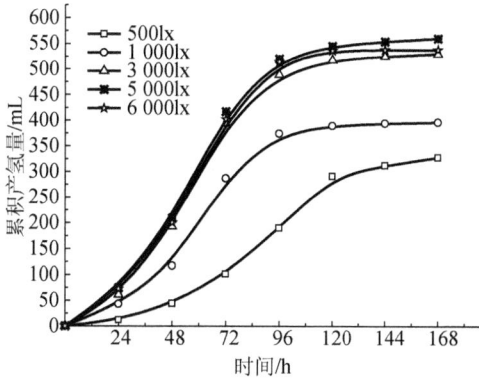

图 3.43 光照度对累积产氢量影响

Fig. 3.43 Effects of light intensity on cumulative hydrogen production

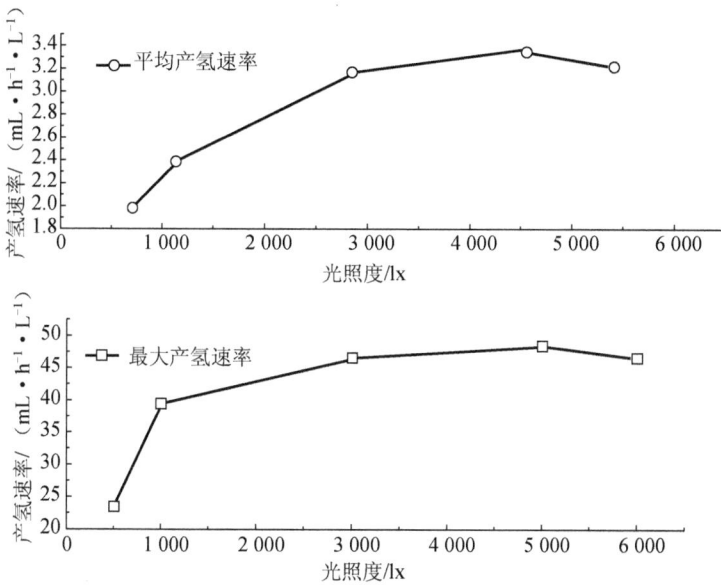

图 3.44 不同光照度下光合细菌混合菌群的产氢速率

Fig. 3.44 Hydrogen production rate of photosynthetic bacteria mixed culture under different light intensity

当光照度从 5 000lx 增大到 6 000lx 时，累积产氢量减小的现象说明出现了过强的光对光合细菌产氢代谢产生了抑制作用，这和杨素萍在利用乙酸为碳源光合放氢的研究中发现的现象是一致的。这种现象和植物光合作用中出现光强度过大时的"光抑制"相类似，这说明生物都存在代谢调整机制，从而适应外界环境条件的变化，但是光合细菌的光发酵不同于植物的光合作用，植物是利用闭合导气孔来减小光合作用，而光合细菌光发酵产氢的主要机构是光合系统 I，由固氮酶利用 ATP、质子和电子生产氢气。由此推测很可能是光照强度超过某个"限度"后，光合系统 I 过量激发，此时尽管生产的高能态电子增多，但 EMP 途径产生的电子供体有限，因此没有充足的电子供体，导致产氢量减小，另外也可能和光照度过强时由光源引起的热量使光发酵反应器温度升高，固氮酶活性降低有关。从图 3.44 产氢速率随光照度的变化也可以看出，当光照度从 500lx 增大到 5 000lx，不管是最大产氢速率还是 168h 平均产氢速率都随着光照度的增大而增大，超过 5 000lx 后最大速率和 168h 平均速率都开始减小，这说明光照度对光合细菌的光发酵过程中产氢速率的促进作用存在一个"界限"，超过这个界限后光合细菌混合菌群的产氢速率开始下降，这个界限可能和植物光合作用中的"光饱和点"相类似，本研究中的光合细菌混合菌群利用酶解料液在所设定反应条件下的"光饱和点"对应的光照度在 5 000～6 000lx。

　　另一方面由图 3.44 可以看出，虽然光照度在 500～5 000lx 累积产氢量和产氢速率都在递增，但是超过 3 000lx 后递增幅度减小，为了衡量光能增量和氢气产出体积增量的关系，这里引入光能增量影响系数 I 的概念

$$I = \frac{光合产氢过程氢气的体积增量}{光照度的增量}$$

　　这个系数是在其他所有环境因素、光合细菌混合菌群和底物因素完全相同的条件下，假设产出的氢气体积的增加量只能和光照度一个因素有关的，那么光照度增大对光合细菌光合产氢量的影响就可以通过光能增量影响系数来表示。这个系数的引入有助于衡量能量的利用效率。依据这个概念，不同光能增大阶段对应的光能增量影响系数见图 3.45。

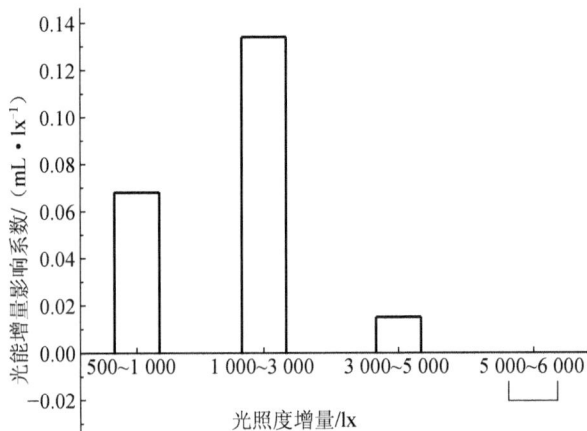

图 3.45　不同光照度下光合细菌混合菌群的产氢速率

Fig. 3.45　Hydrogen production rate of photosynthetic bacteria culture under different light intensity

　　图 3.45 是根据光能增量影响系数概念计算得出的结果。结果表明，光能的输出利用效率并不随着光照度的增大而增大，而是存在一个峰值。在 500～1 000lx，每增加 1lx 的光照度所引起的 168h 平均氢气体积增量是 0.068mL，在 1 000～3 000lx，每增加 1lx 的光照度所引起的 168h 平均氢气体积增量达到了 0.134mL，在 3 000～5 000lx 每增加 1lx 的光照度所引起的 168h 平均氢气体积增量却只有

0.015mL，超过 5 000lx 后的光能增加不仅没有引起氢气增加反而有所减少，由此从光合细菌的光能利用率来说，在本试验条件下比较合适的光照范围应该在 1 000～3 000lx。

3.1.4.8　小结

（1）由于超微粉碎的秸秆酶水解最适宜的 pH 和光合细菌光发酵产氢所需要的初始 pH 不相同，所以利用秸秆酶水解料液光发酵产氢需要进行中和滴定，酶水解反应阶段采用柠檬酸-柠檬酸钠缓冲液得到的酶水解料液采用质量分数 50%KOH 作为中和试剂时累积产氢量 532mL，而用质量分数 50%NaOH 作为中和试剂时利用酶水解料液光发酵产氢的累积产氢量仅有 19.56mL，即 KOH 中和的糖化料液累积产氢量比 NaOH 中和糖化料液累积产氢量 27 倍还多，这种现象可能是由于酶水解阶段的缓冲液中已经有较多的 Na^+，继续用 NaOH 作为中和试剂会给光发酵反应中引入过量 Na^+，形成阳离子中毒。因此用 KOH 作为光发酵前酶水解料液的中和试剂比较合适。

（2）由于利用超微高粱秸秆酶水解料液中存在固体颗粒，有可能对光合细菌混合菌群的光能获取产生影响，因此考察了离心处理对光合细菌光发酵产氢过程的影响。试验结果表明，离心预处理有利于提高初始阶段的产氢速率，但是 168h 总的累积产氢量要低于没有采取离心预处理的酶水解料液，原因可能是初始由于离心酶水解料液的光通透性增大，光合细菌混合菌群获取较多的光能导致产氢速率增大，但是随着反应的进行，其底物浓度减小，而没有经过离心处理的酶水解料液由于存在秸秆酶水解从而提供更大的底物浓度，后期的产氢量增大，导致 168h 总产氢量较大，因此得出结论利用酶水解料液光发酵产氢不必进行离心处理。

（3）采用不同超微秸秆浓度进行酶水解然后进行光发酵的试验研究表明：光合细菌光发酵产氢 168h 后的累积产氢量随着秸秆浓度的增大而增大，但是产气高峰期随着秸秆浓度的增大出现滞后现象，高浓度秸秆的产氢高峰期时段要长一些。对产氢过程的 pH 监控的结果表明秸秆浓度为 25g/L 时的 pH 相对秸秆浓度 67g/L 和 109g/L 时的 pH 要大（144h 产气高峰值处除外），这可能由于浓度小时还原糖浓度也较小，产酸量也较小。但是秸秆浓度 109g/L 时的 pH 几乎也在整个产氢过程高于秸秆浓度为 67g/L 时的 pH，这种现象从反应料液的颜色加重和反应初期产氢量很少可以推测，当还原糖浓度过高时，光合细菌初期光合反应初期是利用大量底物进行生长，生长过程产生的 NH_4^+ 中和了一部分有机酸，导致 pH 增大。

（4）对于不同接种量光合细菌利用超微粉碎高粱秸秆酶解料液的光合产氢试验表明，接种量对光合细菌混合菌群光合产氢有着直接影响，当接种量超过 30% 后光合细菌光合产氢的代谢规律有一定变化，这可能是由于接种量超过一定范围光合细菌的生理变化所致。从所获得的累积产氢量的体积来看，利用超微粉碎高粱秸秆料液光合产氢的适合菌种接种量应为 20%。

（5）菌龄对光合细菌利用超微粉碎高粱秸秆酶解料液的试验表明，菌龄为 48h 的光合细菌混合菌群的产氢速率和累计产氢量最大，而 24h 菌龄的产氢速率最小，因此种子液的培养时间以 48h 为宜。

（6）采用高粱秸秆超微粉体酶解料液作为光合混合菌群的产氢基质，研究光照度对累积产氢量、产氢速率的试验研究，同时依据技术经济学中增量效果分析法提出了光照度增量影响系数 I 的概念，以利用简便方法衡量光能利用效率。结果表明：光照度在 5 000lx 以下时，累积产氢量和产氢速率随着光照度的增大而增大，光照度达到 6 000lx 时，累积产氢量和产氢速率反而下降，这说明 5 000lx 的光照度是一个类似于植物光合作用的"光饱和点"，超过此点后会出现"光抑制"，最终导致累积产氢量和产氢速率下降。尽管光照度在 5 000lx 以下时累积产氢量和产氢速率随着光照度的增大而增大，但从光照度增量影响系数来看，1 000～3 000lx 增加光照度对应的光能利用效率是最高的，在此区间内每增加 1lx 光照度可以使 168h 累积产氢量增加 0.134mL，因此从光合细菌的光能利用率来说，比较合适的光照范围应该为 1 000～3 000lx。

3.1.5　小结

不同的产氢基质所含的有机物不同，处理方法不同，处理后得到的产物也不同，因此，不同的产氢基质对光合生物制氢有着很大的影响，直接影响产氢速率与产氢量。在进行光合生物制氢反应时，对产氢基质的选择尤为重要。以光合产氢混合菌群为研究对象，研究了不同碳源、氮源对光合产氢混合菌群生长和产氢的影响，探讨了光合细菌生长和产氢产氢过程中对碳氮源的利用规律，进一步以葡萄糖为产氢基质，研究了产氢基质在产氢过程中对菌体的生长及产氢的影响，探讨光合细菌以葡萄糖为产氢底物时的生长和产氢特性，探求了产氢基质的降解规律。目的在于揭示光合细菌生长和产氢过程中基质利用的相关规律，为光合细菌产氢机理研究提供参考。

（1）光合细菌能够利用乙酸、丁酸、丙酮酸等小分子酸醇作为生长碳源快速生长，TCA（三羧酸循环）途径的中间代谢物也容易为光合细菌所利用。光合细菌利用乙酸生长时，乙酸的最佳添加浓度为 80mmol/L；利用乙酸产氢时，乙酸的最佳添加浓度 40mmol/L。光合细菌利用乙酸生长时，24～120h 对数生长期内乙酸最大消耗速率 1.29mmol/h；利用乙酸产氢时，48～96h 产氢高峰期内乙酸最大消耗速率 0.64mmol/h。

（2）光合细菌对氮源有很强的选择性，无机氮源尤其是铵盐类物质最易为光合细菌所利用，有机氮源次之，N_2 则最为缓慢。光合细菌以（NH_4）$_2SO_4$ 为氮源生长时，（NH_4）$_2SO_4$ 的最佳添加浓度为 3.5～7g/L，24～120h 菌体进入对数生长期，（NH_4）$_2SO_4$ 最大消耗速率 0.105mmol/L。不同有机或无机氮源对光合细菌产氢的影响并不是很明显，有机氮源略好于无机氮源。光合产氢混合菌群以（NH_4）$_2SO_4$ 为氮源产氢时，氮源最佳添加浓度为 3.5mmol/L 时。只在 0～48h 内利用氮源，最大消耗速率 0.03mmol/L，菌体进入产氢高峰期则不再利用氮源。

（3）光合细菌以葡萄糖为基质产氢时，葡萄糖浓度低于 0.05%时，细胞主要利用葡萄糖作为生长碳源，不用于产氢。葡萄糖浓度处于 0.1%～0.4%时，细胞主要利用葡萄糖进行产酸代谢。葡萄糖浓度大于 0.5%时，菌体则能有效利用葡萄糖产氢，产氢量明显上升。光合细菌利用葡萄糖的最佳添加浓度为 3%。

（4）光合细菌利用葡萄糖产氢的过程存在着代谢产酸的过程，低 pH 条件下菌体的生长和产氢受到抑制，产氢稳定性较差。产氢过程中批次添加葡萄糖对菌体的衰亡有一定的抑制作用，但对产氢没有促进作用，外源调节培养液的 pH 则对细胞的生长和产氢有促进作用。

（5）光合细菌利用葡萄糖产氢时，葡萄糖在 24～96h 迅速降解，分解葡萄糖产酸，葡萄糖最大消耗速率 2.75mmol/L，96h 后葡萄糖基本降解完毕，菌体进入产氢末期。产氢高峰期菌体利用葡萄糖的主要代谢产物为乙酸，产氢末期菌体利用葡萄糖的主要代谢产物为丁酸。

（6）Monod 方程可以较好地描述光合细菌产氢过程中延滞期和对数增长期菌体生长变化情况，在 0～96h 内模拟值与试验值相对误差小于 5%。由 Monod 方程推导的底物消耗模型能够反映出光合细菌利用葡萄糖产氢过程中产氢延滞期和高峰期底物的消耗变化规律，0～72h 内模拟值与试验值相对误差小于 5%，但不适用于 72h 后菌液中葡萄糖的降解规律。

3.2　光源对光合生物制氢过程的影响

在人类社会经济快速发展的今天，能源短缺成为制约发展的关键性因素。由于化石能源的不可再生性以及对环境造成严重污染等缺点，清洁、可再生能源的研发与应用在各国已被提上日程。光合细菌可以广泛利用太阳光波段进行光合作用，将光能转化为自身需要的能量从而进行新陈代谢活动，同时释放氢气，并且可以用的底物范围广泛，在产氢的同时可以分解有机物，进行废物处理。由于光合细菌制氢不需要消耗矿物资源，因此受到大多数国家的重视。光合色素是光合生物所特有的色素，是将光能转化为化学能的关键物质。不同的光合细菌菌种含有不同的光合色素，光合色素的种类和数量对光的捕获产生重要影响。因此研究光合细菌在特定波段光源下的产氢和生长特性就显得尤为必要。

目前关于光照条件的研究主要集中在以下几方面。

（1）光合细菌在不同光照强度下的生长和产氢特性。不同光合细菌菌种对光照强度的要求不同，但是众多学者研究表明过高和过低的光照强度并不利于产氢。

（2）光合细菌在黑暗和光照条件交替进行下的生长和产氢特性。Wakayama 将光暗条件按 30min 进行交替转换获得了 22L/（m²·d）的高产氢量，这时同条件下每 12h 交替转换的 2 倍。

（3）光合细菌在自然光照和人工光照条件交替下生长和产氢特性。Pietro Carlozzi 设置自然光和人工控光对光照和黑暗交替循环下对产氢特性进行对比试验，结果显示自然交替循环状态下最大光转化效率是人工控制最大光转化效率的

1.32 倍，说明自然形式光源是光合细菌生长和产氢的最佳光源形式。

（4）光源分布方式的研究。按照光源分布方式分为内置光源、外置光源和光源内外结合分布。

（5）光合反应器的结构形式研究。光合细菌产氢和生长过程中对光的需求这一特性决定了光合反应器采光结构的设计。目前国内外光合反应器的主要结构形式分为管式、板式（箱式）、柱状、瓶状光合反应器。意大利曾有人研制出以自然光源（试验时也采用人工光源）为光源的环管式反应器，该反应器由 10 支直管通过 U 型接头联结而成，每支 2m，内径 48mm，有效工作容积 53L。由于完全裸露在环境中，反应液温度受环境条件变化较大，不易控制，光能利用低。有学者曾研究出内布光式的盘绕管光合制氢反应器，柔性反应管沿固定框架绕成一个桶形结构，将光源置于反应管所绕成的空间内可以实现光能的多方位利用，减少了外布光所造成光损失，提高了光能利用率。欧盟研制的悬挂薄板式反应器，该反应器由 4 个单元组成，每个单元都采用独立的框架支撑，悬挂设计形式增加了光线的透过性，反应器的工作容积 4×28L，采光面积为 4m²，该反应器的产氢和运行特性还未见报道。荷兰研制的单柱式反应器，反应器由有机玻璃制成，直径 20cm，高 2m，总容积为 65L，反应器安装于室外，使用自然光源并配制了温度控制装置，其产氢率达到 0.4mmol H_2/（L·h），其光能转化率为 1.5%。

埃默森效应（enhancement effect）指出绿色植物和藻类等光合成的光能效率在长波长区下降（红色下降 red drop），但当用这种产生红色下降的长波长区的光照射叶绿素和藻类等的同时，一旦碰到较短波长的单色光时，光合成就以高效率进行。针对具有两个光合中心的绿色植物和藻类等使用单色光只使一个系统发生很多激发时的效率低，两种光化学系统同时被激发时效率高。有学者对绿藻进行单色光产氢实验表明蓝色光（去除 500～700nm）明显优于白炽灯。日本 Hiroo Takabatake 基于 Noike 和 Kog 关于蓝光对藻类的实验结果研制了一款采用蓝色光和磁力搅拌的板式反应器，研究光合细菌氨移除实验特性。

河南农业大学课题组依据光合细菌具有可选择的光源和光谱特性，利用课题组筛选培育的光合产氢菌群进行吸收光谱扫描，选择含有吸收波峰的单色光源与实验室常用的白炽灯作产氢对比实验，研究了光合细菌在不同单色光源和白炽灯作用下的产氢规律，依据均匀设计试验法进行对比试验，并采用均匀设计软件进行了优化组合分析，旨在寻找光合产氢菌群适合的产氢波段，提高产氢效率，为光合生物制氢反应器运行过程中的光源系统设计提供依据和科学参考。

3.2.1　光合产氢菌群活细胞吸收光谱的研究

混合光合产氢菌群在富集培养条件下培养 24h 后的吸收光谱见图 3.46，由图 3.46 可以看到，菌群在可见光 380nm、490nm 和 590nm 附近有 4 个吸收峰，此外在 800nm 和 860nm 附近也有明显的吸收峰，表明菌群也能吸收红外光。

单菌株吸收光谱见图 3.47，F1、F5、F7、F11 具有相似的吸收特性，在 375nm 和 590nm 处有最大吸收峰，S7、S9 在 380nm 和 490nm 处有最大吸收峰，L6 的最

大吸收峰为 590nm，7 种菌株均在 800nm 附近有较大吸收峰。比较图 3.46 和图 3.47
发现，当把这 7 种单菌株进行混合培养后，光谱测试结果显示单菌株的最大吸收
峰特性仍能表现出来，说明混合光合产氢菌群的吸收光谱是各种单菌株吸收光谱综
合作用的结果，表明这 7 株产氢优势菌株在混合液中仍表现出各自的特征。

　　紫色和绿色光合细菌都含有光能环式电子传递系统，由基本相同的光合色素
和氧化还原载体构成，包括菌绿素（Bch1）、细菌脱镁叶绿素（Bph）、类胡萝卜
素、醌、铁硫蛋白和细胞色素。菌株在 800nm、865nm 附近有较明显的吸收峰，
表明光合产氢菌群含有菌绿素 a。类胡萝卜素是捕捉光能的辅助性色素，把吸收
的光能高效地传给菌绿素。光合细菌所含类胡萝卜素的种类因菌种的不同而有所
区别。类胡萝卜素吸收带在 400～550nm 的蓝紫光区。

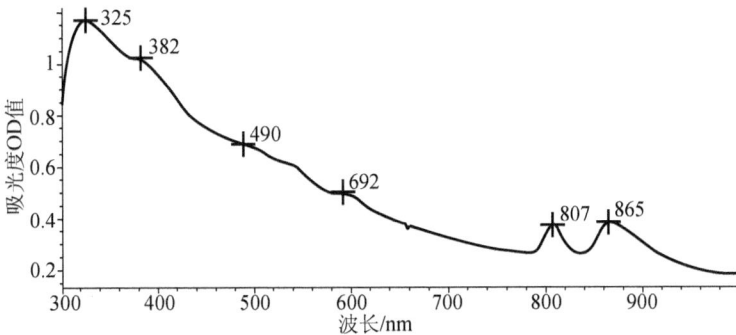

图 3.46　混合光合产氢菌群吸收光谱
Fig. 3.46　The absorption spectrum of mixed photosynthetic bacteria

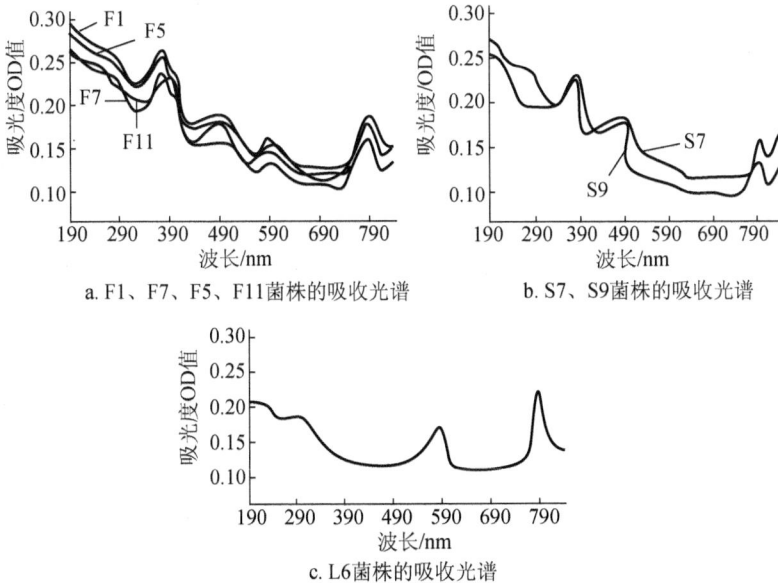

a. F1、F7、F5、F11菌株的吸收光谱　　　b. S7、S9菌株的吸收光谱

c. L6菌株的吸收光谱

图 3.47　单菌株吸收光谱图
Fig. 3.47　The absorption spectrum of single photosynthetic bacteria

图 3.48　LED 光源下光合细菌
产氢实验装置

Fig. 3.48　Equipment of hydrogen
production by photosynthetic
bacteria

3.2.2　不同光源对光合细菌生长和产氢的影响

光合细菌产氢试验装置见图 3.48，根据混合光合产氢菌群 P 的吸收光谱，本实验选择包含明显特征峰及附近的可见光波段即黄（590nm 左右）、蓝（400～520nm）、绿（520～570nm）和没有明显特征峰的红光（620～700nm）以及白光 LED（发光二极管多色混合光谱带）作为光合细菌生长和产氢光源，分别把不同颜色发光二极管光谱带缠绕在对应反应瓶瓶身上，并以胶带固定，然后在外层以锡箔纸进行严密包裹，以防不同光的干扰。另以实验室常用的白炽灯为光源，做对比试验。为保证试验在一个相对稳定、误差最小的环境中运行，将试验装置置于恒温箱中。由于 LED 为冷光源，白炽灯为散热光源，分别搁置在两个恒温箱中进行试验。光合细菌产氢的气体用排水法收集，并定时用 RD-2059G 型氢分析器进行测定。

3.2.2.1　不同光源下光合产氢菌群生长特性

不同光源下光合产氢菌群生长特性见图 3.49，从其生长曲线可以看出：在光合细菌接种后 36h 内细菌生长较为缓慢，为延滞期；从 36h 开始细菌生长进入对数期，主要表现为代谢旺盛，菌体大量繁殖，数目增长迅速，实验过程中发现菌液由棕红色变为深红色。其中黄光、绿光、蓝光和白炽灯表现尤为明显，细菌数目与时间基本呈直线关系；持续到 60h，细菌数目增长有所减缓，但仍处上升趋势；从 72h 开始，细菌进入稳定期，细胞增殖和衰亡处于动态平衡状态；从 96h 开始菌体有明显下降趋势，进入衰亡期，但是衰亡速度较为缓慢，持续时间较长，到 144h 时，菌体 OD 值最大降幅只有 0.5。

从不同光源对细菌生长状况影响来看，黄光作用下细菌生长繁殖最快，最大 OD 值为 2.36，表明细菌对 590nm 左右波段吸收利用率最高；蓝光和绿光下细菌生长繁殖速度相当，最大 OD 值分别为 2.02 和 1.98，都略高于白炽灯下菌体浓度；白光和红光下细菌生长繁殖速度较慢，最大 OD 值仅为 1.17 和 0.95。由光合细菌吸收光谱可知黄光、蓝光和绿光的波长范围都包括光合细菌的吸收峰，红光、白光波长范围没有包含明显的特征峰，说明单色光源只要包含光合细菌吸收峰，对光合细菌的生长就起到一定的促进作用。由此可见，光合细菌吸收波段对细菌生长繁殖产生重要影响。

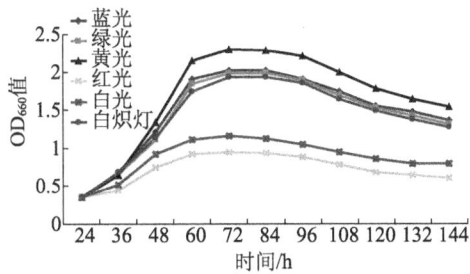

图 3.49　不同光源下光合产氢菌群生长特性

Fig. 3.49　The growth character of photosynthetic bacteria with different light

3.2.2.2　不同光源对光合产氢菌群产氢特性影响的单因素分析

选择温度、光照强度、初始 pH、初始接种浓度、NH_4^+ 浓度为影响因子，每个影响因子设定 4～6 个水平，分别研究各影响因子对不同光源下光合产氢菌群产氢和生长的影响。

1）不同温度对不同光源下光合产氢菌群产氢影响

设置 26℃、28℃、30℃、32℃、34℃ 5 个温度水平，其他条件分别为光照强度为 1 200lx，原料初始 pH 为 7.0，接种量 10%，接种物为培养 48h，OD 值为 0.7 左右的光合产氢菌群生长液，以 20g/L 葡萄糖溶液为产氢底物。

从产氢速率图 3.50 可以看出，各种光源下光合产氢菌群在不同温度范围内最佳产氢速率出现在 48～96h。当温度为 26℃时，各光源下细菌产氢速率曲线较为接近，此时最大产氢速率为 51mL/（L·h）；当温度大于 28℃，产氢速率曲线有了明显分界线，黄光、蓝光和绿光下光合细菌产氢速率较高，白炽灯次之，白光和红光下光合细菌产氢速率没有太明显的提高，此时最大产氢速率为 57.8mL/（L·h）；当温度为 30℃，各光源下光合细菌产氢速率都有明显提高，最大产氢速率为 61.3mL/（L·h）；当温度达到 32℃时，由图 3.50 中可以看到，除白炽灯外，其他光源下产氢速率值与 30℃时基本相同，即随着温度进一步升高，各光源下光合细菌产氢速率没有明显变化；当温度为 34℃时，可以看到产氢速率有小幅度的下降，此时最大产氢速率为 60.1mL/（L·h）。

由产氢量来看，温度对光合产氢菌群产氢有比较显著的影响，除了白炽灯，其他光源下光合细菌有相同的产氢趋势。在 LED 冷光源作用下的光合产氢菌群都在 30～32℃时产氢量最大，26℃时产氢量最小，其次为 28℃时的产氢量，当温度超过 32℃时，产氢量有小幅度下降。在各个温度条件下，黄光、蓝光和绿光下光合细菌的产氢量都较红光、白光和白炽灯下细菌的产氢量高（图 3.51）。

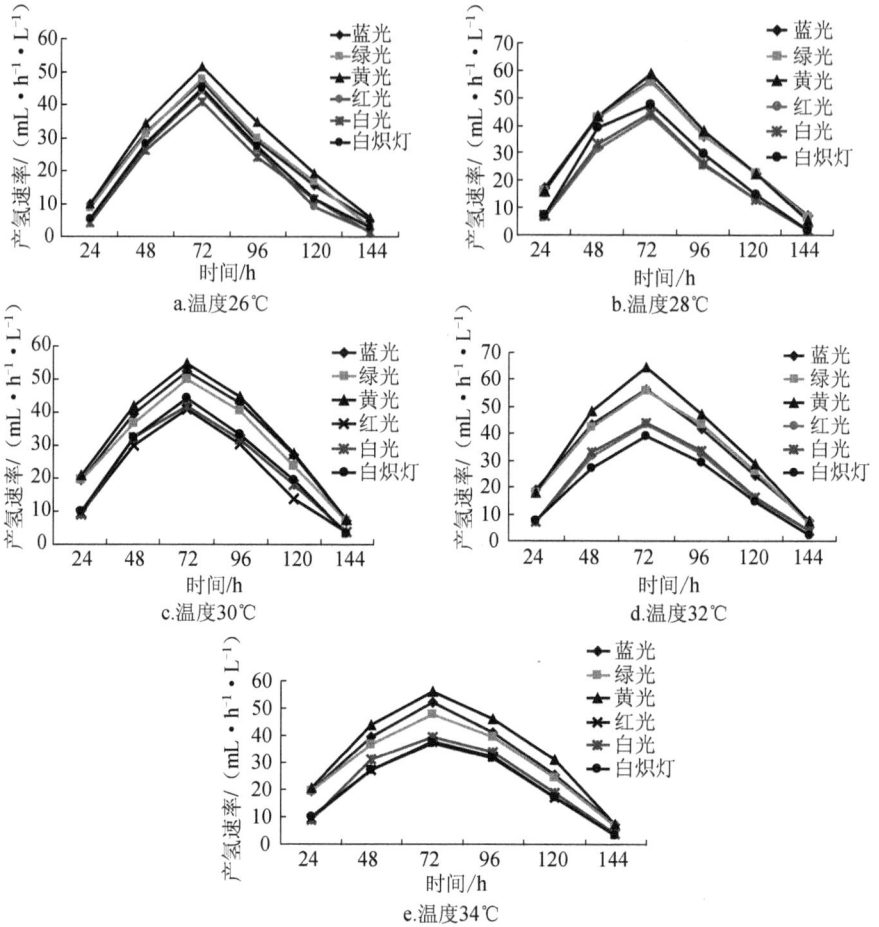

图 3.50　不同温度对各个光源下产氢速率影响

Fig. 3.50　Effects of temperature on hydrogen production velocity by photosynthetic bacteria with different light

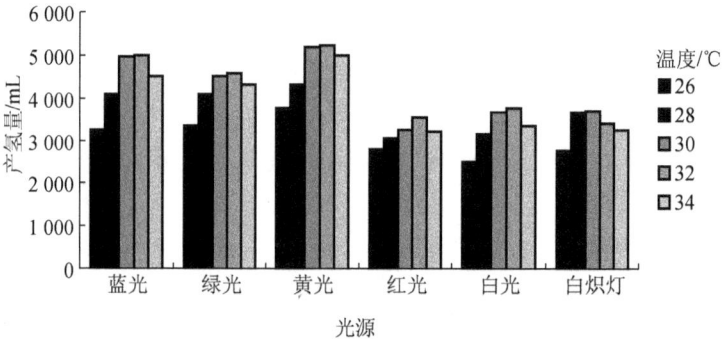

图 3.51　温度对不同光源作用下光合产氢菌群产氢量影响

Fig. 3.51　Effects of temperature on hydrogen production by photosynthetic bacteria with different light

当温度为26℃时，黄光作用下细菌产氢量较高，为3 750mL；当温度为28℃时，蓝光、绿光和黄光作用下细菌产氢量差别不大，分别为4 080mL，4 100mL和4 325mL，而红光、白光作用下细菌产氢量均在3 000mL左右，其中红光下细菌产氢量仅为3 040mL；当温度为30℃时，黄光下细菌产氢量最大，为5 200mL，蓝光次之；当温度为32℃各光源下产氢量有微量上升，可见随着温度的上升，细菌产氢活性受到抑制。当温度为34℃时产氢量平均下降350mL。

以白炽灯为光源的光合产氢菌群在28℃时，产氢量提高了33.3%，30℃时仅提高了45mL，当温度大于30℃时，产氢量开始下降。可能是由于白炽灯将90%以上的电能转化成了热量，随着热量释放导致培养箱温度上升，从而影响光合细菌产氢活性的变化，影响产氢效率。

2）不同光照强度对不同光源下光合产氢菌群产氢影响

设置光照强度为400lx、800lx、1 200lx、1 600lx、2 000lx 5个水平，其他条件分别为温度为30℃，原料初始pH为7.0，接种量10%，接种物为培养48h，OD值为0.7左右的光合产氢菌群生长液，以20g/L葡萄糖溶液为产氢底物做对比实验。光合产氢菌群产氢速率以及产氢总量见图3.52和图3.53。

由图3.52可知，无论光照强度多少，各个光源下光合细菌在24h之前产氢速率都很小，但随着时间的增长产氢速率不断增大，最大产氢速率出现在48～96h。

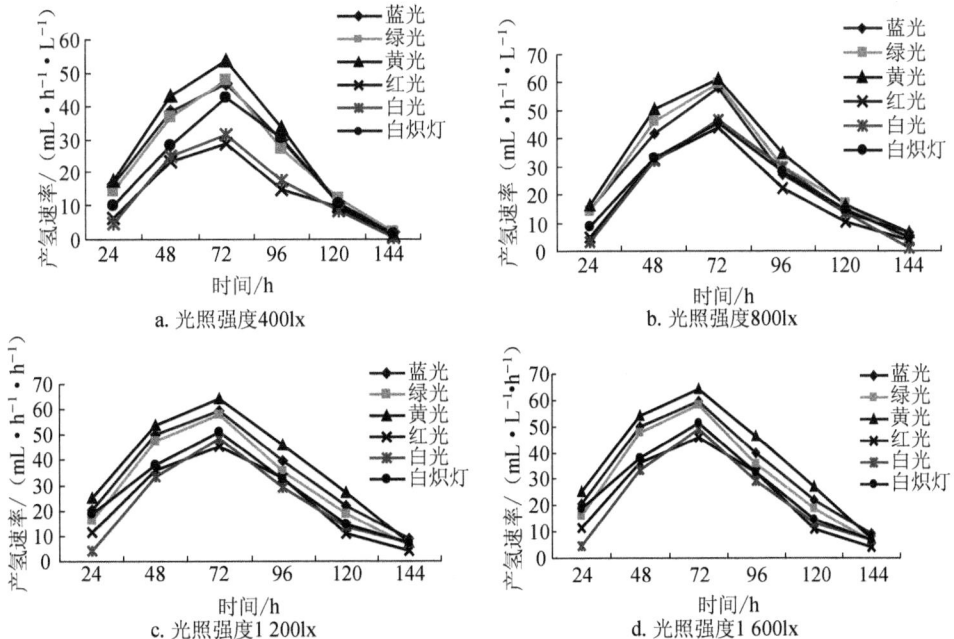

图3.52　不同光照强度对各个光源下产氢速率影响

Fig. 3.52　Effects of light intensity on hydrogen production velocity by photosynthetic bacteria with different light

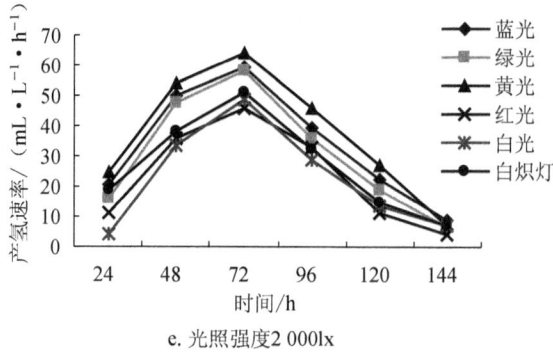

e. 光照强度2 000lx

图 3.52　不同光照强度对各个光源下产氢速率影响（续）

Fig. 3.52　Effects of light intensity on hydrogen production velocity by photosynthetic bacteria with different light（continued）

从各种光源下细菌产氢速率来说，无论光照强度多少，黄光下细菌产氢速率都高于其他五种光下细菌产氢速率，其次是蓝光、绿光和白炽灯，红光和白光产氢速率最低。光照强度小于 400lx 时，黄光最大产氢速率为53.6mL/（L·h），当光照强度大于 800lx 时，黄光、蓝光和绿光下细菌最大产氢速率均为57mL/（L·h）以上，且差别不大，但是产氢速率在 40mL/（L·h）以上所持续时间不同：光照强度大于 1 200lx 时，96h 时黄光产氢速率仍维持在 45mL/（L·h）以上，蓝光和绿光产氢速率分别降为39mL/（L·h）和35mL/（L·h）。每组实验结果显示，黄光、蓝光和绿光下细菌产氢速率分别约是白炽灯下细菌产氢速率的1.29、1.19 和1.21 倍。

各种光源下细菌产氢速率在 1 200～2 000lx 下没有太大变化，表明当光照强度大于1 200lx 时随着光强的加大对各种光源下光合细菌产氢速率没有明显提高作用。

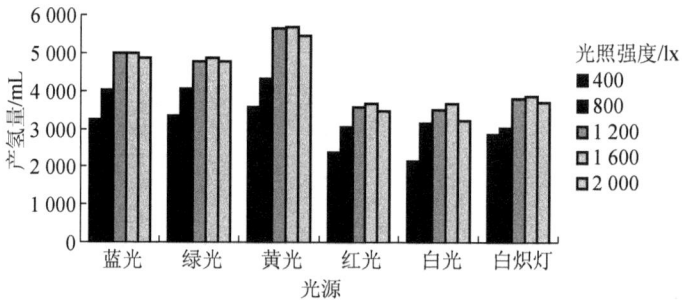

图 3.53　光照强度对不同光源作用下光合产氢菌群产氢量影响

Fig. 3.53　Effects of light intensity on hydrogen production by photosynthetic bacteria with different light

由图3.53可见光合产氢菌群在不同光照下产氢活性随着光照强度的增大而增大，当光强为 800lx 时，蓝光、绿光和黄光作用下细菌产氢量大致相同，分别为4 015mL、4 055mL 和4 325mL，但是当光强达到 1 200lx 时，产氢量骤然上升，分别为 4 980mL、4 780mL 和 5 650mL，红光、白光作用下细菌产氢量也有较为明显提高，6 种光产氢量平均提高了 20%，其中黄光为 30%。说明在 1 200lx 光强下细菌的产氢活性要明显高于 800lx 和 400lx，但是当光照大于 1 200lx 时光合细菌产氢量仅有细微增长，黄光下细菌产氢量基本不变；当光照强度达到 2 000lx 时，细菌产氢量有所下降，说明当光照强度增加到一定程度后对光合细菌产氢量的提高没有明显作用，甚至产氢量下降，可能是由于光合器官吸收了超过光合作用所需的能量，引起 PSI 系统的过量激发，产生"光饱和效应"。

3）不同初始 pH 对不同光源下光合产氢菌群产氢影响

采用 1.0mol/L 的 HCl 或 NaOH 溶液调整原料 pH，设定为 4、5、6、7、8 五个水平，其他条件分别为温度 30℃，光照强度为 1 200lx，接种量 10%，接种物为培养 48h，OD 值为 0.7 左右的光合产氢菌群生长液，以 20g/L 葡萄糖溶液为产氢底物。各光源下光合产氢菌群产氢速率和产氢总量见图 3.54 和图 3.55。

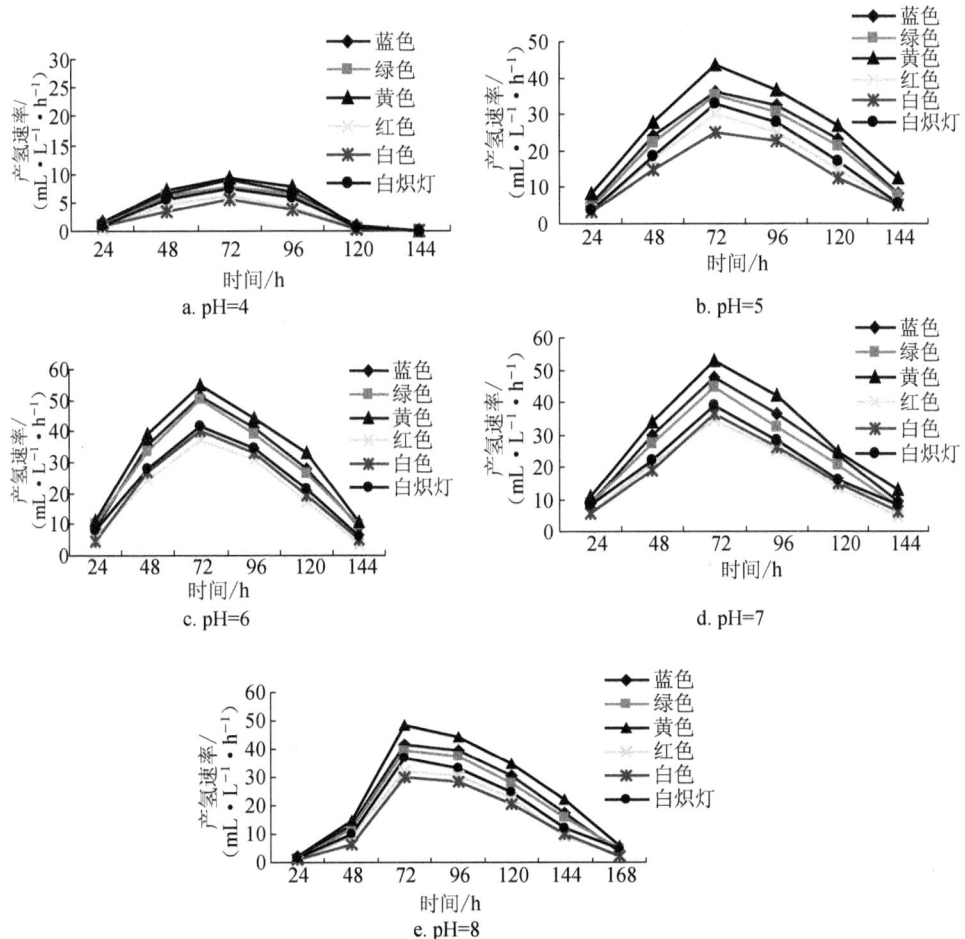

图 3.54　不同初始 pH 对各个光源下产氢速率影响
Fig. 3.54　Effects of pH on hydrogen production velocity by photosynthetic bacteria with different light

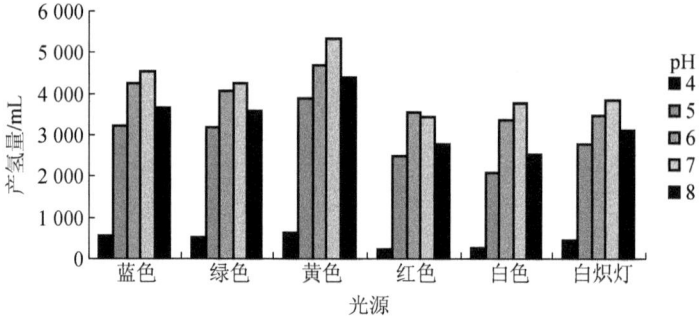

图 3.55　初始 pH 对不同光源作用下光合产氢菌群产氢量影响

Fig. 3.55　Effects of pH on hydrogen production by photosynthetic bacteria with different light

　　光合细菌最佳生长酸碱环境为微酸到中性范围，由产氢速率图 3.54 可以看到当初始 pH 为 4 时，产氢活性受到明显抑制，可能是因为过酸性环境造成细菌的大量死亡，同时光合细菌在产氢过程中要分解葡萄糖为小分子酸，在原有 pH 条件下造成酸度的加强。观察 5 组水平的实验反应瓶发现 pH 为 4 时菌液颜色从产氢开始就由棕红色快速变成白色。在 120～144h 时各种光源下细菌产氢速率基本接近零；pH 为 5～7 时可以看到产氢速率曲线比较相似，pH 为 5 时，各光源下光合细菌产氢速率较之 4 时有大幅度上升。黄光下细菌在各个时刻产氢速率都最大，最高可达 54mL/（L·h）；pH 为 8 时细菌产氢活性又受抑制。可以明显观察到，各光源下光合细菌在 48 h 之前最大产氢速率仅为 14.9mL/（L·h），在 72h 时产氢速率有较大幅度的上升，且达到产氢高峰期，此时最大产氢速率为 48.6mL/（L·h）。可能因为刚开始的碱性环境造成细菌的快速衰亡，但由于在产氢过程中葡萄糖的分解，碱性环境有所缓和，逐渐向中性环境靠近，产氢速率随之上升，且产氢时间有所延长。

　　由图 3.55 可以看到不同光源下的菌液在初始 pH 为 7 时产氢活性最强，产氢量最高，其次是 pH 为 6；说明光合产氢菌群在初始 pH 为 6～7 时，产氢性能最好；pH 为 5 时不同光源下细菌产氢量略低于 pH 为 8 时的产氢量；pH 为 4 时，产氢活性最低，产氢量在 700mL 以下。由试验可见当初始 pH 过低，酸性过强时，产氢活性受到严重抑制，环境偏碱时会在一定程度上抑制产氢，且延长产氢时间。可见光合细菌产氢酸碱度范围是微酸性到中性。在产氢过程中观察各个反应瓶菌液颜色变化，发现自细菌产氢开始菌体颜色变化迅速，由棕红色快速变为白色，瓶底沉淀大量棕红色物质，主要原因可能是产氢过程中葡萄糖分解产生大量小分子有机酸，导致菌液 pH 迅速下降。pH 过低不利于光合细菌生长，甚至导致细菌吸收光谱特征峰的消失。

　　4）不同 PSB 初期活性对不同光源下光合产氢菌群产氢影响

　　光合细菌生长周期都要经过延滞期、对数生长期、稳定期和衰亡期四个阶段，处于不同生长阶段的光合细菌具有不同的活性，其酶系统发育程度也会有所差别。本试验取培养 24h、36h、48h、60h、72h、96h 的光合产氢菌群接入产氢基质中，其他条件分别为温度 30℃，光照强度为 1 200lx，原料初始 pH 为 7，接种量 10%，

OD 值为 0.7 左右的光合产氢菌群生长液，以 20g/L 葡萄糖溶液为产氢底物。光合产氢菌群产氢速率和产氢总量见图 3.56 和图 3.57。由产氢速率图 3.56 可以观察到 PSB 初期活性小于 36h 时，光合细菌产氢速率在 48～96h 内变化较大，而初期活性大于 36h 光合细菌产氢速率变化比较缓和，也就是在 48～96h 内产氢速率均比较大，尤以黄光、蓝光和绿光比较明显，产氢速率均在 40mL/（L·h）以上。白光和红光下细菌产氢速率基本保持一致状态。

由产氢总量来说，对于同一种光源来说，不同 PSB 初期活性菌种的产氢量都基本稳定在 3 000mL 以上，其中 48～60h 细菌产氢量较高，这说明处于对数生长期光合细菌的产氢能力最强。PSB 初期活性为 72h 稳定期的细菌产氢量开始下降，因为此时细菌繁殖与死亡数量大致相同，菌体浓度处于相对稳定状态，没有太大产氢能力。

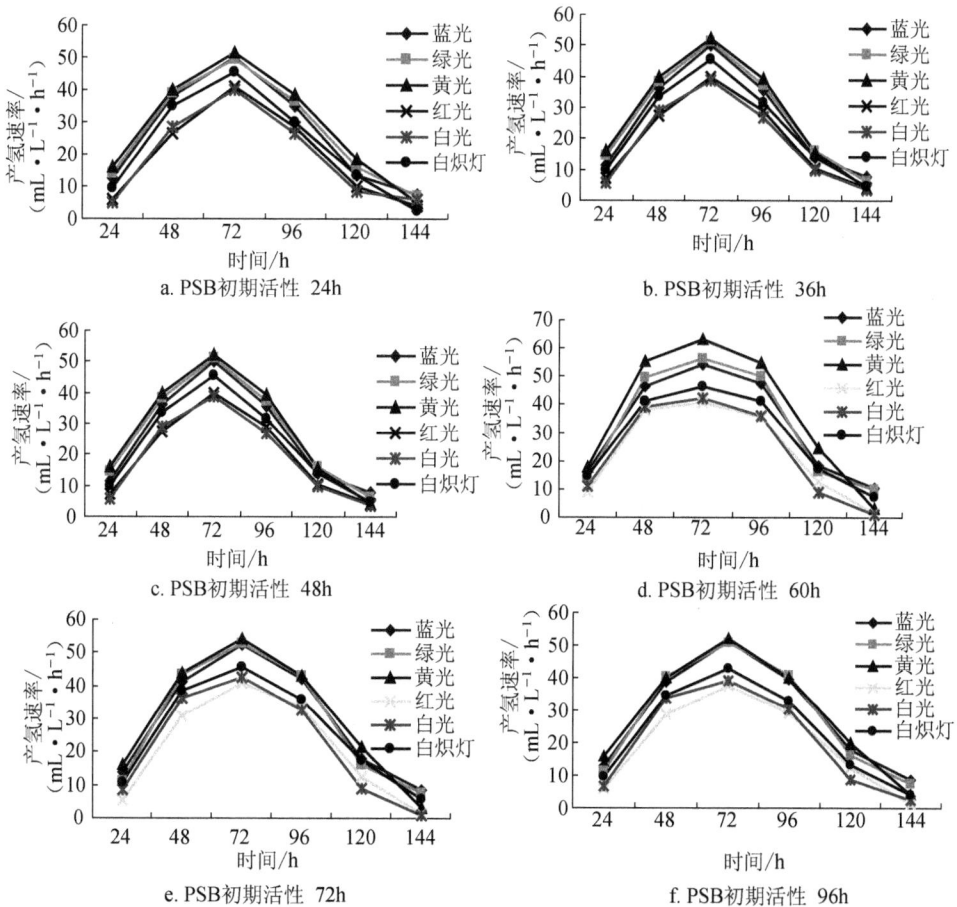

图 3.56　PSB 初期活性对各光源下下产氢速率的影响

Fig. 3.56　Effects of initial activity of PSB on hydrogen production velocity by photosynthetic bacteria with different light

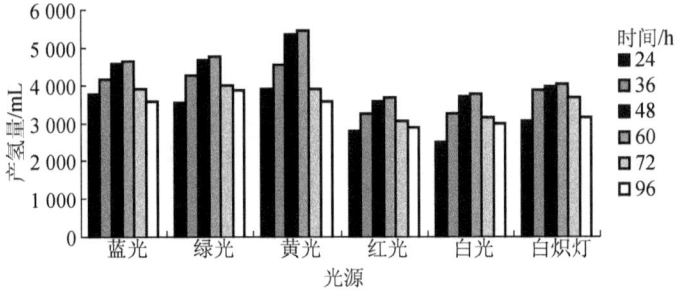

图 3.57　PSB 初期活性对不同光源作用下光合产氢菌群产氢量影响

Fig. 3.57　Effects of initial activity of PSB on hydrogen production by photosynthetic bacteria with different light

5）不同 NH_4^+ 浓度对不同光源下光合产氢菌群产氢影响

设置 4 个 NH_4^+ 浓度水平：0.2g/L、0.4g/L、0.6g/L、0.8g/L，其他条件分别为光照强度为 1200lx，原料初始 pH 为 7.0，接种量 10%，温度 30℃，接种物为培养 48h，OD 值为 0.7 左右的光合产氢菌群生长液，以 20g/L 葡萄糖溶液为产氢底物。光合产氢菌群产氢速率和产氢量见图 3.58 和图 3.59。

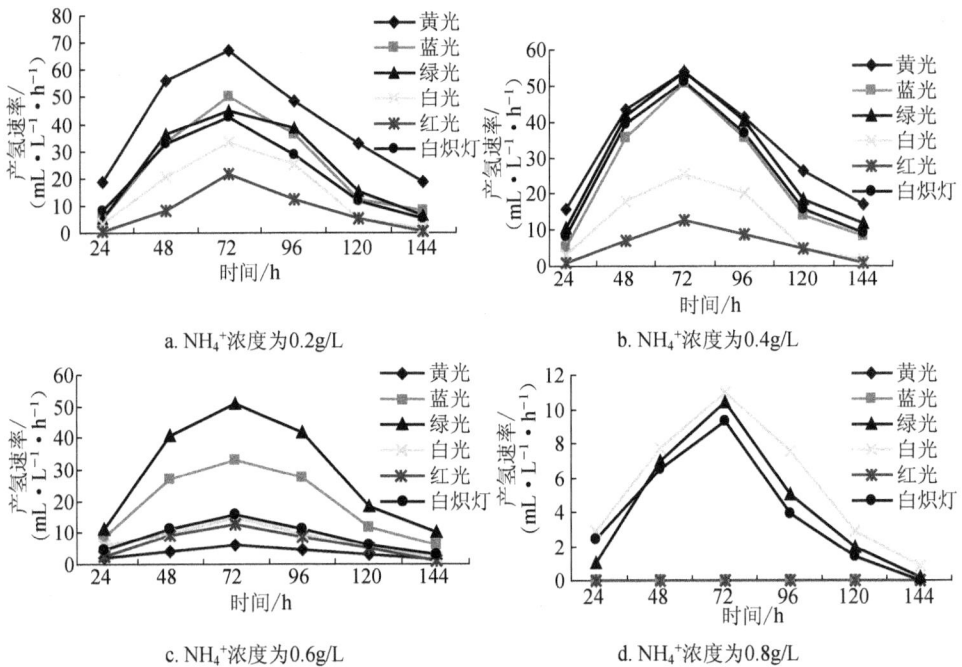

a. NH_4^+ 浓度为 0.2g/L

b. NH_4^+ 浓度为 0.4g/L

c. NH_4^+ 浓度为 0.6g/L

d. NH_4^+ 浓度为 0.8g/L

图 3.58　NH_4^+ 浓度对不同光源作用下产氢速率的影响

Fig. 3.58　Effects of nitrogen's concentration on hydrogen production velocity by photosynthetic bacteria with different light

从产氢速率图 3.58 中可以明显观察到各光源下细菌在 48～96h 达到产氢高峰期，但在不同的 NH_4^+ 浓度作用下，产氢速率变化差异比较大。NH_4^+ 浓度为 0.2g/L

时，在各个时段黄光下细菌产氢速率都要明显高于其他各种光源下细菌产氢速率，蓝光、绿光和白炽灯作用下细菌产氢速率差异不大；NH_4^+浓度为 0.4g/L 时，黄光产氢速率有较明显下降，高峰期产氢速率平均下降 10mL/（L·h），红光和白光下细菌产氢速率有小幅度下降。绿光和白炽灯下细菌产氢速率上升幅度比较大，最大产氢速率均上升 8mL/（L·h），蓝光下细菌产氢速率有微弱上升；NH_4^+浓度为 0.6g/L 时，各种光源下细菌产氢速率都有所下降。其中黄光和白炽灯下细菌产氢速率下降幅度最大，黄光下细菌最大产氢速率仅为 6.13mL/（L·h）；NH_4^+浓度为 0.8g/L 时，从图 3.58 中可以看到，黄光、蓝光和红光下细菌产氢速率为零，此时绿光和白炽灯下细菌产氢速率比较接近，白光下细菌产氢速率最大，为 11mL/（L·h）。

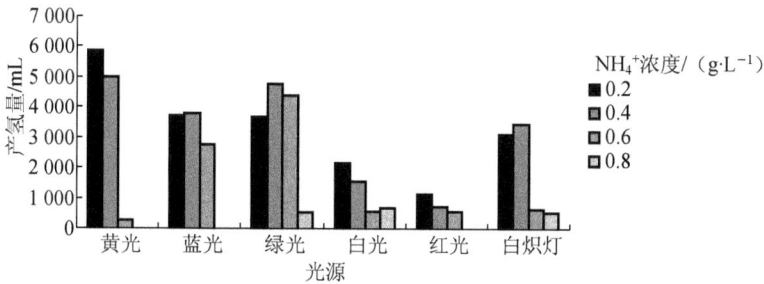

图 3.59　NH_4^+浓度对不同光源作用下光合产氢菌群产氢量影响
Fig. 3.59　Effects of nitrogen's concentration on hydrogen production by photosynthetic bacteria with different light

由总产氢量图 3.59 可以看出，在不同的 NH_4^+浓度条件下细菌产氢量最大的波段不同：NH_4^+浓度为 0.2g/L 和 0.4g/L 时，590nm 左右的黄光下光合细菌产氢量最大，分别为 5 870mL 和 4 980mL；NH_4^+浓度为 0.6g/L 时，530～570nm 的绿光下光合细菌产氢量为 4 389mL，此时黄光下光合细菌产氢明显受到抑制，产氢量仅为 265mL；当 NH_4^+浓度为 0.8g/L 时，白光下光合细菌产氢量最大为 670mL。

由产氢速率图 3.58 和产氢量图 3.59 比较来看，各光源下细菌产氢速率与产氢量比较吻合。从各种光源来看，黄光下光合细菌在 NH_4^+浓度为 0.2g/L 和 0.4g/L 时产氢量较大，当 NH_4^+浓度大于 0.4g/L 时，黄光下细菌产氢量明显下降，NH_4^+浓度为 0.8g/L 时，已经没有产氢现象；蓝光下细菌在 NH_4^+浓度为 0.2g/L 和 0.4g/L 时，产氢量差别不大，NH_4^+浓度为 0.6g/L 时为产氢量稍微有所下降，NH_4^+浓度为 0.8g/L 时，光合细菌产氢活性受到强烈抑制，无产氢现象；在 4 种水平作用下，绿光下光合细菌都有产氢现象，但是在 NH_4^+浓度为 0.4g/L 时产氢量最大。NH_4^+浓度为 0.8g/L 时，所有产氢细菌的产氢特性都受到抑制，产氢量明显下降，甚至产氢量为零。

NH_4^+浓度的不同，混合菌群对光的选择不同，究其原因可能是因为 NH_4^+浓度对不同菌株产氢抑制作用不同。紫色非硫细菌、绿硫细菌以及紫色硫细菌都属于固氮光合细菌，在固氮酶的催化作用下释放氢气。NH_4^+的存在会抑制固氮酶活性的表达从而抑制产氢，同时 NH_4^+ 是光合细菌生长的最佳铵盐，NH_4^+ 浓度过低导致细菌自身繁殖太慢。从图中可以明显观察到，蓝光下细菌在 NH_4^+ 浓度为 0.6 g/L 时产氢量最大，为 3 770mL；没有特征峰存在的红光下，光合细菌在不同 NH_4^+ 浓度下的产氢量自始至终都非常少。NH_4^+ 浓度为 0.8g/L 时，所有产氢细菌的产氢特性都受到严重抑制，产氢量明显下降，甚至为零。

3.2.2.3　小结

通过研究温度、光照强度等 5 个单因素对不同光源下光合产氢菌群产氢速率和产氢量影响发现：

（1）温度对光合产氢菌群产氢有较大影响，在 LED 光源下，当温度小于 32℃ 时，细菌产氢量随着温度的上升而增大，当温度大于 32℃ 时，产氢受到抑制，产氢量开始下降。由于白炽灯的散热效应，反应温度随着时间的增长而升高，导致最大产氢活性较之 LED 冷光源下细菌最大产氢活性有所提前。环境温度的不断升高，致使光合细菌的产氢活性逐渐受到抑制，从而降低了细菌的产氢能力。

（2）随着光照强度的增大，各种光源下的光合细菌产氢速率和产氢量增强，但当光照强度超过 1 200lx 时，产氢速率和产氢量增幅较小，产氢量没有太大改变。当光照强度为 2 000lx 产氢量甚至有所下降。其中黄光下细菌产氢量最大，在光照强度为 1 200lx 时表现尤为突出。

（3）光合产氢菌群最佳产氢初始 pH 为 6～7。无论哪种光源下，初始环境过酸或偏碱时对细菌产氢活性有抑制作用。

（4）接入不同初期活性的菌种对各光源下光合产氢菌群的产氢速率和产氢量并没有太大影响，从总体产氢量来看，初期活性是 48～60h 时各光源下细菌产氢量最大。按产氢量大小依次为黄光、绿光、蓝光、白炽灯、白光和红光下的菌液。

（5）不同 NH_4^+ 浓度对光合细菌的产氢抑制作用较为明显，且对不同光源下光合细菌的抑制程度不同。黄光、蓝光、红光和白光下光合细菌较适宜 NH_4^+ 浓度为 0.2～0.4g/L，绿光和白炽灯下光合细菌较适宜 NH_4^+ 浓度为 0.4～0.6g/L。NH_4^+ 浓度为 0.8g/L 时，黄光、蓝光和红光下的光合细菌没有产氢现象。

3.2.3　不同光源对光合产氢菌群产氢特性影响的均匀设计试验

通过不同单因素影响下各种光源作用的光合产氢菌群产氢量比较，较为直观、简单的分析比较了单因素的影响作用。光合细菌产氢影响条件是多因素的，是混合交叉作用的，仅靠单因素实验分析不能准确说明产氢最优组合，因此采用均匀设计试验筛选分析出最佳产氢优化组合。

3.2.3.1　各因素水平及均匀设计表

选取一个定性因素光源和三个定量因素温度、原料初始 pH 和光照强度作为均匀设计试验的考虑因素（表 3.2），采用混合水平均匀设计表 $A2.32U_{12}$（$12×4^3$）（表 3.3）。

表 3.2　产氢试验因素水平表

Table 3.2　Factor and level in the experiment of hydrogen production

水平	光源	温度/℃	光照强度/lx	初始 pH
1	黄光	26	400	5
2	蓝光	28	800	6
3	绿光	30	1 200	7
4	红光	32	1 600	8
5	白光			
6	白炽灯			

表 3.3　A2.32U$_{12}$（12×4^3）

Table 3.3　A2.32U$_{12}$（12×4^3）

序号	1	2	3	4
1	1	1	2	2
2	2	2	4	4
3	3	2	1	2
4	4	3	3	4
5	5	4	4	2
6	6	4	2	4
7	7	1	3	1
8	8	1	1	3
9	9	2	2	1
10	10	3	4	3
11	11	3	1	1
12	12	4	3	3
D		0.3580		

　　将 4 个因素代号 1，2，3，4 分别设定为光源，温度，光强，初始 pH，然后按照均匀设计试验表 3.3 对号入座，即可得出混合水平均匀设计试验方案，见表 3.4。

表 3.4　产氢均匀设计方案表

Table 3.4　Scheme for uniform design experiment of hydrogen production

序号	1	2	3	4
1	1	26	800	6
2	2	28	1 600	8
3	3	28	400	6
4	4	30	1 200	8
5	5	32	1 600	6
6	6	32	600	8
7	1	26	1 200	5
8	2	26	400	7
9	3	28	800	5
10	4	30	1 600	7
11	5	30	400	5
12	6	32	1 200	7

3.2.3.2　均匀设计试验结果及分析

按照表 3.4 进行试验，其他条件分别设为：接种量 10%，接种物为培养 48h，OD 值为 0.7 左右的光合产氢菌群生长液，以 20g/L 葡萄糖溶液为产氢底物。结果见表 3.5 和表 3.6。

表 3.5　均匀设计试验结果
Table 3.5　The result of uniform design experiment

1	2	3	4	产氢量/mL
1	26	800	6	4 200
2	28	1 600	8	3 700
3	28	400	6	3 450
4	30	1 200	8	2 990
5	32	1 600	6	3 560
6	32	600	8	2 500
1	26	1 200	5	4 250
2	26	400	7	3 000
3	28	800	5	2 900
4	30	1 600	7	3 560
5	30	400	5	1 860
6	32	1 200	7	3 350

将试验结果输入均匀设计与统计调优软件，进行软件参数设定及多元回归分析，考虑到各个因素之间可能存在的交互影响作用，所以建立二次项回归方程。

$Y= b(0)+ b(1)\times X(1)+ b(2)\times X(2)+ b(3)\times X3)+ b(4)\times X(4)+ b(5)\times X(1)\times X(1)+ b(6)\times X(1)\times X(2)+ b(7)\times X(1)\times X(3)+ b(8)\times X(1)\times X(4)+ b(9)\times X(2)\times X(2)+ b(10)\times X(2)\times X(3)+ b(11)\times X(2)\times X(4)+ b(12)\times X(3)\times X(3)+ b(13)\times X(3)\times X(4)+ b(14)\times X(4)\times X(4)$

选择逐步回归法进行判定系数的检验，该方法在每一步有三种可能的功能：

（1）将一个新变量引进回归模型，这时相应的 F 统计量必须大于 F_{in}。

（2）将一个变量从回归模型中剔除，这时相应的 F 统计量必须小于 F_{out}。

（3）将回归模型内的一个变量和回归模型外的一个变量交换位置。

判定系数 R 接近于 1 表明 Y 与 X_1，X_2，…，X_k 之间的线性关系程度密切；R 接近于 0 表明 Y 与 X_1，X_2，…，X_k 之间的线性关系程度不密切。

运行参数 F_{in} 和 F_{out} 即为 Fa 和 Fe。软件给定的 3 个参数分别为显著性水平 $a=0.05$，引入变量的临界值 $Fa=5.591$，剔除变量的临界值 $Fe=5.318$。

运行过程中分步骤引入变量进行系数检验，变量筛选结果：

检验项数：14，预期引入项数：3　实际引入项数：3，实际引入项数=预期引入项数。

故回归方程简化为

$Y= b(0)+ b(1)\times X(1)+ b(2)\times X(1)\times X(2)+ b(3)\times X(1)\times X(3)$

回归系数　$b(i)$:

$b(0)=4.89\mathrm{e}+3$

$b(1)=-2.53\mathrm{e}+3$

$b(2)=63.5$

$b(3)=0.162$

标准回归系数　$B(i)$:

$B(1)=-6.61$

$B(2)=5.54$

$B(3)=0.615$

复相关系数　　　$R=0.9208$

决定系数　　　　$R^2=0.8479$

修正的决定系数　$R_a{}^2=0.8141$

结果说明 Y 与 X_1，X_2，$\cdots$，X_k 之间的线性关系程度密切。

表 3.6　变量分析表

Table 3.6　Table for the variable analysis

变异来源	平 方 和	自 由 度	均 方	均方比
回　归	$U=4.36\times10^6$	$K=3$	$U/K=1.45\times10^6$	$F=14.87$
剩　余	$Q=7.83\times10^5$	$N-1-K=8$	$Q/(N-1-K)=9.78\times10^4$	
总　和	$L=5.14\times10^6$	$N-1=11$		

样本容量 $N=12$，显著性水平 $\alpha=0.05$，检验值 $F_t=14.87$，临界值 $F(0.05$，3，$8)=4.066$，剩余标准差 $S=313$。

对模型得到的结果进行回归系数显著性检验，所得结果见表 3.7。

表 3.7　残差分析表

Table 3.7　The figure of residual error analysis

序号	观 测 值	回 归 值	观测值-回归值	（回归值-观测值）/观测值×100/%
1	4.20×10^3	4.13×10^3	70	-1.67
2	3.7×10^3	3.89×10^3	-190	5.14
3	3.45×10^3	2.81×10^3	640	-18.6
4	2.99×10^3	3.14×10^3	-240	8.28
5	3.56×10^3	3.67×10^3	-110	3.09
6	2.50×10^3	2.65×10^3	-150	6.00
7	4.25×10^3	4.20×10^3	50.0	-1.18
8	3.00×10^3	3.25×10^3	-250	8.33
9	2.90×10^3	3.00×10^3	-100	3.45
10	3.56×10^3	3.40×10^3	160	-4.49
11	1.86×10^3	2.06×10^3	-200	10.8
12	3.35×10^3	3.03×10^3	320	-9.55

利用单纯形法对试验进行优化，条件优化设置见表 3.8。

表 3.8 条件优化设置列表

Table 3.8 Optimization settings list

因素	上 界	下 界	初始值	初始步幅	初始步长	收敛系数
1	6	1	1	1.00×10^{-3}	5.00×10^{-3}	1.00×10^{-11}
2	32	26	26	1.00×10^{-3}	6.00×10^{-3}	
3	1 600	400	1 200	1.00×10^{-3}	1.2	

优化所得的试验条件为在黄光条件下,温度为 32℃,光强为 1 600lx,预期指标的最大值为 4.64×10^3($\pm3.97\times10^3$)。

3.2.4 小结

利用课题组培育的光合产氢菌群测定其吸收光谱,并由此选择包含明显特征峰的单色光源和常用的白炽灯等 6 种光源进行对比试验。研究不同光照强度、初始温度、初始 pH、NH_4^+ 浓度和 PSB 初期活性等条件下,细菌在不同光源作用下的产氢能力变化,探讨光合产氢菌群对不同波段可见光的吸收利用能力,优化最佳光源和产氢条件,为提高生物制氢能量利用率,以及光合生物反应器光辅助设备的设计提供参考和依据。

(1)通过对光合产氢菌群吸收光谱测定,得出该菌群在 380nm、490nm 和 590nm 附近有较明显吸收峰,在红外光区的 800nm 和 860nm 也有较为明显的吸收峰。这与菌群中 7 种单菌株的吸收特性极为吻合,表明在混合培养后单菌株生长良好,仍能表现自己的生理特征。

(2)通过对温度、光照强度、PSB 初期活性等单因素条件对不同光源下光合产氢菌群的产氢试验研究得出不同波段光源下细菌产氢速率和产氢量都有较为明显差异。由产氢速率来看,光合细菌在产氢初始条件不同时,无论在何种光源作用下,产氢变化规律都基本一致,产氢高峰期都处于 48~96h。

光照强度对细菌产氢影响作用较大,随着光强的上升,产氢速率和产氢量都有所增加,但是由于光饱和效应,当光照强度达到一定程度时产氢速率和产氢量增加幅度降低,甚至有下降趋势。温度也是影响产氢的显著性因素,由于 LED 是冷光源,在试验过程中没有热量的散失,可以自始至终都保持在初温设置范围。但是白炽灯 90%的电能以热辐射形式散发出来,随着试验的进行,菌体环境温度逐步上升,导致细菌产氢活性逐渐受到抑制,从而降低产氢能力。最佳初始 pH 为 6.0~7.0。自产氢开始,菌液颜色快速变浅,产氢结束时菌液为白色浑浊状态,瓶底沉淀大量棕红色物质,经测定此时 pH 为 4.0 左右,主要原因可能是光合细菌利用葡萄糖进行产酸代谢,产生大量小分子有机酸,造成菌液 pH 的快速下降。pH 的快速下降抑制了细菌产氢活性,从而抑制氢的释放能力。产氢初始环境 pH 过低对光合细菌的产氢活性有明显的抑制作用。初期环境偏碱在光合细菌产氢初期有明显的抑制作用,随着产酸代谢导致反应液酸碱逐渐中和,产氢速率逐渐增大，但由于前期细菌的衰亡，产氢量较之稍偏酸和中性环境下有所降低。初期环境偏碱会延长产氢时间。PSB 初期活性并没有太明显的影响作用，最佳活性为48～60h。NH_4^+ 浓度可能对光合产氢菌群中各单菌株有不同的抑制作用，导致不同光源下细菌的最佳产氢适宜 NH_4^+ 浓度不同，但是黄光下细菌产氢量最大，其适宜 NH_4^+ 浓度为0.2g/L。光合产氢菌群在 6 种光源下都有产氢现象，表明光合细菌对可见光波段利用范围很广，但是不同光源下细菌产氢速率和产氢量有较大差异，菌群在黄光下产氢特性较为突出，较之其他各组产氢速率和产氢量都较高，表明菌群对 590nm 左右的黄光吸收利用效果最佳，其次为蓝光和绿光，都优于白炽灯，对白光和红光的吸收利用率最低。说明光合细菌对可见光波段的吸收利用有选择性。

（3）从均匀试验设计和单因素试验结果来说，最佳组合条件及显著性因素为光源为黄光，温度为 32℃，光照为 1 600lx，原料 pH 为 7.0，PSB 初期活性为对数生长期48～60h。

3.3　金属离子对光合生物制氢过程的影响

由于铁、镍、锌是微生物生长必不可少的一类营养物质，其对维持生物大分子和细胞结构的稳定性起着重要作用，因此，探讨铁、镍、锌三种金属离子溶液对光合生物制氢的影响对以后产氢的规模化研究提供了一定的参考和依据。

目前国内外很多学者已经深入研究了诸如光照度、温度、pH、接种量等各种不同条件对光合细菌的产氢影响。但在金属离子方面大家的研究甚少，需要我们做出进一步的研究和探索。营养物质应满足微生物的生长、繁殖和完成各种生理活动的需要。它们的作用可概括为形成结构（参与细胞组成）、提供能量和调节作用（构成酶的活性和物质运输系统）。而无机营养物在微生物生长过程中有着至关重要的作用，是微生物生长必不可少的一类营养物质，它们在机体中的生理功能多样，其主要功能是：①构成细胞的组成成分。②作为酶的组成成分。③维持酶的活性。④调节细胞的渗透压、氢离子浓度和氧化还原电位。⑤ 作为某些自氧菌的能源。如铁作为酶活性中心的组成部分，对维持酶活性的正常运作起着重要作用。因此，优化产氢时必须考虑无机营养物的影响。磷盐、硫盐、钾盐、钠盐、钙盐、镁盐等参与细胞结构组成，并与能量转移、细胞透性调节功能有关。微生物对它们的需求量较大（10^{-4}～10^{-3}mol/L），称为“宏量元素”。没有它们，微生物就无法生长。铁盐、锰盐、铜盐、钴盐、锌盐、钼盐等一般是酶的辅因子，需求量不大（10^{-8}～10^{-6}mol/L），所以，称为“微量元素”。不同微生物对以上各种元素的需求量各不相同。铁元素介于宏量和微量元素之间。人需要吃盐、补钙，庄稼需要用草木灰补充钾。同高等生物一样，微生物的生命活动中，除了需要碳源、氮源和能源之外，还需要其他元素，例如硫、磷、钠、钾、镁、钙、铁等元素，还需要某些微量的金属元素，诸如钴、锌、钼、镍、钨、铜等。上述元素大多是以盐的形式来提供给微生物的，因此称它们为无机盐或矿质营养。这些无机盐是组成生命物质的必要成分，或是维持正常生命活动必需的，有些则是用于促进或抑制某些物质的产生。

铁是影响发酵产氢的重要营养物，铁对微生物的产能代谢过程的影响主要作用于有机物在微生物体内的生物氧化过程，有机物在生物体细胞内的氧化称为生物氧化，产氢细菌直接产氢过程发生丙酮酸作用中，可以分为两种方式，即一是梭状孢杆菌型，该过程为丙酮酸经丙酮酸脱羧酶作用脱羧，形成硫胺素焦磷酸-酶的复合物，并将此电子转移给铁氧还蛋白氢化酶重氧化，产生氢气分子；二是肠道杆菌型，该过程中丙酮酸脱羧后形成甲酸，然后甲酸全部或部分裂解转化为氢气和二氧化碳。由此可见，无论哪一种有机物氧化产氢过程，实质都是生物氧化的一种方式。该过程均与铁氧还蛋白的参与有关。

光合细菌的光合放氢是在光合磷酸化提供能量和有机物降解提供还原力条件下由固氮酶催化完成。在此过程中，铁起着举足轻重的作用，因为与光合放氢有关的电子传递载体（铁氧还蛋白、细胞色素、铁醌）、固氮酶（铁钼蛋白和铁蛋白）、氢酶（NiFe 氢酶、Fe 氢酶）等都需要铁的参与。镍是组成光合细菌 Ni, Fe 氢酶、CO 脱氢酶的重要活性基团。镍的研究多集中在对固氮酶和氢酶合成和活性的影响。根据生物制氢理论和微生物营养学，在一定浓度下对产氢细菌产氢能力有促进作用的金属主要有铁、镍和镁等。陈明等针对不同浓度的 Fe^{2+}、Co^{2+} 和 Ni^{2+} 对混合菌种的光合产氢与生长的影响进行了一系列的试验研究，结果表明适当浓度的二价铁系离子对产氢及生长具有一定促进作用。林明等以高效产氢细菌——B49 为研究对象，通过间歇培养试验，考察铁、镁和镍等金属离子对产氢细菌产氢能力的促进作用，得出结论为：①发酵过程中，在一定浓度下，金属离子对 B49 生长情况促进作用的顺序为：发酵初 $Fe^{2+} > Mg^{2+} > Ni^{2+}$；末期则为 $Fe^{2+} > Ni^{2+} > Mg^{2+}$，即不同离子在细菌生长和发酵不同时期所处的地位不同。②在一定浓度下，镍、铁和镁对 B49 的生长和发酵有促进作用。③在一定浓度下，金属离子对 B49 产氢能力促进作用的顺序为：$Fe^{2+} > Ni^{2+} > Mg^{2+}$，铁离子和镍离子对产氢代谢起直接作用，用镁离子仅通过对细菌生长的促进和对重金属毒性的拮抗起间接作用。

3.3.1　铁离子对光合细菌产氢过程的影响

目前，对于铁离子对光合细菌产氢过程的影响已有一些研究。任南琪等指出在细胞水平上，某些金属离子对产氢细菌活性和数量有一定影响，并指出可通过投加二价铁离子来提高产氢发酵细菌氢酶与 NADH-Fd 还原酶的比活性，从而提高其产氢活性，达到提高产氢能力的目的。曹东福等已经研究了不同价态铁离子对厌氧发酵生物制氢的影响，指出了不同价态铁离子对厌氧发酵产氢均有不同程度的促进作用。课题组针对不同浓度的铁离子对光合细菌产氢的影响进行了研究，通过试验优化出光合细菌生长的最适铁离子浓度，并研究探讨了不同浓度铁离子对光合细菌制氢过程的影响规律和作用机理。试验设置 0mg/L、0.15mg/L、0.30mg/L、

0.45mg/L、0.60mg/L、0.75mg/L 6 组不同铁离子浓度进行光合细菌产氢试验，从累积产气量、产气速率、细菌生长浓度以及累积产氢量等方面进行比较分析。

3.3.1.1 铁离子浓度对产气量的影响

从图 3.60 可以看出，与空白样相比，加入不同浓度铁离子溶液的累积产气量均有不同程度的变化。其中添加铁离子浓度为 0.45mg/L 的反应器的累积产气量在试验进行的 48h 内最高，在实验进行第 2d 时，其累积产氢量是空白样的 1.24 倍。而随着浓度的增大例如添加 0.6mg/L 的铁溶液和添加 0.75mg/L 的铁溶液却基本不产气。这说明在一定浓度范围内，铁离子对光合细菌的产气量起着促进的作用，但随着时间的延长，光合细菌可能受到重金属铁离子的干扰，导致产氢菌的酶活性失去，而影响产氢效果。另外，当铁溶液的浓度超过一定范围时，铁离子可能破坏了光合产氢细菌的结构，导致光合产氢细菌急速死亡。

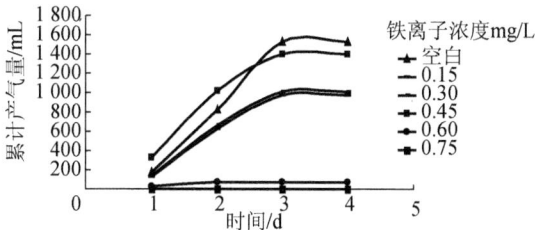

图 3.60 铁离子浓度对累积产气量的影响

Fig. 3.60 Cumulative gas production under different concentrations of iron ions

3.3.1.2 铁离子浓度对光合细菌生长的影响

用 OD 值表征菌种的生长，以产氢培养基作对照，用 3cm 比色皿于可见光分光光度计的 660nm 处测定其 OD 值。见图 3.61，与空白样相比，在实验进行的前 24h 内，添加铁离子溶液浓度为 0.45mg/L 的反应器的光合细菌生长较快，这也与这一时期内的其产气量较高相符合。而添加铁离子浓度为 0.60mg/L 的反应器的光合细菌增长幅度却最高，但其产气量却很少，这说明其中的产氢光合细菌因铁离子含量过大已经死亡，相反却导致其他的非产氢细菌大量生长。因此这一情况说明了铁离子浓度过高则抑制了产氢菌的生长，相反，其他非产氢细菌却成增长趋势，初步断定这类细菌为好铁的不产氢细菌。

3.3.1.3 铁离子浓度对产氢量的影响

见图 3.62 可以看出，与空白样相比，添加铁溶液浓度为 0.45mg/L 的反应器累积产氢量值一直最高，并于产氢实验开始的第 2d 达到最大产氢量。这说明添加这个浓度的铁离子，菌液产出的气体中氢气含量较高，是空白样的 1.1 倍。同时，添加铁离子溶液浓度为 0.15mg/L 和 0.30mg/L 的反应器产出的气体中氢气的含量也略高于空白样，这说明添加适当的铁离子溶液也可以提高光合细菌制氢过程中产氢菌株的活性，从而使得产出的混合气体中氢气含量较高。

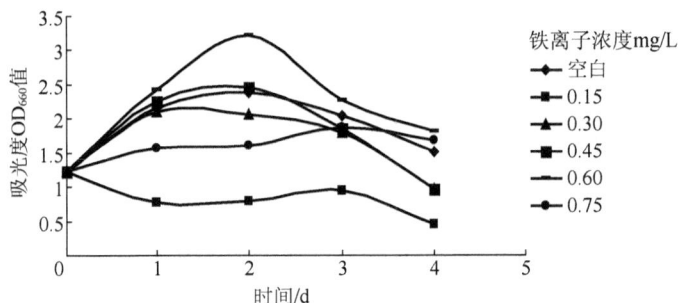

图 3.61　不同浓度铁溶液对细菌生长的影响

Fig. 3.61　Effects of different concentrations of irons on growth of the photosynthetic bacteria

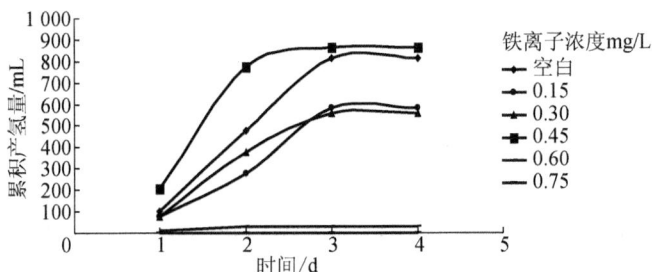

图 3.62　不同浓度铁溶液对产氢量的影响

Fig. 3.62　Cumulative Hydrogen production under different concentrations of irons

3.3.2　镍离子对光合细菌产氢过程的影响

由于二价镍离子是组成光合细菌 NiFe 氢酶重要活性基因，具有调节还原力在生长与产氢之间分配的作用，因此主要就金属镍离子对光合生物制氢的影响进行实验和研究，探讨出添加不同镍溶液浓度对光合生物制氢的影响，为生物制氢的进一步发展提供理论依据。

3.3.2.1　镍离子浓度对产气量的影响

见图 3.63，随着添加镍标准溶液浓度的增大，光合细菌累计产气量呈现由多到少的变化趋势，在添加镍标准溶液为 2～6mL 时，累计产气量呈逐渐增加趋势，这说明添加这个范围浓度的镍标准溶液对光合菌种的产气活性起促进作用，并在浓度为 0.006mg/mL 时，产气量达到最大值。在添加镍标准溶液 6～10mL 时，累计产气量又呈下降趋势，并且其产气量值低于空白样本，这说明过量的添加镍标准溶液，对光合菌种产气活性具有抑制作用，但从图 3.63 可看出，此浓度的镍标准溶液对光合细菌前期产气抑制作用还不是十分明显，但在产气两天之后，抑制作用明显增大。

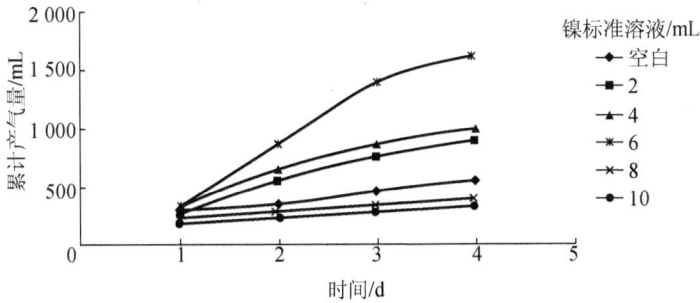

图 3.63 不同浓度镍溶液对光合产气量的影响

Fig. 3.63 Cumulative gas production under different concentrations of Ni^{2+}

3.3.2.2 镍离子对光合细菌生长的影响

见图 3.64 在保证初始 OD 值相同的情况下，随着时间的变化，各反应瓶中光合产氢菌种的生长趋势有很大不同。从图 3.64 中可看出，添加 6mL 镍标准溶液的反应瓶中光合细菌的生长变化曲线较为平稳，且其在光合细菌产氢的黄金时间（1～3d）内光合细菌生长值呈现稳定增长趋势。这说明，在此浓度范围内，镍溶液促进了光合产氢细菌的生长。这与二价镍离子是组成光合细菌 NiFe 氢酶重要活性基因有一定关系。添加镍标准溶液为 2mL 和 4mL 的反应瓶其 OD 值在实验前三天也呈一定的增长趋势，只是增长幅度较添加镍标准溶液为 6mL 的小。

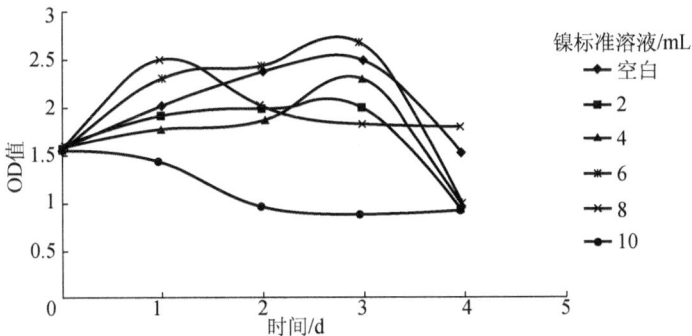

图 3.64 不同浓度镍溶液对 OD 值的影响

Fig. 3.64 Effects of different concentrations of Ni^{2+} on growth of the photosynthetic bacteria

3.3.2.3 镍离子浓度对产氢量的影响

从图 3.65 可以明显看出添加镍标准溶液为 6mL 的反应瓶中产氢量最大，和图 3.63 对照可以得出添加镍标准溶液为 6mL 的反应瓶产出的气体中氢气含量比空白样本提高了 10%左右，添加镍标准溶液为 2mL 和 4mL 的反应瓶中氢气含量较空白样本也有一定涨幅，而添加镍标准溶液浓度过高的 8mL 反应瓶和 10mL 反应瓶中的产氢量却较空白对照呈下降趋势，这说明，在添加镍标准溶液一定范围内，镍离子能促进光合细菌产氢能力的提高，而超过一定范围，则对光合细菌的产氢活性起抑制作用，这与镍离子具有调节还原力在生长与产氢之间分配的作用能力有关。

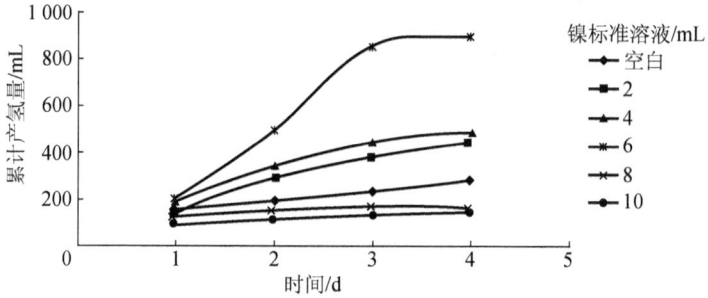

图 3.65　不同浓度镍标准溶液对光合产氢量的影响
Fig. 3.65　Cumulative hydrogen production under different concentrations of Ni^{2+}

3.3.3　锌离子对光合细菌产氢过程的影响

锌是很多酶的组成成分，也是某些酶的激活剂。而光合细菌产氢代谢中构成氢酶的主要成分 Zn^{2+} 对酶活性具有重要的作用，不同菌种对不同金属离子的需求量不同，因此研究金属离子种类及其浓度对光合细菌产氢性能的影响具有重要的意义。

3.3.3.1　锌离子浓度对产气量的影响

从图 3.66 可以看出，随着添加锌标准溶液浓度的增大，光合细菌累计产气量呈现由少到多再到少的变化趋势，在添加锌标准溶液为 2mL 时，累计产气量达到最大值，且在试验的第 1d 的产气量已经远远超过了其他 5 个样本，这说明添加这个范围浓度的锌标准溶液对光合菌种的产气活性起促进作用，在添加锌标准溶液大于 2mL 后，累计产气量又呈下降趋势，并且其产气量值基本低于空白样本，这说明过量的添加锌标准溶液，对光合菌种产气活性具有抑制作用，但从图 3.66 可看出，此浓度的锌标准溶液对光合细菌前期产气抑制作用还不是十分明显，但在产气 2d 之后，抑制作用明显增大。

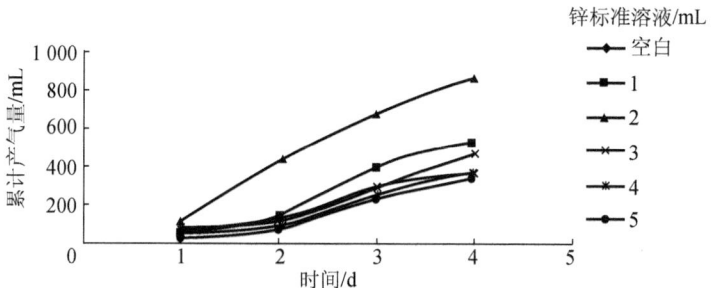

图 3.66　不同浓度锌标准液对光合细菌产气量的影响
Fig. 3.66　Cumulative gas production under different concentrations of Zn^{2+}

3.3.3.2　锌离子对光合细菌生长的影响

从图 3.67 可以看出，在保证初始 OD 值相同的情况下，随着时间的变化，各反应瓶中光合产氢菌种的生长趋势有很大不同。添加 2mL 锌标准溶液的反应瓶中光合细菌的生长变化曲线较为平稳，且其在光合细菌产氢的黄金时间（1~3d）内光合细菌生长值呈现稳定增长趋势。这说明，在此浓度范围内，锌溶液促进了光合产氢细菌的生长。添加锌标准溶液为 0mL 和 1mL 的反应瓶其 OD 值在试验前 3d 也呈一定的增长趋势，只是增长幅度较添加锌标准溶液为 2mL 的小。

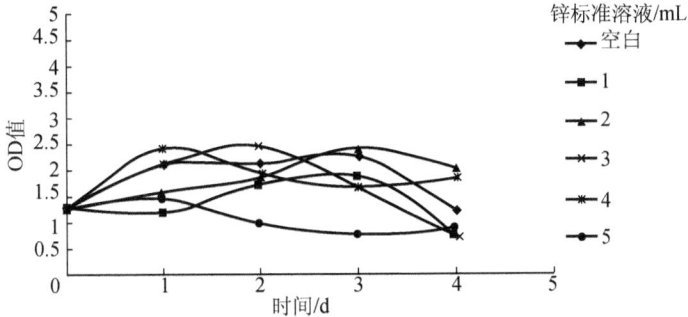

图 3.67　不同浓度锌标准液对光合细菌生长的影响

Fig. 3.67　Effects of different concentrations of Zn^{2+} on growth of the photosynthetic bacteria

3.3.3.3　锌离子浓度对产氢量的影响

见图 3.68，可以明显看出添加锌标准溶液为 2mL 的反应瓶中产氢量最大，和图 3.66 对照可以得出添加锌标准溶液为 2mL 的反应瓶产出的气体中氢气含量比空白样本提高了 10%左右，添加锌标准溶液为 1mL 和 3mL 的反应瓶中氢气含量较空白样本也有一定涨幅，而添加锌标准溶液浓度过高的 4mL 反应瓶和 5mL 反应瓶中的产氢量却较空白对照呈下降趋势，这说明，在添加锌标准溶液一定范围内，锌离子能促进光合细菌产氢能力的提高，而超过一定范围，则对光合细菌的产氢活性起抑制作用，这与锌离子是光合反应酶成分的重要组成部分有关。

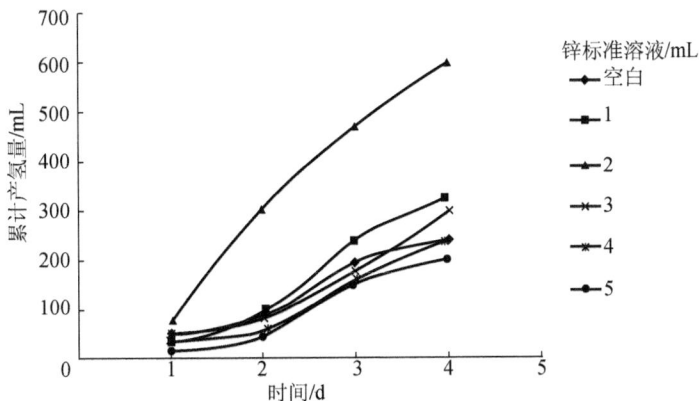

图 3.68　不同浓度锌标准液对光合细菌产氢量的影响

Fig. 3.68　Cumulative hydrogen production under different concentrations of Zn^{2+}

3.3.4　光合生物制氢过程中金属离子添加量的正交试验优化

根据单因素试验所得到的相应数据，利用正交试验方法对光合生物制氢过程中金属离子添加量进行优化。选择选取铁、镍、锌三种金属离子作为正交优化试验的考虑因素，参考单因素实验的结果，各取 3 个水平。通过对铁离子浓度、镍离子浓度、锌离子浓度三个因素的正交试验得到：各因素对氢气转化率的影响主次关系依次为：铁离子浓度＞镍离子浓度＞锌离子浓度。光合生物制氢的最佳工艺条件为铁离子浓度 0.35mg/L，镍离子浓度 2mg/L，锌离子浓度 1×10^{-6}mg/L。由方差分析可知，铁离子浓度对光合生物产氢转化率影响较为显著。

3.3.5　小结

通过添加不同浓度的铁、镍、锌离子溶液，探索了光合细菌生物制氢的最佳工艺条件，同时，通过正交试验，得出 3 种金属离子添加量对光合生物制氢过程都有显著影响，为今后光合生物制氢技术的规模化扩大提供一定的依据和理论基础。

（1）最适铁离子浓度为 0.45mg/L，过多则会导致光合产氢细菌的死亡，对光合生物产氢过程起抑制作用；过少则促进作用不明显。在本试验中，添加铁离子浓度为 0.45mg/L 的反应器在试验进行到第二天时其产氢量达到最大值，是铁离子浓度为 0mg/L 的 1.1 倍。且添加一定量的铁离子有助于提高光合细菌的产氢活性以及其产氢速率。

（2）二价镍离子对光合菌种的生长和产氢具有一定影响，添加浓度范围小于 0.006mg/mL 的镍标准溶液时，其对光合细菌的生长和产氢起促进作用，并将产出的氢气含量较空白提高 10%左右。同时，在添加浓度范围大于 0.006mg/mL 时，其对光合菌种的生长和产氢起抑制作用，这说明了镍离子的化学性质在光合生物制氢这一过程中具有一定的影响作用。

（3）最适锌离子浓度为 2×10^{-6}mg/L，过多会导致光合产氢细菌的死亡，对光合生物产氢过程起抑制作用，过少则促进作用不明显。

（4）对氢气转化率的影响主次关系依次为：铁离子浓度＞镍离子浓度＞锌离子浓度。光合生物制氢的最佳工艺条件为铁离子浓度选择为 0.35mg/L，镍离子浓度选择为 2mg/L，锌离子浓度选择为 1×10^{-6}mg/L。铁离子浓度对光合生物产氢转化率影响最为显著。

3.4　反应器形态及操作方式对光合生物制氢过程的影响

光合生物制氢过程中，光合细菌的生长和代谢都需要光源，光生化反应器的结构特征、光源分布以及产氢料液的流动形式、传热特性等都对光合细菌的生长和代谢产氢有影响，因此，需要对其生化反应器性能进行研究。性能优良的光生化反应器需要有严密的结构、良好的液体混合性能、高光热质传输速率、以及适宜的检测控制装置。

不同生化反应器有不同的适用范围，在前期研究基础上，许多学术及工业界学者们逐渐将研究重点集中在通过研发新的结构形式和操作工艺、优化光辐射机制、水力学特性、传热过程等调控技术，提高光生化反应器的性能。光合生物制氢过程中，由于光合细菌的生长代谢需要，整个产氢周期内都需要光源补充，而且光生化反应器内部存在着复杂的多相流流动、光热质传输现象，其特性都直接影响光生化反应器内温度、底物浓度、产氢速率、光能转化率等关键工艺参数，影响反应器性能，因此需要在生物制氢过程对其光生化反应器进行研究。

3.4.1 光合细菌生产菌种连续培养装置及运行性能

河南农业大学师玉忠对光合细菌生产菌种连续培养装置及运行模式进行了研究，根据制氢所需，连续供应质量稳定的光合细菌，实现光合制氢的连续化。主要就连续制氢生产工艺相关问题进行初步研究，以期为中小型光合生物制氢装置研制和生产性运行实验的顺利进行提供参考。由于光合细菌产氢周期较长，小型连续试验装置有一定的局限性，所以，试验结果难以准确反应实际生产的真实情况，但试验结果对规模化连续制氢有一定的参考价值。

光合细菌连续制氢工艺主要包括：光合细菌生产菌种连续培养、接种（接入产氢培养基）、产氢发酵、气体收集与净化、残液处理等工序（图 3.69）。

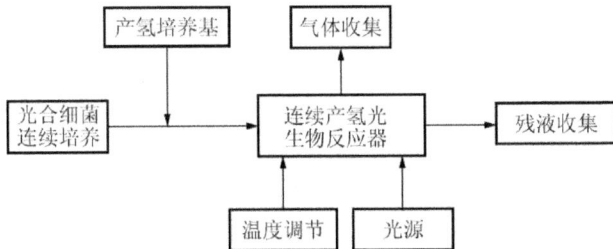

图 3.69 连续制氢流程图
Fig. 3.69 Equipment for continuous photo hydrogen production

光合细菌连续制氢试验装置见图 3.70。

该套装置中，菌种连续培养工序采用单个柱状反应罐循环连续培养的方式，所排出的菌液与产氢培养基直接在管道内混合（接种）后，输入产氢阶段；产氢反应器由 3 个同样的柱状反应罐串联而成，反应残液第 3 个反应器的出口排出；由 3 个产氢反应罐顶部排出的气体直接通入饱和石灰水中，除去部分二氧化碳后进入集气柜。

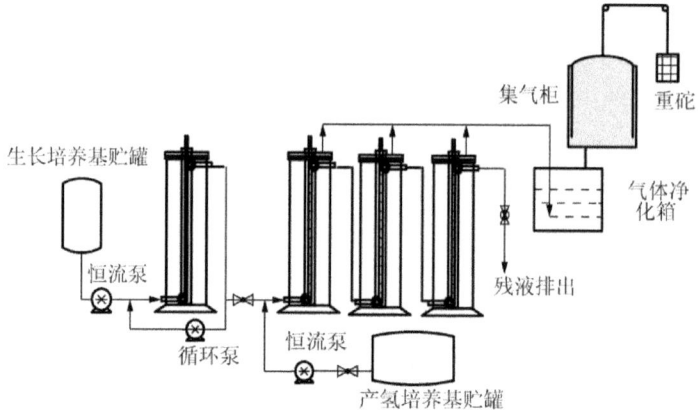

图 3.70　连续产氢试验装置

Fig. 3.70　Equipment for continuous hydrogen production

3.4.1.1　菌种循环连续培养的运行参数确定

由于产氢过程要采用连续发酵的方式，产氢底物（葡萄糖）的添加必须采用均匀、连续的方式与连续流动的菌种混合，才能实现活塞流连续产氢，这与分批发酵制氢方式不同，无法直接向菌液中添加固体的葡萄糖，只能以液体产氢培养基的形式由恒流泵以适宜的流量泵入管道，与生产菌种混合均匀。这样一来，产氢培养液的菌体浓度就被稀释而降低了。为了保证进入产氢反应器的培养液中菌体浓度适宜，就需要适当提高菌种浓度。

为便于操作，将菌种与产氢培养基以 1：1 的体积比混合，制备成产氢培养液，进入产氢发酵工序。因此，菌种循环连续培养反应器的入口菌体浓度为 15%（初始 OD_{660} 值为 0.56），出口 OD_{660} 值应为 1.09。

初始 OD_{660} 值为 0.56 的菌液的倍增时间结果见表 3.9。

表 3.9　光合细菌倍增时间

Table 3.9　Doubling time of photosynthetic bacteria

试样编号	1	2	3	4	5	6
倍增时间/h	54	56	58	57	56	55

初始 OD_{660} 值为 0.56 的菌液的倍增时间在 56h 左右，因此可确定菌种循环连续培养反应器的培养时间为 56h。得出此时菌种循环连续培养运行参数：生长培养基、菌种回流和产出生产菌种的流量均为 0.21L/h。

3.4.1.2　连续运行过程中生产菌种的稳定性

在 30℃、400lx 内部光照条件下，连续运行过程中菌种（菌种培养反应器出口处的菌液）的 OD_{660} 值的变化情况见图 3.71。

连续运行期间，光合细菌生产菌种的吸光度值在 1.0～1.2 波动，基本符合产氢阶段对菌种的预期，菌种培养过程的稳定性较好。

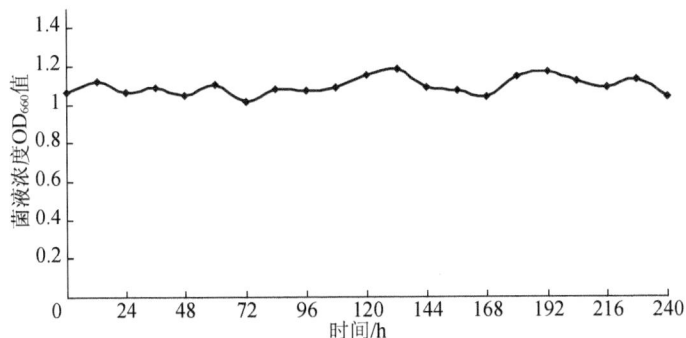

图 3.71　循环连续培养的菌液出口浓度变化

Fig. 3.71　The changes of photosynthetic bacteria intensity in recycles continuous culture

　　活塞流反应器中，反应液的理想流动方式为各反应微元之间不发生"返混"现象，各反应微元均相当于分批培养单元，整个连续培养体系由一连串的处于不同生长阶段的反应液组成，沿反应器入口端到出口端方向上，各反应微元的菌体浓度呈阶梯形上升趋势，在反应器出口处反应液中的菌体浓度达到最大值。实际上，活塞流反应器中的液体流动远不可能达到理想状态，流动液体流动方向的横断面面积越小、通道的阻滞作用越小，流体流动过程中的"返混"程度越低，流动状态越好，就试验的连续生长培养反应器来说，沿入口到出口的路径方向上，菌液中菌体浓度越能保持良好的梯度关系。

　　活塞流连续制氢过程相当于众多的分批制氢微元组合，通过设定合理的反应器结构、容积、反应液流量，有效降低反应液"返混"程度，完全有可能使其产氢量接近分批制氢的水平。

　　由于使用的反应器的反应通道短、进液流量小，所以，反应液"返混"程度难免偏高，在连续培养的启动期，采用分批进料方式使反应器出口处的菌体浓度达到预期，然后，进入循环连续培养状态。

　　连续运行过程中菌种 pH 的变化情况见图 3.72。

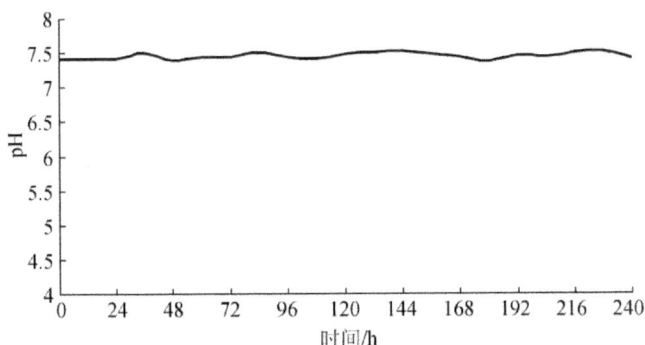

图 3.72　连续运行过程中菌种 pH 的变化

Fig. 3.72　The changes of pH of photosynthetic bacteria in recycles continuous culture

　　由图 3.72 可知，光合细菌生产菌种的 pH 始终保持在 7.45 左右，非常稳定。生长培养基具有缓冲溶液的特性，呈弱酸性，接入菌种后 pH 一般维持在 7.0 左右，分批培养时中，24h 后即可时达到 7.45 左右，其后的培养过程中，pH 基本稳定在这一水平。光合细菌生产菌种连续培养过程中，菌液的 pH 变化与分批培养遵循同样的规律。

3.4.1.3　光纤内部供光产氢反应器的光照条件初步选择

　　以单个反应罐的分批发酵制氢，由可变发光功率的光源机作光源，由光导纤维将光线传输到反应罐内部，并沿反应罐的轴线方向布人后改造成侧发光光纤，改变光源机发光功率，以侧发光光纤侧面 2cm 处的光照度为光合细菌培养的光照指标，其他条件按分批培养的一般要求进行。产氢试验结果见表 3.10 和图 3.73。

表 3.10　光照度对光合细菌产氢延滞期的影响
Table 3.10　Effects of light intensity on delay time of H_2 production by photosynthetic bacteria

光照度/lx	100	200	300	400	500	600
产氢延滞期/h	62	56	44	38	38	38

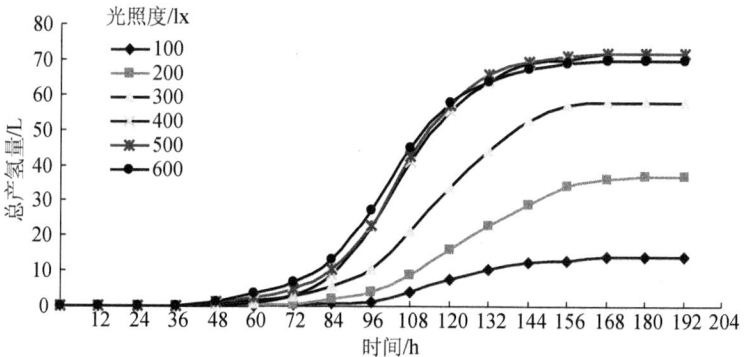

图 3.73　光照度对光合细菌产氢的影响
Fig. 3.73　Effects of illumination intensity on H_2 production by photosynthetic bacteria

　　光纤内部供光条件下，光照度达到 400lx 时光合细菌的产氢延滞期已达到最短（38h）、产氢量也达到峰值，继续提高光照度对光合细菌的产氢延滞期和产氢量没有明显的影响，实验中还发现，无论光照度强弱，光合细菌的产氢周期均在 160h 左右，没有明显差异。出现上述现象的主要原因可能是：进入产氢阶段的光合细菌中，与产氢相关的酶的合成受到光照条件的影响，光照度低于 400lx，光合细菌合成这些酶的能力差，反应液中酶活性低，产氢速率就低，同时，与产氢相关的酶和光合细菌菌体在产氢条件下的活性维持时间一定，因此，光照度越小光合细菌的产氢量就越低。由光纤进行内部供光时，光合细菌产氢的最佳光照条件为 400lx。

3.4.1.4 光合细菌连续制氢装置的试运行

连续制氢装置启动前，先将反应罐中的空气用二氧化碳吹脱，使整个装置内充满二氧化碳气体。启动过程中，控制反应体系的温度 30℃、光照度 400lx，由于产氢反应器容积大（72L），168h 后反应液充满 3 个罐体，开始排出反应残液。

在 30℃、400lx 连续光照条件下，进行装置的试运行，总产氢量测定结果见图 3.74。

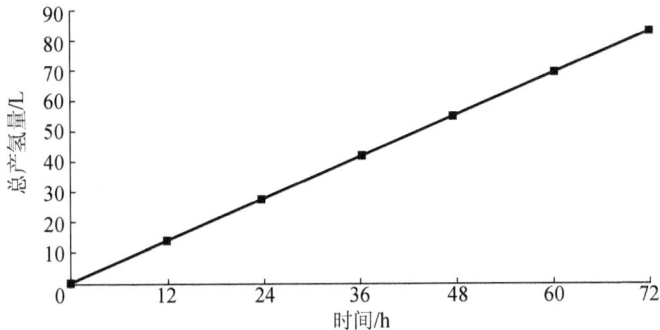

图 3.74　连续制氢装置的产氢能力

Fig. 3.74　Hydrogen production ability of continuous system

连续制氢过程中，平均产氢速率为 1.15L/h，所测定的 6 个连续时段的平均产氢速率在 1.13L/h 和 1.17L/h 之间，产氢速率的波动幅度在 2.2%以内，说明该装置在连续制氢过程中的运行是相对平稳的。

制氢装置的运行过程中，产氢反应液的流量是固定不变的，平均流量为0.42L/h，所以，反应液的平均产氢速率为 2.68L/（L·h），以反应器排出的反应液的体积计，产氢量为 2.68L/L（反应液）。与分批发酵制氢（产氢量 3.1L/L）相比，连续制氢实验的产氢量达到分批制氢的 86.5%。连续产氢的产氢量低于分批产氢，其主要原因是小型产氢装置的反应液流量小，反应液流动过程中出现了较为严重的"返混"现象，前后反应"微元"之间相互影响，一定程度上限制了反应液产氢潜能的发挥。

从初试结果和分析来看，活塞流连续制氢过程相当于众多分批制氢微元组合，通过设定合理的反应器结构、容积、反应液流量，有效降低反应液"返混"程度，完全有可能使其产氢量接近分批制氢的水平。

3.4.1.5 光照条件对连续制氢装置产氢速率的影响

在连续运行过程中，保持温度（30℃）等条件不变，只改变光照条件，测定其后装置在每 12h 为一个计量时段的平均产氢速率的变化，结果见图 3.75。

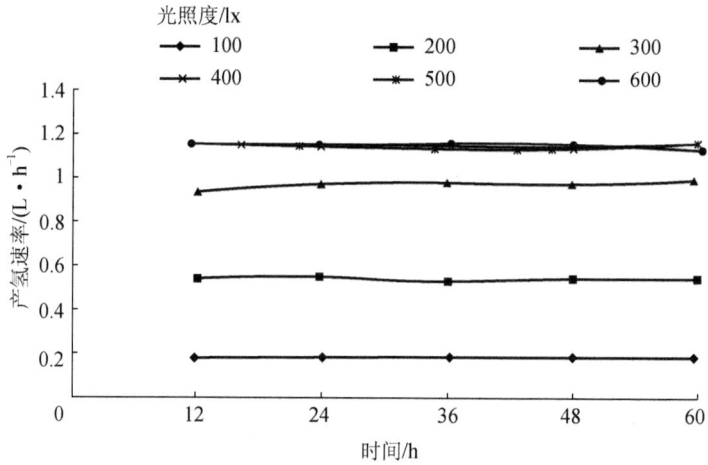

图 3.75　光照度对连续制氢装置产氢速率的影响
Fig. 3.75　Effects of illumination intensity on hydrogen production rate of continuous system

　　在连续制氢装置运行过程中，产氢速率随光照度的提高而加快，光照度达到 400lx 时，产氢速率即达到其峰值，但与同样控制条件下的分批制氢相比，产氢量明显偏低，就连续制氢装置来说，合适的光照度应为 400lx。

3.4.1.6　温度条件对连续制氢装置产氢速率的影响

　　在连续运行过程中，保持光照度（400lx）等条件不变，只改变温度条件，待装置内部温度达到设定时，测定其后装置在每 12h 为一个计量时段的平均产氢速率的变化，结果见图 3.76。

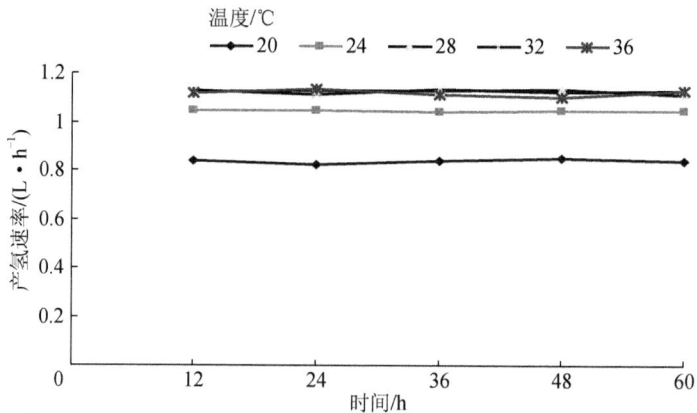

图 3.76　温度对连续制氢装置产氢速率的影响
Fig. 3.76　Effects of temperature on hydrogen production rate of continuous system

　　温度越高，连续制氢装置的产氢速率越高，当温度达到 28℃及其以上时，产氢速率基本保持不变，说明光合细菌产氢对温度的敏感性并不太强，控制温度在

30℃左右的一定范围内，即可保持连续制氢装置的平稳运行，所以，就连续制氢装置来说，合适的温度应为30℃。

3.4.1.7　连续产氢过程中反应液 pH 的变化

在 30℃、400lx 连续光照条件下，每隔 12h 分别从 3 个反应罐的顶部取样测定 pH，测定结果见图 3.77。

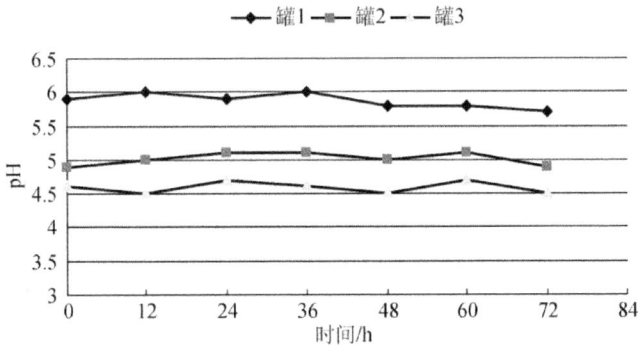

图 3.77　连续产氢过程中反应液 pH 的变化
Fig. 3.77　Changes of pH within continuous H_2 production process

光合细菌进入产氢阶段后，反应液的 pH 逐步降低，并且随着产氢时间的延长，反应液的 pH 可降低到 5.0 以下。在连续产氢的 72h 内，3 个反应罐出口处的 pH 分别维持在 5.9、5.0 和 4.6 左右，且相对稳定，说明该装置运行期间的反应进程基本上稳定，反应液在产氢过程中基本按照活塞流的特点运动，即先进的先出，后进的后出。

与分批发酵产氢相比，连续产氢过程中，反应液在推定时间的 pH 普遍较高（高出 0.3 左右），主要原因是反应液流量小、流速低而造成的返混现象引起的。对于活塞流来说，流速越高，流体的返混程度相对越低，所以，连续制氢装置的产氢能力越大，其反应过程越接近分批发酵的。

3.4.1.8　反应器顶空压力对光合细菌产氢过程的影响

反应器（或反应瓶）中，通常并不完全充满反应物，往往留有一定的空间，反应物以上的空间部分，称为反应器顶空。顶空部分可填充的气体组成，不做特殊处理时，顶空气体组成为空气，采用不同组分的气体进行顶空吹脱，即可改变反应器的顶空气体组成。由于光合细菌的酶系统及代谢活动易受到诸如氧气、氮气的影响，可考虑通过改变顶空气体组成的方法调节光合细菌的生长代谢活动。对于发酵过程中有产气的现象的微生物来说，所产生的气体将反应器顶空部分的原有气体排出，形成新的气体环境，如果采用密闭、抽真空或其他方法处理，则使反应器的顶空形成相应的压力。

　　光合细菌以生物质中的某些有机物（如有机酸、葡萄糖等）为供氢体，产生 H_2 和 CO_2，其生化反应过程主要由固氮酶所催化。作为反应生成物的 H_2 和 CO_2，在反应液中有一定的溶解度，随着生成物在反应液中的积累，可能会对反应进程产生反馈抑制作用，阻碍反应向生成 H_2 和 CO_2 的方向进行，对光合细菌产氢产生不利的影响。H_2 在水溶液中的溶解度很低，而 CO_2 的溶解度较高，所以，考查光合细菌产氢过程的反馈抑制作用时，应重点考虑 CO_2 的抑制作用。CO_2 气体在反应液中溶解度的大小，受多种因素的影响，其中，反应液的温度、pH 和反应器顶空压力是最主要的三种影响因素。一般地，温度越高 CO_2 的溶解度越低，但温度的选择主要取决于光合细菌的适性，缺少调整的余地。pH 越低 CO_2 的溶解度越低，在光合细菌产氢过程中 pH 是逐渐下降的，人为地调整 pH 的意义不大。顶空压力越低，CO_2 的溶解度越低，采用工程的手段，比较容易实现压力的改变，以降低 CO_2 的溶解度。所以，为了减少光合细菌产氢过程产物的反馈抑制作用，进一步提高产氢效率和产氢量。

　　试验装置见图 3.78。为保持反应温度和光照条件的稳定，2 500mL 反应瓶置于恒温光照培养箱内。生长培养时，只用具塞密封的反应瓶部分，采用不同组分的气体进行顶空空气的吹脱，改变反应器的顶空气体组成。通过调整对可吊拉的钟罩形集气筒的拉力改变筒内、外液面高度差，使反应器顶空部分形成相应的压力，并用精密真空压力（YZB-150B）表测定反应器顶空压力的大小；洗气瓶装入过饱和石灰水，用于吸收二氧化碳气体，可根据测定项目的不同进行取舍。

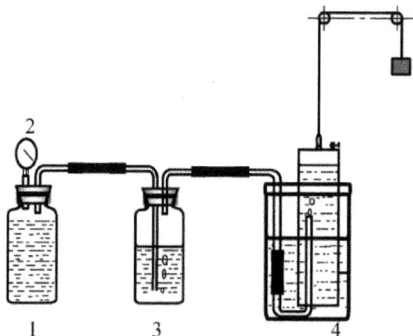

图 3.78　试验装置示意图

Fig. 3.78　Illustration of H_2 production experiment equipment

1.反应器；2.真空压力表；3.洗气瓶；4.集气与压力形成系统

　　不同压力下光合细菌的产氢延滞期见表 3.11。

表 3.11　不同压力下光合细菌产氢的延滞期（时间/h）

Table 3.11　Delay time of H$_2$ production by photosynthetic bacteria under different pressures

接种量/%	顶空压力/MPa						
	0.001	0.000	-0.001	-0.002	-0.003	-0.004	-0.005
10	54	46	42	40	38	34	30
20	52	44	40	38	34	32	28
30	52	42	38	36	32	28	26
40	50	40	36	34	30	26	24
50	48	40	34	30	27	24	22

从表 3.11 中可以看出，在设定的压力范围内，顶空压力越高，产氢延滞期越长。在较低的负压条件下，就能较大幅度地缩短产氢延滞期（实验范围内，最大差值达到 26h），使生产周期缩短，有利于提高生效率、减少投资和生产费用。

相同压力条件下，接种量越大，产氢延滞期越短。引起这种现象的最为可能的原因是：产氢培养液中[NH$_4^+$]差异所致。细菌种液中，[NH$_4^+$]因生长培养期间的消耗而低于新鲜培养基，接种量大则产氢培养液的[NH$_4^+$]相对较低，接种量小则产氢培养液的[NH$_4^+$]相对偏高，产氢培养初期，细菌生长将[NH$_4^+$]逐步降低，消除其抑制作用后，产氢现象出现，所以，接种量大的试样产氢延滞期短。

产氢延滞期是指从接种培养开始到有可观察到的产气现象出现之间一段时期。出现延滞期现象的可能的原因主要有：①光合细菌在新的培养液中，有一段适应期，之后才开始产氢代谢，并且代谢速度也比较低。②培养初期，反应液中 NH$_4^+$浓度高，对产氢代谢中起主要作用的固氮酶的阻遏作用未被解除。③培养初期，pH 有一个短暂的上升期，一般可达到 7.5 左右，这一时期内产生的 CO$_2$ 气体，容易溶解在反应液中，使得产气现象微弱，不易观察。同时，反应液中 CO$_2$ 的积累所造成的反馈抑制作用，也可能是一个进一步延长延滞期重要因素。

从上述分析中不难看出：降低反应器顶空压力特别是在负压条件下，能够明显缩短产氢延滞期。说明减少 CO$_2$ 和 H$_2$ 在反应液中的溶解量，对于降低反馈抑制作用有显著的效果。

光合细菌在不同反应器顶空压力下的产氢情况见图 3.79。

从图 3.79 可以看出，在设定的压力范围内，随着压力的降低，产氢量逐渐提高（达到常压下产氢量的 2～3 倍），说明产氢量与顶空压力呈负相关，降低顶空压力，可有效地提高产氢速率和产氢量、缩短产氢时间。

随着接种量的增加，产氢总量和产氢速率均有明显下降。可能的原因有：①培养液中，某一种或多种营养物质的浓度偏低，限制了光合细菌的代谢活动。②光合细菌浓度高，影响了反应液的透光性，处于深层的光合细菌不能充分接受光照。③所接入的菌种种液中，积累了一定浓度的、具有抑制产氢作用的一些代谢产物，未能得到充分稀释，限制了光合细菌的产氢代谢。

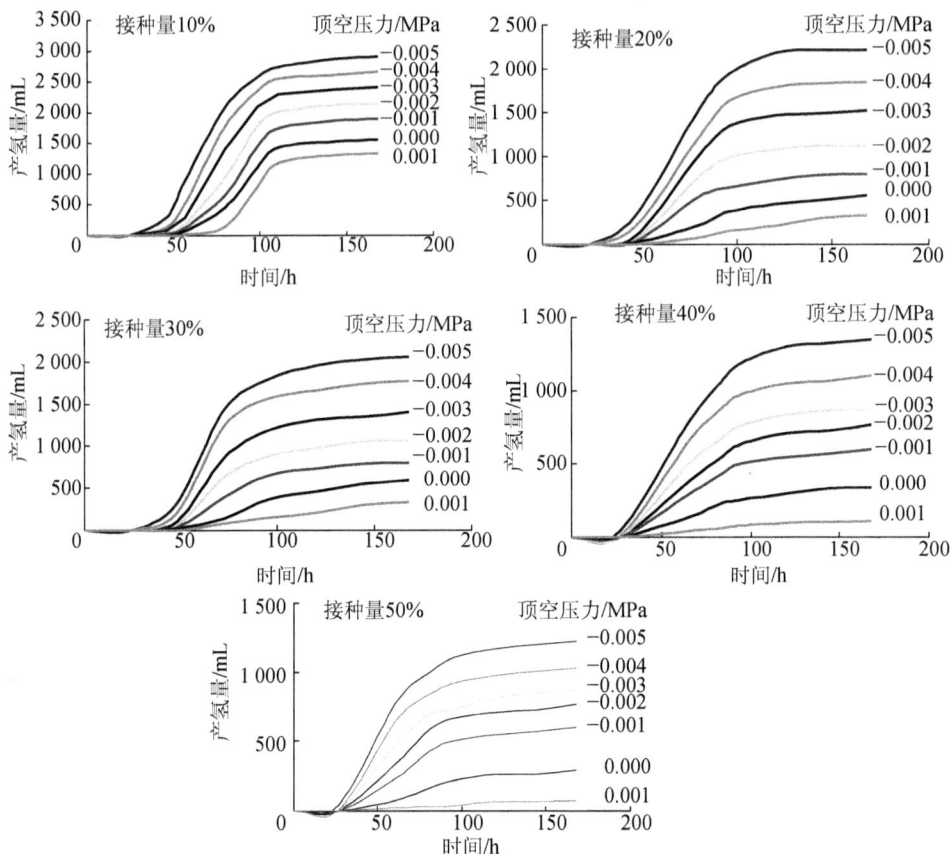

图 3.79 产氢与顶空压力的关系

Fig. 3.79 Relationship between H_2 production and headspace pressure

相同压力条件下，从不同接种量反应液的产氢对比可以看到，接种量越大，产氢量受压力变化的影响越明显。说明大接种量的反应液中，气体产物的溶解度高，反馈抑制作用强，而顶空压力越低，消除反馈抑制的效果越明显。

从上述结果来看，虽然大接种量可以缩短光合细菌的产氢延滞期，但其产氢量明显低于接种量小的试样，从制氢的角度考虑，应选择小接种量，因此，就本试验所选定的接种量范围来说，接种量 10% 的产氢效果最佳。

96h 后，各个压力条件下的产氢速率均低于之前的产氢速率，主要原因可能在于产氢底物浓度和酶活力降低。反应液 pH 的下降（5.0 以下）是固氮酶活力下降的主要原因。由此可见，低的顶空压力主要是通过减少产物反馈抑制作用，充分发挥了固氮酶在其活力高的阶段的产氢作用，提高了光合细菌的产氢量。

3.4.1.9 反应器顶空气体组成对光合细菌产氢过程的影响

对不同的反应瓶顶空气体组成，在其他条件相同的情况下，测定了光合细菌生长情况，结果见图 3.80。

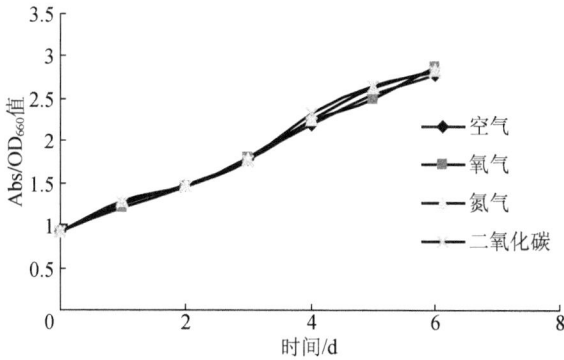

图 3.80 不同顶空气体对光合细菌生长影响

Fig. 3.80 Effects of different headspace gas on photosynthetic bacteria growth

由图 3.80 可知，不同顶空气体组成条件下，产氢混合菌种生长情况虽有小幅度交错变化，但总体情况基本相同，重复试验的结果也基本一致，说明混合菌种生长培养中对顶空气体组成的变化并不敏感，试验操作中无须刻意进行反应液液面上面气体的处理。

采用不同顶空气体组成条件下培养的光合细菌混合菌种，进行平行产氢，试验结果见图 3.81 和表 3.12。

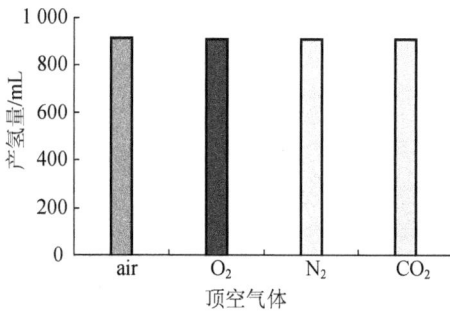

图 3.81 不同顶空气体组成条件下培养的光合细菌的产氢能力

Fig. 3.81 Ability of photosynthetic bacteria cultured under the different headspace gas to produce hydrogen

表 3.12 不同顶空气体组成条件下培养的光合细菌的产氢延滞期和产氢时间

Table 3.12 Delay time and duration of H_2 production by photosynthetic bacteria cultured under the different headspace gas

生长培养时的顶空气体组成	空气	氧气	氮气	二氧化碳
产氢延滞期/h	38	40	37	37
产氢时间/d	6	6	6	6
产氢总量/mL	925	930	920	930

　　利用上述几种顶空条件下培养出的混合菌种，在相同的产氢条件下，产氢进程和产氢总量没有明显差异，所以，光合菌种生长培养过程中，无须严格厌氧的条件，不用刻意营造厌氧环境，这样可以简化操作程序。

　　不同的顶空气体组成时，各组产氢情况见表 3.13。

表 3.13　顶空气体组成对光合细菌产氢过程的影响

Table 3.13　Effects of headspace gas on hydrogen production by photosynthetic bacteria

产氢培养时的顶空气体组成	空气	氧气	氮气	二氧化碳
产氢延滞期/h	54	60	38	38
产氢时间/d	6	6	6	6
产氢总量/mL	760	640	945	950

　　由表 3.13 可知，充 O_2 试样，产氢延滞期最长，产氢总量最少；充 CO_2 试样，产氢延滞期最短，产氢总量最大，与充 N_2 试样的产氢结果相差不大；充空气的试样介于中间。这一结果说明：光合细菌产氢过程对氧气较为敏感，需要严格的厌氧环境，产氢过程中，光合细菌通常要先消耗掉溶解氧，才能进入产氢阶段；氮气的存在并未明显影响产氢作用，这可能是由于所用培养基只限制了光合细菌的固氮作用而未限制产氢作用。

　　由上述讨论可见，光合细菌制氢过程中，产氢阶段应尽可能在严格的厌氧条件下进行，即在反应起始阶段，向反应器内通吹入 CO_2 或 N_2，以吹脱含氧空气；考虑到 CO_2 既是光合细菌产氢中的副产物又远比 N_2 易于分离，便于提高 H_2 纯度，所以，选用 CO_2 吹脱产氢反应器中的空气是一种比较理想的方法。

3.4.1.10　小结

　　利用自行设计了一套活塞流连续制氢装置进行光合生物制氢的试运行，该装置的产氢能力可以通过增减串联反应罐的数量进行调整。通过试验研究，确定了小型活塞流连续制氢装置的主要运行参数：菌种培养阶段的初始 OD_{660} 值为 0.56，生长培养基、菌种回流和产出生产菌种的流量均为 0.21L/h，菌种循环连续培养反应器的水力滞留时间为 56h；产氢阶段的接种比例为 1∶1，即产氢培养基的流量为 0.21L/h。装置运行具有较好的稳定性：光合细菌生产菌种的吸光度值在 1.0~1.2 波动、pH 始终保持在 7.45 左右；产氢阶段监测位点处的 pH 基本稳定，平均产氢速率为 1.1506L/h，产氢速率的波动幅度在 2.2%以内。装置连续产氢的平均产氢量为 2.68L/L（产氢反应液），达到分批制氢的 86.5%。通过设定合理的反应器结构、容积、反应液流量等，有效降低反应液'返混'程度，有可能使其产氢量接近分批制氢的水平。

　　光合产氢混合菌群在产氢过程中，气体生成物 H_2 和 CO_2 对反应进程具有明显的反馈抑制作用，降低反应器顶空压力，可以有效地降低各种气体成分的分压，进而降低它们在反应液中的溶解度，降低或消除反馈抑制作用，达到缩短生产周期、提高效率和氢气产量的目的。反应器顶空压力处于较低的负压（真空）条件时，可明显缩短光合细菌产氢延滞期、提高产氢速率和产氢量。混合菌种为兼性厌氧菌群，单纯的生长培养无需刻意考虑气体环境，不需进行通气操作；产氢过程对氧气敏感，需要严格厌氧条件，仅需在产氢培养之初用 CO_2 气体吹脱反应器内的空气。

3.4.2 不同搅拌方式及水力停留时间对光合生物制氢过程的影响

生化反应器结构和水力停留时间（HRT）是影响连续流光合生物制氢系统产氢性能的主要因素。Li 等通过对静置状态和摇动状态下的生物制氢系统进行对比，得出在摇动状态下最大产氢速率达到 $165.9 mL \cdot L^{-1} \cdot h^{-1}$，与静置状态比，最大产氢速率提高了 59%。Kongjan 和 Angelidaki 通过试验得出，生物制氢过程中生化反应器结构会影响制氢多相流内部的搅拌方式，搅拌方式会影响反应液的传质特性，进而影响产氢过程中产氢细菌的生长、代谢产氢以及底物转化效率。Gilbert 等设计改进了一个新型的板式，该反应器能够有效克服多种反应器中存在的摇摆运动所造成的搅动问题，他们利用该反应器进行生物制氢，得出光合细菌 *Rhodobacter sphaeroides* O.U. 001 的最大产氢速率为 $11 mL \cdot L^{-1} \cdot h^{-1}$。研究表明，随着 HRT 减少，不同形态的反应器均呈现出产氢量增加。水力停留时间短会影响生物制氢的发酵类型，如由丁酸型发酵转向乙酸型发酵等，同时较短 HRT 还会对产甲烷菌的生长有一定的抑制作用，因为产甲烷菌的生长与产氢细菌相比需要更长的时间。然而，Wu 等通过对一系列不同 HRT 的生物制氢情况进行分析，得出 HRT 为 12h 是最优条件，此时产氢量和产氢速率都较高。同时他们还发现不同的水力停留时间下，经过生物发酵后所产生物质气中的氢气成分有所变化，较长 HRT 下出现了氢气浓度及总产氢量的下降，这可能是由于 HRT 过长，反应器及反应液内部氢分压过大，且前期产出的氢气被同型乙酸菌利用，气体浓度下降。通过以上的分析可以看出，搅拌情况及 HRT 对生物制氢体系的高效运行有很重要的影响，是维持反应器充足细胞浓度和稳定产氢环境的重要参数，需要予以重视。本小节以玉米芯作为发酵底物，对球磨超微粉碎后的玉米芯粉进行纤维素酶酶解糖化，酶解液进行光合生物制氢。以制氢过程中反应液的 pH、还原糖浓度、光合细菌浓度、累积产氢量为参照，通过计算求得生物质多相流产氢料液的底物转化效率，考察不同搅拌形式反应器及不同 HRT 对光合生物制氢过程的影响，进而优化光生化反应器的操作工艺，以提高生物质多相流光合制氢体系的产氢效率。

3.4.2.1 光合生物制氢过程产氢基质的制备

所用纤维素类原料为玉米芯（其中纤维素 38.2%、半纤维素 39.3%、木质素 15%），于 2012 年秋收获自河南省开封市西郊乡。玉米芯原料经自然风干，初粉至粒度 0.45mm 后，再利用高能球磨机进行研磨制备超微玉米芯粉试样。高能球磨机研磨参数为：球料比（g：g）为 8：1，其中大球直径 ϕ10mm，小球直径 ϕ8mm，大小球比例为 1：1，球磨时间为 30min。球磨后超微玉米芯粉试样粒度为 6.7～21μm，孔隙率为 70.06%，含水量 7%，总固体含量为 98.2%，密封储存备用。

生物质光合产氢所用基质为生物质多相流，其组成为：玉米芯粉酶解糖化料液，发酵产氢培养基，光合细菌混合菌群。其中玉米芯粉酶解糖化料液的还原糖浓度为 10.5g/L 还原糖酶解液，为光合细菌生长代谢提供所需的碳源，发酵产氢培养基为光合生物制氢反应提供氮源、磷元素、部分碳源及微量元素。添加光合细菌混合菌群之前，首先要利用 50%（w/w）KOH 溶液将产氢混合基质中和滴定至中性（pH=7.0），光合细菌混合菌群的添加量为 20%（v/v）处在生长对数期的菌液。

3.4.2.2　不同搅拌方式光生化反应器的设计和运行

不同搅拌方式的光生化反应器见图 3.82。

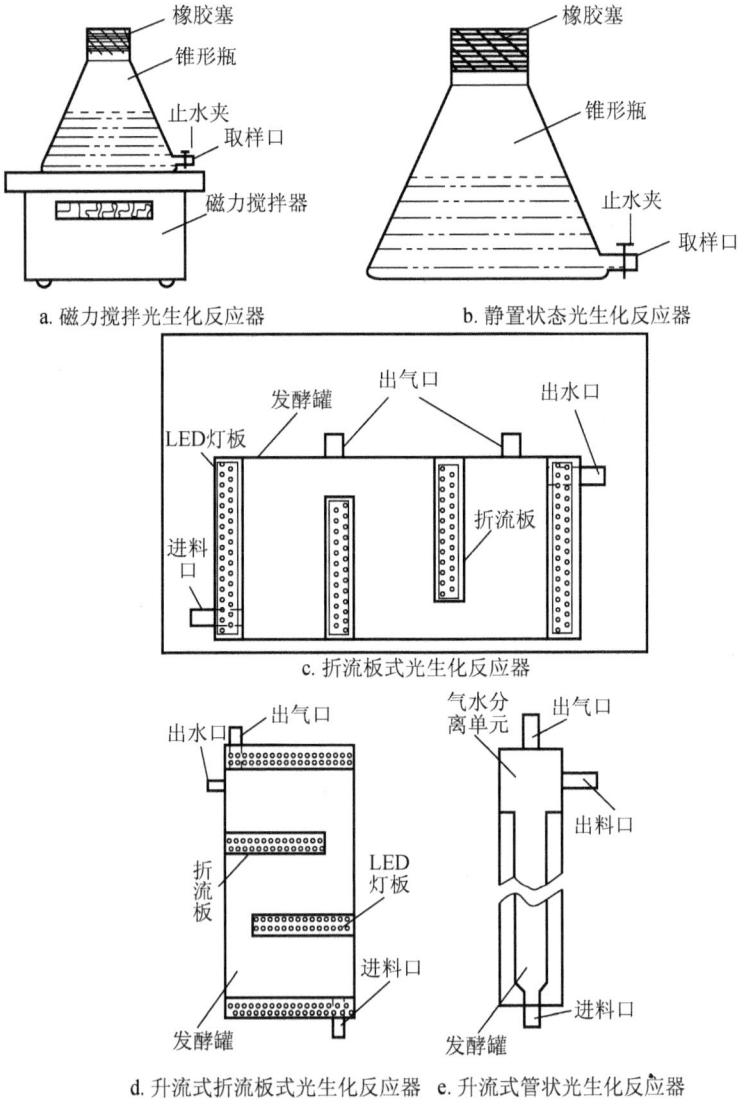

a. 磁力搅拌光生化反应器　　　　b. 静置状态光生化反应器

c. 折流板式光生化反应器

d. 升流式折流板式光生化反应器　e. 升流式管状光生化反应器

图 3.82　不同搅拌方式的光生化反应器结构示意图

Fig. 3.82　Schematic diagrams of photo-fermentative bioreactors with different mixing methods

由于结构简单，操作方便，序批式进料方式的光生化反应器在生物制氢过程中得到了广泛的应用，但是为了实现生物制氢技术的产业化，提高经济效益，对制氢过程中的连续流生物制氢装置与技术进行研发非常关键。图3.82是5种具有不同搅拌方法的光生化反应器。反应器a和b是序批式进料的批式光生化反应器，a是具有磁力搅拌的序批式光生化反应器，b是静置培养状态的光生化反应器。c、d、e 3种光生化反应器是连续式光生化反应器，c是折流板式光生化反应器，d是升流式折流板式光生化反应器，e是升流式管状生化反应器。序批式生化反应器主体是一个容量250mL的锥形瓶，利用橡胶塞封口后，用来进行光发酵生物制氢。

折流板式光生化反应器中，为自主研发的新型光通道生物制氢反应器。由于折流板的加入，生物质多相流光合产氢料液的流动方向及流动状态发生了改变，从而实现了对产氢料液的搅拌。升流式折流板式光生化反应器内部的搅拌不仅由折流板的折流作用实现，同时还存在流体向上流动过程中，向上的动能与流体自身存在的重力势能之间的相互作用。升流式管状光生化反应器的长径比远远大于1，其搅拌是由流体升流过程中向上的流动趋势与向下的重力势能之间的相互作用。

以还原糖浓度为 10.5g/L 的超微化玉米芯粉酶解液为产氢基质，向酶解液中添加发酵产氢培养基，用 KOH 溶液将酶解液调至中性，加入 20%（v/v）处在生长对数期（菌液的 OD_{660} 值为 1.0～1.5）的光合混合菌群菌液。光生化反应器密封后，利用氮气对其进行吹扫，除去反应器顶空空间内残余的氧气，创造厌氧环境。由于光合产氢过程，其实就是在微生物内部的酶（如固氮酶、氢化酶等）的作用下，进行的酶促发酵生物制氢过程，酶活力只在较窄的温度区间内活性最高，因此将光生化反应器置于30℃恒温培养箱内。光生化反应器所接收的光照强度为4 000lx。光合微生物在厌氧光照条件下进行代谢产氢，气体经由洗气瓶、气体流量计后通过注射器针管和气体采样袋进行收集保存。为分析不同搅拌方式与水力停留时间对生物质多相流光合产氢过程的影响，每隔6h对各产氢体系进行取样，利用酸度计及分光光度计等试验仪器测量其产氢料液的pH、细胞浓度、还原糖浓度，并计算其底物转化效率，计算公式为：底物转化效率=[（$C_{initial}-C_{final}$）/$C_{initial}$]×100，分析不同操作方式下光合制氢系统的产氢特性。

各反应器的运行手段如下。

1）磁力搅拌下序批式光生化反应器的运行

搅拌能够有效增加光合细菌与产氢基质的接触。磁力搅拌方法适用于黏稠度不大的液体，或者是固液混合物，生物质多相流光合产氢体系满足这一特征，因此可以用磁力搅拌方法进行搅拌。磁力搅拌是利用磁场和漩涡的原理，将搅拌子放入产氢料液当中，当底座产生磁场后，搅拌子就会进行圆周循环运动，从而实现对产氢料液的搅拌，使反应物均匀混合。

添加磁力搅拌装置的序批式光生化反应器制氢装置图见图 3.83。

图 3.83　磁力搅拌光生化反应器生物制氢装置

Fig. 3.83　Schematic diagrams of photo-fermentative biohydrogen production system with magnetic stirring bioreactor

序批式磁力搅拌光生化制氢系统的启动，采用批次进料的方式。向 250mL 锥形瓶中加入 100mL 光合产氢料液，将整套反应装置置于 30℃光照培养箱中，利用 40W 白炽灯进行照明，光照强度为 4 000lx，利用注射器针管进行生物质气体的收集。在磁力搅拌速度 150r/min 的条件下，进行光合生物制氢，制氢周期为 4d。

2）静置状态下序批式光生化反应器的运行

静置状态下进行序批式光合生物制氢，其与添加磁力搅拌装置的序批式光合生物制氢过程相比，唯一的区别就是没有添加搅拌。其制氢装置见图 3.84。

向 250mL 锥形瓶中加入 100mL 光合产氢料液，将整套反应装置置于 30℃光照培养箱中，利用 40W 白炽灯进行照明，光照强度为 4 000lx，利用注射器针管进行生物质气体的收集。在静置状态下进行光合生物制氢，制氢周期为 4d。

3）折流板式连续流光生化反应器的运行

折流板光生化反应器由于添加了折流板，使发酵产氢料液在反应器内部呈蛇形流动，增加了流程，其流态介于推流与全混式流态之间，尤其在上向流室中，上升水流流速及向上逸出的气体等，都有利于发酵产氢料液与光合细菌的充分接触，加速了碳氢化合物向光合细菌的传递（见图 3.85）。同时由于折流板的存在，也有效增加了生物固体的截留能力。

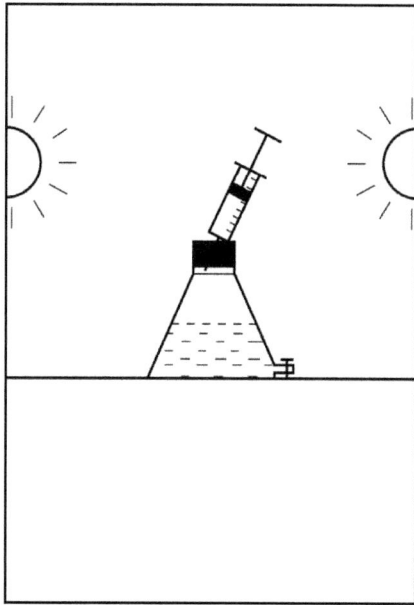

图 3.84 静置状态光生化反应器生物制氢装置

Fig. 3.84 Schematic diagrams of photo-fermentative biohydrogen production system with standing culture bioreactor

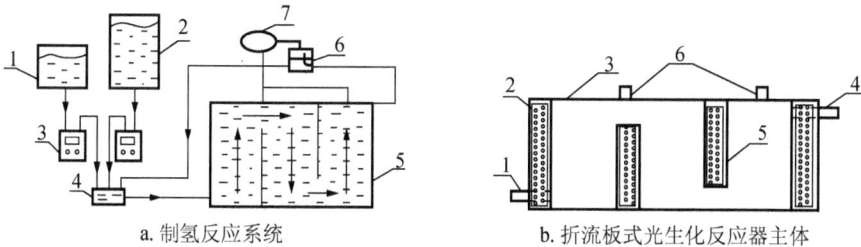

a. 制氢反应系统   b. 折流板式光生化反应器主体

图 3.85 折流板式光生化反应器制氢系统示意图

Fig. 3.85 Schematics of the photo-fermentation hydrogen production system and the baffle bioreactor

1. 光合细菌罐；2. 产氢底物罐；3. 恒流泵；4. 进料预混盒；   1. 进料口；2. LED灯板；3. 发酵单元；
5. 折流板光生化反应器本体；6. 气液分离单元；7. 气囊   4. 出料口；5. 折流板；6. 出气口

　　该光生化反应器的制作材料为透明有机玻璃，有效反应容积为 2L。进料单元包括光合细菌罐、产氢底物罐和进料预混盒，光合细菌罐和产氢底物罐的出口分别通过一根输液管与进料预混盒的进口连接，每根输液管上均设有一个恒流泵，进料预混盒的出口与制氢反应器的进口连接，制氢反应器的出口通过输液管与气液分离单元的进口连接。常见的光生化反应器都采用外部供光系统，利用白炽灯、卤素灯、钨丝灯或 LED 灯等进行照明，但外部供光方式由于与反应器本体之间存在距离，且不能实现对所有光源的有效利用，因此光能利用率不高。课题组研发的光生化反应器，在对现有光合细菌制氢反应器发展现状进行总结的基础上，创造性地将隔流板做成中空形式，隔流板在起到折流作用的同时，其中空结构可作为灯箱使用，折流板内部嵌套低耗能的 LED 灯板，实现了两个方向的同时供光及采光面积的最大化。连续流制氢反应过程中，利用气囊收集发酵产生的生物气体。

　　折流板式光生化反应器的运行方式采用连续进料方式。反应器的启动运行为批次运行方式，将 2L 发酵产氢料液通过恒流泵泵入折流板式光生化反应器内，厌氧发酵 42h 直到光合细菌进入对数期生长，产氢发酵最旺盛的时刻，将反应模式转为连续流操作方式，开始泵入新鲜发酵产氢料液，在对搅拌方式进行考察的实验阶段，进料速度为 0.8h/min，即转速为 3r/min，该流速下，水力停留时间为42h。在考察不同水力停留时间对生物质多相流光合产氢系统的产氢情况的影响时，通过控制恒流泵转速，调节发酵产氢料液进流速度，使水力停留时间分别为12h、24h、36h、48h、60h 和 72h。

　　4）升流式折流板式连续流光生化反应器的运行

　　升流式折流板式光生化反应器生物制氢系统的结构和运行方式与折流板式光生化反应器生物制氢系统类似，该系统的装置示意图见图 3.86。

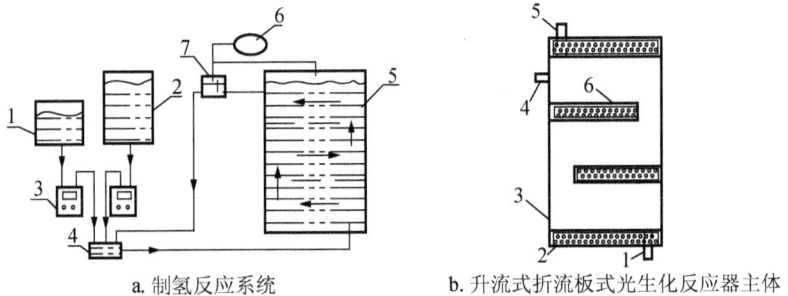

a. 制氢反应系统　　　　　　　　b. 升流式折流板式光生化反应器主体

图 3.86　升流式折流板式光生化反应器制氢系统示意图

Fig. 3.86　Schematics of the up-flow photo-fermentation hydrogen production system and the up-flow baffle bioreactor.

1. 光合细菌罐；2. 产氢底物罐；3. 恒流泵；4. 进料预混罐；　　　1. 进料口；2. LED 灯板；3. 发酵单元；
5. 升流式折流板式光生化反应器本体；6. 气囊；7. 气液分离单元　　　4. 出料口；5. 出气口；6. 折流板

　　该反应器同样由有机玻璃制成，可利用有效体积为 2L。折流板光生化反应器制氢系统主要由 3 部分组成，包括进料单元、反应器主体和气液分离单元。升流式折流板式光生化反应器中，产氢反应料液是由底部流入，由上部流出，因此产氢料液在反应器内部的流动除了折流板阻挡引起的推流等，同时还存在重力作用引起的重力沉降作用，一定程度上促进了产氢微生物与发酵产氢料液的接触，且更进一步增强了生物固体的截留能力。折流板式光生化反应器无运动部件，无须机械混合装置、结构相对简单，总容积利用率高，且不易阻塞，操作运行简单。

5）升流式管式光生化反应器的运行

管式反应器内部的发酵产氢料液在反应器内的流态为推流式。本章节中所设计管式感应器材料为玻璃，长度为 42cm，直径为 2cm，有效容积 126mL。该制氢反应系统示意图见图 3.87。

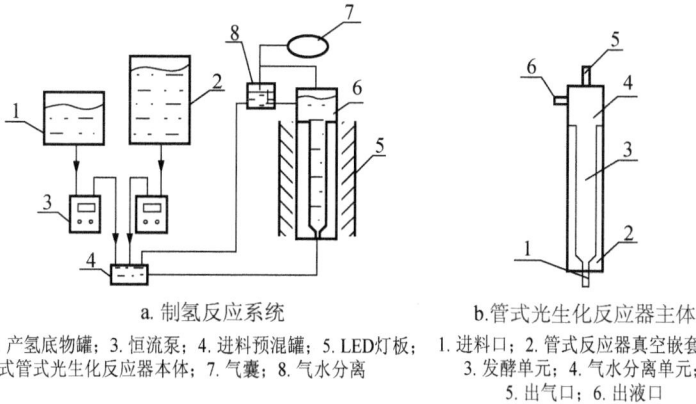

a. 制氢反应系统　　　　　　　　　　b. 管式光生化反应器主体

1. 光合细菌罐；2. 产氢底物罐；3. 恒流泵；4. 进料预混罐；5. LED灯板；　　　1. 进料口；2. 管式反应器真空嵌套层；
6. 升流式管式光生化反应器本体；7. 气囊；8. 气水分离　　　　　　　　　　3. 发酵单元；4. 气水分离单元；
　　　　　　　　　　　　　　　　　　　　　　　　　　　　　　　　　　5. 出气口；6. 出液口

图 3.87　升流式管式光生化反应器制氢系统示意图

Fig. 3.87　Schematics of the up-flow tubular bio-hydrogen production system and the up-flow tubular bioreactor

整个系统由进料单元、反应器本体、供光单元三部分组成。进料单元由恒流泵与进料口相连。反应器本体包括发酵单元和顶端气液分离单元，液体自出料口流出，气体由出气口逸出，利用气囊对其进行收集。上流式管式光生化反应器系统采用 LED 外部供光的模式创造光照环境，反应器壁面处测得的光照强度为 4 000lx。其运行方式和操作环境与折流板式光生化反应器生物制氢系统一致。

3.4.2.3　搅拌方式对光合生物制氢过程的调控

利用五种不同的光生化反应器进行生物质多相流光合生物制氢，不同搅拌方式下，发酵产氢料液的 pH，微生物生长状态、以及还原糖的浓度的变化过程见图 3.88。

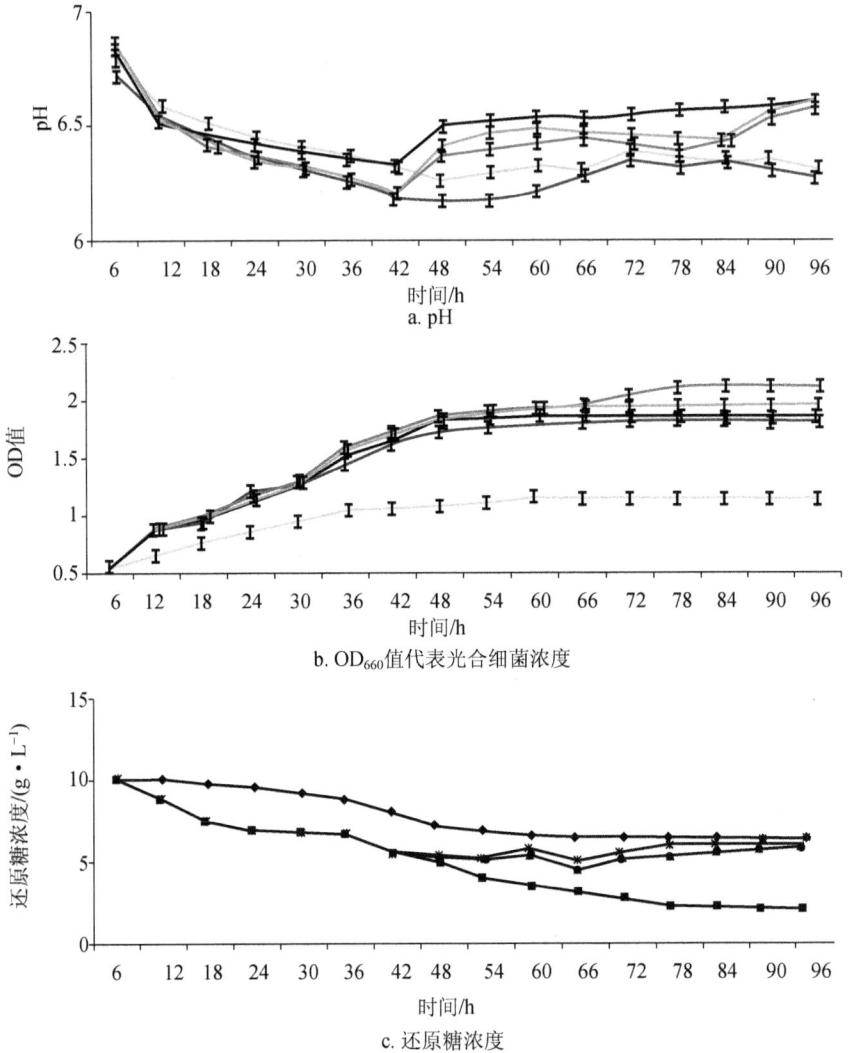

图 3.88　不同时间不同搅拌方式对光合生物制氢过程的影响

Fig. 3.88　Effects of mixing patterns on photo-fermentative hydrogen production process versus time

（MBB-磁力搅拌序批式光生反应器 SBB-静置序批式光生化反应器 BPFB-折流板式连续流光生化反应器

UBPFB-升流式折流板式连续流光生化反应器 UTB-升流式光生化反应器制氢系统）

　　从图 3.88a 中可以看出，在五种不同反应器中，pH 在反应开始的 0~12h 内迅速下降，12h 后下降速度变缓，直至 42h。pH 的迅速下降，可能是由于反应初期，还原糖浓度高，光合细菌利用该还原糖进行快速的生长繁殖，这一过程中产生乙酸、丁酸等挥发性脂肪酸。12h 后，光合细菌开始利用还原糖及挥发性脂肪酸等物质进行代谢产氢。在挥发性脂肪酸产生的同时伴随着消耗，因此 pH 的下降速度放慢。序批式操作条件下的反应器的 pH 仍继续小幅下跌并随着代谢产氢反应速率的加强，出现波动。而连续式操作方式下，42h 后，当新鲜发酵产氢底物加入生化反应器中，伴随着酸化料液的流出和中性料液的加入，反应液的 pH 出现轻微的回升，并在此后反应过程中呈现出波动变化趋势。

　　序批式反应器中，添加磁力搅拌装置的生化反应系统和未添加磁力搅拌的静置反应器有类似的 pH 变化，但是总体趋势来看，添加磁力搅拌装置的反应系统 pH 略高于静置状态的反应系统。同时，由光合细菌细胞浓度 OD_{660} 值及还原糖浓度的变化情况，可以发现，36h 时，磁力搅拌光生化反应器内 pH 为 6.37，高于静置状态生化反应器的 pH6.26，而其光合细菌细胞浓度 OD_{660} 值为 1.021，仅为静置状态生化反应器光合细菌细胞浓度的 71.65%，此刻的发酵产氢料液的基质转化率为 15.14%，而静置状态生化反应器的基质转化率则为 34.19%。产氢周期结束时，磁力搅拌生化反应器与静置状态生化反应器的 pH 分别为 6.31 和 6.27，其细菌浓度 OD_{660} 值分别为 1.15 和 1.805，基质转化率则分别为 39.81% 和 79.62%。从结果的对比我们可以发现，静置状态生化反应器的光合细菌生长状态及产氢料液基质转化率都约是磁力搅拌式光生化反应器的一倍。尽管磁力搅拌光生化反应器和静置状态光生化反应器有相似的参数变化情况，但其在 OD_{660} 值和基质转化率上的显著差异仍说明磁力搅拌影响光合细菌的生长。这可能是由于磁力搅拌会破坏光合细菌的结构，影响细菌的生长繁殖，进而导致基质降解缓慢，所生成的 VFA 明显减少。因此，磁力搅拌生化反应器有较高的 pH。

　　综上所述，磁力搅拌对光合生物制氢过程起到了不利影响，添加磁力搅拌装置的光生化反应器不适用于生物质多相流光合产氢过程。这一结果与之前的研究结果相悖，如摇动状态下的光生化反应器会加强生物制氢效率。这可能是由两个因素引起的，一是产氢菌种的不同，二是外界条件不同。Clark 等的研究中，选用的是厌氧发酵细菌进行产氢，因此其搅拌装置对产氢量起到促进作用，而本章节所选用的混合产氢菌群可能对搅拌更为敏感，易于受损，搅拌会破坏其细胞结构，妨碍其正常生长。而针对 Li 等的研究结果，虽然 *R. sphaeroides* ZX-5 也是光合细菌的一种，但是从其产氢工艺可以看出，摇动状态下光合细菌培养的最佳光照强度为 7 000～8 000lx，明显高于本章节中提供的光照强度仅为 4 000lx，会影响高效产氢，这可能就是造成结果差异的原因。以后将对该问题开展更深入的研究。

　　连续式操作光生化反应器的光合生物制氢情况也根据搅拌方式的不同而呈现不同的变化规律。从图 3.88 中可以看出，0～42h 的时间段内，连续流反应器的操作模式为序批式，因此其 pH 的变化与序批式生化反应器的类似。前 12h 内，由于光合细菌的生长伴随的基质的降解和挥发性脂肪酸的积累，各反应器中的 pH 迅速下降，42h 连续流光生化反应器操作模式由序批式转换为连续式操作，中性新鲜发酵产氢料液逐渐加入，pH 开始上升，并于 48h 后维持在 6.40～6.50。由图 3.88 可知，36h 后光合细菌的生长速度开始变慢，还原糖含量变化不明显，挥发性脂肪酸减少。20h 后产氢速率加快，挥发性脂肪酸也开始被光合细菌利用，进行代谢产氢，这也是 pH 上升的一个因素，该结果与前人的研究结果类似。

　　光生化反应器制氢的初期主要是光合细菌的生长并伴随着少量的代谢放氢。因此反应初期，光合细菌持续快速增长，42h 后随着新鲜产氢料液的加入，光合细菌继续保持快速增长，到48h 时，其OD$_{660}$值达到 2.0。由于折流板式光生化反应器、上流式折流板式光生化反应器和上流式管式光生化反应器没有机械搅拌装置，都是依靠对反应液流态的改变，实现了对产氢料液的搅拌，因此剪切应力小，光合细菌得以有效高速生长。然而，管式反应器与折流板式反应器相比，由于缺少折流板的阻挡，在连续式操作过程中，其对光合细菌的截留能力小于折流板式和上流式折流板式光生化反应器，因此，测得折流板式反应器和升流式折流板式反应器的 OD$_{660}$值分别比管式反应器高 5.4%和 13.1%。上流式折流板式光生化反应器的截留能力最强，因此其 OD$_{660}$值最大，为 2.105。

　　由图 3.88c 中可以看出，各组连续流光生化反应器光合生物制氢系统的还原糖浓度变化情况不明显。在最初的序批式实验的 42h 中，连续流反应器中的还原糖浓度变化与静置状态的光生化反应器类似，因为都没有搅拌作用，此时还原糖被光合细菌消耗进行生长。12h 后，代谢产氢过程开始，前期积累的挥发性脂肪酸首先被利用，因此还原糖浓度在 24～36h 的变化不明显。36h 后，还原糖被用来参与光合细菌的生长及代谢产氢，因此，还原糖浓度的降低速率增加。当反应器操作方式由序批式向连续式切换时，即 42h 时，折流板式光生化反应器、上流式折流板式光生化反应器和上流式管式反应器的基质降解率分别为 43.62%、42.38%和 39.43%，三者基本一样。基质转化效率低的原因可能是因为在序批式操作方式下（0～42h），三种反应器并没有提供有效的搅拌，其细菌生长和产氢过程与其他反应器相比并没有显著提高。但是当连续式操作方式开启，折流板及上流方式对反应液流态的影响就显现出来，实现了对发酵产氢料液的搅拌，基质转化率与序批式反应过程开始呈现较大不同，但是同时，连续流的操作方式还会造成营养物质和光合细菌的流失，因此在发酵周期结束的时刻，其连续流光生化反应器内的基质转化效率大约为 50%，这一效率低于静置状态的光生化反应器的基质转化率，这可能是由于还原糖等物质在流出之前没有得到充分利用，进一步揭示了连续流光生化反应器生物制氢过程中的 HRT 对连续流反应的重要性。

　　由于光合细菌的生长及代谢产氢的最优条件为 pH 为 7 左右，因此，无论利用哪种试验装置进行光合生物制氢，均可满足较优 pH 的要求，因为其 pH 都在 6 和 7 之间。生物制氢过程中，pH、光合细菌浓度和还原糖浓度等之间都存在相互呼应，因此在反应过程中，应对其进行耦合分析，最终确定优化条件。

　　不同搅拌方式的光生化反应器的光合生物制氢系统的单位体积累计产氢量各不相同，见图 3.89，为不同时刻各反应器系统的累积产氢量的变化。有磁力搅拌装置的生化反应器的累积产氢量最低，只达到静置状态光生化反应的 50%左右。三种不同结构形式的连续流光生化反应器的累积产氢量变化规律类似，即所选三种不同搅拌方式的光生化反应器对系统产氢情况无明显影响。光合细菌混合菌群在多种搅拌方式的生化反应器中均能稳定生长，并有效产氢，唯有磁力搅拌等机械搅拌方式会影响光合细菌混合菌群的生长，并最终导致产氢过程受到抑制，产氢效率低。

利用 CurveExpert Professional 2.0.3 中的 Gompertz 方程对生物质多相流光合产氢体系的产氢情况进行分析，绘制累积产氢量回归曲线。

改进后的 Gompertz 方程如式（3-8）所示：

$$H=H_{max}\exp\{-\exp[(R_{max}\times e/H_{max})(\lambda-t)+1]\} \qquad (3-8)$$

式中，H 是 t（h）时刻单位产氢料液的累积产氢量（mmol·L^{-1}），H_{max} 是单位产氢料液的最大理论产氢量（mmol/L），R_{max} 是最大产氢速率（mmol/（L·h），λ 是延迟时间（h），e 是反应常数，为 2.72。

每组试验过程的累积产氢量变化都与改进后的 Gompertz 方程有很好的拟合度，见图 3.89，改进后的 Gompertz 方程的参数见表 3.14。

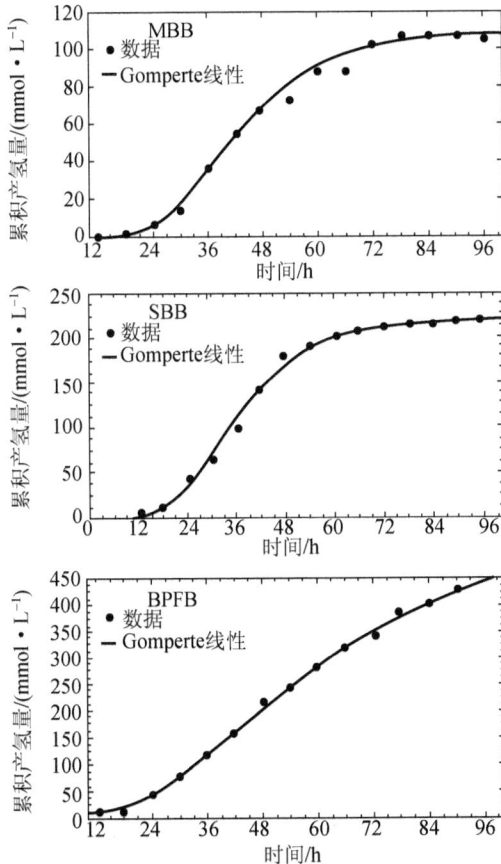

图 3.89 不同时间不同搅拌方式对光合生物制氢系统累积产氢量的影响

Fig.3.89 Effects of mixing patterns on the cumulative hydrogen production versus time

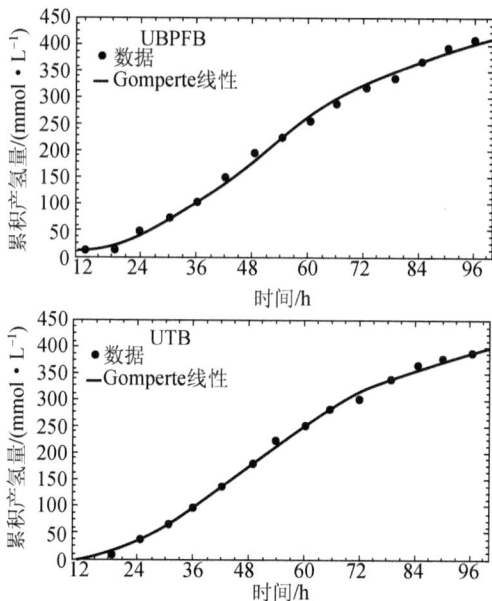

图 3.89　不同时间不同搅拌方式对光合生物制氢系统累积产氢量的影响（续）

Fig. 3.89　Effects of mixing patterns on the cumulative hydrogen production versus time（continued）

（MBB-添加磁力搅拌装置的序批式光生反应器制氢系统　SBB-静置状态下的序批式光生化反应器制氢系统　BPFB-折流板式连续流光生化反应器制氢系统　UBPFB-升流式折流板式连续流光生化反应器制氢系统　UTB-升流式光生化反应器制氢系统）

表 3.14　不同搅拌方式光下改进的 Gompertz 方程的模型参数

Table 3.14　Modified Gompertz Model parameters under diverse mixing patterns

搅拌方式	r	$H_{max}/$（mmol·L^{-1}）	$R_{max}/$（mmol·L^{-1}·h^{-1}）	$\lambda/$h
MBB	0.997 7	109.69	3.16	25.10
SBB	0.998 3	220.89	6.68	19.55
BPFB	0.999	512.29	7.37	20.72
UBPFB	0.999 1	466.42	6.74	20.48
UTB	0.999 3	436.39	6.63	20.91

　　折流板式光生化反应器光合生物制氢系统具有最大的累积产氢量和产氢速率，最大累积产氢量 H_{max} 为 512.29mmol/L，最大产氢速率 R_{max} of 7.37 mmol/（L·h）。磁力搅拌光生化反应器光合生物制氢系统累积产氢量和产氢速率最低，分别为109.69mmol/L 和 3.16mmol/（L·h）。见图 3.89，所有的连续式进料方式的光生化反应器的累积产氢量随着时间的延长持续增长，其中，折流板式光生化反应器的累积产氢量增长速率最快。而序批式进料方式下，72h 后，累积产氢量基本不变，产氢反应逐渐停止。综上所述，折流板式光生化反应器最利于产氢反应的进行，其所提供的搅拌方式最有利于生物质多相流光合生物制氢系统的运行及产氢性能的表达。由表 3.14 可知，静置状态光生化反应器的产氢延迟时间最短，为 19.55h，而

添加磁力搅拌的光生化反应器生物制氢系统的产氢延迟时间为 25.10h, 连续式光生化反应器的产氢延迟时间相似, 都在 20h 左右。利用 Gompertz 方程对不同搅拌方式下的累积产氢量进行模拟, 五种情况下的相关系数 r 均接近 1, 这说明, 改进后的 Gompertz 方程与数据的拟合度很高, 能很好地模拟不同搅拌方法光生化反应器的光合细菌混合菌群的产氢情况。而且, 从五组曲线可知, 磁力搅拌状态下的实验值均低于模型的预测值, 进一步说明磁力搅拌不利于光合生物制氢反应。

3.4.2.4 水力停留时间对光合生物制氢过程的调控

通过对不同搅拌方式的光生化反应器的产氢性能进行考察, 课题组研制的折流板式光生化反应器被认为是 5 组不同反应器内最适宜光合生物制氢过程的, 因其累积产氢量和产氢速率都最大。且能用于连续流生物制氢系统, 便于进一步扩大和工业化生产。

连续光合生物制氢过程中, 水力停留时间 HRT 是影响反应器性能表达的关键因素。因此选用 12h、24h、36h、48h、60h 和 72h 这 6 组不同的水力停留时间, 考察其在一个产氢周期内 (96h), 对折流板式光生化反应器光合生物制氢过程的影响, 以期得到最利于基质消耗和氢气生产的最佳水力停留时间。产氢反应过程中, 不同 HRT 下的 pH、光合细菌浓度、还原糖浓度及累积产氢量的变化见图 3.90。

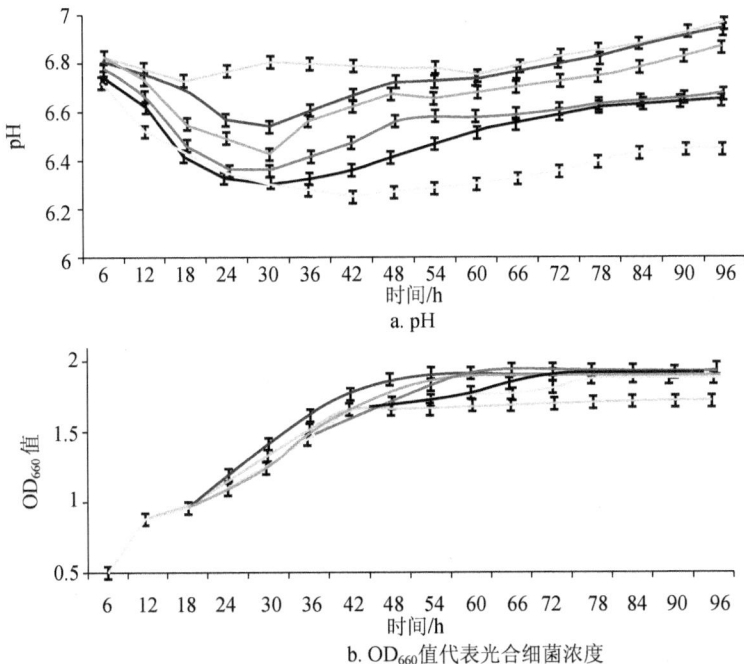

a. pH

b. OD_{660} 值代表光合细菌浓度

图 3.90 不同水力停留时间对折流板光生化反应器生物制氢情况的影响

Fig. 3.90 Effects of HRTs（12h，24h，36h，48h，60h，72h）on the pHFP process versus time

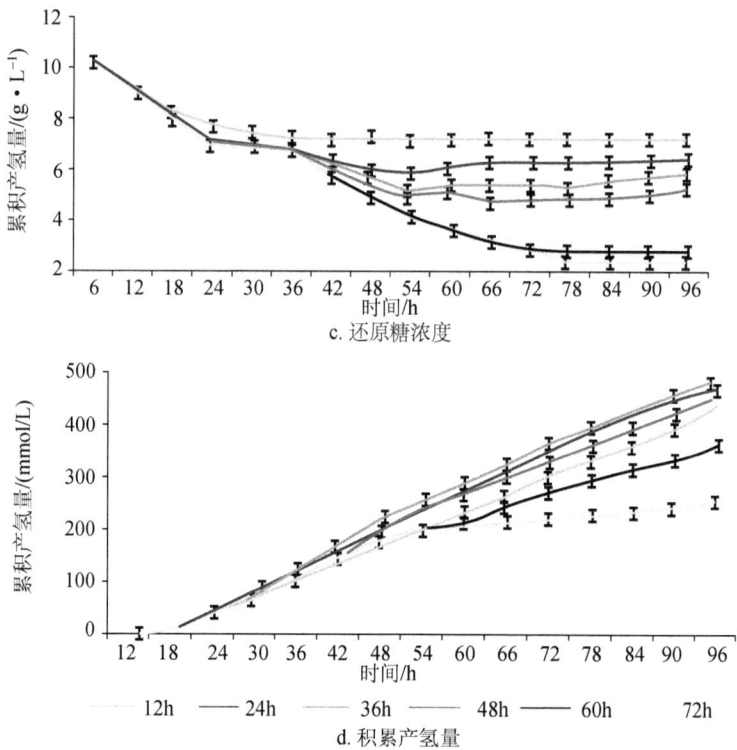

图 3.90　不同水力停留时间对折流板光生化反应器生物制氢情况的影响（续）

Fig. 3.90　Effects of HRTs（12h，24h，36h，48h，60h，72h）on the pHFP process versus time（continued）

　　发酵过程中，0～12h 内各水力停留时间条件下产氢料液的 pH、光合细菌生长状况及还原糖浓度变化基本相同，12h 后，才逐渐表现出差异，因为 12h 后，逐渐有新鲜发酵产氢料液开始加入，不同水力停留时间下加入的量和时间间隔都不相同。从图 3.90a 可知，新鲜产氢基质加入反应器之前，各水力停留时间下的料液 pH 的差异不显著，新鲜基质的加入，不仅稀释了已经酸化的发酵产氢料液，而且新加入的处于生长对数期的光合细菌会迅速利用反应液中的挥发性脂肪酸及还原糖等物质进行自身的生长，因此，pH 上升。随着水力停留时间由 72h 减小至 12h，产氢料液的 pH 则从 6.4 变化至 6.9。从图 3.90b 可知不同水力停留时间下的光合细菌的浓度（由 OD_{660} 值代表）。当水力停留时间由 12h 增加至 72h 时，折流板式光生化反应器的 OD_{660} 值呈先增加后减小的趋势。当水力停留时间为 36h 时，OD_{660} 值最大，为 1.946。当水力停留时间为 48h 时，其 OD_{660} 值为 1.943，与最大 OD_{660} 值仅相差 0.003。对该现象出现的原因予以分析，可能是因为当水力停留时间为 12h 和 24h 时，有充足的新鲜基质的输入，且由于流速较快，反应器内部的搅拌行为较剧烈。但是过高的流速同样还会造成光合细菌混合菌群的流失，速度过快，会使光合细菌随着反应液的排出而排出反应器，因此其 OD_{660} 值最小，仅为 1.722。而当水力停留时间延长至 60h 和 72h 时，其新鲜基质与较短水力停留时间相比不够充足，但光合细菌生长最旺盛时间仍有充足的还原糖供应，因此其细菌生长并没有受到较大抑制，且其水力停留时间长，液体流动速度较慢，有效减少了光合细菌的流出损失，因此，水力停留时间对光合细菌生长的影响不显著。

光合生物制氢过程中，累积产氢量的多少与微生物的生长状况和活性以及环境因素密切相关。在折流板光生化反应器内，不管水力停留时间怎么变化，当光合细菌的浓度达到一定量后，其 OD_{660} 值基本保持不变，因此，要充分考虑生物制氢过程中外界环境因素的变化对光合细菌生长的影响。折流板光生化反应器中，发酵产氢料液的混合是由于折流板对液体的阻挡作用实现的，水力停留时间越短，搅拌作用越大。由图 3.90c 中可以看出不同水力停留时间对产氢料液内还原糖浓度的影响。利用测得的还原糖浓度，计算不同水力停留时间下的底物转化率。当水力停留时间从 12h 增加至 72h，折流板式光生化反应器批次启动模式结束时，该时刻的发酵产氢料液的底物转化率从 15.05%增加至 73.52%。当光生化反应器处在序批式光合生物制氢阶段，从图 3.90 中可以看出，在 24h 至 36h 这段时间内，还原糖的消耗速率减慢，这可能是因为光合细菌进入到了一个稳定生长时期，且光合细菌对产氢料液中的挥发性脂肪酸的利用比例逐渐增大，因此还原糖的消耗量减少。当挥发性脂肪酸浓度变低时，产氢活动旺盛时，光合细菌对还原糖的代谢增强，因此产氢料液中的还原糖浓度又开始逐渐降低。而当生化反应器转入连续式光合生物制氢阶段，还原糖浓度在小幅波动下，开始保持稳定。这可能是因为添加的新鲜基质中所包含的还原糖与光合细菌生长及代谢产氢的消耗基本持平，因此光合生物制氢过程的底物转化率开始维持在一定水平。不同水力停留时间，12h、24h、36h、48h、60h 和 72h，反应结束时底物转化率不同，分别为 31.24%、40.48%、44.67%、50.48%、74.10%和 77.90%。这个结果表明较短的水力停留时间不利于产氢基质的降解，水力停留时间短，产氢料液出流速度大，光合细菌会随着液体的流出造成部分流失，同时，水力停留时间较短还会造成底物在还没有被充分利用的情况下就被排出反应器。该结果与之前研究者们的结果相同。

利用改进的 Gompertz 方程对累积产氢量变化进行数据拟合，各参数变化见表 3.15。

表 3.15　不同水力停留时间下改进后的 Gompertz 方程的模型参数

Table 3.15　Modified Gompertz Model parameters for different HRTs

HRTs/h	r	$H_{max}/$ (mmol·L^{-1})	$R_{max}/$ (mmol·L^{-1}·h^{-1})	λ/h
12	0.998 1	577.11	6.09	21.18
24	0.998 9	589.21	6.98	21.42
36	0.998 6	553.55	7.78	21.50
48	0.998 5	526.41	6.99	20.91
60	0.996 3	398.64	5.56	17.66
72	0.996 1	245.60	6.43	18.39

从图 3.90d 中可以看出在 96h 的产氢周期内其累积产氢量的变化。从图 3.90 中可以看出连续流光合产氢模式有利于增加累积产氢量，水力停留时间对光合生物制氢过程影响显著。表 3.15 中的数值结果进一步验证了不同水力停留时间对产氢情况的影响。不同水力停留时间下的最大产氢速率均出现在 18h 后，因为此时光合细菌生长代谢最旺盛，同时发酵产氢料液中的挥发性脂肪酸和还原糖含量都很充足，利于产氢反应的进行。当水力停留时间由 72h 降至 36h，累积产氢量随水力停留时间的改变迅速升高，水力停留时间为 72h 累积产氢量最小，为 259.93mmol/L，水力停留时间为 36h 时累积产氢量最大，为 482.39mmol/L，此时的产氢基质流速及流动造成的搅拌最利于产氢。但当减至 24h 和 12h 时，累积产氢量又出现了回落，可能是由于流速过快，产氢基质和光合细菌的沉降附着能力太弱，造成了光合细菌和产氢基质的过度流失。同时光合细菌需要一定时间来适应新环境，水力停留时间较短不利于光合细菌的稳定和繁殖。当光生化反应器的操作模式从序批式转换为连续式，产氢速率开始增加，这是因为新鲜基质的加入，以及搅拌的出现，有利于生化反应器内部的传质，产氢能力得到了增强。但是当水力停留时间为 72h 时，由于在该周期内，光合细菌已经有生长代谢旺盛期逐渐进入衰亡期，新鲜基质的加入，对细菌的生长和代谢刺激作用不显著。

改进后的 Gompertz 方程对累积产氢量的拟合效果非常好（$r > 0.99$），因此，该模型可用来预测不同情况下的光合生物制氢情况。当 HRT 由 12h 升至 48h 时，累积产氢量的变化情况不显著，其最大累积产氢量分别为 577.11mmol/L、589.21mmol/L、553.55mmol/L 和 526.41mmol/L。当水力停留时间为 24h 时，其累积产氢量最大。当水力停留时间为 36h 时，其最大产氢速率最大，为 7.78mmol/(L·h)。而当水力停留时间为 60h 和 72h 时，最大累积产氢量分别为 398.64mmol/L 和 245.60mmol/L，明显低于较短水力停留时间条件下。这结果说明，水力停留时间长不利于高效的生物制氢，由于其没有充足的基质补充，且料液与光合细菌的混合不完全。但是同时，水力停留时间过短也不利于产氢活动的进行。为了得到最高的累积产氢量，通过对实验结果的分析，发现水力停留时间为 24h 最有利于折流板式光生化反应器进行光合生物制氢。这一结果略长于 Chang 和 Lin 等的研究结果，他们认为最适宜的水力停留时间范围为 8～20h。本文结果的不同可能还由于水力停留时间过短，流速过快对产氢料液的扰动较大，会影响光合细菌混合菌群的活性。

3.4.2.5 搅拌方式和 HRT 对光合生物制氢过程影响的单因素方差分析

单因素方差分析方法被用来观察不同搅拌方式和水力停留时间对光合生物制氢过程中 pH、OD_{660} 值、基质转化率和累积产氢量的影响。由表 3.16 中的方差分析结果可知，搅拌方式和水力停留时间均对光合生物制氢过程有显著影响。

表 3.16 单因素方差分析结果

Table 3.16 Summary of one-way ANOVA results

参数	pH		OD$_{660}$值		基质转化率		累积产氢量	
	F值	P值	F值	P值	F值	P值	F值	P值
搅拌方式	5 362.25	1.35×10^{-12}	22.22	0.002	43.90	1.65×10^{-4}	23.21	0.001
HRT	14.78	0.003	19.15	0.001	20.54	0.001	104.07	1.32×10^{-6}

由表 3.16 可知，搅拌方式对 pH，OD$_{660}$ 值和基质转化率的影响均大于 HRT，而对累积产氢量的影响则小于 HRT。由于 P 值<0.001，说明搅拌方式对 pH 和基质转化率有极显著影响，HRT 对累积产氢量有极显著影响。对于 OD$_{660}$ 值，搅拌方式和 HRT 的 P 值介于 0.01 和 0.001 之间，说明二者均对光合细菌生长有显著影响。综上，搅拌方式和 HRT 对光合生物制氢过程有显著影响。

3.4.2.6 结论

对不同搅拌方式和不同水力停留时间下的超微化玉米芯粉酶解液的光合生物制氢情况进行了研究，结果表明，磁力搅拌方式不利于光合生物制氢过程，其对光合细菌混合菌群的生长有负面影响。序批式光合生物制氢过程中，磁力搅拌光生化反应器的基质降解率为 39.81%，仅为静置状态光生化反应器的基质降解率的 50%，而且其光合细菌浓度 OD$_{660}$ 值为 1.15，比静置状态下的 OD$_{660}$ 值少 0.655。最大累积产氢量和最大产氢速率也仅是静置状态光生化反应器的一半。在连续流光生化反应器光合制氢系统中，各反应器均能实现稳定高效的产氢效果。在连续流光生化反应器的序批式启动过程中，还原糖被光合细菌迅速分解利用，光合细菌混合菌群快速繁殖生长并代谢产氢。42h 生化反应器的操作方式转为连续式进料，新鲜基质的加入，使光合细菌代谢产氢反应剧烈进行，产氢速率维持在较高水平。折流板式反应器的产氢速率最大，为 7.37mmol/（L·h），其累积产氢量也最大，为 512.29mmol/L。因此，折流板式光生化反应器是五种不同搅拌方式的光生化反应器中，最有利于生物质多相流光合生物制氢。

连续流操作方式，能明显提高累积产氢量，由于新鲜基质的不断加入，产氢速率维持较高水平。通过实验值及 Gompertz 方程的模型预测，当水力停留时间为 24h 时，其累积产氢量最大，为 589.21mmol/L，此时的底物转化率为 40.48%。

通过单因素方差分析，得出搅拌方式和 HRT 对光合生物制氢过程有显著影响，对不同搅拌方式和 HRT 光生化反应器的考察能够有效实现光合生物制氢过程的优化和调控，为实现稳定高效产氢及光合生物制氢技术的产业化提供了技术支持。

3.4.3 小结

光合生物制氢过程中，光生化反应器形态和运行方式等，都对光合生物制氢过程有显著的影响。不同搅拌方式和操作手段，会对光合细菌的生长和代谢产氢造成影响，并改变光合生物制氢产氢料液的 pH、光合细菌浓度、还原糖利用率等，最终影响累积产氢量和产氢速率。磁力搅拌方式不利于光合生物制氢过程，而折流板式光生化反应器的推流搅拌以及活塞式反应器的环流搅拌等都能有效促进光合生物制氢过程传质行为的进行，促进产氢。

3.5　本　章　总　结

　　光合细菌生物制氢因其原料利用广泛，底物降解效率高，实现了农业废弃物的资源化转变而逐渐得到青睐。通过对光合生物制氢过程影响光合细菌生长、代谢产氢活性等的因素进行考察和优化，寻找最佳产氢基质，优化制氢工艺水平，是提高其产氢效率，降低产氢成本，加快产业化进程的关键。

　　本章节对光合细菌生长和产氢过程中对碳源、氮源的利用规律进行了探讨，建立了光合细菌利用葡萄糖产氢过程中菌体生长动力学及基质消耗动力学模型，对指导产氢过程的控制及光合生物制氢反应器的设计及运行有重要意义。不同的基质条件，尤其是不同的 C/N 都会引起光合细菌产氢代谢途径的改变，不同碳氮条件不同温度、pH 光照条件对光合细菌产氢代谢途径也有影响。混合菌群产氢由于多菌种之间的代谢协调效应，底物利用率高，较纯菌种制氢有更高的效率，也有更好的应用前景。

　　铁、镍、锌离子溶液的添加对光合生物制氢过程显著影响，对光合生物制氢过程中金属离子添加量的优化，也为光合生物制氢技术的规模化扩大提供了一定的依据和理论基础。

　　对不同形态及操作方式的光生化反应器进行研究，发现磁力搅拌对光合生物制氢过程的不利影响，同时，得出连续操作工艺有利于维持较高的产氢能力。确定了小型柱塞流连续制氢系统的主要运行参数，以及折流板生物制氢反应器的操作手段，为进一步提高生物制氢反应器效率及产氢效率提供了理论依据和指导，为进一步提升光合细菌制氢产业化进程提供了技术保障。

主要参考文献

安静. 2009. 光源和光谱对光合产氢菌群产氢工艺影响研究[D]. 郑州: 河南农业大学.

安立超, 高瑾, 张胜田. 2004. 红色非硫光合细菌的生长特性研究[J] 环境污染治理技术与设备. 5(12):35-37.

陈蕾. 2012. 金属离子对光合生物制氢的影响研究[D]. 郑州: 河南农业大学.

陈明, 程军, 张立宏, 等. 2009. 二价铁系离子对混合菌种光合产氢的影响[J]. 太阳能学报. 30(7):972-978.

何北海, 林鹿, 孙润仓 2007. 木质纤维素化学水解产生可发酵糖研究[J]. 化学进展. 19(7/8):1141-1146.

康铸慧. 2006. 光合细菌生物产氢实验研究[D]. 上海: 同济大学.

林明, 任南琪, 王爱杰, 等. 2003. 几种金属离子对高效产氢细菌产氢能力的促进作用[J]. 哈尔滨工业大学学报. 35(2): 147-151.

罗泳中. 2005. 氮源种类与碳-氮-磷比对连续发酵产氢之影响[D]. 台中: 逢甲大学.

钱一帆, 郑广宏, 康铸慧, 等. 2007. 不产氧光合细菌 *Rhodobacter sphaeroides* 产氢影响因子研究[J]. 工业微生物.

37(5):6-11.

师玉忠. 2008. 光合细菌连续制氢工艺及相关机理研究[D]. 郑州: 河南农业大学.

孙琦, 徐向阳, 焦杨文. 1995. 光合细菌产氢条件的研究[J]. 微生物学报. 35(1):65-73.

王毅. 2009. 光合细菌产氢基质代谢实验研究[D]. 郑州: 河南农业大学.

王永忠, 廖强, 等. 2007. 静态培养条件对光合细菌产氢行为的影响[J]. 工程热物理学报. 28(Z2):45, 46.

信欣. 2007. 耐盐菌株特性及其在高盐有机废水生物处理中的应用[D]. 武汉: 中国地质大学.

徐向阳, 俞秀娥, 郑平, 等. 1994. 固定化光合细菌利用有机物产氢的研究[J]. 生物工程学报. 10(4): 362-368.

许进香, 颜立成. 2009. 光合细菌规模生产工艺研究[J]. 微生物学杂志. 20(3):25-30.

杨素萍, 曲音波. 2003. 光合细菌生物制氢[J]. 现代化工. 23(9):17-22.

杨素萍. 2002. 光合细菌生物制氢研究[D]. 济南: 山东大学.

尤希凤. 2005. 光合产氢菌群的筛选及其利用猪粪污水产氢因素的研究[D]. 郑州: 河南农业大学.

岳建芝. 2011. 超微化秸秆粉体物性微观结构及光合生物产氢实验研究[D]. 郑州: 河南农业大学.

张立宏, 周俊虎, 陈明, 等. 2008. 活性污泥分离混合菌的光合产氢特性分析[J]. 太阳能学报. 29(2):145-159.

张全国, 李刚. 2007. 生物制氢技术现状及其发展潜力[J]. 农业工程技术(新能源产业). (04): 32-38.

张全国, 师玉忠, 张军合, 等. 2007. 太阳光谱对光合细菌生长及产氢特性的影响研究[J]. 太阳能学报. 28(10):1135-1138.

张全国, 王素兰, 尤希凤. 2006. 光合菌群产氢量影响因素的研究[J]. 农业工程学报. 22(10):182-185.

张志萍. 2015. 生物质多相流光合产氢过程调控及其热流场特性研究[D]. 郑州: 河南农业大学.

朱章玉, 俞吉安, 林志新, 等. 1991. 光合细菌的研究及其应用[M]. 上海: 上海交通大学出版社.

Chun-yen, Jo-shu Chang. 2006. Enhancing phototropic hydrogen production by solid-carrier assisted fermentation and interal optical-fiber illumination[J]. Process Biochemistry. 41:2041-2049.

Chang F Y, Lin C Y. 2004. Biohydrogen production using an up-flow anaerobic sludge blanket reactor [J]. International Journal of Hydrogen Energy. 29(1): 33-39.

Chen C C, Lin C Y, Chang J S. 2001. Kinetics of hydrogen production with continuous anaerobic cultures utilizing sucrose as the limiting substrate [J]. Applied Microbiology and Biotechnology. 57(1-2): 56-64.

Chen C Y, Liu C H, Lo Y C, et al. 2011. Perspectives on cultivation strategies and photobioreactor designs for photo-fermentative hydrogen production [J]. Bioresource Technology. 102(18): 8484-8492.

Claassen P A M, Vrije G J de. Project participant BWPII. 2007. Hydrogen from biomass[M]. Wageningen: Agrotechnology and Food Sciences Group. 1.

Clark I C, Zhang R H, Upadhyaya S K. 2012. The effect of low pressure and mixing on biological hydrogen production via anaerobic fermentation [J]. International Journal of Hydrogen Energy. 37(15): 11504-11513.

Duff S J B, Murray W D. 1996. Bioconversion of forest products industry waste cellulosics to fuel ethanol: a review[J]. Bioresour. Technol. 55(1):1-33.

Gilbert J J, Ray S, Das D. 2011. Hydrogen production using *Rhodobacter sphaeroides* (OU 001)in a flat panel rocking photobioreactor[J]. International Journal of Hydrogen Energy. 36(5): 3434-3441.

Green Baum E. 2002. Energetic efficiency of hydrogen photo evolution by algal water splitting[J]. Biophysics J, 54(6): 365-368.

Hiroo Takabatake, Kiyohiko Suzuki, In-Beom Ko, et al. 2004. Characteristics of anaerobic ammonia removal by a mixed culture of hyrogen producing photosynthetic bacteria[J]. Bioresource Technology. 95:151-158.

Kongjan P, Angelidaki I. 2010. Extreme thermophilic biohydrogen production from wheat straw hydrolysate using mixed culture fermentation: effect of reactor configuration [J]. Bioresource Technology. 101(20): 7789-7796.

Maria J, Jorge M S, Rene H. 2001. Acetate as a carbon spruces for hydrogen production by photosynthetic bacteria[J]. J biotechnology. 85:25-33.

Pietro Carlozzi, Benjamin Pushparaj, Alessandro Degl'Innocenti, et al. 2006. Growth characteristics of Rhodopseudomonas palustris cultured outdoors, in an underwater tubular photobioreactor, and investigation on photosynthetic efficiency[J]. Appl Microbiol Biotechnol. 73:789-795.

Shi Xianyang, Yu Hanqing. 2006. Continuous production of hydrogen from mixed volatile fatty acids with Rhodopseudomonas Capsulate [J]. International Journal of Hydrogen Energy. 31:1641-1647.

Wakayama T, Asada Y, Miyake J. 2000. Effect of light/dark cycle on bacterial hydrogen production by *Rhodobacter sphaeroides* RV from hour to second range[J]. Appiled biochem biotech. 84-86:431-440.

Won S G, Lau A K. 2011. Effects of key operational parameters on biohydrogen production via anaerobic fermentation in a sequencing batch reactor [J]. Bioresource Technology. 102(13): 6876-6883.

Yokoi Hrose, Tokushige T, Hirose S, et al. 1998. H_2 production from starch by a mixed culture of Clostraduim butyricum and Entobacter aerogenes[J]. Biotechnol Letter, 20:143-147.

Zeidan A A, Van Niel E W J. 2010. A quantitative analysis of hydrogen production efficiency of the extreme thermophile *Caldicellulosiruptor owensensis* OLT [J]. International Journal of Hydrogen Energy. 35(3): 1128-1137.

Zhang Z P, Tay J H, Show K Y, et al. 2007. Biohydrogen production in a granular activated carbon anaerobic fluidized bed reactor [J]. International Journal of Hydrogen Energy. 32(2): 185-191.

4　光合生物制氢原料预处理技术

光合细菌能利用多种不同类型原料进行生物制氢,如糖类物质、畜禽粪便、有机废水和农林废弃物等。实现高效光合产氢的关键,就是对原料进行有效的预处理,使高分子化合物降解成为能被光合细菌利用的糖类资源和小分子酸醇等。作为资源丰富、价格低廉的可再生资源,秸秆类生物质的利用开创了光合细菌利用原料的利用领域,大大降低了光合生物制氢的成本。秸秆类生物质主要由纤维素、半纤维素和木质素3种高聚物组成的有机混合体,其化学组成与结构对高品位能源的生产工艺与经济性都有重要的影响,且不同类型生长环境不同的秸秆类生物质的结构性质也会有所不同。纤维素的基本结构单元为β-D-葡萄糖基,通过β-1,4苷键连接成线性高分子化合物,分子排列规则,聚集成束,在分子内和分子间氢键的作用下形成结晶区或者类似结晶的微纤丝,这种结构使得纤维素的性质很稳定,常温下不溶于水、稀酸和稀碱,不发生水解,无还原性,在高温下水解也很慢,只有在催化剂存在下,纤维素水解才显著地进行。在纤丝构架之间充满了半纤维素和木质素,半纤维素是由几种不等量糖单元组成的共聚物,分子链很短,含有多种糖基(木糖基、葡萄糖基、半乳糖基、阿拉伯糖基和鼠李糖基等),糖醛酸基(半乳糖醛酸基和葡萄糖醛酸基等)和乙酰基所组成的复合聚糖的总称,具有一定的分支度。半纤维素的水解产物包括两种五碳糖(木糖和阿拉伯糖)和三种六碳糖(葡萄糖、半乳糖和甘露糖)。各种糖所占比例随原料而变化,一般木糖占一半以上,以农作物秸秆和草为水解原料时还有相当量的阿拉伯糖生成(可占五碳糖的10%~20%)。半纤维素的聚合度较低,也无晶体结构,故较易水解。木质素是无定形芳香化合物,具有各向异性的三维网络空间结构和一定的抗生物降解性。木质素不能被水解为单糖,并且在纤维素周围形成保护层,影响纤维素水解,但木质素中氧含量低,能量密度比纤维素高,水解后留下的木质素残渣常用做燃料。

4.1　秸秆与粪便预混预处理技术

集约化养殖业的迅速发展,大量畜禽粪便直接排放成为农业生态环境恶化的一个主要原因,严重阻碍我国畜牧业的发展。据研究发现,大型食草类牲畜的瘤胃与肠道中含有大量的纤维素分解菌群,食草类牲畜能消化分解纤维素与半纤维素正是由于这些菌群的存在,此类细菌可以使纤维素中氢键断裂进而分解为小分子糖类,基于这一点而提出牛粪与秸秆粉碎物混合进行预处理的方法。

4.1.1 不同因素对预混预处理效果的影响

以预混预处理后的还原糖产量为考察指标，考察预混时间、预处理 pH、预处理温度、粉碎粒径 4 个因素对预处理效果的影响。粪便为来自河南农业大学养牛场的新鲜奶牛粪，按照固液比 1:5 的比例进行稀释并振荡溶解 2h，之后放入 250mL 窄口瓶，每瓶放入底物量均为 250mL，最后，放入 10g 秸秆粉碎物，不同的组粉碎粒径不同，器皿 DC-B50L 型立式高压蒸汽灭菌器进行高温灭菌，并在试验开始后用橡胶瓶塞与玻璃胶进行密封，之后从瓶塞处插入带针头针管用以排出前期所产气体。还原糖产量由紫外分光光度计在 540nm 处进行吸光度的测量，以 OD 值用以表征还原糖的产量。

对不同影响因素的研究首先采用单因素试验方法，单因素实验编码见表 4.1。

表 4.1　单因素试验编码

Table 4.1　Codes of single factor experiments

	1	2	3	4	5
预混时间/d（一）	1	3	5	7	9
预混 pH（二）	4.5	5.5	6.5	7.5	8.5
预混温度/℃（三）	30	40	50	60	70
粉碎粒径/mm（四）	0.45	0.2	0.125	0.097	超微

4.1.1.1　pH 对预混预处理还原糖产量的影响

将预处理时间固定为 5d，温度固定为 50℃，秸秆粒径为 0.125mm，在此条件下，测定 pH 分别为 1、3、5、7、9、11 时，测定反应底物中 OD 值的变化。反应均在恒温箱中进行，做三组平行试验，试验结果取平均值，其结果见图 4.1。

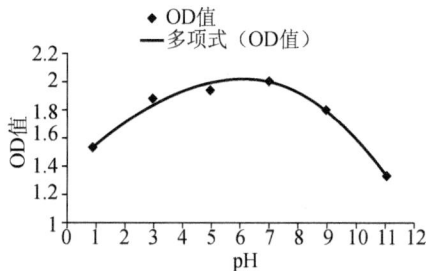

图 4.1　pH 对预混预处理还原糖产量的影响

Fig. 4.1　Effects of pH values on reducing sugar yield

由图 4.1 可知，pH 对于底物中纤维素分解菌群的生长和产糖作用影响较大，在偏酸条件下，随 pH 的升高而不断增大，大约在 pH 为 4.5～6.5 达到峰值，之后随 pH 升高而逐渐减小，说明生长于牛胃中的纤维素分解菌较为适应略微偏酸的生长环境。根据试验结果，可以设定下部分的响应面优化试验中的 pH 编码上限为 7，下限为 3。

4.1.1.2 预处理温度对预混预处理还原糖产量影响

将预处理时间固定为 5d，pH 固定为 6.5，秸秆粒径为 0.125mm，在此条件下，测定预处理温度分别为 30℃、40℃、50℃、60℃、70℃时，底物 OD 值的变化。反应在不同的恒温箱培养箱中进行，做 3 组平行试验，结果取其平均值，试验结果见图 4.2。

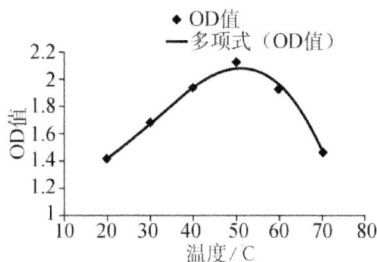

图 4.2 预处理温度对还原糖产量的影响
Fig. 4.2 Effects of temperature value on reducing sugar yield

根据结果可知，预处理温度对底物 OD 变化有较为显著的影响，在温度较低的条件下，OD 值随温度的升高而增大，并且与 50℃ 左右达到峰值，此后，随温度升高而较慢的减小，这一点与（Kuwahara, 1984）中所说所的一致，纤维素分解菌多为高温厌氧菌，生长与产糖需要较高的温度。根据此结果，可以设定响应面优化试验中，温度的上限为 65℃，下限为 35℃。

4.1.1.3 预处理时间对预混预处理还原糖产量的影响

将预处理过程中 pH 固定为 6.5，温度固定为 50℃，秸秆粒径为 0.125mm，在此条件下，测定预处理时间分别为 1d、2d、3d、4d、5d、6d、7d、8d、9d、10d、11d 时，测定反应底物中 OD 值的变化。反应均在恒温箱中进行，做 3 组平行实验，试验结果取平均值，其结果见图 4.3。

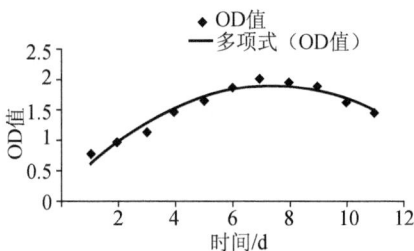

图 4.3 预处理时间对还原糖产量的影响
Fig. 4.3 Effects of time on reducing sugar yield

4.1.1.4　粒径大小对还原糖产量的影响

将预处理过程中 pH 固定为 6.5，温度固定为 50℃，时间为 5d，在此条件下，测定秸秆粉碎物粒径分别为：0.45mm、0.2mm、0.125mm、0.097mm、超微时，底物中 OD 值的变化。结果见图 4.4。

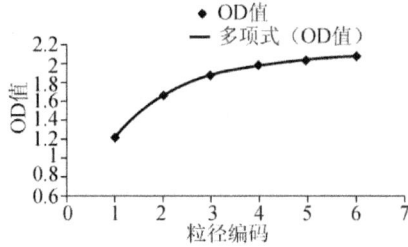

图 4.4　粒径大小对还原糖产量的影响
Fig. 4.4　Effects of grain size on reducing sugar yield

由图 4.4 可知，秸秆粒径大小对底物中纤维素分解菌群的作用效果有显著影响，随着粒径逐渐变小，OD 值逐渐增大，直至粒径为超微时，OD 值达到最大，可以看到的其斜率随着粒径的减小逐渐减小，这说明粒径大小对 OD 值的影响作用逐渐减小，刚开始时粒径减小对 OD 值增加的效果显著，但到 0.097mm 至超微之间的增长并不显著，再加上由 0.097mm 粉碎至超微时，成本激增，消耗大量电能，所以虽然超微秸秆的效果最好，但是考虑成本与效果的相对影响问题，采用 0.097mm 为设定粒径。

4.1.2　基于响应面法的预混预处理技术优化

根据单因素试验所得的数据，首先根据实验结果选定最合适的粉碎粒径，之后，在确定粒径之后，其余 3 个影响因素根据 Box-Benhnken 法设定为三因素三水平的响应面实验，使用 A、B、C 分别表示 pH、温度、时间 3 个影响因素（粒径固定后每个试样均加入固定粒径的秸秆粉碎物 10g），使用 1、0、-1 代表变量编码水平，OD 值 Y 为响应值。并使用 Design-Expert（version 8.0）软件对试验数据进行分析，计算出相关的回归方程，并且预测出得出最佳的工艺条件。响应面优化试验编码设置见表 4.2。

表 4.2 混合底物实验响应面优化试验编码设置

Table 4.2 The codes of response surface analysis

编码水平	−1	0	+1
时间/d	4	6	8
pH	3	5	7
温度/℃	35	50	65

在混合底物单因素预处理试验的基础上，根据单因素试验结果，选用预处理时间的上限为 7d，下限为 3d；pH 的上限为 7，下限为 3；温度的上限为 65℃，下限为 35℃；粒径设定为 0.097 mm，零点试验 3 次，进行响应面试验设计与分析。响应面试验结果见表 4.3。

表 4.3 响应面实验结果

Table 4.3 Design and results of Box-Benhnken

	A	B	C	Y
1	1	0	−1	1.257
2	−1	−1	0	1.55
3	1	−1	0	1.369
4	0	1	−1	1.268 3
5	0	1	1	1.486 4
6	0	0	0	2.684
7	−1	1	0	1.333
8	0	0	0	2.684 5
9	1	1	0	1.269 3
10	0	−1	−1	1.476 5
11	−1	0	1	1.794 5
12	0	0	0	2.653 5
13	0	−1	1	1.888 5
14	−1	0	−1	1.096
15	1	0	1	1.385 7

表 4.4～表 4.6 分别列出了 linear（线性模型）、2FI（含有 2 因素交互作用的线性模型）、Quadratic（二次模型）、Cubic（立方模型）的序列模型平方和（sequential model sum of squares）、失拟项测试（Lack of Fit Tests）、模型总结统计（Model Summary Statistics）的计算结果，并汇总重要结果至表 4.7 之中。

表 4.4 序列模型平方和

Table 4.4 Sequential model sum of squares

来源	平方和	自由度	均方	统计量	大于统计量值的概率	
均值对总数	42.32	1	42.32			
线性对均值	0.4	3	0.13	0.38	0.768 4	
2FI 对线性	0.094	3	0.031	0.066	0.976 3	
二次模型对 2FI	3.77	3	1.26	385.9	<0.000 1	建议
立方模型对二次模型	0.016	3	5.21×10^{-3}	16.52	0.057 6	重叠
残差	6.31×10^{-4}	2	3.15×10^{-4}			
总和	46.6	15	3.11			

表 4.5　失拟项测试

Table 4.5　Lack of fit tests

来源	平方和	自由度	均方	统计量	大于统计量值的概率	
线性模型	3.88	9	0.43	1 365.37	0.000 7	
两因素交互线性模型	3.78	6	0.63	1 998.38	0.000 5	
二次方模型	0.016	3	5.21×10^{-3}	16.52	0.057 6	建议
立方模型	0	0				重叠
纯误差	6.31×10^{-4}	2	3.15×10^{-4}			

表 4.6　模型总结统计

Table 4.6　Model summary statistics

来源	标准误差	决定系数	核正后的 R^2	负相关系数	PRESS	
线性模型	0.59	0.094 2	-0.152 8	-0.251	5.35	
两因素交互线性模型	0.69	0.116 2	-0.546 7	-0.810 8	7.75	
二次方模型	0.057	0.996 2	0.989 4	0.941 2	0.25	建议
立方模型	0.018	0.999 9	0.999			重叠

表 4.7　各项汇总分析

Table 4.7　Summary of each model

来源	连续性显著性	失拟性显著性	决定系数	负相关系数	
线性模型	0.768 4	0.000 7	-0.152 8	-0.251	
两因素交互线性模型	0.976 3	0.000 5	-0.546 7	-0.810 8	
二次方模型	<0.000 1	0.057 6	0.989 4	0.941 2	建议
立方模型	0.057 6	0.999			重叠

　　根据表 4.7 的汇总结果分析可得出，linear（线性模型）、2FI（含有 2 因素交互作用的线性模型）的序列模型平方和（sequential model sum of squares）的 P 值 >0.05，表示其不显著，而二者失拟项（Lack of Fit）的 P 值 <0.001，表示失拟度较大，模型不准确，与此同时三次方模型与更高次方模型的序列模型的序列模型平方和的 P 值 >0.05，表示其不显著，故这几种模型均不合适，而二次方模型（Quadratic）的序列模型平方和（sequential model sum of squares）的 P 值 <0.001，且失拟项的 P 值 >0.05，这说明二次方模型比较合适，因此在下边的回归分析中选用二次多项式回归分析。

4.1.2.1　响应面实验方差分析

　　由表 4.8 可知模型的 P 值 <0.000 1，表示模型极显著，模拟效果极好，同时看到 A、B、C 的 P 值均 <0.05，表示 A、B、C 3 个因素对 OD 值的影响均为显著影响，并且根据 P 值的大小可以判定三者对 OD 值的影响显著程度顺序为：C >B>A。并且 Lack of Fit 项的 P 值 >0.05 表示模型的失拟度较小，即偏离程度较小，复合选用原则。

表 4.8　响应面结果方差分析

Table 4.8　Analysis of variance

来源	差方和	自由度	Ms	统计量	大于统计量值的概率
模型	4.26	9	0.47	145.62	< 0.000 1
A	0.030	1	0.030	9.32	0.028 3
B	0.11	1	0.11	33.02	0.002 2
C	0.27	1	0.27	81.62	0.000 3
AB	3.440×10^{-3}	1	3.440×10^{-3}	1.06	0.350 9
AC	0.081	1	0.081	24.95	0.004 1
BC	9.399×10^{-3}	1	9.399×10^{-3}	2.89	0.149 9
A^2	1.91	1	1.91	588.73	< 0.000 1
B^2	1.21	1	1.21	373.40	< 0.000 1
C^2	1.20	1	1.20	369.53	< 0.000 1
残差	0.016	5	3.253×10^{-3}		
失拟项	0.016	3	5.211×10^{-3}	16.52	0.057 6
纯误差	6.307×10^{-4}	2	3.154×10^{-4}		
总和	4.28	14			

利用软件对表 4.3 中数据进行多元回归拟合，得到牛粪污水 OD 值对 pH（A）、温度（B）、预处理时间（C）的二次多项回归模型为

OD 值 = 2.67-0.062A-0.12B+0.18C+0.029AB-0.14AC-0.048BC-0.72A^2-0.57B^2-0.57C^2

对该模型进行检验，模型极显著（P < 0.000 1），且 $R-S_q$=0.9965，$R-S_q$（adj）=0.989 4 表明其拟合度很好，符合实际中的变化。

根据回归模型作出交互作用等高线图和曲面图见图 4.5。

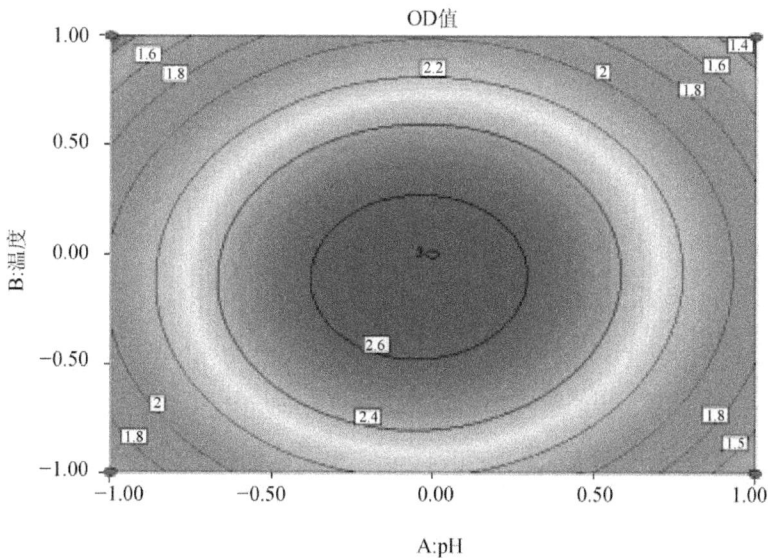

图 4.5　温度与 pH 交互作用 2D 等高线图

Fig. 4.5　Interaction of X2，X1 in 2D model

　　由图 4.5 和图 4.6 可知，温度与 pH 交互作用等高线形状均为椭圆形，表示此
二因素交互作用显著。图中显示了当时间为 6d 时，预处理温度与 pH 的交互作用
对底物 OD 值的影响。在预处理温度较低的条件下，随着 pH 的增长 OD 值缓慢
增长，达到最高点后又逐渐减少；在预处理温度适中的情况下，随着 pH 的增长
OD 值迅速上升，达到最高之后又迅速下降；在预处理温度较高的条件下，OD 值
随着 pH 的增长缓慢增长，达到最高点后又缓慢下降。说明在预处理时确定的情况
下，pH 的适当偏低有利于 OD 值的增长，但是过高与过低均不利用 OD 值的增高。

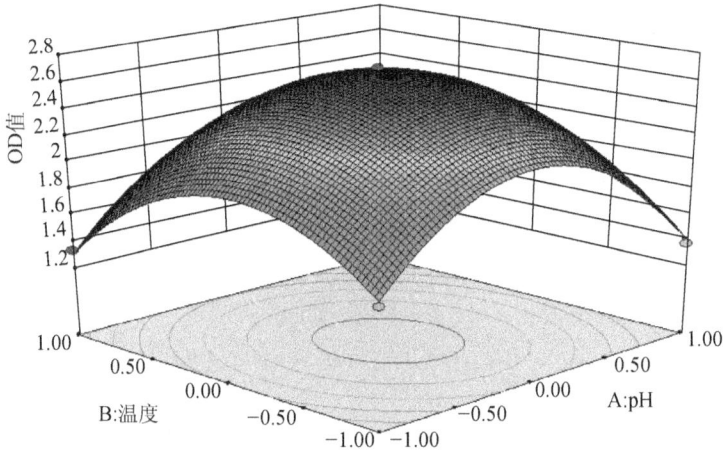

图 4.6　温度与 pH 交互作用 3D 曲面图
Fig. 4.6　Interaction of X2，X1 in 3D model

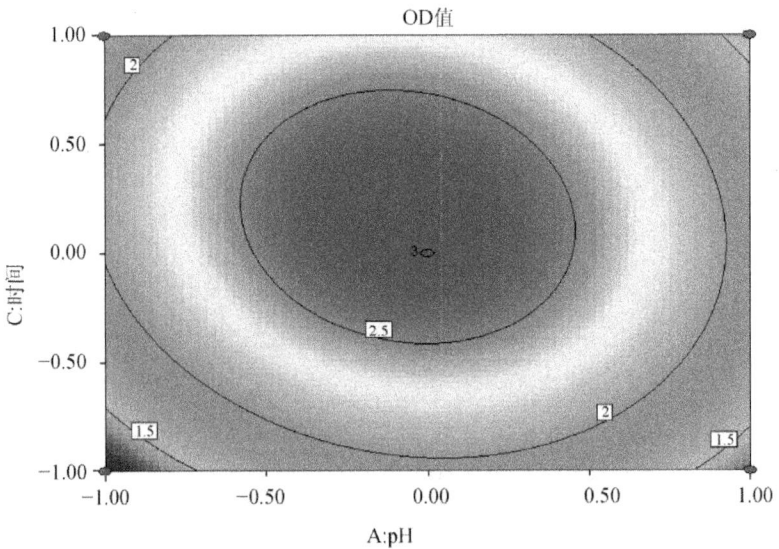

图 4.7　时间与 pH 交互作用 2D 等高线图
Fig. 4.7　Interaction of X3，X1 in 2D model

由图 4.7 和图 4.8 可知，时间与 pH 交互作用等高线形状均为椭圆形，表示此二因素交互作用显著。当温度为 50℃时，预处理时间与 pH 的交互作用对底物 OD 值的影响。在预处理时间较短的条件下，随着 pH 的增长 OD 值缓慢增长，达到最高点后又逐渐减少；在预处理时间较长的情况下，随着 pH 的增长 OD 值迅速上升，达到最高之后又迅速下降。这说明在预处理时间较短的情况下，pH 的适当偏低有利于 OD 值的增长，但是过高与过低均不利用 OD 值的增高，而在预处理时间较长的情况下，pH 的适当偏低更加有利于 OD 值的增长。

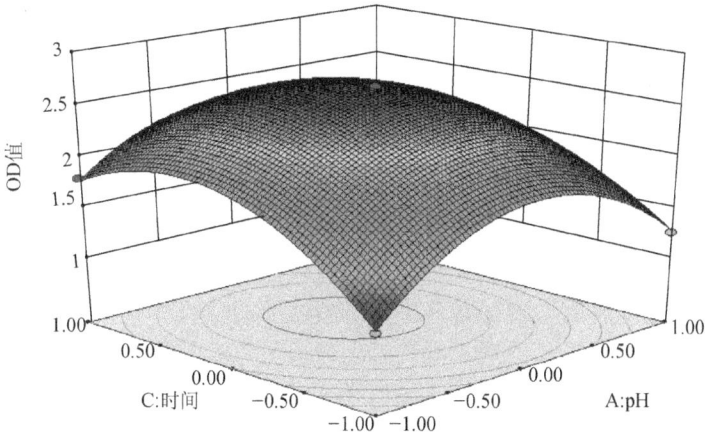

图 4.8　时间与 pH 交互作用 3D 曲面图
Fig. 4.8　Interaction of X3，X1 in 3D model

由图 4.9 和图 4.10 可知，时间与温度交互作用等高线形状为椭圆形，表示此

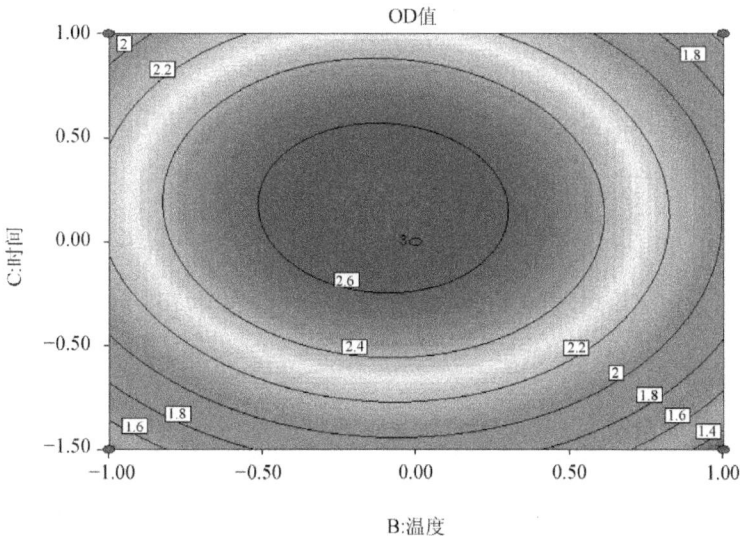

图 4.9　温度与时间交互作用 2D 等高线图
Fig. 4.9　Interaction of X2，X3 in 2D model

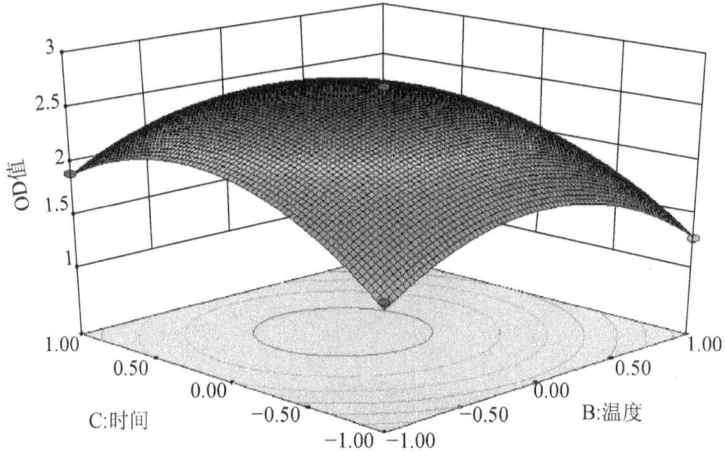

图 4.10　时间与温度交互作用 3D 曲面图

Fig. 4.10　Interaction of X2，X3 in 3D model

二因素交互作用显著。当 pH 为 5 时，预处理时间与 pH 的交互作用对底物 OD 值的影响。在预处理时间较短的条件下，随着温度的增长 OD 值缓慢增长，达到最高点后又逐渐减少；在预处理时间较长的情况下，随着温度的增长 OD 值迅速上升，达到最高之后又迅速下降。这说明在预处理时间较短的情况下，温度的适当偏低有利于 OD 值的增长，但是过高与过低均不利用 OD 值的增高，而在预处理时间较长的情况下，温度的适当偏低更加有利于 OD 值的增长。

　　根据以上所得，通过软件分析，得到混合底物预处理获得还原糖的最佳基本工艺条件为：时间 6.34d、pH 4.88、温度 48.35℃（见图 4.11～图 4.13 中标出的预测最高点），考虑到实际操作的简便性，将参数修正为：时间 6.3d、pH 4.9、温度 48℃，预测最高 OD 值为 2.697 2（见图 4.14～图 4.16 中标出的修正预测点）。在此条件下，重新进行预处理试验，得到出此条件下实际测定 OD 值为 2.626 3。二者几乎一样，相差极小，因此，基于响应面法优化所得的混合底物预处理基本参数准确，具有实用性。

　　以牛粪与秸秆粉碎物为研究对象，通过研究新鲜牛粪内部纤维素分解菌群的生长与产糖作用条件（体现为底物中 OD 值的变化）。首先研究单一底物条件下，不同单因素对其中纤维分解菌的分解作用效果的影响，之后根据结果，设定响应面编码值，设定了三因素三水平的响应面实验，并对其结果进行二次回归分析，得出拟合方程，预测最佳因素条件。然后，研究了在牛粪与秸秆粉碎物混合底物的条件下，不同单因素对其中的纤维素分解菌的生长与分解产糖作用效果（直接体现在底物的 OD 值上），在此基础上，再进行三因素三水平的响应面试验设计与结果分析，得出二次回归方程，并预测最佳的因素条件。最后，根据试验结果选定数个不同的因素条件点，在进行预处理试验后直接进行产氢研究，以验证响应面试验结果的正确性。本章的目的在于寻找畜禽粪便资源化利用与秸秆类生物质分解的结合点，为秸秆类生物质的微生物分解与畜禽粪便的资源化利用提供一个新的方向，奠定研究基础。

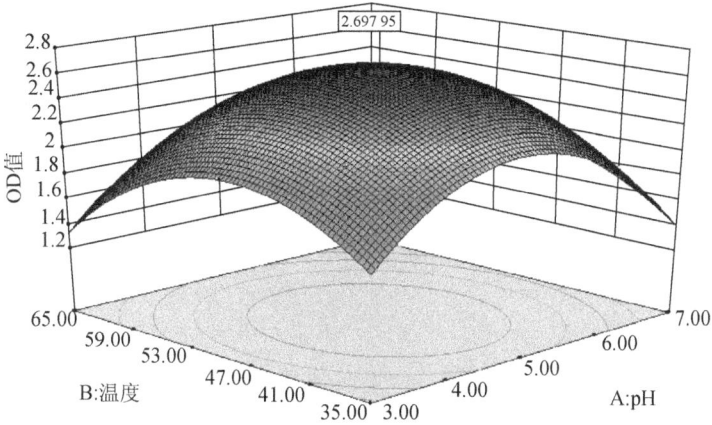

图 4.11　温度和 pH 基准预测最高点

Fig. 4.11　The maximum predicted value in A and B criterion

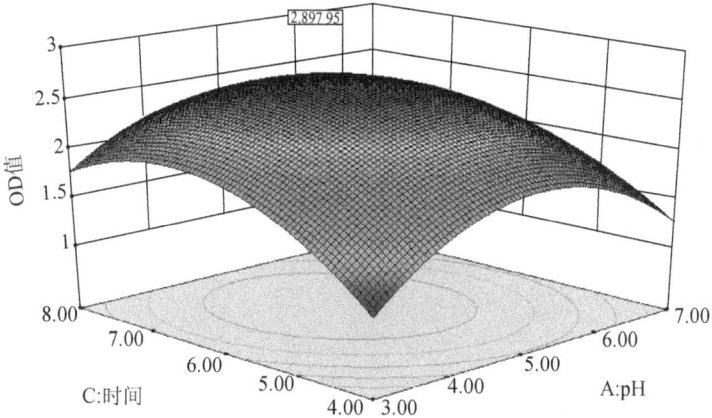

图 4.12　时间和 pH 基准预测最高点

Fig. 4.12　The maximum predicted value in A and C criterion

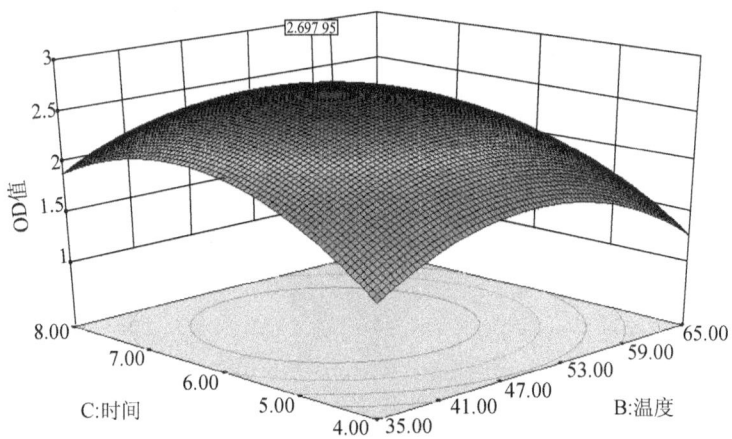

图 4.13 温度和时间基准预测最高点

Fig. 4.13 The maximum predicted value in B and C criterion

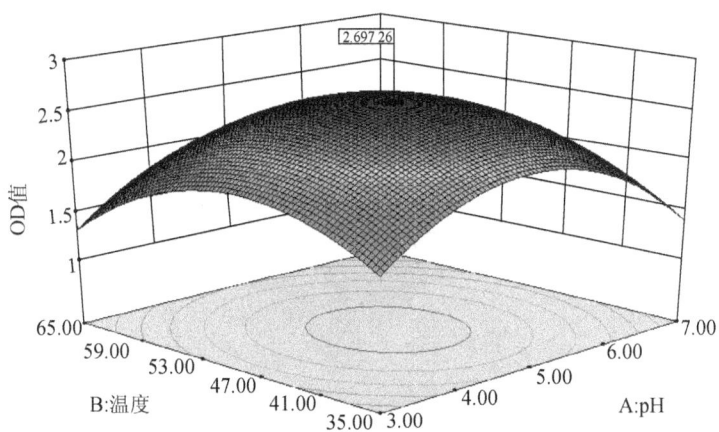

图 4.14 温度和 pH 基准修正预测点

Fig. 4.14 The revised maximum predicted value in A and B criterion

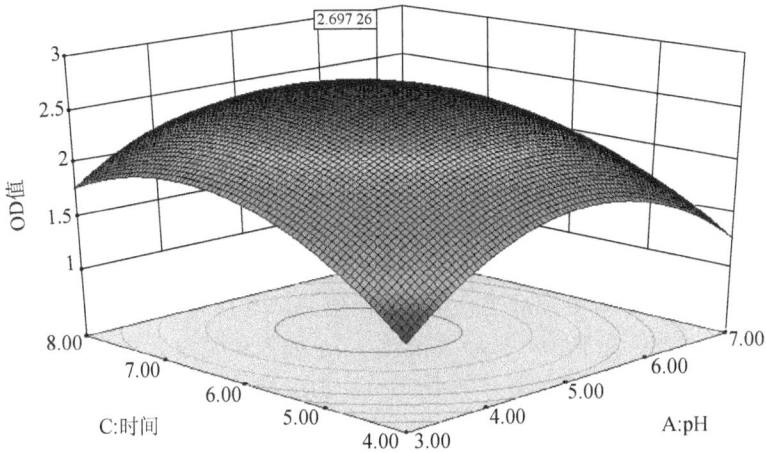

图 4.15　时间和 pH 修正预测点

Fig. 4.15　The revised maximum predicted value in C and A criterion

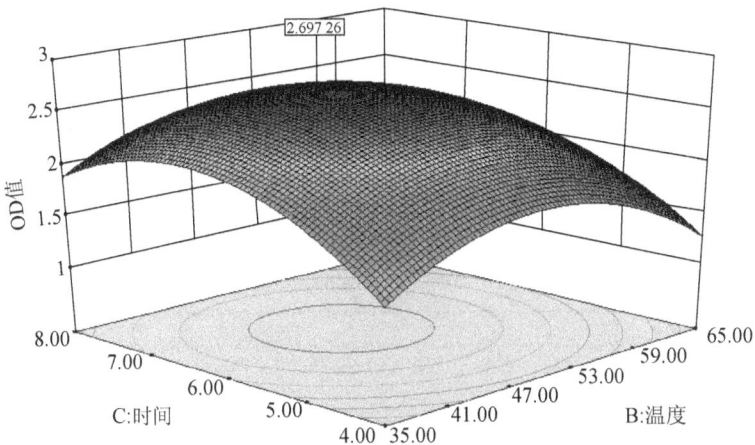

图 4.16　时间和温度修正预测点

Fig. 4.16　The revised maximum predicted value in C and B criterion

4.2　秸秆类生物质微生物预处理技术

在光合生物制氢最佳产氢工艺及产氢机理的研究基础上，利用白腐菌、绿色木霉和黑曲霉进行产氢用秸秆的预处理技术试验研究，利用还原糖得率来判定这三种微生物对用于光合制氢的秸秆类生物质的预处理能力，从而为实现秸秆类生物质的清洁无害化预处理提供一条新途径。

试验所用预处理菌种为白腐菌中的黄孢原毛平革菌（*Phanerochaete chrysosporium GIMCC*，编号：GIM3.393）、绿色木霉（*Trichoderma viride GIMCC*，

编号：GIM3.141）、黑曲霉（*Aspergillus niger GIMCC*，编号：GIM3.462）购自广东微生物研究所微生物保藏中心。

单菌种的预处理：取经过物理处理后的 40 目和 140 目的玉米秸秆 7.0g，分别置 300mL 的三角瓶中，按照固液比 1∶5 加入蒸馏水，用无菌封口膜封口，121℃灭菌 1h，用打孔器向 6 个三角瓶中分别接种处于对数期的白腐菌（黄孢原毛平革菌）、绿色木霉和黑曲霉单一菌种菌片若干，保持 28℃条件下进行培养。分别在接种单一菌片第 6d、12d、18d、24d、30d 后取样，测定还原糖的含量的变化。

菌种两两联合的预处理：取经过物理处理后的 40 目和 140 目的玉米秸秆 7.0 g，分别置 300 mL 的三角瓶中，按照固液比 1∶5 加入蒸馏水，用无菌封口膜封口，121℃灭菌 1 h，用打孔器向 6 个三角瓶中分别接种处于对数期的白腐菌（黄孢原毛平革菌）、绿色木霉和黑曲霉两两组合的菌片若干，接种相同数量，保持 28℃条件下进行培养。分别在接种单一菌片第 6d、12d、18d、24d、30d 后取样，测定还原糖的含量和材料中三素的变化。经查阅文献知，分期投入菌片的结果和一次投入菌片的结果相差不多，考虑到试验量和经济情况，只采用一次投入菌片的方法。

三菌种的预处理：取经过物理处理后的 40 目和 140 目的玉米秸秆 7.0g，分别置 300mL 的三角瓶中，按照固液比 1∶5 加入蒸馏水，用无菌封口膜封口，121℃灭菌 1h，用打孔器向 6 个三角瓶中分别接种对数期的白腐菌（黄孢原毛平革菌）、绿色木霉和黑曲霉三种组合的菌片若干，保持 28℃条件下进行培养。分别在接种单一菌片第 6d、12d、18d、24d、30d 后取样，测定还原糖的含量和材料中三素的变化。

具体的试验方案见表 4.9。

表 4.9　实验设计方案
Table 4.9　Solutions designed in the text

处理编号	处理名称	处理方法
1	40+白	40 目的玉米秸秆单独接入白腐菌处理，在接入白腐菌的第 6d、12d、18d、24d、30d 取样进行测定。
2	40+绿	40 目的玉米秸秆单独接入绿色木霉处理，在接入绿色木霉的第 6d、12d、18d、24d、30d 取样进行测定。
3	40+黑	40 目的玉米秸秆单独接入黑曲霉处理，在接入黑曲霉的第 6d、12d、18d、24d、30d 取样进行测定。
4	140+白	140 目的玉米秸秆单独接入白腐菌处理，在接入白腐菌的第 6d、12d、18d、24d、30d 取样进行测定。
5	140+绿	140 目的玉米秸秆单独接入绿色木霉处理，在接入绿色木霉的第 6d、12d、18d、24d、30d 取样进行测定。
6	140+黑	140 目的玉米秸秆单独接入黑曲霉处理，在接入黑曲霉的第 6d、12d、18d、24d、30d 取样进行测定。
7	40+白+绿	40 目的玉米秸秆白腐菌和绿色木霉处理，在接入白腐菌和绿色木霉的第 6d、12d、18d、24d、30d 取样进行测定。
8	40+白+黑	40 目的玉米秸秆白腐菌和黑曲霉处理，在接入白腐菌和黑曲霉的第 6d、12d、18d、24d、30d 取样进行测定。
9	40+黑+绿	40 目的玉米秸秆黑曲霉和绿色木霉处理，在接入黑曲霉和绿色木霉的第 6d、12d、18d、24d、30d 取样进行测定。

处理编号	处理名称	处理方法
10	140+白+绿	140 目的玉米秸秆白腐菌和绿色木霉处理，在接入白腐菌和绿色木霉的第 6d、12d、18d、24d、30d 取样进行测定。
11	140+白+黑	140 目的玉米秸秆白腐菌和黑曲霉处理，在接入白腐菌和黑曲霉的第 6d、12d、18d、24d、30d 取样进行测定。
12	140+黑+绿	140 目的玉米秸秆黑曲霉和绿色木霉处理，在接入黑曲霉和绿色木霉的第 6d、12d、18d、24d、30d 取样进行测定。
13	40+白+黑+绿	40 目的玉米秸秆白腐菌、黑曲霉和绿色木霉处理，在接入白腐菌、黑曲霉和绿色木霉的第 6d、12d、18d、24d、30d 取样进行测定。
14	140+白+黑+绿	140 目的玉米秸秆白腐菌、黑曲霉和绿色木霉处理，在接入白腐菌、黑曲霉和绿色木霉的第 6d、12d、18d、24d、30d 取样进行测定。

4.2.1 单菌种微生物预处理技术

4.2.1.1 白腐菌预处理玉米秸秆

白腐菌（黄孢原毛平革菌）的降解酶系是由过氧化物酶（LiP）、锰过氧化物酶（MnP）和漆酶组成（Lac）的。过氧化物酶（LiP）可以对底物进行部分或彻底的氧化，而后在锰过氧化物酶（MnP）和漆酶组成（Lac）的共同作用下将秸秆类生物质里的木质素充分的降解，解除木质素对纤维素和半纤维素的包裹，使得秸秆类生物质的纤维素和半纤维素都得到更好的水解。据本课题组相关研究可知，还原糖的浓度在一定程度上可以反映后续光合制氢产氢的能力，还原糖含量越高，其产氢能力越强。

图 4.17 为白腐菌单独处理 40 目的玉米秸秆时随着处理时间的增加还原糖含量的变化情况。由图 4.17 可知，在起初的前 6d 还原糖的含量很高，在第 6d 时达到了最大值 1.14mg/mL，但是此时玉米秸秆的降解还不够完全，不适宜用于产氢，到 12d 时还原糖消耗了很多，达到了最小值 0.39mg/mL，在后续的 12d 内，还原糖的含量又开始攀升，第 18d 时还原糖的含量约为 0.67mg/mL，随着继续的处理等到第 24d 时又出现了一个含量高峰，此时还原糖的含量约为 0.97mg/mL，而 24～30d 的时间内，还原糖的含量又开始了下降且趋于稳定。因此，白腐菌处理 40 目的玉米秸秆 24d 左右的时候，可以加入光合产氢细菌，此时，产氢能力将会最强。

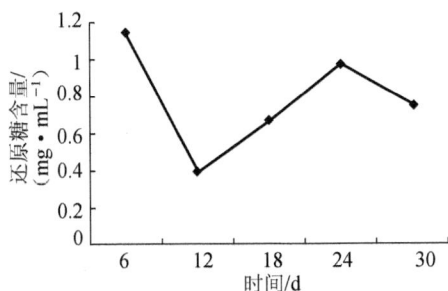

图 4.17 白腐菌处理 40 目玉米秸秆对还原糖含量的影响

Fig. 4.17 The influence of 40 mesh cornstalk which disposed by Phanerochaete chrysosporium on reducing sugar yield

　　由图 4.18 可知，随着处理时间的增加，白腐菌单独处理 140 目玉米秸秆时还原糖的含量先减小后增加，随后达到一个小高峰，而后还原糖的含量又逐渐减小，最后趋于稳定。第 6d 时还原糖的含量最高，约为 1.25mg/mL，在 18d 的时候还原糖的含量达到最小值，约为 0.76mg/mL，在第 6～18d 的过程中基质中还原糖的含量下降了 0.48mg/mL，这种情况的出现可能是白腐菌在繁殖的过程中自身会消耗掉基质中一部分的还原糖，到第 24d 时，还原糖的含量约为 1.00mg/mL，相较于第 18d 增加了 0.24mg/mL，在第 24～30d 期间随着还原糖的被消耗达到一个稳定值，约为 0.84mg/mL。考虑到玉米秸秆的降解程度和产氢能力，选择在 24d 时加入光合产氢菌，就可以使产氢效果较理想，产氢能力也较强。

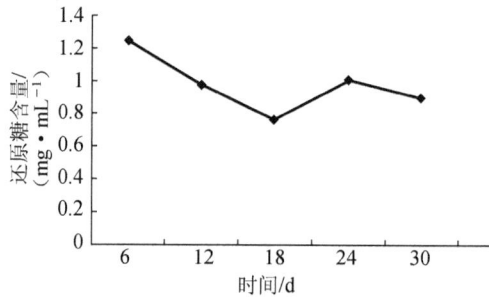

图 4.18　白腐菌处理 140 目玉米秸秆对还原糖含量的影响

Fig. 4.18　The influence of 140 mesh cornstalk which disposed by Phanerochaete chrysosporium on reducing sugar yield

　　图 4.19 为白腐菌处理 40 目和 140 目玉米秸秆时还原糖含量的对比情况。由图 4.19 可知，40 目和 140 目的玉米秸秆的得到情况整体上的走势相同，都是先减少，后增加，在减少，最后趋于稳定，140 目的玉米秸秆的还原糖的得到情况要优于 40 目的玉米秸秆还原糖的得到情况，在第 6d、18d、24d、30d 时 40 目和 140 目的还原糖含量相差不多，第 24d 时相差最少，为 0.03mg/mL，而第 12d 时相差最大，为 0.58mg/mL。综上可知，在玉米秸秆被处理 24d 时选其为光合产氢的底物合适，此时的产氢能力也最强。

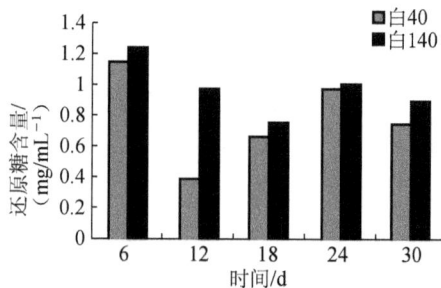

图 4.19　白腐菌处理 40 目和 140 目玉米秸秆还原糖对比

Fig. 4.19　Contrast of reducing sugar yield between 40 mesh and 140 mesh cornstalk disposed by Phanerochaete chrysosporium

4.2.1.2　黑曲霉预处理玉米秸秆

黑曲霉是工业发酵中经常用到的菌种，可生产淀粉酶、酸性蛋白酶、纤维素酶、果胶酶、葡萄糖氧化酶、柠檬酸、葡糖酸和没食子酸等。农业上用作生产糖化饲料，饲料发酵剂添加，生物有机肥添加，有机肥发酵剂添加，秸秆腐熟剂添加等。黑曲霉在固体发酵的过程中会产生纤维素酶和半纤维素酶。因此，选用黑曲霉来处理玉米秸秆，可降解玉米秸秆中纤维素和半纤维素，使得后续的光合产氢能够更容易的进行。以下为黑曲霉处理 40 目和 140 目的玉米秸秆工程中还原糖含量的变化情况。

由图 4.20 可知，黑曲霉处理 40 目的玉米秸秆的过程中，基质中的还原糖含量需整体上呈现先减小后增大再减小后趋于稳定的趋势。第 6d 时基质中还原糖的含量为 1.25mg/mL，随着处理时间的增加到第 12d 时，基质中还原糖的含量出现了最小值，为 0.49mg/mL 相较于第 6d 下降了 0.76mg/mL，此时出现最小值可能是黑曲霉在处理过程中自身消耗了一部分的还原糖用于正常的生理活动。而到 18d 时，还原糖的含量由第 12d 的最小值 0.49mg/mL 增加到了一个峰值，为 1.44mg/mL，此时的基质最适宜用于后续的光和微生物光合制氢中，且产氢能力相较于其他时间也最强，随后的 12d 中还原糖的含量又出现的减少的情况，在第 24d 和第 30d 时分别为：1.30mg/mL，1.44mg/mL，1.14mg/mL。在第 12~18d 的过程中基质中还原糖增加量最大为 0.95mg/mL，而从第 18d 开始基质中还原糖含量就没有再出现太大的波动。

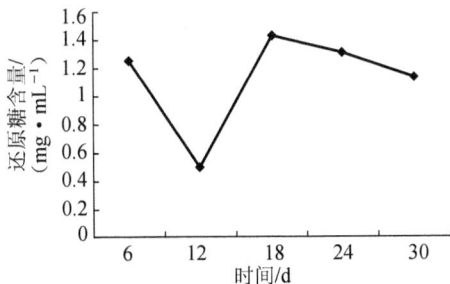

图 4.20　黑曲霉处理 40 目的玉米秸秆对还原糖含量的影响

Fig. 4.20　The influence of 40 mesh cornstalk which disposed by Aspergillus niger on reducing sugar yield

图 4.21 为黑曲霉处理 140 目的玉米秸秆的还原糖的变化情况。由图 4.21 中可知在第 18d 的时候基质中还原糖的含量达到了峰值，为 2.41mg/mL，而在第 6d、12d、24d、30d 时还原糖的含量分别为：1.82mg/mL、0.94mg/mL、1.68mg/mL、1.99mg/mL。且在第 12d 时还原糖的含量最低，整体来说，基质中的还原糖的含量在第 6~12d 先减小，减少了 0.88mg/mL，在第 12~18d 再增加到最大值，增加量为 1.47mg/mL，然后在第 18~24d 又有一些减少，减少量为 0.72mg/mL，在最

后的 6d 当中还原糖的含量又有略微增加，增加量为 0.31mg/mL。因此，处理 18d 时的 140 目的玉米秸秆最为合适选为后续光合产氢的基质用于产氢。

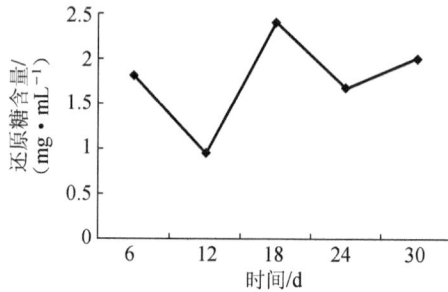

图 4.21　黑曲霉处理 140 目的玉米秸秆对还原糖含量的影响

Fig. 4.21　The influence of 140 mesh cornstalk which disposed by Aspergillus niger on reducing sugar yield

图 4.22 为黑曲霉处理 40 目和 140 目玉米秸秆过程中还原糖含量的对比情况。由图 4.22 可知，黑曲霉处理的 40 目和 140 目的玉米秸秆其基质中还原糖含量的变化趋势大致相同，都是先下降再上升然后趋于稳定，但 140 目的玉米秸秆的基质中还原糖的含量明显都要比 40 目的玉米秸秆的基质中的高。二者都是在第 18d 时达到了峰值，分别为 1.44mg/mL 和 2.4mg/mL。在第 12d 时出现最小值，分别为 0.49mg/mL，0.94mg/mL，在第 6d、24d 和 30d 中两者基质中还原糖含量的差值分别为：0.57mg/mL、0.38mg/mL、0.86mg/mL。总之，从整体上来看选择黑曲霉处理过的 140 目的玉米秸秆用于光合产氢的效果要优于采用黑曲霉处理的 40 目的玉米秸秆。

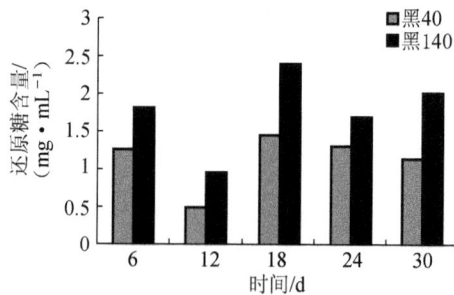

图 4.22　黑曲霉处理 40 目和 140 目玉米秸秆还原糖对比

Fig. 4.22　The contrast of reducing sugar yield between 40 mesh and 140 mesh cornstalk which disposed by Aspergillus niger

4.2.1.3　绿色木霉预处理玉米秸秆

图 4.23 为绿色木霉处理 40 目还原糖含量的变换情况。由图 4.23 可知，其整

体趋势和白腐菌和黑曲霉处理的玉米秸秆基质中还原糖的趋势大致相同，都是先下降再升高然后再下降。最后趋于稳定。在第 12d 时，基质中还原糖的含量最小，为 0.53mg/mL，比相同粒度下白腐菌和黑曲霉处理的玉米秸秆基质中还原糖含量高，分别高出了 0.14mg/mL、0.04mg/mL。在第 18d 时还原糖的含量达到了峰值，1.39mg/mL，比相同粒度下白腐菌处理的玉米秸秆基质中还原糖含量要高出 0.72mg/mL，但比相同粒度下黑曲霉处理的玉米秸秆中还原糖的含量要低 0.04mg/mL，在第 6d、24d、30d 的还原糖含量分别为：1.34mg/mL、1.00mg/mL、1.14mg/mL，总之在单菌种的处理过程中绿色木霉处理的 40 目玉米秸秆不在后续的光合产氢过程中产氢效果并不是最好的。

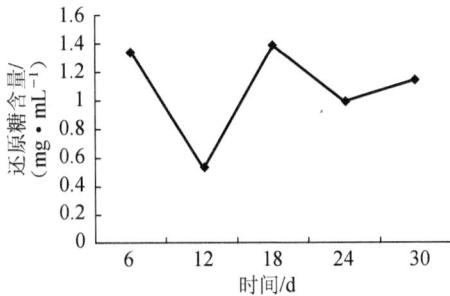

图 4.23　绿色木霉处理 40 目玉米秸秆对还原糖含量的影响

Fig. 4.23　The influence of 40 mesh cornstalk which disposed by Trichoderma viride on reducing sugar yield

从图 4.24 可知，随着培养时间的延长，绿色木霉处理的 140 目的玉米秸秆还原糖的含量是先减小后增大再减小，最后趋于稳定，在第 12d 的时候，绿色木霉处理的 140 目的玉米秸秆的基质中还原糖的含量出现了最小值，为 0.75mg/mL，相对于白腐菌处理 140 目玉米秸秆第 12d 时还原糖的含量少了 0.22mg/mL，比黑曲霉处理的 140 目的玉米秸秆第 12d 时少了 0.19mg/mL，在第 18 天时基质中还原糖的含量达到了峰值，为 1.79mg/mL，比白腐菌处理 140 目玉米秸秆第 18d 的多了 1.03mg/mL，而比相同天数下黑曲霉处理的 140 目的玉米秸秆还原糖的含量少了 0.62mg/mL，在第 6d、24d、30d 时基质中还原糖的含量分别为：1.55mg/mL、1.41mg/mL、1.19mg/mL，比白腐菌处理的 140 目的玉米秸秆在这 3 天中还原糖的含量分别多了：0.30mg/mL、0.41mg/mL、0.30mg/mL，然而相对于黑曲霉处理的 140，目的玉米秸秆在这 3 天中的含量分别少了 0.27mg/mL、0.27mg/mL、0.71mg/mL。总之，从整体上而言，黑曲霉处理的 140 目的玉米秸秆在这三种微生物处理的 140 目玉米秸秆中产糖效果最好的，在后续的光合产氢过程中其产氢能力也是最强的。

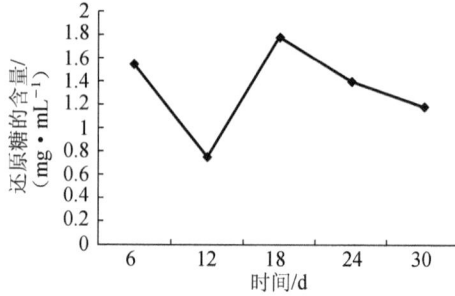

图 4.24 绿色木霉处理 140 目玉米秸秆对还原糖含量的影响

Fig. 4.24 The influence of 140 mesh cornstalk which disposed by Trichoderma viride on reducing sugar yield

图 4.25 为绿色木霉处理 40 目和 140 目玉米秸秆基质中还原糖含量的对比。从图 4.25 中可知，绿色木霉处理的 40 目和 140 目的玉米秸秆的基质中还原糖含量的走势情况大致相同，都是先降低后升高再降低，最后趋于稳定。都是在第 12d 出现了最小值，在第 18d 出现了最大值。但是 140 目的玉米秸秆基质中还原糖的得到情况要优于 40 目的得到情况，在第 6d、12d、18d、24d、30d 这 5 天中 40 目的玉米秸秆的基质中还原糖的含量比 140 目中的分别少了 0.21mg/mL、0.21mg/mL、0.40mg/mL、0.40mg/mL、0.04mg/mL。且白腐菌和黑曲霉处理的 140 目的玉米秸秆基质中还原糖的得到情况都要优于 40 目的得到情况，因此，在选择后续的光合产氢时应选用 140 目的玉米秸秆为基质，且选择黑曲霉处理的 140 目的玉米秸秆为基质效果最佳。

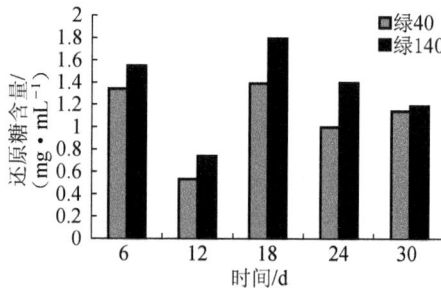

图 4.25 绿色木霉处理 40 目和 140 目玉米秸秆还原糖对比

Fig. 4.25 The contrast of reducing sugar yield between 40 mesh and 140 mesh cornstalk disposed by Trichoderma viride

4.2.2 双菌种微生物预处理技术

4.2.2.1 白腐菌和绿色木霉联合处理玉米秸秆

图 4.26 为白腐菌和绿色木霉联合处理 40 目玉米秸秆还原糖得到情况。由图 4.26 可知，基质中还原糖的含量的走势为先下降后升高再下降再升高。在第 12d 和第 24d 都出现了还原糖含量减少的现象，第 12d 时基质中还原糖的含量为 0.43mg/mL，在第 24d 时基质中还原糖的含量为 0.34mg/mL，此时，还原糖的含量是最小值，在

第 18d 时，还原糖的含量较第 12d 时增加了 0.14mg/mL，而在第 30d 时，基质中的还原糖出现了最大值，为 0.90mg/mL，在第 24～30d 的这个过程中基质中还原糖的含量的增加量最大为 0.57mg/mL，这种现象的出现可能是这两种微生物中的一种的生长速度弱于另一种，在后期时由于繁殖量的增加，出现了处理的最佳时期，导致了还原糖含量的累积和增加。

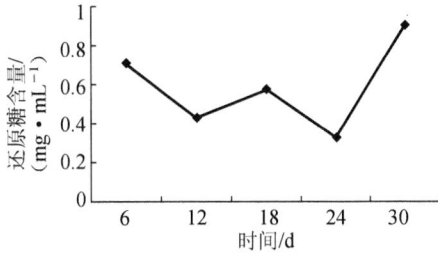

图 4.26　白+绿处理 40 目玉米秸秆对还原糖含量的影响
Fig. 4.26　Influence of 40 mesh cornstalk disposed by Phanerochaete chrysosporium and Trichoderma viride on reducing sugar yield

图 4.27 为白腐菌和绿色木霉联合处理 140 目的玉米秸秆还原糖的含量变化情况。由图 4.27 中可知，基质中还原糖的含量先减少再增加然后再减少最后趋于稳定，这种趋势和单一微生物处理时出现的还原糖走势相一致，在第 12d 时出现了最小值，此时微生物大量的繁殖消耗掉了基质中的一部分的还原糖，而在后续的 6d 中微生物达到了处理的最佳状态，在第 18d 时则出现了峰值，第 6d、12d、18d、24d、30d 时基质中还原糖的含量分别为：1.00mg/mL、0.79mg/mL、1.62mg/mL、1.48mg/mL、1.50mg/mL。在第 12～18d 的过程中基质中的还原糖含量的差值最大为 0.88mg/mL，而第 6～12d、第 18～24d 和第 24～30d 这几个过程中基质中还原糖的含量相差不多，分别为：0.21mg/mL、0.14mg/mL、0.02mg/mL。相比较各天中还原糖的得到情况，在第 18d 左右选择接入光合微生物进行后续的产氢，效果将是最理想的，产氢能力这时也是最强的。

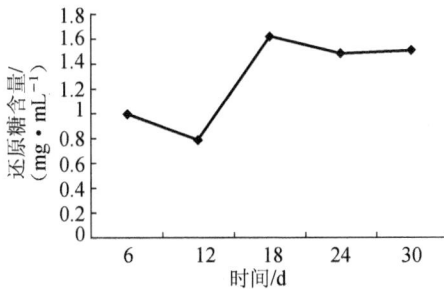

图 4.27　白+绿处理 140 目玉米秸秆对还原糖含量的影响
Fig. 4.27　Influence of 140 mesh cornstalk disposed by Phanerochaete chrysosporium and Trichoderma viride on reducing sugar yield

从图 4.28 中可知，白腐菌和绿色木霉联合处理的 40 目和 140 目的玉米秸秆还原糖的得到情况大体上是一致的，都是在第 6～12d 时基质中的还原糖含量减少，在第 12～18d 时基质中还原糖的含量又增加，在第 18～24d 时还原糖含量的走势出现了稍微地下降，但是白腐菌和绿色木霉联合处理的 40 目的玉米秸秆在第 30d 时出现了最大值，而它们联合处理的 140 目的玉米秸秆则是在第 18d 的时候出现了最大值。140 目玉米秸秆基质中还原糖含量的最大值则比 40 目的玉米秸秆基质中还原糖含量的最大值高出 0.71mg/mL，140 目的中的最小值比 40 目中的最小值高出了 0.45mg/mL。在第 6d 和第 12d 时 40 目玉米秸秆基质中还原糖的含量和 140 目中的相差不多，但是在第 18d、24d 和 30d 时它们之间相差的就相对来说大些，分别为 1.04mg/mL、1.14mg/mL、0.04mg/mL。就总体而言，白腐菌和绿色木霉联合处理的 140 目的玉米秸秆还原糖的得到情况要明显优于它们联合处理的 40 目的玉米秸秆。

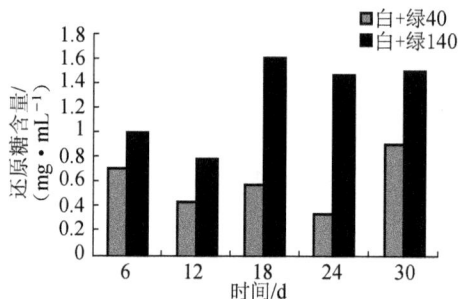

图 4.28 白+绿处理 40 目和 140 目玉米秸秆还原糖含量对比

Fig. 4.28 The contrast of reducing sugar yield between 40 mesh and 140 mesh cornstalk disposed by Phanerochaete chrysosporium and Trichoderma viride

4.2.2.2 黑曲霉和绿色木霉联合处理玉米秸秆

图 4.29 为黑曲霉和绿色木霉联合处理 40 目的玉米秸秆还原糖含量的变化情况。由图 4.29 可知，基质中还原糖的含量随着培养时间的增加而增加，在第 18d 时出现了峰值，为 3.35mg/mL，但是在第 24d 的时候还原糖的含量出现了下降，减少了 2.24mg/mL，而后的 6d 中基质中的还原糖的含量又增加了 1.52mg/mL。第 6d 时还原糖的含量是最小的，为 0.42mg/mL，12d 时还原糖的含量为 0.66mg/mL，相较于单一菌种处理，黑曲霉和绿色木霉联合处理的玉米秸秆第 6d 和第 12d 的差值并不是太大，这可能是两菌种联合处理时，增加了菌种的生长速度，在第 6d 之前菌种就完成了自身的自我繁殖，在第 6～12d 就不会消耗大量的还原糖用于自身的繁殖。总而言之，取黑曲霉和绿色木霉联合处理 18d 的 40 目的玉米秸秆用于后续的光合产氢时最理想的。

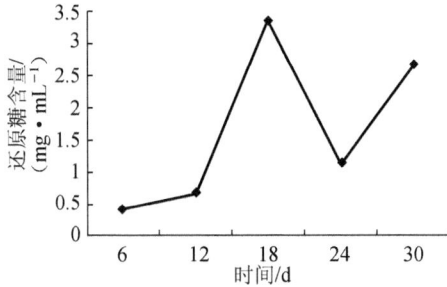

图 4.29　黑+绿处理 40 目玉米秸秆对还原糖含量的影响

Fig. 4.29　Influence of 40 mesh cornstalk disposed by Aspergillus niger and Trichoderma viride on reducing sugar yield

图 4.30 为黑曲霉和绿色木霉联合处理 140 目的玉米秸秆时还原糖含量的变化情况。由图 4.30 可知，基质中还原糖的含量先减少后增加再减少。在第 12d 时，基质中还原糖的含量最少，为 0.92mg/mL，在第 24d 时基质中的还原糖出现了峰值，为 2.24mg/mL。第 6d 和第 12d 之间基质中还原糖的含量的差值很小，为 0.12mg/mL，第 18d 和第 24d 基质中还原糖含量的差值为 0.22mg/mL，相差也不大，但第 12d 和第 18d 以及第 24d 和第 30d 基质中还原糖的差值相对来说大些，分别为 1.09mg/mL、0.97mg/mL。在后续的光合产氢过程中选择黑曲霉和绿色木霉联合处理 24d 左右的 140 目玉米秸秆为基质，产氢能力最强，效果也最佳。

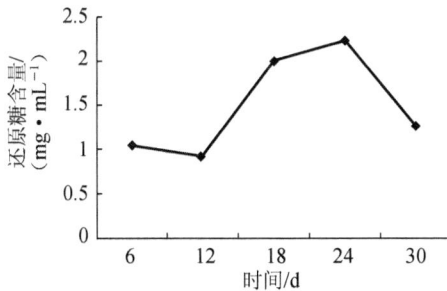

图 4.30　黑+绿处理 140 目玉米秸秆对还原糖含量的影响

Fig. 4.30　The influence of 140 mesh cornstalk disposed by Aspergillus niger and Trichoderma viride on reducing sugar yield

由图 4.31 可知，黑曲霉和绿色木霉联合处理 40 目和 140 目的玉米秸秆时，基质中还原糖的含量的走势图和单一菌种预处理市还原糖含量的走势图出现了一些差别，但是整体上的走势还是相类似的，符合先上升后降低在上升的基本走势。但是由图 4.29~图 4.31 可知黑曲霉和绿色木霉联合处理的 40 目的玉米秸秆基质中还原糖的得到情况要优于 140 目的基质中还原糖的得到情况，第 6d 和第 12d 时两种粒度的基质中还原糖的含量相差不大，为 0.62mg/mL、0.26mg/mL，而 18d、24d 和 30d 的时候相差比较大，差值分别为 1.34mg/mL、1.12mg/mL、1.37mg/mL。

其中第18d和第30d时是黑曲霉和绿色木霉联合处理的40目的玉米秸秆的基质中的还原糖的含量要高于140目的。因此，相对而言，黑曲霉和绿色木霉联合处理的40目的玉米秸秆比140目的秸秆要更适合后续的光合产氢。

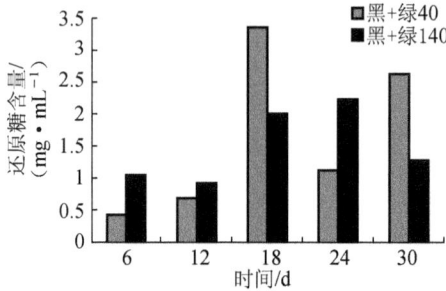

图4.31　黑+绿处理40目和140目玉米秸秆还原糖含量对比

Fig. 4.31　Contrast of reducing sugar yield between 40 mesh and 140 mesh cornstalk disposed by Trichoderma viride and Aspergillus niger

4.2.2.3　白腐菌和黑曲霉联合处理玉米秸秆

图4.32为白腐菌和黑曲霉联合处理40目的玉米秸秆时基质中还原糖的含量变化情况。由图4.32可知，白腐菌联合黑曲霉处理的40目的玉米秸秆的还原糖的含量变化情况和单一菌种处理时基质中还原糖含量的变化情况大致相同吗，都是先减少后增加再减少，只是在联合处理时第30d的还原糖的含量高于了第18d时基质中还原糖的含量，高出的部分为：0.47mg/mL，在第6~12d时还原糖的含量由0.88mg/mL减少到了0.68mg/mL，减少了0.20mg/mL然后在12~18d的过程中基质中还原糖的含量从0.68mg/mL增加到了1.52mg/mL，增加了0.84mg/mL，在第18~24d的过程中基质中的还原糖的含量由1.52mg/mL减少到了0.81mg/mL，减少了0.71mg/mL，在第24~30d的过程中基质中还原糖的含量由0.81mg/mL增加到了1.99mg/mL，增加了1.17mg/mL。综合培养时间和还原糖的得到情况，选择第18d的白腐菌和黑曲霉联合处理的40目的玉米秸秆为光合产氢基质，更为经济。

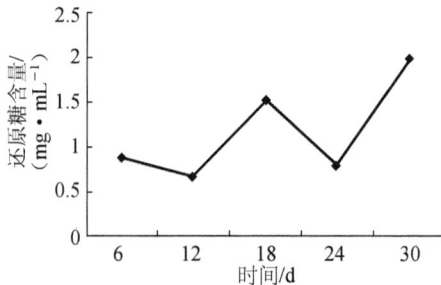

图4.32　白+黑处理40目玉米秸秆对还原糖含量的影响

Fig. 4.32　Influence of 40 mesh cornstalk disposed by Phanerochaete chrysosporium and Aspergillus niger on reducing sugar yield

　　由图 4.33 可知，白腐菌和黑曲霉联合处理的 140 目的玉米秸秆时基质中还原糖含量的变化和单一菌种处理时基质中还原糖含量的变化情况大致相同，都是先减少后增加再减少最后趋于稳定。由图 4.33 可知，第 6d、12d、18d、24d 和 30d时，基质中还原糖的含量分别为：1.43mg/mL、0.70mg/mL、4.23mg/mL、1.63mg/mL和 2.62mg/mL。在第 12~18d 过程中基质中还原糖的增加量为最大的，为3.53mg/mL，其次为第 18~24d 的过程中还原糖的含量的变化，相差了 2.60mg/mL，第 6~12d 和第 24~30d 的这两个过程中基质中还原糖含量的变化不大，分别为：0.73mg/mL、0.99mg/mL。总体上而言，选择白腐菌和黑曲霉处理 18d 的 140 目的玉米秸秆作为光合产氢用的基质，产氢能力最强，效果最好，也比较经济。

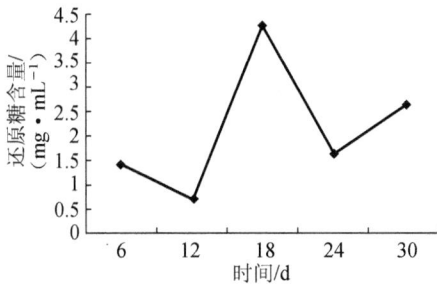

图 4.33　白+黑处理 140 目玉米秸秆对还原糖含量的影响
Fig. 4.33　Influence of 140 mesh cornstalk disposed by Phanerochaete chrysosporium and Aspergillus niger on reducing sugar yield

　　图 4.34 为白腐菌和黑曲霉联合处理 40 目和 140 目玉米秸秆时基质中还原糖含量的对比。由图 4.34 可知两种粒度的基质中都是在第 6d 出现了还原糖含量的最小值，在第 18d 出现了峰值，这与白腐菌和绿色木霉联合处理的 40 目和 140目时基质中还原糖的情况是一致的。第 6d、12d、24d 和 30d 时两种粒度的基质中还原糖的含量相差不多，分别为：0.54mg/mL、0.01mg/mL、0.82mg/mL、0.62mg/mL。而第 18d 时相差最大，达到了 2.71mg/mL。且白腐菌和黑曲霉联合处理的玉米秸秆基质中还原糖的最大值要比白腐菌和绿色木霉联合处理的玉米秸秆的最大值高出 2.61mg/mL，比黑曲霉和绿色木霉联合处理的玉米秸秆基质中还原糖含量的最大值高出 0.88mg/mL，整体上而言，白腐菌联合处理的 40 目和 140 目的玉米秸秆基质中还原糖的得到情况要优于白腐菌和绿色木霉联合处理的玉米秸秆，虽然，黑曲霉和绿色木霉联合处理的玉米秸秆出现了一些偏差，但整体而言其的还原糖的得到情况并没有白腐菌和黑曲霉联合处理的玉米秸秆的还原糖得到情况，因此就三种两两组合的情况，白腐菌和黑曲霉的组合要优于其他两个组合，更适合后续的光合产氢。

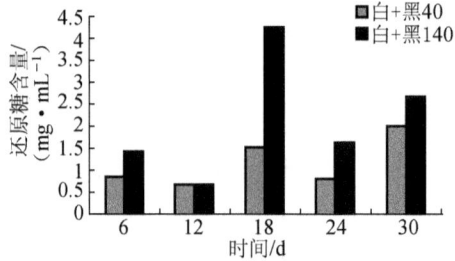

图 4.34　白+黑处理 40 目和 140 目玉米秸秆还原糖含量对比
Fig. 4.34　Contrast of reducing sugar yield between 40 mesh and 140 mesh cornstalk disposed by
Phanerochaete chrysosporium and Aspergillus niger

4.2.3　多菌种微生物预处理技术

图 4.35 为白腐菌、黑曲霉和绿色木霉多菌种联合处理 40 目玉米秸秆还原糖的含量变化情况。由图 4.35 可知，基质中还原糖的含量先增加后减少再增加然后趋于稳定，这一趋势符合单一菌种处理时基质中还原糖的变化情况，但是基质中的最小值出现在 6d,而不是像单一菌种那样出现在第 12d,此时的最小值为 0.56mg/mL。在第 18d 时出现了峰值，为 1.24mg/mL，而相对于第 6d 和第 12d 分别增加了：0.68mg/mL、0.38mg/mL，在后续的 18d、24d 和 30d 时基质中的还原糖的含量没有出现太大的波动，基本上趋于稳定，第 18～24d 过程中基质中还原糖的含量减少了 0.16mg/mL，第 24～30d 的过程中基质中还原糖的含量增加了 0.07mg/mL。就整体而言，选择第 18d 的玉米秸秆基质为后续光合产氢所用时，产氢能力最强，效果最佳，也最经济。

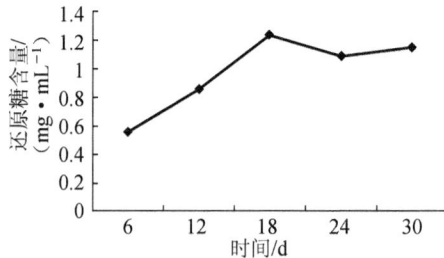

图 4.35　多菌种微生物预处理 40 目玉米秸秆对还原糖含量的影响
Fig. 4.35　The influence of 40 mesh cornstalk which disposed by multi-bacteria on reducing
sugar yield

图 4.36 为白腐菌、黑曲霉和绿色木霉多菌种联合处理 140 目玉米秸秆时基质中还原糖含量的变化情况。由图 4.36 可知，基质中还原糖的含量先减少后增加在减小最后趋于稳定,在第 12d 时基质中的还原糖含量出现了最小值,为 0.85mg/mL，而在第 18d 时基质中还原糖的含量出现了峰值，为 3.19mg/mL，在第 6～12d 和第 24～30d 的两个过程中，基质中还原糖的含量的变化量很小，分别为：0.14mg/mL、

0.52mg/mL，而在第 12～18d 和第 18～24d 的两个过程中，基质中还原糖的含量的变化量相对来说要大些，而 12～18d 这个过程中基质中还原糖含量的相差两最大，为 2.33mg/mL，第 18～24d 这个过程中还原糖含量相差 2.48mg/mL。就总体而言，选择白腐菌、黑曲霉和绿色木霉多菌种联合处理 18d 左右的 140 目的玉米秸秆作为后续光合产氢过程中的基质相对其他天的而言要更为合适，此时产氢能力最强，也最经济。

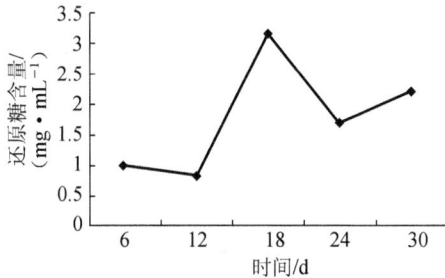

图4.36　多菌种微生物预处理 140 目玉米秸秆对还原糖含量的影响
Fig. 4.36　The influence of 140 mesh cornstalk which disposed by multi-bacteria on reducing sugar yield

由图 4.36 可知，白腐菌、黑曲霉和绿色木霉多菌种联合处理 40 目和 140 目玉米秸秆时两个基质中的还原糖的含量变化情况大致相同，只是 40 目的基质中还原糖含量的最小值出现在第 6d，140 目基质中还原糖含量的最小值出现在第 12d，两者之间相差了 0.29mg/mL，但是两个培养基中还原糖含量的峰值都出现在第 18d，而 140 目基质中还原糖的得到情况要明显优于 40 目培养基中还原糖的得到情况，高出的部分为 1.95mg/mL，在第 6d、12d、24d 和 30d 时两基质中还原糖的差值分别为：0.43mg/mL、0.001mg/mL、0.62mg/mL、1.07mg/mL，由此可知 140 目基质中还原糖的整体得到情况要明显优于 40 目基质中还原糖的得到情况。在后续的光合产氢过程中选择白腐菌、黑曲霉和绿色木霉联合处理了 18d 左右的 140 目的玉米秸秆作底物，产氢效果将是最理想的，产氢能力也是最强的。

从各个基质中还原糖的最大值的情况来看，多菌种联合处理的基质中还原糖的得到情况要优于单一菌种处理的得到情况，白腐菌、黑曲霉和绿色木霉联合处理的 140 目的玉米秸秆在第 18d 时基质中的还原糖的含量达到了最大值 3.19mg/mL，白腐菌单独处理的 140 目的玉米秸秆在第 24d 时基质中还原糖的含量出现了最大值 1.00mg/mL，比多菌种联合处理的少了 2.19mg/mL，而黑曲霉和绿色木霉都是 140 目的基质中在第 18d 时出现了还原糖的最大值，分别为：2.41mg/mL 和 1.79mg/mL，比多菌种联合培养的少了 0.78mg/mL 和 1.40mg/mL。但是多菌种联合培养并没有两菌种联合培养时的整体效果好，白腐菌和绿色木霉联合培养的 140 目玉米秸秆的基质中在第 18d 出现了最大值 1.62mg/mL，比多菌种联合培养的少了 1.57mg/mL，而黑曲霉和绿色木霉联合培养的 40 目的玉米秸秆和白腐菌和黑曲霉联合处理的 140 目的玉米秸秆都在第 18d 时出现了最大值，分别为 3.5mg/mL 和 4.23mg/mL，分别比多菌种联合培养多出了 0.32mg/mL 和 1.04mg/mL，从经济角度考虑，两菌种联合培养要比多菌种联合培养花费更低些，产氢能力更强一些（见图 4.37）。

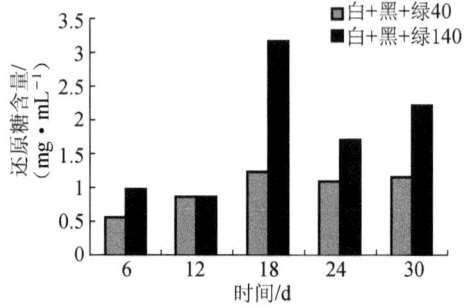

图 4.37　多菌种微生物预处理 40 目和 140 目玉米秸秆还原糖含量对比
Fig. 4.37　The contrast of reducing sugar yield between 40 mesh and 140 mesh cornstalk which disposed by multi-bacteria

对不同粒度的玉米秸秆的处理结果可以看出，基质中还原糖的得到情况与秸秆的纤维素的致密程度有关且与其的磨损程度有一定的关系。试验结果表明：白腐菌、黑曲霉和绿色木霉在对玉米秸秆进行单菌种、双菌种、多菌种联合处理的结果中，140 目的玉米秸秆的基质中还原糖的含量要高于 40 目玉米秸秆基质中还原糖的含量。这可能是玉米秸秆的粒度越小，纤维素的破坏程度就越大，越有利于微生物的酶解。因此通过对不同粒度的玉米秸秆微生物降解，而后测定其还原糖产量，确定了 140 目的玉米秸秆作为产氢用生物质的优势，利用玉米秸秆这一农业废弃物进行简单预处理后用于光合生物制氢过程真正实现了能源生产和废弃物利用的双重目标；不同粒度玉米秸秆的单菌种处理结果可知，基质中还原糖含量的最大值一般出现在第 18d 左右，黑曲霉和绿色木霉的基质中还原糖的最大值的出现要早于白腐菌，其中黑曲霉处理的 140 目的玉米秸秆的基质中在第 18d 时还原糖的含量最高，比白腐菌处理的玉米秸秆的基质中还原糖的最大值高出 1.16mg/mL，比绿色木霉处理的玉米秸秆的基质中还原糖的最大值高出 0.62mg/mL。其中白腐菌处理的玉米秸秆的基质中还原糖的含量在第 6d 时出现了最大值，而黑曲霉和绿色木霉则是在第 18d 出现了最大值，这可能是白腐菌在处理的过程中由于自身的繁殖消耗掉了一部分的还原糖而导致其基质中还原糖含量的减少。从还原糖的得到情况可以看出，选用黑曲霉处理 18d 的 140 目的玉米秸秆作为光合产氢的基质效果最好；不同粒度的玉米秸秆的两菌种联合处理的结果中可以看出，基质中还原糖含量的变化和单一菌种处理时基质中还原糖含量的变化情况大致相同，基本上都是在第 18d 左右出现最大值，且白腐菌和黑曲霉联合处理的玉米秸秆的效果要优于其他两种形式的联合，其最大值为 4.23mg/mL，比白腐菌和绿色木霉处理的玉米秸秆基质中还原糖的最大值高出 2.61mg/mL，比黑曲霉和绿色木霉处理的玉米秸秆基质中还原糖的最大值高出 0.88mg/mL，从中可知，两菌种联合培养时如果有黑曲霉，基质中的还原糖的得到情况比没有黑曲霉的好；由不同粒度的玉米秸秆多菌种联合处理结果得出基质中接入的微生物种类与还原糖产量不为正相关。多菌种联合处理时其还原糖的最大值为 3.19mg/mL，它比单菌种处理的玉米秸秆出现的还原糖最大值要高出许多，分别比白腐菌、黑曲霉和绿色木霉处理的玉米秸秆基质中还原糖的最大值高出 2.19mg/mL、1.05mg/mL、1.40mg/mL。比白腐菌和黑曲霉联合处理的玉米秸秆基质中还原糖的最大值小了 1.04mg/mL，比白腐菌和绿色木霉联合处理的玉米秸秆基质中还原糖的最大值高出了 1.57mg/mL，但比黑曲霉和绿色木霉联合处理的玉米秸秆基质中还原糖的最大值小 0.32mg/mL，从经济方面考虑选择白腐菌和黑曲霉联合处理的玉米秸秆用于后续的产氢效果要最佳。

4.3 秸秆类生物质的超微化粉碎预处理技术

光合细菌的生长特性及产氢特性均与其吸收光谱及光照强度之间存在良好的相关性，培养液自身的遮蔽作用也使得入射光在穿透培养液的过程中出现了不同程度的衰减现象，因此利用秸秆类生物质进行光合生物制氢的时候颗粒度越小越利于提高光能利用率。近年来，关于微纳米材料的研究成为国际生物质科学界关注的一个热点问题，国内外一些研究人员对球磨处理后的生物质原料进行了相应表征研究，研究结果表明经微米或纳米粉碎后纤维素的结晶度和晶体结构都出现了显著变化，生物质微纳颗粒的物理化学性质也发生了相应改变，出现弹性应力发生弛豫，引起晶格畸变，无定型化，表面自由能增大等效用，具有很多独特的优良特性，例如很好的溶解性，强吸附性、流动性，化学反应速度快等，因此对秸秆类生物质进行微超微粉碎不仅能显著改变其纤维素结构，提高酶解产糖率，而且产氢后原料仍能进行燃烧或其他生物质高值化利用。因此有必要对产氢原料进行超微预处理。利用高能球磨机对秸秆类生物质进行微米、超微粉碎过程中机械能转化为表面能，并伴随着的热物性等性质的变化，河南农业大学张志萍研究球磨粉碎后不同类型秸秆类生物质酶解得糖率、光合产氢效果的差异及其超微粉碎对原料物质微观结构的影响，寻找最佳产氢原料类型，改变球磨工艺条件寻找最佳球磨工艺，为进一步研究微纳米纤维素的性能和应用提供基础数据与理论依据，推动光合细菌生物制氢技术向高效率低成本工艺的转化。

根据待粉碎物料性质，及高能球磨机易使物料生成裂缝，且产生很高的应力集中，有效地进行超细磨，选择用球磨机进行超微预处理。物料在超微粉碎过程中，随着粉碎时间的延长，颗粒粒度减小，比表面积增大，颗粒的表面能增大，颗粒间的相互作用增强，团聚现象增加，达到一定时间后，颗粒的粉碎与团聚现象达到平衡，也就是达到了机械粉碎的极限，被粉碎物料的结晶均匀性增加，粒子强度增大，断裂能提高，但是当达到一定程度后，超微微粒的粒度不再继续减小或减小速率相当缓慢，之后的不断球磨会造成耗能的增加，因此有必要对粉碎过程中的原料初始粒径、球料比、球磨时间和球磨介质等工艺条件进行研究，以球磨后物料酶解后还原糖得率为参照，选择最佳单因素条件水平，进而在此基础上对其进行了优化，为进一步的研究奠定基础。

还原糖得率的计算公式如式（4-1）所示。

$$还原糖得率（\%）= \frac{还原糖浓度 \times 稀释倍数 \times 液体体积}{秸秆类生物质质量} \times 100\% \qquad (4\text{-}1)$$

4.3.1　超微预处理工艺的单因素实验优化

4.3.1.1　球磨时间对还原糖得率的影响

球磨时间能有效提高超微粉碎的预处理效果，显著影响超微颗粒的酶解产物，但是其存在一个极限，综合考虑经济性等因素，首先对球磨时间对酶解还原糖得率的影响进行试验。试验选择初粉至 0.45mm 的玉米芯 A、B、C、D 和 E 作为试验材料，在球料比为 8∶1 条件下，用氧化钴球进行球磨，球磨时间分别为 0.5h、1h、1.5h、2h、4h。球磨预处理后进行酶解反应，2d 后采用 DNS 法测定其 OD 值，计算其还原糖得率。

不同球磨时间对粉碎预处理还原糖得率的影响见图 4.38。

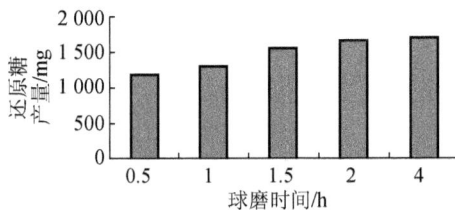

图 4.38　不同球磨时间对玉米芯酶解产糖量的影响

Fig. 4.38　The influence of ball milling time on the corncob zymolysing reducing sugar yield

由图 4.38 可以看出，随着球磨时间的增加，玉米芯的酶解还原糖产量逐渐增大，还原糖得率由 0.5h 的 46.78% 增大到 4h 的 68.47%，这可能是因为随着球磨时间的延长，玉米芯的粉碎程度增加，粒度越小，比表面积增加，秸秆类纤维素结晶度降低，无定形区增大。进一步的微观结构论证将在之后的研究中加以论证。结果表明，不同球磨时间的还原糖产量依次为 1 169.41mg，1 314.27mg，1 563.36mg，1 688.19mg，1 711.86mg，酶解效果随粉碎时间增大而增强，达到 1.5h 后，还原糖产量增加幅度逐渐减缓，2h 后基本上达到最大，4h 球磨时间虽然更长，但还原糖产量并为有太大提高。因此从能耗角度考虑，在后续的正交试验中选择 0.5h，

1h，2h 三个值作为球磨时间因素的 3 个水平，综合考虑球磨时间对酶解效率的影响。

4.3.1.2　原料初始粒径对还原糖得率的影响

球磨时间能显著改善酶解反应的效果，但是不同原料初始粒径同样会影响球磨的效果，过大的颗粒会加大球磨时间，增加能耗，过小的颗粒又会降低球磨效果，因此选择对原料初始粒径进行研究。取球磨后 0.45mm、0.2mm、0.15mm、0.125mm、0.1mm 初始粒径不同的玉米芯，进行高能球磨，球磨工艺为：球料比 8:1，球磨时间 1h，球磨介质为氧化锆球，对球磨后玉米芯进行酶解反应，反应后进行 DNS 显色反应，用分光光度计测定其 OD 值，计算其还原糖得率。

由图 4.39 可知，随着原料初始粒径的不断减小，玉米芯原料球磨 1h 后的酶解还原糖产量并没有一直增大，其试验结果依次为 1 301.91mg，1 362.34mg，1 354.36mg，1 027.27mg，992.14mg，呈现出先增大后减小的趋势。这可能是因为球磨主要是依靠研磨球对介质的相互摩擦、剪切等形式进行物料的粉碎，因此合适的物料初始粒径对粉碎效率有一定的影响。大颗粒较容易获得能量而被粉碎为细颗粒，而细颗粒的变小相对比较困难。经过试验，可以明显看出，初始粒径为 0.2mm 时酶解后还原糖得率最大，和初始粒径 0.15mm 的玉米芯的还原糖得率基本相同，但当原料初始粒径减小至 0.125mm 时，酶解后还原糖产量大幅降低，原料初始粒径为 0.1mm 时还原糖产量继续降低，且球磨过程中，明显有焦糖味道溢出，球磨后物料颜色较深，可能是因为球磨高温过程对使微细玉米芯性质发生改变，发生团聚等，使酶解效率降低。因此将原料初始粒径这一因素定为 0.45mm，0.2mm 和 0.125mm 3 个水平。

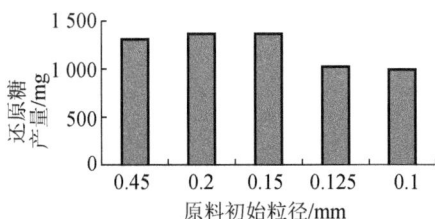

图 4.39　原料初始粒径对玉米芯酶解产糖量的影响

Fig. 4.39　The influence of initial particle size of raw materials on the corncob zymolysing reducing sugar yield

4.3.1.3　球料比对还原糖得率的影响

球料比是指的磨球和待磨物质的质量比，一般来说越大越好，但是球磨机的球料比太大，会增加研磨体之间以及研磨体和衬板之间冲击摩擦的无用功损失，使电耗增加，球耗增加，产量降低；若球料比太小，说明磨内存料过多，就会产生缓冲作用，冲击磨碎效果就会减弱，也会降低粉磨效率，因此选择对不同球料比进行研究，选择合适的球料比，提高球磨效率。取初始粒径 0.2mm 的秸秆，用氧化锆球球磨 1h，球料比分别为 3∶1，8∶1，15∶1，20∶1，30∶1。对球磨后玉米芯进行酶解反应，反应后进行 DNS 显色反应，用分光光度计测定其 OD 值，计算其还原糖得率（图 4.40）。

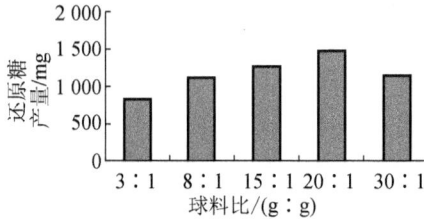

图 4.40　球料比对玉米芯酶解产糖量的影响

Fig. 4.40　The influence of ball/powder weight ratio on the corncob zymolysing reducing sugar yield

球磨过程中，大量的碰撞现象发生在球-粉末-球之间，粉末在碰撞作用下发生严重的塑性变形，使粉末受到两个碰撞球的"微型"锻造作用。球料比越大，球与料的接触面积越大，研磨效率越高。见图 4.40，不同球料比球磨后还原糖产量依次为：843.23mg，1 126.14mg，1 251.31mg，1 476.47mg，1 139.91mg，实验结果表明，随着球料比的增大，酶解后还原糖产量逐渐增大，但当球料比为 30∶1 时，产糖量反而变小，仅与球料比 8∶1 的水平下的还原糖产量接近，分析原因，可能是因为随着球料比的大幅增加，研磨球与粉碎介质之间的接触反而变少，球与球之间碰撞增多，由于所选择多维摆动式球磨机，球料比过多，造成填料质量过大，严重影响摆动效果，球磨过程中就多次警报，球磨过程中断，因此，综上，将球料比这一因素的水平进行筛选，选择 3∶1，8∶1，20∶1 3 个水平进行后续正交实验。

4.3.1.4　研磨球种类对还原糖得率的影响

一般来说，在球磨过程中要尽量选用材质硬度比较大的料球，如氧化锆或者玛瑙的，但是待磨物料是秸秆，硬度较小，所以有必要对不同种类研磨球进行试验，选择对球磨效果影响最小的研磨球。因此在上述试验基础上，选择石英球、氧化锆球和氧化铝球进行试验。取初始粒径 0.2mm 的玉米芯，球料比为 20∶1，分别使用石英球、氧化锆球和氧化铝球球磨 1h。对球磨后玉米芯进行酶解反应，反应后进行 DNS 显色反应，用分光光度计测定其 OD 值，计算其还原糖得率（图 4.41）。

球磨过程中，研磨球种类对研磨容器内壁的撞击和摩擦作用会使研磨容器内壁的部分材料脱落而进入研磨物料中造成污染，因此，选择几种不同类型的研磨球分别按照相同工艺条件对玉米芯进行球磨，结果表明，不同种类研磨球对玉米芯超微粉碎预处理后的酶解还原糖产量影响不大，依次为 1 472.28mg，1 481.14mg，1 469.32mg。因此，可以看出，研磨球种类对秸秆类生物质超微球磨过程几乎没有影响，可能是因为玉米芯的硬度较小，性质稳定，对研磨球类型的要求并不严格。综合考虑实验室现有条件，及还原糖产量大小，仍然选择氧化锆球为超微球磨预处理所用研磨球，在后续正交实验中不再进行研究讨论。

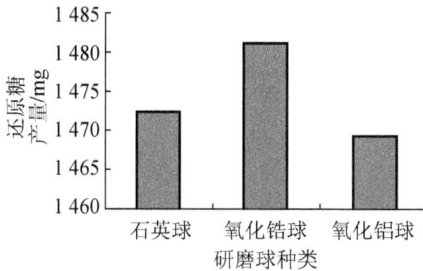

图 4.41　研磨球种类对玉米芯酶解产糖量的影响

Fig. 4.41　The influence of grinding ball types on the corncob zymolysing reducing sugar yield

4.3.2　超微预处理工艺的多因素实验优化

由单因素分析可以看出，研磨球种类对还原糖得率影响不大，而其他三种因素都对还原糖得率有显著的影响，因此，通过之前的单因素试验，在这些因素变化中找出较好的因素水平，运用 DPS7.5 进行正交试验设计，对超微预处理工艺进行优化。选取球磨时间、原料初始粒径、球料比作为正交优化试验的考虑因素，参考单因素试验的结果，各取 3 个水平，实验值根据单因素的试验结果确定。在试验设计中，每个水平各做 3 个试验，结果取平均值。选取的实验因素水平表见表 4.10。

表 4.10　L$_9$（3^3）的正交试验因素水平设计

Table 4.10　Design of factors and levels in L$_9$（3^3）orthogonal test

水平	因素		
	原料初始粒径/mm	球料比/（g:g）	球磨时间/h
1	0.45	20:1	2
2	0.2	8:1	1
3	0.125	3:1	0.5

根据表 4.11 中极差值（R）可以直观地观察出 3 个因素影响秸秆类生物质球磨后酶解糖化率的因素主次顺序依次为：球料比→原料初始粒径→球磨时间。由表中 3 种因素水平值的均值可见，三因素中较佳的工艺条件分别为 A1B1C1。

根据各因素的自由度 n_i 和误差的自由度 $n_{误}$，查 F 分布表可得置信限 $F_{0.05}=$ 9.28。进行统计推断时，当 $F>F_\alpha$ 时，认为相应的因素影响显著，当 $F<F_\alpha$ 时，认为相应的因素影响不显著。表 4.12 中，则由统计量和置信限比较可知球料比因素影响显著，原料初始粒径和球磨时间两个因素的影响均不显著，这 3 个因素对秸秆酶解糖化率的影响顺序为：球料比→原料初始粒径→球磨时间。

综合因素考虑，在最大限度地提高糖化率和节约成本的条件下，使秸秆球磨预处理酶解糖化率最大的较佳组合为：A1B1C1，即原料初始粒径为 0.45mm，球料比 20∶1，球磨时间为 2h。

表 4.11　糖化率试验结果直观分析

Table 4.11　Direct analysis for the result of saccharification rate experiment

序号	原料初始粒径/mm	球料比/（g:g）	球磨时间/h	糖化率/%
1	0.45	20:1	2	75.2
2	0.45	8:1	1	52.4
3	0.45	3:1	0.5	25.8
4	0.2	20:1	1	54.5
5	0.2	8:1	0.5	28.5
6	0.2	3:1	2	31.1
7	0.125	20:1	0.5	46.4
8	0.125	8:1	2	30.3
9	0.125	3:1	1	20.6
K_1	153.4	176.1	136.6	
K_2	114.1	111.2	127.5	
K_3	97.3	77.5	100.7	
$\overline{K}_1$	51.133	58.7	45.533	
$\overline{K}_2$	38.033	37.067	42.5	
$\overline{K}_3$	32.433	25.833	33.567	
R	18.7	32.867	11.967	
R^1	16.843	29.602	10.778	

表 4.12　方差分析检验表

Table 4.12　Table for the test of variance analysis

方差来源	差方和（Si）	自由度（n_i）	均方（si）	统计量（F 值）	P 值	统计推断
原料初始粒径	552.66	2	276.33	8.408 5	0.106 3	影响不显著
球料比	1 674.407	2	837.203 3	25.475 3	0.037 8	影响显著
球磨时间	232.206 7	2	116.103 3	3.532 9	0.220 6	影响不显著
误差 S_E	65.726 7	2	32.863 3			
总和	2 525					

4.3.3　小结

通过对秸秆类生物质球磨预处理过程中球磨时间、原料初始粒径、球料比和研磨球种类 4 个单因素条件进行试验分析，可以看出不同预处理条件对秸秆类生物质的还原糖得率均有不同的影响，且呈现出一定的规律。通过对球磨时间的试验分析，可以得出以下结论：①随着球磨时间的延长，玉米芯的粉碎程度增加，粒度逐渐减小，比表面积增加，秸秆类纤维素结晶度降低，无定形区增大，结果表明，不同球磨时间的还原糖产量依次为 1 169.41mg，1 314.27mg，1 563.36mg，1 688.19mg，1 711.86mg，酶解效果随粉碎时间增大而增强，达到 1.5h 后，还原糖产量增加幅度逐渐减缓，2h 后基本上达到最大，4h 球磨时间虽然更长，但还原糖产量并未有太大提高。这可能是因为达到了球磨过程中的粉碎极限,因此考虑到能耗,球磨过程中 1.5h 和 2h 是较好的球磨时间范围。②随着原料初始粒径的不断减小,玉米芯原料球磨 1h 后的酶解还原糖产量并没有一直增大,其试验结果依次为:1 301.91mg,1 362.34mg,1 354.36mg,1 027.27mg,992.14mg,呈现出先增大后减小的趋势。这可能是因为球磨主要是依靠研磨球对介质的相互摩擦、剪切等形式进行物料的粉碎,大颗粒较容易获得能量而被粉碎为细颗粒,而细颗粒的变小相对比较困难。经过试验,可以明显看出,初始粒径为 0.2mm 时酶解后还原糖得率最大,和初始粒径 0.15mm 的玉米芯的还原糖得率基本相同,但当原料初始粒径减小至 0.125mm 时,酶解后还原糖产量大幅降低,原料初始粒径为 0.1mm 时还原糖产量继续降低,可能是因为球磨高温过程使微细玉米芯性质发生改变,发生团聚等,使酶解效率降低。因此,粒径为 0.2mm 是最适宜的原料初始粒径。③通过对球磨过程中不同球料比因素进行实验,得出球磨后还原糖产量依次为 843.23mg,1 126.14mg,1 251.31mg,1 476.47mg,1 139.91mg,试验结果表明,随着球料比的增大,酶解后还原糖产量逐渐增大,但当球料比为 30:1 时,产糖量反而变小,仅与球料比 8:1 的水平下的还原糖产量接近,分析原因,可能是因为随着球料比的大幅增加,研磨球与粉碎介质之间的接触反而变少,球与球之间碰撞增多,由于所选择多维摆动式球磨机,球料比过多,造成填料质量过大,严重影响摆动效果,球磨过程中就多次警报,球磨过程中断,因此,20:1 是球磨过程中的最适宜球料比。④通过利用几种不同种类研磨球对玉米芯进行超微粉碎预处理,得出研磨球种类对秸秆类生物质超微球磨过程几乎没有影响,其还原糖产量依次为 1 472.28mg,1 481.14mg,1 469.32mg。这可能是因为玉米芯的硬度较小,性质稳定,对研磨球类型的要求并不严格。综合考虑试验室现有条件及还原糖产量大小,仍然选择氧化锆球为超微球磨预处理所用研磨球。

通过用正交试验法对产氢用秸秆类生物质球磨预处理工艺进行优化,得到了一组较适宜的预处理工艺,即原料初始粒径为 0.45mm,球料比 20:1,球磨时间为 2h。玉米芯初始粒径 0.45mm 经过简单机械粉碎便可达到;球料比作为显著影响因素,易于控制,且成本不高;球磨时间的长短直接影响到能量消耗,经过分析,球磨时间影响效果最小。

4.4 秸秆类生物质球磨粉碎及酶解糖化耦合预处理技术

酶是由氨基酸组成的具有特殊催化功能的蛋白质,能使纤维素水解的酶称为纤维素酶。纤维素酶是一种多组分的酶,主要包括三种酶组分:内切-β-葡聚糖酶(endo-β-glucanase)、外切-β-葡聚糖酶(exo-β-glucanase)和 β-葡萄苷酶(β-glucosidas,亦称纤维二糖酶)。纤维素酶解的作用主要是导致纤维素上大分子上的 1-4-β-苷键断裂,从而使纤维素水解成单糖——葡萄糖。纤维素的酶解机制有几种推测，比较流行的理论有三种，即碎片理论（fragmengation）、原初反应假说（initial degrading）和协同理论（synergism），其中协同理论是普遍接受的酶解机理理论，其降解模型见图 4.42。

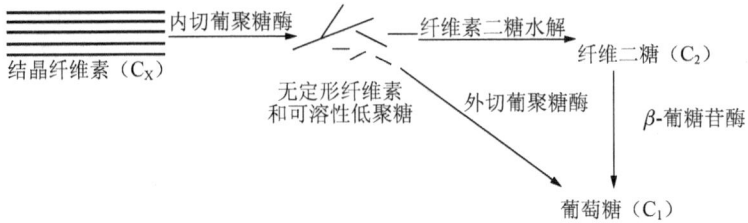

图 4.42　纤维素水解模式

Fig. 4.42　Model of cellulose hydrolysis

与其他水解纤维素相比，酶水解的反应条件很温和（其反应的温度通常在 15～50℃，同时纤维素酶具有很高的选择性，生成的产物单一，糖产率很高（>95%），对反应设备基本没有腐蚀，没有有害副产物形成。河南农业大学岳建芝等将球磨预处理工艺与纤维素酶水解技术耦合，进行了秸秆类生物质预处理工艺的优化研究。

4.4.1　不同球磨时间高粱秸秆的酶解反应速率变化

由红外光谱检测已经获知，球磨超微粉碎高粱秸秆随着球磨时间的延长对木质纤维素分子结构有一定的影响，结构变化势必对其酶解反应动力学有影响。为了揭示这种影响规律，这里以球磨不同时间的样品 A、B、C、D 和 E 为试验材料，在底物浓度为 25g/L，纤维素酶负荷为 1g 秸秆中含 50mg 酶，按照前面的试验方法前 12h 每隔 3h，随后的 12h 每隔 6h，此后每隔 24h 取上清液按照 DNS 法进行还原糖浓度测定，一直测定到反应进行到 156h 为止，测定结果见图 4.43。

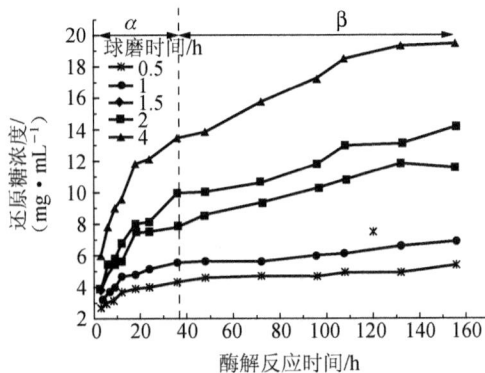

图 4.43　球磨不同时间的高粱秸秆酶解还原糖浓度随时间的变化

Fig. 4.43　Reducing sugar concentration at different time in enzymatic hydrolysis of sorghum straw milled for different times

由图 4.43 可知，不同球磨时间的秸秆样品随时间的酶解过程可以分为两个阶段。为了更清楚地分析表示这两个阶段，我们在图 4.43 中做出了垂线，这样就可以把反应阶段用垂线分为 α 阶段和 β 阶段。在反应进行的前 36h 里，即图 4.43 中的 α 阶段，不同粉碎度的高粱秸秆反应速率都非常快，36h 后进入 β 阶段后球磨不同时间的高粱秸秆反应速率都开始减小，这和 Rajesh K. 和 R.Eric Berson 用不同粒径的木材锯末做的试验研究结果比较相似，只是 α 阶段的时间段要相对长于他们的研究结果。对于这种现象的解释，一种原因可能是在反应初期，即图中的 α 阶段，主要是秸秆的无定形区和酶接触发生酶解，因为酶和无定形区的活性位点接触比较容易，所以酶解速度比较快，在 β 阶段可能和结晶区的纤维素接触发生酶解，所以酶解速度减慢。另一种可能是在反应初期，反应基质可以提供给酶较多的活性位点，随着反应的进行，基质上的能与酶结合的活性位点越来越少，从而导致酶解速率降低。

同时，从图 4.43 可以看到，球磨时间越长的高粱秸秆不管是在 α 阶段还是在 β 阶段酶解速率都要高于球磨时间短的秸秆。以球磨 0.5h 和球磨 4h 的高粱秸秆原料为例，酶解 152h 后，球磨 0.5h 的高粱秸秆原料（即图 4.43 中样品 A）酶解得到的还原糖浓度为 5.4mg/mL，而球磨 4h 的高粱秸秆原料（样品 E）酶解得到的还原糖浓度为 19.46mg/mL，还原糖增幅达到了 14.06mg/mL，这说明球磨 4h 高粱秸秆原料的酶解速率远远大于球磨 0.5h 高粱秸秆。分析原因可能有两种，一种是由于球磨粉碎导致结晶度降低，无定形区增大；另一种可能是由于同样质量的反应基质，基质球磨时间比较长，其粉体粒度越小，比表面积越大，导致裸露出的纤维素能与酶结合的活性位点越多，如果以活性位点的浓度为有效基质浓度，毫无疑问，球磨时间越长的秸秆的实际反应基质浓度是要大于球磨时间短的秸秆的，从而导致不同粒度的初始反应基质浓度是不同的，球磨时间长的初始活性位点浓度大于球磨时间短的，从而导致反应速率随着粉碎度的增大在 α 阶段和 β 阶段都比粉碎度小的秸秆大。

为了分析不同粉碎度的高粱秸秆酶解的反应规律，以酶解时间为 x 轴，以不同粉碎度高粱秸秆在不同反应时间得到的还原糖浓度为 y 轴作散点图，并利用 origin8.0 软件中的 Logavithm 函数中的 Three-parameter Logarithm Function 选项进行拟合的，拟合公式为 $y = a - b\ln(x + c)$，拟合后曲线见图 4.44，拟合得到的曲线参数见表 4.13。

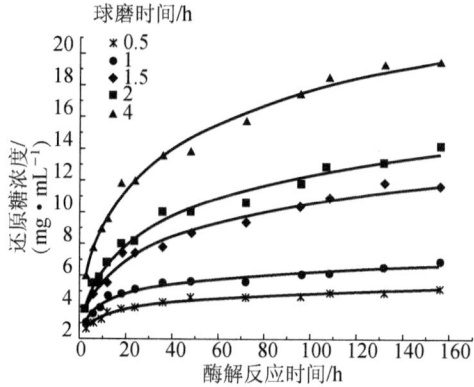

图 4.44　球磨不同时间的高粱秸秆酶解还原糖的拟合曲线

Fig. 4.44　Fitting curve of reducing sugar concentration at different time in enzymatic hydrolysis of sorghum straw milled for different times

表 4.13　拟合曲线参数表

Table 4.13　Parameters of fitting curves

样品代码	拟合公式参数			加权卡方检验系数	校正决定系数
	a	b	c		
A	2.064 84	−0.617 42	−0.453 81	0.018 07	0.973 05
B	2.391 11	−0.837 79	−0.812 19	0.046 33	0.964 68
C	−1.097 38	−2.510 62	4.351 44	0.148 49	0.978 6
D	−1.462 46	−2.981 56	3.243 15	0.193 67	0.981 75
E	−2.218 5	−4.279 63	4.207 75	0.238 95	0.988 18

　　在实际曲线拟合中，拟合的好坏可以从拟合曲线与实际数据是否接近加以判断，但这都不是定量判断。通常不论是线性拟合还是非线性拟合，对于拟合效果的优劣是根据拟合的决定系数 R^2（Coefficient of Determination）、加权卡方检验系数（Reduced chi-square）及对拟合结果的残差分析而判断的。决定系数 R^2 阐明了自变量所能描述的变化（模型平方和）在全部变差平方和中的比例，它的值总在 0 和 1 之间，其值越大，说明自变量的信息对说明因变量的贡献越大，即对应变量的影响越显著。但是从数学角度，决定系数 R^2 受拟合点数据量的影响，增加样本量可以提高 R^2，为了消除这种影响，采用了校正决定系数 R^2_{adj}（adiusted R^2）。由表 4.13 可以看出 5 条曲线的校正决定系数都比较接近于 1，说明式中自变量 x 可以很好地解释因变量 y，即还原糖浓度随着时间变化是呈现对数分布规律的。那么酶解速率就可以通过对浓度求导得到，即

$$r = \frac{dy}{dx} = \frac{d}{dx}[a - b\ln(x + c)]$$

$$r = -\frac{b}{x + c} + 常数$$

　　由上式可以看出酶解速率 r 是随着酶解时间 x 的增大而递减的，即反应速率

和时间是成反比的，当 x 足够大（即反应时间足够大）时反应速率将无限趋近于 0。将不同粉碎度的参数 b 和 c 分别代入上式，得

$$r_A = \frac{0.617\,42}{x - 0.453\,81} + 常数$$

$$r_B = \frac{0.837\,79}{x - 0.812\,19} + 常数$$

$$r_C = \frac{2.510\,62}{x + 4.351\,44} + 常数$$

$$r_D = \frac{2.981\,56}{x + 3.243\,15} + 常数$$

$$r_E = \frac{4.279\,63}{x + 4.207\,75} + 常数$$

4.4.2 不同粉碎时间高粱秸秆粉体的酶解动力学参数

纤维素酶解动力学是研究酶催化速度以及影响该速率的各种因素的科学。酶促反应动力学的研究在酶解反应中有非常重要的作用。为了最大限度地发挥酶反应的高效率，寻求最有利的条件，了解酶和基质作用的机理，都需要掌握对酶促反应速度变化的规律，酶促反应动力学是酶解研究中的一个具有重要理论意义和实践意义的课题。

纤维素的酶解过程非常复杂，对于单底物的酶促反应，通常将其简化为

$$E + S \Leftrightarrow ES \Leftrightarrow E + P$$

式中：E 表示纤维素酶，S 表示反应底物-木质纤维素，ES 为中间复合物纤维二糖，P 为酶解产物还原糖。酶促动力学中应用最广泛的是 Michaelis-Menton 方程，即所谓的米氏方程。

$$v = \frac{v_{max}[S]}{K_m + [S]} \tag{4-2}$$

式中：v_{max} 为酶解反应的最大速率，$[S]$ 是反应底物的初始浓度，K_m 为米氏常数（米氏常数是酶的特征常数之一，指的是最大反应速度一半时所对应的底物浓度，也代表活性部位被饱和一半的底物浓度）。当 K_m 已知时，可以求得任一底物浓度下活性部位被底物饱和的分数（F），即反应速度达到最大速度的百分数。

$$F = \frac{v}{v_{max}} = \frac{[S]}{K_m + [S]}$$

可以看出如果分母上的底物浓度 $[S]$ 远远 K_m 大于时，米氏方程可以写为 $v = v_{max}$，说明底物浓度很大时，酶促反应初始速度值达到最大值，并与底物浓度无关，酶活性部位全部被底物占据，表现为零级反应。由米氏方程 v-$[S]$ 曲线可以求出最大反应速度，但是实际上即使用很大的底物浓度，也只能趋近于 v_{max} 的反应速度，而永远达不到真正的 v_{max}。通常将该方程转化成线性形式，并作出相应

的图形来测定 K_m 和 v_{max}，本研究中采用最常用的双倒数作图法（Lineweaver-Burk 作图法），将米氏方程转化为倒数方程

$$\frac{1}{v} = \frac{K_m}{v_{max}} \cdot \frac{1}{[S]} + \frac{1}{v_{max}}$$

试验时选用不同的[S]测定对应的速率，求出两者的倒数，以 $\frac{1}{v}$ 和 $\frac{1}{[S]}$ 作图即

可得到一条直线，纵坐标截距为 $\frac{1}{v_{max}}$，斜率为 $\frac{K_m}{v_{max}}$，横轴截距为 $-\frac{1}{K_m}$，即可得

到 K_m 和 v_{max}。由不同粉碎度的高粱秸秆在初始浓度 2.5g/L、4g/L、5g/L、6.7g/L、10g/L、15g/L 时测定的初始速度绘制双倒数图（又称 Lineweaver-Burk 图），见图 4.45。双倒数图对应的直线拟合公式见表 4.14。

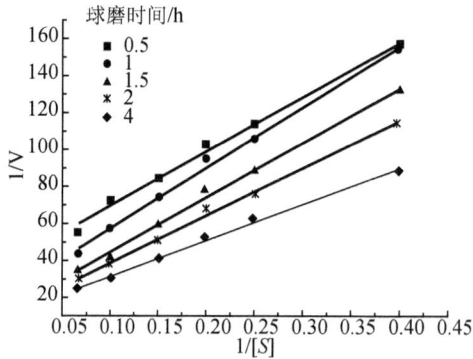

图 4.45　球磨不同时间高粱秸秆的双倒数图
Fig. 4.45　Lineweaver-Burk plot of sorghum straw milled for different times

　　由表 4.14 可以看出 5 种样品的双倒数米氏方程的决定系数都比较接近 1，说明拟合效果较好。此外还可以看出随着高粱秸秆球磨超微粉碎时间的延长，最大反应速率和米氏常数的影响规律并不相同。随着秸秆球磨时间的增加，最大反应速度 V_{max} 增大，而米氏常数 K_m 的变化并没有明显规律，由于试验中相同底物浓度下球磨时间为 4h 的高粱秸秆酶解后还原糖浓度最大，因此说明米氏常数对整体反应的影响要小于最大反应速度的影响。米氏常数是酶促反应达到其最大速度一半时的底物浓度，因此可以反映酶和底物的亲和能力，K_m 值越大，亲和能力越小。可以看出随着球磨时间的增加，底物和酶的亲和能力是上下波动没有明显规律，亲和能力减小可能和超微粉碎对木质纤维素中木质素结构变化有关，亲和能力增加可能和比表面积增大有关，但是这种推测还需要在以后的研究加以证实。底物与酶的亲和力增加可以使反应比较容易达到最大反应速率，但是也使酶与纤维素的无效接触增大；酶与底物的亲和力减小虽然使反应比较不容易达到最大反应速率，但可以有效阻止酶与底物的无效吸附，使酶表现为相对过剩，从而相当于提高了反应的酶负荷，达到提高酶解率的目的。由于 K_m 值是酶的特征性常数，只与

酶的性质、酶所催化的底物和酶促反应条件有关，和酶浓度无关，因此可以说明高粱秸秆随着球磨时间的变化，物性的变化引起了酶促反应的变化。

表 4.14 球磨不同时间的高粱秸秆的酶解动力学特征
Table 4.14 Enzyme kinetic characters of sorghum straw milled for different times

球磨时间/h	双倒数米氏方程	V_{max}/[（g·L^{-1}）/min]	K_m/（g·L^{-1}）	R^2
0.5	$y = 292.44x + 40.46$	0.024 7	7.223 3	0.987 78
1	$y = 326.92x + 24.78$	0.040 4	25.327 6	0.994 18
1.5	$y = 255.98x + 13.18$	0.065 4	19.249 8	0.995 72
2	$y = 255.98x + 13.18$	0.075 9	19.428 8	0.995 19
4	$y = 193.33x + 12.48$	0.080 1	15.485 7	0.992 91

4.4.3 几种反应因素对酶解糖化效果的影响

由于秸秆的颗粒程度对酶解有一定的影响，所以试验选用球磨 0.5h、1h、1.5h、2h、4h 的高粱秸秆 A、B、C、D 和 E 为试验材料在底物浓度为 25mg/mL、纤维素酶负荷为 50mg 酶条件下，进行酶水解试验，试验反应时间为 48h，48h 后取上清液按照 DNS 法测定其还原糖浓度，来确定球磨时间对其酶解效果的影响。

由图 4.46 可以看出，高粱秸秆随着球磨时间的增大，在相同的反应条件下得到的还原糖浓度越大，也就是说其酶解糖化转化率更高。球磨 0.5h 的原料 A 酶解 48h 后，还原糖浓度只有 2.78mg/mL，球磨 4h 的原料 E 酶解 48h 的还原糖浓度达到了 10.54mg/mL，几乎接近原料 A 酶解还原糖的 4 倍。分析原因可能是机械力引起木质纤维素分子结构改变，例如还原性端基增加，聚合度、结晶度下降，从而对化学反应的可及度和反应性提高，也可能和比表面积增大有关。此外，球磨过程会产生压缩和剪切相结合的应力，集中于某些分子链片中可超过共价键的强度，引起分子链的断裂，使高分子物质转化为分子量较小的物质，从而使反应更迅速。从图 3.8 中还可以看出，球磨 2h 后，原料继续球磨，其酶解转化率虽然一直在增大，但是增幅没有球磨 1.5h 到 2h 的增幅大，从能耗角度考虑，以后的试验中采用球磨 2h 的原料作为试验材料。

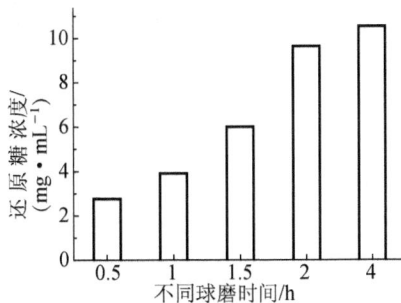

图 4.46 球磨不同时间高粱秸秆的双倒数图
Fig. 4.46 Lineweaver-Burk plot of sorghum straw milled for different times

4.4.3.1　酶负荷对酶解糖化的影响

为了确定适宜的酶用量，按以下试验条件进行酶解反应：以球磨 2h 的高粱秸秆为反应基质，基质浓度为 5.0g/L，反应温度为 50℃，pH 为 4.8，反应时间为 48h，改变酶负荷，使酶负荷分别为 1g 秸秆含 50mg 酶、100mg 酶、150mg 酶、200mg 酶、250mg 酶和 300mg 酶。得到的不同纤维素酶负荷对超微粉碎 2h 高粱秸秆的酶解影响见图 4.47。

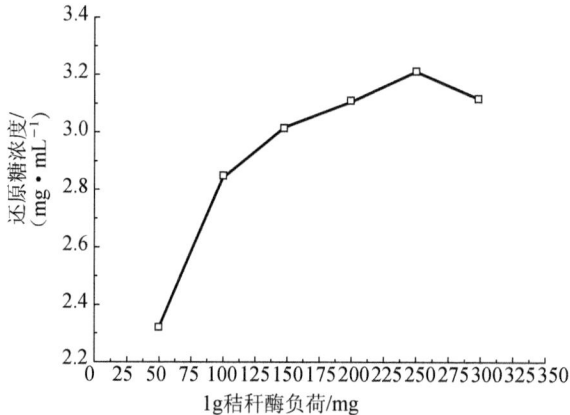

图 4.47　酶负荷对高粱秸秆酶解的影响

Fig. 4.47　Effects of loading of cellulose on sorghum straw hydrolysis

从图 4.47 可见，当酶负荷从 1g 秸秆 50mg 酶增加到 100mg 酶时，其还原糖浓度增大最多，酶负荷超过 1g 秸秆 100mg 酶时，其递增幅度下降，超过 250mg 酶时，得到的还原糖浓度反而有所下降。当酶负荷为 50mg 酶时，酶解 48h 的高粱秸秆样品的还原糖浓度为 2.32mg/mL，当酶负荷增大至 100mg 酶时，酶解 48h 的高粱秸秆样品的还原糖浓度为 2.84mg/mL，还原糖增加量达到了 0.52mg/mL；而酶负荷继续增大至 150mg 酶时，还原糖浓度达到 3.02mg/mL，增幅为 0.18mg/mL；酶负荷增大到 1g 秸秆 200 酶时，还原糖浓度为 3.1mg/mL，增幅为 0.08mg/mL；酶负荷增大到 1g 秸秆 250 酶时，还原糖浓度为 3.2mg/mL，增幅为 0.1mg/mL；继续增大时还原糖浓度反而有所减小。从以上分析可以发现，当纤维素酶用量比较小时，即酶负荷小于 1g 秸秆 100mg 酶时，纤维素酶用量的提高可以使酶和较多的纤维素酶活性位点接触，从而表现为酶解还原糖浓度增大；但是随着反应体系中纤维素酶用量超过 1g 秸秆 100mg 酶时，再继续增加纤维素酶的用量，似乎秸秆纤维素上的没有和酶接触的酶活性位点已经不多，此时再继续增大纤维素酶用量，尽管还原糖浓度在继续增大，但是增大幅度已经明显减小，增大到一定临界点后，还原糖反而开始降低，分析认为这可能和酶解是可逆反应有关，当反应向正方向进行过多，还原糖浓度逐渐增大，导致反应向逆方向进行，因此说每 g 秸秆的纤维素酶量在 250mg 时已经接近饱和。另外从 1g 秸秆 100mg

酶开始每克秸秆增加 50mg 的酶用量所引起的还原糖增加量很小，因此从经济角度考虑，可以认为纤维素酶负荷为 1g 秸秆 100mg 酶时比较适宜。

4.4.3.2 反应时间对酶解糖化的影响

以球磨 2h 的高粱秸秆为原料，在底物浓度为 25mg/mL，酶负荷为 1g 秸秆 100mg 酶，反应温度为 50℃，2mL 浓度为 1g/L 的叠氮钠溶液，摇床转速为条件下 150r/min 条件下进行酶解反应，并在不同的时间点 3h、6h、9h、12h、18h、24h、36h、48h、72h、96h、108h、132h 和 156h 时取上清液灭活离心后按照 DNS 法进行还原糖浓度测定。试验平行操作 3 次，以平均值作为分析依据。测定后平均还原糖浓度随时间的变化见图 4.48。

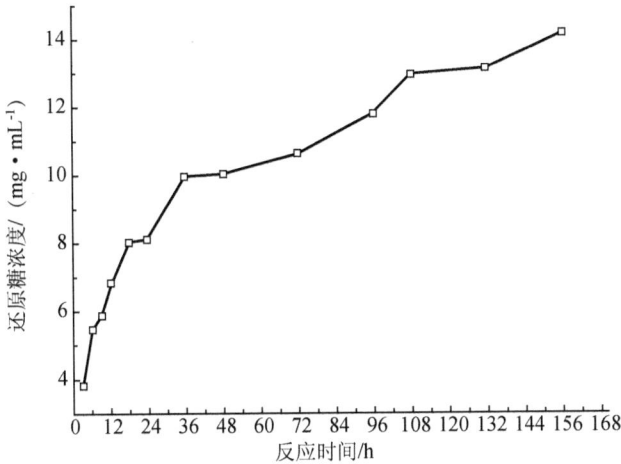

图 4.48 反应时间对高粱秸秆酶解的影响
Fig. 4.48 Effects of reaction time on sorghum straw hydrolysis

由图 4.48 可知，随着反应时间的进行，还原糖浓度在不断增大。其中反应到 3h 时，还原糖浓度为 3.82mg/mL，进行到 36h 时已经达到了 9.97mg/mL，反应进行到 156h 时，还原糖浓度达到了 14.19mg/mL，也就是说反应进行到 36h 时酶解转化的还原糖已经占反应进行 156h 的 70%，说明后面酶解 120h 酶解得到的还原糖才占总还原糖的 30%。这种现象可能是由于酶水解反应是可逆反应，在反应开始时，反应体系中的产物还原糖较少，所以正向反应进行的较快，此时的逆反应很慢以至于表现不出来；随着反应的进行，还原糖越来越多，逆反应加速，使得正反应就相对减慢，整体反应开始向平衡状态接近。因此认为在进行实际连续生产时，考虑到缩短反应时间有助于减小反应容器和操作成本，选择反应时间为 36h 比较适合。

4.4.3.3 底物浓度对酶解糖化的影响

在生物转化木质纤维素生物质生产乙醇或者酒精的过程中，水解过程是非常关键的一步。酶解由于条件温和，对反应设备要求低，葡萄糖产量高，并且在酶解过程不像酸解中会有糖的降解，因此对后续的生物利用没有不良影响。但是酶解过程费用较高，考虑到整个生产的经济效益，在酶解这一步得到高浓度的糖化液就显得非常重要，通过增大基质浓度得到高的还原糖料液就显得尤为必要。为了确定适宜的底物浓度，按以下试验条件进行酶解反应：以球磨 2h 的高粱秸秆为原料，酶负荷为 1g 秸秆 100mg 酶，反应温度为 50℃，pH 为 4.8，反应时间为 36h，选取底物浓度为 5mg/mL、10mg/mL、15mg/mL、20mg/mL、25mg/mL 和 30mg/mL 进行酶水解反应，以考察底物浓度对酶解的影响，试验平行操作 3 次，取平均值作为分析依据。试验结果见图 4.49。

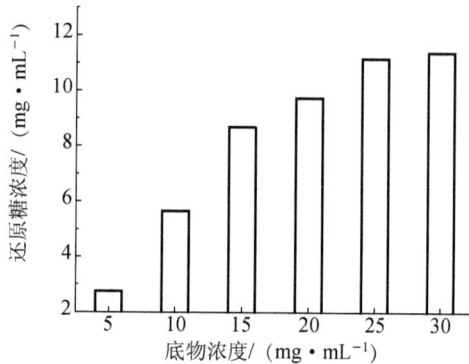

图 4.49　底物浓度对高粱秸秆酶解的影响
Fig. 4.49　Effects of substrate concentration on sorghum straw hydrolysis

图 4.49 显示了球磨 2h 的高粱秸秆原料酶解 36h 后得到还原糖浓度随着底物浓度的变化而变化的情况。由图 4.49 可以清楚看到随着底物浓度的增大，酶解还原糖浓度也随着增大，但是当浓度超过 25% 时，酶解得到的还原糖浓度变化幅度开始减小。在底物浓度从 5mg/mL 增大到 10mg/mL 时，36h 酶水解得到的还原糖浓度从 2.75mg/mL 递增到 5.65mg/mL，还原糖浓度增幅 2.9mg/mL；底物浓度达到 15mg/mL 时，还原糖浓度达到 8.86mg/mL，比底物浓度为 10mg/mL 时得到的还原糖浓度多了 3.3mg/mL；底物浓度增大到 20mg/mL，还原糖浓度达到 9.73mg/mL，增幅减小，增幅仅为 0.87mg/mL；而从底物浓度 20mg/mL 增大到 25mg/mL 时，酶解 36h 得到的还原糖浓度从 9.73mg/mL 增大到 11.17mg/mL，还原糖浓度增幅又稍微增大至 1.44mg/mL；底物浓度从 25mg/mL 增大到 30mg/mL 时，还原糖浓度仅从 11.17mg/mL 增大到了 11.39mg/mL，增幅明显减小，仅为 0.22mg/mL。这说明反应底物达到 25mg/mL 后，继续增加底物对还原糖浓度的增大贡献很小，因此在本实验条件下选 25mg/mL 的底物浓度为较适宜的底物浓度。

4.4.4　高粱秸秆酶解反应工艺的响应面法试验优化

分析认为原料粒度通过单因素试验基本可以确定，而当原料确定后酶负荷、底物浓度和反应时间对酶解试验中得到的还原糖浓度影响较大，因此对这三种因素进行了三因素三水平的响应面分析试验，响应面试验因素及其水平见表 4.15，试验结果见表 4.16。

试验数据的处理采用 SAS8.0 软件。SAS 系统（Statistical Analysis System）是数据处理和统计领域的国际标准软件之一，是世界领先的数据分析和信息系统。在国际学术界有条不成文的规定，凡是用 SAS 统计分析的结果，在国际学术交流中可以不必说明算法，由此可见其权威性和信誉度。因此，本响应面试验将采用 SAS 软件中的 RSREG 过程进行数据分析，建立响应面回归模型，并对试验结果进行分析。

各因素经回归拟合后，得到的回归模型如下：

$$Y = 10.433\,47 + 0.454\,893X_1 + 1.504\,245X_2 + 0.270\,852X_3 - 0.427\,44X_1^2 +$$
$$0.545\,859X_1X_2 + 0.146\,8105X_1X_3 - 0.285\,348X_2^2 + 0.516\,791X_2X_3 - 0.106\,052X_3^2$$

对该模型进行方差分析的结果见表 4.17。

表 4.15　响应面实验因素及其水平

Table 4.15　Analytical factors and levels for RSA

实验因素	水　平		
	1	0	-1
纤维素酶负荷（Z_1）/（mg 酶/g 底物）	105	100	95
原料初始浓度（Z_2）/（mg·mL^{-1}）	30	25	20
反应时间（Z_3）/h	42	36	30

表 4.16　Box-Behnken 实验设计及结果

Table 4.16　The experimental times and conditions

No.	X_1	X_2	X_3	还原糖浓度/（mg·mL^{-1}）
1	-1	-1	0	8.687 4
2	1	-1	0	8.318 9
3	-1	0	-1	9.336 9
4	1	0	-1	10.139 4
5	-1	0	1	9.814 2
6	1	0	1	11.204 2
7	-1	1	0	10.478 1
8	1	1	0	12.293 0
9	0	-1	-1	9.059 1
10	0	-1	1	8.337 8
11	0	1	-1	11.160 1
12	0	1	1	12.505 9
13	0	0	0	10.534 6
14	0	0	0	10.425 8
15	0	0	0	10.520 9

对于纤维素酶负荷 Z_1、原料初始浓度 Z_2、反应时间 Z_3 做变换如下：$X_1=(Z_1-100)/5$；$X_2=(Z_2-25)/5$；$X_3=(Z_3-36)/6$。以 X_1、X_2、X_3 为自变量，以酶解还原糖浓度为响应值 Y，设计了 15 个点的响应面分析试验，其中 12 个为析因点，3 个为零点，零点试验进行三次，以估计系统误差。

表 4.17　响应面实验方差分析表

Table 4.17　Variance of RSD experiments

来　源	自由度 DF	平方和 SS	标准方差 MS	F 值	大于 F 值的概率
X_1	1	1.655 422	1.655 422	20.671 35	0.006 132
X_2	1	18.102 03	18.102 03	226.041	0.000 1
X_3	1	0.586 885	0.586 885	7.328 463	0.042 4 22
X_1^2	1	0.674 603	0.674 603	8.423 906	0.033 697
X_1X_2	1	1.191 849	1.191 849	14.882 69	0.011 906
X_1X_3	1	0.086 213	0.086 213	1.076 55	0.347 02*
X_2^2	1	0.300 641	0.300 641	3.754 124	0.110 416*
X_2X_3	1	1.068 293	1.068 293	13.339 83	0.014 712
X_3^3	1	0.041 528	0.041 528	0.518 557	0.503 705*
模　型	9	23.613 4	2.623 711	32.762 42	0.000 641
一次项	3	20.344 3	6.781 4	84.679 6	
二次项	3	1.016 77	0.338 92	4.232 1	
交互项	3	2.346 4	0.782 1	9.766 3	
误　差	5	0.400 415	0.080 083		
总　和	14	24.013 81			
决定系数 R^2			0.983 3		
修正 R^2			0.953 3		
变异系数			2.768 8		

该方程的判定系数（determination coefficient）R^2 是反映回归方程对数据的拟合程度的一个评价指标，R^2 越大，说明回归方程描述因变量总变化量的比例越大，即拟合效果越好。本回归方程的 R^2 为 0.983 3，数值比较接近 1，说明在试验范围内预测值与试测值拟合得很好；模型中的 P 值为 0.000 641，表明该回归模型高度显著（$P<0.01$）；修正决定系数为 0.953 3，说明此模型可以解释 95.33%响应值的变化，换句话说就是此回归方程从整体上是可用的。变异系数 CV 是表明不同水平处理组之间的变异程度，本模型 CV 为 2.768 8%，说明试验的重复性较好。

回归方程显著并不意味着每个自变量对响应值的影响都显著，可能其中的某些自变量对 Y 的影响并不显著。为了从回归方程中剔除掉那些对 Y 的影响不显著的自变量，建立一个较为简单有效的回归方程，需要对每个回归系数是否为 0 进行检验。每个系数的显著性均由相应的 t 值和 P 值决定，具体见表 4.18。P 值越小，t 值越大，则相应系数的影响越显著。

表 4.18　回归模型系数及其显著性检验表

Table 4.18　Regression coefficients and their significance for the quadratic polynomial model

模型项	系数分析	标准误差	t 值	P 值
X_1	0.454 893 1	0.100 052	4.546 575	0.006 132
X_2	1.504 245 3	0.100 052	15.034 66	0.000 1
X_3	0.270 851 6	0.100 052	2.707 113	0.042 422
X_1^2	-0.427 44	0.147 272	-2.902 38	0.033 697
X_1X_2	0.545 859 3	0.141 495	3.857 809	0.011 906
X_1X_3	0.146 810 5	0.141 495	1.037 569	0.347 02
X_2^2	-0.285 348	0.147 272	-1.937 56	0.110 416
X_2X_3	0.516 791 2	0.141 495	3.652 373	0.014 712
X_3^2	-0.106 052	0.147 272	-0.720 11	0.503 705

由表 4.18 可以看出一次项中底物浓度对还原糖产量影响极显著,其次是酶负荷,最后是反应时间的影响。二次项中仅有酶负荷的 P 值为 0.033 (<0.05),说明其对还原糖浓度的有较大影响,其他两个因素底物浓度和反应时间的 p 值分别为 0.110 416 和 0.503 705 均较大,说明影响不显著,其中反应时间对模型影响最小。酶用量和底物浓度的交互性最为显著,其 P 值为 0.011 906 (<0.05),底物浓度和反应时间的交互性也比较显著,其 P 值为 0.014 712,而酶负荷和反应时间没有交互作用。因此可以剔除掉二次项中的 X_2^2 项和 X_3^2 项、交互相项中的 X_1X_3 项,从而得到简化后的回归方程如下

$$Y = 10.433\,47 + 0.454\,893X_1 + 1.504\,245X_2 + 0.270\,852X_3 - 0.399\,483X_1^2 +$$
$$0.545\,859X_1X_2 + 0.516\,791X_2X_3$$

简化后的回归方程的显著性检验: P 值为 0.000 1 (<0.05),所以该模型回归显著,该模型的决定系数 R^2=0.966 1,表明模型与实际情况拟合得较好,因此可以用回归方程代替真实实验点对超微粉碎的高粱秸秆酶解条件进行分析和预测。

响应面法的图形是特定的响应面对应的因素 X_1、X_2 和 X_3 构成的三维关系图和对应在二维平面上的等高图。通过该组图可以比较直观的评价实验因素对还原糖浓度的两两交互作用,以及确定各试验因素对应的最佳水平范围。根据响应面的作图依据可知响应曲面顶点附近的区域为最佳的反应水平范围。如果一个响应曲面坡度比较平缓,表明在实验设计的范围内,秸秆酶水解条件变化的时候对还原糖产量影响不大;反之,如果一个响应曲面的坡度比较陡峭,则表明条件改变对响应值影响非常大,或者说结果目标对与这个反应条件比较敏感。从等高线图来看,等高线图的形状可以比较直观地反映出反应条件交互效应的强弱大小,一般情况下椭圆形表示两因素交互效果显著,圆形刚好相反。

图 4.50 显示了当反应时间为 36h 时,酶负荷和底物浓度对酶解还原糖浓度的影响。由图 4.50 中的等高线图 a 可以看出等高线图并非圆形,这说明底物浓度和

酶负荷两因素的有交互作用，这一点从表 4.16 中的 X_1X_2 项的 P 值为 0.011 906（$p<0.05$）也可以看出；从图 4.50b 响应面图可以看出，在实验水平范围内，固定 X_1（即固定酶负荷），酶解得到的还原糖浓度随着 X_2（即原料初始浓度）的增大而增大，但是在酶负荷比较高时，较低的底物浓度就可以获得较高的还原糖浓度，或者说较高的底物浓度在较低的酶负荷下就可以获得较高的还原糖浓度，这可能和高的底物浓度增大了酶与纤维素有效触点的接触几率有关。根据曲面的坡度变化可以认为，高粱秸秆的反应因素里还原糖浓度对于底物浓度的变化比酶负荷变化更敏感，而高粱秸秆酶解还原糖浓度最大值将在等高图形的圆心处出现。由上述可知，在试验水平范围内，考虑到纤维素酶的价格，可以在较低的酶负荷下通过提高底物浓度来获得较高的还原糖产量。

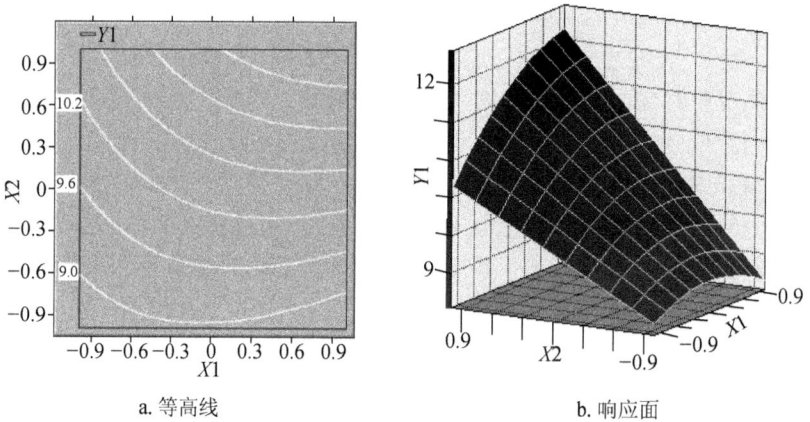

a. 等高线   b. 响应面

图 4.50　纤维素酶负荷和底物浓度对高粱秸秆酶解还原糖浓度影响

Fig. 4.50　Combined effects of cellulose loading and substrate concentration on reducing sugar of sorghum straw hydrolysis

　　图 4.51 显示了当酶负荷为 1g 秸秆 100mg 酶时，原料的初始底物浓度和反应时间对酶解还原糖浓度的影响。由图 4.51 中的等高线图 a 可以看出等高线图并非圆形，并且曲线的曲率较小，这说明原料初始浓度和反应时间两因素的交互作用显著，这 2 个因素有很好的相关性。在试验设计的范围内，还原糖浓度随着底物初始浓度的增大而增大，而反应时间对还原糖的影响只有在底物初始浓度较大时才有体现，在底物浓度较小时几乎对还原糖没有影响，这可能和底物浓度太小，酶有效触到超微粉碎秸秆表面的有效点的几率很小，延长反应时间对还原糖产量没有太大影响。还原糖浓度随着反应时间从图 4.51 响应面图 b 可以看出，在酶负荷一定的条件下，当酶解反应的初始底物浓度较低时，酶解还原糖浓度随着反应时间的进行而减小，超过一定值后酶解还原糖随着反应时间的进行是呈现递增规律，这可能由于在底物浓度特别小的情况下，初始 45℃水抽提出的还原糖已经存在，由于秸秆酶解是可逆反应 $E+S \Leftrightarrow ES \Leftrightarrow E+P$，当 S 特别小的情况下并且反

应初始已经有热水抽提出的还原糖的存在，这些因素无疑会使反应朝着逆反应进行而导致还原糖浓度减小，同时也说明在固定的酶负荷条件下，反应的底物初始浓度应有个最低限定值。

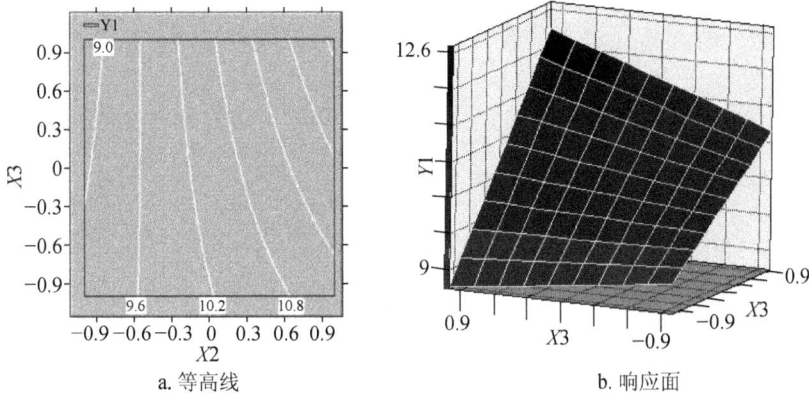

图 4.51 原料初始浓度和反应时间对酶解糖化的影响

Fig. 4.51 Combined effects of cellulose loading and substrate concentration on reducing sugar of sorghum straw hydrolysis

图 4.52 显示了当底物浓度为 25mg/mL 时，酶负荷和反应时间对酶解还原糖浓度的影响。由图 4.52 中的等高线图 a 可以看出等高线图也不是圆形，这说明酶负荷和反应时间两因素也有交互作用但是交互作用并不大；同时从图 4.52b 响应面图可以看出，在试验水平范围内，在反应时间较短时和较长时，还原糖浓度都随着酶负荷的增大而递增，到一个峰值后开始有所减小，这和在单因素实验中所得的结论一致；而在试验设计的范围内，酶水解还原糖浓度随着反应时间的增大呈现增大趋势。

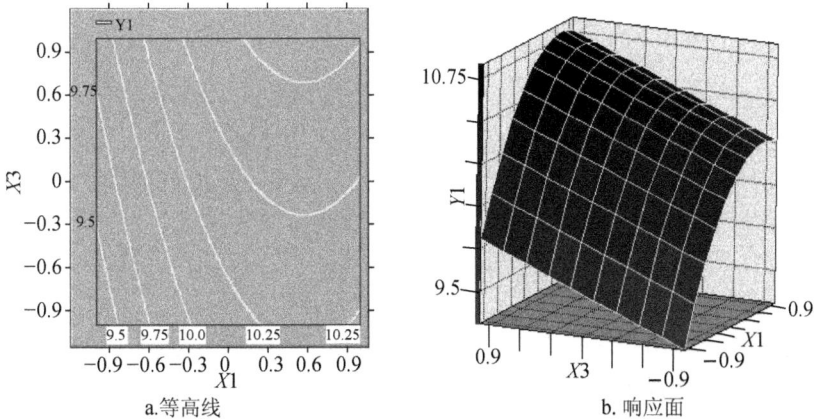

图 4.52 酶负荷和反应时间对酶解糖化的影响

Fig. 4.52 Combined effects of cellulose loading and time on reducing sugar of sorghum straw hydrolysis

　　为获得最大的还原糖浓度，从而为后面的光合细菌光合产氢实验提供足够的反应基质，因此根据 SAS8.0 软件的优化功能得到了在实验范围内的最优反应条件，对应三个反应因素酶负荷为 1g 秸秆 105mg 纤维素酶，底物浓度为 30mg/mL，反应时间为 42h，在此条件下得到的还原糖浓度响应值为 13.43mg/mL。为了验证所得模型的合适性和有效性，采用上述的反应条件进行了验证试验，结果得到的还原糖浓度为 13.26mg/mL，与模型预测值相比，相对误差仅为 1.2%，说明预测值与试验值接近，此模型是比较合适有效的，具有一定的参考价值。

4.4.5　纤维素酶回收利用技术研究

　　酶解过程中，纤维素酶呈现出较稳定的性能且能被重新利用，因此纤维素酶的回收利用技术得到了越来越多的关注。重吸附法是纤维素酶回收利用技术中最简单的方法，依靠纤维素对纤维素酶的强吸附性，向悬浮液中加入新鲜底物，使游离酶吸附在新鲜基质的纤维素上。优化秸秆类生物质酶解产氢试验过程中的酶解工艺是降低成本的一个有效手段，同时，实现纤维素酶的有效回收利用，则能更进一步的减少纤维素酶的用量，降低成本。本节中对新鲜底物重吸附法及纤维素酶固定化法这两种纤维素酶的回收利用技术进行研究，考察其在超微化玉米芯粉酶解产氢试验中的技术可行性。

　　通过这两种纤维素酶回收利用方法，其纤维素酶回收效率结果见表 4.19。

表 4.19　纤维素酶回收利用技术实验结果
Table 4.19　Results of enzyme reuse experiments

次数	还原糖浓度/（mg·mL^{-1}）		回收利用效率/%	
	新鲜底物重吸附法	纤维素酶固定化法	新鲜底物重吸附法	纤维素酶固定化法
1	12.43	12.26	85.2	91.4
2	10.56	11.37	84.9	92.7
3	8.77	10.14	83.1	89.2
4	7.01	8.91	80.0	87.9

　　由表 4.19 中结果可知，利用新鲜底物重吸附方法和纤维素酶的固定化方法均可实现对纤维素酶的有效回收再利用，且回收效果显著。通过 4 个周期的循环，纤维素酶固定化法的回收利用效率为 87.9%，高于新鲜底物重吸附法 80.0% 的回收利用效率。然而在第一次酶解糖化试验中，新鲜底物重吸附发的还原糖浓度为 12.43mg/mL，略高于纤维素酶固定化方法所得的 12.26mg/mL 的还原糖浓度。这可能是因为，在第一次的酶解糖化过程中，纤维素酶的固定化，海藻酸钠的包裹，一定程度上抑制了纤维素酶酶活的表现，因此，酶解糖化效率略低于未固定化的纤维素酶。但是在后期的回收利用过程中，固定化纤维素酶表现出更强的稳定性，失活率降低。且由于海藻酸钠的包裹，大大降低了纤维素酶的游离逸出，更减少了后期离心分离等过程中纤维素酶的流失。因此，为了实现还原糖产量的最大化，实现高效的酶解回收效率，纤维素酶回收利用过程中的失活及流失现象都应得到

重视。纤维素酶的酶负荷、重吸附时间、重吸附温度、反应液 pH 等因素都对酶解及酶回收效率有影响，要予以优化。

纤维素酶的回收利用效率可由式（4-3）进行计算：

$$纤维素酶回收利用效率（\%）=（Q_n/Q_{(n-1)}）×100\% \qquad (4\text{-}3)$$

Q_n 和 $Q_{(n-1)}$ 代表不同酶解次数的还原糖产量，n 代表酶水解进行的次数（1、2、3、4）。

利用新鲜底物重吸附法对纤维素酶进行回收再利用，是多种酶回用工艺中最简单的一种，且由于超微化玉米芯具有优于一般粉碎秸秆类生物质的物理化学性质，如孔隙率增大、比表面积增加、有效打破了木质素和半纤维素对纤维素的包裹等，其重吸附能力必然得到加强。

不同重吸附温度和不同重吸附时间下，纤维素酶一次循环利用后的还原糖产量见图 4.53。

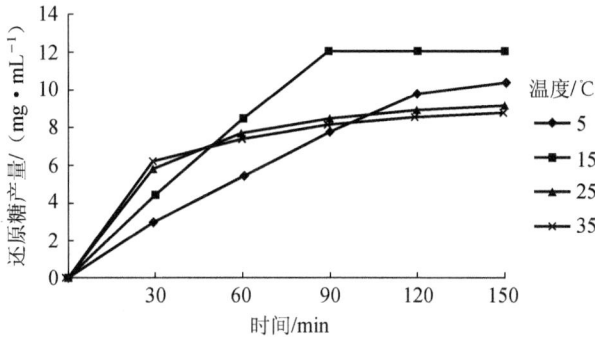

图 4.53　纤维素酶重吸附法回收利用后的还原糖产量（不同重吸附时间和重吸附温度）

Fig. 4.53　Reducing sugar yield per mL enzymatic hydrolysate of substrate adsorption at different temperatures and different time　（adsorption time intervals of 30 min）

通过对不同重吸附条件下，纤维素酶一次循环利用后的还原糖产量进行测量，考察了重吸附时间和重吸附温度对纤维素酶回收利用效率的影响。不同的重吸附时间可由横坐标 x 轴读出，纵坐标 y 轴表示的是还原糖产量，纤维素酶在不同吸附温度的情况下，在不同吸附时间的回收利用产糖量由图中各点表示。由图可知，在每一个重吸附温度水平下，都存在一个重吸附时间拐点，自拐点后酶解产糖速率降低，甚至呈现还原糖产量的负增长。对这种现象进行分析，可能是由于随着重吸附时间的延长，用于重吸附的玉米芯粉在重吸附过程中，发生了酶解糖化反应，且该酶解反应随着吸附时间的继续而持续进行。在后期将其用于酶解产糖的过程中，由于其已有部分纤维素被利用，因此出现了酶解产糖量的增速缓慢甚至是负增长。从图中可以明显看出，当重吸附温度为 15℃，新鲜底物经过 90min 的重吸附，此时纤维素酶的吸附效果最好，该因素条件下，一次循环利用后，单位酶解液中的还原糖浓度为 12.10mg/mL 酶解液，纤维素酶的回收利用效率达到

82.9%。从图 4.53 中可以看出，不同吸附温度条件下，还原糖产量增速变慢或是减产的时间拐点出现的时间也不同。在 5℃和 15℃的吸附温度下，随着吸附时间的延长，纤维素酶的一次循环利用的酶解还原糖产量逐渐增加。然后，吸附 90min 后，当吸附温度为 15℃时，酶解还原糖产量开始下降，吸附温度为 5℃的酶解还原糖产量仍有小幅度上升。当吸附温度为 25℃和 35℃时，由于纤维素酶被新鲜底物重吸附的过程中，一直伴随有少量的基质降解，因此，随着吸附时间的延长，其纤维素酶一次循环酶解产糖量低于低温（5℃和 15℃）情况下。重吸附温度越高，越要降低重吸附时间，减少重吸附过程中的基质降解。可以看出，低温可以抑制纤维素酶酶解反应的进行，但是也在一定程度上减缓了纤维素酶与纤维素的结合速率，5℃时的纤维素酶一次循环酶解产糖量均低于 15℃时。综上可知，考虑到吸附效果及一次循环后纤维素酶酶解产糖效率，重吸附温度 15℃，重吸附时间为 90min 时，重吸附法回收利用纤维素酶的效率最高。这一结果与其他已知的实验结果类似。经过固定化处理的纤维素酶可以通过过滤或离心等简单的方式进行回收再利用，降低了纤维素酶的用量，节约了成本，易于在酶解反应工业化进程中选用。同时，纤维素酶经过固定化，酶活力的稳定性及对周围环境的耐受能力都有所增强，可以反复使用和连续操作，是降低秸秆类生物质光合产氢过程成本的重要技术。

固定化纤维素酶显著降低了纤维素酶回收利用过程中的游离酶损失，但固定化过程工艺参数不同会造成固定化纤维素酶的机械强度过弱或过强，影响对纤维素酶的包裹及纤维素酶的酶活力表现，因此，本节对纤维素酶的固定化回收利用技术中的酶液 pH 和纤维素酶添加量这 2 个因素对固定化纤维素酶的一次循环酶解产糖量和回收利用效率的影响进行了分析。结果见图 4.54。

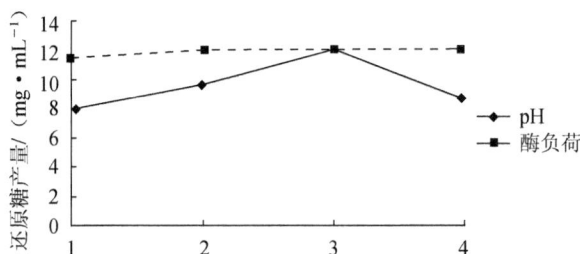

图 4.54　纤维素酶固定化方法回收利用后的还原糖产量（不同纤维素酶添加量和酶液 pH；1、2、3、4 分别代表两因素的 4 组不同水平，如酶液 pH 为 3.6、4.2、4.8、5.4 以及纤维素酶添加量 200、300、400、500 mg）

Fig. 4.54　Reducing sugar yield per mL enzymatic hydrolysate of immobilized enzyme at different enzyme loads and pH values （1，2，3，4 represent four levels for each factor，such as pH value of 3.6，4.2，4.8，5.4 and enzyme load of 200，300，400，500 mg，respectively）

从图 4.54 中可以看出，固定化方法回收利用纤维素酶的过程中，当纤维素酶添加量一定时，改变酶解液的 pH 会显著影响还原糖产量。pH 为 4.8 时纤维素酶一次循环利用后，酶解产糖浓度为 11.92mg/mL 酶解液，纤维素酶的回收利用效率达到 88.9%。酶液的酸碱度低于或高于 4.8 均不利于后期酶解反应的进行，抑制了纤维素酶的回收利用效率。当 pH 等条件不变时，纤维素酶添加量会影响固定化纤维素酶颗粒内的纤维素酶浓度，增大表面纤维素酶与纤维素接触作用的机会，提高酶解产糖效率，因此本节对不同的纤维素酶添加量进行了研究，在保证酶解还原糖得率的基础上，确定了最适宜纤维素酶添加量。从图 4.54 中可以看出，随着纤维素酶添加量由 200mg 增加至 500mg，纤维素酶一次循环利用后的酶解还原糖得率有小幅度的增加，从 11.47mg/mL 酶解液增加到 12.31mg/mL 酶解液，增幅不明显。这可能是由于利用海藻酸钠进行纤维素酶的固定化过程中，纤维素被有效地包埋固定。由于海藻酸钠本身性质温和，对微生物不存在毒害作用，且有良好的通透性，同时，超微化玉米芯粉粒径非常小，易于在固定化纤维素酶颗粒间分散，因此，固定化纤维素酶颗粒能有效地与超微化玉米芯粉中的纤维素进行结合，发生酶促反应，玉米芯粉得到有效降解。纤维素酶添加量由 400mg 增加到 500mg 的过程中，一次循环后的酶解产糖量基本上没有变化，为 12.24mg/mL 酶解液增加到 12.31mg/mL 酶解液。这可能是由于在纤维素的酶解糖化过程中，起决定作用的是纤维素酶活性位点与纤维素的有效结合，最终表现为纤维素酶的活性。纤维素酶添加量低时，纤维素能有效地与纤维素酶的活性位点结合，进行有效的酶解糖化过程，随着纤维素酶添加量的升高，纤维素酶的活性位点并没有充分表达，因为可能伴随有不可降解物质对纤维素酶的吸附，因此，酶解效率没有显著增加。另一个原因可能是由于纤维素酶的大量添加，使得酶解糖化反应快速进行，并在纤维素酶添加量 400mg 时达到了拐点，酶解液中大量存在的还原性糖类物质抑制了纤维素酶的活性。通过对纤维素酶固定化回收利用技术中酶液 pH 和纤维素酶添加量这两个单因素的分析，得出，在固定化法回收利用纤维素酶的过程中，最适宜的酶液 pH 为 4.8，这与纤维素酶的最佳酶活 pH 一致，最佳的纤维素酶添加量为 400mg。

4.4.6　小结

本节首先对球磨不同时间的高粱秸秆的外观和官能团变化给予了分析，并对 5 种不同球磨时间的高粱秸秆的基本物性参数粒径、比表面积以及化学成分进行了测定分析，研究了粉碎程度对秸秆的酶解动力学和酶解的影响，最后利用 SAS8.0 软件对酶解的反应条件进行了优化，主要是为了获得更多的酶解还原糖作为下一阶段光合细菌光合产氢的产氢基质。同时还对得到的结论如下：

（1）经过 0.5h、1h、1.5h 和 2h 球磨的高粱秸秆从粉体外观来看颜色有所加深，推测认为这和秸秆中木质素结构变化有关，这种推测经过红外光谱测定得到证实；秸秆的比表面积随着球磨时间得延长逐渐增大，平均粒径逐渐减小；样品的化学组分也有所变化。

（2）对高粱秸秆粒径变化对酶解动力学的影响研究表明，其酶解过程可以分为两个阶段，其中第一个阶段为反应初始的 36h，在此阶段约 70%的还原糖产出。随着球磨时间越长，获得的秸秆粒径减小，则其酶解速率越大。利用 Origin8.0 软件对反应过程进行拟合，结果表明其酶解过程符合对数分布规律，酶解速率随着酶解时间的延长逐渐递减。

（3）对高粱秸秆粒径变化对酶解动力学参数的研究表明，随着秸秆球磨时间延长，秸秆粒径减小，酶解的最大反应速率 V_{max} 增大，而米氏常数 K_m 的变化没有明显规律。

（4）超微粉碎高粱秸秆酶解的单因素和响应面实验得到的最佳反应条件：秸秆的球磨时间为 2h，基质浓度为 30 mg/mL，反应温度为 50℃，摇床转速 150r/min，酶解反应时间为 42h，纤维素酶酶负荷为每 g 秸秆添加 105mg，在此条件下得到的还原糖浓度为 13.26mg/mL。

（5）在对酶水解工艺进行调控的基础上，对新鲜底物重吸附法和纤维素酶固定化法两种纤维素酶回收利用方法进行了调控，实现了对纤维素酶的有效回收再利用。新鲜底物重吸附法回收利用纤维素酶的最佳工艺条件为重吸附温度 15℃，重吸附时间 90min，此时纤维素酶的一次循环利用酶解产糖量为 12.10mg/mL 酶解液。酶固定化方法用于纤维素酶的回收再利用，最佳工艺条件为酶液 pH4.8，纤维素酶的添加量为 400mg。

4.5　秸秆类生物质原料的乙酸预处理技术

近几年已有少数学者利用不同的秸秆类原料通过不同的预处理方法进行发酵产氢。郑州大学探讨了麦草秸秆通过酸水解-发酵两步耦合生物制氢的研究；浙江大学利用麦秆、稻草和滤纸为发酵底物采用不同的预处理方法去除木质素并提高纤维素的降解率，从而提高了发酵产氢的能力。中国科学院成都生物研究所利用化学预处理、生物预处理以及化学与生物结合与处理的方法处理稻秆，得出经过 NaOH 和生物结合预处理后的秸秆发酵产氢效果最好。目前国内外直接以秸秆为原料并经过预处理后进行光合产氢的报道较少。大多局限于无机酸预处理木质纤维素的研究，河南农业大学申翔伟利用机械粉碎结合有机酸预处理农作物秸秆的研究。本试验建立在本实验室所研究的光合生物制氢最佳产氢工艺及产氢机理的基础上，利用乙酸预处理经过机械粉碎的农作物秸秆进行光合产氢。光合细菌亦可以利用乙酸进行产氢，所以本研究中预处理所产生的还原糖及乙酸均能为光合产氢提供生长及产氢所需的碳源，解决了化学法预处理秸秆所带来的酸回收以及浪费，实现了资源的再利用。以条件温和、成本低、还原糖得率高为目标，旨在光合细菌利用生物质原料工业化产氢提供科学的依据。

4.5.1　乙酸预处理工艺的单因素优化

选取乙酸溶液对玉米秸秆及高粱秸秆进行预处理。采用单因素实验，每个处理用 100mL 的三角瓶平行 3 次，取平均值。每个三角瓶中称取相应粒度的农作物秸秆 1g，添加相应浓度的乙酸通过改变原料的粒度、乙酸浓度、固液比、预处理时间、预处理温度进行预处理试验，通过比较还原糖得率，找出单因素条件下的最佳粒度、最佳乙酸浓度、最佳固液比、最佳预处理时间及最佳预处理温度。

4.5.1.1　pH 对乙酸预处理秸秆还原糖得率的影响

DNS 法测还原糖是指还原糖在碱性条件下加热被氧化成糖酸及其他产物，3，5-二硝基水杨酸则被还原为棕红色的 3-氨基-5-硝基水杨酸，在一定范围内，还原糖的量与棕红色物质的颜色的深浅成正比关系，利用分光光度计测定吸光度，查对标准曲线并计算可以得到还原糖的含量，即通过反应后的颜色的深浅来判断是否含有还原糖及量的多少。

在进行 pH 对乙酸预处理高粱秸秆、玉米秸秆还原糖得率影响的单因素试验时，粒度选择为超微，乙酸浓度为 10%，固液比为 1:30（g/mL），预处理时间为 30min，预处理温度为 121℃的高温条件下进行预处理实验，预处理后将 pH 调至 5.0、6.0、7.0、8.0、9.0、11.0，并计算还原糖得率。其中每个处理用 100mL 三角瓶平行 3 次，结果取平均值。试验得出乙酸预处理高粱秸秆及玉米秸秆时，预处理后的 pH 对还原糖得率的影响，试验结果见图 4.55。

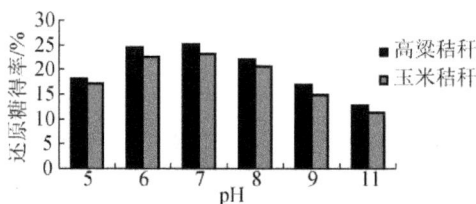

图 4.55　反应后料液 pH 对还原糖得率的影响
Fig. 4.55　Influence of reaction pH on sugar yield

乙酸预处理后的料液直接取样与 DNS 试剂反应，在加热过程中试管底部先有少量深红色，随着加热时间的变化或震荡，颜色逐渐消失（此时 pH 为 3.0），若 pH 调至中性或碱性，则有显色反应，可知反应料液过酸对显色反应是有影响的。见图 4.55，乙酸预处理农作物秸秆时，无论原料为高粱秸秆还是玉米秸秆，pH 的大小对还原糖得率的影响非常显著。在 pH 分别为 5.0、6.0、7.0 时还原糖得率呈上升趋势，当 pH 分别为 8.0、9.0、11.0 时，还原糖得率呈下降趋势，且随着 pH 的增大还原糖得率逐渐下降。在调节 pH 之前，反应料液 pH 为 3.0 时，测还原糖颜色几乎不变化（无变红现象），可认为此时还原糖得率为 0。对于高粱秸秆来说，当 pH 为 11.0 时还原糖得率最小为 12.72%，随着 pH 的减小还原糖得率呈增大趋势，pH 为 7.0 时还原糖得率最大为 25.07%，pH 为 6.0 时还原糖得率为 24.5%，分别是 pH 为 11.0 时的 1.97 倍、1.93 倍，pH 为 8.0 到 11.0 时，还原糖浓度逐渐下降，分别为 22.05%、16.98%、12.72%。分析可知，过酸、过碱均对还原糖得率有较大影响。玉米秸秆与高粱秸秆的趋势相同，还原糖分别为 17.1%、22.5%、23.1%、20.5%、14.8%、11.2%。由此可见，在乙酸高温预处理农作物秸秆之后，当 pH 调节为 6.0～7.0 时显色反应最佳，其中 pH 为 7.0 时还原糖得率最高。

4.5.1.2　预处理温度对乙酸预处理秸秆还原糖得率的影响

在进行预处理温度对乙酸预处理农作物秸秆还原糖得率影响的单因素实验时，分别设置预处理温度为 20℃、40℃、60℃、80℃、121℃，粒度为超微，乙酸浓度为 20%，固液比为 1：30（g/mL），水解时间为 30min 的条件下进行预处理试验，预处理后将反应后料液 pH 调至 7.0，研究不同预处理温度对还原糖得率的影响。其中前面 4 个温度在恒温水浴中控制，后一个温度在高压灭菌锅中控制，试验中每个三角瓶的瓶口用封口纸密封。每个试验平行 3 次，结果取平均值。乙酸预处理农作物时，预处理温度对还原糖得率的影响见图 4.56。

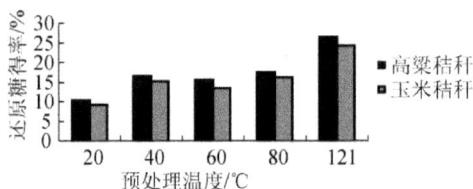

图 4.56　预处理温度对还原糖得率的影响

Fig. 4.56　Influence of pretreatment temperature on sugar yield

由图 4.56 可知，温度对乙酸预处理农作物秸秆还原糖得率的影响是比较大的。以高粱秸秆为原料时，在温度为 121℃时还原糖得率最高，为 26.36%。在温度为 20～80℃时，还原糖得率的变化分别为 10.26%、16.56%、15.6%、17.51%。在温度低于 60℃时，预处理温度为 40℃的情况下还原糖得率最大，随着温度的不断升高，还原糖得率不断下降，这与杭志喜、徐菁丽关于乙酸预处理秸秆的研究结果基本上是一致的，即温度为 40℃时，乙酸对植物纤维素的降解能力最强。以玉米秸秆为原料时，还原糖得率分别为 9.2%、15.2%、13.4%、16.3% 及 24.2%。从试验结果可以看出，原料对预处理的影响不大。但是有关文献没有关于乙酸高温预处理秸秆的研究，可能是有关学者认为因为乙酸挥发性较大，不适于高温水解，但是这个因素是可以避免的，本试验关于乙酸预处理的试验全部均采用封口纸将瓶口封严，减弱了乙酸的挥发。由试验结果可知，当温度由 60℃升到 121℃时，还原糖得率不断上升，从还原糖得率来看，当乙酸预处理温度为 121℃时预处理效果最佳。

4.5.1.3 原料粒度对乙酸预处理秸秆还原糖得率的影响

原料粒度的改变主要是通过机械粉碎形式实现的。机械粉碎主要是将原料研磨和粉碎，使原料的尺寸变小，一方面增大了纤维素原料的比表面积，另一方面破坏了其结晶性，经粉碎的纤维素粉末没有膨胀性，体积小，可以提高基质浓度，得到较高浓度糖化液。

在进行原料粒度对乙酸预处理农作物秸秆还原糖得率影响的单因素试验时，分别设置 40 目（0.45mm）、80 目（0.2mm）、120 目（0.125mm）、160 目（0.097mm）、超微（平均粒度在 300nm 以下）五个粒度水平，其他条件分别乙酸浓度为 20%，预处理温度为 121℃，水解时间为 30min，固液比为 1∶30（g/mL）的条件下进行预处理试验，预处理后将反应后料液 pH 调至 7.0，研究不同粒度对还原糖得率的影响。其中每个处理用 100mL 三角瓶平行 3 次，结果取平均值。试验得出乙酸预处理农作物秸秆时，不同原料粒度对还原糖得率的影响图 4.57。

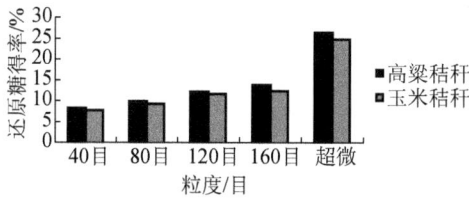

图 4.57　原料粒度对还原糖得率的影响

Fig. 4.57　Influence of material granularity on sugar yield

由图 4.57 可知，在乙酸预处理农作物秸秆的过程中，原料粒度的选择直接影响还原糖得率的高低。以高粱秸秆为例，原料粒度为 40 目、80 目、120 目、160 目以及超微时，还原糖得率分别为 8.24%、9.76%、10.12%、13.76%、26.36%，即还原糖得率随着原料粒度的增加而增加。在原料粒度为 40～120 目时，还原糖得率增长不太明显，均在 10% 以下。当原料粒度为 160 目时增长到 13.76%，超微时增长最为显著，此时的还原糖得率亦最大，约为 40 目时的 3.2 倍。玉米秸秆的还原糖得率分别为 7.65%、9.1%、11.6%、12.35% 及 24.8%。可见，乙酸预处理不同粒度的农作物秸秆时，原料粒度大小对还原糖得率的影响是十分显著的。分析可知，粒度越小，越容易反应。原因在于减小原料颗粒尺寸，提高了反应面积，同时在一定程度上破坏植物纤维的高级结构，将结晶态纤维素转化成无定形态，使整个大分子结构松散，易于反应。可见，粒度的变化提高了还原糖的得率。因此，由实验结果选取原料粒度为超微时的农作物秸秆作为乙酸预处理农作物秸秆的最佳原料粒度。

4.5.1.4 乙酸浓度对乙酸预处理秸秆还原糖得率的影响

在乙酸浓度分别为 5%、10%、15%、20%、25%、30% 的条件下，选用水解温度为 121℃，水解时间为 30min，固液比为 1∶30（g/mL），粒度为超微的农作物秸秆进行预处理试验，预处理后将反应后料液 pH 调至 7.0。研究不同乙酸浓度对还原糖得率的影响。其中每个处理用 100mL 三角瓶平行 3 次，结果取平均值。试验得出乙酸预处理农作物秸秆时，不同乙酸浓度对还原糖得率的影响见图 4.58。

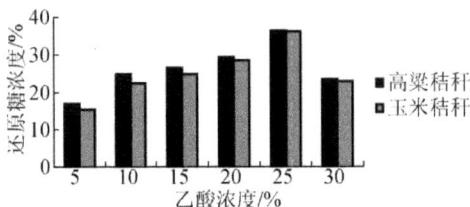

图 4.58　乙酸浓度对还原糖得率的影响
Fig. 4.58　Influence of acetic acid concentration on sugar yield

不同乙酸浓度下预处理农作物秸秆还原糖得率的变化情况见图 4.58。在乙酸浓度低于 25%时，随着乙酸浓度的增高，还原糖得率呈增大趋势，在乙酸浓度为 10%～20%时，高粱秸秆的还原糖得率分别为 24.6%、26.55%、29.26%，玉米秸秆的还原糖得率分别为 22.4%、24.8%、28.5%，还原糖得率的变化都不大，当乙酸浓度 25%，高粱秸秆的还原糖得率最大为 36.38%，玉米秸秆的还原糖浓度亦最大为 36.1%。当乙酸浓度高于 25%，还原糖得率开始呈下降趋势。分析可知，在乙酸浓度低于 25%时，可能是秸秆中的纤维素的晶体结构不能被完全破坏，纤维素不能充分水解，乙酸浓度增加至 25%之后，还原糖得率降低，这说明在粒度为超微，预处理温度为 121℃，预处理时间为 30min，固液比（g/mL）为 1∶30 的反应条件下，25%是乙酸浓度的临界浓度，还原糖得率达到最大值。因此，可选用 25%的乙酸作为预处理的最佳浓度。还原糖浓度随着酸浓度的增大出现下降趋势，也说明了纤维素的酸水解是一连串的反应，即：纤维素→还原糖→分解产物，在较高反应温度下，随着酸浓度的增加，尽管纤维素转化率继续增加，但还原糖确实减少的，即还原糖分解速率大于还原糖的生成速率，这与相关文献关于无机酸的研究结果基本上是一致的。由图 4.58 可知，当乙酸浓度为 25%，还原糖得率最大；当乙酸浓度在 25%以下时，随着浓度的增大还原糖得率增大较明显；在乙酸浓度在 25%以上时，随着乙酸浓度的增大还原糖得率降低较明显，所以在正交试验中，采取 25%为中间值。

4.5.1.5　固液比对乙酸预处理秸秆还原糖得率的影响

分别设置固液比为 1∶10、1∶15、1∶20、1∶25、1∶30 的条件下，取乙酸浓度为 25%，预处理温度为 121℃，预处理时间为 30min，粒度为超微的情况下进行预处理试验，预处理后将反应后料液 pH 调至 7.0。研究不同固液比对还原糖得率的影响。其中每个处理用 100mL 三角瓶平行 3 次，结果取平均值。试验得出乙酸预处理农作物秸秆时，不同固液比对还原糖得率的影响见图 4.59。

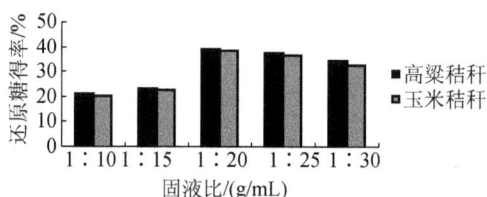

图 4.59　固液比对还原糖得率的影响

Fig. 4.59　Influence of solid-liquid ratio on sugar yield

在乙酸预处理农作物秸秆的过程中，固液比的选择对还原糖得率的影响是比较明显的。以高粱秸秆为例，在固液比为 1∶10、1∶15、1∶20、1∶25、1∶30 时，还原糖得率分别为 21.12%、23.36%、39.06%、37.37%、34.51%。随着固液比的增加，在 1∶20 时还原糖得率达到较大值，是固液比为 1:10 的 1.85 倍；在 1∶20 之前，固液比的增加在一定范围内促进了糖化反应，因此还原糖得率随着固液比的增加而增大；但继续提高固液比后还原糖得率反而下降，说明固液比增大至 1∶20 后再加大固液比，并不能提高还原糖得率，反而会增加后续试验的消耗（NaOH 用量的增加）。分析原因，可能是因为随着固液比的加大，分子间的碰撞机会逐渐减小，还原糖得率降低，当固液比为 1∶20 时，固体与液体恰能充分接触，完全反应。由图 4.59 可知，玉米秸秆与高粱秸秆的趋势相同。从图中可知，当固液比为 1∶20 时，还原糖得率最大；当固液比在 1∶20 以下时，随着固液比的增大还原糖得率增大较明显；固液比在 1∶20 以上时，随着固液比的增大还原糖得率降低较明显，因此综合考虑得率和实际操作的经济性，在正交试验中，采取 1∶20 为中间值。

4.5.1.6　预处理时间对乙酸预处理秸秆还原糖得率的影响

分别取预处理时间为 10min、20min、30min、40min、50min、60min，乙酸浓度为 20%，固液比为 1∶20（g/mL），预处理温度为 121℃，粒度为超微的条件下预处理试验，预处理后将反应后料液 pH 调至 7.0。不同预处理时间对还原糖得率的影响见图 4.60。

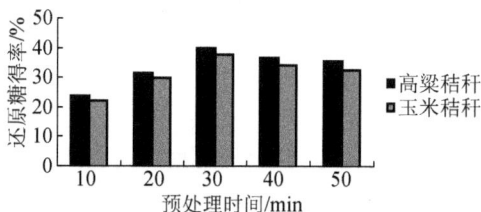

图 4.60　预处理时间对还原糖得率的影响

Fig. 4.60　Influence of pretreatment time on sugar yield

不同预处理时间对还原糖得率的变化情况见图 4.60。对高粱秸秆来说，在预处理温度为 121℃、乙酸浓度为 25%、固液比 1∶20 的条件下，在预处理时间为 10～30min 时，还原糖得率随着反应时间的延长而增大，并且增大较明显，分别为 23.68%、31.29%、39.77%。当反应时间为 30min 时还原糖得率最高为 39.8%，在预处理时间在 30min 以上时，随着反应时间的延长，纤维素不断转化为还原糖，但还原糖的得率不断下降。分析原因可能是因为随着反应时间的延长，大量的还原糖转化为副产物，使还原糖得率不断下降。由此可见，预处理时间越长并非越长越好，在预处理温度为 121℃，乙酸浓度为 25%、固液比 1∶20 的条件下，30min 时所得到的还原糖得率最大，时间过长，反之还原糖得率减小，玉米秸秆所呈现的趋势与高粱秸秆相似。因此，可选用 30min 为乙酸预处理农作物秸秆的最佳预处理时间。

4.5.2　乙酸预处理工艺的多因素试验优化

影响还原糖得率的因素主要有原料 pH、预处理温度、原料粒度、预处理时间、乙酸浓度、固液比等。进一步采用正交分析法优化乙酸预处理农作物秸秆的反应条件。由前面的分析及单因素试验结果可知，原料的种类对预处理的影响不大，其大体趋势是相同的，因此在正交实验中选择还原糖得率较高的高粱秸秆为原料，pH 对还原糖得率的影响是显而易见的，当 pH 为 7.0 时还原糖得率最高，因此可以在预处理之后直接将 pH 调至为 7.0，而粒度、预处理温度、预处理时间、乙酸浓度、固液比 5 个因素对还原糖得率的影响变化较大，因此，选取这 5 个因素作为正交优化试验的考虑因素，参考单因素实验的结果，各取 4 个水平，试验值根据单因素的试验结果确定。在实验设计中，每个水平各做 3 个实验，结果取平均值。选取的实验因素水平表见表 4.20。

表 4.20　正交实验因素水平表

Table 4.20　Table for factor and level in the experiment

水平	因素				
	A	B	C	D	E
	粒度/目	乙酸浓度/%	固液比/（g·mL^{-1})	预处理温度/℃	预处理时间/min
1	40 目	15	1:15	40	20
2	120 目	20	1:20	60	30
3	160 目	25	1:25	80	40
4	超微	30	1:30	121	50

选表就是根据问题的具体情况选用一张合适的正交表。根据以上所选择的因素与水平，满足要求的正交表为 L16（4^5），故确定选用 L16（4^5）正交表安排试验方案。正交表见表 4.21。

表 4.21 L16（45）正交实验表

Table 4.21 Orthogonal layout of L_{16}（4^5）

实验号	列号				
	1	2	3	4	5
1	1	1	1	1	1
2	1	2	2	2	2
3	1	3	3	3	3
4	1	4	4	4	4
5	2	1	2	3	4
6	2	2	1	4	3
7	2	3	4	1	2
8	2	4	3	2	1
9	3	1	3	4	2
10	3	2	4	3	1
11	3	3	1	2	4
12	3	4	2	1	3
13	4	1	4	2	3
14	4	2	3	1	4
15	4	3	2	4	1
16	4	4	1	3	2

　　根据已定的因素、水平及选用的正交表，将因素顺序上列，水平对号入座，则得出正交试验方案表 4.22。每个试验号所对应的一行是具体一个试验方案，如第一号试验的条件是：粒度为 40 目，预处理温度为 40℃，乙酸浓度为 15%，固液比 1：15，预处理时间 20min。根据表 4.22，共需组织 16 次试验。

表 4.22 正交试验方案表

Table 4.22 Scheme for orthogonal experiment

实验号	因子				
	粒度/目	乙酸浓度/%	固液比/（$g \cdot mL^{-1}$）	预处理温度/℃	预处理时间/min
1	40	15	1:15	40	20
2	40	20	1:20	60	30
3	40	25	1:25	80	40
4	40	30	1:30	121	50
5	120	15	1:20	80	50
6	120	20	1:15	121	40
7	120	25	1:30	40	30
8	120	30	1:25	60	20
9	160	15	1:25	121	30
10	160	20	1:30	80	20
11	160	25	1:15	60	50
12	160	30	1:20	40	40
13	超微	15	1:30	60	40
14	超微	20	1:25	40	50
15	超微	25	1:20	121	20
16	超微	30	1:15	80	30

　　正交试验数据分析有直观分析法和方差分析法 2 种。直观分析法简单、直观、计算量小，能够比较容易地比较出各个因素对所选指标影响的优劣，但直观分析法缺乏误差分析，不能给出误差大小的估计，致使难以得出确切的结论，同时也不能提供一个标准来考察、判断因素影响是否显著，而方差分析法虽然计算量大，但可以克服直观分析法的缺点。科研生产中广泛使用直观分析法来确定个因素的主次关系，并确定最佳的生产运行条件，同时用方差分析的方法验证各个因素对实验结果的影响及其影响的程度和性质。因此，本试验对试验数据也同时采取直观分析法和方差分析法进行综合评价。

　　实验结果及分析见表 4.23。利用极差（R）可以直观地观察出诸因素对还原糖得率影响的主次。由表中极差大小可见，影响还原糖得率的因素主次顺序依次为：粒度→预处理温度→乙酸浓度→预处理时间→固液比。由表中各因素水平值的均值可见，各因素中较佳的工艺条件分别为：A4B3C2D4E1，即粒度选择为超微，乙酸浓度为 25%，固液比为 1：20，预处理温度为 121℃，预处理时间为 20min。

表 4.23　产糖试验结果直观分析
Table 4.23　Direct analysis for the result of sugar production experiment

实验号	因子					
	粒度/目	乙酸浓度/%	固液比/（g·mL⁻¹）	温度/℃	预处理时间/min	还原糖得率/%
1	40	15	1:15	40	20	10.6
2	40	20	1:20	60	30	15.6
3	40	25	1:25	80	40	17.8
4	40	30	1:30	121	50	16.5
5	120	15	1:20	80	50	25.4
6	120	20	1:15	121	40	29.8
7	120	25	1:30	40	30	25.6
8	120	30	1:25	60	20	27.8
9	160	15	1:25	121	30	26.2
10	160	20	1:30	80	20	30.2
11	160	25	1:15	60	50	26.9
12	160	30	1:20	40	40	22.3
13	超微	15	1:30	60	40	30.8
14	超微	20	1:25	40	50	28.5
15	超微	25	1:20	121	20	40.9
16	超微	30	1:15	80	30	32.4
K_1	60.5	93	99.7	87	109.5	$\sum E=407.3$
K_2	108.6	104.1	104.2	101.1	99.8	$\mu=\sum E/16=25.5$
K_3	105.6	111.2	100.3	105.8	100.7	
K_4	132.6	99	103.1	113.4	97.3	
$\overline{K}_1$	15.125	23.250	24.925	21.750	27.375	
$\overline{K}_2$	27.150	26.025	26.050	25.275	24.950	
$\overline{K}_3$	26.400	27.800	25.075	26.450	25.175	
$\overline{K}_4$	33.150	24.750	25.775	28.350	24.325	
R	18.025	4.550	1.125	6.600	3.050	

　　前面所做的极差分析较为直观，但是没有把试验误差引起的数据波动与由实验条件改变所引起的数据波动区分开来，也没有提供一个标准，用来判断所考察的因素的作用是否显著。对正交表进行方差分析可以定量地给出因素的主次关系，可以判断哪些因素是重要因素，那些因素是次要因素，此时最优工艺条件的确定只要考虑重要因素。因此，需要进一步做正交试验的方差分析。

　　根据公式，计算统计量与各项偏差平方和，结果如下：

$$各统计量\ P = \frac{1}{n}\left(\sum_{z=1}^{n} y_z\right)^2 = \frac{1}{16}(60.5 + 108.6 + 105.6 + 132.6)^2 = 10\,368.33$$

$$Q_1 = \frac{1}{a}\sum_{j=1}^{b} y_{1j}{}^2 = \frac{1}{4}(60.5^2 + 108.6^2 + 105.6^2 + 132.6^2) = 11\,047.08$$

$$Q_2 = \frac{1}{a}\sum_{j=1}^{b} y_{2j}{}^2 = \frac{1}{4}(93^2 + 104.1^2 + 111.2^2 + 99^2) = 10\,413.06$$

$$Q_3 = \frac{1}{a}\sum_{j=1}^{b} y_{3j}{}^2 = \frac{1}{4}(99.7^2 + 104.2^2 + 100.3^2 + 103.1^2) = 10\,371.86$$

$$Q_4 = \frac{1}{a}\sum_{j=1}^{b} y_{4j}{}^2 = \frac{1}{4}(87^2 + 101.1^2 + 105.8^2 + 113.4^2) = 10\,460.85$$

$$Q_5 = \frac{1}{a}\sum_{j=1}^{b} y_{4j}{}^2 = \frac{1}{4}(109.5^2 + 99.8^2 + 100.7^2 + 97.3^2) = 10\,389.52$$

$$\begin{aligned} W = \sum_{z=1}^{n} y^2 = {}& 10.6^2 + 15.6^2 + 17.8^2 + 16.5^2 + 25.4^2 + \\ & 29.8^2 + 25.6^2 + 27.8^2 + 26.2^2 + 30.2^2 + 26.9^2 + 22.3^2 + \\ & 30.8^2 + 28.5^2 + 40.9^2 + 32.4^2 = 11\,209.05 \end{aligned}$$

　　则有：偏差平方和计算如下：

$$S_1 = Q_1 - P = 11\,047.08 - 10\,368.33 = 678.75$$
$$S_2 = Q_2 - P = 10\,413.06 - 10\,368.33 = 44.73$$
$$S_3 = Q_3 - P = 10\,371.86 - 10\,368.33 = 3.53$$
$$S_4 = Q_4 - P = 10\,460.85 - 10\,368.33 = 92.52$$
$$S_5 = Q_5 - P = 10\,389.52 - 10\,368.33 = 21.19$$

总偏差　　　$$S_T = W - P = 11\,209.05 - 10\,368.33 = 840.72$$

而　　　$$\sum_{i=1}^{4} S_i = S_1 + S_2 + S_3 + S_4 = 840.72$$

组内偏差平方和：$S_E = S_T - \sum S_i = 840.72 - 840.72 = 0$

此时只能将正交表中因素偏差中较小的偏差平方和代替误差平方和。

故　　　　　$$S_E = S_3 = 3.53$$

计算自由度，结果如下：

$$f_T = n - 1 = 16 - 1 = 15$$

$$f_1 = f_2 = f_3 = f_4 = b - 1 = 4 - 1 = 3$$

$$f_E = f_T - \sum f_i = 15 - 12 = 3$$

$$s_{误} = S_{误} / n_{误}, \quad F_i = s_i / s_{误}$$

根据以上计算结果，列出方差分析检验表，见表 4.24。

表 4.24　方差分析检验表
Table 4.24　Table for the test of variance analysis

方差来源	差方和（S_i）	自由度（n_i）	均方（s_i）	统计量（F_i）	统计推断
因素 1（粒度）	678.75	3	226.25	192.28	影响显著
因素 2（乙酸浓度）	44.73	3	14.91	12.67	影响显著
因素 3（固液比）	3.53	3	1.18	1.00	影响不显著
因素 4（温度）	92.52	3	30.84	26.21	影响显著
因素 5（预处理时间）	21.19	3	7.06	6.00	影响不显著
误差 S_E	3.53	3			
总和	840.72	15			

根据各因素的自由度 n_i 和误差的自由度 $n_{误}$，查 F 分布表可得置信限列 $F_{0.05}=9.28$。进行统计推断时，当 $F > F_\alpha$ 时，认为相应的因素影响显著，当 $F < F_\alpha$ 时，认为相应的因素影响不显著。则由统计量和置信限比较可知因素 1、因素 2 和因素 4 影响显著，即原料粒度、乙酸浓度与预处理温度对乙酸预处理高粱秸秆还原糖得率的影响较为显著，其中原料粒度的影响最为显著。

通过直观分析所得出的较优条件为原料粒度为超微、乙酸浓度为 25%、固液比为 1:20、预处理温度为 121℃、预处理时间为 20min。而已做实验中的最好方案为正交实验中的方案 15 即原料粒度为超微、乙酸浓度为 25%、固液比为 1:20、预处理温度为 121℃、预处理时间为 20min，从低消耗的实际生产角度考虑，因固液比的变化对还原糖得率的影响较小，因此改变固液比进一步做验证实验，找出较优的工艺条件（表 4.25）。

表 4.25　正交验证实验结果
Table 4.25　Results of verification test for orthogonal test

实验号	因子				
	反应后料液 pH	乙酸浓度/%	固液比/（g·mL⁻¹）	预处理时/min	还原糖得糖率/%
1	7.0	25	1:20	20	41
2	7.0	25	1:15	20	42.5

从验证性试验结果可以看出，当固液比为 1:15 时的还原糖得率较 1:20 时略大一点，因为是固液比过大，相对减少了分子间碰撞的机会，因此在预处理效果相近的情况下，从经济方面选择固液比为 1:15 为宜。因此乙酸预处理高粱秸秆的最佳工艺条件为：原料粒度为超微、乙酸浓度为 25%、固液比为 1:15、预

处理温度为 121℃、预处理时间为 20min。预处理后料液 pH 应调节至 7.0。

4.5.3　小结

通过研究发现 pH、预处理温度、原料粒度等单因素条件对乙酸预处理农作物秸秆还原糖得率都有较为明显的影响。由单因素试验得出了乙酸预处理农作物秸秆的最佳预处理条件分别为：原料粒度为超微、预处理温度为 121℃，乙酸浓度为 25%、固液比 1∶20、预处理时间为 30min、预处理后料液 pH 调至为 7.0 时，还原糖得率最高。

① pH 的大小对显色反应的影响非常显著。还原糖得率随着 pH 的增大呈下降趋势。由此可见，在乙酸高温预处理农作物秸秆之后，当 pH 调节为 6.0～7.0 时显色反应最佳，其中为 7.0 时还原糖得率最高。

② 预处理温度对乙酸预处理农作物还原糖得率的影响是比较大的。在温度为 20～60℃时，还原糖得率呈先增长再下降的趋势，当温度由 60℃升到 121℃之间时，还原糖得率不断上升。因此，选择预处理温度为 121℃时预处理效果最佳。

③ 原料粒度的选择直接影响还原糖得率的高低。粒度越小，越容易反应。粒度的变化使还原糖的产率得到了提高。由实验结果选取原料粒度为超微时作为最佳原料粒度。

④ 当在乙酸浓度低于 25% 时，随着乙酸浓度的增高，还原糖得率呈增大趋势，但是在乙酸浓度为 10%～20% 时，还原糖得率的变化不大，当乙酸浓度高于 25%，还原糖得率开始呈下降趋势。当乙酸浓度为 25%，还原糖得率最大。

⑤ 固液比的选择对还原糖得率的影响是比较明显的。在固液比低于 1∶20 时，固液比的增加在一定范围内促进了糖化反应，因此还原糖得率随着固液比的增加而增大；在高于 1∶20 后，固液比过大，随着固液比的增加，还原糖得率逐渐下降。因此，固液比可选用 1∶20。

⑥ 预处理时间对还原糖得率也是有影响的。在预处理温度为 121℃，乙酸浓度为 25%、固液比 1∶20 的条件下，预处理时间为 10～30min 时，还原糖得率随着反应时间的延长而增大；当反应时间为 30min 时还原糖得率最高，随着反应时间的延长，还原糖的得率不断下降。因此，选用 30min 为乙酸预处理高粱秸秆的最佳预处理时间。

从正交实验设计和单因素实验结果来说，找出了各因素对还原糖得率的影响主次关系依次为：粒度→预处理温度→乙酸浓度→预处理时间→固液比。由方差分析可知，原料粒度、乙酸浓度、预处理温度对乙酸预处理农作物秸秆还原糖得率的影响较为显著，其中原料粒度的影响是最为显著的影响因素。由正交验证实验结果可知，最佳乙酸预处理农作物秸秆的工艺条件为：粒度选择为超微，乙酸浓度为 25%，固液比为 1∶15，预处理温度为 121℃，预处理时间为 20min。

4.6　本　章　总　结

通过利用不同方式对丰富的秸秆类生物质资源进行预处理，得出了各工艺的最优预处理工艺，实现了还原糖产量的最大化，大大降低了光合生物制氢的成本。利用畜禽粪便与秸秆进行预混预处理的最优工艺参数为：预混时间 6.34d、pH4.88、预混温度 48.35℃，考虑到实际操作的简便性，将参数修正为：时间 6.3d、pH4.9、温度 48℃，预测最高 OD 值为 2.697 2。利用微生物进行光合产氢用秸秆类生物质的预处理，得出黄孢原毛平革菌、黑曲霉和绿色木霉两两之间都能很好地共生，且混合培养时微生物的生长速度、覆盖情况和扩展情况都会受到影响。利用单个微生物、两两共生微生物及三菌种联合等 3 种预处理方式进行生物质预处理，还原糖产量变化情况各不相同，但结果均表示所选微生物能有效用于秸秆类生物质的微生物预处理。通过对秸秆类生物质球磨预处理过程中球磨时间、原料初始粒径、球料比和研磨球种类 4 个单因素条件的考察，得出这 4 种因素对预处理过程中得还原糖产量均有显著影响，最优球磨预处理工艺为原料初始粒径为 0.45mm，球料比 20∶1，球磨时间为 2h。玉米芯初始粒径 0.45mm。将超微粉碎预处理技术与纤维素酶酶解技术耦合，得出该预处理方法能有效实现秸秆类生物质的预处理，使酶解还原糖产量大幅增加。最佳耦合反应条件：秸秆的球磨时间为 2h，基质浓度为 30mg/mL，反应温度为 50℃，摇床转速 150r/min，酶解反应时间为 42h，纤维素酶酶负荷为每 g 秸秆添加 105mg，在此条件下得到的还原糖浓度为 13.26mg/mL。同时开展的酶解回收利用技术的研究得出新鲜底物重吸附法回收利用纤维素酶的最佳工艺条件为重吸附温度 15℃，重吸附时间 90min，此时纤维素酶的一次循环利用酶解产糖量为 12.10mg/mL 酶解液。酶固定化方法用于纤维素酶的回收再利用，最佳工艺条件为酶液 pH4.8，纤维素酶的添加量为 400mg。利用乙酸进行秸秆类生物质的预处理得出最佳预处理条件分别为：原料粒度为超微、预处理温度为 121℃，乙酸浓度为 25%、固液比 1∶20、预处理时间为 30min、预处理后料液 pH 调至为 7.0 时，还原糖得率最高。光合生物制氢原料预处理技术的优化，使高效低成本产氢成为可能，为光合生物制氢的产业化规模化应用提供了技术和力量支持。

主要参考文献

陈钧辉. 2003. 生物化学实验[M]. 北京: 科学出版社.

程超, 郝永清, 张林冲. 2008. 瘤胃内分解纤维素细菌的分离与鉴定[J]. 饲料工业. 29(19) 39,40.

丛峰松. 2005. 生物化学实验[M]. 上海: 上海交通大学出版社.

董晓燕. 2003. 生物化学实验[M]. 北京: 化学工业出版社.

樊川, 杨旭升, 张欣, 等. 2009. 牛瘤胃中纤维降解菌类微生物资源的分离及鉴定[J]. 黑龙江科技信息. (36).

盖国胜, 徐政. 1997. 超细粉体加工过程中物料的理化特性变化及应用[J]. 中国粉体技术, 3(6): 41-43.

杭志喜, 崔海丽. 2005. 稀酸降解植物纤维素的研究[J]. 安徽工程科技学院学报. 20(2): 16-19.

胡琼英, 狄洌. 2007. 生物化学实验[M]. 北京: 化学工业出版社.

蒋挺大. 2001. 木质素[M]. 北京: 化学工业出版社.

蓝贤勇, 陈宏, 张润锋. 2003. 瘤胃微生物纤维素酶的研究与应用前景[J]. 黄牛杂志. 29(2): 36-39.

李强, 张名佳, 苏荣欣, 等. 2010. 重吸附法回收利用纤维素酶的工艺优化[J]. 化学工程. 38(2): 62-65.

李燕红, 林钰, 杏艳, 等. 2006. 农作物秸秆废弃物厌氧发酵生物制氢的研究[J]. 环境科学与技术. 29(11): 8,9, 17.

刘培旺, 袁月祥, 闫志英, 等. 2009. 秸秆的不同预处理方法对发酵产氢的影响[J]. 应用与环境生物学报. 15(1): 125-129.

数值模拟方法与研究进展[EB/OL]. http: //wenku. baidu. com/view/4c3b46edb8f67c1cfad6b8d3. htmL.

孙君社, 苏东海, 刘莉. 2007. 秸秆生产乙醇预处理关键技术[J]. 化学进展. 19(7): 1122-1128.

魏凤环, 田景振. 1999. 超微粉碎技术[J]. 山东中医杂志. 18(2): 559,560.

杨静. 2007. 玉米秸秆纤维素酶水解研究及响应面法优化[D]. 天津: 天津大学.

尤希凤, 郭新勇. 2003. 生物制氢技术的研究现状及发展趋势[J]. 河南化工. 10: 4-6.

郑先君, 张占晓, 魏利芳, 等. 2007. 利用乙酸光合细菌产氢的研究[J]. 太阳能学报. 28(12): 26-29.

周俊虎, 戚峰, 程军, 等. 2007. 秸秆发酵产氢的碱性与处理方法研究[J]. 太阳能学报. 28(3): 329-332.

朱跃钊, 卢定强, 万红贵, 等. 2004. 木质纤维素预处理技术研究进展[J]. 生物加工过程. 2(4): 11-16.

An I Yeh, Yi Ching Huang, Shih Hsin Chen. 2010. Effect of particle size on the rate of enzymatic hydrolysis of cellulose[J]. Carohydrate Polymers. 79(1): 192-199.

Caulfield D, Moore W T. 1974. Effect of varying crystallinity of cellulose on enzymic hydrolysis[J]. Wood Sci. 6(4): 375-379.

Chang V S, Holtzapple M T. 2000. Fundamental factors affecting enzymatic reactivity[J]. App Biochem Biotechnol. 84-86(1-9): 5-37.

Glenn J K, Morgan M A, Mayfield M B. 1983. An extracellular H_2O_2-requiring enzyme preparation involved in lignin biodegradation by the white-rot basidiomycete from Phanerochaete chrysosporium [J]. Biochemical and Biophysical Research Communication, 114(3): 1077-1083.

Grethlein H E. 1985. The effect of pore size distribution on the rate of enzymatic hydrolysis of biomass[J]. Bio/Technol. 3: 155-160.

Grous W R, Converse A O, Grethlein H E. 1986. Effect of steam explosion pretreatment on pore size and enzymatic hydrolysis of polar[J]. Enzyme Microbiol. Technol. 8: 274-280.

Kuwahara M, Glenn J K, Morgan M A. 1984. Separation and characterization of two extracelluar H_2O_2-dependent oxidases from ligninolytic cultures of Phanerochaete chrysosporium [J]. FEMS Letters, 169(2): 247-250.

Mohammad J, Taherzadeh 1, Keikhosro Karim. 2008. Pretreatment of Lignocellulosic Wastes to Improve Ethanol and Biogas Production: A Review[J]. International Journal of Molecular Sciences. 9(9): 1621-1651.

Palonen H, Thomsen A B, Tenkanen M, et al. 2004. Evaluation of wet oxidation pretreatment for enzymatic hydrolysis of softwood[J]. Appl. Biochem. Biotechnol. 117(1): 1-17.

Scherrard E C, Kressman F W. 1945. Review of processes in the United States prior to World War II[J]. Ind Eng Chem, 37: 5-8.

Thompson D H, Chen H C, Grethlein H E. 1992. Comprarison of pretreatment methods on the basis of available surface area[J]. Biochem. Biotechnol. 39(2): 155-163.

Zhang Y H P, Lynd L R. 2004. Toward an aggregate understanding of enzymatic hydrolysis of cellulose: noncomplexed cellulase systems[J]. Biotechnol. Bioeng. 88(7): 794-824.

5 光合生物制氢反应器及系统研究

光合生物制氢反应器是光合生物制氢系统与工艺过程中的核心设备。光合细菌制氢工艺流程见图5.1，其目的是为光合细菌提供适宜的生长代谢环境，从而得到尽可能多的氢气，适宜的生长代谢环境包括良好的化学环境和良好的物理环境。良好的化学环境，可在运行过程中调节各工艺参数，通过为光合细菌提供适宜的营养物质成分和浓度，并限制各种妨碍产氢代谢的有害物质的浓度等方法来提供；良好的物理环境，主要包括光合细菌生长的温度、光照强度、pH、细胞与原料的接触和细胞的悬浮等，则要通过反应器的设计和操作来实现。反应器的结构、操作方式和反应条件的调控与产氢菌种的生长代谢、原料的转化率、氢气的质量和生产成本都有密切的关系。现有的用于光合细菌产氢的光合生物反应器多为试管和烧瓶，主要用于实验室小规模光合微生物的产氢机理、产氢菌生长条件的研究，反应器一般只有几十毫升或几百毫升，最大规模的体积也只有8L，有效容积为6.5L，还没有较大规模的适用于光合细菌产氢的反应器研制的相关报道，因此在进行光合细菌产氢研究中，无法实现真正的连续培养，产氢菌生长条件控制、产氢工艺的优化，以及规模化产氢技术和工艺等相关技术的研究开发都受到很大限制。

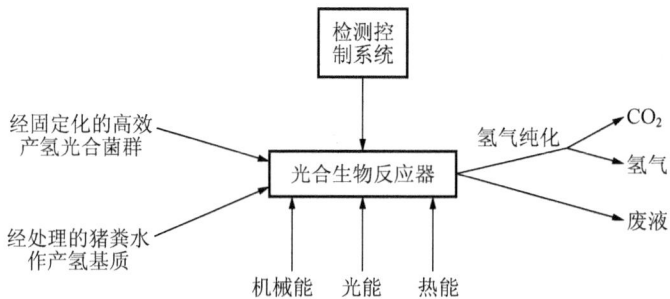

图 5.1　光合细菌制氢生产工艺过程

Fig. 5.1　H_2 production technics process by photosynthetic bacteria

5.1　环流罐式光合生物制氢反应器

5.1.1　环流罐式光合生物制氢反应器设计思路

适用于光合细菌利用禽畜粪便污水光合产氢的光合生物反应器为环流罐式结构，罐顶有接种口、参数测试和调节口，罐身设有取样口，罐内装有透明套筒，放置太阳光再分配器或辅助光源进行光照,有较高的表面积和体积比;反应器配置了由太阳能聚焦采光器、滤光器、光导纤维、光再分配器等组成的太阳光采集、传输设备,大大提高了太阳能的光转化效率;采用了循环热交换系统,在循环管路中安装有换热器,在对反应液进行循环搅拌的同时进行了反应液温度的控制。反应器能很好地完成间歇或连续的光合细菌产氢试验,能很好地控制反应条件,为光合细菌提供良好的产氢代谢所需的化学环境和物理环境,反应器合理的设计大大降低了其生产成本,不仅可用于较大规模的实验室试验,也为进一步工业化生产性试验奠定了基础。

5.1.1.1　环流罐式光合生物制氢反应器工作原理

用于制氢的原料和光合细菌菌株分别由原料入口和菌株接种入口流入反应器罐体,光合细菌生长过程中各生化参数和光强、温度等通过监测设备实时得到,经监测设备传输到控制器,对其进行控制,或由试验操作员定时进行样本采集检测和调节,使反应器内反应菌液处于光合细菌产氢所需的最佳生长代谢条件下,产出的气体由产气出口排出反应器,进入氢气收集装置进行进一步处理利用。

5.1.1.2　环流罐式光合生物制氢反应器设计原则

河南农业大学课题组研制的光合生物制氢反应器结构简单,具有较好的液体混合性能,可实现高效率的热能、光能传输,能实时进行生化参数的检测及调控,可满足光合生物产氢的工艺要求,易于放大。按照上述设计原则,环流罐式反应器拟采取的主要结构和关键技术为

1)采用内置套筒的透明罐状反应器主体设计

采用罐状锥底反应器主体设计,比平板式反应器占地面积小,比多组长管式造价低,而且反应器中无滞留区,可避免细胞和菌液的聚集。反应器采用透明材料制成,且内置透明套筒,光源可由内部进行照射,使反应器内外层都可接受光照,不仅使反应器表面积和体积比大为提高,也可大大缩短光的传播距离,使光线的分配更加均匀合理,进一步提高光的利用效率,满足光合生物的生长代谢需要。

2)配置高效太阳光采集传输系统

反应器配置了可自动跟踪太阳光,进行聚焦且可调滤光的太阳光高效采集系统,采用光导纤维和光再分配器进行太阳光的传输和再分配,通过太阳光聚焦、筛选、过滤以及再分配后,光导纤维只将与光合细菌生长所需光波波长相耦合的光传输到反应器中,可大大提高太阳光的转化效率,目前国内外尚无该技术在生物法制氢中的应用。

3)采用反应菌液循环加热搅拌技术

采用菌液循环加热法代替内置搅拌器,这种混合方式不仅能够达到基质与光合细菌菌种较好的混合,也避免了一般生物反应器因搅拌器安装造成的漏气问题,

也可减小由于机械搅拌混合方式或气升混合方式产生的剪切力对细胞的损伤，还可同时解决热量的传输问题，无须采用双层罐体夹层或盘管控温方法，降低了反应器的生产成本和体积规格。

4）制氢过程中反应菌液温度的智能调控

采用模糊智能调节方法对反应菌液温度进行调控，解决了生化反应过程温度的强耦合、大滞后、非线性特征带来的控制难题，可调整反应液温度在设定范围内，适宜于各不同生长习性产氢光合微生物的培养，大大提高了反应器的适用范围，为将来光合微生物制氢大规模生产的自动化控制提供了数据支持。

5.1.2　环流罐式光合生物制氢反应器主体设计过程

在进行光合生物反应器设计时，针对光合细菌的生长和产氢代谢条件，结合复杂生物代谢反应过程的模式和特点，主要对反应器结构与型式、运行模式、基质的输送及反应液的混合特性、光能采集与传输、热交换器及温度调控等分别进行了方案选择、设计计算和试验研究。

不同的反应器型式、结构和操作方式，会有不同的传递特性、不同流动方式与混合特性，从而导致反应过程速率和反应物产率的不同，在进行反应器型式与操作方式的选择和结构设计时，必须结合光合细菌的生长代谢模式，根据产氢工艺过程要求来进行。

目前大量的光合细菌产氢的相关研究表明，光合细菌产氢过程是光合细菌菌体内由固氮酶催化，分解糖、低脂肪酸和小分子有机酸等，产生 CO_2 和 H_2 的生化反应代谢过程。一般而言，光合细菌产氢需要充足的光照和严格的厌氧条件。有试验显示，光合细菌也能在微好氧、黑暗条件下放氢，如紫色非硫细菌和紫色硫细菌中的许多菌株。也有试验显示，黑暗/光照交替的反应条件也有很好的产氢效果。另外菌株的种类、菌龄、接种量、pH、温度、基质成分等因素对光合细菌产氢都有显著的影响，一般来讲，接种量越高，产氢越高，但过高的生物量有负效应；菌种来源于高产氢量菌株、菌龄处于对数期时，菌株产氢活性显著增加，产氢延滞期明显缩短；产氢适宜的 pH 为 7.0～7.5，最佳温度为 30～40℃；采用固定化技术可大大提高产氢能力和系统的稳定性，并延长产氢时间；纯底物产氢速率高，但产氢时间短。因此，研制生产可提供有利于光合细菌产氢代谢模式的光反应器，并调节其运行条件使其适宜于光合细菌产氢代谢模式的进行，才能提供最佳的产氢条件，保证光合细菌生长和产氢的顺利进行，提高氢气的产量。

5.1.2.1　光合生物制氢反应器的选型

课题组研制的环流罐式光合生物制氢反应器采用圆柱形锥底立式罐，即锥形罐。反应器的形式是影响造价的主要因素之一，以 $m^2/100L$ 数值表示，虽然这种罐状形式不是最经济形式，见表 5.1，但由于锥形罐能很好地满足微生物连续培养的工艺过程,而且适用范围宽,高径比要求小,已广泛应用于许多连续生物培养工艺过程。锥形罐锥底角一般为 60°~130°,以 70°角较好,本反应器的锥底角为90°。

表 5.1　反应器的形式与造价关系表
Table 5.1　The relational table between the reactor's form and cost

罐形	球形罐　联合罐　朝日罐　水平罐　锥形罐　方形罐		
m²/100L 值	小 ————————————————————→ 大		
造价	低 ————————————————————→ 高		

对于技术已成熟反应器规模和几何尺寸的设计,可根据相关衡算公式,计算确定完成规定生产任务所需的反应器的有效体积,从而确定反应器的几何尺寸,本文设计的反应器无相关衡算公式,是根据光合细菌生长工艺要求和目前光合细菌产氢研究水平设定的,因此光合生物制氢反应器规模和几何尺寸衡算公式是今后光合微生物制氢研究中的一项主要内容。结合前期研制的 7L 罐式和 200L 板式反应器的试验经验得知,规模太小,不能安装流体和气体连续自动输入、输出设备,无法进行基质稳定连续地供给,无法实现光合细菌真正的连续培养;规模太大,不能稳定控制光合细菌培养、产氢的工艺参数,不能有效解决光转化率低等问题。根据最新的研究进展,Uyar 等通过改变板式反应器的深度,研究光对光合细菌产氢的影响,得出在室外 100lx 光强下反应器的深度最多可达到 20cm。为了使反应器内光合细菌能充分吸收光源,提高光的转化利用率,反应器设计尺寸为:高 500mm,外径 340mm,锥底高 100mm,4 个直径为 80mm 的圆柱形套筒均匀分布其中,可以从内部提供光源,缩短光传播距离,以保证光路在 20cm 以内。反应器有效容积为 31.07L,反应器表面积和体积比达到 36m⁻¹。

5.1.2.2　光合生物制氢反应器的结构设计

光合生物制氢反应器主要由反应器罐体、反应液混合及温度控制部分、太阳光采集及传输部分、辅助光源部分、参数实时监测设备组成,见图 5.2。各组成部分具体结构和功能如下。

反应器罐体:罐体为圆柱体和锥状体用法兰连接,罐体与罐顶也由法兰连接,罐体与罐顶由 5 mm 聚甲基丙烯酸甲酯(PMMA),即有机玻璃材料制成。聚甲基丙烯酸甲酯(PMMA),具有高度透明性,机械强度高,耐一般酸,耐碱,易于成型加工的特点,是目前最优良的高分子透明材料,比玻璃的透光度高,可透过 92%以上的太阳光。反应器设计为能用绝对压力为 212kPa 的饱和干净蒸汽消毒的耐压壁厚,耐 121℃的蒸汽消毒温度灭菌要求,因此具有广泛的光合微生物培养适用性。与罐顶相连的四个直径为 80mm 的透明套筒置于反应器之中,用于太阳光和辅助光源传输设备的安放。反应器罐体上安装有菌株接种入口、原料出/入口、菌液出口、产气出口、反应液循环入口,以及温度、光强、生化参数实时监测设备引出口和调节口。透明罐体可使自然界的太阳光入射到罐体内,密封罐体可提供利于光合细菌产氢的厌氧环境,并可防止杂菌的污染。

太阳光采集及传输部分:由自动跟踪太阳的太阳能聚焦采光器、滤光器、太阳光再分配器、光导纤维组成,完成太阳光的聚焦采集、过滤,并将与光合产氢菌的吸收光谱特性相耦合的太阳光经由光导纤维从4个置于反应器中的透明管筒输送到反应器中,以改善深层区域光照度差的问题,使太阳光在反应液中的分配均匀,以达到光能的高效率转化,同时降低了单位面积光导纤维传输的光负荷,增加有效光密度。

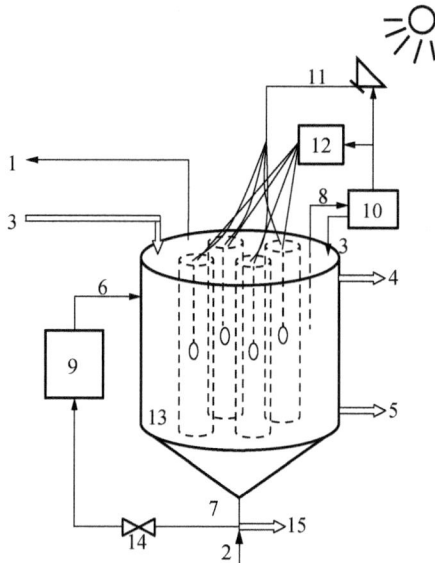

图 5.2　光合生物产氢反应器结构示意图及实物图

Fig. 5.2　Schematic diagram and photo of bioreactor for photosynthetic biohydrogenation

1. 产气出口;2. 菌株接种入口;3. 生化参数调节口;4. 菌液出口;5. 取样口;
6. 反应液循环入口;7. 菌液循环出口/原料入口;8. 光照、温度及生化参数测量设备引出口;
9. 换热器;10. 光照、温度及生化参数控制设备;11. 太阳光采集及传输设备;
12. 辅助光源;13. 反应器罐体;14. 循环/加料泵;15. 排料口

反应液混合及温度控制部分:由循环泵、换热器和温度控制器组成。反应液控温循环管从换热器中通过,温度控制器可自动控制换热器温度,在循环泵作用下从反应器主体下方流出的反应液经过换热器,从反应液循环入口流入反应器,在保持反应液稳定的生长温度的同时,形成反应液自动循环搅拌,无须另外安装搅拌装置。

辅助光源部分:由白炽灯从套筒中向反应器内提供辅助光源照射。

参数实时监测设备:包括光强测量、温度测量、pH测量和基质浓度等生化参数监测及控制设备。通过光强测量、温度测量、pH测量和基质浓度等生化参数实时监测设备引出口可对反应器接收的光强度、反应液的温度和生化参数进行实时测量,根据测量结果由相应控制设备对其运行状况进行调整或由试验操作员进行测试和调控。

环流罐式反应器的设计图及实物见图 5.3~图 5.5。

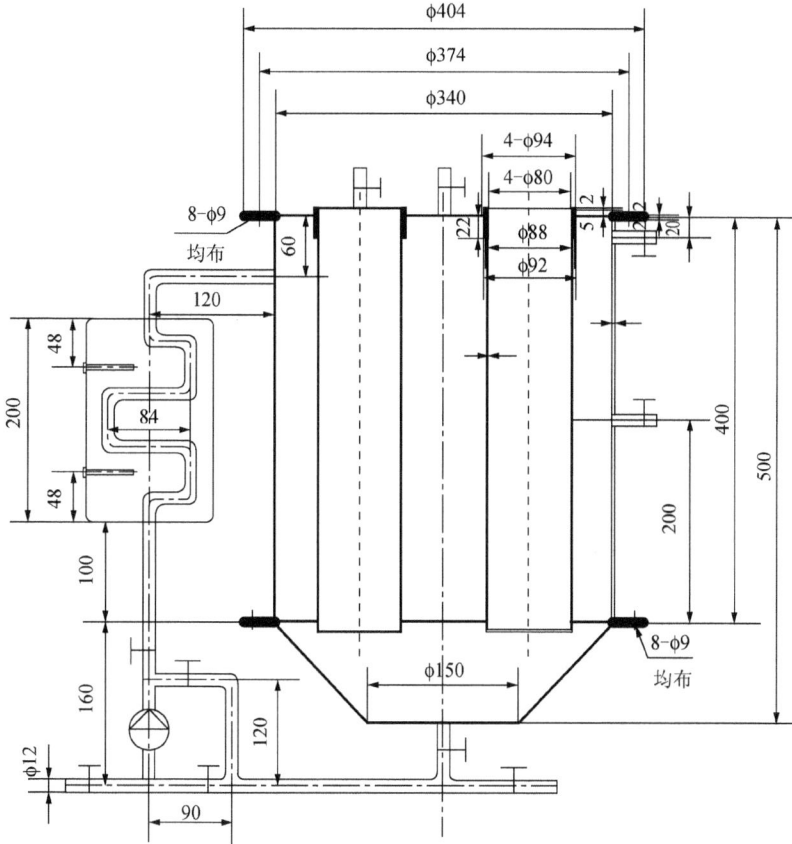

图 5.3　新型环流罐式光合生物反应器正视图

Fig. 5.3　The front view of the circumfluence cylindrical photobioreactor

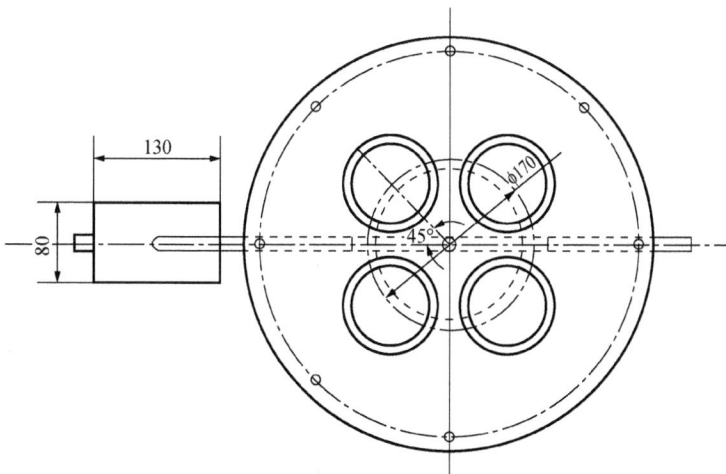

图 5.4　新型环流罐式光合生物反应器俯视图

Fig. 5.4　The vertical view of the circumfluence cylindrical photobioreactor

图 5.5　新型环流罐式光合生物反应器实物图

Fig. 5.5　The real figure of the circumfluence cylindrical photobioreactor

5.1.3　环流罐式光合生物制氢反应器运行模式

生物反应器的运行模式有批式培养、连续培养和半连续培养 3 种。反应器运行模式主要由参与生物反应过程的细胞生化反应机制和生理特性，以及生物反应的工艺过程决定，反应器运行模式的不同对反应器的设计要求也不尽相同。通过实验室以往对光合细菌产氢特性和制氢工艺过程的大量相关试验和研究表明，光合细菌产氢研究一般是在批式培养（间歇培养）或半连续培养（重复批处理连续培养）的运行模式下进行的，未来的大规模工业化光合细菌制氢应为半连续培养或连续培养运行模式。

虽然连续培养可以通过向培养系统中连续地添加新鲜的培养基，从而使光合细菌细胞能在近似恒定的、最优的生长状态下培养产氢，因此微生物细胞的生长速率、产物的代谢均处于恒定状态，可以达到稳定、高速培养微生物细胞或产生大量代谢产物的目的，但连续培养运行方式对反应器控制要求高、反应器生产制作成本高，反应器的开放性不好，不便于试验研究。

5.1.4　基质的输送及反应液的混合特性研究

5.1.4.1　基质的输送

光合细菌产氢过程中流体的输送主要是产氢原料，即产氢基质的输送，经过预处理的禽畜污水由加料泵加入到反应器中。由于在生物反应器中微生物的所有活动最终导致生物量的增加或所期待产品的产生，基质作为微生物反应活动中的主要营养供应物质，所有的活动与反应器中产氢基质的输送有着密切的联系。

环流罐式反应器中产氢基质的输送路线见图 5.6,这种输送方式和路线可使产氢基质最大程度地与光合细菌接触,特别是在采用固定化方法时,使新流入的基质能与固定化颗粒中的光合细菌充分接触,被光合细菌利用过的基质,从最上方排出,保证产氢基质的充分利用,提高产氢原料的转化利用率,同时固定化颗粒也不会被排出,保证了反应器中有足够的生物量。

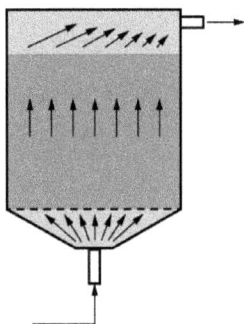

图 5.6　反应器内基质的输送

Fig. 5.6　Transportation of substrate medium in bioreactor

5.1.4.2　反应液的混合特性研究

反应器中反应液混合的主要目的是加强湍流,以达到基质与光合细菌菌种的完全混合,使光合细菌与基质很好地接触。光合微生物制氢反应器中反应液的混合过程主要是通过循环泵将动量传递给循环管内液体,使一股液流从循环入口管道流入罐内,这股液流沿其流动方向流动的同时推动周围的液体,使全部液体在罐内流动起来。罐内的混合过程是产氢反应液在主体扩散、湍流扩散和分子扩散的综合作用下完成的。从循环入口管道流入的液流在反应器中形成射流,射流对周围的液体有吸卷效应,可促进不同组分或温度的流体之间的混合,加强传热、传质,加之在高雷诺数下($Re>1$)流体惯性力的作用推动周围的液体,将基质和菌种粗略混合,呈宏观流动;对于射流,当管口流出的液流达到一定速度,射流会在较短的距离内变成完全的湍流,形成湍流扩散,湍流扩散使基质和菌种的混合进一步完全,使产氢反应液的不均匀性降低至旋涡本身大小,呈微观流动;最终通过分子扩散达到完全的混合,呈微观混合,即基质与光合细菌菌种的完全混合。

光合产氢反应液的动力黏度、密度等特性对于反应液的混合和运动状态研究,以及反应器的循环系统的设计起着至关重要的作用。

试验用菌株来自实验室在郑州东郊新大牧业种猪场、郑州市污水处理厂、郑州市西流湖、郑州市郊豆腐加工厂、河南农科院试验田、郑州市金水河等地点在四个季节取得 24 个样品菌株中,经过富集、分离培养,筛选出来的高效产氢优势菌种 F1、F5、F7、F11、L6、S7 和 S9 组成的光合产氢细菌菌群。基质为取自郑州市东郊的新大牧业种猪场的湿猪粪,取来的湿猪粪先经黑暗好氧预处理 4d,再以一定量的自来水稀释、浸泡猪粪，然后用 40 目的筛子过滤猪粪污水，滤去稻草、泥沙等杂质后，稀释至 COD 为 5 000mg/L 左右作为实验用基质。将筛选出的光合细菌高效产氢菌群按 10%接种量接入基质中，置于恒温箱培养至第 3d 作为试验用反应液。

光合细菌产氢反应液的动力黏度采用毛细管测量方法测定，密度采用分析天平测定。接种前基质和游离态光合细菌产氢反应液在 30℃、35℃、40℃时的动力黏度和密度测定值见表 5.2 和表 5.3。

表 5.2　基质和光合细菌产氢反应液的动力黏度
Table 5.2　Dynamic viscosity of substrate medium

时间/h	动力黏度（Pa·s）游离态			
	25℃	30℃	35℃	40℃
基质	1.415×10^{-3}	1.358×10^{-3}	1.302×10^{-3}	1.274×10^{-3}
0	1.198×10^{-3}	1.255×10^{-3}	1.179×10^{-3}	1.132×10^{-3}
24	3.330×10^{-3}	3.396×10^{-3}	2.877×10^{-3}	2.519×10^{-3}
48	5.255×10^{-3}	4.717×10^{-3}	4.528×10^{-3}	4.434×10^{-3}
72	6.962×10^{-3}	6.179×10^{-3}	5.708×10^{-3}	5.090×10^{-3}
96	7.028×10^{-3}	6.434×10^{-3}	5.991×10^{-3}	5.453×10^{-3}
120	6.981×10^{-3}	6.415×10^{-3}	5.991×10^{-3}	5.472×10^{-3}
144	7.028×10^{-3}	6.509×10^{-3}	5.943×10^{-3}	5.425×10^{-3}

表 5.3　基质和光合细菌产氢反应液的密度
Table 5.3　Density of substrate medium

时间/h	密度（kg/m³）游离态			
	25℃	30℃	35℃	40℃
基质	$0.990\,2 \times 10^{3}$	$0.992\,2 \times 10^{3}$	$0.991\,0 \times 10^{3}$	$0.990\,8 \times 10^{3}$
0	$0.980\,2 \times 10^{3}$	$0.980\,1 \times 10^{3}$	$0.980\,2 \times 10^{3}$	$0.980\,3 \times 10^{3}$
24	$0.982\,0 \times 10^{3}$	$0.979\,6 \times 10^{3}$	$0.980\,0 \times 10^{3}$	$0.980\,1 \times 10^{3}$
48	$0.979\,4 \times 10^{3}$	$0.980\,4 \times 10^{3}$	$0.980\,24 \times 10^{3}$	$0.980\,2 \times 10^{3}$
72	$0.980\,0 \times 10^{3}$	$0.980\,2 \times 10^{3}$	$0.980\,0 \times 10^{3}$	$0.979\,8 \times 10^{3}$
96	$0.980\,1 \times 10^{3}$	$0.980\,3 \times 10^{3}$	$0.980\,2 \times 10^{3}$	$0.980\,0 \times 10^{3}$
120	$0.980\,3 \times 10^{3}$	$0.980\,2 \times 10^{3}$	$0.979\,5 \times 10^{3}$	$0.980\,2 \times 10^{3}$
144	$0.980\,1 \times 10^{3}$	$0.977\,92 \times 10^{3}$	$0.980\,2 \times 10^{3}$	$0.980\,1 \times 10^{3}$

由表 5.2 可知，接种前基质的黏度较低，反应液黏度也较低，黏度变化幅度也不大，这可能是由于光合细菌产氢基质中多为小分子有机物，且光合细菌多为非菌丝体细胞。

5.1.4.3　反应液运动状态分析及循环泵的选取

由于射流的运动状态，根据雷诺数的大小可以是层流或湍流。对于圆射流，孔口雷诺数小于 300 时，射流为层流。循环泵的主要作用是使产氢反应液在压力差的作用下在循环管中产生流动，以一定的速度由循环管入口流入反应器，在反应器内形成湍流，完成光合细菌和产氢基质的混合，使产氢反应液达到完全混合，循环泵的选取对反应液的运动状态和产氢过程中基质与光合细菌菌种的混合起着决定性的作用。

一般由光合细菌参与的生化反应决定，若接种前基质的黏度低，流变特性则呈牛顿型，但随着光合细菌的生长和产氢的进行，反应液的流变特性会逐渐变得复杂，其流变特性目前无相关报道，还有待于进一步研究。由于光合细菌产氢反应液的黏度较低，黏度变化幅度也不大，因此对生物制氢反应液按牛顿流体进行计算分析，射流运动也按自由射流进行计算分析。

孔口雷诺数为

$$Re = \frac{V_0 D}{\gamma} \tag{5-1}$$

$$\gamma = \frac{\mu}{\rho} \tag{5-2}$$

式中：μ 为产氢反应液的动力黏度；ρ 为产氢反应液的密度；γ 为产氢反应液的运动黏度；D 为孔口直径；$D=0.02\mathrm{m}$；V_0 为循环入口液流流速。

对于圆射流层流运动发展为湍流的临界 $Re_d=300$，当 $Re>Re_d$ 时为湍流。因此有

$$Re = \frac{V_0 D}{\gamma} > Re_d \tag{5-3}$$

于是循环入口反应液流速应为

$$V_0 > \frac{Re_d \cdot \gamma_{\max}}{D} \tag{5-4}$$

由表 5.3 可看出产氢反应液的密度随产氢时间和温度的变化不大，因此 $\gamma_{\max}$ 等于游离态光合细菌产氢 96h 后反应液的运动黏度，为

$$\gamma_{\max} = \frac{\mu_m}{\rho_m} = \frac{7.028 \times 10^{-3}}{0.980\,1 \times 10^3} = 7.1707 \times 10^{-6} \ \mathrm{m^2/s} \tag{5-5}$$

则有

$$V_0 > \frac{300 \times 7.170\,7 \times 10^{-6}}{0.02} \tag{5-6}$$

$$V_0 > 0.108\mathrm{m/s}$$

即当循环入口反应液流速大于 0.108m/s 时，射流的运动状态为湍流，可达到产氢反应液完全混合所要求的流体运动状态。

环流罐式反应器选择的循环泵为流量可调的循环泵，其流量范围为 $0\sim0.8$ $\mathrm{m^3/h}$，循环入口反应液最大流速 $V_{\max}=0.707\,7\mathrm{m/s}$，可以达到反应器循环入口射流达到湍流所要求的最小流速。

5.1.4.4 环流循环方式下光合细菌细胞活性与产氢特性研究

剪切力为作用于细胞表面且与细胞表面平行的力，但由于生物反应器内部液

体中力学情况非常复杂，一般剪切力指影响细胞的各种机械力的总称。主要由机械混合过程中机械搅拌器桨叶的搅动、深层通气时的气泡破碎、气升混合过程中气泡在液面上破碎、湍流扩散过程中漩涡的运动等因素引起。但如果循环泵带动流体流动的速度太小，又不能达到反应液很好的混合。因此反应器环流循环方式下光合细菌细胞活性与产氢特性研究，可为产氢反应过程中循环回路中液流流速和环流循环混合效果提供依据，为微生物反应器设计提供参考。

细胞活性采用 CellTiter-Blue[TM] 细胞活性检测法，测定菌液在 570nm 处的 OD 值。氢气含量用 GC-14B 气相色谱仪的导热检测器（TCD）测定，氮气作载气，流速为 30mL/min。循环管路中反应液流速用 HYWJ-ZH 流量计测定。

利用环流罐式光合生物制氢反应器，按 20%的接种量将增殖培养的菌液接入产氢基质中，调整光照度为 2 000lx，反应液温度保持在（31±2）℃，采用半连续培养方式，从开始 36h 后，每隔 12h 按 0.06h[-1] 的稀释率排出、添加产氢底物一次，反应连续进行了 10d，前 2d 调整循环泵使循环入口液流流速在 0.4m/s 左右，从第 3d 开始每天调整循环泵使循环入口液流流速从低到高，每天测量细胞活性和产氢量，得到表 5.4。

表 5.4　不同的循环流速对细胞活性和产氢量的影响
Table 5.4　Influence on cell activity and hydrogen production with different circumfluence rate

时间/d	1	2	3	4	5	6	7	8	9
液流流速/（m·s⁻¹）		0.4	0.1	0.2	0.3	0.4	0.5	0.6	0.7
细胞相对活性/%	\	83.5	57.8	60.1	61.3	83.8	88.9	78.9	54.7
产氢量/（L·d⁻¹）	\	0.6	1.2	2.1	3.8	4.3	5.1	5.6	2.4

数据结果显示，当反应液循环流速很小或较大时，细胞活性较差，在反应液循环流速为 0.5m/s 时，细胞活性最高；当反应液循环流速很小或较大时，产氢量也较小，在流速为 0.6m/s 时产氢量最大，反应液的混合对细胞的生长代谢和氢气的产出都有较大的影响，当反应液循环流速在 0.5~0.6m/s 时，最为适宜光合细菌的培养和氢气的产出。

5.1.4.5　总体流动特性和流型研究

由环流循环方式下光合细菌细胞活性与产氢特性研究实验数据可以看出，当循环入口液流流速在 0.5~0.6m/s 时，最为适宜光合细菌的培养和氢气的产出。

由循环泵直接带动引起的从循环入口管道流入的液体运动为射流，也是反应器中液体运动的主流；由于射流的连续性，以及射流的吸卷作用所产生的运动为循环流，也是次流，反应器中流体的流动由这两种运动形式组成。

在循环入口反应液入射速度不同的情况下，流型也不相同，用示踪法测得循环入口反应液流速为 0.6m/s，在稳定培养时的流型见图 5.7。

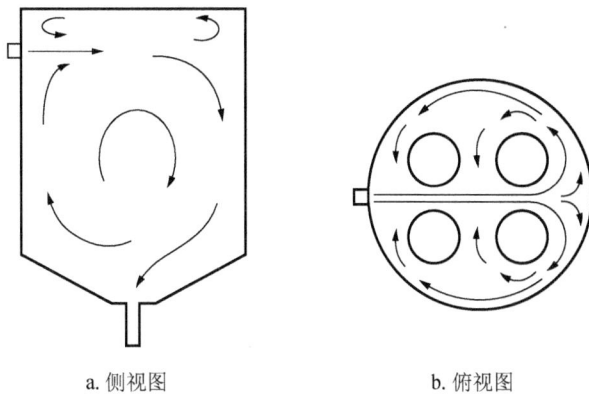

a. 侧视图　　　　　　　　　　b. 俯视图

图 5.7　环流循环式反应器流型

Fig. 5.7　Flow pattern of circumfluence cylindrical photobioreactor

5.1.5　生化反应器光能采集传输系统设计

适宜光源的提供是光合微生物反应器设计中最为重要的部分之一。合理配置光源、科学适宜的光传输设计、合理的套筒直径设计计算对缩短光路、有效分配光能、以及高效转化光能起着至关重要的作用。

环流罐式反应器系统光源采集传输系统由太阳光聚焦采光设备、光传输和再分配、以及辅助光源设备组成。该反应器采用的太阳光聚焦采光设备配置了可以自动跟踪太阳光，进行聚焦且可调滤光的太阳光高效采集系统，经菲涅耳透镜聚光后，用滤波片将混合光合细菌菌群产氢能力最大的波长为 380～780 nm 的太阳光，由光导纤维传输到反应器内的套筒中，光经再分配器进行太阳光再分配，照射到反应器的深层区域，来改善反应器内光线不足、深层区域光照度差的问题，使太阳光在反应液中的分配均匀，以达到光能的高效率转化，同时降低了单位面积光导纤维传输的光负荷，增加了有效光密度。

5.1.5.1　太阳光的传输及光再分配系统

经自动跟踪太阳光，进行聚焦且可调滤光的太阳光高效采集系统，由光导纤维传输到反应器内的套筒中的光，从光纤输出端面输出后，但在短距离内，仍呈圆锥状照射，不能达到光的均匀分配，需要进行光的再分配，才能使太阳光在反应液中的分配均匀，以达到光能的高效率转化利用。

1）太阳光的传输及光再分配系统的组成

太阳光的传输及光再分配系统的组成材料为南京箭特科技有限公司生产的 Φ8 多模端光纤，数值孔径：NA=0.45；上海铭华实业有限公司生产的 Φ15 mm×42mm 光分配器，型号：FO-004。

2）太阳光的传输

根据光纤全反射原理，当入射光线的孔径角 θ 小于全反射临界角 θ_{max}，便能在纤芯和包层的界面上进行连续多次的全反射，实现光的传输（图 5.8）。经光纤传输的出射光线的方向与全反射次数有关，偶次反射后，出射光线与入射光线同方向；奇次反射后，出射光线沿着入射光线的镜向方向传出。

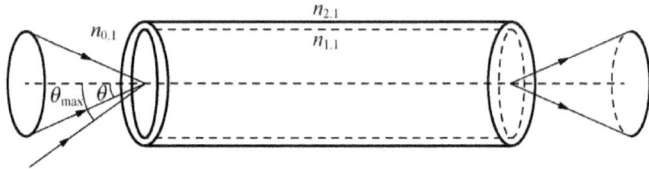

图 5.8　光纤中光的传输

Fig. 5.8　Transmission of light in optical fibre

当光纤中纤芯折射率为 n_1，包层折射率为 n_2，光纤所在介质折射率为 n_0 时，根据临界角公式

$$\sin\theta_{\max} = \frac{n_2}{n_1} \tag{5-7}$$

根据折射定律有：

$$n_0\sin\theta = n_1\sin\theta' \tag{5-8}$$

由全反射定律可得到：

$$n_0\sin\theta = \sqrt{n_1^{\,2} - n_2^{\,2}} \tag{5-9}$$

数值孔径为 NA，

$$NA = n_0\sin\theta_{\max} = \sqrt{n_1^{\,2} - n_2^{\,2}} \tag{5-10}$$

数值孔径代表光纤的传光能力，数值孔径越大，光纤的集光本领越强，因此在传输系统中，选用数值孔径较大的光纤进行太阳光的传输，数值孔径为 0.45。由式（5-10）得光纤的全反射临界角为：

$$\theta_{\max} = \frac{\arcsin 0.45}{n_0} \tag{5-11}$$

$$\theta_{\max} = 26°42'$$

因此从光纤输出端射出的光为在图 5-5 所示的空间锥体内的光线。

3）太阳光的分配

虽然经光纤传递的光从输出端面输出后，在空气中呈瑞利散射，散射光和入射光波长相等，散射光强度与散射方向有关，并和波长的四次方成反比，见式（5-11），但在短距离内，仍呈圆锥状照射，光线集中照射在 $\theta_{\max}$ 角范围内，不能达到光的均匀分配，需用光再分配器进行光的再分配，以得到均匀分布的光。

$$I = I_0 e^{-(\alpha_a + \alpha_s)d} = I_0 e^{-\alpha d} \tag{5-12}$$

式中：α_a 是吸收系数；α_s 是散射系数；α 是衰减系数。

由式（5-13）可知，反应器内光合细菌接收到的光照度，不仅与光导纤维导入套筒的光强度有关，还与光合细菌与光源的距离有关，在导入光强度不变的情况下，光照强度与距离的平方成正比，因此套筒的直径越小，光照度越大。

$$E = I / r^2 \tag{5-13}$$

对距光纤端部 5cm 最大光照度为 24 000lx 的试验测试数据进行分析，不考虑光在空气中的散射，用光再分配器进行光的分散，分散角 $\varphi=300°$，$r=5$cm。

$$E_1 S_1 = E_2 S_2 \tag{5-14}$$

式中：E_1 为距光纤端部 5cm 处的光照度；S_1 为距光纤端部 5cm 处的光照面积；E_2 为光分散后 $r=5$cm 处的光照度；S_2 为光分散后的光照面积；d 为光纤直径。由式（1-14）得

$$E_2 = E_1 S_1 / S_2 \tag{5-15}$$

$$E_2 = \frac{E_1 \pi (d/2 + r \cdot tg\theta_{max})^2}{2\pi \cdot r^2 \cdot \left\{1 + \sin\left[(\phi - 180°)/2\right]\right\}} \tag{5-16}$$

则有

当 $E_1 = E_{max} = 24\,000$lx 时　　　$E_2 = 2\,181.8$lx

当 $E_1 = \overline{E_{max}} = 64\,15$lx 时　　　$E_2 = 583.2$lx

即 $r=5$ cm 时，再分配后平均光照度在 0～2 181.8lx，最大照度能达到光合细菌产氢的最佳光照度 1 600lx，但是，其平均光照度在 0～583.2lx，不能达到光合细菌产氢的最佳照度。因此在套筒的半径设计时，为提高分散后的光照度，套筒的半径应小于 5cm 才能提供更利于光合细菌产氢的光照度，更好地利用太阳能，当 $r=4$cm 及 $r=3$cm 时由式（5-13）和式（5-16）得

当 $r=4$cm 时　　　　　　$E_1 = 24\,000$lx 时　　$E_2 = 3\,409.1$lx

　　　　　　　　　　　　$E_1 = 6\,415$lx 时　　$E_2 = 911.3$lx

当 $r=3$cm 时　　　　　　$E_1 = 24\,000$lx 时　　$E_2 = 6\,060.6$lx

　　　　　　　　　　　　$E_1 = 6\,415$lx 时　　$E_2 = 1\,620.0$lx

考虑辅助光源的放置不能距套筒壁太近，当 $r=4$cm 时，光照度能有较大提高，设计套筒的半径为 4cm，在连续产氢实验期间测得套筒内壁 a、b、c 处的光照度值，得出各处位置光照均可满足光合细菌产氢光照条件的要求，且晴天时太阳光可利用时间在 8～10h。

5.1.5.2 辅助光源的传递

当太阳作为能源资源利用时，因受昼夜、阴雨及季节等条件影响较大，导致太阳光照的间断性和不稳定性。为解决此问题，反应器设计有辅助光源，在阴天或太阳光不足的情况下，开启辅助光源为光合细菌提供光照。辅助光源被置于反应器内的套筒中，从内部提供光照。当太阳光采集传输来的太阳光可提供适当的光照时，辅助光源关闭；当太阳光提供的光照不能满足光合细菌产氢需求时，启

动辅助光源，进行补充。

　　辅助光源的选择原则首先是要满足光合细菌培养和代谢的要求，选用光谱能量分布与光合细菌产氢代谢吸收光谱能量分布最相似的人工光源；其次是尽可能选用发光效率高的人工光源，以提高光能和电能的转化利用率，降低制氢成本，节约能源。

　　目前已有的照明光源主要为热辐射光源和气体放电光源。气体放电光源分为高压气体放电光源和低压气体放电光源两大类，虽然气体放电光源发光效率高，热辐射小，但由于其辐射光谱中有较多的线状光谱，而且有些光谱偏移到光合细菌色素的吸收波段之外，不仅影响到光合细菌的产氢，对其生长代谢也有一定的影响。热辐射光源主要为白炽灯和卤钨灯，虽然热辐射光源效率低，发热量大，但其光谱连续，光谱能量分布与太阳光光谱能量分布最为接近，因此在目前光合微生物研究中广泛使用。环流罐式反应器采用白炽灯作为辅助光源，选用 10W 和 15W 两种不同功率的白炽灯可为光合细菌提供光照，光照度值见表 5.5。

表 5.5　辅助光源提供的光照度
Table 5.5　The light intensity of tungsten lamps

光照度	光照度/lx		
型号	I_a	I_b	I_c
E14/220V/10W	2 810	1 510	983
E14/220V/15W	3 280	1 807	1 157

5.1.6　环流罐式反应器温控系统的设计

　　温度是影响光合细菌产氢的重要因素之一，虽然光合细菌对产氢过程温度适应性较大，一般在 20～35℃ 都可正常产氢，但对于光合细菌利用猪粪污水产氢最佳的产氢温度范围是 28～34℃，保持菌体培养和产氢所需要的合适温度，对于连续稳定产氢、提高产氢速率和产氢量、以及进行光合细菌产氢工艺优化研究都具有很重要的作用。

5.1.6.1　热交换器及温度调控系统的设计

　　为了提高光反应器的透光度，环流罐式反应器未采用夹套保温，而采用安装在循环管路上的蛇管式换热器，通过控制柜对换热器进行温度调节，控制反应器内菌液的反应温度，可使反应液在进行混合循环的同时进行热量的传递，既保证了光合反应器的透光性、产氢温度，又降低了反应器的生产制作成本。

　　但是由于光合细菌产氢过程温度不仅受换热器的控制，还受到太阳光、辅助光源和外界环境温度的影响，另外微生物光合产氢过程是非常复杂的生化反应过程，反应过程中不断有热量释放出来，而且因菌体在不同反应阶段的生长活动特性和反应机理均不相同，在各个阶段释放出的热量也有差异，难以用精确的数学模型进行表达；另外由于反应器中反应菌液量大，传热过程较长，温度测试设备所显示的反应器中温度有较大的滞后，因此，光合细菌产氢反应过程反应器中反应菌液的温度变化具有非线性、大滞后、无精确数学模型和影响参数具有时变性的特点。单纯依靠换热器保持恒定温度进行反应过程温度的控制，不仅容易造成反应菌液温度波动浮动大，调节滞后等问题，还会造成能源的浪费。

模糊逻辑控制是近几十年发展起来的一种智能模糊逻辑控制方法，由于模糊逻辑控制的鲁棒性好，对大滞后和被控参数的变化不敏感，因此对于影响因素多、影响因素不稳定，且无精确数学模型的过程有很好的控制效果，虽然采用模糊逻辑规则调整热交换器温度的办法进行反应器内反应液温度控制会使反应液的温度产生稳态误差，但能够满足光合细菌产氢过程对温度的要求，可为光合微生物产氢提供良好的温度环境条件。

5.1.6.2　热交换器温度调整方法设计

1）MISO 模糊逻辑调节器结构

在光合细菌产氢系统中，反应器内反应液温度控制是通过调节有蛇行循环管经过的换热器中的水温，再经反应液在反应器中的循环进行反应液温度的调节，因此，反应液温度首先受换热器的影响。另外，在光合产氢过程中，辅助光源采用的是白炽灯，由于在白炽灯光中可见光只占 5%～6%，红外辐射占 75%，在太阳辐射能中，可见光区和红外区分别占 50% 和 43%，因此不论在利用太阳光或辅助光源进行照射时，光源引起的温度变化也是反应器温度变化的影响因素之一。对于直接放置在空气中的反应器，外界环境温度的变化对温度的影响也不容忽视。该制氢系统设计了 MISO 模糊逻辑调节器，通过该调节器可根据反应液温度、光照强度、环境温度对换热器的水温进行调节，消除反应器内反应液温度响应滞后和受多种外界因素影响的问题，MISO 模糊逻辑调节器输入量为光照强度 g、反应器内反应液温度与设定温度 T_s（31℃）的偏差 ei、环境温度与 T_s 的偏差 eo。输出量为加热水箱中的水温 u，模糊逻辑调节器结构见图 5.9。

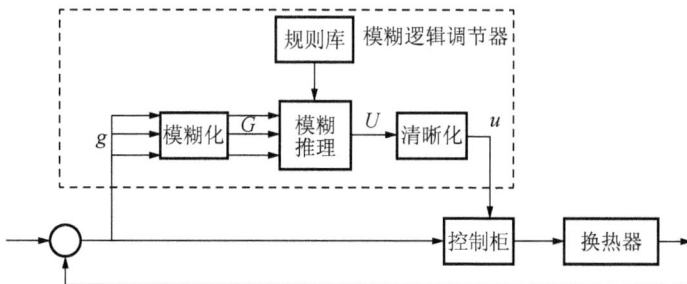

图 5.9　MISO 模糊逻辑调节器结构图

Fig. 5.9　Structure of MISO fuzzy adjuster

2）模糊逻辑调节器设计

（1）确定输入量、输出量基本论域及模糊子集论域。输入量：输入量为光照

强度 g、反应器内反应液温度与设定温度 T_s（31℃）的偏差 ei、环境温度与 T_s 的偏差 eo。

输出量：输出量为加热水箱中的水温 u。

根据试验和产氢过程要求得到的数据确定输入量、输出量的基本论域。

输入量基本论域为：光照强度 g 的基本论域为 [0lx，8 000lx]；反应器内反应液温度与设定温度 T_s（31℃）的偏差 ei 的基本论域为 [-3℃，3℃]；环境温度与 T_s 的偏差 eo 的基本论域为 [-17℃，7℃]。

输出量 u 的基本论域为 [21℃，37℃]。

当 g、ei、eo、u 大于基本论域最大值时，定义为最大值；小于基本论域最小值时，定义为最小值。

则可确定相应的输入量、输出量的模糊子集论域为：光照强度 g 的模糊子集 G 论域为 [0，8]；反应器内反应液温度与设定温度 T_s（31℃）的偏差 ei 的模糊子集 EI 论域为 [-6，6]；环境温度与 T_s 的偏差 eo 的模糊子集 EO 论域为[-6，6]；输出量 u 的模糊集 U 的论域为[0，8]。

（2）模糊子集的分布和形状确定。输入量、输出量模糊子集 G、EI、EO、U 对应的隶属度函数采用三角形函数，见图 5.10。

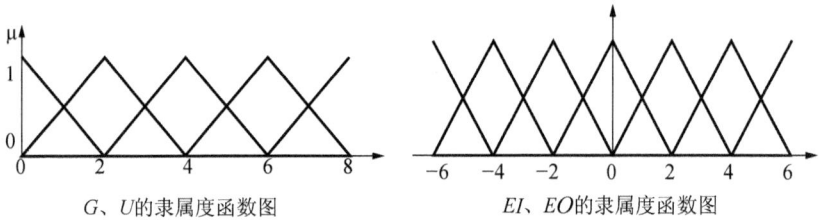

G、U的隶属度函数图　　　　　　　　　EI、EO的隶属度函数图

图 5.10　输入量、输出量隶属度函数图

Fig. 5.10　Membership function of inputs and outputs

G 取 5 个语言值分别表示：SS（零光照度）、MS（弱光照度）、M（中光照度）、MB（中强光照度）、BB（强光照度）；

EI、EO 分别取 7 个语言值分别表示：NB（负的最大温度偏差）、NM（负的中温度偏差）、NS（小温度偏差）、ZE（零温度偏差）、PS（正的小温度偏差）、PM（正的中温度偏差）、PB（正的大温度偏差）；

U 取 5 个语言值分别表示：SS（低水箱温度）、MS（较低水箱温度）、M（中水箱温度）、MB（较高水箱温度）、BB（高水箱温度）。

即为

$G = \{SS, MS, M, MB, BB\}$

$EI = \{NB, NM, NS, ZE, PS, PM, PB\}$

$EO = \{NB, NM, NS, ZE, PS, PM, PB\}$

$U = \{SS, MS, M, MB, BB\}$

3）模糊关系的确定及模糊逻辑规则的生成

根据三维模糊逻辑推理机的输入输出关系，见图 5.11，输出量为

$$O = V_1 \circ R_1 \wedge V_2 \circ R_2 \wedge V_3 \circ R_3 \qquad (5\text{-}17)$$

式中：R_1、R_2、R_3 为规则库，V 为输入量的语言值，即光照强度 g、反应器内菌液温度偏差 ei、环境温度偏差 eo 的语言值 G、EI、EO，O 为输出量的语言值 U。

相应的模糊关系为

$$R = \bigcup_{i=1}^{l} \left(V_{ki} \times O_i \right) \qquad (5\text{-}18)$$

式中：$k = 1$，2，3；l 为模糊逻辑推理规则数。

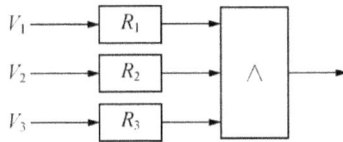

图 5.11　三维模糊逻辑推理机的输入输出关系

Fig. 5.11　The O/I of 3-dimention fuzzy inference engine

由光合细菌产氢工艺要求及实验得到 MISO 模糊逻辑调控规则，见表 5.6。

表 5.6　MISO 模糊逻辑调控规则表

Table 5.6　The rules of MISO fuzzy logic adjustment

U		EI						
		NB	NM	NS	ZE	PS	PM	PB
EO	G							
NB	SS	BB	BB	MB	MB	M	MS	SS
NB	MS	BB	BB	MB	MB	M	MS	SS
NB	M	BB	BB	MB	MB	M	MS	SS
NB	MB	BB	BB	MB	M	M	MS	SS
NB	BB	BB	BB	MB	M	M	MS	SS
NM	SS	BB	BB	MB	MB	M	MS	SS
NM	MS	BB	BB	MB	MB	M	MS	SS
NM	M	BB	BB	MB	M	M	MS	SS
NM	MB	BB	BB	MB	M	M	MS	SS
NM	BB	BB	MB	M	M	M	MS	SS
NS	SS	BB	BB	MB	MB	M	MS	SS
NS	MS	BB	BB	MB	M	M	MS	SS
NS	M	BB	BB	MB	M	M	SS	SS
NS	MB	BB	MB	M	M	M	SS	SS
NS	BB	BB	MB	M	M	MS	SS	SS
ZE	SS	BB	BB	MB	M	M	MS	SS
ZE	MS	BB	BB	MB	M	M	MS	SS

U		EI						
		NB	NM	NS	ZE	PS	PM	PB
ZE	M	BB	MB	M	M	M	MS	SS
ZE	MB	BB	MB	M	M	MS	SS	SS
ZE	BB	BB	MB	M	M	MS	SS	SS
PS	SS	BB	BB	MB	M	M	MS	SS
PS	MS	BB	MB	M	M	M	MS	SS
PS	M	BB	MB	M	M	MS	SS	SS
PS	MB	BB	MB	M	M	MS	SS	SS
PS	BB	BB	MB	M	MS	MS	SS	SS
PM	SS	BB	MB	M	M	M	MS	SS
PM	MS	BB	MB	M	M	MS	SS	SS
PM	M	BB	MB	M	M	MS	SS	SS
PM	MB	BB	MB	M	MS	MS	SS	SS
PM	BB	BB	MB	M	MS	MS	SS	SS
PB	SS	BB	MB	M	M	MS	SS	SS
PB	MS	BB	MB	M	M	MS	SS	SS
PB	M	BB	MB	M	MS	MS	SS	SS
PB	MB	BB	MB	M	MS	MS	SS	SS
PB	BB	BB	MB	M	MS	MS	SS	SS

4）模糊逻辑推理

用 Mamdani 推理方法利用 Matlab 仿真得到输出 U 与 G、EI、EO 之间的关系，见图 5.12。

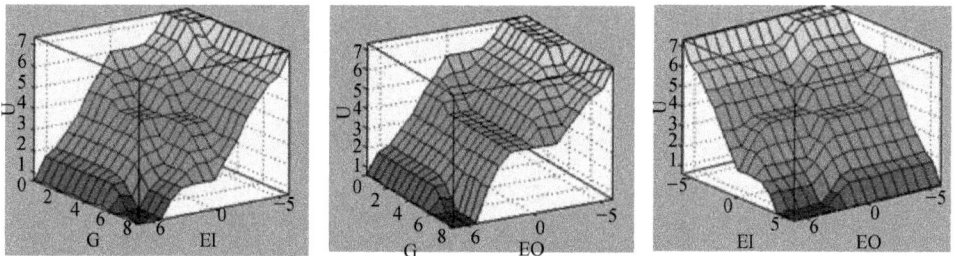

图 5.12　MISO 模糊逻辑调节器输入输出关系

Fig. 5.12　The O/I surface of MISO fuzzy adjuster

在光合细菌间歇、连续培养产氢试验中，这种根据光合微生物制氢反应器温度控制要求和热量传递特点，采用模糊理论设计的 MISO 模糊逻辑进行换热器温度的调整和控制，可充分发挥模糊控制对带有大滞后、非线性复杂对象可较好控制的特性，提高了温控系统的适应性，能够根据多项控制参数的变化，实时地调整换热器的控制温度，使光合产氢生物反应器中反应液温度保持在光合细菌产氢的适宜温度范围，采用这种方法对换热器的温度进行调节时，兼顾了环境温度、反应液温度和光照强度对反应液的影响，不仅可实现反应器内反应液的温度控制，还可充分利用可利用的能源，达到节能的效果。

5.1.7　环流罐式光合生物制氢反应器的运行试验

在目前光合细菌制氢技术研究中，光转化效率同其他太阳能利用技术一样，其效率较低，是制约产氢效率提高的一个主要原因。适宜于光合产氢的光生物反应器是进行制氢工艺研究及规模化产氢必不可少的核心设备，有机底物的获得和有效利用是降低制氢成本、提高产氢率需解决的问题，固定化技术的研究与应用是提高产氢效率并保证产氢过程持续稳定的关键。

利用自行设计研制的装配有太阳光采集和传输设备的 31.07L 环流罐式光合生物制氢反应器，利用经过处理的猪粪污水作为产氢底物，用经过固定化处理的光合细菌菌群，进行批处理培养间歇产氢和重复批处理培养连续产氢试验，以检验反应器设计的合理性和实用性，是否能为光合细菌产氢提供良好的反应环境和条件，并为反应器的优化和完善提供依据，为规模化光合产氢提供详实的实验数据和可靠的技术参数。

5.1.7.1　系统运行所需材料及装置

采用农业部可再生能源重点开放实验室筛选培养的高效光合产氢菌群作为运行实验菌株。混合菌群的生长培养基的主要组成为：蒸馏水 1 000mL；KH_2PO_4 1.5g；$(NH_4)_2SO_4$ 1g；NaCl 0.2g；$MgSO_4$ 0.2g；$CaCl_2$ 0.05g；K_2HPO_4 0.6g；乙酸钠 3g；酵母膏 2g；微量元素 1mL；生长因子 1mL；pH 调为 7.0。其中微量元素的组成为：$FeCl_3 \cdot 6H_2O$ 5mg；$CuSO_4 \cdot 6H_2O$ 0.05mg；$MnCl_2 \cdot 4H_2O$ 0.05mg；$ZnSO_4 \cdot 7H_2O$ 1mg；H_3BO_4 1mg；$CO(NO_3) \cdot 6H_2O$ 0.5mg；蒸馏水 1 000mL，过滤除菌。生长因子的主要组成为：维生素 B_1 0.001mg；尼克酸 0.1mg；生物素 0.001mg；蒸馏水 10mL；对氨基苯甲酸 0.1mg，过滤除菌。

将光合产氢混合菌群，培养至对数生长后期，8 000r/min 转速下离心得固体菌种，按海藻酸钠与细胞干重比为 10∶3，加入 3%的海藻酸钠水溶液中，进行光合细菌的固定化，制成 1mm 的固定化颗粒，并用 0.7%戊二醛交联后装入光合生物反应器。

光合产氢基质均为取自郑州市东郊的新大牧业种猪场的湿猪粪。取来的湿猪粪先黑暗好氧预处理 4d，再以一定量的自来水稀释、浸泡猪粪，然后用 40 目的筛子过滤猪粪污水，滤去稻草、泥沙等杂质后，稀释至 COD 为 5 000mg/L 左右。

光合产氢试验装置如图 5.13 所示，主要设备为自行设计研制的新型环流罐式光合生物反应器、循环热交换装置及控制器、由太阳能聚焦采光器、滤光器、光导纤维、光再分配器等组成的太阳光采集、传输设备，另外还配有 4 个白炽灯作辅助光源。光合细菌产氢适宜光照范围在 2 000～6 000lx，但光照度达到 2 000lx 以上后，光照强度对提高产氢量的效果不显著，而且高光照强度会增加反应液的温度，因此理想光照度为 2 000lx 左右，白天反应器采集、过滤波长为 380～780nm

的太阳光，导入置于反应器内的套筒中，夜间或阴天用白炽灯辅助光照。反应器的有效容积为 31.07L；产氢基质原料由加料泵加入装有 5L 固定化颗粒的反应器中，反应液总体积为 30 L；反应液温度控制在（31±2）℃。产氢方式采用批处理培养间歇产氢和重复批处理培养连续产氢。反应产生的混合气体经过气体流量计进入贮气罐。

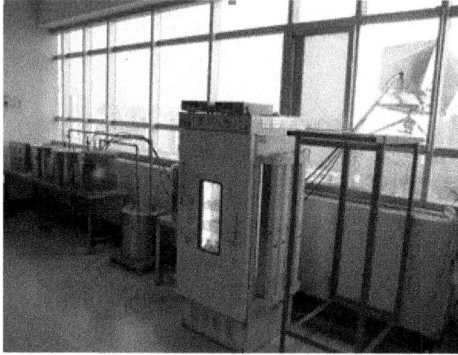

图 5.13　光合产氢试验装置
Fig. 5.13　Equipment of hydrogen photoproduction

5.1.7.2　系统运行过程中各参数的测定

1）COD 值测定

原料浓度用化学需氧量 COD（Chemical Oxygen Demand）表示，采用重铬酸钾滴定法测定。重复批处理连续产氢过程中，在每次排出产氢底物前测定。

2）生物量测定

用美国 HP8453 分光光度计测量，测量光合细菌培养液在波长 660nm 处的 OD值，转换成细胞干重。细胞干重用重量法测量。实验测得悬浮状混合光合细菌菌群培养液 660nm 处 1OD 值相当于细胞干重 0.78g/L，培养至对数生长期的高效产氢光合细菌的密度为 2.8g 干细胞/L 菌液。

3）气体流量测定

混合气体流量用哈尔滨华阳仪表有限公司生产的 HYWJ-ZH 流量计测量，气体测量精度为 1.0 级。

4）氢含量测定

最终氢气含量及混合气体组分用岛津 GC-14B 气相色谱仪的导热检测器（TCD）测定，氮气作载气，流速为 30mL/min。

5）pH 测定

用意大利哈纳公司生产的 HI9024 便携式 pH 测定仪测定，pH 测量范围 0.00～14.00，分辨率 0.01。

6）光强度测定

光照强度用深圳欣宝瑞仪器有限公司生产的 LUX1010B 袖珍数字式照度计测

定，取样率为 2.0 次/s，分辨率为 0.01lx。

7）温度测定

用南京桑力电子设备厂生产的 SWJ- I c 精密数字温度计测定，测温范围 0～100℃，分辨率 0.01℃。

5.1.7.3　批处理培养间歇产氢

间歇产氢试验从试验开始至 120h 的试验结果见表 5.7、图 5.14～图 5.18。表 5.7 中数据显示，间歇产氢过程中，120h 内总产氢量为 60.9L，较高产氢速率持续近 96h，产氢量达到 60.1L，试验进行到第 96h 后只有少量氢气产出，因此间歇产氢时间按 96h 计算，平均产氢速率为 484.7mL/(L•d)，最大产氢速率为 877.4mL/(L•d)。

表 5.7　间歇产氢过程产氢量和产氢速率

Table 5.7　Total H_2 produced and H_2 generation rate in batch cultures process

时间/h	0	12	24	36	48	60	72	84	96	108	120
产氢量/L	0	4.3	13.2	26.8	37.4	45.5	52.1	57.5	60.1	60.7	60.9
产氢速率/（mL•L^{-1}•d^{-1}）	0	277.4	574.1	877.4	683.9	522.6	425.8	348.4	167.7	38.7	12.9

1）产氢量和产氢速率的变化

间歇产氢实验过程中的产氢量和产氢速率见图 5.14，该图也反映了产氢光合细菌菌群利用新型环流罐式光合生物反应器在间歇产氢方式下的产氢能力，产氢反应开始后，产氢速率随时间快速上升至 35h 时达到最大值后开始下降，在 20～60h 产氢速率较高，到 108h 后产氢速率极低；96h 前的产氢量约占总产氢量的 98.7%。

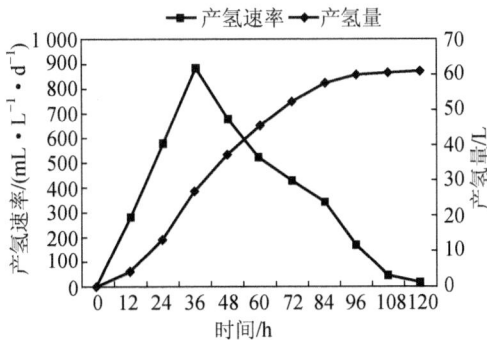

图 5.14　间歇产氢方式下光合生物反应器产氢能力

Fig. 5.14　H_2 production ability of photobioreactor in batch cultures process

2）COD 的变化

图 5.15 为间歇产氢过程中基质的 COD 变化情况，初始基质 COD 为 5 130mg/L。图 5.14 中数据显示，基质原料的 COD 随着氢气的产出而降低，产氢量越高，COD

值越小，在 18～60h，COD 降幅最大，此时间内也是产氢速率最高的时段，说明氢气的产出速率与基质原料的转化速率有着直接的联系，COD 降幅大，原料的转化利用速度快，产氢速率也高。在氢气产出结束后，COD 仍为 2 000mg/L 左右，说明原料中仍有相当一部分的有机物未能被光合细菌利用。整个间歇产氢过程 COD 产氢率为 1g COD 每天产氢 171.4mL，原料的转化利用率为 68.4%。

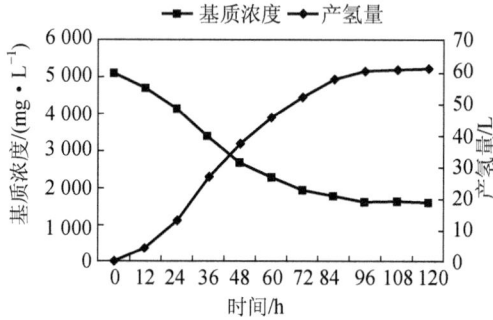

图 5.15　间歇产氢过程底物 COD 变化
Fig. 5.15　Substrate medium COD in batch cultures process

3）pH 变化

图 5.16 为间歇产氢过程 pH 的变化情况。

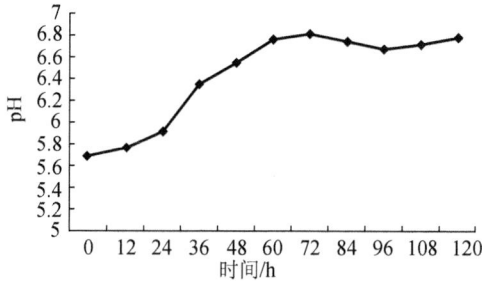

图 5.16　间歇产氢过程底物 pH
Fig. 5.16　Substrate medium pH in batch cultures process

图 5.16 中数据显示，随着氢气的产出 pH 有所升高，酸度有所降低，说明原料中的小分子有机酸被光合细菌利用，在 18～60h pH 升高幅度较大，说明在此期间小分子有机酸的利用速度较快，这也与 COD 值在 18～60h 降幅快，产氢速率在 20～60h 较高相吻合。在 60h 后，pH 在保持在 6.7 左右没有太大的变化，此期间 COD 值也基本降到最低值，说明可被光合细菌利用的有机物已被转化利用。在整个间歇产氢过程中，pH 波动幅度不大，在光合细菌适宜的产氢和生长范围内，pH 无须调整，产氢可顺利进行。

4）光照强度

夜间测量套筒内距光源最近、最远、中间距离的光照度，求平均值；白天为光照纤维光照度平均值与反应器外自然光照度平均值之和。当光照纤维光照度平均值小于 1 000lx 时，再加上辅助光源的照度，间歇产氢实验中采用 E14/220V/15W 白炽灯，$\overline{I_d} = 1 840.2$ lx。产氢过程中光照强度见图 5.17。图 5.17 中数据显示，间歇产氢过程中光照度范围在 1 840.2～3 012lx。

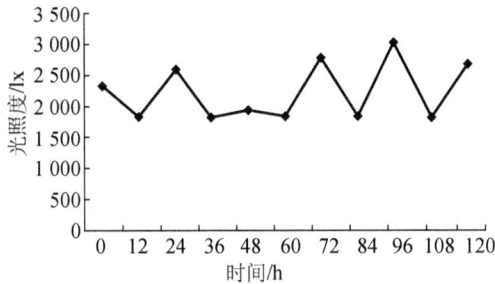

图 5.17　间歇产氢过程光照度

Fig. 5.17　Illumination in batch cultures process

5）温度变化

反应液温度为反应器中 a、b、c、d 四点测量温度的平均值，图 5.18 为间歇产氢过程反应器中反应液温度情况。图中数据显示，产氢过程中反应液温度值可控制在产氢光合细菌菌群最佳的产氢温度范围 29～33℃内。

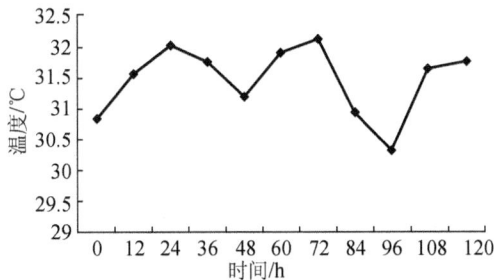

图 5.18　间歇产氢过程反应液温度值

Fig. 5.18　Temperature in photobioreactor in batch cultures process

5.1.7.4　重复批处理培养连续产氢

从实验开始 48h 后，每隔 12h 按 0.06L·h^{-1} 的稀释率排出、添加产氢底物一次，底物原料的 COD 调节在 5 000～5 500mg/L。试验连续进行了 69d，稳定产氢时间为 63d。连续产氢过程的试验数据见图 5.19～图 5.24。

1）产氢量和产氢速率情况

连续产氢实验过程中的产氢量和产氢速率见图 5.19，试验在第 3d 到第 65d 期间，日产氢量一般在 20L 左右，产氢速率较稳定，大多在 600～650mL/（L·d），平均产氢速率为 633.1mL/（L·d），稳定产氢期间最大产氢速率为 722.6mL/（L·d）。

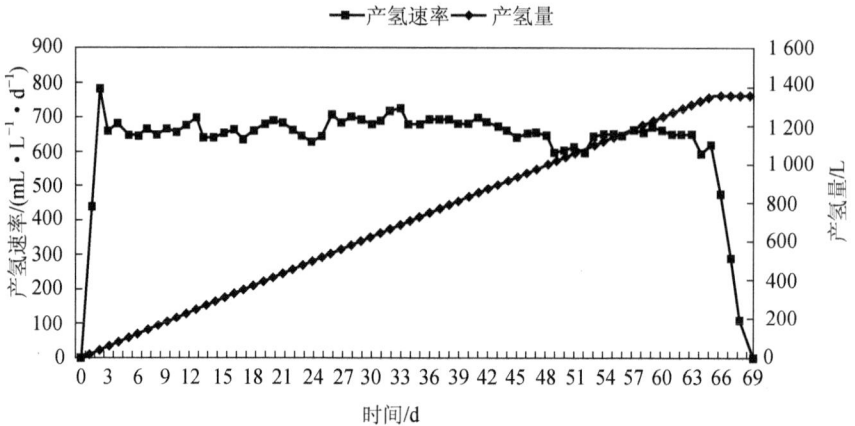

图 5.19　光合生物反应器连续产氢能力

Fig. 5.19　H$_2$ production ability of photobioreactor in continuous-flow cultures process

图 5.19 中数据还显示，连续产氢过程分为较明显的三个阶段：第一个阶段是产氢初期，从反应开始到第 3d，产氢速率升高明显，日产氢量显著增加；第二个阶段是稳定产氢期间，从反应开始后的第 4d 到第 65d，产氢速率变化幅度小，基本稳定在 600～650mL/（L·d）；第三个阶段是产氢过程末期，反应进行到第 66d，产氢速率大幅度下降，日产氢量急剧减少，直至无氢气产出。

2）COD 变化

连续产氢过程中底物原料的 COD 值为每天两次排出的产氢底物的 COD 的平均值，初始 COD 为 5 216mg/L，图 5.20 为连续产氢过程中底物原料的 COD 变化情况。图 5.20 中数据显示，从试验开始第 6d 起，至结束前第 5d，每天排出底物的 COD 基本保持在 1 960～2 150mg/L，平均 COD 产氢率为 1g COD 每天产氢 172.9mL，稳定产氢期间，原料的平均转化利用率为 61.7%，与间歇产氢过程的 68.4%原料转化利用率相比，连续产氢过程的转化利用率稍低，在间歇产氢过程中无原料基质的排出，其中的小分子有机物被光合细菌充分地利用，而在连续产氢过程中，每次排出的底物原料中仍会有少量的小分子有机物未被光合细菌利用，因此，连续产氢过程中有部分原料的流失。图 5.20 中数据还显示，连续产氢过程中，初期产氢速率随着基质浓度的降低而显著升高；稳定产氢期间，产氢速率和基质浓度基本稳定；产氢过程末期，基质浓度显著提高，产氢速率大幅度下降，说明了产氢速率与原料的转化利用有着直接的联系，原料的转化利用率越高，产氢速率越大。

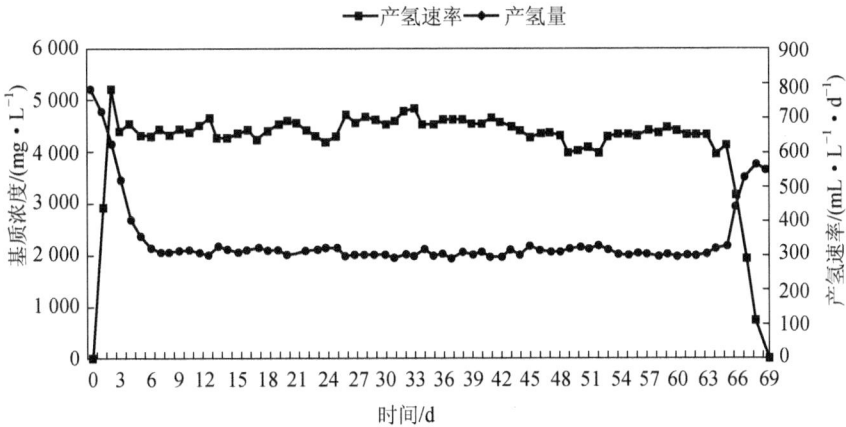

图 5.20 连续产氢过程底物 COD 变化

Fig. 5.20 Substrate medium COD in continuous-flow cultures process

3）pH 变化

图 5.21 为产氢过程中 pH 的变化情况，每天的 pH 为每次添加、排出反应料液之间连续 12h 内平均每间隔 4h 测得的 3 次 pH 的平均值，图 5.22 为产氢过程中稳定产氢阶段中连续 7d 中 pH 测量值的变化情况。

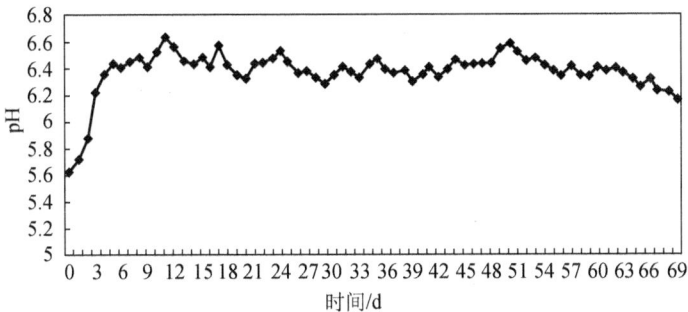

图 5.21 连续产氢过程底物 pH

Fig. 5.21 Substrate medium pH in continuous-flow cultures process

图 5.21 中数据显示，连续产氢过程中 pH 的变化也分为三个阶段，在第一阶段，即反应开始的前 3d pH 升高幅度较大，特别是第 3d 升高幅度最大，从试验开始第 4d 起到产氢结束前第 4d，每天的平均 pH 多数情况在 6.3～6.5，并且波动幅度小于间歇产氢过程的波动幅度，图 5.22 中数据显示，每次添加、排出反应料液之间连续 12h 之中的 pH 一般由低向高变动。图 5.21 和图 5.22 中数据说明，随着底物原料的利用，氢气的产出，其 pH 度降低，从反应结束前第 4d 开始 pH 有较大幅度下降，底物原料没有继续被转化利用产生氢气；连续产氢过程中底物原料的添加对反应液的 pH 变化有缓冲作用，整个产氢过中 pH 无须调整，均在光合细菌适宜的产氢和生长范围内，产氢可顺利进行。

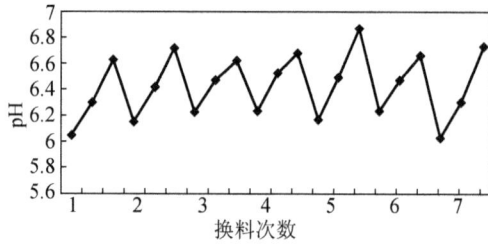

图 5.22 稳定产氢阶段连续 7 次换料期间 pH 测量值

Fig. 5.22 Substrate medium pH in 7 substrate medium change during stable H$_2$ production stage

4）光照强度变化

连续产氢实验中采用了 E14/220V/10W 的白炽灯作为辅助光源，夜间辅助光源所提供的光照度 $\overline{I_d} = 1\,557.8$ lx，其他参数的计算和光照度的调节与间歇产氢试验中相同。

图 5.23 显示了连续产氢过程每天白天的光照度平均值。图 5.23 中数据显示，连续产氢过程中光照度波动幅度较大，在 1 557.8～3 079.9lx，但仍在光合细菌有效产氢的范围中。

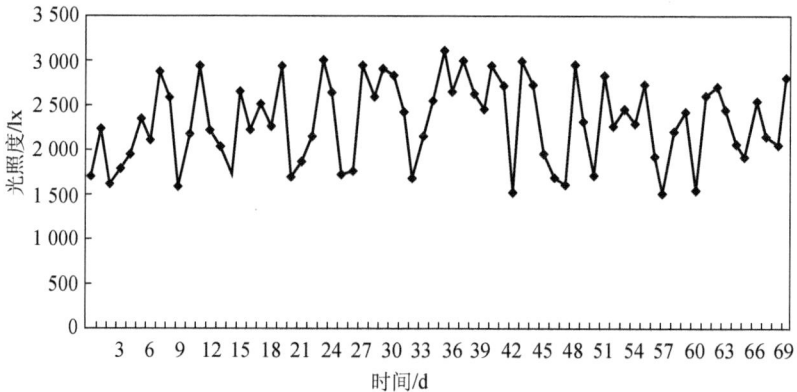

图 5.23 连续产氢过程光照度

Fig. 5.23 Illumination in continuous-flow cultures process

5）温度变化

图 5.24 为连续产氢实验中光合生物反应器中反应液温度变化情况。连续产氢过程中反应液温度可以很好地控制在产氢光合细菌菌群最佳的产氢温度范围 29～33℃内。

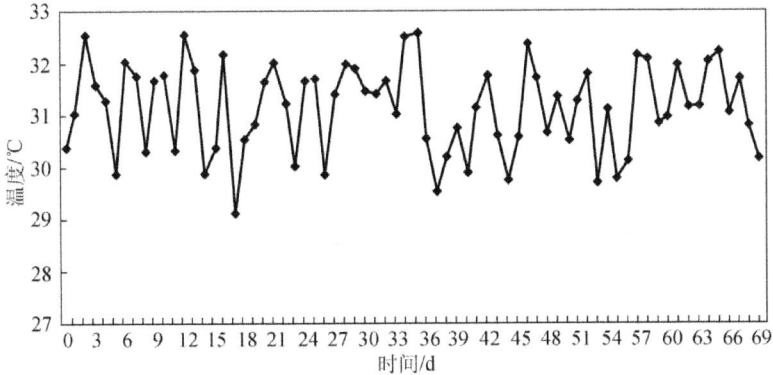

图 5.24 连续产氢过程反应液温度值

Fig. 5.24 Temperature in photobioreactor in continuous-flow cultures process

5.1.8 小结

对光合生物制氢反应器型式与结构、运行模式、反应器中流体的传输及混合、光源采集传输系统、热交换器及温度调控系统等方面进行了详细设计计算和试验研究。新型环流罐式光合生物反应器的结构与技术特性为：

（1）透明圆柱锥底立式罐，4 个透明套筒置于反应器之中，有较高的表面积与体积比；反应器罐体上安装有菌株接种入口、原料出/入口、菌液出口、产气出口、反应液循环入口以及温度、光强、生化参数实时监测设备引出口和调节口，结构合理、紧凑，操作简单。

（2）采用环流循环方式进行基质和光合细菌的混合，并在循环管路上设置了热交换装置，将循环混合与热交换相结合，这种混合方式不仅能够达到基质与光合细菌菌种较好地混合，还可以大大减小由于机械搅拌混合方式或气升混合方式产生的剪切力对细胞的损伤，也避免了一般生物反应器因搅拌器安装造成的漏气问题，还可在反应液循环的同时，实现了反应液的温度控制，解决热量的传输问题，取代了传统的双层罐体夹层或盘管保温方法，降低了反应器的生产成本和体积规格。

（3）将人工智能方法——模糊逻辑理论用于换热器温度的调节，采用多输入单输出结构模糊逻辑推理，建立了换热器温度与环境温度、光照强度和反应器内温度之间的调节关系，解决了生物反应过程反应机理复杂、影响因素多、影响因素时变造成的难于建立数学模型、温度调节滞后的难题，实现了反应器内温度的智能化调节，有效利用了能源，节约了反应器运行时的能源消耗，降低了运行成本。

（4）采用由太阳能聚焦采光器、滤光器、光导纤维、光再分配器组成的太阳光高效聚焦传输系统，将与光合产氢菌的吸收光谱特性相耦合的光经由光导纤维和光再分配器从 4 个置于反应器中的透明套筒输送到反应器中，改善了深层区域光照度差的问题，使太阳光在反应液中较均匀地分配，达到了太阳光能的高效率转化，大大提高了太阳能的利用率；并配置有辅助光源于套筒中，在太阳光不足或晚间向反应器内提供光照。

利用新型环流罐式光合生物反应器中，进行了以经过预处理的猪粪污水为产氢底物，利用经过海藻酸钠固定的光合细菌菌群产氢的试验研究，得到如下结论：

（1）间歇产氢过程中，以初始 COD 为 5 130mg/L 猪粪污水为产氢底物产氢时，pH 有所升高，但波动幅度在 5.6～6.8，pH 无须调整，产氢可顺利进行；利用太阳光采集、传输设备和辅助光源连续照射，光照度在 1 840.2～3 012lx，可满足光合细菌产氢过程对光能的需求；采用循环管路中的换热器进行换热和模糊逻辑温度调节方法，反应器中反应液的温度可控制在（31±2）℃。

（2）间歇产氢试验较高产氢速率持续近 96h，得到光合生物反应器平均产氢速率为 484.7mL/(L·d)，最大产氢速率为 877.4mL/(L·d)，COD 产氢率为 1g COD 每天产氢 171.4mL H_2，原料的转化利用率为 68.4%。

（3）连续产氢过程中，以初始 COD 为 5 216mg/L 的猪粪污水为产氢底物，添加底物原料的 COD 调节在 5 000～5 500mg/L 之间时，pH 从初始的 5.63 升高至 6.3～6.5，比较稳定，pH 无须调整，产氢可顺利进行；采用自行设计研制的新型环流罐式光合生物反应器可提供 1 557.8～3 079.9lx 的连续光照，温度可调节在（31±2）℃；连续产氢实验连续进行了 69d，连续稳定产氢达 63d。光合生物反应器最大产氢速率为 722.6mL/(L·d)，稳定产氢期间，获得了平均 633.1mL/(L·d) 的产氢速率，COD 产氢率为 1g COD 每天产氢 172.9mL，原料的平均转化利用率为 61.7%。

5.2　太阳能光合生物连续制氢装置研究

太阳是一个炽热的球体，它的直径为 $1.39×10^6$ km，质量约为 $2.2×10^7$t（比地球重 332 000 倍），体积比地球大 $1.3×10^6$ 倍，平均密度约为地球的 1/4，离地球的平均距离为 $1.5×10^8$ km，太阳的表面温度有 6 000℃，内部温度则高达 $1×10^9$～$2×10^9$，内部压力有 3 400 多亿个大气压力，在如此高温高压下进行着由氢变氦的热聚变反应，从而释放出大量的辐射能，因而它是没有污染的能源。据估算太阳向外辐射的总能量约为 $3.75×10^{26}$W，其中 30%被大气层反射回宇宙空间，23%被大气层吸收，其余的到达地球表面，地球上所能接收到的太阳能仅为其中的 22 亿分之一，其功率约为 $80×10^{12}$W，大约相当于地球上所含的已知能源如煤、石油、天然气和核能的 10 倍，是全世界每年能量消费的 1 500 倍。

我国大部分的领土都在北温带范围内，太阳能资源十分丰富，因此，开发利用太阳能在我国前景极其广阔。粗略估计，我国各地太阳辐射年总量大约在（3.3～8.4）$×10^6$ kJ/cm^2，一年获得的太阳能在 10^{16} kW·h 以上，相当于 $1.2×10^{12}$t 标准煤所具有的能量。

太阳能可转换为热能、机械能、电能、化学能等，目前，其主要利用方式有以下几种类型：①太阳能热能转换。用太阳能集热装置收集并吸收太阳辐射，将其转化为热能。②太阳能电能转换。主要是采用光热电能量转换形式的光热发电和通过太阳能电池将光能（太阳能）变成电能的光伏发电。③太阳能化学能转换。

利用太阳能直接将水分解成氢和氧，制取清洁能源氢气。

太阳能资源虽然具有丰富、清洁、无须运输等优点，但它也存在以下缺点：①能量密度低。实际投射到地球表面的太阳辐射功率，晴天时也仅为 500～1 000 W/m²。因此要想获得一定的辐射功率，需要较大的接受面积。②间断性和不稳定性。由于受昼夜、季节、阴雨、地理纬度等自然条件限制，太阳能是一个间断不稳定能源。

在太阳能光合生物制氢过程中由于太阳光的分散性和反应器内部的光照度较差，限制了光合生物制氢对太阳能的利用，研制采用带有太阳能聚焦采光器、滤光器、光导纤维的光导采光系统具有重要意义，尤其是采用与光合产氢菌吸光特性相耦合的太阳能聚焦采光和滤光技术，能有效地解决太阳光的分散性问题，提高光密度；采用光导纤维将太阳光输送到罐状反应器的内部，能改善深层区域光照度。

5.2.1 太阳光聚焦传输系统研究

5.2.1.1 太阳能聚光系统的设计

为了提高太阳能利用率，使更多的太阳光进入光导纤维，一般利用聚光系统把太阳光聚集在焦点上，并把光导纤维置于焦点上。按聚光方式的不同可把聚光系统分为两种，分别为使用透镜的折射光学聚光系统和使用曲面镜的反射光学聚光系统。太阳能光导采光系统大多数使用折射光学系统，其聚光方式又可分为菲涅耳透镜聚光方式和透镜聚光方式，本设计就采用菲涅耳透镜聚光方式。

菲涅耳透镜是用玻璃、玻璃钢、有机玻璃等透光材料制成，其表面为棱状，见图 5.25。当光线照射到菲涅耳透镜的表面后，透镜表面的棱状斜面使阳光聚集到焦点上。菲涅耳透镜为长方形时，阳光聚焦在一条直线带上；为圆形时，聚焦在一个直径很小的圆面上。

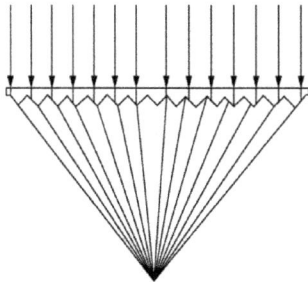

图 5.25 菲涅耳透镜的聚光方式
Fig. 5.25 Light-focused way of Fresnel lens

1）传光系统

光导纤维是 20 世纪 70 年代才开始应用的高新技术，最初应用于光纤通信系统，80 年代才扩展到传光系统。光导纤维实质上是一个圆柱形导光系统，由芯体、包层和护层三部分组成，见图 5.26，由于芯体材料的折射率 n_1 大于包层的折射率

n_2，因此在芯体和包层的界面上可以产生全反射。当阳光照射在芯体和包层的分界面上的入射角大于或等于发生全反射的临界角时，光线将被反射回芯体中，不能进入包层之中。这样，光线在芯体与包层的界面上不断地产生全反射向前传播。

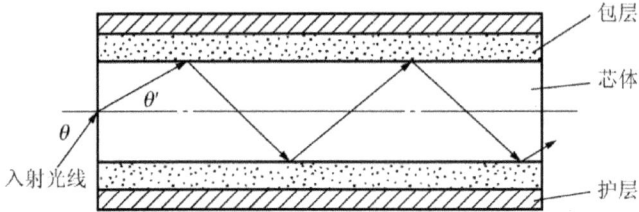

图 5.26　光纤的结构和光纤的传播路径

Fig. 5.26　The structure and transmitting way of optical fibre

2）聚焦系统

该聚焦系统由菲涅耳透镜、滤光片和光导纤维组成，其光路传播见图 5.27，太阳 1 发出光线经过透镜 2 的汇聚，经由滤光片 3，通过光纤 4 输出。

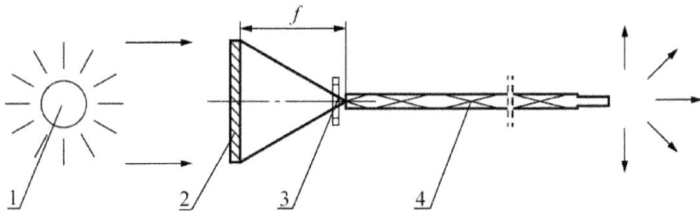

图 5.27　光导采光系统示意图

Fig.5.27　Sketch of optical circuit propagation

1. 太阳；2. 菲涅耳透镜；3. 滤光片；4. 光导纤维

5.2.1.2　太阳光自动跟踪装置的设计

1）太阳位置的确定

要想全方位、高精度地跟踪太阳，就要准确掌握太阳相对于地球的运行规律。在图 5.28 所示的天球坐标系中，O 为观测者的位置，太阳高度角（α_s）、太阳方位角（A_s）、太阳赤纬角（δ）、太阳时角（h），根据假想的天球坐标系统，可以认为太阳的视位置就决定于太阳高度角和太阳方位角，只要知道了观测点的地理纬度、需要确定的日期和一天中的时刻三个基本量，则在任意时刻，都可将在地球表面上的任意一点所观测到的太阳视位置确定出来。

用公式表示为

$$\cos \alpha_s = \cos \phi \cos \delta \cos h + \sin \phi \sin \delta \qquad (5\text{-}19)$$

$$\sin A_s = \frac{\cos \delta \sin \phi}{\cos \alpha_s} \qquad \left(\cos h > \frac{\tan \delta}{\tan \phi} \text{ 时}\right) \qquad (5\text{-}20)$$

$$\sin A_s = 180° - \frac{\cos\delta\sin\phi}{\cos\alpha_s} \qquad (\cos h < \frac{\tan\delta}{\tan\phi} \text{ 时}) \qquad (5\text{-}21)$$

式中：α_s 为太阳高度角；A_s 为太阳方位角；ϕ 为当地纬度；h 为太阳时角（午前为负值，午后为正值）；δ 为太阳赤纬角。

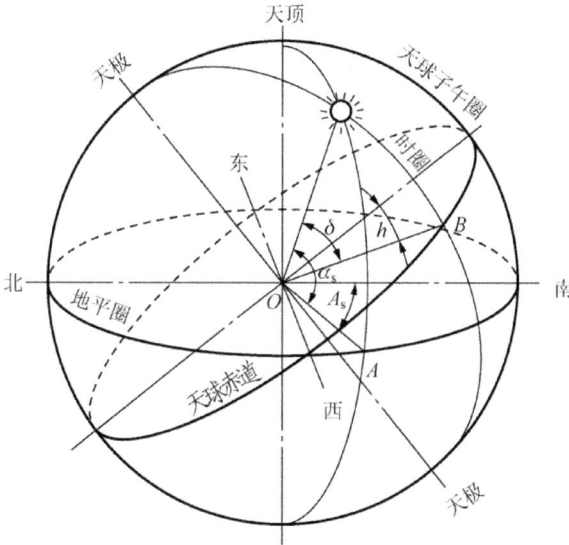

图 5.28 天球与天球坐标系

Fig. 5.28 The celestial sphere and the coordinates system of celestial sphere

以郑州地区夏至日（6 月 21 日）为例，图 5.29 和图 5.30 分别列出了当日太阳高度角和方位角与时间的变化关系。这对确定跟踪装置的跟踪范围具有重要意义。

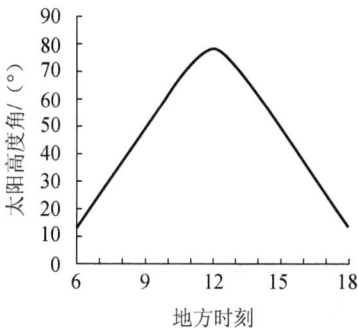

图 5.29 太阳高度角与时间的变化关系（郑州，6 月 21 日）

Fig. 5.29 Relation changed between solar altitude angle and time（Zhengzhou，June 21）

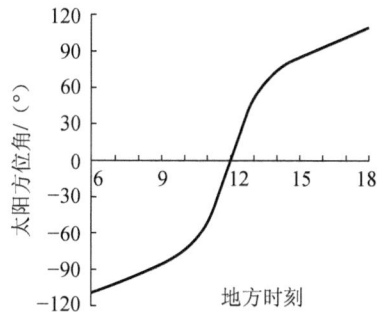

图 5.30 太阳方位角与时间的变化关系（郑州，6 月 21 日）

Fig. 5.30 Relation changed between solar azimuth angle and time（Zhengzhou，June 21）

2）集能斜面上接受的太阳辐射

到达集能平面的太阳辐射能是随太阳的入射角的改变而改变的。斜面上太阳光线的入射角见图 5.31，是太阳光线 l 与斜面法线 n 的夹角 θ_T。如图建立三维坐标系统。

对于正南放置的固定斜面，从图 5.31 中易见，斜面法线 n 和太阳射线 l 的 3 个方向夹角的余弦表达为

$$\cos(\overrightarrow{n,x}) = \cos(90^\circ - \beta) = \sin\beta \tag{5-22}$$

$$\cos(\overrightarrow{n,y}) = \cos 90^\circ = 0 \tag{5-23}$$

$$\cos(\overrightarrow{n,z}) = \cos\beta \tag{5-24}$$

$$\cos(\overrightarrow{l,x}) = \cos\alpha_s \cos A_s \tag{5-25}$$

$$\cos(\overrightarrow{l,y}) = \cos\alpha_s \cos(90^\circ + A_s) = -\cos\alpha_s \sin A_s \tag{5-26}$$

$$\cos(\overrightarrow{l,z}) = \cos(90^\circ - \alpha_s) = \sin\alpha_s \tag{5-27}$$

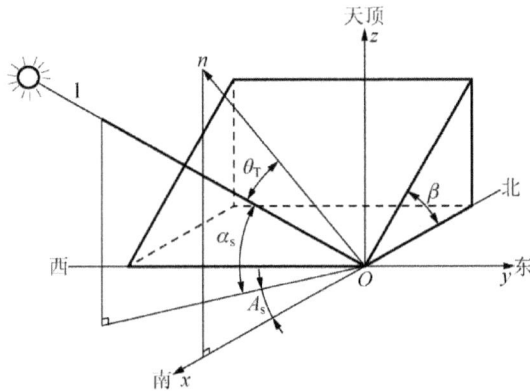

图 5.31　斜面上的太阳入射角

Fig. 5.31　The solar incident angle on the inclined plane

根据两个矢量夹角的余弦公式，即可写出正南放置的斜面上太阳光线入射角的余弦值。

$$\cos\theta_T = \cos(\overrightarrow{n,l}) = \cos(\overrightarrow{n,x})\cos(\overrightarrow{l,x}) + \cos(\overrightarrow{n,y})\cos(\overrightarrow{l,y}) + \cos(\overrightarrow{n,z})\cos(\overrightarrow{l,z})$$
$$= \sin\beta \cos\alpha_s \cos A_s + \cos\beta \sin\alpha_s \tag{5-28}$$

上式表明：斜面上的太阳光线入射角是太阳高度角、方位角以及斜面倾角的函数。

把太阳高度角和太阳方位角的表达式代入化简可得

$$\cos\theta_T = \sin(\phi - \beta)\sin\delta + \cos(\phi - \beta)\cos\delta\cos h \tag{5-29}$$

此即正南放置的固定斜面上太阳光入射的余弦值。

斜面上的日照起止时间与水平面上的日出、日没时间不同，它是影响到达收集器上的太阳辐射量的一个重要因素。

当有太阳光线开始照射斜面时，$\theta_T = 90^\circ$，即

$$I^* = \lambda I_{sc} P_1^m \tag{5-30}$$

太阳方位角与时刻的关系为

$$h = \frac{\pi}{12}(t - 12) \tag{5-31}$$

所以开始照射的时刻为

$$h_{始} = \arccos\left[-\frac{\sin(\phi - \beta)\sin\delta}{\cos(\phi - \beta)\cos\delta}\right] \tag{5-32}$$

结束照射的时刻为

$$h_{末} = 12 + \arccos\left[-\frac{\sin(\phi - \beta)\sin\delta}{\cos(\phi - \beta)\cos\delta}\right] \tag{5-33}$$

斜面上的太阳直接辐射是指被地球表面接收到的方向未改变的太阳辐射强度，因此，斜面上的直接太阳辐射用如下公式表示：

$$I = \lambda I_{sc} P_1^m \cos\theta_T \tag{5-34}$$

式中：λ 为日地距离修正因子；I_{sc} 为太阳常数，取 1 353W/m²；I 为太阳辐照度；P_1 为大气透明度；m 为大气质量，用 $1/\sin\alpha_s$ 表示；θ_T 为斜面上太阳光入射角。

利用跟踪的集能平面，其法线方向始终是与太阳光线保持平行的。

即：

$$\cos\theta_T = \cos(\overrightarrow{l, n}) = \cos 0 = 1 \tag{5-35}$$

所以，跟踪平面上的太阳辐射为

$$I^* = \lambda I_{sc} P_1^m \tag{5-36}$$

3）自动跟踪装置的结构及工作原理

太阳能自动跟踪装置设计为双轴跟踪系统，即一个垂直方向轴，用来跟踪太阳方位角，一个水平方向轴，用来跟踪太阳高度角，双轴各自控制，互不影响。

太阳能自动跟踪装置由信号探测系统、信号处理系统及减速控制系统组成，图 5.32 列出了各系统的组成部分及工作流程。

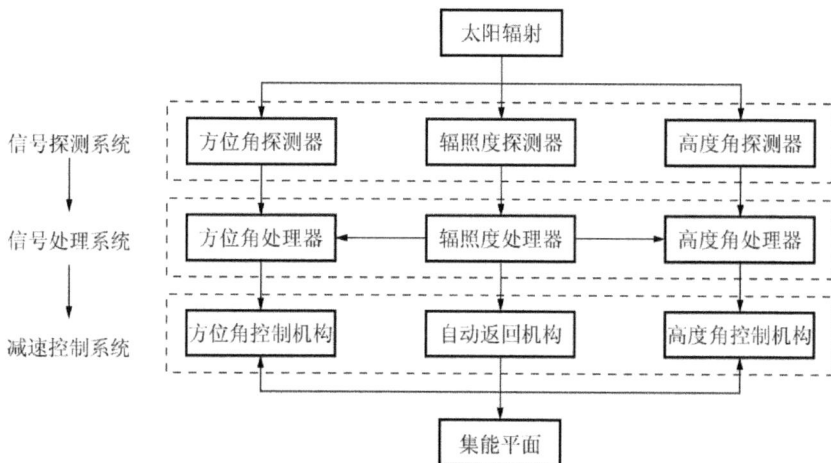

图 5.32 太阳能自动跟踪装置的组成及工作流程

Fig. 5.32 Schematic diagram of automatic solar-tracking device

　　信号探测系统外形设计为一个直径 70mm，长 210mm 的金属圆筒。该系统主要由光敏电阻、凸透镜、聚光板和金属筒壁四部分组成（见图 5.33）。五只光敏电阻呈十字形排列。R_{c5} 固定在聚光板的中心，R_{c1}、R_{c2}、R_{c3}、R_{c4} 正交分布在直径 36 mm 的圆周上。R_{c1}、R_{c2} 探测太阳方位角的变化，R_{c3}、R_{c4} 探测太阳高度角的变化，R_{c5} 探测太阳辐照度的变化。

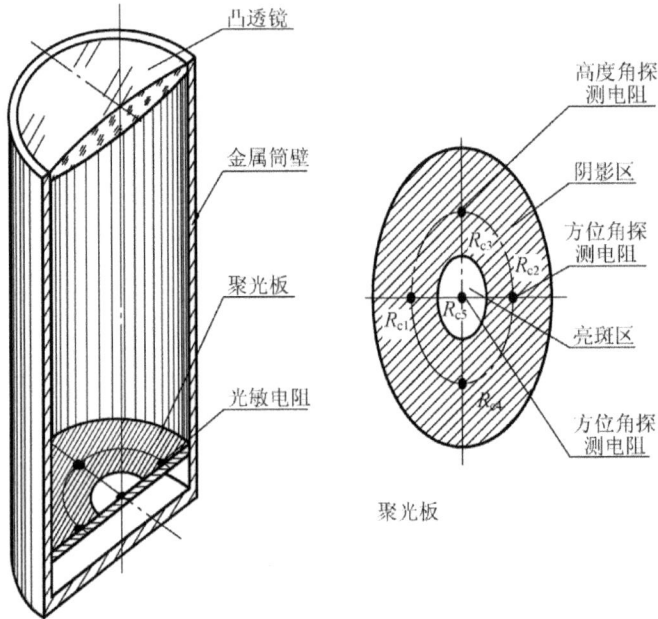

图 5.33　光敏探测系统结构示意图
Fig. 5.33　Schematic diagram of the photosensitive survey system

　　信号处理系统由晶体三极管，电压比较器、与非门块、小型电磁继电器、电阻、电容、电源及开关等部分组成，按照设计电路焊接在集成电路板上，放置在金属圆筒的底部。

　　由公式（5-19）可知，日出日没时刻太阳方位角达到最大值，正午时刻为零，因此，方位角的跟踪范围应在-120°～120°。

　　信号探测系统的 R_{c1}、R_{c2}2 个光敏电阻负责检测太阳方位角的变化。当太阳光线与信号探测器平行时，经凸透镜聚集的太阳光线可在聚光板的中心形成一个亮斑。此时，两个方位角探测电阻 R_{c1}、R_{c2} 处于阴影区内，因感受不到光照，均呈现高阻抗状态。在桥式电路中，见图 5.34，A 点的电位要比标准电位 B 点低。双运放的电压比较器 IC1（LM358）的 1 角均输出高电平。经逻辑与非门 CD4011 的 a1 和 a2 作用，E 为低电平，F 为高电平。此时电容器 C1 充电，保持充盈状态。再经 a3 反相后，最终输出 G 为低电平。晶体三极管 VT1 截至，电磁继电器 K1 不导通，常开开关 K-1 不闭合，电机 M 不工作。同理，经与非门 CD4011 的 b1-b3

图 5.34 电路控制原理图

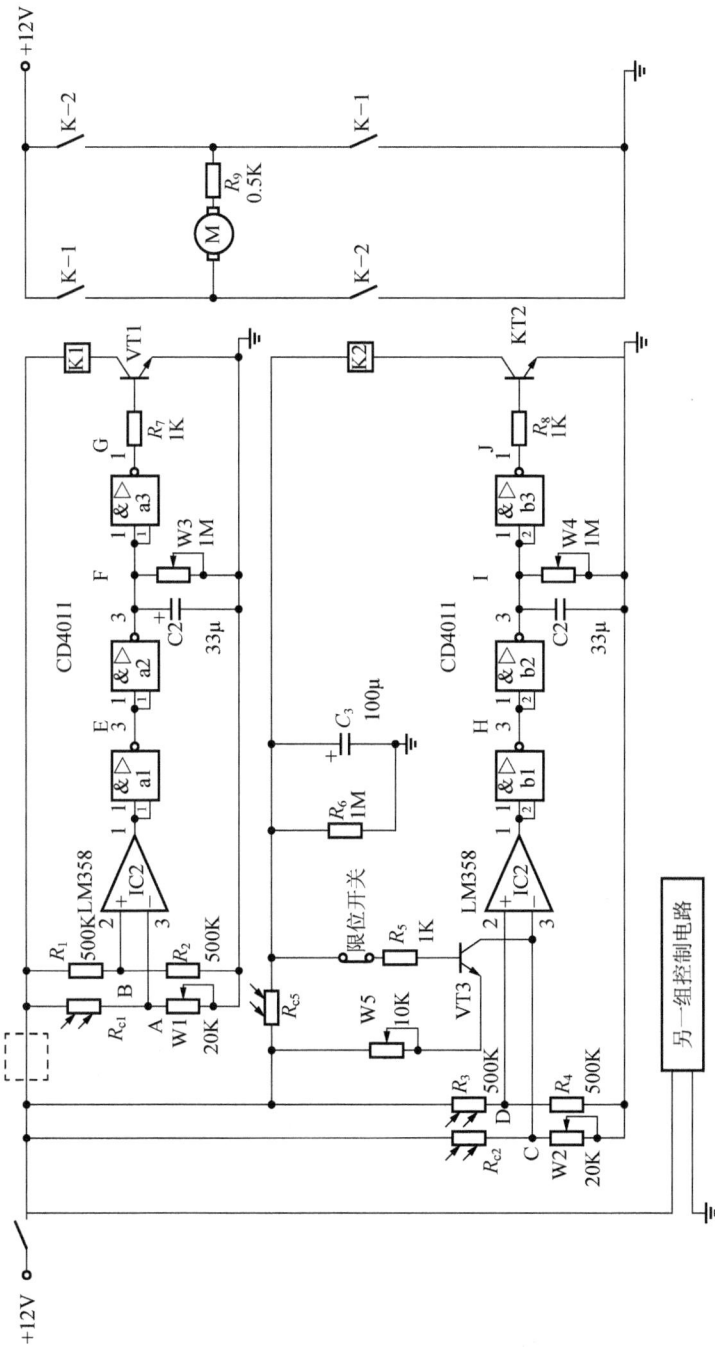

Fig. 5.34 Principle picture of the circuit controlling

作用后，输出 J 为低电平，使 VT2 截至，电机 M 同样也不工作。

当太阳光线随时间逐渐偏移至一定角度时，经凸透镜聚焦的光斑就可以照射到 R_{c1} 或者 R_{c2}。以 R_{c1} 为例，当 R_{c1} 感受到光信号时，其电阻值降低，桥式电路打破原有的状态，A 点电位随即上升。当 A 点电位高于 B 点时，电压比较器 IC1 的 1 角转为输出低电平，经 a1、a2 两次作用，F 为低电平。此时电容 C1 通过 W3 开始放电。经 10~20s 的时间，当电容放电到小于 F 输出的低电平时，与非门 a3 开始输出高电平。此时，晶体管 VT1 开始饱和导通，电磁继电器 K1 开始工作使 K-1 吸合，电机得电后转动，就可以通过减速机构拖动集能平面，使探测系统重新对准太阳了。而当 R_{c1} 被转至阴影区时，A 点电位升高，使最终 G 点输出低电平，VT1 重新截至，电机断电停止工作。

若阳光偏转时，使 R_{c2} 被射中，则 VT2 导通，电机向另一方转动。无论哪种情况，电机转动的方向始终和太阳运动的方向一致，从而达到了自动跟踪的目的。整个过程中，a2、a3 以及 b2、b3 起到了整形的作用，从而保证了电路得稳定性和准确性。

4）高度角自动跟踪机构的工作原理

日出和日没的太阳高度角均为零，正午时刻达到最大值，因此，高度角的跟踪范围应为 0°~90°。

信号探测系统中的 R_{c3}、R_{c4} 2 个光敏电阻负责检测太阳高度角的变化，其工作原理和方位角的跟踪原理一致，此处不再赘述。

5）自动返回的工作原理

在白天中，R_{c5} 几乎每时每刻都被光斑射中，全天均呈现低阻抗状态。对于 PNP 型晶体三极管 VT3 来说，此时由于基极电压高于发射极电压，三极管不能导通，亦即无电流从 VT3 的集电极流过，C 点电位不受任何影响。

当太阳没去，光线暗淡时，聚光板中央的光敏电阻 R_{c5} 因检测不到光信号呈高阻抗状态，此时由于基极电压低于发射极电压，PNP 型晶体三极管 VT3 饱和导通，使与其集电极相连接的 C 点电位升高。这就相当于 R_{c2} 被光斑射中时的状态。此时，经与非门电路 b1~b3 作用，H 为高电平，I 为低电平，J 为高电平，三极管 VT2 饱和导通，电机反转，带动集能平面自动返回。当旋转一定角度后，即可触动限位开关，使电路自动断电关闭。此时集能平面处于初始位置，等待第 2d 的重新跟踪。

6）自动跟踪装置的零部件的选用

自动跟踪装置由信号探测系统、信号处理系统和减速控制系统组成。

其中信号探测系统包括光敏电阻、凸透镜、聚光板和金属圆筒等部件。光敏电阻又叫光导管，是常用的光敏元件。它具有体积小，灵敏度高，稳定性好，寿命长，价格低等优点。由于光敏电阻感受的光的波长和人眼十分相似，因此最适合用来检测可见光。通常用它的电阻变化来表征光照的强弱，即光照越强，电阻越小，完全无光照时，电阻趋于无穷大，并在一定范围内，光照强度和电阻率成线性变化关系。本系统选用型号为 UR-74A，此种光敏电阻的暗电阻可达 $1M\Omega$，光电阻只有 $0.7\sim1.2k\Omega$，允许功耗 50mW，最高允许电压 100V，响应时间为 3ms，完全能够满足需要。同时要求五只光敏电阻以凹进聚光板 2mm 为宜，这样可有效避免受光斑反射的影响。本系统选择的凸透镜的焦距选用 250mm，要求透光性佳，曲面、质地均匀，聚光时无散光、偏光。凸透镜用密封胶固定在圆筒口，兼作防水盖。本系统选择的聚光板为耐高温（300℃以上）聚光板，以不反光、不变形为佳。固定在距洞口 180mm 处，这样经凸透镜折射后的太阳直射光线，就可以在聚光板上形成一个直径为 20mm 的亮斑，且恰好照射不到附近的 4 个电阻上。本系统选择的金属圆筒内壁要求不能反光，此外选用内壁涂有黑漆的 0.5mm 厚的铁片。

　　信号处理系统包括晶体三极管、小型继电器、电阻器、电位器、电压比较器、与非门集成电路和电容等零部件。晶体三极管在系统中起电子开关的作用，通过三极管的截至与导通来控制驱动电机的运行。本系统选取的三极管为 3AK9 和 3DK2G 型，放大倍数为 30～50 倍。继电器是自动控制电路中常用的一种电气元件，起着自动操作、自动调节、安全保护的作用。本系统选用超小型功率 JRC-21F/012-12 型继电器，额定电压 12V，消耗功率 0.36W，重量只有 3g。电阻器起到分压、限流、保护的作用。本系统选用的都是 1/8W 碳膜电阻器，各阻值的大小见图 5.34 和元件清单（表 5.8）。电位器即可变式电阻器，其阻值的大小依旋转角度的变化而变化，本系统选用的都是价格低廉的碳膜电阻器，各阻值的大小见图 5.34 和元件清单（表 5.8）。电压比较器是能够实现对两个输入电压的大小进行比较的一种集成化器件。高质量的开环放大器放大倍数很大，如果两个输入端的电位不相等，放大器的输出电压很容易接近集成放大器的正负电源电压，即在输出端只输出高电平或低电平。这个输出可以作为数字集成电路的输入信号。所以，电压比较器是模拟信号与数字信号之间的一种联系纽带，可以广泛应用于测量、自动控制、信号处理、波形发生等电路中。本系统选用双运放 LM358 型电压比较器。与非门集成电路制造工艺简单，性能稳定。本系统采用的 CD4011 型与非门集成块除了获得反相电平以外，还起到整形的作用。利用电容充电放电的特性，可以用来滤波、定时、延时。本系统选用可以为电路控制提供 10～20s 的滞后的电容，有效消除了因电平高低转换给电路带来的不利影响。

表 5.8 元件清单

Table 5.8 Component inventory

元件代号	型号	说明
R_{c1}、R_{c2}、R_{c3}、R_{c4}	UR-74A	CdS 光敏电阻
K1、K2	JRC-21F/012-12	超小型小功率继电器
IC1、IC2	LM358	双运放电压比较器
a1、a2、a3	CD4011	与非门集成电路
b1、b2、b3	CD4011	与非门集成电路
C1、C2	33μF/20V	铝电解电容
C3	100μF/20V	铝电解电容
W1	20kΩ	小型碳膜电位器
W2	20kΩ	小型碳膜电位器
W3	1MΩ	小型碳膜电位器
W4	1MΩ	小型碳膜电位器
W5	10kΩ	小型碳膜电位器
R1	500kΩ	小型碳膜电位器
R2	500kΩ	小型碳膜电位器
R3	500kΩ	小型碳膜电位器
R4	500kΩ	小型碳膜电位器
R5	1kΩ	小型碳膜电位器
R6	1MΩ	小型碳膜电位器
R7	1kΩ	小型碳膜电位器
R8	1kΩ	小型碳膜电位器
R9	0.5kΩ	小型碳膜电位器
VT1	3AK9	NPN 型小功率开关三极管
VT2	3AK9	NPN 型小功率开关三极管
VT3	3DK2G	PNP 型小功率开关三极管
K1	JRC-21F/012-12	超小型小功率继电器
K2	JRC-21F/012-12	超小型小功率继电器
M	28SY006	小型直流电机

减速控制系统包括直流电机和减速齿轮。直流电机选用 28SY006 型，额定电压 12V，额定电流 0.4mA，额定功率 1.6W，转距 $3.92×10^{-2}$N·m。减速齿轮的啮合齿轮的模数均选用 m=0.6，其中小齿轮齿数为 10，大齿轮齿数为 40，一级减速可获得 1∶4 的减速比，该机构共 5 级减速，总减速比高达 1∶1 024。

7）自动跟踪装置的参数

自动跟踪装置的参数主要包括跟踪精度、自动找寻太阳的时间范围和自动返回时的光照强度。

跟踪精度主要是由光敏电阻调节。光敏电阻可感受到的太阳光线偏转的角度是由凸透镜焦距 f、聚光板距凸透镜距离 1 以及光敏电阻的放置位置 3 个因素决定的。见图 5.35，根据凸透镜成像的基本原理可知，在二倍焦距处成的是等大倒立的实像，由相似三角形的边角关系可表示如下：

$$\frac{R}{r_0} = \frac{f}{f-L} \Rightarrow r_0 = \frac{R(f-L)}{f} \tag{5-37}$$

式中：r_0 为太阳直射时亮斑的半径；R 为金属圆筒的半径；f 为凸透镜的焦距；L 为聚光板距凸透镜的放置位。

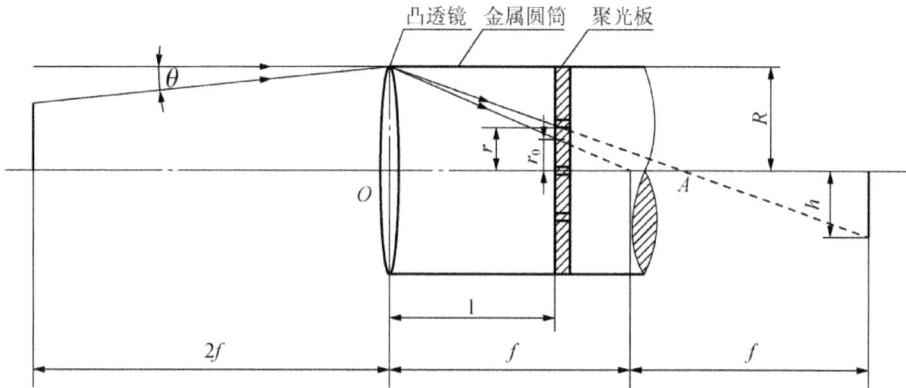

图 5.35 跟踪精度设定计算

Fig. 5.35 Calculation of the follow precision

第一缕太阳光线经凸透镜折射后，投射到方位角控制光敏电阻上，其光线延长线交圆筒中心线于 A 点。

设 OA=x，则有

$$\frac{r}{R}=\frac{x-L}{x} \Rightarrow x=\frac{RL}{R-r}; \frac{h}{R}=\frac{2f-x}{x} \Rightarrow x=\frac{2Rf}{h+R} \qquad (5\text{-}38)$$

$$\therefore \frac{2Rf}{h+R}=\frac{RL}{R-r} \Rightarrow h=\frac{2Rf-2fr-RL}{L} \qquad (5\text{-}39)$$

$$\therefore \tan\theta=\frac{R-h}{2f}=\frac{RL-Rf+fr}{fL} \qquad (5\text{-}40)$$

式中：r 为方位角探测光敏电阻的分度圆半径，其余同上。

已知数据为：R=35mm，f=250mm，L=180mm，r=180mm，计算出 θ=2.6°

这就相当于每经过 $\frac{2.6°}{15°}\times60=10.4\text{min}$ 跟踪一次，这样设计既保证了跟踪效果，又不至于电机频繁启动影响装置的稳定性。

在适当范围内，任意调整 R、F、L、r 等四个参数的大小，就可以得到不同要求的灵敏度来。

利用上述思路，还可计算出信号探测器所能感受的最大太阳光线的偏角 θ（见图 5.36），进而求得自动找寻太阳的时间范围。

$$\tan\theta_{max}=\frac{fr+Rf-RL}{fL}$$

将参数 R=35mm、f=250mm、L=180mm、r=180mm 带入上式即得

$$\theta_{max}=46.5°$$

这意味着，即使天气出现时阴时晴的状况，只要阴天连续不超过 $\frac{46.5°}{15°}=3.1（h）$，自动跟踪装置就不会迷失方向。一旦天气由阴转晴，信号探测器马上发出指令，

驱动电机自动对准太阳。

对自动返回时的光照强度进行设定的时候，应尽可能设定的低一些。这是因为，如果天气临时转阴，辐照度降低，信号探测器不至于发出错误指令，使装置提前返回。只有当天色相当灰暗时，辐照度探测电阻才发出返回指令。

返回时的光照强度与电位器 W5 以及三极管 VT3 的参数有关。W5 的阻值越大，能够自动返回的光照强度就越小；同时，选用的三极管 VT3 的导通电压越大，能够自动返回的光照强度就越小。根据计算，本系统选择导通电压为 7.8V 的三极管。装置运行时可通过多次微调电位器 W5，即可调试出一个合适的返回强度，推荐使用的返回时的太阳辐照度为 $40\sim80W/m^2$。

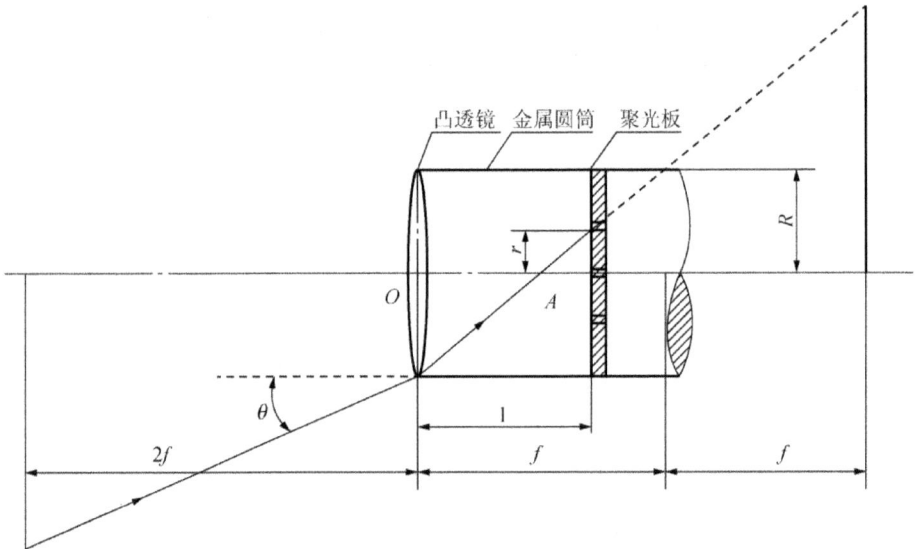

图 5.36　自动寻找太阳的时间范围计算

Fig. 5.36　Calculation of the time range to look for the sun automatically

8）自动跟踪装置的特点

该装置采用的是全自动光控电子电路，不必担心会产生累积误差，只要装置在安全运行期间，跟踪效果是完全一致的，误差小。

现有的光电式太阳能自动跟踪电路中一般采用两只光敏电阻与一只电压比较器，构成一个光控比较回路，来控制电机的正反转。由于一年四季中早晚、中午的强弱变化以及环境光照的影响，光控电路很难正常工作。本系统虽然也采用了电压比较器，但由于其是由一只光敏电阻和标准电压相比较，即当其中一只光敏电阻探测到光线偏转信号时，它发出的指令和其余三个光敏电阻无关，并且比较的基准采用的是恒定的标准电压，从而使精度大大提高，性能更加稳定。

信号探测系统完全置于金属筒内，且筒口有凸透镜加以聚光，可使光敏电阻免于受散射及反射光线的干扰，抗干扰能力强，从而保证了跟踪的准确性。

整个电路平均总计消耗白天为 2.4W·h，夜间 0.69W·h，自身功耗小。

该装置的机械减速比高达 1∶1000，转动扭距为 40Nm，可转动重达 20kg 的集能平面，因此可用该装置进行太阳能光热、光电、光转化和太阳辐射的测量，使用范围广。

5.2.1.3　太阳光聚焦传输系统的试验研究

为了对经过聚焦传输系统所采集的太阳光有一个定量的描述，利用 TES 数位式照度计测定了 6 月 1 日～28 日共 28d 距光纤端部 5cm 和 10cm 处的光照度，太阳能聚焦传输系统实物见图 5.37，测量结果见表 5.9 和表 5.10，从表中可以看出，在光纤端部 5cm 处的光照平均值达到了 3 374lx，在光纤端部 10cm 处的光照为 1 081lx。

图 5.37　太阳能聚焦传输系统实物照片
Fig. 5.37　The photo of solar energy focused and collected system

表 5.9　距光纤端部 5cm 的光照度
Table 5.9　The light intensity at the 5cm of optical fibre end
单位：lx

日期	8：00	9：00	10：00	11：00	12：00	13：00	14：00	15：00	16：00	17：00	日平均
6 月 1 日	1 600	2 900	5 900	15 000	24 000	6 300	5 000	600	400	0	6 170
6 月 2 日	570	3 100	3 900	3 000	4 200	4 500	4 000	3 400	2 000	300	2 897
6 月 3 日	0	0	0	0	0	0	0	0	0	0	0
6 月 4 日	90	20	1 100	860	6 200	80	60	120	10	0	854
6 月 5 日	50	4 900	3 200	3 400	80	3 500	680	440	230	20	1 650
6 月 6 日	60	100	340	560	0	20	2 000	1 500	1 000	800	638
6 月 7 日	250	420	600	290	170	240	260	60	120	30	244
6 月 8 日	4 200	8 000	5 300	5 000	5 700	3 900	600	1 000	330	0	3 403
6 月 9 日	1 800	7 900	3 400	6 400	11 000	3 800	700	10	0	90	3 510
6 月 10 日	4 710	8 530	7 920	6 000	3 900	2 200	700	0	100	50	3 411
6 月 11 日	0	1 800	0	0	70	0	0	20	900	50	284
6 月 12 日	3 400	6 300	700	11 800	13 500	3 000	3 400	3 800	1 200	300	4 740
6 月 13 日	4 000	5 500	7 340	8 800	11 300	12 000	3 600	2 300	1 100	300	5 624
6 月 14 日	3 700	9 300	2 000	2 100	3 300	800	0	0	20	0	2 122
6 月 15 日	800	2 300	9 000	6 700	0	0	0	0	0	0	1 880
6 月 16 日	0	0	0	0	15 700	18 640	19 500	9 000	1 800	600	6 524

续表

日期	8：00	9：00	10：00	11：00	12：00	13：00	14：00	15：00	16：00	17：00	日平均
6月17日	1 100	380	15 400	4 200	16 800	13 200	11 800	4 800	1 100	760	6 954
6月18日	1 400	3 940	8 600	7 300	9 800	6 200	700	100	0	0	3 804
6月19日	2 000	11 800	10 600	11 000	12 000	700	0	0	0	0	4 810
6月20日	1 800	3 400	0	0	0	4 000	2 000	4 600	760	400	1 696
6月21日	3 100	3 300	6 000	11 000	8 000	9 000	8 000	10 000	1 200	430	6 003
6月22日	2 800	8 000	9 270	12 600	11 300	7 500	8 300	8 000	1 500	330	6 980
6月23日	3 400	5 300	6 200	6 800	9 200	10 000	9 000	9 000	680	410	5 999
6月24日	3 200	4 800	3 400	4 700	4 700	4 300	5 200	5 000	750	230	3 628
6月25日	3 900	5 100	4 800	4 000	5 200	6 400	7 100	3 900	520	290	4 121
6月26日	3 200	4 300	5 200	6 700	7 340	180	0	0	0	0	2 692
6月27日	2 800	2 900	3 100	3100	3 000	2 860	1 450	600	400	100	2 031
6月28日	2 400	2 400	2 000	2 600	1 500	1 500	3 000	1 800	730	210	1 814
平　均	2 012	4 175	4 474	5 140	6 417	4 259	3 466	2 540	602	204	3 374

表 5.10　距光纤端部 10cm 处的光照度

Table 5.10　The light intensity at the 10cm of optical fibre end　　　单位：lx

日期	8：00	9：00	10：00	11：00	12：00	13：00	14：00	15：00	16：00	17：00	日平均
6月1日	600	730	2 340	3 600	4 300	2 400	2 130	230	160	0	1 649
6月2日	220	1 230	1 410	1 170	1 430	1 640	1 420	1 190	680	130	1 052
6月3日	0	0	0	0	0	0	0	0	0	0	0
6月4日	20	5	360	210	2 300	20	10	30	0	0	296
6月5日	10	1 630	1 180	1 190	20	1 200	235	160	50	5	568
6月6日	10	20	30	210	0	5	680	590	350	200	210
6月7日	55	140	230	110	40	50	60	10	30	5	73
6月8日	1 430	2 600	2 160	2 130	2 230	1 410	230	330	30	0	1 255
6月9日	610	2 560	1 190	2 370	3 100	1 390	240	0	0	20	1 158
6月10日	1 520	2 710	2 580	2 260	1 410	690	240	0	20	10	1 154
6月11日	0	610	0	0	10	0	0	5	290	10	93
6月12日	1 190	2 400	240	3 340	3 490	1 170	1 190	1 390	390	130	1 493
6月13日	1 400	1 930	2 230	3 000	3 180	3 370	1 200	670	360	130	1 747
6月14日	1 340	3 160	680	710	1 185	200	0	0	0	0	728
6月15日	200	670	3 060	2 530	0	0	0	0	0	0	646
6月16日	0	0	0	0	3 840	3 920	4 150	3 060	610	230	1 581
6月17日	360	150	3 720	1 430	3 880	3 380	3 340	1 610	360	255	1 849
6月18日	560	1 380	2 940	2 220	3 260	2 365	240	20	0	0	1 299
6月19日	680	3 340	2 990	3 100	3 370	240	20	0	0	0	1 372
6月20日	610	119	0	0	0	1 400	680	1 670	260	160	597
6月21日	1 230	1 160	2 260	3 100	2 600	3 060	2 600	2 800	390	160	1 936
6月22日	850	2 600	3 150	3 570	3 200	2 280	2 700	2 600	590	140	2 168
6月23日	1 190	2 160	2 370	2 560	3 130	3 070	3 060	3 060	230	140	2 097
6月24日	1 280	2 070	1 190	1 520	1 520	1 430	2 140	2 130	250	50	1 358
6月25日	1 400	2 120	1 610	1 400	2 140	2 430	2 660	1 410	170	130	1 547
6月26日	1 180	1 430	2 140	2 530	2 210	50	0	0	0	0	954
6月27日	1 010	1 030	1 230	1 220	1 210	1 020	590	210	160	30	771
6月28日	790	790	680	810	550	550	1 210	650	250	40	632
平　均	705	1 383	1 499	1 653	1 914	1 384	1 108	851	201	71	1 081

5.2.2　利用畜禽粪便污水的太阳能光合生物连续制氢系统结构设计

新型光合生物试验系统的研制是实现连续生物制氢的重要环节，也是光合生物制氢工业化生产的重要途径，光合生物反应器的结构是提高光转化效率的重要因素。目前，关于光生物反应器的报道主要集中在微藻的培养上，但由于光合生物制氢与微藻的培养在机理与条件上有很大不同，因此需要根据生物制氢特点对光合生物反应器进行结构设计。光合生物反应器按液体是否直接暴露于空气中而分为开放式光生物反应器和封闭式光生物反应器，由于光合生物制氢需要严格的反应条件，如温度、pH、溶解氧含量、铵离子浓度等，因此本节仅研究封闭式光合生物制氢试验系统，目的在于设计一种光合细菌利用畜禽粪便污水光合产氢的光合生物制氢实验系统，它在形式上不同于目前已报道的任何一种光生物反应器，配备有自动跟踪太阳且可调滤光的太阳光高效聚焦传输系统，由具有较高表面积和体积比的新型环流罐式光反应器和氢气收集装置等组成，为进一步提高太阳能光转化效率、降低光合制氢成本和提高氢气产率奠定了基础。

5.2.2.1　光合生物反应器的原理、结构及特点

光合生物反应器是针对光合细菌的生长和代谢条件而设计的，在设计时需要考虑的有以下几个方面。

1）提高光照表面积与体积比

由于光合细菌细胞和畜禽粪便污水的相互遮光作用，光线射入反应液中后，随着浓度的增加，光照强度迅速减小。光透入的深度取决于细胞的密度和反应液的浓度，细胞的密度和反应液的浓度越高，光透入的深度越浅，仅表面的细胞能吸收到进行光合作用的饱和光照度，大部分细胞吸收到的光照度是不足的，有的甚至实际上处于黑暗之中，因此，用于光合细菌的光反应器若其光照表面积与体积比小于 1/10，则对光的利用效率是很低的。

光生物反应器用透明材料制成，通过合理设计可大大提高光照表面积与体积比，能充分有效地利用光能，如环流式光生物反应器，把反应器的形状做成环形罐状，其内外层均可接受光照，因而表面积与体积比大为提高。

2）选择合适的循环装置

在光合生物制氢反应中，搅拌可以使细胞周围产生"闪烁效应"，有利于光转化效率的提高，但考虑到搅拌装置的体积一般较大，且安装过程中容易泄露，所以光生物反应器中一般靠循环泵来实现其搅拌作用，通过控制其流量来控制搅拌程度，但应考虑其流体力学性质要适合于光合细菌的生长及代谢。

3）改善光的传播途径、分配和质量

在开放条件下，太阳光是以辐射形式照到培养液表面，并向下传播，它透过的深度极为有限，不能满足光合生物的需要，光生物反应器可采用从培养液内部提供光源的形式，并使它与光生物反应器内部的光分散系统相匹配，缩短光的传播距离，使光线的分配更加合理，光生物反应器还可以更为方便地使用一些特殊、高效的光源，使光的质量得以提高，进一步提高光的利用效率。

4）更好地控制培养条件

用于光合制氢的光生物反应器必须能够对反应条件加以严格控制，使光合细菌处于最佳的生长条件和代谢条件下，通过温度、光照度、pH、底物浓度、不同接种量、溶氧水平等的控制，优化反应条件，使光转化效率和氢气产率都能达到最佳。

5.2.2.2　光合生物连续制氢系统结构设计

光合生物连续制氢系统主要有三部分组成：罐形反应器、循环热交换装置和氢气收集系统。罐形反应器是实验系统的主体设备，根据反应特点，这部分要求具有较高的表面积和体积比。循环热交换装置主要是用于温度控制和搅拌。氢气收集系统采用排水集气法。

1）罐形反应器结构

充分利用光能，提高光照表面积和体积比是光生物反应器设计的出发点，为了达到这个目的，其设计可采用两种形式：罐式或板式，由于板式随板层数量的增加，静压力就越大，对箱体承受能力要求较高，容易泄露。因此，本系统采用罐式，但罐式也存在光路较长的缺点，为了解决这个问题，采取环型罐式，见图 5.38。

反应器的外形为圆形，采用 5mm 厚的有机玻璃黏结而成，高 400mm，由 4 个直径为 80mm 的圆桶均匀分布其中，外圆直径 340mm，装液量为 30L。侧面上设有循环装置的进口和出口，顶盖上设有排气口，下部设有料液出口。该反应器的表面积和体积比达到 36。

2）循环热交换系统

为了控制反应器内的温度，需要采用加热设备，但又不能对反应液体直接加热，这样加热器表面温度过高会把其周围的细菌烧死，因此需要采取换热设备，本文采用安装在循环管路上的蛇管式换热器，通过控制换热器壳层的温度来控制反应器内部的反应温度，降低了采用夹层结构的成本，其结构见图 5.39。

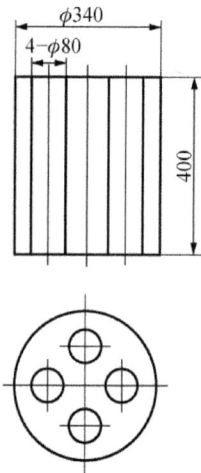

图 5.38　罐式反应器结构
Fig. 5.38　Structure of tank reactor

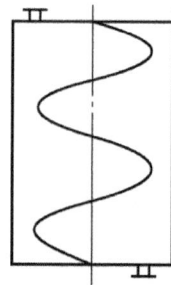

图 5.39　换热器结构
Fig. 5.39　Illustration of heat exchanger

3）太阳能光合生物连续制氢系统组成

太阳能光合生物连续制氢系统的组成见图5.40。

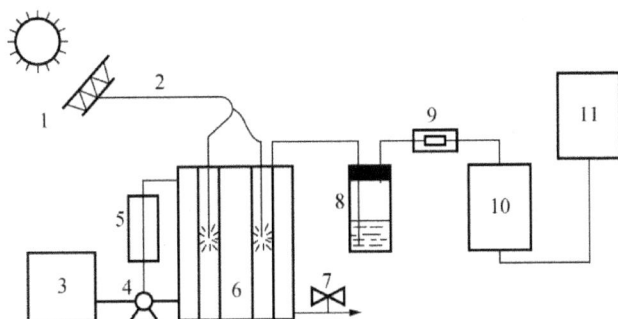

图5.40 太阳能光合生物制氢实验系统示意图

Fig. 5.40 Illustration of the system of photosynthetic biological hydrogen production by solar energy

1. 太阳能收集器；2. 光导纤维；3. 料槽；4. 循环泵；5. 换热器；6. 光反应器
7. 排料阀；8. 净化装置；9. 流量计；10. 带刻度的储氢装置；11. 水槽

该系统主要由以下几部分组成：

（1）太阳光聚焦传输系统。

（2）罐式反应器。

（3）动力系统：包括泵及管路，采用可调流量泵作为循环泵，本系统采用流量泵，转速2 850r/min，功率50W，额定流量为10L/min，通过阀门调节流量来控制搅拌程度，进料口和出料口都开在垂直方向，有利于反应液体的混合。

（4）热交换系统：采用蛇管式换热器，在温度低时可加热，内有加热装置；温度高时可通入换热器内冷水进行冷却，可以使反应器内的温度维持在所需的温度范围内。

（5）净化收集系统：根据光合生物制氢的机理，所产气体主要为CO_2和H_2，因此，净化装置采用0.1mol/L的NaOH溶液净化，去除CO_2，用排水集气法收集H_2，储氢装置上标有刻度，可直接读出所产氢气的量。

5.2.2.3 光合生物连续制氢系统特点

（1）采用太阳能代替人工光源，降低了成本，并采用可更换的滤光片，可以改变进入到反应器的光质，增大光转化效率。

（2）采用环型罐式的特点，降低了反应器的光路长度，提高了光照表面积和体积比，解决了传统罐式反应器深层光照度低的问题。

（3）采用循环装置代替搅拌装置，使反应器内部结构简化。

（4）采用外置的热交换系统，在循环的同时完成了反应温度的控制，取代了传统的夹层结构，降低了成本。

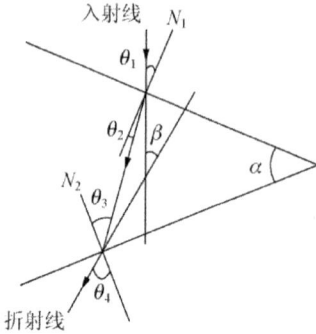

图 5.41　菲涅耳透镜的折射原

Fig. 5.41　Refraction principle of Fresnel lens

5.2.3　光合生物制氢系统的传光性能

5.2.3.1　聚光系统的聚光过程

本系统的聚光元件采用菲涅耳透镜，其基本原理是将普通的透镜分割为众多小棱镜，再展成平面而成，利用其折射聚光原理来实现太阳光的汇聚，达到增加光密度的目的，菲涅耳透镜具有重量轻、制造简单、成本低等优点。

1）菲涅耳透镜的聚光特性

图 5.41 是一个的截面图，尖劈透镜元顶角为 α，透镜材料折射率为 n，两边是空气。

光线在入射面上（用 N_1 表示其法线）的入射角为 θ_1，然后在透镜内以折射角 2 折射，光线投射到出射面上（用 2 表示其法线）的入射角为 θ_3，出射后的折射角为 θ_4，投射光线与入射光线的夹角即光线的偏向角 β 为

$$\beta = \theta_1 - \alpha + \arcsin\left\{ n\sin\left[\alpha - \arcsin\left(\sin\theta_1 / n \right) \right] \right\} \tag{5-41}$$

当光线正入射时（$\theta_1 = 0^0$）

$$\beta = \arcsin(n\sin\alpha) - \alpha \tag{5-42}$$

由此表明，入射光线的偏向角 β 由入射面上的入射角 θ_1，透镜元顶角 α 和折射率 n 所确定。

2）聚光系统的光学效率

正入射的太阳光经过透镜折射后的平均能流密度 E_e 可表达为

$$E_e = \eta c E_s \tag{5-43}$$

其中，E_e 是正入射到透镜上的太阳辐射能流密度，c 是透镜的几何聚光比，即透镜正入射面积与焦斑面积之比。η 是透镜的光学效率，它与光在透镜中和界面上传输所产生的光学损失有关，η_c 则是透镜的有效聚光比。

透镜的光学损失，主要是入射面和出射面上的反射损失，其次是透镜材料对光的吸收、与光轴平行的非工作面对部分斜入射光的屏蔽、槽沟制造误差和表面粗糙引起的光散射损失。

由界面上的反射折射关系得知，对于给定的透镜材料，界面上太阳光的辐射能流透射率随入射角而变化。

$$T = 1 - \left[\text{tg}^2(\theta_1 - \theta_2) / \text{tg}^2(\theta_1 + \theta_2) + \sin^2(\theta_2 - \theta_1) / \sin^2(\theta_2 + \theta_1) \right] / 2 \tag{5-44}$$

这里 θ_1 和 θ_2 分别是入射角和折射角，对于出射面而言，入射角和折射角则是 θ_3 和 θ_4。

当光线正入射时，能流投射率则为

$$T = 4n / (1+n)^2 \tag{5-45}$$

这样，当考虑太阳光正入射的情形时，光线通过透镜平坦入射面的能流透过率 T_1 可由式（5-45）确定。对于透镜的出射面，因槽沟尖劈顶角随位置变化，不同槽沟出射面的能流投射率是不同的，对于聚焦太阳光的聚光系统，采用圆形透镜，其整块透镜出射面的平均能流透射率 T_2 则可以表达为

$$T_2 = \sum_{i=1}^{N} T_i s_i / \sum_{i=1}^{N} s_i \tag{5-46}$$

其中，T_i 是第 i 槽沟出射面的能流透射率，s_i 是第 i 槽沟的面积。

由此可见，透镜的光学效率既取决于设计参数，又与材料和制造工艺有关，透镜折射率越高，孔径角 $\omega = \text{arctg}(d/2f)$（$d$ 为透镜厚度，f 为透镜焦距）越大，光学效率就越低。

5.2.3.2 光在光导系统中的传输过程

1）光纤的集光特性

见图 5.41，当光线从折射率为 n_0 的空气以入射角为 θ 照射到光导纤维的端面上时，以折射角 θ' 进入折射率为 n_1 的芯体内，然后在芯体与包层的分界面上发生全反射，经过多次反射后不断向前传播，直到离开光导纤维输出端面，完成光在光纤内传播的全过程。就光导纤维的接受端面而言，它可以接收的光线是一个空间圆锥，圆锥角即光线的入射角 θ。根据折射定律：

$$\sin\theta / \sin\theta' = n_1/n_0 \tag{5-47}$$

一般情况下，空气的折射率 $n_0 = 1$，则式（5-47）变为

$$\sin\theta = n_1\sin\theta' \tag{5-48}$$

根据全反射定律，当光线在芯体和包层的分界面发生全反射时有：

$$\sin(90^\circ - \theta') / \sin90^\circ = n_2/n_1 \qquad \text{即 } \cos\theta' = n_2/n_1$$

则

$$\sin\theta' = \sqrt{1 - \cos^2\theta'} = \sqrt{1 - (n_2/n_1)^2} = \sqrt{(n_1^2 - n_2^2)/n_1^2} \tag{5-49}$$

由式（5-48）和式（5-49），可得：

$$\sin\theta = \sqrt{n_1^2 - n_2^2} \tag{5-50}$$

令

$$\text{N·A} = \sqrt{n_1^2 - n_2^2} \tag{5-51}$$

N·A 称为光学纤维的数值孔径。

由式（5-50）可见，光学纤维端面对入射光的接收角 θ 仅由光纤材料的折射率 n_1 和 n_2 决定，与光纤接收端面的尺寸无关，这是一般光学透镜无法比拟的特点，同时可以看到，适当选定 n_1 和 n_2 的数值，可以增大接收角 θ，这是光导纤维独特

的集光特性。

2）光导纤维的能量损耗

光导纤维的能量损耗可以分为吸收损耗和散射损耗两部分。吸收损耗是光能转换成热能所致，其微观解释是光纤材料中电子的不同能级之间或分子的不同振动状态之间的量子跃迁所致。产生散射损耗的原因较多，芯体材料分子的无序分布、气泡和微裂痕的存在等都可以产生散射损耗。总的来说，吸收损耗和散射损耗之和低于 20db/km，即每公里的能量损耗不超过 1/100。

5.2.3.3　光在反应器中的衰减特性

除了绝对真空，没有一种介质对电磁辐射是绝对透明的，光在介质中传播时光强随着穿入介质的深度而减少的现象，称为介质的消光。研究表明，消光又可分为吸收消光和散射消光两种情况，前者是指介质在吸收了入射光后，将光能转化为其他形式，后者是指光被介质不均匀地散射到各个方向。

封闭式光生物反应器的研究开发已有了许多尝试并取得了很多经验，人们已经认识到，对光合细菌的生长动力学规律和光能转化机理的深刻理解是开发有效光生物反应系统的关键。在光合细菌的培养与应用中，光作为光合作用的反应基质是连续照射到反应器表面的，光束进入反应液后迅速衰减，光反应器内部的光照是不均一的，图 5.42 是光从光源发出，然后传播到光生物反应器的示意图，光合作用是光合细菌生长及产氢的限制性因素，因此研究光在反应器内的传播途径及衰减规律，对改进反应器的供光条件、提高产氢量和光转化效率有重要意义。

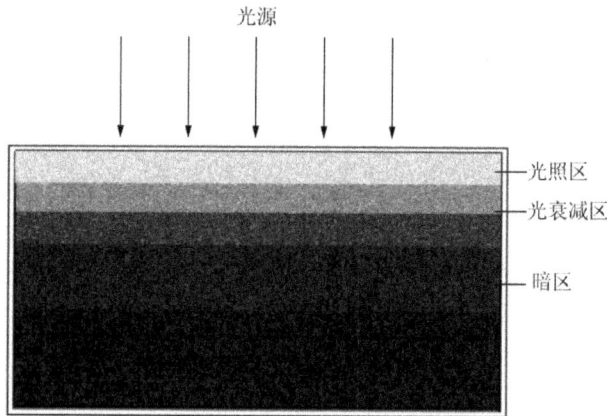

图 5.42　光能从光源传播到光生物反应器中反应液的过程示意图

Fig. 5.42　Illustration of light transmitting from light source to the solution in light-bioreactor

光合细菌是一群能在厌氧光照或好氧光照条件下利用有机物作供氢体兼碳源，进行光合作用的细菌，而且具有随环境条件变化而改变代谢类型的特性。光合细菌可转化太阳能为氢能，但光合细菌利用的是太阳能中的光能而不是热能，光合细菌的光合放氢是一种与光合磷酸化耦联的固氮酶催化过程。当光照强度超过极限值时，光合器官吸收了超过光合作用所需要的能量会引起 PSI 系统的过量激发，使光合效率下降，产生光抑制。只有在充足而适宜的光照条件下，光合细菌才能以较快的速度生长，因此光照条件是限制其生长和产物形成的重要因素之一。光合细菌在生长和代谢过程中所利用的光源直接照射到培养液的表面，由于反应液本身的相互遮挡作用使入射光在穿透反应液的过程中出现不断衰减的现象，即距液体表面越远的细菌所能接受到的光强就越弱，并且液体越混浊，这种光衰减现象就越严重。也就是说，在与反应器表面垂直的光照方向上，入射光存在着不均匀的梯度分布现象，反应器表面的光照强度最大，而随着反应液深度的增加反应器内部所能接受到的光照强度也就越来越弱。

由于光合细菌对光照条件的变化比较敏感，光强和光质的改变对其实际生长和代谢均有明显的影响。因为当细菌密度较高时如果光照不足，细菌的生长就会出现光能限制。但是，入射光太强也会使反应器表面直接受到光照的细菌出现光抑制作用，而反应器的内部又因光衰减光照太弱使反应受限，因此氢气产率和光转化效率很难提高。所以只有通过加强反应液的混合效果，才能减弱光照强度在反应液中不均匀分布的程度，实现光合产氢的高效稳定运行。由此可见。研究光在光合产氢反应液中的衰减规律对改善光在反应液中的分布、促进高效产氢具有很大的指导意义。

利用本实验室筛选出的光合细菌高效产氢混合菌群进行光合生物制氢，接种量为 10%。基质采用原新鲜猪粪稀释 10 倍黑暗好氧处理 4d 滤除不溶性有机物。

5.2.3.4 测量光衰减的装置与方法

测量光衰减的装置为直径 100mm、底部很薄的圆柱形玻璃容器，将其用黑纸包裹以避免周围散射光对测定值的干扰。将光合有效辐射计的探头放置于装置的底部，以普通的混合光为光源，在其上方进行光照。在一定的光强下逐次加入等体积、混合均匀的反应液，使其深度成比例地增加，并分别测定相应的光强，由此可获得不同反应液吸光度值下的光强随液体深度的变化规律。

1) 入射光强对光衰减的影响

在入射光强（I_0）为 $3.0W/cm^2$ 和 $6.0W/cm^2$ 的条件下，对反应液在不同浓度（以反应液的 OD 值计）、不同深度下的穿透光强（I）进行了测定，结果见图 5.43，当反应液的浓度为定值、其他条件恒定时，在不同的 I_0 下的 $\ln(I_0/I)$ 值非常接近、并且随着反应液的深度有近似的线型关系，而与入射光的强度无关。由此可以得出入射光的强度对反应液中光的衰减规律没有直接的影响，即入射的强度与光穿透力无关，这一点与 Pirt 等的结论比较一致。

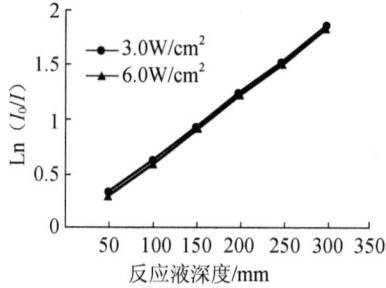

图 5.43　反应液深度对穿透光强的影响

Fig. 5.43　The effects on permating intensity of reaction solution density

2）反应液的浓度和深度对光衰减的影响

在 I_0 为 $1.0 \sim 5.0 \mathrm{W/cm}^2$ 的条件下，分别对不同浓度下的反应液的深度与穿透光强之间的关系进行了观察。（按同一浓度反应液在 5 个不同的 I_0 下的 $\ln(I_0/I)$ 平均值进行计算的结果）。可见，随着反应液浓度的增加，透过反应液的光强迅速下降，并且反应液的深度与 $\ln(I_0/I)$ 呈良好的线型关系，结果见图 5.44。由此可见，随着反应液浓度的增加，反应液之间的相互遮光现象不断加强，对光的吸收程度也逐渐加大，从而使入射光透过反应液的比例下降。导致透过反应液的光强迅速衰减。

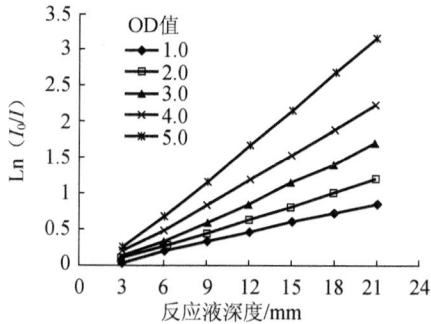

图 5.44　反应液浓度和深度对穿透光强的影响

Fig. 5.44　The effects on intensity of permeating light by density and depth of reaction solution

在反应液浓度（OD 值）分别为 0.5、1.0、1.5、2.0、2.5 的 5 种条件下，对不同反应液深度处的光照强度变化进行了进一步的观察，结果见图 5.45，由此可见在同一反应液浓度下，光照强度（I）随着反应液深度的增加而迅速减小，且光衰减的趋势由快逐渐变慢，甚至趋于平缓。该结果表明，反应液的浓度越高，液体之间的相互遮光现象也就越严重，对光的吸收程度越大，从而使入射光透过反应液的下降比例也越大，即光衰减的越快。

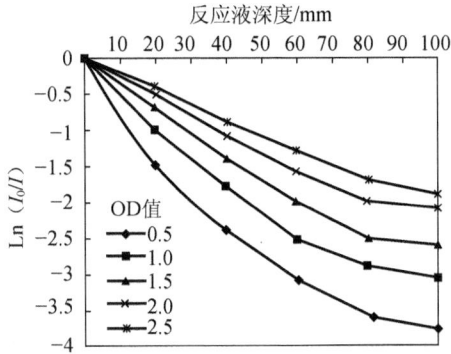

图 5.45 猪粪污水光合细菌产氢反应液衰减曲线

Fig. 5.45 Reaction solution attenuation curve of photosynthetic hydrogen production from pig dejecta wastewater

虽然有关学者已对微藻在培养系统中对光能的吸收量与照明表面积、培养液体细胞密度和混合速率之间的关系进行了相关的理论分析，并且注意到了光照强度与微生物生长速度之间的一般相互关系，但是缺少具体的定量描述。而有关以猪粪污水为底物光合细菌生物制氢的光反应器的光衰减研究方面的报道国内外尚未见报道，利用光传感器直接测量光合制氢过程中光穿透反应液时的光强变化规律仍然存在较大困难，因此光合细菌制氢反应液光衰减现象不仅为光合细菌制氢工艺的优化有很大意义，而且对光生物反应器的设计也有很大的参考价值。

5.2.4 小结

（1）采用菲涅耳透镜聚光方式，使太阳光高效聚集，在焦点前放置可更换的带通滤光片，在焦点处放置端光纤，使进入到光导纤维的能够被光合细菌高效吸收的光的密度大大增加；并根据太阳的运行规律，采用光电控制技术，设计出了太阳光自动跟踪装置，使信号探测器固定在集能平面上与其一起转动，当接收到太阳光线发生偏转信号后，传给电子自动控制电路，通过模数转换对信号进行分析，给出指令，使驱动电机通过减速机构转动集能平面，精确对准太阳，从而实现了对太阳方位角和高度角的全方位二维自动跟踪，跟踪精度为每 10.4min 跟踪一次，大大提高了太阳能利用率。

（2）对研制成功的太阳光聚焦传输系统的光传输特性进行了实验研究，通过 28d，每天 10 次的测定，在距光纤端部 5cm 处的日平均光照度达到了 3 374lx，在距光纤端部 10cm 处的日平均光照度达到了 1 081lx，完全能够达到光合细菌生长和代谢所需的光照度。

（3）分析了光合生物反应器的原理、结构及特点，研制出了太阳能光合生物制氢试验系统，设计出了环流罐式光生物反应器，从反应器内部提供光源，缩短了光路，提高了光照表面积和体积比，达到了 36，采用循环装置代替搅拌装置，使反应器内部简化,提高了反应器的有效容积。

(4)对光合生物制氢系统中的光传输过程进行了研究。对菲涅耳透镜的聚光过程和光导纤维的传光过程进行了理论分析,对光在反应液中的衰减特性,进行了入射光强、反应液浓度和深度对光衰减的影响实验研究,发现入射光的强度对反应器内光的衰减规律没有影响,随着反应液浓度的增加,反应液之间的相互遮光现象不断加强,对光的吸收程度也逐渐加大,从而使入射光透过反应液的比例下降,导致透过反应液的光强迅速衰减。

5.3　太阳能光合细菌连续制氢系统研制

随着氢能产品的不断开发,潜在的氢能消费市场日渐巨大,但目前的氢能生产还主要来源于化石能源,这与发展氢能技术的初衷相违背,也不符合能源可持续发展的要求。光合细菌制氢是光合细菌在厌氧光照条件下将有机质分解转化为氢气的过程,光合细菌产氢过程中可以利用的有机质底物广泛,尤其是能够使用有机废弃物作为产氢底物,其在提供氢能的同时还可减少有机废弃物的危害,具有能源和环境的双重效果。

自 19 世纪 70 年代 GEST 发现光合细菌在光照厌氧条件下的产氢现象后,国内外的研究人员相继完成了光合细菌的分离、筛选、鉴定和基本生理特性等相关的基础性研究工作,提出了光合细菌不同条件下的生长代谢途径和其产氢机理。这为光合细菌产氢技术运行研究提供了必要的理论基础。但由于光合细菌制氢技术的起步较晚,许多技术性问题还处于基础性的研究阶段,光合细菌制氢反应器作为光合细菌产氢由理论研究向实际生产转化的重要阶段目前还停留在实验室的小试规模,无法实现连续性的运行,更不能满足实际生产需要。光合细菌制氢反应器的研制已成为目前光合细菌制氢技术研究的一个瓶颈问题。研制具有连续运行能力且能实际规模化生产的光合细菌制氢系统是光合细菌制氢技术研究目前亟待解决的问题。本节就对 5m³ 规模的大中型光合细菌连续制氢系统的研制和运行进行了探讨。

5.3.1　光合细菌连续制氢系统设计的指导思想及设计方案

5.3.1.1　光合细菌连续制氢系统设计的基本要求

光合细菌的产氢代谢过程是一个厌氧光照条件的生物反应过程,温度、酸碱度、反应底物种类、抑制因子、环境条件等都会对其产氢代谢产生影响。但光合细菌作为一种具有多种生理代谢途径的微生物,其在不同的环境条件下会存在不同的代谢功能,放氢代谢过程只是光合细菌在厌氧光照条件下处于氮缺乏时释放多余能量的过程。为了实现光合细菌的高效产氢则要求光合制氢反应器能在基础条件上满足光合细菌产氢所需要的环境条件。

光合细菌产氢作为一个生物过程，受多种外界环境条件的影响。充足光照和构造厌氧条件是所有光合细菌产氢反应器设计的根本出发点。从目前光合生物制氢反应器发展的现状来看，虽然现有光合细菌制氢反应器都能在光照和厌氧环境上满足光合细菌的生长和产氢要求，但其在结构形式上都是将采光面直接作为反应器的结构材料，由于目前采光面多采用普通玻璃或有机玻璃制成，这些采光材料由于自身材料强度的问题使得反应器的结构和容积受到很大限制。同时由于目前研制的反应器容积较小且都采用批次进料的运行模式，其设计过程中很少考虑反应器结构对连续产氢过程的影响，也很少考虑连续运行过程中光合细菌色素吸附及沉淀对试验系统采光面的影响。综合光合细菌生长、产氢过程的基本特性和现有光合细菌制氢反应器的特点，对于连续产氢的大容积光合细菌产氢反应器研制来说应满足以下基本设计要求。

（1）厌氧环境的构造要求。厌氧光照是光合细菌产氢的基本条件，反应器设计中反应器结构形式必须满足封闭式的结构要求，但这种封闭式也应方便反应器的维修和对试验系统内部进行清洁保养。

（2）将反应器的采光面与反应器结构材料分开，使采光面不再用于反应器的结构材料而成为一个独立的部件。反应器采光面与反应器结构材料的分开可以使反应器的结构设计不再受采光面材料性能的制约，这是设计大容积反应器的基础条件。

（3）反应器内部分散多点布光。前文所述，内置光源是摆脱反应器容积受采光面限制的关键因素，但由于光线在光合细菌生长和产氢反应液中的传播受多方面因素的影响而造成传播距离较短，整体布光不但易造成局部的光饱和效应也会造成反应器内部光照不足而人为改变光合细菌的代谢途径。多点布光可以满足内部均匀光照的要求。

（4）反应器采光面的易拆卸和易清洗要求。光合细菌制氢反应器与其他生化反应器最大的区别在于其对采光的要求。由于光合细菌的趋光特性使大量菌体在采光面吸附，并带来大量的色素沉淀，这种光吸附效应的最终结果是在采光面内壁形成厚厚的吸附层而影响光线的穿透性，使光线不能到达反应器内部造成光照盲区。因此对于连续运行的大容积反应器来说采光面上菌体及吸附色素的清除至关重要。

（5）反应器结构形式应满足光合细菌在反应器内滞留、固定和与反应物充分接触的要求。反应物在反应器的流动形式不仅关系着反应物与反应产物、反应液与菌群的混合程度等，而且与光合细菌的滞留、气体产物的分离等因素息息相关。对于连续运行的光合细菌产氢反应器来说菌体流失是影响反应器连续运行的一个关键问题，因此反应器应在结构上最大程度增加菌体滞留量以减少菌体流失造成反应器内菌体浓度下降而影响产氢效果。通过反应器内部结构形式改变来实现反应液在反应器内的流动状态改变，可以增强反应液的混合程度减少反应盲区，同时可以加大反应液对采光面的冲刷，降低光合细菌的吸附作用。

（6）反应器的温度、酸碱度等基本参数的控制。合适的环境条件是光合细菌高效产氢的前提。因此反应器应考虑反应器中温度、酸碱度控制等基本环境参数的要求，采用方便、简洁、低耗的控制模式。

5.3.1.2 光合细菌连续制氢系统设计的指导思想

虽然目前光合细菌制氢技术在基础性研究上已取得很大进展，但关于光合细菌产氢反应器的研究内容却相对落后，从总体水平上来说还停留在实验室研究阶段，其研究重点主要是围绕光合细菌产氢过程中各种影响因素展开，其反应器的设计规模和运行模式也就仅仅局限于小规模的批次运行阶段，对于生产性连续运行的大容积反应器鲜有涉足。与传统生化反应器不同，由于光合细菌产氢过程中必须需要厌氧环境和光照条件，这就要求光合细菌产氢反应器不仅有一个密闭的反应空间，其反应器结构本身还应实现光照要求。但由于光合细菌在生长过程中不断伴随着光合色素的析出再加上光合细菌本身对光能的吸收利用从而造成光线在反应液中快速衰减，反应液及菌体对光线的吸收衰减特性造成光合制氢反应器无法实现既定比例规模的放大设计，这也是光合细菌制氢技术中大容积反应器设计开发与基础研究脱节的一个关键因素。

鉴于当前光合细菌制氢反应器实际应用中存在的技术问题，对于连续性运行条件下的大容积光合细菌生物制氢系统设计的指导思想是：

（1）应满足连续产氢的需要。

（2）光合细菌产氢过程摆脱对化石传统能源的依赖，用可再生能源为光合细菌产氢提供必要的能源供给。

5.3.1.3 光合细菌连续制氢系统设计的基本原则

从光合细菌连续产氢的工艺技术条件和运行能耗等方面考虑，光合细菌连续产氢系统设计中应遵守几点基本原则。

（1）从连续运行角度出发要求光合细菌连续产氢系统中反应器本体结构特性应满足菌体生长和菌体固定与滞留。

（2）从高效运行的角度来讲，为最大可能避免光透性对反应液不同部位的影响，反应器必须实现内部的多点布光，将光源分散于反应器内部既可达到均匀布光的要求又能减少单一采光面布光所造成的光饱和效应。

（3）从低能耗运行角度来讲，要摆脱高能耗的人工热辐射型光源的限制，寻求自然光源和低能耗冷光源。

（4）从系统对立运行的角度出发，维持系统基本温度、人工光源的照明用能和系统运行用能采用可再生能源系统，最大可能减少对传统能源的依赖。

（5）从系统后期的稳定运行角度出发要求系统采用必要的自动控制以减少人为误差和劳动强度。

5.3.1.4　光合细菌连续制氢系统设计方案及其运行工艺模式

光合细菌连续制氢试验系统的研制是以光合细菌的高效产氢为中心，通过外界各种条件的改变来为光合细菌的生长、代谢提供良好的环境条件。结合光合细菌的生长产氢特性和现有光合细菌制氢反应器研制的经验，以反应器连续高效产氢为目标，以低能耗运行为原则进行光合细菌连续制氢试验系统的设计，设计方案见图 5.46。

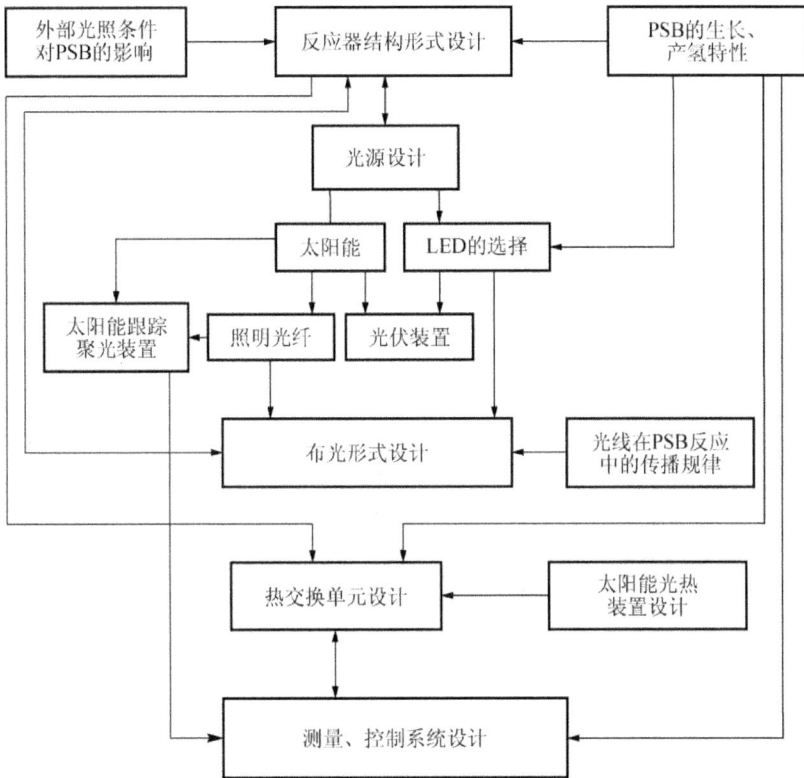

图 5.46　光合细菌连续制氢试验系统设计方案示意图

Fig. 5.46　The design scheme schematic diagram for photosynthetic bacteria hydrogen production test system

在光合生物制氢反应器的设计中，反应器的结构形式直接决定了反应器的运行效率，也是反应器设计中最重要的关键因素。光合制氢反应器的结构形式主要与光合细菌生长与产氢条件、光源形式等密切相关。而光合生物制氢反应器光源设计既要求其满足光合细菌生长产氢过程对光照的要求，又要求其与反应器在结构和形式上满足密封和强度等要求。

氢能作为一种高效的能源载体形式，是其他能源利用形式的转换和变通。光合生物制氢就是借助光合细菌本身的生理特性借助太阳能的能量激活完成有机物中化学能的形式转变。在光合生物制氢试验系统设计中提高能源自给率是减少生物制氢技术对化石能源的依赖，获得能源生产独立的重要形式。图 5.47 给出了光合生物试验系统运行的基本工艺模式，从图中可以看到在光合生物制氢系统在运行过程中将太阳的光热利用、光伏利用和光的直接利用与反应器的运行紧密联系在一起，基本实现能源的独立供给。

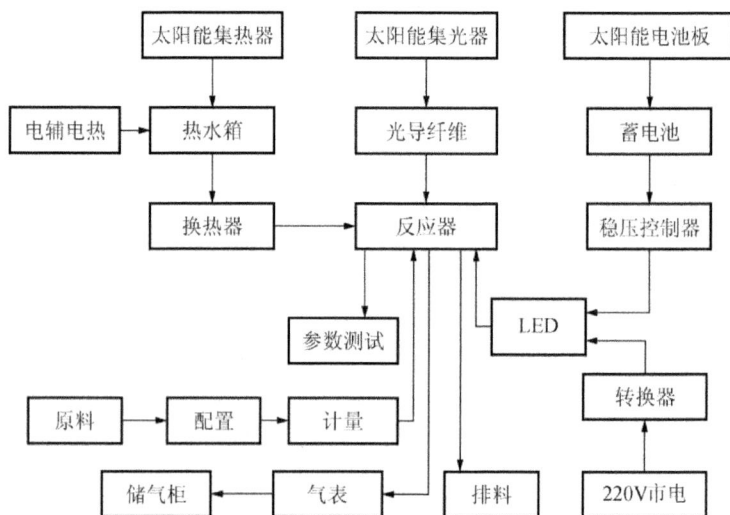

图 5.47　光合细菌连续制氢试验系统运行工艺模式

Fig. 5.47　The operation process model for Photosynthetic bacteria hydrogen production test system

光合细菌制氢反应器研制是光合细菌制氢技术由实验室研究走向实际应用转化的重要步骤，研制能连续性运行的光合细菌制氢系统是光合细菌制氢技术实现生产化运行的关键。同时光合细菌制氢作为一种新兴能源生产形式只有摆脱对化石能源的依赖才能实现独立的能源生产模式，满足未来能源发展的需要。

5.3.2　光源选择及聚光传输系统设计

光是光合细菌进行光合作用和固氮作用必需的基础条件，光合细菌的光反应中心只有在捕获足够光子获得能量积累的情况下才能完成细胞内电子的激发和迁移，从而完成 CO_2 同化和 N_2 的固定。自然条件下光合细菌仅需要较低的光强度即可满足生长代谢需要，但当光合细菌在厌氧条件下进行产氢代谢时，由于固氮酶用于还原 H^+ 的高能电子的数量直接受光合中心捕获能量多少的限制，在极限范围内光合细菌的产氢量随着环境光照强度的增加而增加，失去光照条件或者降低光照强度则能使光合细菌的放氢代谢迅速减弱或停止。

光合细菌制氢研究中为了实现试验的连续性和可操控性，广泛使用人工光源为光合细菌提供生长和产氢所需要的光照条件，其中热辐射型光源如白炽灯、钨灯、碘钨灯是主要的应用光源形式。这类热辐射型光源的发光机理都是以电能通过灯丝所产生的高温将电能转化为具有连续波长的电磁波形式，其中波长在380～780nm的电磁波以可见光的形式表现出来。热辐射性光源在这个电-热-光的转换过程由于能量利用效率低、单位产出能耗高的缺点而逐渐被其他高效的照明形式所代替。同时热辐射性光源在这种电-热-光转换过程中还伴随着大量的短波和长波辐射生成，其中长波辐射所形成红外热效应常常造成反应器局部温度不断升高，对试验系统的结构安全及其菌体的产氢都产生不利的影响，而短波辐射中存在的紫外线又对光合细菌的生长和反应器结构材料寿命造成不利的影响。因此人工热辐射型光源虽然具有光合细菌生长和产氢所需要的连续光谱，但从能量利用和菌体生长角度来讲并不适宜用作连续产氢的光源形式。太阳光是地球进化过程中地球生物所依赖的主要光源形式，也是地球生物生生不息的生命活动的主要能量来源。光合细菌作为一种光依赖型微生物，太阳光是其自然生长和进化过程中唯一的光能形式。在过去光合细菌制氢的研究中，由于太阳能资源的不稳定性和周期性很少被人所重视，但近年来随着能源供应形势的紧张，人们对廉价太阳能资源有了新的认识，开始开发各种形式的太阳能利用技术。

5.3.2.1 太阳光主光源的确定

太阳是一个炽热的球体，依靠其内核物质的不断核聚变而释放能量从而在其内部形成数百万摄氏度的高温，即使在太阳表面的温度也高达 5 762K。太阳核聚变所产生的能量以电磁波的形式向宇宙传递，总功率达到 3.75×10^{26} W，其中 1.7×10^{17} W 的能量（约占总辐射量的 20 亿分之一）为地球所获得。太阳辐射到达地球表面的光谱能量主要集中在可见光和近红外波段，数万年来太阳能一直以这种光谱辐射形式维持着地球的生息，直接或间接地为地球生物的繁衍和进化提供能量。光合细菌作为地球上最古老的生物体在地球的演化变迁中一直利用太阳光作为获取能量的驱动力参与到地球的物质和能量循环中，太阳光是光合细菌生长进化过程中的唯一可依赖光源。从图 5.48 太阳的光谱图和紫细菌对光谱的吸收图谱中可以发现，在可见光范围内光合细菌的吸收光谱主要集中在太阳辐射光谱的主要能量区，光合细菌对可见光的吸收峰值与太阳辐射的光谱区表现出高度的耦合性，太阳光完全可以满足光合细菌生长的需要。Harun Koku 使用人工光源按黑暗和光亮 14h/10h 的比例模拟自然光照循环的结果也证明户外的自然光照不仅可行而其有利于产氢。在当前世界能源供应形势紧张、价格不断飙升的情况下，使用廉价清洁太阳光作为光合生物制氢的光源可以有效降低生产运行成本，提高光合生物制氢技术的市场竞争力。

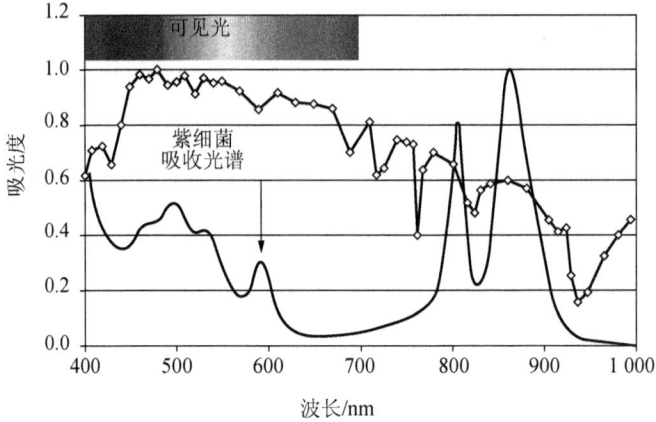

图 5.48　光合细菌吸收光谱与太阳光谱的对应关系

Fig. 5.48　The corresponding relation between photosynthetic bacteria absorption spectra and the solar spectrum

5.3.2.2　太阳光聚光跟踪装置的改进

太阳热核聚变的辐射能量虽然巨大，但由于地日距离较远导致地球表面太阳辐射量平均仅 1 000W/m² 左右，其中以可见光形式存在的数量更少，同时还要受到气象条件、季节变化、地理纬度等多方面的影响，造成单位面积的能量密度降低、光通量减小，不利于光线的长距离传输，为了尽可能增大单位截面积上光通量，首先需将太阳光进行聚集，实现高通量传递。为了提高单位面积的光通量，张全国、张军合、日本研究人员分别设计不同形式的太阳聚光装置，其中张全国、张军合设计了太阳能自动跟踪聚光装置已成功应用于光合细菌的产氢研究。但这种聚光跟踪装置也存在一些不足，聚光面小、夏季时聚光高温造成光纤末端熔化、聚光光焦无法调整等问题。为了提高聚光面积满足光合制氢反应器的光照需要，对现有聚光跟踪装置进行必要的改进设计，改进后的聚光器结构见图 5.49。

改进后太阳能聚光传输器由太阳能聚光器、自动跟踪装置、照明光纤组成。太阳能聚光器采用菲涅尔透镜进行聚光，单片费涅尔透镜尺寸为 30cm×30cm，焦距 20cm，为避免聚焦高温对光纤的破坏，可通过定位螺栓调节受光面上下距离使焦斑直径保持在 5cm 左右。在焦斑上部通过加设隔热防尘罩，一方面可以减少聚焦高温对光纤的直接照射，同时可以防止灰尘对光纤受光端的沉积。太阳能聚光器由自动跟踪装置实施三维定向跟踪，可根据太阳高度角和方位角进行自动调整，保证聚光器始终处于最佳受光状态。

菲涅尔
透镜

透镜
沉槽

聚光
锥筒

透光
隔热板

防尘罩

套筒

光纤禁
锢套

定位
螺栓

可调定
位套筒

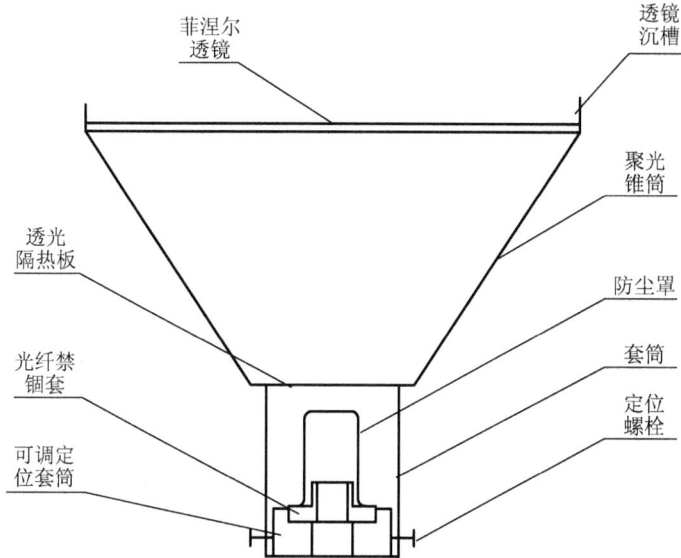

图 5.49　聚光器结构示意图

Fig. 5.49　Condenser structure diagram

5.3.2.3　照明传输光纤的选择

从理论上讲，在可视空间中光线是沿直线传播的，但实际生活中人们总希望改变光的传播方向使光线能传递到不同的空间。透镜及镜面的折射和反射是实现光线曲线运动的一种简单光学装置，人们利用透镜和镜面等光学元件通过在有限距离内无限次的改变光的传播方向可以实现光的曲线传播。但这种镜面对光的折射和反射传递能量损耗大、易受外界环境条件干扰且不能实现长距离传播，为此人们根据镜面的折射和反射原理建立了基于有限次改变光线传播方向的光导纤维（简称"光纤"）。光纤主要分为玻璃光纤（或石英光纤）和塑料（聚合物）光纤，前者由于光信号衰减小、保真性强而被广泛应用于电子、信息、通信等领域的光电子信号传递，后者由于光衰减损耗大、保真性差而主要用于可见光线的传输，因此也被称为"照明光纤"。照明光纤在传递可见光时由于可以实现光的柔性传播，且实现了电与光的分离，增强了用光的安全性而被广泛用于珠宝、贵重书画、展品、博物馆等对环境条件有特殊要求的场所的光源照明。

照明光纤在光的传递过程中不仅可以实现光的柔性传播，其在光的传播过程中还可以去除可见光中的红外辐射和紫外辐射。这主要因为照明光纤材料对红外和紫外辐射的吸收所引起的吸收损耗。而红外辐射和紫外辐射是引起物体升温、老化和脆化的主要诱因，这也是光线照明被用于珠宝、古董和贵重书画照明的另一个主要原因。因此光纤照明被认为是理想的冷光源照明形式。同时光线所滤除的紫外辐射对于生物尤其是微生物来说具有致命的杀伤力，这也是紫外灭菌的主要原因。图 5.50 给出了普通塑料聚合物照明光纤的光传输图谱。从图 5.50 中可以看出塑料聚合物光纤主要对可见光中小于 400nm 的紫外短波辐射和 630nm 及 700nm 以后的长波辐射具有很强的过滤作用。所以使用照明光纤实现对可见光的传递对光合细菌的生长具有特定的意义。

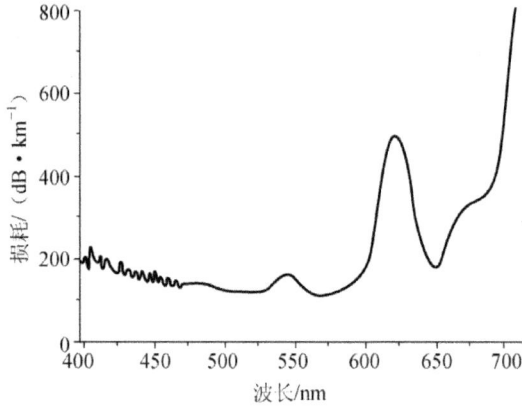

图 5.50　塑料聚合物光纤的光传输图谱

Fig. 5.50　The optical transmission spectrum for plastic polymer optical fiber

光纤照明起始于 20 世纪 70 年代，但由于技术水平和技术垄断等因素造成光纤的传输损耗较大、生产成本昂贵而只能用于一些特殊场合的示范工程。近年来随着技术水平的不断进步使光纤的光输送损耗大大降低，可以适用于长距离的光线传输，生产成本也大大降低，使光纤照明开始进入普通民用。目前在照明领域广泛使用的光纤主要有侧光光纤和端光光纤，侧光光纤通体发光，光线沿光纤长度方向均匀散射，利用光晕来达到照明的效果，图 5.51。侧光光纤主要用于勾勒物体轮廓或组成各种艺术造型、特殊地段的道路指引等装饰性照明，很少用于功能性照明需要。同时侧光光纤由于光线在传递过程中沿长度方向向四周散射，使得光传播强度随距离增大逐步衰减而不能用于长距离的传输。端光光纤又称尾光光纤，其光线主要集中在轴向方向上传播，沿程光损失较少而被用于长距离的光线传递。目前工程照明上广泛应用的端光纤有单芯光纤和多芯光纤，单芯端光纤直径大，单根光通量大，其最小折弯角要求大于 8D（D 为光纤直径），不适用于折弯多且路线复杂的照明要求，多芯端光纤由多根直径较小的单芯光纤通过胶套胶合而成，可以实现小半径弯折，满足复杂路径的照明要求，见图 5.52。

对于光合制氢反应器来说，由于反应器结构复杂且内部要实现多点布光，单芯光纤无法实现轴向方向的光照要求，同时单芯光纤也无法实现光纤在反应器内的折弯要求。因此，在相同光通量条件下，使用多芯光纤通过在不同轴向方向的截取，可以实现光照在长度上点光源设置和反应器的折弯要求。

图 5.51　侧光光纤
Fig. 5.51　Side of the optical fiber

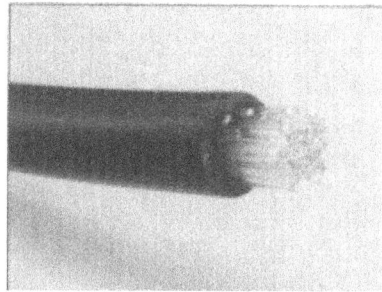

图 5.52　多芯光纤
Fig. 5.52　Many core optical fiber

5.3.2.4　低能耗冷光源 LED 的确定

太阳能资源的间歇性和不稳定性使其无法满足连续产氢的要求，人工光源的补充成为光合制氢连续运行的关键，相对于热辐射型光源的各种弊端，寻找满足光合细菌生长产氢需要的低能耗人工冷光源成为光合细菌连续产氢不可或缺的条件。

目前在照明领域广泛使用的光源种类主要有热辐射型、电致发光光源和场致发光光源，其中电至发光光源和场至发光光源均属于冷光源。荧光灯、高压汞灯是电致光源的主要形式，它主要通过荧光物质电子能级的跃迁而形成电磁辐射，其发射光谱一般为线状光谱。但目前的研究表明，荧光灯、高压汞灯的光谱对光合细菌的色素合成不利，影响其产氢效率。

发光二极管（Light-Emitting Diode，LED）是一种电致发光光源，也是一种新兴照明形式。其发光机理主要基于注入式电致发光原理而成，利用化合物材料的不同电子转移特性制成 PN 结，当通过正向电流时，PN 结即可发出特定波长的光线；与普通照明灯相比，LED 具有工作电压低、功耗小、体积小、重量轻、寿命长、耐冲击、性能稳定、响应速度快、单色性较好而成为近年来照明产业的新亮点，有望成为未来的主导光源形式。根据半导体合成材料的不同，LED 可以发出不同波长光线从而表现出不同的颜色。常用发光二极管的合成材料和基本发光特性见表 5.11。

表 5.11　LED 基本特性
Table 5.11　Basic properties of LED

LED 类型	波长范围/nm	材料	可见光发光效率/（lm·W^{-1}）	禁带宽带/eV
蓝光	460～465	GaN		3.5
红光	650～790	GaP:ZnO、GaAlAs、GaAsP	0.27～2.4	1.8～1.92
黄光	590、589	GaP:NN，GaAsPN	0.45～0.9	2.24
绿光	550～568	GaP、GaP：N	0.4～4.2	2.24
白光	普带，组合波长 450、540、510nm（三基色）	GaN＋YAG		
红外	900	GaAs		1.44

　　LED 最初主要用于电子元器件的指示，随着半导体产业快速发展，LED 的生产成本迅速下降，各种不同颜色的半导体材料也相继研制，LED 照明开始被广泛应用于夜景美化、工程装饰和室内特殊照明。近年来随着 LED 照明技术的推广，国内外研究人员开始探索 LED 作为光源在生物技术研究方面的应用，将 LED 照明系统引入植物栽培、动物饲养和生物组织培养等生命科学领域，以满足特定生物体生长过程中对光照的需要。日本研究人员研究研制了基于高亮 LED 下的蔬菜种植模式，利用 LED 特定波长对植物光合作用的影响培育出优质蔬菜，种出的蔬菜比露天种出的蔬菜营养更丰富，口味更好，与普通的温室照明栽培相比节约了大量能源。LED 作为光源的研究和应用表明在特定条件下 LED 光源可以用作某些生物生长代谢所需要的光源，这为光合细菌利用 LED 光源提供了先期的理论应用基础。

　　通过实验研究等手段，考察 LED 光对光合细菌生物制氢过程的影响。以白炽灯作为对照光源，通过调整距离使反应器表面光照度为 2 000lx 左右；以 LED 为光源时，LED 光带均匀缠绕于反应器四周（每组试验中的 LED 数量相同），固定后采用锡铂纸密封，防止环境光线的影响。所有试验均在恒温条件（30℃）下同时进行。

　　1）LED 对光合细菌生长影响

　　由于试验所采用的光合细菌为多种光合细菌的混合菌群，而不同的光合细菌由于所含光合色素不同会引起对 LED 光源的选择性吸收，从而对光合细菌的生长产生影响，图 5.53 给出不同 LED 及白炽灯对照光源下光合细菌混合菌群在生长及产氢情况下的变化情况。

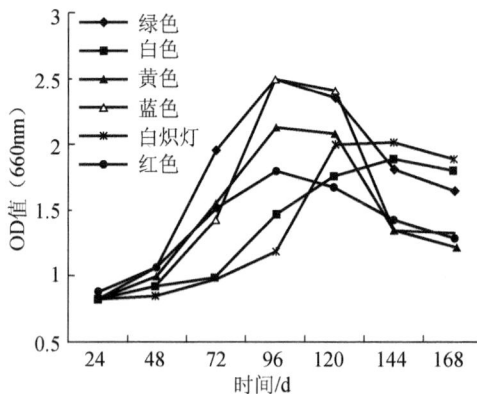

图 5.53　不同光源条件下光合细菌的生长情况

Fig. 5.53　The growth of photosynthetic bacteria in different light conditions

　　从图 5.53 中可以看出不同颜色的光源对光合细菌混合菌群生长和产氢过程的变化具有明显的影响。在光合细菌的培养增殖阶段，不同 LED 光源条件下菌体的增殖速度都明显高于白炽灯的对照组，其中绿、黄、兰、红色 LED 光源下都在 96h 内达到最大菌体浓度，而白炽灯的对照组则在 120h 后才达到菌体最大浓度；虽然 LED 光源下光合细菌菌体浓度的增长速度大于白炽灯的对照组，但从不同光源下菌体所能获得的最大菌体浓度来看，在不同 LED 中仅有绿色、黄色、蓝色三种颜色的 LED 光源下超过了白炽灯的对照组，而另外两组 LED 虽然增殖速度较白炽灯快，但最终的菌体浓度要远小于对照组。从不同 LED 光源的辐射波长来看，绿光、黄光、蓝光 LED 的辐射波长分别集中在 550~568nm、589~590nm、460~465nm，而在这些波长范围内刚好集中了多数光合细菌中的吸收峰值，由此说明单色波长光源只要能满足光合细菌中光合色素对光的吸收波长范围便能促进光合细菌的菌体生长。同时从光合细菌依照光合色素含量的鉴定方法来看，本试验所用混合菌群中也主要以含菌叶绿素 Bchla 为主的 Chromatium Sp 菌属为主。

　　同时从产氢阶段反应液中的菌体浓度来看，使用 LED 光源下的溶液中的菌体浓度的保持率要低于白炽灯的对照组。LED 光源下反应溶液中光合细菌浓度在进入产气阶段后不久便进入快速衰退期，其中绿光、黄光和蓝光 LED 下菌体浓度高峰仅保持了 24h 后便进入了快速下降阶段，而白炽灯光源下菌体浓度则保持稳定下降的趋势。这种现象说明虽然单色光源条件下光合细菌菌体能够获得快速增长，但这种增长可能保持在某几类光合细菌上，而白炽灯连续光谱下的菌体是一种协同生长方式，而在产氢阶段中这些不同菌属的光合细菌能互相利用不同产氢代谢物进行生长，减少代谢产物对自身的抑制作用从而减缓菌体衰亡速度。

　　2）LED 光源对光合细菌产氢的影响

　　光合细菌产氢是光合色素捕获光子能量后为光合反应中心提供能量从而完成细胞内电子的传递并最终将多余能量以氢气的形式释放出来的结果。对于不同的单色光源来说，由于不同光子携带能量的不同其为光合细菌的光反应中心提供的能量也不相同，这必然会反映在光合细菌对氢的释放能力上。图 5.54 和图 5.55 分别给出了不同光源条件光合细菌的产氢量和产氢速率的比较。

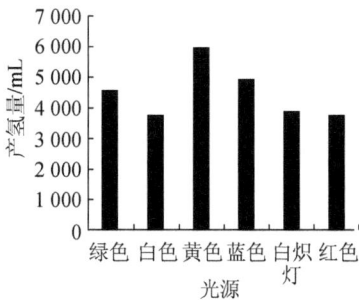

图 5.54　不同光源下总产氢量的比较
Fig. 5.54　The comparison of output hydrogen quantity under different light source

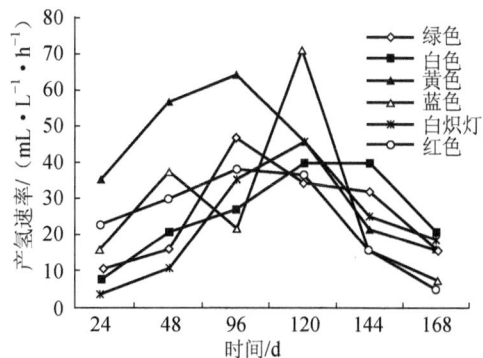

图 5.55　不同光源下产氢速率的比较
Fig. 5.55　The comparison of the hydrogen production rate under different light sources

　　从总产氢量来看，不同光源下光合细菌的产氢量有明显差别，其产氢量大小依次为黄光、蓝光、绿光、白炽灯、白光、红光；在试验所选的 5 种 LED 中黄光、蓝光和绿光 LED 光源下的产氢量超过了对照组白炽灯的产氢量，其中以黄光 LED 的产氢量为最高，达到 6 050mL。试验结果与 D.B. Lata 利用黄色光源进行光合细菌的产氢研究相一致。黄光、蓝光、绿光 LED 对光合细菌产氢的促进作用从光谱耦合角度来说只要单色光谱的波长范围内满足光合细菌光合色素的吸收要求就能使光合细菌获得足够的能量进行产氢代谢。在所选的 LED 中黄光的波长范围刚好与光合细菌的吸收波谱峰值相吻合而表现出较强的产氢能力。而白色和红色光谱远离了光合细菌的吸收光谱峰值导致光合细菌光合反应中心获得能量的减弱。同时这也可能与光在溶液中的穿透能力有关，比较而言黄光在介质中具有更强的穿透力，这就使溶液深处的光合细菌有更多的机会获得光能从而进行产氢代谢。

　　从试验结果看，在以太阳光为主光源满足光合菌群生长需要的情况下，可以选择黄光 LED 作为辅助光源满足光合细菌生长和产氢的需要。但 LED 作为光源虽然作用于光合细菌的生长和产氢，但这种单一光源下的长期运行模式会不会对光合细菌的变异产生影响还需要进一步的试验验证。

5.3.2.5　光在光合细菌制氢反应液中传播规律

　　光线在光合细菌生长产氢培养液中传播规律是光合生物制氢反应器设计中布光设计的基础，关系到如何在反应器内进行布光以满足反应器内光合细菌的生长和产氢的需要。由于光合产氢反应液是光合细菌菌体、菌体色素、菌体胶团、代谢产物及各种营养元素的混合体，光线在反应液中的传播除受到菌体的吸收外，色素及颗粒性物质的散射、折射也是影响光传播的主要原因。在经典光学中朗伯定律和比尔定律概括了光线通过普通介质和流体介质时光强衰减的一般规律。

　　朗伯定律

$$I = I_0 e^{-al} \tag{5-52}$$

式中：I_0 为光线的初始光强；a 为介质对光的吸收系数，由介质特性决定；l 为介质的厚度。

　　比尔定律：

$$I = I_0 \exp(-Acl) \tag{5-53}$$

式中：I_0 为初始光强；A 为与浓度无关的常数，取决于吸收物质的分子特性。

　　从式（5-52）和式（5-53）可以看出光线在介质中传播时其光强的衰减与介质材料对光的吸收特性有关。其中朗伯定律作为一种指导性规律适用于任何介质，但其介质特性确定却很难进行。而作为适用于流体介质光吸收定律特性的比尔定律则只在流体介质特性均匀，物质分子对光吸收能力不受它邻近分子的影响才成立，且其只能表达介质对光线的吸收能力而不能表达光线在介质中的传播特性。

当浓度很大时，由于分子间的相互作用不能忽略，比尔定律也不适用。对于光合产氢反应液来说，由于溶液中不仅含有光合细菌的活性菌体及菌体色素和菌体胶团，还含有多种有机营养成分及代谢产物，这些物质对光的通过具有很强的吸收和散射作用。同时由于菌体生长周期不同和反应前后溶液成分的变化，光线在光合制氢反应液中的传播规律随着外部条件的改变而变化，传统光学的经典定律无法具体描述光线在反应液中的具体传输规律。对于不同的产氢反应液来说光合细菌在不同光线的传播规律也不尽相同。

以白炽灯为光源，利用人工光源机、水下照度计和刻度尺等试验材料，以连续光照培养 3d 的光合细菌后加入 1%葡萄糖为产氢基质进行产氢。用于测量光径的试验装置见图 5.56。透光水槽：规格为 10cm×10cm×40cm，高透玻璃制成，沿两长边粘贴刻度尺以计量距离，水槽顶部由两块可移动玻璃盖板组成。

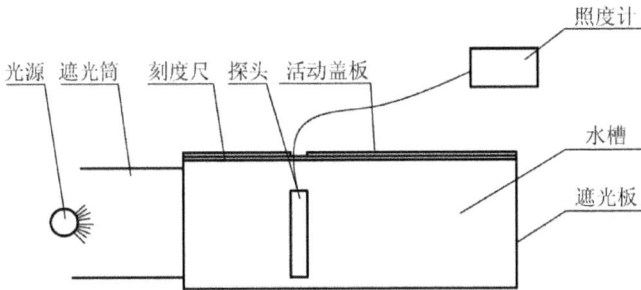

图 5.56　光径测量装置示意图
Fig. 5.56　Optical path measuring device schematic diagram

测试前将水槽的四周侧面、底面及上盖玻璃板外侧面用墨汁涂黑，仅留刻度尺零点端侧立面作为光源进光端。测试时用锡箔纸将涂黑面遮蔽，防止外界光线对试验测试的干扰，光源机放置于水槽刻度尺 0 刻度端，光源机出光口与水槽透光端用遮光筒连接，减少自然光的干扰，移动照度计放置于距光源端不同距离处，盖上上盖板，并用物品遮挡两上盖板结合处，确认无环境光线透入，记录照度计读数。从反应器中分别取 24h、48h、72h、96h、120h、144h、168h 的反应液作为测试样品。

郑州地区冬季晴天太阳光直射下光照度一般在 10 000lx 左右，夏季超过 25 000lx。对于普通照明光纤来讲，在自然光源下其光传输效率一般为 90%左右（光纤长度小于 30m，包括吸收损失、散射损失、弯曲损失和微弯损失）。当使用光照度在 15 000lx 自然光源以平行光的形式照射光纤时，光纤尾端光照约为 13 500lx。试验采用人工光源机模拟太阳可见光，通过调解光源机位置保证每次测量时 0 刻度处光照强度恒定在 13 000lx 左右，测量不同位置的光照度。可见光在光合细菌产氢反应液中的穿透特性和光合细菌的生长特性，见图 5.57。

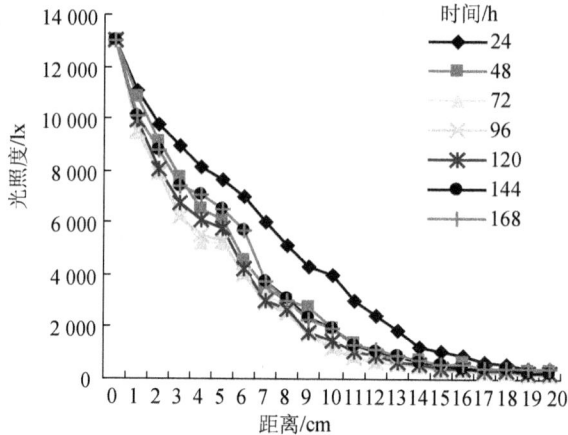

图 5.57　光线在不同培养液中的衰减变化

Fig. 5.57　The light attenuation changes in different cultures

从图 5.57 中可以看出随着反应时间的延长，光线在反应液中的穿透能力逐渐减弱，在反应进行到 72h 到 120h 的期间内，光线的穿透能力趋于稳定，但在 120h 以后，其穿透能力有所增强。光线的这种穿透能力与光合细菌生长和产氢特性具有显著的对应关系，反应初期光合细菌处于增殖期，光合细菌的迅速增殖所带来的大量色素细胞的生成使反应液浓度迅速增加，反应液对光线的吸收和菌体及色素颗粒对光线的散射使光线的穿透性迅速下降，此期间反应液颜色也由接种初期的浅红色转化为鲜红色；当菌体达到稳定增殖期后，反应液中菌体及色素浓度保持不变，光线的穿透能力变化不大。而后反应进入产氢期，随着光合细菌产氢反应的进行，反应底物被光合细菌逐步降解并最终以氢气、二氧化碳和其他中间代谢产物的形式释放出来，此时由于反应液中营养物质匮乏，部分菌体进入衰亡期，光合色素分泌减少，同时随着色素细胞的不断沉淀使反应液中物质浓度下降，反应液对光线的吸收和散射能力减弱，使光线的透过性增强。此期间反应液颜色也由鲜红色逐步减退为乳白色，并在反应器底部出现大量色素沉淀。

从测试结果看，光合细菌制氢反应液的菌体浓度在 72h 达到最大菌体浓度，此时反应液对光线的吸收和散射能力最强，反应液中光照强度由 13 000lx 降到 1 000lx 的传输距离仅用了 12cm。而为满足光合细菌高效产氢要求，必须保持反应器内达到 1 000lx 以上的光照要求，因此确定 12cm 为可见光在光合细菌制氢反应液中的有效可用距离。所以，在反应器设计中应保持两点光源之间的距离不应大于 24cm。

5.3.3　光合细菌连续制氢系统反应器及辅助单元设计

5.3.3.1　光合细菌连续制氢反应器结构形式的确定

光合制氢反应器作为光合细菌生长和产氢的基本场所，其运行性能除与参与反应过程的微生物类群特性有密切关系外，与反应物在反应器内的流动与混合状态也有极大的关系，这主要因为反应物的流动和混合状况不仅影响反应过程中产物的生成、底物的转化效率，还与试验系统的运行稳定性、所需的反应器时间、温度场的分布、微生物的生长等都有密切关系，是决定反应器运行工况的重要工程因素。而反应物的流动状态和混合状况则由反应器的结构形式所决定。反应器的结构形式是各类反应器设计中首先要考虑的因素。

　　生化反应器是为各类生物化学反应提供基础条件的设备，目前广泛应用于工业、药品和食品生产中，按其反应过程中是否需要氧的参与可将反应器分为好氧型反应器和厌氧反应器。对于连续运行的生化反应器来说，反应器内物料的流动类型和各组分的浓度分布各不相同，按照这种物料的流态差别可将生物反应器可分为推流式（CPFR）和全混流式（CSTR）两个极端理想模型。在这两种理想模型中推流式反应器内完全不存在物料间返混流态，而全混流式则在反应器内部不同物料间存在最大限度的返混流态，这两种形式分别表征了反应器内溶液中反应介质的变化途径。图 5.58 给出了两种理想流态反应器的底物浓度分布及其变化情况。

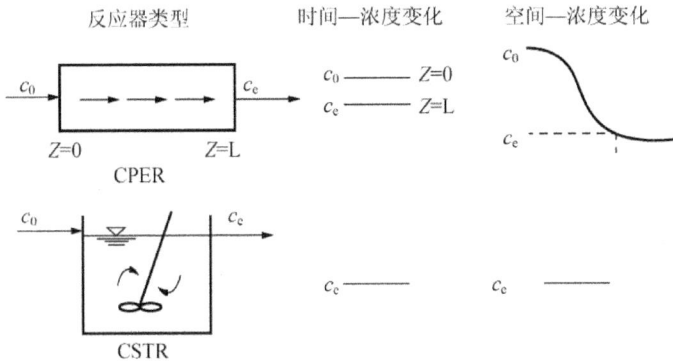

图 5.58　理想流态反应器的底物浓度分布规律
Fig. 5.58　Ideal substrate concentration distribution regularity of flow reactor

　　从图 5.58 中可以看出在连续运行的推流式反应器中，在空间—浓度分布上沿反应器的轴向有一定的浓度分布，但在空间上任一点的浓度则不随时间变化，且由于反应器内的轴向不存在返混，所有反应物在反应器内的滞留时间均相等；而对于连续运行全混流式反应器，其在空间浓度和时间浓度分布均为单一值，且反应器出口的基质浓度与其在反应器内的浓度相等，同时由于反应器内的反应物具有最大程度的返混，而造成反应物在反应器内的滞留期各不相同。作为生化反应器的两种极端理论模型，实际生产中反应物料在反应器内的流态常处于完全混流和完全推流的两个极端流态形式中间。两种理想流态下的生化反应器在料液的处理能力及菌体的混合固定方面各有特点。推流式生物反应器内由于物料沿轴向方向逐步向前移动，没有轴向混合，单元批次料液中发酵微生物随着物料的移动而移动直至排出反应器，导致反应器内不能形成有效的微生物滞留，这就要求每次新进料液中到要重新接种发酵微生物。新接种的微生物在反应器内推进时还要在反应器前部存在一个适应、生长过程，致使反应器有效容积利用率降低。同时由于缺少必要的混合，反应器内不可避免存在一定的发酵盲区，影响物料的利用率。而全混流式生物反应器成功解决了微生物的滞留问题，使物料得到充分混合，提高了原料利用率。从反应动力学来讲反应物料的搅拌、混合对加速反应进程具有显著的促进作用。但在全混流式生物反应器的运行中，一旦微生物的发酵过程产生对自身生长有抑制作用的物质时，这些物质也将均匀存在于反应器内，对试验系统运行形成抑制作用，同时由于反应物料在反应器内的不规则停留必然导致一部分反应物不能充分反应即排出反应器，降低了原料利用率，因此全混流不适用于有生成物抑制的特殊反应。

基于对上述理想流态的生物反应器的结构特性的认识，荷兰学者 Lettinga 根据厌氧生化反应特点，就厌氧生化反应技术提出了全新的高效生物反应器的工艺概念——分阶段多相厌氧工艺（Staged Multi-Phase Anaerobic Reactor System，简称 SMPA 工艺），其要点如下：

（1）依靠各级处理单元内基质组成和环境因子（pH、H_2 分压、代谢中间产物等）的不同，在各级处理单元中分别培养出适合环境条件的微生物种群。

（2）阻止不同处理单元中物料的相互混合，减少反应抑制。

（3）各级处理单元产生的气体单独排放。

（4）使反应器内流态更接近于推流式，提高物料的处理效率。

SMPA 工艺对厌氧条件下生物反应技术提出全新的指导概念，将理想状态下的推流和混流融合到一起以实现底物反应的最佳组合。

虽然实际生产中生化反应器内反应物料很难实现两种理想流态，反应器内物料常处于完全混流和完全推流的两个极端流态形式中间，但推流式极高的物料处理效率和混流式菌体的滞留固定特点对提高生物处理能力，提高反应效率还是具有明显的促进作用，为此不少学者希望能开发出两种极端形式能共同存在的生化反应器形式。如果将推流式和混流式两种形式结合在一起则可避免二者的不足又能满足反应物高效反应的需要，由此美国 Stanford 大学的 McCarty、Bachman 提出了折流式生化反应器的概念，在推流式反应器内部通过添加折流板将反应器分隔成若干个隔室的串联形式，通过折流板的折流挡板作用在改变反应物在反应器内的流动路径和流动状态，在一个反应器内同时实现推流和混流的有机结合，完美实现了 SMPA 工艺概念要求。图 5.59 给出了折流式反应器模型的一般结构原理。

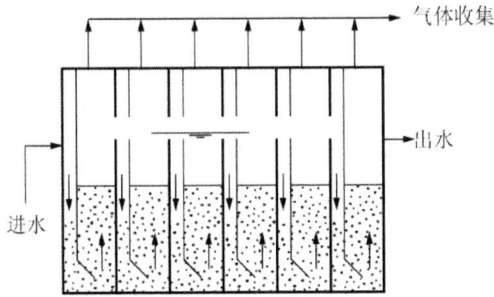

图 5.59 折流式反应器的结构示意图

Fig. 5.59 The structure of the schematic for fold flow reactor

与传统生物反应器相比，折流式反应器通过内部结构改变不仅实现了推流和混流两种理想流态的混合，其还具有了其他反应器所无法比拟的特点：

（1）独特的隔室结构使反应器内物料经多次折流作用，延长了反应物料在反应器内的路径，提高了反应物与反应微生物的混合接触能力。

（2）由于折流挡板的挡流作用使各隔室内菌体得到有效阻挡，减少了反应微生物的流失。

（3）反应物沿轴向运动过程中不断降解，使反应器内沿流程方向的物质性质发生改变，促使各阶段与反应物相应的优势微生物的生长，提高处理效率。

（4）反应器产物的依次后移和排出可以减少产物抑制效应。

（5）上下隔室截面变化可以改变反应物的流态形式，达到自搅拌效果。

（6）反应器整体流态形式上接近推流式，保证了高效的处理效率。

（7）良好的水利学特性可有效减少反应死区，提高容积利用率。折流式反应器清水条件下的死区百分比仅为 7%～20%，远远低于其他类型反应器 50%～93% 的水平。

比较光合细菌连续制氢反应系统对反应的要求中可以看出，折流式反应器可以很好地满足其对厌氧环境、菌体滞留、反应液的混合及菌体滞留等要求。同时反应器中折流板可将反应器分离成若干相对独立的隔室结构可以实现不同隔室的单独布光要求，实现光合细菌高效产氢过程中对明暗反应要求，同时由于折流板结构的存在可以实现反应液在流动过程中混合和搅拌，可以减少了搅拌装置的使用，使在反应器内部供光成为可能。因此折流式反应器的结构形式可以满足光合细菌连续产氢过程。

5.3.3.2 顶空气体成分对制氢反应器性能的影响

光合细菌对环境均有很强的适应性，其可以生存于好氧、厌氧和兼性环境中，光合细菌在不同的环境中具有不同的代谢途径。光合细菌产氢代谢是固氮酶对多余能量的一种释放过程，但由于固氮酶活性对氧敏感，其产氢代谢过程只有在厌氧环境下才能进行。在以往光合细菌产氢的研究过程中，为了获得理想的厌氧环境一般用惰性气体吹扫方式将反应器中的空气进行置换,从而使反应器处于厌氧环境中。氩气是目前使用最多的置换气体,其无色、无味,性质十分不活泼,既不能燃烧,也不助燃,工业上常用作特殊金属焊接的保护气。氩气在空气中含量很少,仅占空气体积的 0.932%,属于稀有气体。

对于大型反应器来说,由于反应器产气量大且容易形成泡沫等因素,一般应在反应器顶部要预留足够的空间以防止反应过程中产生的泡沫溢出和进行必要的汽水分离。对于大容积光合制氢反应器而言,顶部的气体置换将耗去大量的惰性气体,无形中增加了反应器的投资运行成本;同时配置顶空气体置换装置也增加了反应器设计及运行维护的复杂性;大容积光合制氢反应器顶置气体的妥善处理也是反应器设计的一个关键问题。为此试验设定了分别以 CO_2、N_2、Ar、空气作为置换气体进行了顶置气体置换试验。

分别在四个 10L 反应瓶进行实验,反应瓶中分别加入相同的培养液 9 500mL,接种量为 5%,分别将 CO_2、N_2、Ar 通入溶液中 2min 吹扫出溶液中的溶解氧和反应器顶部的空气;同时以不采取任何置换措施(空气)的反应器作对照,恒温 30℃培养,以 40W 白炽灯作光源,调整距离使反应器表面垂直光照度为 2 000lx。当反应器内菌体进入稳定期后加入 1%葡萄糖进行产氢试验,加入葡萄糖后仍用不同气体对反应瓶中气体进行置换,以考察不同气体对光合细菌产氢代谢的影响。

1)不同气体成分对光合细菌的生长影响特性

不同气体成分对光合细菌的影响主要在于气体成分对光合细菌生长代谢的影响,由于光合细菌具有多种代谢途径,不同气体成分的影响也不尽相同。光合细菌混合菌群在不同气体成分下的生长情况见图 5.60。

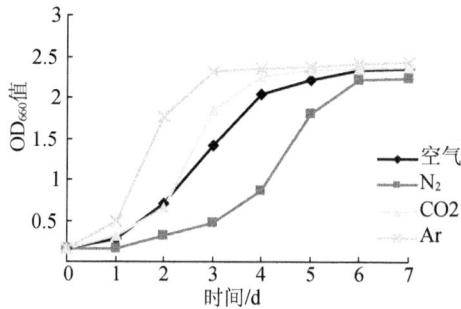

图 5.60　不同气体成分对光合细菌生长的影响

Fig. 5.60　The influence of different gas component of photosynthetic bacteria to grow

从图 5.60 中可以看出,在相同起始菌体浓度和培养条件下,当反应器上部为 Ar 时,菌体增殖速度最快,其生长延迟期仅为 1d,其对数生长期和稳定期明显提前于其他气体成分,反应瓶中菌体浓度在 3d 时间内达到峰值进入稳定生长期。而当气体成分为 N_2 时,光合细菌生长的延迟期滞后于其他气体成分,其在接种 4d

后才进入对数生长期，在第7d达到稳定期，这可能与光合细菌的固氮代谢有关，在接种初期光合细菌在光照条件下进行光能自养生长模式，通过固氮酶的固氮作用将环境气氛中N_2转化为体内物质，此时光合细菌的能量主要作用于菌体的固氮代谢，而其增殖能力较弱，当氮分压减小后菌体才进入快速的增殖代谢期。当反应器顶部气体成分为CO_2和空气时，光合细菌的生长情况基本一致，都在第2d时进入对数生长期，在第5d达到稳定期，但相比较而言，当置换气体为CO_2时，光合细菌的增殖速度要略大于置换气体为空气的菌体增殖速度，这可能在于CO_2气体本身就是光合细菌多种代谢途径的产物，其存在不会对光合细菌产生过多的抑制作用，反而减少了光合细菌利用氧气进行呼吸代谢的过程而快速进入厌氧条件减少了菌体的适应时间。而当顶部为空气时，光合细菌首先要进行呼吸作用消耗掉空气中的氧气，然后才进行增殖代谢。

2）不同气体置换条件下的产氢特性

当反应器上部空间用不同气体置换时，由于这些气体从不同的角度影响着光合细菌生长，其对光合细菌的产氢也产生一定的影响。图5.61和图5.62给出了反应器顶部空间置换不同气体情况下光合细菌的产氢过程和产氢量情况。

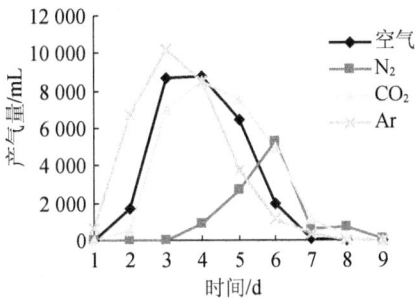

图5.61　不同气体成分对产氢过程的影响
Fig. 5.61　The influence of different gas composition on the hydrogen production process

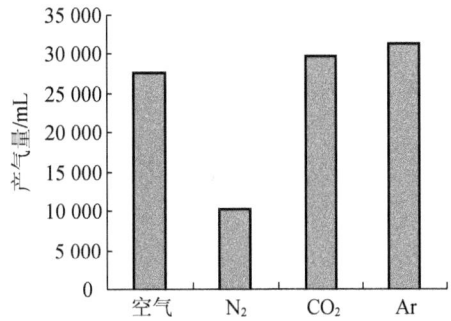

图5.62　不同气体成分对总产氢量的影响
Fig. 5.62　The influence of different gas composition on the total amount of hydrogen

从图5.61可以看出当反应器顶部为Ar时反应器在接种后10 h即开始产气，而其他气体成分对应的初始产气时间都有相应延迟，尤其是顶部气体成分为N_2，反应器在第4d才开始出现产气现象，且其产氢量也明显少于其他对照，这也证明了氮气存在时光合细菌体内的大部分能量用于固氮作用，仅有部分能量用于多余H^+的还原。而当反应器上部空间为CO_2气体环境时，虽然对光合细菌的生长和产氢都有一定的延迟作用，但其总体产氢量要高于空气的对照组。

但对于以空气和N_2为置换气体的产氢量比较中，为什么在空气中N_2含量达到79%的情况下与纯N_2存在那么大的差别，这主要与空气中的氧的作用有关。Matsunaga在试验中证明光合细菌产氢中初始微量氧（反应体系中含有$12\mu mol$的氧）的存在可以加速菌体内的电子转移速度从而形成能量积累，而这种能量积累在环境条件达到厌氧条件时为后继反应所利用，促进产氢酶活性。

从上述试验可知，反应器上部的不同气体成分的存在对光合细菌的生长和产氢有一定抑制和延迟作用，但在少量其他气氛存在的情况下，光合细菌仍然能进行产氢代谢。这对于反应器的连续运行来说只要克服先期的产氢抑制期，利用光合细菌和其他好氧菌群的协同作用消耗掉顶部气体就可以进行产氢代谢，可以完全摆脱用氩气置换顶空气体的做法，这不仅减少了反应器投资和运行成本，也可以简化反应器结构设计中对气体置换的要求。同时也应认识到相对于批次运行小型光合制氢试验来讲，每次进料都可以以 Ar 将反应器乃至溶液中溶解氧置换出来而形成厌氧环境，对于连续工作反应器来说进料中溶液中溶解氧的存在不易消除，仅用气体置换来消除反应器顶部空间中的氧气也无法建立反应器内部绝对厌氧环境，光合细菌及协同菌株依靠自身代谢消耗掉这部分溶解氧也是客观存在的。因此对连续运行的光合生物制氢反应器来说顶空气体置换并不是反应器设计的重点任务。

5.3.3.3　顶空空气量对制氢反应器性能的影响分析

由上述试验可知，反应器运行初期上部空间少量空气的存在对光合细菌的生长和连续产氢的影响不大，但反应器设计时上部的预留空间的大小不仅关系着所产气体储存、汽水分离、防止泡沫外溢，其对试验系统有效工作容积也存在一定的影响，过小的顶部空间虽然可以增加有效工作容积，但不利于汽水分离和减少泡沫外溢，但过大的顶部空间不但占用反应器的有效空间减小了有效工作容积，又可能对菌体的生长和产氢产生影响。因此当反应器不采用惰性气体置换时，应考虑反应器顶部空间大小对光合细菌菌体生长和产氢的影响。

配置标准培养基 40L，接入 5%处于对数生长期的菌种，均匀混合后将培养液分别添加到 8 个 10L 反应瓶中，添加量分别为 9 500mL、9 000mL、8 000mL、7 500mL、6 600mL、5 000mL，使反应瓶上部空间分别为总容积的 1/20、1/10、1/5、1/4、1/3、1/2，恒温 30℃培养，以白炽灯作光源，调整距离使反应器表面垂直光照度为 2 000lx。

1）不同空气量对光合细菌生长的影响

当反应瓶中保留不同体积空气时，光合细菌在厌氧光照条件下的生长情况见图 5.63。

从图 5.63 中可以发现，随着反应器上部空间的增大，菌体的增殖速度并未出现过多的抑制现象，比较而言随着上部空间的增大菌体适应期则出现了相对的延长，但对数生长期内增殖速度和反应器内的菌体浓度的稳定峰值都接近于相近水平。说明反应器顶部空间在有限范围内加大并不会给反应器内菌体的生长带来抑制作用。但在试验过程中也发现，当反应器上部空间容积大于总容积的 1/10 时，在接种 12h 培养液液面有白色膜状物出现，且随着反应器上部空间的增大，膜厚度和面积都有增加的现象，但 24h 后白色膜状物逐渐转变黑色，摇动反应器破坏膜状结构后其形成黑色条状物漂浮于培养液上，在随后的时间内无增长的趋势。

上述试验表明，当反应器顶部空间充满空气时，由于氧的存在光合细菌首先进行有氧代谢消耗空气中存在的氧，同时当上部空间较大时，空气中的杂菌也依靠氧的存在进入快速增长繁殖阶段，与光合细菌争夺有限空间中氧气，但随着氧气的逐步消耗这些好氧的杂菌开始逐渐衰亡，而此时光合细菌则转为厌氧生长模式，进入快速增殖阶段。

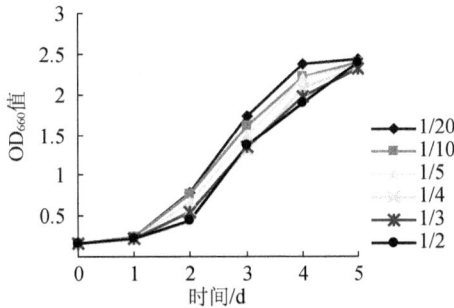

图 5.63　不同空气含量对光合细菌生长的影响
Fig. 5.63　The influence of different air content on the photosynthetic bacteria growth

2）不同空气量对光合细菌产氢的影响

由于光合细菌的主要产氢酶类固氮酶对氧气极为敏感，当反应器顶部存在一定量的空气时，空气中所含的氧气不可避免地对光合细菌的产氢过程产生一定的影响。试验中反应瓶上部空间不同空气量下光合细菌的产氢过程和产氢率见图 5.64 和图 5.65。

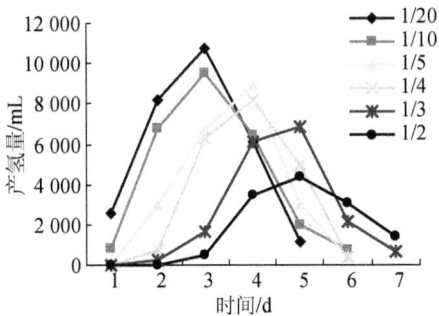

图 5.64　不同顶部空间光合细菌的产氢过程
Fig. 5.64　Hydrogen production process of different average rate of space at the top of the photosynthetic bacteria

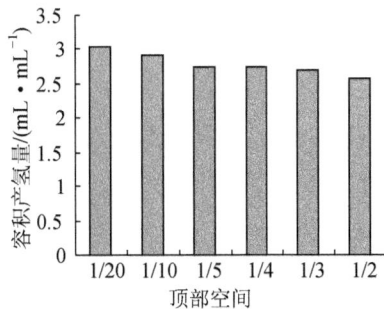

图 5.65　不同底部空间光合细菌的平均产氢率
Fig. 5.65　Different space at the bottom of the hydrogen production of photosynthetic bacteria

从图 5.64 光合细菌在不同顶部空间下的产氢过程来看，随着反应瓶顶部空间的增加，光合细菌的初始产氢时间都相应的有明显延迟，其上部空间越大延迟期也相应增大。当顶部空间为 1/2 和 1/3 时，反应器在加料后 3d 才进入产氢期，远远落后于其他对照。光合细菌在不同顶部空间下初始产氢时间的延迟可能与操作方式有关，由于试验中产氢底物葡萄糖是在反应瓶中培养液完成增殖培养后加入，在加入葡萄糖的过程中又引起空气进入了反应瓶，破坏了反应器内的厌氧环境，此时反应瓶内需要重新建立的厌氧环境才能满足光合细菌产氢需要，但此时反应瓶上部空间中气体容积与反应瓶中菌体含量则成相反的对应关系，顶部空间越大反应瓶中溶液的体积越小，相应的菌体含量也越少，此时完全消耗上部空间中的氧所需的时间也就越长，这就造成反应器产氢初始时间的延迟。从图 5.65 可以看出，当反应器顶部空间增加不同，其容积产氢量也有相应的减小趋势，这种现象的发生也与反应器内氧的消耗及固氮酶的复活、合成有关。

从上述试验结果看，不同顶部空间对光合细菌的生长和产氢的过程都具有一定的影响，但不同对照之间的容积产氢量的差别并不太明显，而对于连续运行的反应器来说，由于不存在后继空气的引入问题，这种人为操作的影响应该可以避免。同时对于一般反应器设计来说，其顶部空间一般不会超过设计总容积的 1/3 以上，因此可认为反应器设计过程中顶部空间的适当留取不会对试验系统的运行产生消极影响。

从上述试验中可以看出：当反应器顶部空间采用不同气体置换时虽然各置换气体对光合细菌的产氢有一定的影响，这种影响因素的存在主要在于气体成分对光合细菌产氢的活性抑制，当空气存在时虽然这种抑制、延迟现象也客观存在，但考虑到一般反应器连续运行过程中反应器顶部气氛中的氧气会被逐渐吸收和利用。同时在反应器运行中为了提高反应器的容积率，其顶部空间一般也不会设置过大。考虑到反应器设计及运行的简便性，在反应器设计中可以不考虑气体置换对试验系统运行的影响，从而减少相应辅助设备的配置，只需在后期运行过程的初期尽量减少顶部空间容积，待反应器进入稳定状态后再逐步回复到设定液位水平。

5.3.3.4 光合细菌制氢反应器基本结构尺寸的确定

折流式反应器的一个最大特点就是可以通过自身内部的物理结构改变来实现反应液的流态的改变达到反应液搅拌和混合作用，而反应器内反应介质流态改变的关键因素在于上升隔室与下降隔室的截面比例、折流板折流角的大小及布料形式与布料均匀度等。在文献对折流式反应器反应介质的流态形式研究中，诸多试验数据和计算机模拟都确定了反应器的最优尺寸比例关系：当反应器上、下隔室截面积比为 3：1 时，流体由下降隔室向上升隔室推进时的流态变化可以达到最理想的搅拌和混合作用。当折流板的折角向水流方向折成 45° 时可以获得理想的布水效果，使下降室的水流均匀在下降室底部分布，减少布水死区。

同时由于折流式反应器中流体流态的改变及其混合程度是依靠反应器自身的结构对流体的影响来实现的，研究表明反应器的高度不能过大，否则流体流态改变所形成混合搅拌作用的效果将减弱，数据表明折流式反应器的宽高比不宜超过2。同时由于受光纤光通量的影响，试验所确定的多芯光纤只能在一个布光通道上实现 7 个点光源的布置，而每两个点光源之间的距离要小于 12cm 才能满足光线在反应液中传递需要，由此确定反应器的宽度为 750mm，高度为 1500mm。试验设计的光合生物制氢反应器单隔室的结构尺寸见表 5.12。

表 5.12 光合生物制氢反应器单隔室的结构尺寸

Table 5.12 Photosynthetic organisms hydrogen production reactor structure size of the single compartment

长度/mm	宽度/mm	高/mm	上升室长度/mm	下降室长度/mm	折流板折角/(°)	折流板长度/mm
800	750	1 500	600	200	45	300

试验设计反应器由 8 个隔室组成，反应器主体设计容积为 $5.76m^3$，有效工作容积为 $5.18m^3$。为方便加工和安装，反应器以每四个隔室为一个结构单元，两个结构单元对称放置，同时两个结构单元的首末隔室通过管道连接可以实现 8 隔室串联和 4 隔室并联两种形式以便试验不同组合情况下的运行情况，确定反应器最佳反应隔室数量。反应器采用水封式上盖可以方便对试验系统内部进行清理和维修。光合生物制氢反应器单元结构形式见图 5.66。

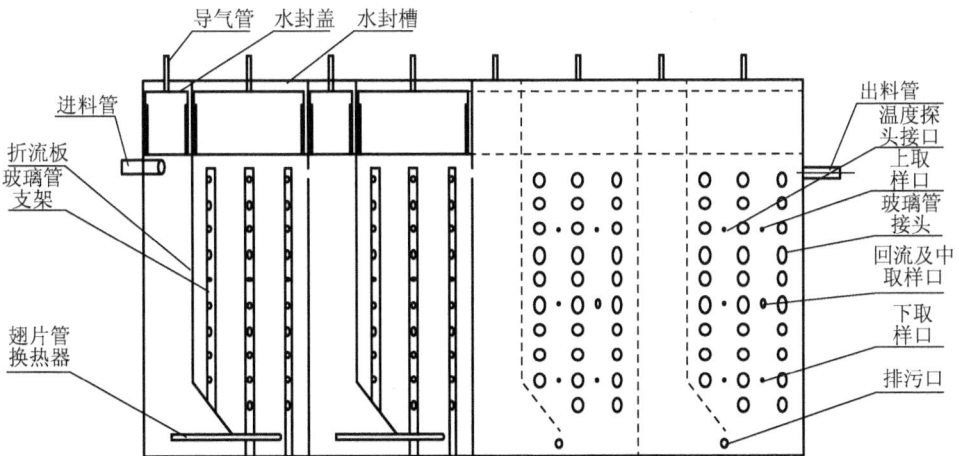

图 5.66 光合生物制氢反应器的结构示意图

Fig. 5.66 The photosynthetic structure diagram of biological hydrogen production reactor

5.3.3.5 反应器的布光形式及布光通道的确定

Wakayama、Pietro Carlozzi 等国内外的研究表明黑暗和光照的交替对光合细菌的生长和产氢具有显著的促进作用，折流式反应器的折流板可将反应器隔离成不同的独立隔室，通过在不同隔室中分别布光实现了反应器内部光照和黑暗的布光要求。本反应器设计中将反应器的下降室设置为黑暗反应区，将上升室设置为亮反应区，其主要在于上升室容积，布光面大，最大程度满足光合细菌生长、产氢的需要。

在满足相同光通量条件，多芯光纤在折弯性能、施工工艺和沿途分光等方面都优于单芯光纤，故本系统设计时采用 75 芯多芯塑料聚合物光纤作为太阳光的传输通道，通过分段剪切实现沿途点光源的布置。为了满足点光源光照强度需要，分光时以 10 芯光纤作为一组点光源剪切固定，点光源间距离保持 10cm。

在端光纤的工程照明应用中由于照明端一般都在室内可以直接放置于空气中或者连接照明灯具，空气对光纤的影响较小而不再考虑光纤的保护问题。但当利用光纤向液体介质中进行传光时由于液体在光纤微孔中的毛细现象将导致光线在光纤内传递受阻引起尾端光照减弱，从长期运行的角度来说是不可取的，需要在光纤与反应液之间添加透光的隔离保护装置。综合考虑反应器内布光、厌氧环境需要和光纤的布光特点，采用透光性能较好的钠玻璃管作为隔离布光装置形成反应器的布光通道。依照光纤尺寸大小和光源沿光纤分布情况确定玻璃布光管尺寸为 $\varphi20mm \times 720mm$。布光玻璃管仅用作反应器的隔离布光装置，通过密封接头和玻璃管支架完成与反应器的连接，使反应器的布光管独立于反应器的结构材料本身，方便拆卸和清洗，解决了以往反应器结构材料作为采光面不易进行清洗的弊端。

由于可见光在光合细菌培养液中有效距离仅为 120mm，为避免光照死区，水平方向上两布光通道之间的距离为 200mm，垂直方向为 100mm，并在垂直方向上将光纤和二极管交替布置，实现反应器内多点均匀布光的要求。根据光合制氢反应器基本光照要求，反应器内部共设置 228 个照明通道，其中光纤照明通道 118 个，LED 照明通道 110 个。

作为反应器的采光面，布光玻璃管在为反应器提供光照的同时，由于光合细菌的趋光性不可避免地在玻璃管外壁形成吸附膜，由此将在反应器内部又形成了一个多支膜式反应器，有利于提高产氢率。

5.3.3.6　光合细菌连续制氢试验系统回流装置设计

对于连续式光合细菌制氢反应器来说由于不断地进行进料和排料，排料过程中不可避免将携带走一部分菌体细胞从而造成反应器内菌体浓度的逐步下降。通过对排料及产氢过程中菌体的回流可以回收部分活性菌体，同时回流过程也是对料液的一个外加搅拌过程，可以增加原料的再利用程度和加强反应器内反应液的混合程度。回流管由反应器各隔室中部引出，通过阀门控制反应液的回流量和回流位置。

5.3.3.7　聚光器的确定

系统采用的太阳能聚光器结构形式是在本实验室前期研制的基础上进行改进而成，改进后的聚光器增加了隔热防尘装置和通风降温措施可以减少聚光高温及扬尘对光纤受光端的影响。同时为了减少聚光高温的影响，在保证聚光强度的条件下通过调节光线接收端位置使聚光镜的聚光不再聚为一点而是形成一个直径 5cm 左右的焦斑，光纤的受光端置于焦斑位置实现光纤的最大传输。本系统采用 75 芯照明光纤用于光的传输，光纤外部包裹胶质缆套对内部起到安全保护作用，单根光缆的直径为 1.5cm。为了提高光的传输量，保证各光缆都处于聚光器的最佳接收位置，每个聚光器的聚光由 4 条光缆进行传输。系统设计时将 6 个聚光器作为一个聚光单元，配置太阳能聚光自动跟踪装置保证聚光效果始终处于最佳状态。系统的聚光器采光面积位为 2.7m²。

5.3.3.8　太阳能光伏转换及辅助照明单元设计

由于太阳能资源的周期性变化及外部气相条件的影响使仅仅依靠太阳做光源还无法满足光合细菌连续产氢的需要，反应器设计了以高亮 LED 作为反应器的辅助光源。LED 具有寿命长、能耗小、可实现多模式供电等。为达到光合制氢系统对外界能量的最小需求，试验设计采用光伏发电形式为 LED 辅助照明提供电能。

根据布光要求，反应器共设计 LED 照明通道 110 个，为了满足每个通道内的光照要求，每个通道内均匀布置 15 个高亮 LED，单支功率为 0.02W。

1）太阳能电池容量确定

系统设计 LED 照明线路为交流供电模式，设计 LED 日工作时间为 T_w=14h，太阳日照时间为 T_e=10h。

LED 照明日用电量为

$$E_0=110×15×0.02×14=462 \text{ W·h}$$

太阳能电池容量的确定

$$W_0=\frac{\delta H}{QRF\eta_1\eta_2\eta_3\eta_4}=\frac{0.9×365×0.462}{1820×1.2×0.9×0.85×0.9×0.9×0.92}=121.94(\text{Wp})$$

式中：W_0 为太阳能电池容量（kWp）；δ 为年用电同时率，取 0.9；H 为年理论用电总量；Q 为水平面上太阳能年总辐射能量，Kw·h/m²，郑州地区取 1 820Kw·h/m²；R 为太阳能电池组件表面接收到的太阳能年总辐射量与水平面年总辐射量的比值，参照取值为 1.2；F 为使用不当损失效率，取 0.9；η_1 为蓄电池充放电效率，取 0.85；η_2 为温度损失因子，取 0.9；η_3 为灰尘遮掩损失因子，取 0.9；η_4 为逆变器效率，交流系统选 0.92；

根据计算结果确定太阳能电池容量为 120Wp 的单晶硅太阳能电池组件。

2）蓄电池容量的确定

系统采用固定型密封式铅酸蓄电池，最大放电深度为 0.7，蓄电池自给天数为

2d。

$$C = \frac{E_0 D}{K\eta_4} = \frac{0.462 \times 3}{0.7 \times 0.92} = 2152(\text{W·h})$$

式中：C 为蓄电池能量，W·h；E_0 为平均每天负荷用电量，W·h；D 为蓄电池自给天数；K 为蓄电池放电深度；η_4 为逆变器效率，交流系统选 0.92。

由于系统为单块组件充电，因而采用 12V 蓄电池，则蓄电池容量为

$$2152 \text{ W·h} \div 12\text{V} = 179.33 \text{ A·h}$$

取蓄电池容量为 180 A·h 的蓄电池。

3）光合细菌连续制氢试验系统 LED 照明电源的控制

光合细菌连续制氢试验系统光源控制由光纤和 LED 两个单元组成，由光源控制器根据设定自动切换。白天有光照情况下由太阳能聚光传输单元为反应器供光，此时太阳能电池板所产生电能由蓄电池储存；当夜晚或阴雨天光照减弱时，光敏传感探头通过控制器接通蓄电池为 LED 供电；当蓄电池连续工作电压降低于设定值时，控制器将电源切换为市电供电模式（图 5.67）。

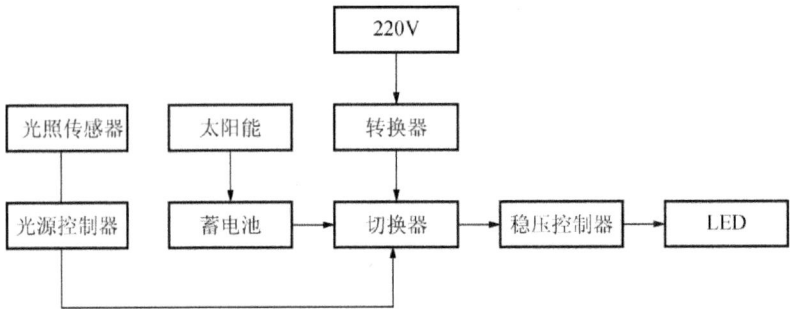

图 5.67　LED 光源控制流程图

Fig. 5.67　LED light source control flow chart

5.3.3.9　光合细菌连续制氢试验系统换热单元设计

在环境条件下光合细菌的产氢量随着温度的增加而增加，30℃是光合细菌的最佳生长和产氢温度。为了保证光合细菌的最佳生长温度，在目前现有的各类光合制氢反应器中一般多采用水浴方式或夹层水暖方式为反应器提供恒定的反应温度。水浴式保温属于开口式加热形式，热利用效率低，保温水浴池占用空间面积大，同时由于保温水浴一般采用反应器底部浸浴的形式，溶液在反应器内造成温度梯度不利于光合细菌的生长，也无法应用于工业化生产；水套式保温虽然可以降低反应器内的温度梯度，但其对光的吸收及稳定性也不适用于大型的反应器。

为提高反应器换热系统的高效和稳定性，系统选择翅片管式换热器为反应器加热，换热器分 8 组分别安装于反应器隔室底部。同时从减少对化石能源依赖的角度出发，采用太阳能集热器为反应器提供热源，为保证连续阴雨天及严寒季节的保温需要试验系统配备电辅加热装置。光合制氢反应器换热系统基本参数见表 5.13。

表 5.13　换热单元基本参数

Table 5.13　Basic parameters of heat exchange unit

太阳能集热器形式	集热器面积	水箱容积	电辅功率	换热器形式	换热器材料	翅片形式	换热器长度	换热器结构尺寸	
								基管直径	锥高
真空管	6m^2	1.3m^3	4.5kW	翅片管	不锈钢	三角形	27.6m	ϕ20	15mm

5.3.3.10　自动控制单元

设计开发的光合细菌连续制氢自动控制系统可以在线实现对温度、压力、流量、液位、pH 等参数的实时记录、控制和报警,确保反应器运行中各参数的稳定。自控软件可实现实时数据的动态显示、记录、绘图和历史数据的查询、打印等功能。图 5.68 为软件运行截图。

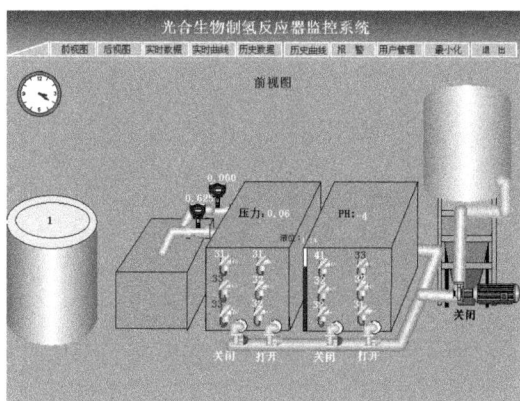

图 5.68　自控软件截图

Fig. 5.68　Automatic control software screenshots

5.3.3.11　光合细菌连续制氢反应器内光照性能测试

由于光源在反应器布光通道纵向位置上均匀分布,而布光通道在反应器横向上均匀分布,反应器横截面上各点的光照分布均匀,故以反应器的横截面作研究对象,测试反应器各隔室中光照情况,横截面取点分布情况见图 5.69,截面测量中测点间距为 10cm。测试时,在反应器内以自来水充满反应器限定水位位置,用尺度标杆将水下照度计固定防止位置偏离误差,将水下照度计放置到制定测试点后固定标杆位置,用遮光板将上盖盖严,待照度计读数稳定后记录各点数据。反应器第一隔室中各点不同光源下的光照度见表 5.14~表 5.16(由于各隔室结构及布光形式相同,测试结果基本接近,仅以第一隔室数据作分析)。

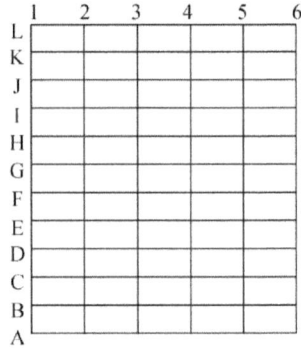

图 5.69　反应器横向截面取点示意图

Fig. 5.69　Transverse section reactor take diagram

表 5.14　太阳能光源下反应器内各点光照度值

Table 5.14　Solar light the illuminance values at various points in the reactor 单位：lx

	1	2	3	4	5	6
A	762	785	797	772	792	791
B	827	834	912	818	837	842
C	1 035	1 038	1 042	1 046	1 035	1 036
D	1 095	1 042	1 021	1 060	1 072	1 081
E	1 121	1 112	1 124	1 104	1 121	1 085
F	1 104	1 124	1 109	1 099	1 075	1 092
G	1 121	1 106	1 045	1 086	1 099	1 107
H	1 072	1 054	1 061	1 100	1 117	1 099
I	1 115	1 121	1 124	1 099	1 109	1 078
J	1 079	1 082	1 072	1 083	1 085	1 089
K	1 084	1 073	1 112	1 067	1 054	1 056
L	1 093	1 085	1 079	1 060	1 075	1 027

表 5.15　LED 光源下反应器内各点光照度值

Table 5.15　The LED light illuminance values at various points in the reactor 单位：lx

	1	2	3	4	5	6
A	772	732	790	735	720	781
B	792	821	832	824	814	806
C	811	824	826	835	836	824
D	825	835	845	836	842	821
E	806	844	832	824	851	824
F	812	861	871	825	861	839
G	831	852	835	835	846	875
H	842	842	855	857	872	881
I	844	871	872	874	855	872
J	835	864	864	872	875	876
K	834	854	865	872	876	857
L	842	855	875	843	842	855

表 5.16　太阳能+LED 光源下反应器内各点光照度值

Table 5.16　Solar + LED light illuminance values at various points in the reactor 单位：lx

	1	2	3	4	5	6
A	867	889	921	978	885	902
B	1 121	1 065	987	1 053	1 072	1 056
C	1 264	1 262	1 242	1 257	1 274	1 269
D	1 321	1 312	1 288	1 297	1 309	1 313
E	1 305	1 324	1 324	1 324	1 338	1 321
F	1 324	1 339	1 354	1 346	1 327	1 329
G	1 342	1 323	1 335	1 329	1 321	1 331
H	1 289	1 278	1 291	1 332	1 328	1 323
I	1 332	1 345	1 326	1 327	1 322	1 328
J	1 305	1 328	1 308	1 320	1 321	1 324
K	1 342	1 302	1 324	1 314	1 314	1 279
L	1 324	1 324	1 309	1 295	1 312	1 325

从表 5.16 中可以看出在反应器内为自来水的条件下，反应器内大部分位置的光照基本稳定，仅在反应器底部出现光照强度相对较弱现象。在比较不同光源情况下的光照情况时可以看出太阳光做光源时光照强度要高于 LED 光源，而当采用太阳光+LED 双重光源时的光照强度并等于单独光源下的光照强度之和。这种测试数据的差异可能与光照度计的测量原理有关。光照度计测量光照强度是以可见光到达光电板上所形成的电压信号做数据处理依据，其测量全波段的能量累积，而 LED 固定波长在光电板上的电压信号与全波段波长的电信号不具有同比性。水对全波光谱和单色光谱的吸收不一致也可能是数据偏差的一个原因。

5.3.4　消泡剂的添加对光合细菌连续制氢系统运行的影响

有气体生成的生物发酵在发酵过程中会不可避免地产生泡沫，但过多泡沫生成如得不到控制将出现"跑液"现象，大量泡沫进入管道形成"管塞"会阻碍产气流动的通畅性，严重时因局部管道压力过大造成管路损坏，同时泡沫溢出时所携带出的发酵液也容易造成管路及外围设备的腐蚀。工业生产中为减少泡沫生成一般采用机械消泡和化学法消泡来减少发酵过程中泡沫的产生，机械消泡靠机械的强烈振动或压力变化促使泡沫破碎，其优点是不需要引入外来物质，可节省原材料，也可减少培养液性质的变化，其缺点在于其消沫能力不稳定、效率低、消沫装置设备复杂，常被用作消泡的辅助方法。化学法消泡一般使用表面活性物质来消除发酵泡沫，一般发酵产生的泡沫表面都存在极性表面活性物质形成的双电层时，另一种极性相反的表面活性物质的加入可以中和电性，破坏泡沫的稳定性，使泡沫破碎。目前常用的消泡剂有天然油脂、聚醚类、高级醇、硅酮类、脂肪酸、亚硫酸、磺酸盐。光合细菌在使用糖类物质发酵过程中，由于光合细菌产氢速度较快，常伴随有大量泡沫的生成，这对试验系统的气体计量气表及输气管道造成影响，甚至导致气表的损坏，在光合细菌的发酵过程中需要添加适当的消泡剂以尽可能减少泡沫生成对设备的危害。

在 5 个 10L 反应瓶中分别加入已接种的标准培养基 9 500mL（接种量 10%）和加入 0.5%的消泡剂（菜籽油、磷酸三丁酯按体积计，十八醇、十二烷基苯磺酸钠按重量计），分别标为 1#（对照，不添加消泡剂）、2#（菜籽油）、3#（磷酸三丁酯）、4#（十八醇）、5#（对氨基苯磺酸钠），恒温 30℃，2 000lx 培养。产氢底物为 1%葡萄糖。

5.3.4.1　消泡剂对光合细菌生长和产氢的影响

所选的 4 种消泡剂中，菜籽油、磷酸三丁酯为液态，不溶于水浮于反应液表面，十八醇微溶于水但由于比重较小也悬浮于液面上，而十二烷基苯磺酸钠溶于水，均匀分布于反应液中。试验过程中不同消泡剂对光合细菌生长的影响见图 5.70。

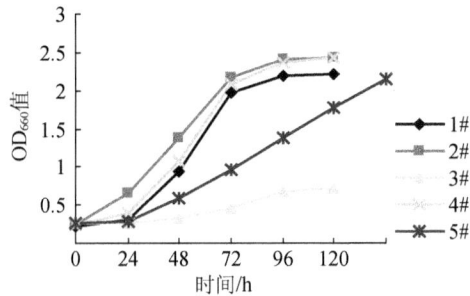

图 5.70　消泡剂对光合细菌生长的影响
Fig. 5.70　The influence of antifoaming agent of photosynthetic bacteria to grow

从图 5.70 中可以看出不同消泡剂种类对光合细菌的生长有显著的影响，其中磷酸三丁酯对光合细菌的生长具有非常明显的抑制作用。在试验中发现由于磷酸三丁酯不溶于水而在反应液液面形成一个覆盖层，培养过程中光合细菌在反应瓶中形成明显分层现象：上部与磷酸三丁酯接触的反应液基本没有任何颜色变化，由接触层向瓶底下部反应液颜色逐步加深，在搅拌混合后继续培养过程中整瓶培养基颜色逐渐衰退，从试验现象来看，由于磷酸三丁酯不溶于水，其对光合细菌生长的抑制主要表现为接触性抑制。十二烷基苯磺酸钠作消泡剂虽然减缓了光合细菌的生长速度，但这种抑制作用随着反应时间的延长而逐渐降低，反应器内菌体浓度在后期也基本接近正常值，只是其延长了菌体的增长时间。当采用菜籽油和十八醇为消泡剂为消泡剂时，光合细菌可以进行正常的生长代谢，且其增殖速度大于对照组，这可能与油脂和十八醇漂浮于反应液液面上阻隔上部空气对光合细菌的影响有关。

5.3.4.2　消泡剂对光合细菌产氢的影响

当用 1%的葡萄糖作产氢底物时,添加不同消泡剂情况下反应器的产氢情况见图 5.71。

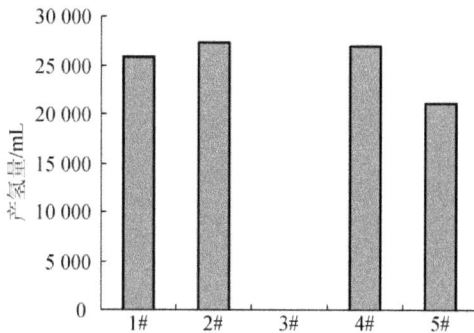

图 5.71　不同消泡剂对光合细菌产氢的影响

Fig. 5.71　Different defoaming agent on the effect of photosynthetic bacteria to produce hydrogen

从图 5.71 中可以看出添加磷酸三丁酯时,反应器无任何放氢现象发生。添加对氨基苯磺酸钠作为消泡剂时,光合细菌的产氢过程不但有一定的延迟性,其总产氢也明显低于正常的对照组;而菜籽油和十八醇为消泡剂添加时其产氢量出现略高于对照组,说明菜籽油和十八醇对光合细菌的产氢代谢没有抑制影响;其产氢高于对照组的原因可能在于一方面其对反应瓶上部的隔离作用减少了添加葡萄糖所带来的氧气的影响,另一方面在于光合细菌对这两种物质的利用。

5.3.4.3　不同消泡剂消泡能力的比较

对于发酵过程中消泡剂消泡能力评价目前还没有相关的计量尺度,只能凭借反应器内泡沫的高低和大小来进行主观评价。光合细菌产氢过程中利用不同消泡剂的消泡能力评价见表 5.17。

表 5.17　不同消泡剂消泡能力的比较

Table 5.17　The comparison of different defoaming agent defoaming ability

不同消泡器	1#	2#	3#	4#	5#
泡沫高度/cm	3	1.5		1.5	2

从试验过程中可以看到对照组在产气高峰期时泡沫高度最高可达到 3cm 左右,同时还伴随有大的气泡产生。而 2#、4#在产气高峰期时虽也有气泡产生,但未能形成大的气泡,泡沫高度也较小,一般在 2cm 以内;而添加对氨基苯磺酸钠的反应瓶中泡沫高度接近 3cm 左右,无大的气泡生成。

从不同消泡剂对光合细菌生长和产氢能力的影响来看,十八醇和菜籽油都适宜于作为光合产氢过程的消泡剂,但从经济性和资源的获得性角度考虑,菜籽油更适合作为消泡剂使用。

5.3.4.4 菜籽油不同添加量对光合细菌产氢的影响

菜籽油作为消泡剂主要是依靠其油脂的表面活性作用破坏气泡的表面张力从而达到消泡的目的。为了寻找消泡剂的最经济添加量，分别以 0.05%、0.1%、0.5%、1%、1.5%添加量进行产氢量的对比试验，试验结果见图 5.72 和图 5.73。

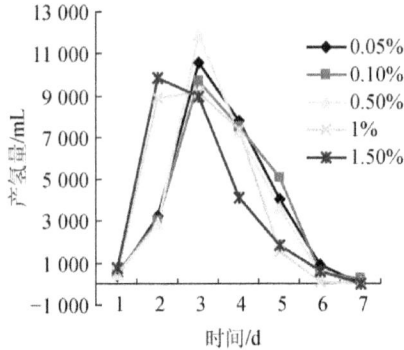

图 5.72　不同添加量对产氢过程的影响
Fig. 5.72　The influence of different added amount of hydrogen production process

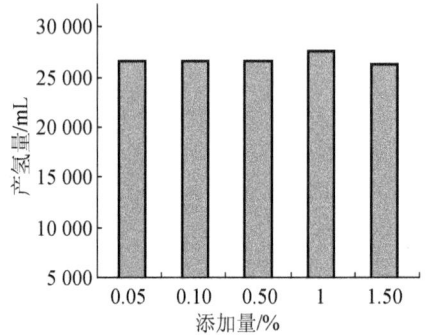

图 5.73　不同添加量对总产氢量的影响
Fig. 5.73　The influence of different addition amount of total amount of hydrogen

从菜籽油不同添加量对光合细菌产氢过程上看，随着菜籽油添加量的增加，光合细菌的产氢高峰期有所提前，从图 5.72 和图 5.73 中可以看出 1%、1.5%的添加量在第 2d 达到产气高峰，而其他对照则有相应滞后。从总的产量来看，菜籽油的不同添加量对光合细菌产氢总量上没有太多的影响，其消泡能力也基本相当，当菜籽油的添加量为 1.5%时其产氢量同比还略有减少，这可能由于添加量太多而在反应器顶部形成了较厚的油层阻止了气体的释放，产气需要聚集一定的压力后才能突破油层释放出来，从而造成溶液内氢的溶解率增大，从而影响了光合细菌的产氢代谢。从试验现象看菜籽油做消泡剂其消泡能力应与反应器的液面面积有关，只要消泡剂能覆盖液面其就可以发挥最大作用。

5.3.5　光合细菌连续制氢系统的启动特性研究

反应器的启动主要涉及反应器内菌体的初始培养、菌体生长代谢、反应物质的供给及其浓度、反应条件的适应和反应产物的分离等内容。在普通生化反应器的运行启动中，为了适应反应器启动过程中反应物的浓度冲击、减少代谢抑制，保证反应器内微生物的菌体浓度，一般可选择低负荷、长滞留期的启动模式，在保证反应器内菌体正常生长和代谢的情况下，通过逐步提高反应负荷使反应器稳定状态后再调整各反应参数使其逐步达到设计要求。

5.3.5.1 光合细菌连续制氢试验系统的启动

对于连续运行的大容积光合细菌制氢反应器的启动来说，由于初始顶部空气中氧的存在会对光合细菌的生长产生一定的影响，为了使反应器在初始启动阶段具有适当的菌体浓度，在反应器启动过程中采用以培养基为原料的"零负荷"启动模式。"零负荷"是指启动前期反应器不添加任何产氢底物，以光合细菌的生长培养基成分作为进料负荷，采用批次进料完成光合细菌在反应器内的增殖培养，当菌体浓度达到一定浓度时再以低浓度产氢底物进入产氢运行模式。

为减少反应器启动过程中多参数的影响，试验以反应器的1个结构单元为研究对象考察反应器启动的基本条件要求。试验将反应器1个结构单元运行模式称为"短路径"运行，各隔室按进料先后顺序分别标记为1#、2#、3#、4#。

启动培养基在增殖培养基的基础上增加0.01%的葡萄糖以加快光合细菌的增殖速度，启动培养基的配料如表5.18所示。

表 5.18　启动培养基配比

Table 5.18　Start the medium ratio　　　　　　　　　单位：g/m³

乙酸钠	硫酸铵	硫酸镁	氯化钠	磷酸氢二钾	磷酸二氢钾	氯化钙		酵母膏	葡萄糖
3 000	1 000	200	200	600	1 500	50		100	100

光合细菌连续制氢反应器启动及运行模式：

（1）启动模式：一次进料后光照、恒温培养。

（2）运行模式：连续运行，序批次进料。

启动培养基接种浓度为10%，连续光照培养5d，第6d起进入产氢运行模式，以葡萄糖为产氢底物分批次进料，葡萄糖浓度为1%，设定反应器启动运行时水力滞留期3d。

启动步骤：

（1）反应器气密性、光照、温度控制等各项指标检测合格后，打开排气阀和排液阀，先以自来水向反应器内注水，使反应器各隔室液面达到正常工作液位。

（2）将启动培养基加入反应器，采用排挤法逐步替换反应器中的自来水，为减少原料消耗，进料时仅将启动培养基充满1#～3#隔室。

（3）当1#～3#隔室达到工作液位后关闭排液阀继续进料，直到反应器内液面达到反应器上限位置，以尽量排出反应器上部空气。

（4）关闭排气阀和进料阀，启动热交换系统，保持反应器内溶液温度恒定为30℃，黑暗处理12h后启动光源，开始光照厌氧培养阶段。

（5）当菌体浓度达到0.5mg/mL（CDW）时，试验进入运行模式。

（6）产氢运行过程中以1%葡萄糖溶液为产氢底物，每天进料一次，为了减少排料对4#隔室的影响并维持反应器的产气压力，排液阀仅在进料过程中开启。

光合细菌制氢反应器的"零负荷"状态下启动中，反应器各参数变化见图5.74～图5.77。

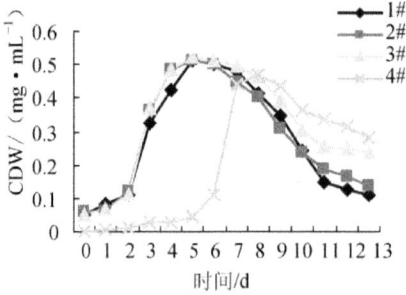

图 5.74　反应器启动过程中 CDW 变化
Fig. 5.74　Reactor CDW changes in the process of start

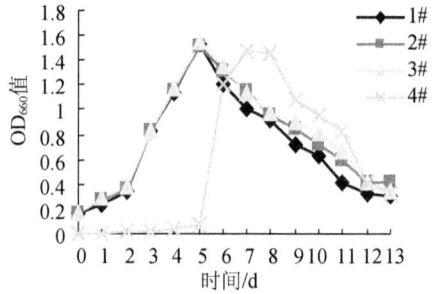

图 5.75　反应器启动过程中 OD 变化
Fig. 5.75　Reactor OD changes in the process of start

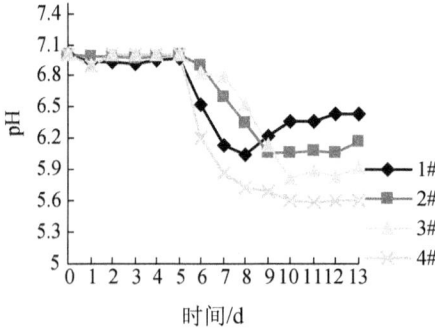

图 5.76　反应器启动过程中 pH 变化
Fig. 5.76　The pH change in the process of start

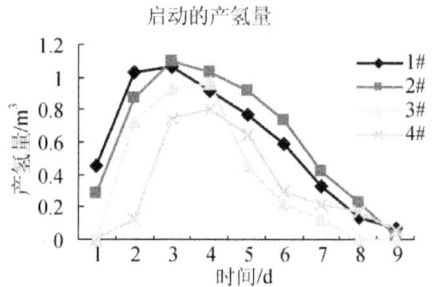

图 5.77　反应器启动过程中产氢量变化
Fig. 5.77　Changes of hydrogen yield at the start process

从图 5.74 和图 5.75 反应器内菌体增殖情况看，在反应器启动初期，反应液中光合细菌在经历了一个短暂的适应期后即进入快速增殖期，反应器 1#～3#隔室中菌体浓度得到了快速增大，4#隔室的菌体浓度则在反应器进入运行模式后也快速达到高峰值，这主要是前面隔室中的菌液由于进料的推动逐步进入造成的菌体浓度增加。从反应器启动过程中各隔室的菌体浓度来看本反应器能满足光合细菌快速增殖所需要的外部环境条件。但随着反应器在第 6d 进入产氢运行模式后，反应器各隔室内的菌体浓度都出现下降现象，产气量也随着下降。同时从反应器内反应液颜色的直观表现来看，反应器启动后由于菌体的快速增殖反应液颜色由最初的淡红色逐渐转化为深红色，而在产氢开始后反应器内反应液菌体颜色仅在保持了 1d 之后便逐渐变淡并最终成为乳白色，此时溶液中菌体色素完全消失。从图 5.76 反应器启动过程中溶液的 pH 变化来看，在反应器启动的初期各隔室内溶液的 pH 基本保持稳定，但进入到产氢阶段后，溶液的 pH 便出现快速下降趋势，各个隔室内反应液也呈现严重酸化现象，最低 pH 甚至达到 5.6 左右。而从图 5.77 反应器的产氢量的变化情况看，反应器的产氢只在进入产氢运行的前 3d 保持增长趋势，产氢高峰期也仅稳定了 1d 便开始下降，并最终在产氢连续运行 8d 后停止产气，反应器启动失败。

从反应器启动到产氢结束反应器各参数的变化情况来看，反应器的产氢与反应液中菌体浓度的变化、反应液的 pH 变化都紧密关联。反应器在加料进入产氢阶段后由于反应器内菌体浓度较大反应器进入快速放氢阶段，此后随着进料的不断加入，一部分菌体随排料排出，再加上菌体自身的不断衰亡引起反应器内菌体浓度的下降，并最终导致产氢终止。分析反应器启动失败的原因主要在于：

（1）在进入产氢运行模式之前，反应器内光合细菌一直处于快速增长期，此时反应液菌体浓度逐步增大并达到稳定值，但在反应器进入产氢阶段时由于产氢底物葡萄糖溶液加入的稀释作用造成反应器内菌体浓度的下降。

（2）由于产氢原料单一，进料中仅有葡萄糖一种碳源兼能源物质，造成光合细菌的营养物质单一化，前期启动过程中添加的营养物质在不断地消耗过程中也有一部分随着产氢原料的推进而被逐渐排出，并最终导致反应器内营养物质短缺，尤其是氮元素的缺乏导致了光合细胞无法合成，引起光合细菌的生殖代谢停止。

（3）当使葡萄糖做单一碳源物质产氢时，光合细菌的碳源代谢系统首先利用葡萄糖作为能量物质通过 EMP 将葡萄糖转化为 ATP、CO_2、H^+ 和电子供体，其中产生的 H^+ 最终以乙酸的形式表现出来，但由于光合细菌对葡萄糖和乙酸利用的自由能不同而优先利用溶液中葡萄糖，此时虽然有一部分 H^+ 被固氮酶转化为 H_2，但由于葡萄糖的降解速度大于 H^+ 的转化速度从而造成 H^+ 的积累，只有当溶液中葡萄糖完全降解后光合细菌才能开始利用乙酸来提供电子供体。但由于此时由于菌体自身衰亡和流失等原因，反应液中没有足够多的光合细菌将大量积累的 H^+ 转化为 H_2 释放出来，从而导致溶液的 pH 下降，并最终导致产氢的终止。因此在单一碳源物质做产氢原料时，应添加必要的营养物质尤其是氮源物质为光合细菌的生长和产氢提供营养物质和缓解降解产物酸性的冲击，维持反应器内菌体浓度和活性为次级代谢提高缓冲。

同时由于光合细菌产氢过程中增殖代谢速度远远小于其产氢代谢再加上反应器内菌体的不断老化和衰亡也造成反应液中菌浓度的下降，严重时导致反应终止，因此对于反应器的连续稳定运行来说需要适时补充各种营养物质和活性菌体。

5.3.5.2 营养物质添加对试验系统运行的影响

如前所述，反应器运行过程中仅以单一产氢底物（葡萄糖）为原料时，反应器在运行一段时间后由于反应液内菌体浓度下降容易导致反应终止，补充必要营养物质和适当添加活性菌体有利于维持反应器的正常运行。

在以往的光合细菌连续制氢试验中，由于试验装置较小，其连续产氢的底物一般采用在培养基的基础上直接添加产氢底物而成。这对于小型的试验装置来说可以保证足够的影响物质和能量来源，但作为生产性运行来说，采用纯粹的培养基成分作为产氢的营养物质来源从经济上来说显然是不可性的。

在细菌所需的各种营养物质中碳源物质在为菌体细胞生长提供了能量的同时，还参与组成菌体细胞成分的碳架和构成代谢产物，而氮源物质则是菌体细胞结构物质，是菌体细胞合成、增殖和含氮代谢的必须物质。无机盐除构成菌体物质外，还是构成或维持酶活性、调节渗透压和 pH 的重要物质。由此，试验中以光合细菌生长培养基中各营养元素为参照，在保留基本的碳源、氮源和无机盐氯化钠成分的基础上，分别添加磷酸二氢钾、磷酸氢二钾、硫酸镁和酵母膏作为补充营养物质进行对比试验，确定必要的补充营养物质组成。其添加量按培养基中的比例确定，确定各对照组的营养物质如下：

1#补充营养物：CH_3COONa、$(NH_4)_2SO_4$、NaCl；

2#补充营养物：CH_3COONa、$(NH_4)_2SO_4$、NaCl、$MgSO_4$；

3#补充营养物：CH_3COONa、$(NH_4)_2SO_4$、NaCl、酵母膏；

4#补充营养物：CH_3COONa、$(NH_4)_2SO_4$、NaCl、K_2HPO_4；

5#补充营养物：CH_3COONa、$(NH_4)_2SO_4$、NaCl、KH_2PO_4；

产氢运行时以 1%葡萄糖为产氢底物，水力滞留期为 3d，试验都在"零负荷"启动基础上对照进行。

1）不同补充营养物质对不同隔室反应液 pH 的影响

不同营养物质一方面作为光合细菌生长代谢的营养物质来源，其在溶液中的存在也影响光合细菌对反应液的降解。不同补充营养物质下光合细菌产氢过程中反应器内溶液的 pH 变化情况见图 5.78。

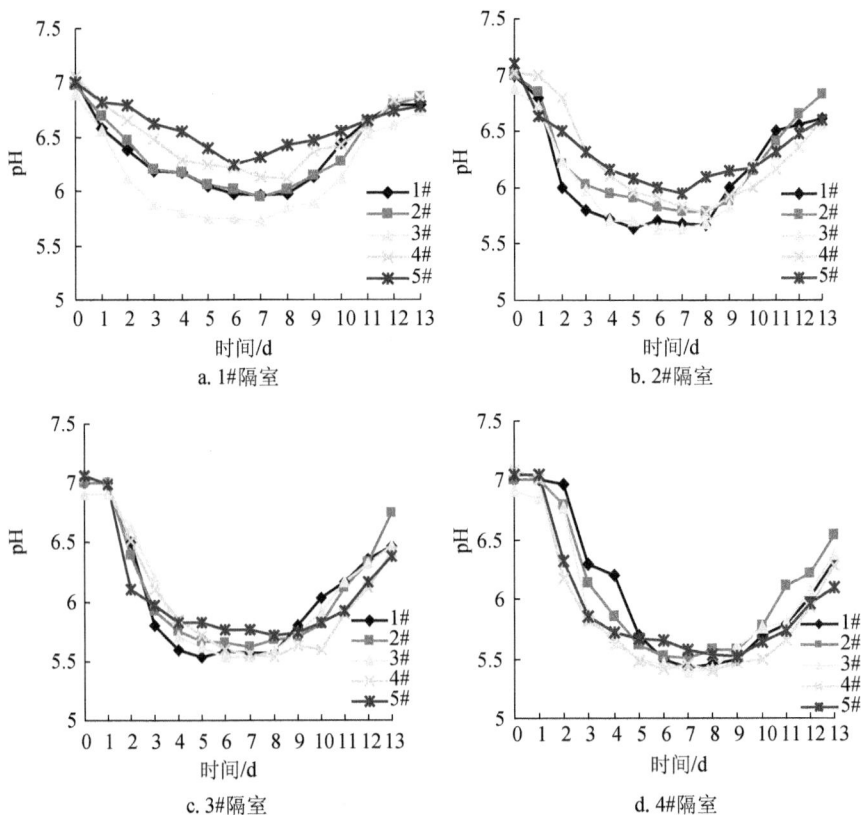

a. 1#隔室

b. 2#隔室

c. 3#隔室

d. 4#隔室

图 5.78　不同营养物质下反应器各隔室 pH 变化

Fig. 5.78　The reactor under different nutrient each compartment pH changes

从反应器不同隔室内溶液的 pH 变化情况可以看出在利用葡萄糖作为底物的产氢过程中各隔室溶液的 pH 都随着反应器运行时间呈酸性变化趋势，尤其是在第三、四隔室中溶液酸化的现象更加明显。但从各种补充营养物质的比较而言，当使用磷酸二氢钾和磷酸氢二钾作为补充营养物质时反应器各隔室溶液的酸性变化小于其他对照组，这可能与这两种物质对溶液 pH 具有一定的缓冲作用有关；而酵母膏为营养物质时由于酵母膏本身为酸性，但这种酸性溶液并没有引起反应过程中溶液 pH 的过度下降，这与酵母膏对菌体细菌的生长具有刺激加速作用有关，菌体的生长也加快营养物质的吸收和降解速度。

2）不同营养物质添加对不同隔室菌体浓度的影响

在基本碳源和氮源保证的情况下，不同补充营养物质的添加会对光合细菌正常的生命活动具有不同的刺激作用。光合制氢反应器各隔室溶液中菌体浓度在不同补充营养物质供给条件的变化见图 5.79。

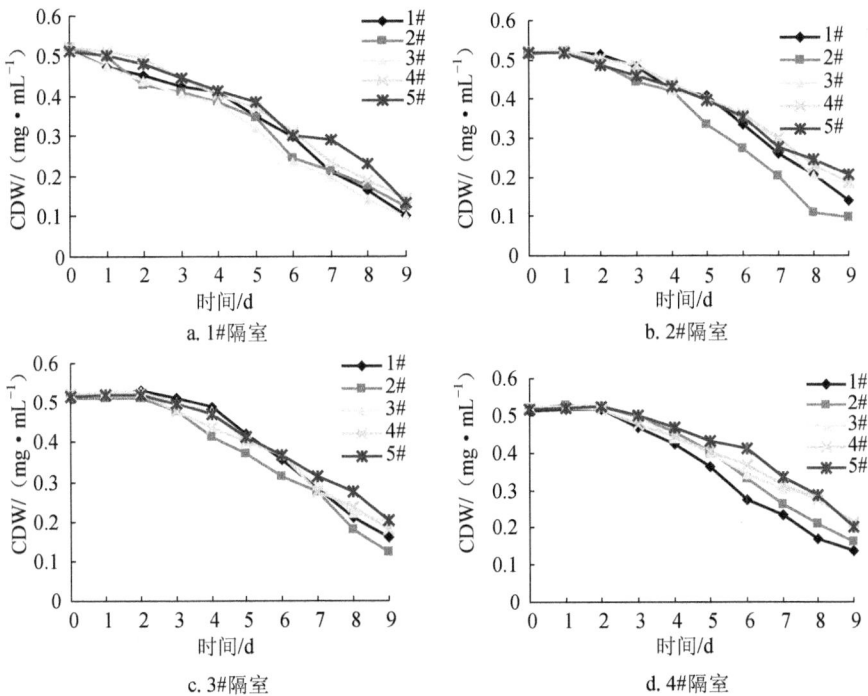

图 5.79 不同营养物质添加对试验系统各隔室菌体浓度的影响

Fig. 5.79 Different nutrients added compartment bacteria concentration of the test system

从图 5.79 中可以看出虽然光合制氢反应器在进料中添加了补充营养物质，但运行过程中反应器各隔室中的菌体浓度仍随着反应的进行逐渐减少，补充营养物质的添加只是减缓了菌体浓度减小的速度，并没能从根本上阻止菌体浓度的衰减。这一方面与反应器内菌体随排料排出的损失有关，主要还在于光合细菌的产氢代谢中菌体衰亡速度远大于其增殖速度有关。营养物质的添加虽然在一定程度上增速了光合细菌的增殖速度和延缓菌体衰亡时间，但由于光合细菌在以二分裂方式的增殖周期一般需要 3～5h，而产氢代谢作为菌体能量的一种释放方式，在外界环境条件充足的情况下能以较快的速度进行从而消耗大量的 ATP，从而引起与菌体分裂过程中的 ATP 竞争，导致菌体增殖速度减缓。这种现象可以从产氢过程中产氢高峰期菌体浓度迅速衰减和菌体色素减弱的直观现象表现出来。

从所添加的几种补充营养物质的比较中发现 KH_2PO_4、酵母膏对菌体浓度保持的促进效果要好于其他对照组。其主要原因在于酵母膏中富含蛋白质、氨基酸类、肽类、核苷酸、B 族维生素，可以为光合细菌的生长提供更多的营养物质。而 KH_2PO_4 除对溶液酸碱度具有一定的缓冲作用外，其还是光合细菌细胞中许多化学物质如核酸、蛋白质和辅酶的主要组成成分，因此对微生物的生长有明显的促进作用。

3）不同营养物质添加对系统产氢的影响

不同营养物质在影响光合细菌正常的生长情况时，其对光合细菌产氢酶系的合成和活性都会产生不同的影响从而表现出不同的放氢特性。反应器在添加不同补充营养物质下反应器的产氢情况见图 5.80 和图 5.81。不同补充营养物质对光合细菌的产氢影响都不尽相同，但从总体上看补充营养物质的添加对光合细菌的产氢都具有促进作用，其促进能力依次为是磷酸二氢钾、酵母膏、硫酸镁、磷酸氢二钾。磷酸二氢钾对产氢的促进作用除作为细胞蛋白的合成物质和对反应液 pH 变化的缓冲作用外，磷酸盐本身是光合细菌进行光合磷酸化过程必需的元素，其直接参与到光合细菌电子链的传递过程中。从试验情况看为提高反应器运行和产氢稳定性，可选择磷酸二氢钾作为补充营养物质。

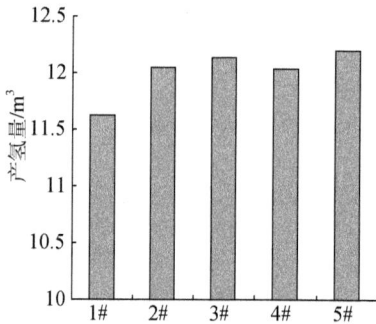

图 5.80　不同营养物质对产氢量的影响
Fig. 5.80　The influence of different amount of nutrients to produce hydrogen

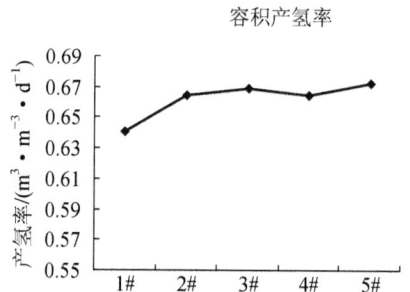

图 5.81　不同营养物质对产氢速率的影响
Fig. 5.81　The effects of different nutrients for hydrogen production rate

5.3.5.3　菌体添加对试验系统运行的影响

仅使用葡萄糖作为单一产氢底物虽然添加必要营养物质满足光合细菌的生长需要，但由于反应器内菌体浓度下降的速度大于反应器内菌体的增殖速度，并最终导致了反应器产氢终止。对于连续运行的光合细菌制氢反应器来说，为了使反应器内保持足够菌体浓度以维持持续产氢，需要采取辅助措施来增加反应器内的菌体浓度。Toshi Otsuki 使用浮床式反应器通过同时添加活性菌体和 P、K、N、Fe、Ca、维生素及酵母膏等营养物质在人工光源下利用有机酸合成废水获得了连续 3 个月的运行效果，运行后期产氢率达到 $0.3\sim0.5L/(L\cdot d)$。Xian-Yang Shi 通过预培养方式将光合细菌培养到对数增长期后再引入到产氢培养基中，以后期追加方式实现了连续产氢。台湾中兴大学的 Chi-Mei Lee 则利用菌体离心回流和菌体添加双重模式来保证了光合细菌的连续产氢运行。

活性菌体的追加作为一种外部操作方式，可操作性强且能在添加过程中引入一些必要的营养物质，是提高反应器稳定连续运行的有效措施。试验分别选择 10%、20%、30%、40%四组不同菌体添加量做对比试验，确定维持光合细菌制氢反应器稳定运行的活性菌体最低添加量。

1）不同菌体添加量对各隔室内菌体浓度的影响

活性菌体的添加不仅可以维持反应器内的细胞浓度，其添加过程中所带来的营养物质对试验系统内原有菌体的活性也具有一定的促进作用。不同菌体添加量对试验系统内各隔室菌体浓度变化的影响见图 5.82。

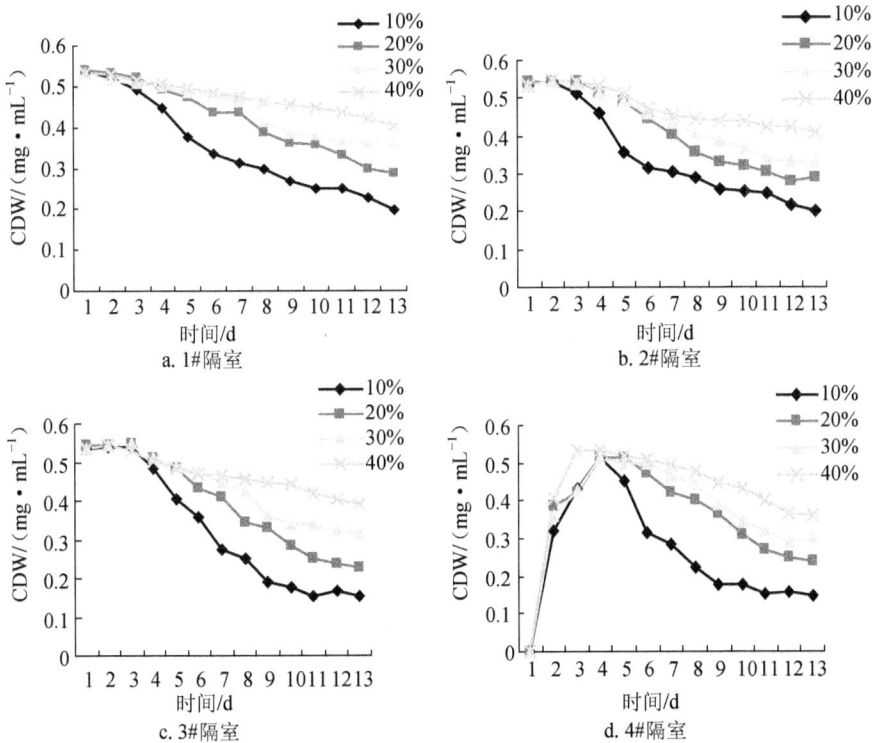

图 5.82　不同具体添加量对反应器内菌体浓度的影响

Fig. 5.82　Different specific content on the influence of the concentration of bacteria in the reactor

从反应器各隔室菌体浓度的变化趋势来看在同一添加浓度下反应器各隔室中菌体浓度沿反应液流经路径都有不同程度的降低，这与菌体自身在代谢过程中不断衰亡有关。从单个隔室在不同菌体添加量下的菌体浓度的变化情况来看，反应器各隔室中菌体浓度都随着菌体添加量的增大而逐步提高。但不同添加量下反应器稳定运行后各隔室菌体浓度的稳定范围不同，当菌体添加量为 10%时，反应器各隔室中菌体浓度仅在 1#、2#隔室中维持在 0.2～0.3mg/mL 的水平，但在 3#、4#隔室中菌体浓度却减少到 0.15mg/mL，其产氢也仅维持在较低的水平。当菌体添加量为 20%时，反应器 1#、2#隔室的菌体浓度达到 0.3mg/mL 以上，3#隔室在稳定运行后也保持在 0.2～0.3mg/mL，4#隔室虽然菌体浓度相对有所下降，但也处于一个相对稳定状态，说明此时进料总的菌体添加量已接近菌体的相对衰亡量。当添加菌体浓度达到 30%时，反应器在运行 10d 后各隔室菌体浓度即保持稳定水平，各隔室产氢也处于稳定期。当添加菌体浓度达到 40%，反应器各隔室中保持了较高的菌体浓度。其中在 3#、4#隔室中还有增长的趋势，此时菌体添加量可以基本满足光合细菌产氢代谢过程的需要。

2）不同菌体添加量对试验系统产氢的影响

活性菌体添加在维持反应器内适当的菌体浓度的同时由于菌体添加所带入的营养物质也将刺激原有菌体的活性，从而加速反应物物质的降解速度，提高系统产氢量。不同菌体添加浓度下反应器产氢过程见图 5.83。

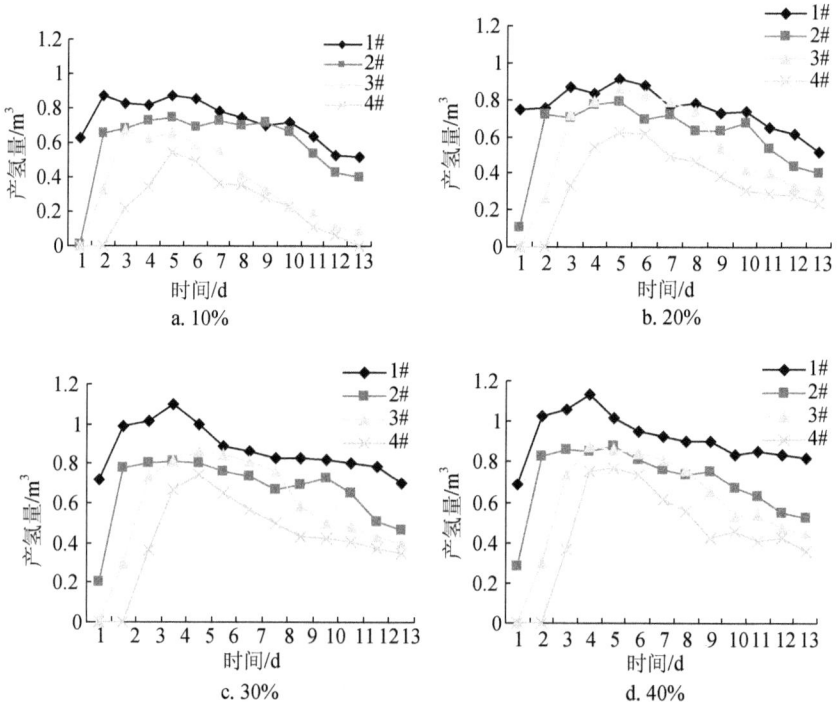

图 5.83　不同菌体添加量对反应器各隔室产氢过程的影响

Fig. 5.83　Different bacteria amount on the output in the process of hydrogen reactor in each compartment

从图5.83中可以看出随着菌体添加量的增加反应器各隔室内产氢量也随之增加。各个隔室在不同菌体添加量下的产氢情况也有着明显的差别，当菌体添加浓度为10%时，产氢高峰主要集中在1#、2#隔室，3#、4#隔室的产氢量随着反应的持续逐渐降低，当反应进行到13d后，在这两个隔室中产氢量仅维持在很低水平，所有产氢都集中在前2个隔室并保持稳定的趋势。这主要原因在于活性菌体的添加使前两个隔室中菌体浓度有一定程度增加，但随着菌体随进料向后推进的过程中菌体也在不断衰亡，到3#、4#隔室后仅有少量菌体存活。从图5.83a可以看出在反应器运行后期3#、4#隔室中菌体浓度均低于0.2mg/mL水平。

当菌体添加浓度为30%时，3#隔室中的产氢量已基本接近2#隔室，产氢处于一个稳定阶段。但从反应器总产氢过程来看，在目前菌体浓度的添加范围内并没有使反应器达到一个最佳的产氢状态，引起反应器后面隔室中菌体浓度和产氢量都低于前面各隔室。同时从不同菌体添加量下各个隔室累计产氢量（图5.84）和产氢速率（图5.85）的变化情况来看，系统的产氢量和产氢速率也随着菌体添加量的增加呈增加趋势，且这种趋势还将继续。但从反应器的容积产氢率的变化趋势来看，菌体添加量小于30%时产氢率随添加量呈直线增长趋势，但超过30%后这种增长趋势开始变缓，这从实际生产过程中的投入产出角度分析过分追求添加量来提高产氢率也不符合实际。这需要从反应器设计自身结构的改变来实现菌体的增殖培养保持连续产氢运行。

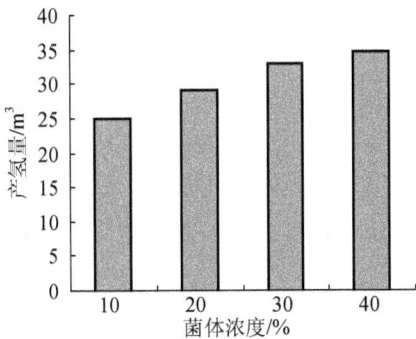

图5.84 不同菌体添加量对系统产氢量的影响

Fig. 5.84 Different bacteria amount for producing hydrogen capacity of the system

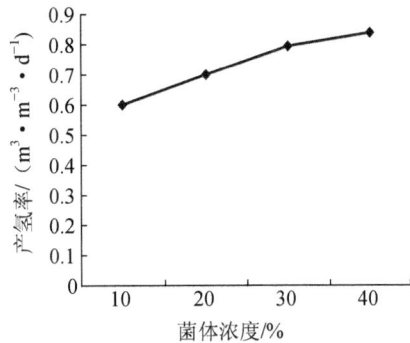

图5.85 不同菌体添加量对系统产氢速率的影响

Fig. 5.85 Different bacteria amount will effect the production rate of the system

从不同菌体添加量对试验系统运行情况来看，要保持反应器能正常连续运行的最低菌体添加浓度不应小于20%；大于30%的菌体添加量可以使反应处于稳定运行状态。

综上所述，当采用葡萄糖为单一产氢原料时，由于菌体流失、菌体衰亡和反应液中营养物质短缺所引起的菌体自溶等因素将会造成反应器内菌体浓度降低导致持续产氢终止。上述试验表明，当反应器以葡萄糖为唯一产氢底物时，必要营养物质和活性菌体添加是反应器连续产氢运行的基本要求，使用磷酸二氢钾作为补充营养物质和保持菌体添加浓度大于20%是反应器连续运行的最低选择。

5.3.6　以葡萄糖合成底物为原料时系统运行特性研究

以葡萄糖为主要产氢底物，通过添加必要氮源和无机盐以保持反应器内光合细菌正常生长的营养需要。合成产氢底物的成分见表 5.19。同时为了防止产氢过程泡沫对气表、管路的影响，反应器进料中不定期添加0.05%的菜籽油作为消泡剂。

表 5.19　合成产氢原料配比
Table 5.19　Synthesis of hydrogen production raw material ratio　单位：g/m^3

葡萄糖	硫酸铵	氯化钠	氯化钙	磷酸二氢钾	氢氧化钠*	菜籽油
由试验确定	1 000	200	50	1 500	适量	500

* 氢氧化钠用于调节溶液 pH

为了保证连续运行过程中反应器内的菌体浓度，反应器进料时添加30%处于对数增殖期的菌体。同时由于光合细菌的色素吸附其在产氢过程中不可避免会在反应器的布光管上形成色素沉积，这将导致反应器运行前后反应器内光照度的不同，为了使对比试验能在相同的条件下运行，每次试验运行前将布光管进行清洗，尽可能减少外界因素对产氢的影响。

5.3.6.1　光合细菌连续制氢试验系统不同组合方式的产氢比较

将 1 个结构单元的运行方式称为"短路径"方式进行，将反应器 4 个隔室按料液流经先后分别标记为1#、2#、3#、4#隔室；将 2 个结构单元的串联形式作为"长路径"方式运行，将反应器各隔室按料液流经途径分别标记为1#、2#、3#、4#、5#、6#、7#、8#隔室。试验时控制不同运行情况下环境参数相同，葡萄糖浓度固定为1%，前后对比实验时都以"零负荷"启动，水力滞留期均为3d，"短路径"试验时，每天进料 1 次，进料量为 $0.8m^3$，"长路径"试验时，每日进料 2 次，每次进料量为 $0.9m^3$。不同路径条件反应器参数变化情况见图 5.86～图 5.88。

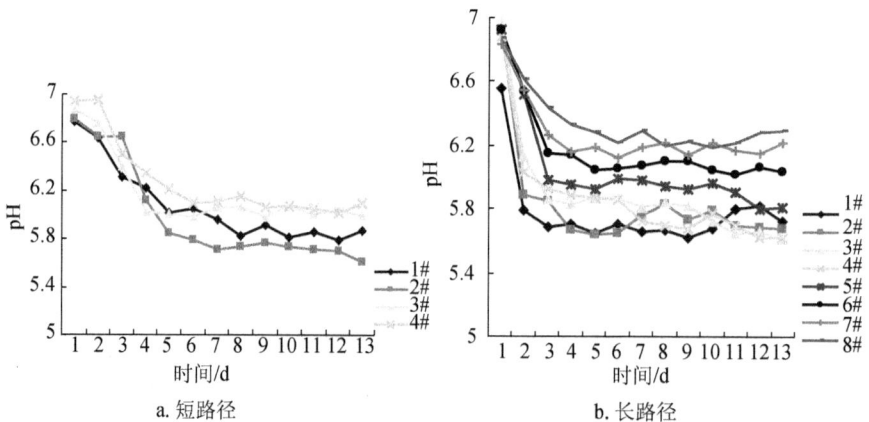

a. 短路径　　　　　　　　　　b. 长路径

图 5.86　不同路径下溶液 pH 变化情况
Fig. 5.86　The solution pH change under different path

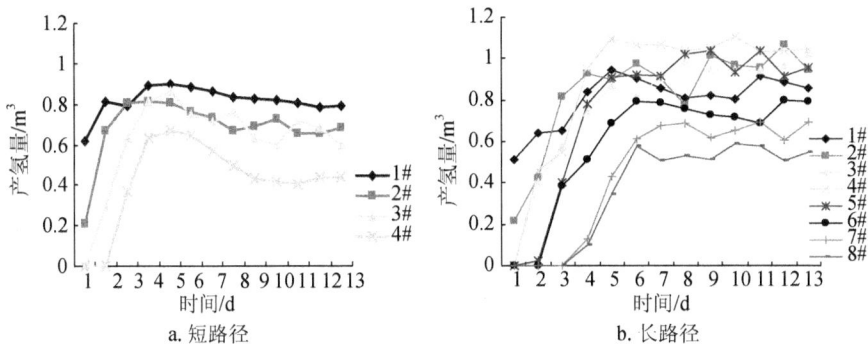

a. 短路径　　　　　　b. 长路径

图 5.87　不同路径条件下反应器的产氢情况

Fig. 5.87　Under the condition of different paths to produce hydrogen reactor

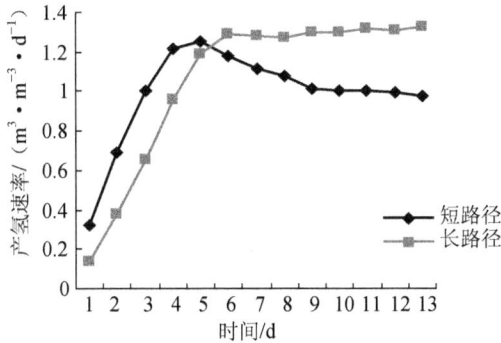

图 5.88　不同路径对系统产氢率的影响

Fig. 5.88　Different paths will effect the production rate of the system

从图 5.86 光合制氢反应器各隔室溶液的 pH 变化情况来看无论"短路径"运行模式还是"长路径"运行模式，反应器各隔室中溶液的 pH 基本上都能保持稳定状态。从整体比较中可以看出，反应器在"短路径"条件下运行时各隔室溶液的 pH 的差别并不明显，尤其是在反应器 3#、4#隔室中溶液的 pH 基本接近，而在"长路径"条件下运行时反应器隔室溶液的 pH 呈前低后高的现象，溶液 pH 随流动方向逐步变大。反应器各隔室溶液的 pH 变化规律与不同路径条件原料的利用和转化有关。在"短路径"条件下反应物混合搅拌程度较小，不利于底物代谢；而"长路径"条件下由于反应液流经路径延长，增加原料混合有利于原料的充分利用。

从图 5.87 和图 5.88 中可以看出长路径条件下反应器各隔室的产氢量和反应器容积产氢率都高于短路径下的运行情况。在相同 HRT 下反应器由短路径改为长路径运行后，虽然前后运行过程物料在反应器内的停留时间基本相等，但由于此时反应器容积增大了一倍，物料在反应器内经过的路程也相应增加了 1 倍，加大了物料和菌体的混合接触机会，这是折流式反应器与传统混流式反应器在放大设计中的最大不同。同时从图 5.87 的比较中可以看出在短路径情况下反应器 4 个隔室的产氢量基本保持稳定，各个隔室的产氢量差别不太明显；而在长路径条件下各个隔室的产氢量存在一定差别，表现为前高后低的趋势。出现这种情况的原因在于长路径下料液与微生物的混合程度加强，加大了原料的降解速度，使葡萄糖在前面隔室中即得到了充分利用。

从反应器不同路径运行情况来看，反应器长路径条件下反应器的产氢情况要好于短路径运行，加大料液流经途径可以有效提高原料产氢率。

5.3.6.2 进料浓度对系统运行的影响

前期研究表明葡萄糖浓度大小对光合细菌的产氢有着显著的影响，当葡萄糖浓度小于 0.1%时光合细菌的产氢现象非常弱，产气中几乎检测不到氢的存在，而此时反应器中的菌体浓度却得到快速增长，较低的葡萄糖浓度仅够作为营养物质来维持光合细菌生长代谢，当菌体内无过量能量和电子供体积累时，固氮酶便无法获得足够的能量和电子流将 H^+ 还原为氢气。因此反应底物浓度大小及菌体利用后的能量积累对光合细菌的产氢代谢尤为重要。为此试验分别取 1%、2%、3%、4%、5%的葡萄糖溶液配制合成产氢底物，研究不同浓度条件下反应器的运行情况。对比试验中固定水力滞留期为 3d，反应器采用"长路径"的串联形式，固定进料间隔和进料时间。

1）不同进料浓度下反应器各隔室 pH 变化

当改变反应器的进料浓度时，由于光合细菌对不同浓度葡萄糖降解转化速率及对中间代谢产物的利用能力不同必然引起反应器不同隔室中溶液酸碱度变化，见图 5.89。

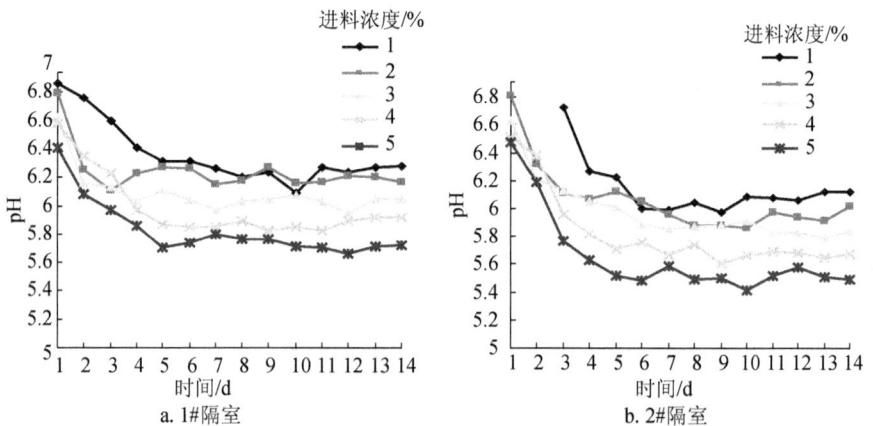

图 5.89 不同葡萄糖浓度下反应器各隔室溶液 pH 变化

Fig. 5.89 The reactor under different concentration of glucose in each compartment solution pH changes

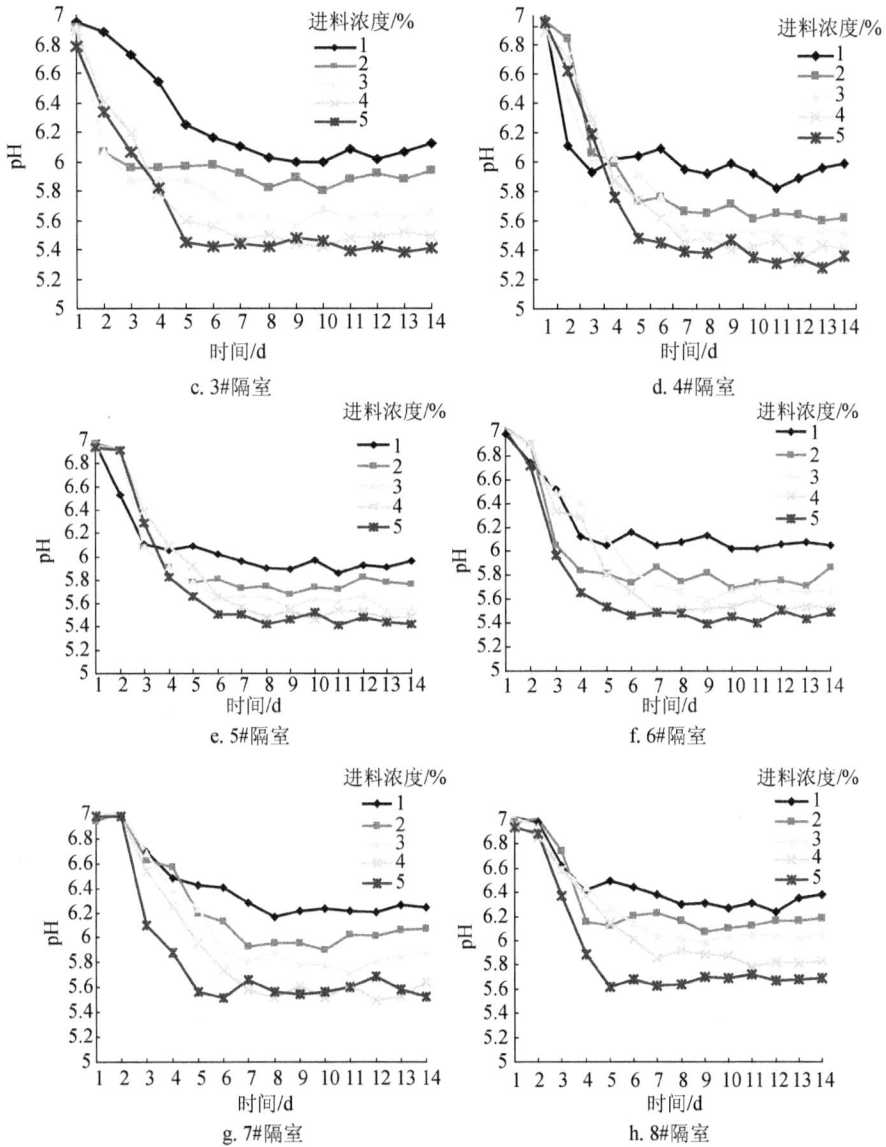

图 5.89 不同葡萄糖浓度下反应器各隔室溶液 pH 变化（续）

Fig. 5.89 The reactor under different concentration of glucose in each compartment solution pH changes（continued）

　　从图 5.89 中可以看出反应器在不同浓度下各个隔室中溶液的 pH 基本上都随葡萄糖浓度的增加而降低。而在相同浓度下反应器各隔室运行过程的变化均呈现先降后升的变化趋势（图 5.90，稳定运行的平均值）。这主要因为光合细菌对葡萄糖的代谢并不是一步直接完成降解为氢气和二氧化碳，其还存在一个次级代谢过程。光合细菌利用葡萄糖产氢代谢过程中首先利用葡萄糖转化为氢气、二氧化碳和乙酸，然后再利用乙酸进行产氢代谢。由于光合细菌利用葡萄糖和乙酸代谢的自由能不同使得光合细菌利用葡萄糖的产氢速度大于对乙酸的利用速度，从而引起反应器内酸的积累，造成溶液 pH 的下降，而后光合细菌利用代谢乙酸的产氢代谢消耗掉部分乙酸后溶液 pH 又随之上升。

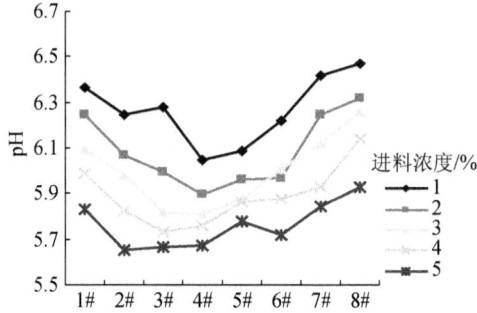

图 5.90　反应器各隔室 pH 变化规律

Fig. 5.90　Each reactor compartment pH change rule

2）不同进料浓度对系统产氢量的影响

当反应器进料浓度变化时由于光合细菌可利用的营养物质增加将会对光合细菌的产氢代谢产生一定的影响。图 5.91 给出了不同浓度条件下反应器各隔室产氢的变化情况。

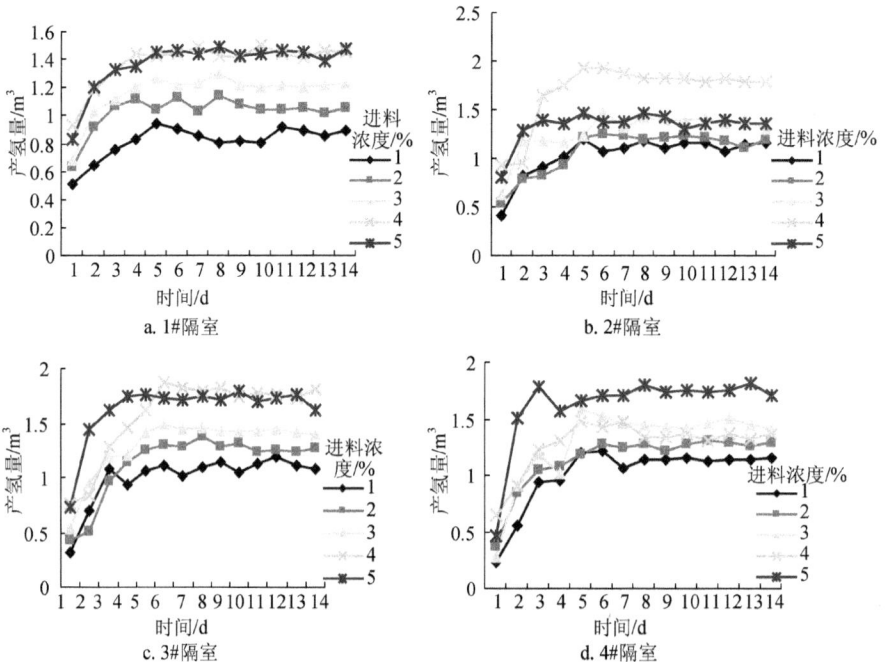

a. 1#隔室

b. 2#隔室

c. 3#隔室

d. 4#隔室

图 5.91　不同原料浓度的各个隔室的产氢量比较

Fig. 5.91　Different concentration of raw material of producing hydrogen capacity comparison of each compartment

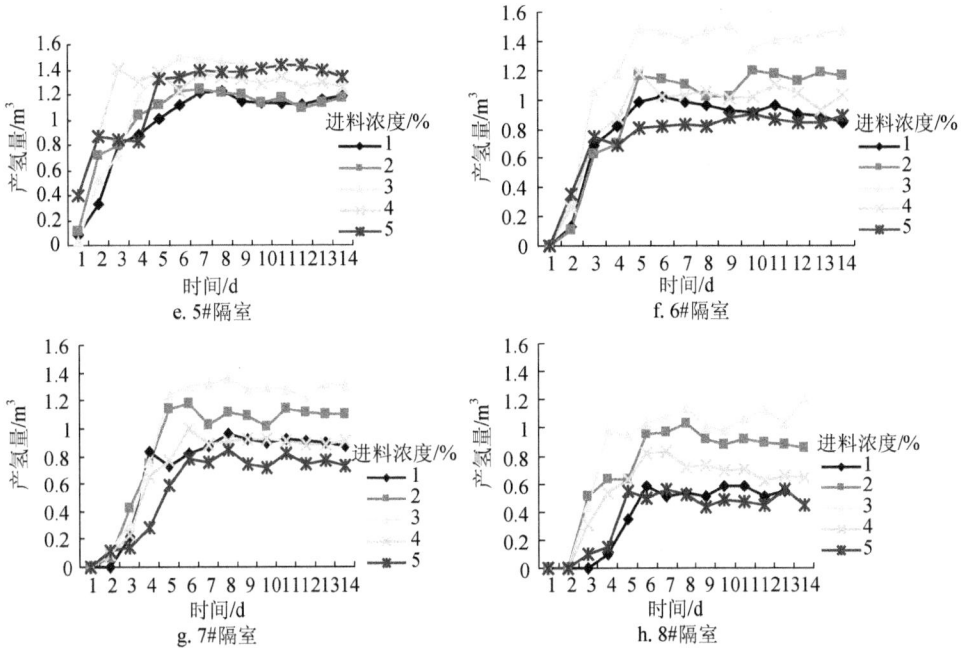

图 5.91　不同原料浓度的各个隔室的产氢量比较（续）

Fig. 5.91　Different concentration of raw material of producing hydrogen capacity comparison of each compartment（continued）

从图 5.91 中可以看出不同浓度条件下反应器各隔室的产氢量有明显变化。在同一进料浓度下反应器各隔室产氢量从总体呈现两端低中间高，且产氢量随浓度的增加而增加的趋势。但对于单一隔室的产氢量而言其产氢量并不随浓度的升高而变化。在 1#～3#隔室产氢量的变化随底物浓度的增加而增加。但 6#、7#、8#隔室中高浓度的进料并没有使产氢量增加，5%的进料浓度甚至出现了在 8#隔室中产气急剧下降的情况，比较而言反应器在 3%的进料浓度下表现出较高的产氢量，其次为 2%和 1%的进料浓度。这种现象的出现在于反应前面各个隔室内由于葡萄糖被光合细菌利用进行产氢代谢，由于此时反应器前面隔室中菌体浓度能保持较高水平，葡萄糖的降解也相对充分，葡萄糖浓度越大其放氢量也就越大。同时伴随着葡萄糖的降解，由葡萄糖产氢代谢过程中产生的乙酸也被光合细菌利用，当反应液中的葡萄糖耗尽消耗时，光合细菌完全转化为对乙酸的利用。当葡萄糖浓度太大时由于代谢过程形成的有机酸不能及时降解掉将会对光合细菌的生长产生一定的影响，一部分光合色素在酸性环境中消融时，另一部分耐酸性较差的菌体也逐渐死亡，从而引起反应器后面隔室产氢量下降。而当葡萄糖进料浓度较低时，反应物产物的生成抑制相对较弱从而使反应器各隔室保持较高的产氢速率。

从图 5.92 反应器在不同浓度条件下总产氢量可以看出在一定的浓度范围内反应器的产氢随着产氢底物浓度的增加其产氢量也相应增加，当料液浓度为 3%、4%时其产氢量达到最大值，此时 2 个浓度水平下的总产氢量相对差别也不大。但当浓度为5%时反应器的总产氢量出现了下降的趋势。由此说明虽然产氢底物浓度在一定范围内的提高可以为光合细菌的生长产氢提供较多的物质、能量，但过大的底物浓度也会对光合细菌的产氢代谢产生抑制现象，引起系统产氢量的下降。

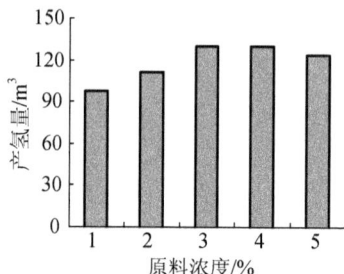

图 5.92　不同原料浓度的总产氢量

Fig. 5.92　The amount of output hydrogen concentration of different materials

3）不同原料浓度对产氢纯度的影响

图 5.93 和图 5.94 分别给出了不同浓度下反应器各隔室产气的平均氢气含量和不同浓度下反应器总产气中的平均氢气含量。从图 5.93 可以看出在不同的底物浓度下反应器各隔室产气中的氢含量并不相同，但产氢中氢含量最高的产气却主要集中在反应器的 3#、4#隔室。反应器前隔室产气中氢含量较低的原因可能在于反应器进料中溶解氧的带入，引起光合细菌的好氧呼吸代谢，二氧化碳的增加使产气中氢气的比例下降，而后面隔室产气中氢含量的减少与光合细菌对有机酸的降解途径有关。同时 8#隔室中由于排料过程中也可能存在空气倒流进入的原因所引起。但从反应器产气中总的平均含氢量（图 5.94）来看，在 5 个浓度条件下反应器的氢含量基本维持在 32%左右，考虑到反应器 1#隔室和 8#隔室中氢含量相对较低的特点，在氢气收集和利用上可以考虑气体的独立收集和处理。

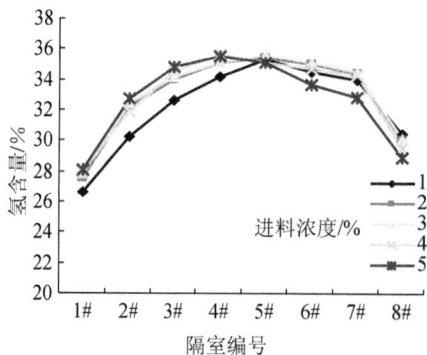

图 5.93　不同原料浓度下对系统各隔室氢含量的变化

Fig. 5.93　The system under different raw material concentration in each compartment hydrogen content changes

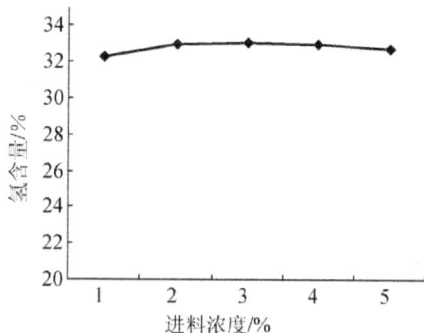

图 5.94　不同原料浓度下产气中的氢含量

Fig. 5.94 Under different raw material concentration of hydrogen content in the gas

综上，从不同底物浓度对试验系统运行的影响可以看出，在葡萄糖作为产氢底物时，提高产氢底物浓度有利于产氢量的增加，但当反应物浓度过大时由于产氢代谢过程中有机酸的积累容易在反应器后面隔室造成酸的积累从而引起后面隔室中产氢量的下降，因此过高的进料浓度不利于反应器的总体运行。从试验结果及产氢的经济性来看，3%的葡萄糖浓度应作为葡萄糖光合产氢的最高限定浓度。

5.3.6.3 水力滞留期对制氢系统运行的影响

反应液在反应器内停留的时间长短不仅关系着反应器内菌体与产氢底物的接触反应时间从而影响产氢量，而且由于料液在反应器内的停留时间长短还影响反应液在反应器中的流动状态，从而影响反应器内反应液及其反应产物的均匀性分布。最佳水力滞留时间的确定不仅考虑料液的加入对试验系统内菌体的携带作用和菌体自身的保留固定，还要兼顾反应液的降解及利用程度。

在不同水力滞留期的试验中，合成产氢底物如表 5.19 所示，其中葡萄糖浓度固定为 3%，运行进料过程中添加 30%的活性菌体以维持反应器内较高的菌体浓度。为避免连续进出料对试验系统 1#、8#隔室的影响，试验过程采用序批次进料，按水力滞留期长短确定进料频率和进料量。同时为了减少进料速度过快造成反应器内料液冲顶及在排料过程中在局部空间中形成低压，进料时根据进料量多少控制进料时间。不同水力滞留期下进料安排见表 5.20。

表 5.20 不同 HRT 下的进料安排
Table 5.20 Under different HRT feed arrangement

HRT/h	进料周期/h	进料量/m³	进料时间/min
24	8	1.7	120
36	9	1.3	90
48	12	1.3	90
60	12	1.05	60
72	12	0.87	60

1）不同水力滞留期下反应器溶液 pH 变化

原料在反应器内停留时间的长短直接影响着反应物在反应器中的流动状态和反应物与微生物的混合搅拌程度，进而影响反应物的降解速率和中间产物的生成和消耗。图 5.95 给出了不同 HRT 下反应器各隔室溶液 pH 变化的情况。

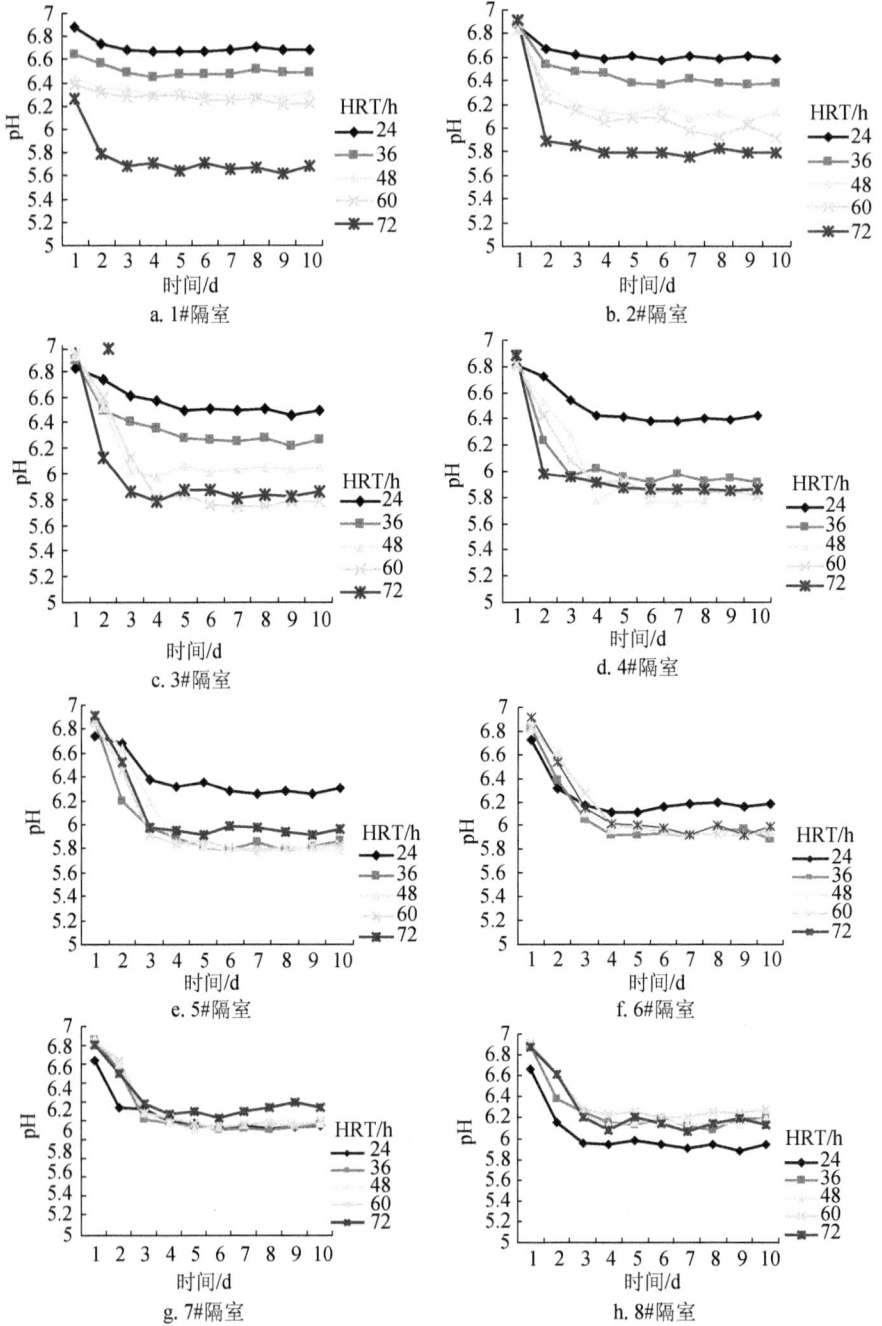

图 5.95　不同 HRT 下反应器各隔室溶液 pH 变化

Fig. 5.95　The reactor under different HRT of each compartment solution pH changes

从图 5.95 中可以看出,不同 HRT 下反应器各隔室中溶液的 pH 有着非常明显的变化。对于单个隔室来讲,在反应器 1#～4#隔室中溶液的 pH 基本都是随着 HRT 的增大而呈下降趋势,这主要因为在长的 HRT 下加入葡萄糖主要集中在反应器的前面隔室中,葡萄糖降解所产生的有机酸也必定在这些隔室中积存。HRT 越大葡萄糖在前面隔室中停留的时间也就越长,酸性积累也就越明显。而后面各隔室中(除 HRT=24 外)由于葡萄糖已在前面完全降解,溶液仅有乙酸存在,此时光合细菌转而利用乙酸进行产氢代谢,将乙酸分解为 H_2 和 CO_2,由于乙酸的消耗使溶液 pH 出现上升趋势。而对于 HRT=24 h 时,反应器各隔室中一直保持较高的 pH 主要是因为葡萄糖溶液在反应器中停留时间较短葡萄糖在降解的同时也向后面隔室推进而使葡萄糖及其降解所产生的有机酸得到了均匀分布。由此可以看出对于存在多级反应的产氢底物来说,较长的 HRT 容易造成反应物的自然分级反应从而引起局部产物的不均衡,而较短的 HRT 则可能导致产氢底物只能完成优先的一级反应。

2)不同水力滞留期下系统的产氢特性比较

由于在不同的 HRT 下葡萄糖在反应器各个隔室中停留的时间不一样,各个隔室中菌体所能利用的物质种类和数量也不相同从而引起各个隔室产氢量随 HRT 的变化,见图 5.96。

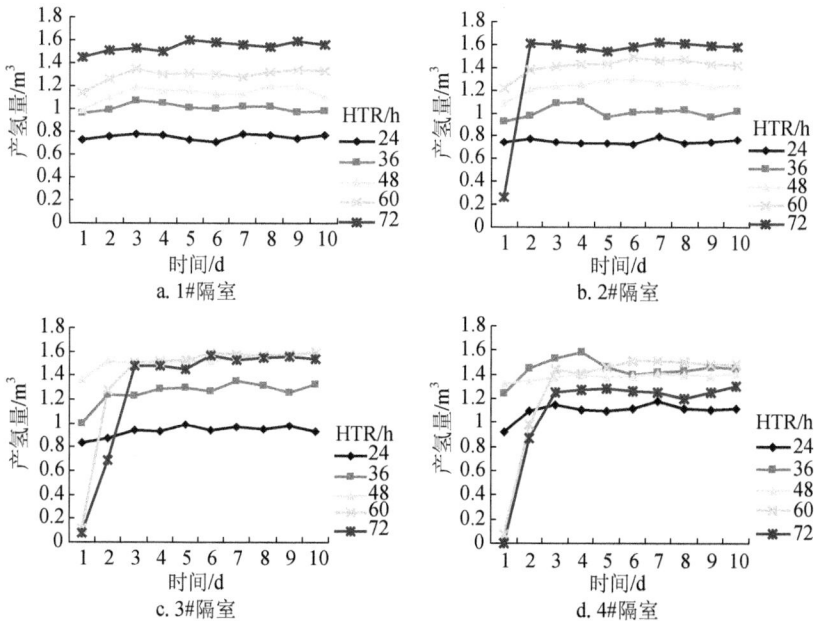

图 5.96 不同 HRT 下各隔室产氢情况

Fig. 5.96 Each compartment under different HRT to produce hydrogen

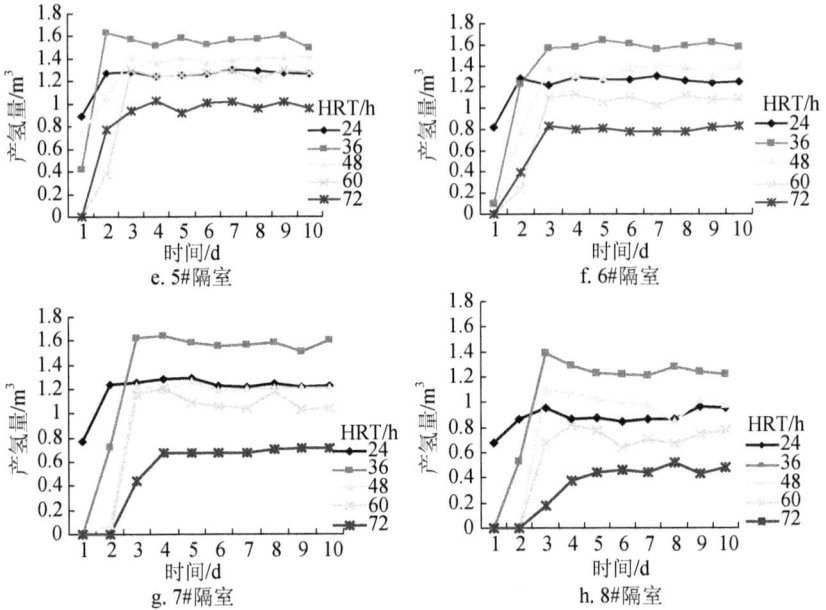

图 5.96　不同 HRT 下各隔室产氢情况（续）

Fig. 5.96　Each compartment under different HRT to produce hydrogen（continued）

　　较长的 HRT 使葡萄糖在反应器前面隔室中首先进行一级产氢代谢释放氢气，而较短的 HRT 使葡萄糖的一级产氢代谢向后推迟。从图中可以看出在反应器的 1#~3#隔室中产氢量随着 HRT 的增加而增大，这时主要集中了葡萄糖的一级产氢代谢所释放的氢气，而 HRT 较小时在前三个隔室中只有部分葡萄糖参与产氢代谢而使产氢量减少。而后面的隔室中，当 HRT 较小时由于存在葡萄糖产氢代谢使产氢量增加，而当 HRT 较大虽然进行着以乙酸为主的产氢代谢，但此时由于反应液 pH 的降低导致部分耐酸性较差的光合细菌死亡而导致后面隔室中产氢量低于前面葡萄糖的一级代谢产氢。由此可以看出要想获得较高的产氢率要求 HRT 既能满足葡萄糖的充分降解又要防止过量酸的积累引起产氢下降。综合图 5.96 各隔室的产氢情况可以看出，在所确定的几组 HRT 下，当 HRT=36h 时，反应器各个隔室中始终保持稳定的产氢率，尤其在反应器的中后部隔室中产氢量高于其他对照组。

　　图 5.97 和图 5.98 给出了在相同试验周期内不同 HRT 下反应器的产氢率和产氢总量的变化情况。从图 5.97 可以看出在不同 HRT 下，当 HRT=36h 时反应器的平均产氢速率达到最大，而后随着 HRT 的增大，产氢速率则出现快速下降趋势，这主要由于 HRT 较大时前面产酸对后面产氢的负面影响造成。而在图 5.98 中则可看出在相同试验周期内虽然 HRT=36h 时反应器的进料是 HRT=72h 时的 2 倍，但在从反应器总的产氢情况看当 HRT=36h 时的产氢量并没有超出 HRT=72h 的 2 倍，由此可以看出当 HRT 大于 36h 时反应器对反应底物的利用率随着 HRT 的增

大而增高。

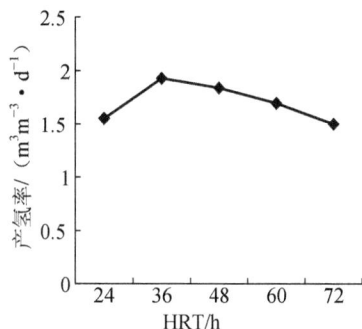

图 5.97 不同 HRT 下产氢率比较
Fig. 5.97 The hydrogen production rate under different HRT

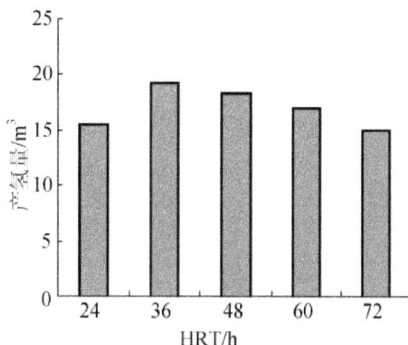

图 5.98 不同 HRT 下产氢量比较
Fig. 5.98 The amount of hydrogen production under different HRT

3）不同 HRT 下葡萄糖的降解规律

葡萄糖用作光合细菌的产氢原料时，一方面可以作为碳源和能量物质为光合细菌的生长提供基础物质条件，同时也为光合细菌产氢提供电子供体。光合细菌利用葡萄糖产氢过程中葡萄糖的降解规律对试验系统的正常运行至关重要（见表 5.21）。图 5.99 给出不同 HRT 下反应器各隔室溶液中葡萄糖浓度的变化情况。

表 5.21 不同 HRT 下进料的初始葡萄糖浓度实测值
Table 5.21 The feeding of initial glucose concentration measured values under different HRT
单位：mg/L

24 h	36 h	48 h	60 h	72 h
29 865	29 910	29 832	29 920	29 855

从图 5.99 中可以看出各个隔室中葡萄糖浓度在不同 HRT 发生了非常明显的变化，在反应器 1#～4#隔室中溶液的葡萄糖浓度随 HRT 的增大而迅速降低。而对于固定 HRT 的条件下，葡萄糖浓度随着溶液的流动路径逐步降低最终完全降解。当 HRT=24h，虽然反应器各个隔室中葡萄糖浓度依次递减，但在 8#中依然有低浓度的葡萄糖存在，由于 8#隔室是反应器最后一个反应空间，此后溶液中的葡萄糖将排出，造成原料的浪费。而后当 HRT=36h，葡萄糖仅存于 1#～6#隔室，HRT=48h 时，葡萄糖仅存于 1#～5#隔室，HRT=60h，葡萄糖仅存在于 1#～4#隔室，HRT=72h 仅在 1#～3#隔室中有葡萄糖的存在，且 3#隔室中也只含有少量的葡萄糖。从反应器各隔室葡萄糖在不同 HRT 下存在的现象可以看出，随着 HRT 的增大反应底物葡萄糖的一级产氢代谢主要集中在前面隔室中完成，而后面隔室主要以葡萄糖一级产氢代谢产物有机酸为主的次级产氢代谢。

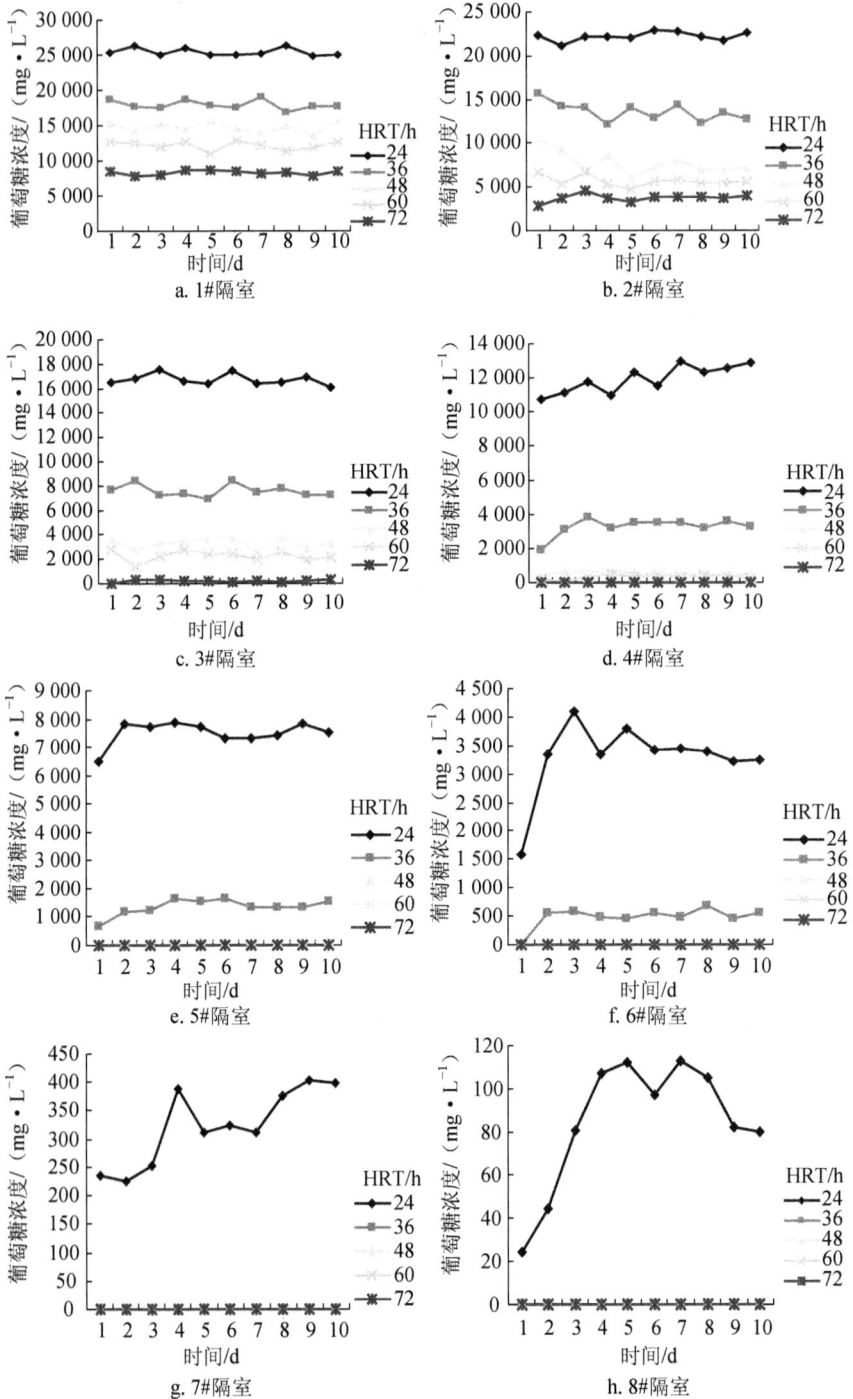

图 5.99 不同 HRT 下各隔室的葡萄糖降解

Fig. 5.99 Glucose degradation under different HRT of each compartment

5.3.7 连续制氢系统最适粪便污水产氢底物的选择

畜禽粪便污水是环境水体污染的主要贡献者，也是当前环境治理的一个难点，畜禽粪便污水通过资源化技术途径处理在获得能源的同时还可以减少畜禽粪便污水直接排放对环境的危害。利用光合细菌将畜禽粪便污水进行无害化和资源化处理是畜禽粪便污水生物处理的一个重要技术途径。张全国、尤希凤、师玉忠等先后开展了光合细菌利用猪粪养殖废水制氢的技术研究并得到了重要的参考数据。但上述研究还都局限在小试阶段，其还需要在规模化生产应用上进行进一步的验证。因此，以目前养殖业产量最大的牛粪、猪粪和鸡粪污水进行产氢试验比较，寻找不同畜禽粪便废水对光合细菌产氢的影响，确定光合细菌能高效利用的理想产氢底物。

所用畜禽粪便分别取自河南农业大学种鸡场、河南农业大学奶牛场和郑州市下坡杨养殖场，其基本性质见表 5.22。

为了便于运输，样品在收集时通过人工方式选择了以粪便的原始状态进行取样，避免了粪便人工用水冲洗所造成的流态物质过多，浓度偏差太大的问题。所取粪便在试验前经预处理后用于光合细菌产氢。

表 5.22 粪便样品的基本性质
Table 5.22 The basic nature of feces samples

	颜色	状态	TS	C/%	N/%	C/N	取样点	备注
鸡粪	黑褐色	糊状	12.6	4.5	0.72	6.25	河南农业大学种鸡场	夹带有鸡毛、稻壳、饲料等杂物
牛粪	黄褐色	固态	14.3	8.31	0.24	34.63	河南农业大学奶牛场	含较多剩余草料
猪粪	黑褐色	固态	17.4	6.5	0.54	12.04	郑州市下坡杨养殖场	

5.3.7.1 畜禽粪便的前处理

由于所取粪便固态物质浓度较大，无法直接使用，同时光合细菌也无法直接使用畜禽粪便进行产氢代谢，因此需对畜禽粪便进行适当前处理以去除粪便中的不利物质。

（1）鸡粪前处理：将新鲜鸡粪和水按照 1∶10（质量）的比例混合，缓慢搅拌使鸡毛、稻壳等杂物与粪便分离，用漏网清除鸡粪中的鸡毛和大的悬浮物，然后再加入约占粪水体积 20%的光合细菌溶液，遮光进行黑暗好氧处理，其间不断搅拌并及时清除液面上部的泡沫和漂浮物。待粪水颜色由初始黑褐色逐步转为青褐色后，用筛网（规格为 0.5mm×0.5mm）粗滤去除大的颗粒性物质，待溶液静止沉淀后将澄清液用 50 目筛过滤。

（2）牛粪前处理：将新鲜牛粪和水按照 1∶15（质量）的比例混合，加入约占粪水体积 20%的光合细菌溶液，遮光进行黑暗好氧处理，其间不断搅拌防止草末结壳。待粪水颜色由初始黄褐色逐步转为淡黄色后将粪便中杂草去除，用筛网（规格为 0.5mm×0.5mm）粗滤后再用 50 目筛过滤。

（3）猪粪前处理：将猪粪与水按照 1∶10（质量）混合，加入约占粪水体积 20%的光合细菌溶液，遮光进行黑暗好氧处理，其间不断搅拌粪水。待粪水颜色由初始黑褐色逐步转为青黄色后，用筛网（网眼规格为 0.5mm×0.5mm）粗滤后再用 50 目筛过滤。

光合细菌在黑暗好氧状态下通过呼吸作用可以将粪便污水转化为小分子物质将粪便进行降解。粪便污水在光合细菌的降解作用下溶液颜色都呈不同程度的变淡，其溶液的 pH 和 COD 都发生明显的变化，见图 5.100 和图 5.101。

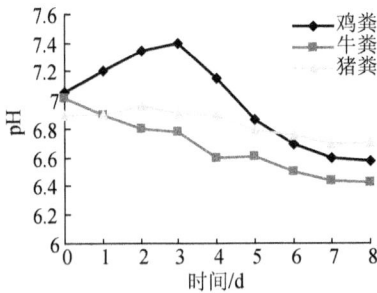

图 5.100　粪便前处理过程的 pH 变化
Fig. 5.100　The change of the pH value

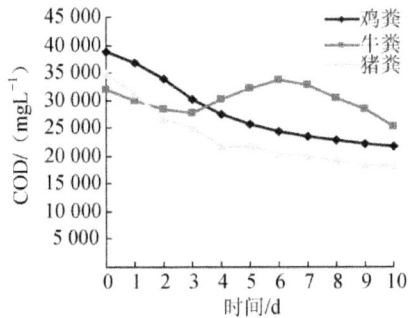

图 5.101　粪便前处理过程的 COD 变化
Fig. 5.101　The change of the COD of waste process

从图 5.100 可以看出畜禽粪便在使用光合细菌进行前处理过程中溶液的 pH 总体呈下降趋势，其中牛粪的 pH 下降最大，最低达到 6.43；而鸡粪在前处理初期其 pH 出现了一个明显的上升趋势，在第 4 天达到最大值 7.4，随后开始快速下降。在不同粪便的处理过程中，光合细菌与其他好氧菌将粪便废水中的有机物质迅速降解为可溶物质使鸡粪和猪粪污水的 COD 值都快速下降，COD 去除率达到43.75%和 47.87%。试验中发现牛粪在预处理过程中 COD 出现了一个上升趋势，但其在后来的处理过程中又逐步趋于下降，这主要由牛粪中所含有的剩余秸秆饲料和牛粪中没有完全消化的饲料所引起，这些物质在预处理过程中由于多种菌体的存在加快了纤维素物质的降解，加大了溶液中的有机质浓度。

5.3.7.2　不同粪便污水的产氢特性

分别取经过上述预处理的粪便污水做产氢底物，通过稀释调整其浓度为6 000mg/mL 左右，并向稀释液中添加 0.1%葡萄糖，用 0.5%葡萄糖溶液作对照试验。试验在 10L 反应瓶中进行，牛粪、猪粪、鸡粪污水分别接种处于对数期的光合细菌，接种量为 50%，葡萄糖对照组以对数生长期培养液为母液（即采用 100%接种量），直接添加葡萄糖，试验在 30℃、光照 2 000lx 的相同条件下进行前述试验。不同畜禽粪便污水产氢和葡萄糖对照产氢过程中情况见图 5.102～图 5.104。

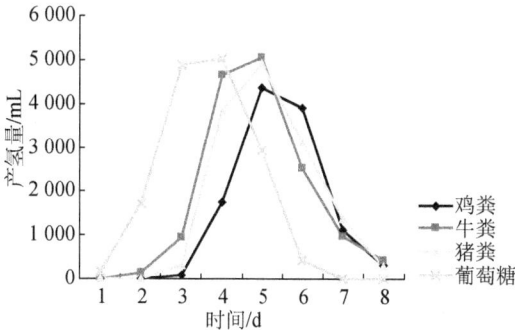

图 5.102　不同原料产氢过程比较
Fig. 5.102　Changes of hydrogen production process of different raw materials

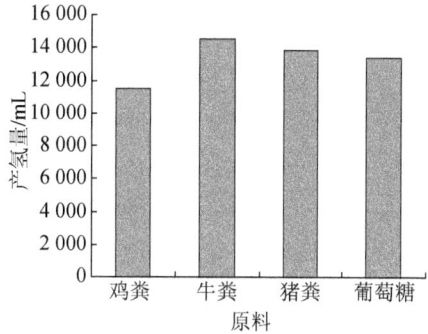

图 5.103　不同原料的产氢量比较
Fig. 5.103　Changes of hydrogen yield of different raw materials

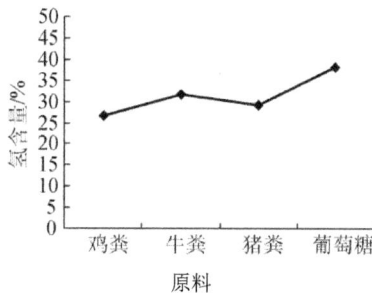

图 5.104　不同原料产气中氢含量
Fig. 5.104　Different raw materials to produce hydrogen content in the air

从图 5.103 和图 5.104 中可以看出，当使用不同粪便污水为产氢原料时，其产氢过程和总产氢量都不尽相同。从产氢过程来看，在相同条件下，光合细菌利用不同粪便污水的初产氢时间都落后于对照组，其中鸡粪污水的产氢起始滞留期最长，牛粪污水则相对较短；从不同污水的总产氢量的比较来看，牛粪污水和猪粪污水的产氢量都高于葡萄糖对照组，而鸡粪污水的产氢量却低于对照组。而从产气中氢气的含量来看，三种污水产氢的氢气含量都低于对照组，且三者中也存在一定的差距，其中鸡粪产气中氢的含量最低，其次为猪粪，氢含量最高的为牛粪。

结果分析：从不同污水产氢过程和总产氢量的分析可以看出鸡粪污水、猪粪污水和牛粪污水在产氢过程中表现出很大的差异性，这种现象的出现主要与不同废水中的营养元素和抑制元素的含量多少有关。从表 5.21 不同粪便的基本性质中可以看出，不同粪便原料中碳氮比鸡粪<猪粪<牛粪，而氮含量鸡粪>猪粪>牛粪。原料中碳、氮在光合细菌的产氢代谢中除是基本的碳源和氮源营养物质外，氮的含量多少及其铵态的转化量还会影响光合细菌的产氢代谢，当基质中的铵态氮含量超过光合细菌所能承受的浓度后便会出现产氢的"铵抑制"现象，直至光合细菌将氮吸收、代谢达到正常范围，鸡粪污水中高氮含量可能是影响产氢的一个重要因素。同时试验配置不同污水虽然在 COD 值上基本接近，但由于其所含物质种类不尽相同，溶液的溶质浓度和颜色也不相同，其溶液对光的穿透、散射和吸收也会不同，从而造成产氢过程中光照的影响差异从而对其产氢产生影响。

从上述试验来看在所选择的三种粪便废水中，牛粪污水在产氢延长期、产氢量、产气中氢含量上都明显优于其他两组，牛粪适宜于用作光合产氢的原料，而鸡粪最不适宜用作光合产氢的原料，同时从不同原料的预处理也可发现鸡粪废水中出现大量的小颗粒细沙沉淀，这对原料预处理非常不利。

5.3.8 光合细菌连续制氢试验系统以牛粪为原料的产氢运行特性

5.3.8.1 牛粪污水不同预处理时间（pretreatment time，PT）对试验系统运行的影响

由于光合细菌不能直接利用畜禽粪便污水获得电子供体用于产氢，在使用畜禽粪便污水作为产氢原料时需要对其进行预处理，将粪便中的有机物质转化为能被光合细菌作为产氢电子供体的小分子有机酸。利用光合细菌黑暗好氧对有机质的降解特性是对产氢原料预处理的理想方式，其一方面可以实现有机质的降解转化，同时溶液中大量光合细菌的存在在进入厌氧光照的产氢阶段后又可为反应器的运行提供有效的菌株来源。尤希凤在利用光合细菌对猪粪进行预处理的试验表明在黑暗好氧下，猪粪最佳原料堆积厚度为3cm，处理周期为4d，原料厚度的增加将降低处理效果，导致产氢量明显下降。畜禽粪便的这种静态处理方式虽然可以获得很好的产氢效果，但由于单次处理量小，且占用大量的空间，不适用于大量的原料预处理。光合细菌的黑暗降解机制在于光合细菌在黑暗有氧存在的条件下进行碳源代谢产生电子和能量，由于光合反应中心无法获得有效能量将碳代谢所产生的电子激发为高能位电子传递，其积累能量只能以有氧呼吸的代谢途径释放。因此光合细菌对有机物黑暗好氧降解的两个关键因素在于氧气的存在以维持能量代谢水平和黑暗条件阻断电子链的转移。同时，在好氧条件下，粪便污水中其他好氧细菌也会通过好氧呼吸作用对粪便污水中的有机物质成分进行降解，从而将大分子物质降解为小分子水溶性物质再被光合细菌所利用。因此利用光合细菌对畜禽粪便可以通过搅拌来实现光合细菌降解过程中对氧的需求，从而实现动态降解处理，提高处理效果。

以新鲜牛粪和自来水按照 1：15（质量）的比例混合，加入粪水体积 20%的光合细菌溶液，遮光后进行搅拌处理。处理周期分别为 3d、5d、7d、9d，处理完成后将溶液剔除杂草后过滤备用。

利用不同处理周期的粪便污水进行产氢试验时，光合细菌制氢反应器采用"短

路径"试验，反应器 4 个隔室按反应液流经顺序依次标为 1#、2#、3#、4#。试验取上述预处理 3d、5d、7d、9d 后的粪水作母液，通过稀释使溶液浓度保持在 6 000mg/L 左右。反应器在进料过程中向料液中添加 0.1%葡萄糖，同时添加 30% 处于对数生长期的活性菌体以保持反应器的菌体浓度。试验过程固定反应器的水力滞留期为 2d。

1）牛粪污水不同预处理时间对试验系统运行中溶液 pH 的影响

牛粪污水预处理过程中在光合细菌和其他污水中存在的好氧细菌将粪便中的有机物质中的一部分转化为水溶性物质和小分子有机酸。当这些物质作为原料进入反应器后，光合细菌将利用其中的一部分物质作为产氢供体进行产氢代谢。反应器利用预处理牛粪污水产氢过程中溶液 pH 的变化情况见图 5.105。

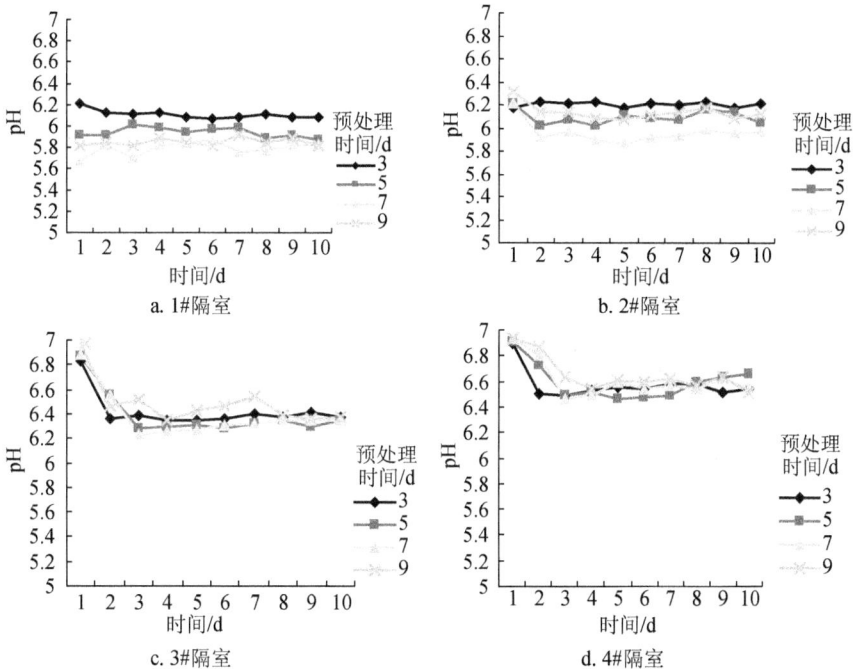

图 5.105　不同原料预处理周期对试验系统各隔室溶液 pH 的影响

Fig. 5.105　Different raw material pretreatment cycle compartment solution pH of the test system

从图 5.105 中可以看出当使用不同处理周期的牛粪污水作为原料时，反应器各隔室中溶液的 pH 基本保持相同的变化规律：溶液 pH 随流经路径逐步提高。这与前面使用葡萄糖作为产氢原料时溶液的变化情况不同，其主要在于当使用预处理的牛粪污水作为产氢原料时，光合细菌主要是利用预处理过程产生的有机酸进行产氢代谢，这就导致溶液中有机酸含量沿流程逐步降低从而引起 pH 的升高；同时由于牛粪粪便直接从自然环境中获取，其会不可避免地携带一部分杂菌，其中厌氧产酸的梭菌是各种粪便中常见的菌种，其在厌氧条件下可以将高分子物质直接降解为小分子有机酸，直接为光合细菌所利用，这也是光合细菌产氢研究实现多菌种联合能够实现高效产氢的主要原因。

从反应器使用不同预处理周期的牛粪污水运行过程中溶液 pH 变化情况的总体情况来看，虽然不同周期下牛粪污水自身的初始 pH 不同，但其并没有对试验系统的运行产生过多的影响，这也说明反应器对不同处理周期粪便污水的酸碱度具有很好的适应性和耐受性。

2）牛粪污水不同预处理时间对试验系统产氢的影响

牛粪污水经过光合细菌和其他好氧微生物的共同作用后，粪便中有机物质将转变为小分子可溶性物质。但由于处理周期不同这些小分子生成物种类和含量也不尽相同，而这种成分变化将直接影响到反应器中光合细菌对其利用性和可利用度。图 5.106 给出了反应器使用不同处理原料的产氢情况。

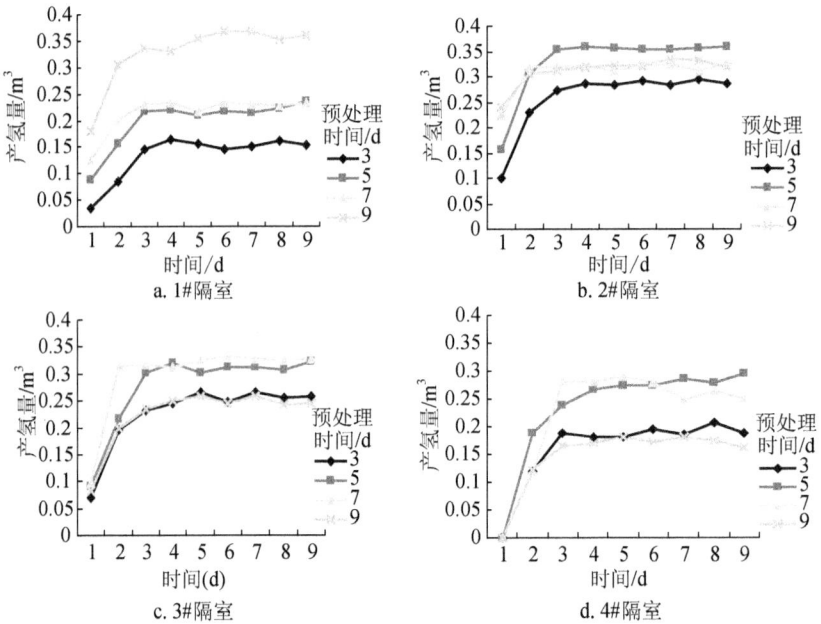

图 5.106　不同处理周期下反应器各隔室产氢情况

Fig. 5.106　Each compartment to produce hydrogen reactor under different processing cycles

从图 5.106 中可以看出不同处理周期的原料在各个隔室中的产气情况出现了非常明显的差别。当 PT 为 3d、5d、7d 反应器各隔室中的产氢量都随着原料预处理周期的延长而增加，而当 PT=9d 时，虽然在反应器 1#隔室中出现了较高的产氢量，但随后就出现了快速下降趋势致使后面隔室中的产氢量低于其他对照组。同时从原料不同预处理周期下总的产氢情况来看（图 5.107），当 PT=5d、7d 时，反应器总产氢量的差别不大，而 PT=9d、3d 时总产氢量出现了不同程度的减少，尤其是 PT=3d 时减少量更大，这种影响主要在于原料预处理过程中粪便中转化为光合细菌可利用基质的程度。在原料预处理过程中粪便中的有机质被多种细菌联合降解转化为小分子物质，随着预处理时间的延长溶液中可利用物质逐渐积累增多，由于预处理是在好氧条件下进行，在这个过程中还伴随着微生物对这些物质的消耗和进一步转化。随着预处理时间的延长，当溶液中小分子物质达到一个极限浓度后将会对微生物的降解行为产生一定的抑制，引起降解微生物活性降低，但还会有一部分微生物继续消耗降解所形成的小分子物质，从而引起光合细菌可利用物质的减少。

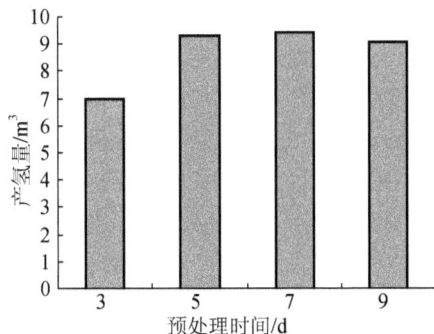

图 5.107　不同预处理时间下总产氢量比较

Fig. 5.107　The total hydrogen quantity under different pretreatment time

3）牛粪污水不同预处理时间对产气氢纯度的影响

反应器使用不同预处理牛粪污水产气中氢气的平均含量如图 5.108 所示。

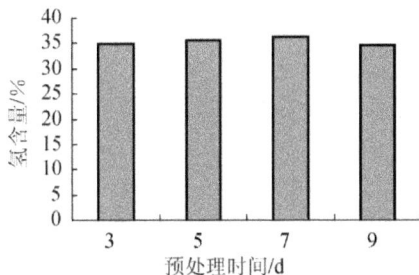

图 5.108　不同预处理时间下产氢纯度比较

Fig. 5.108　Different pretreatment of the raw material of producing hydrogen purity

从图 5.108 中可以看出反应器使用不同预处理周期牛粪污水产氢过程中产气的氢气的平均含量并没有显著的差别。这主要因为光合细菌对牛粪污水的处理只是将不能用于作为产氢电子供体的物质转化为可用的物质，其处理周期的长短只是决定了对可用的物质的转化完全程度而不能改变物质的性质。

从上述试验分析来看，利用光合细菌对牛粪污水进行黑暗好氧处理 5～7d 后是用作产氢原料的最佳时间。

5.3.8.2　牛粪污水不同溶液浓度对系统运行的影响

与其他有机废水不同，畜禽粪便污水中一般含有较多的悬浮性固体和较深的颜色，粪便预处理过程中可以将部分悬浮性固体转化为可溶性物质并进而转化为能被光合细菌所利用的物质。虽然预处理过程可以减少溶液中悬浮性物质对光线的折射和散射作用，但是由于大量悬浮性物质转化为可溶性物质进入溶液后使溶液浓度增大，导致溶液对光的吸收能力增强引起光线在溶液中的传播受阻，这对光合细菌的产氢将产生严重的消极影响。为此，当使用畜禽粪便作为产氢底物时，应优先考虑合适料液浓度对试验系统运行的影响。

　　使用经过 5d 预处理的牛粪污水为产氢原料，原料经过粗滤去除大颗粒物质后再用 50 目筛网过滤，将滤液用自来水稀释分别配制 COD 浓度分别为 1 000mg/L（实测 1 150mg/L）、4 000mg/L（实测 4 475mg/L）、7 000mg/L（实测 6 887mg/L）、11 000mg/L（实测 11 470mg/L）、13 000mg/L（实测 14 570mg/L）左右牛粪污水。试验时反应器采用 4 隔室的"短路径"方式，试验进料时在人工牛粪污水中添加 0.1%的葡萄糖作为光合细菌的诱惑剂，同时添加 20%活性菌体培养液。由于牛粪污水中颜色较深，为增强反应器内的光照，试验时将 LED 光源保持连续工作状态以增加白天反应器内的光照。

　　1）不同浓度牛粪污水对系统 pH 的影响

　　当使用不同浓度的牛粪污水作为产氢原料时由于光合细菌对原料利用程度不同引起反应器内溶液的 pH 变化。不同料液浓度下，反应器产氢过程中溶液的 pH 变化见图 5.109。

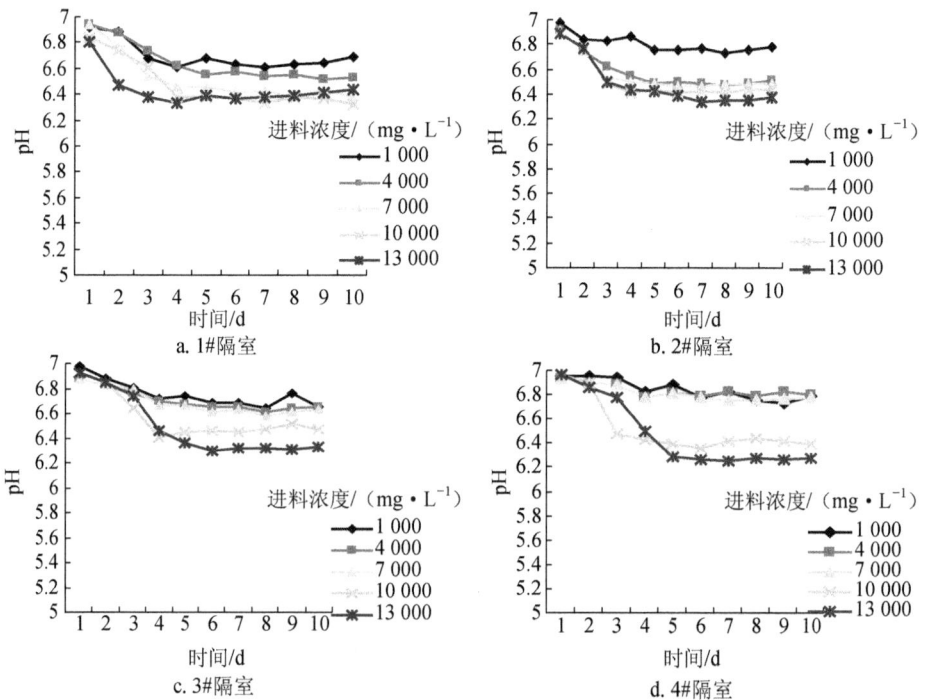

图 5.109　不同进料浓度下反应器各隔室中溶液 pH 变化情况

Fig. 5.109　The reactor under different feed concentration in each compartment solution pH changes

从图 5.109 中可以看出当反应器在以较低的进料浓度下连续运行时,反应器各隔室溶液的 pH 一般都随料液的推进而逐步升高,而当进料浓度增大时溶液 pH 变大的趋势减缓,当溶液浓度大于 10 000mg/L 时,反应器内溶液 pH 在经历短暂的升高后迅速进入下降,且浓度越大这种下降趋势也越明显。而对于同一个隔室在不同浓度下的比较中基本上都是随着溶液浓度增加而下降。出现这种变化的主要原因在于当进料采用低浓度的污水时此时溶液的遮光效应相对较小,溶液中光合细菌还能有机会得到较多的光能,但当溶液浓度变大时由于溶液的遮光效应只能使接近光源位置的光合细菌获得光能,将有机酸转化为氢气,而相对远离光源位置的溶液由于光合细菌无法吸收能量将电子供体提供的电子转化为高能位电子,从而为固氮酶提供能量和还原力将溶液中的 H^+ 转化为 H_2 释放出来,大量 H^+ 的积累必然导致溶液 pH 下降。

2) 不同浓度牛粪污水系统产氢的影响

反应器利用不同浓度的预处理牛粪污水的产氢情况见图 5.110 和图 5.111。从图中可以看出当溶液浓度在较低水平范围内,反应器各个隔室中的产氢量一般都随着进料浓度的增加而增加,反应器各个隔室中产氢量基本保持稳定状态。但当进料浓度为 10 000mg/L、13 000mg/L 时,其产氢主要集中在 1#、2#隔室中,而后产气量开始下降。出现这种情况的原因也在于污水浓度的增大影响了光合细菌光反应中心的能量供给,使固氮酶得不到足够的能量用于还原 H^+ 放氢所造成。

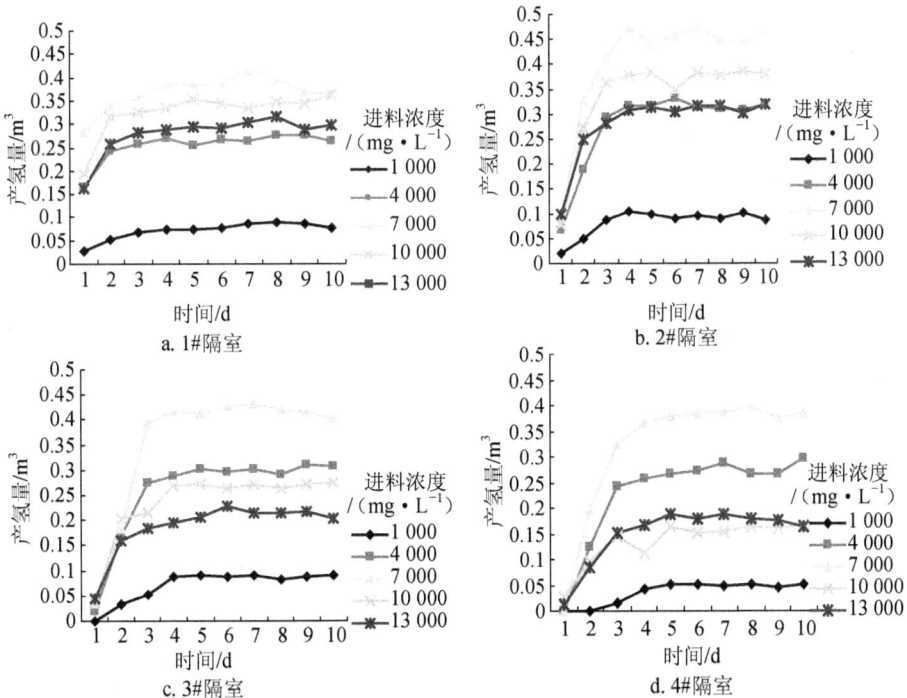

图 5.110　不同进料浓度下反应器各隔室中的产氢情况

Fig. 5.110　The reactor under different feed concentration in each compartment of producing hydrogen

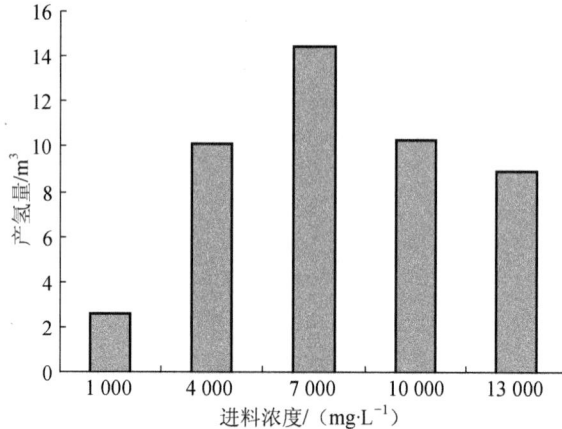

图 5.111　不同浓度下反应器各格室产氢量

Fig. 5.111　Each cell chamber to produce hydrogen reactor under different concentrations

　　从反应器利用不同浓度原料的总产氢量来看，当进料浓度小于 7 000mg/L 时，反应器的总产氢量随着进料浓度的增加而增加，当浓度为 7 000mg/L 时反应器达到最大产氢量，而后随着进料浓度的增加产氢量开始出现下降。

5.3.9　小结

　　（1）太阳光是光合细菌进化过程中主要的可依赖光源形式，使用廉价、清洁的太阳能资源能有效降低光合细菌制氢运行成本，减少产氢过程对化石能源的依赖。改进后的聚光装置可以有效避免聚光所形成的高温及环境灰尘对光纤的损害。对于复杂反应器的布光而言，多芯照明光纤更能更好地适应光合细菌制氢反应器内复杂布光的需要。

　　（2）选定的 5 种 LED 中黄光、蓝光和绿光 LED 光源下的产氢量超过了对照组白炽灯的产氢量，其中以黄光 LED 的产氢量为最高，达到 6 050mL。可见光在光合细菌生长、产氢反应液中的传播受多种因素影响。当反应液接种量为 5%进行连续培养和产氢时，随着反应液中菌体浓度的增强可见光在反应液中的透过性逐步降低。光合细菌培养液在第 72h 时菌体浓度达到最大，反应液对可见光的吸收也达到最大，可见光在通过 12cm 的距离时光照强度已由 13 000lx 衰减到 1 000lx。

　　（3）折流式反应器的结构形式不仅可以实现光合制氢反应液的搅拌和活性菌体滞留，减少反应死区，折流板的分隔作用可以满足不同隔室的布光要求，满足光合细菌高效产氢"暗反应"和"明反应"交替的要求。

　　（4）反应器顶部不同初始气体成分对光合细菌的生长和产氢有一定的影响。少量空气的存在虽然延缓了光合细菌的增殖速度和产氢时间，使总产氢量有所下降，但没有完全抑制现象；同时当反应器顶部空间中空气容积小于反应器总体积的 1/5 时，空气中氧的存在对试验系统产氢没有太多的影响，反应器设计时顶部空间容积要小于反应器总容积的 1/3。对于连续运行的光合制氢反应器设计来说可以不考虑气体置换对试验系统运行的影响以降低设计工艺和操作难度。

（5）研制的光合细菌制氢反应器由 8 个隔室组成，反应器单个隔室尺寸为750mm×800mm×1 500mm，反应器有效工作容积为 5.18m³。采用了真空管太阳能集热器为反应器提供热水以维持反应器内处于恒定温度，并配置了太阳能光伏装置为 LED 照明提供电能，使光合细菌连续制氢试验系统最大程度摆脱对传统能源的依赖。

（6）对制氢系统的适宜消泡剂种类进行筛选，得出菜籽油对光合细菌的生长和产氢不存在抑制作用，且其消泡能力明显，菜籽油的最佳添加量以在反应器液面上形成薄层为准。

（7）光合生物制氢反应器在"零负荷"情况下启动过程中，如果仅以产氢底物葡萄糖作为反应器进料的唯一来源，由于菌体流失和营养物质缺乏引起反应器内菌体数量减少，并最终导致反应器的运行停止。在光合细菌生长培养基组成中，磷酸二氢钾对于促进光合细菌生长、缓解反应器内溶液的 pH 和产氢的促进能力上都优越于其他对照。反应器运行过程中应不断进行活性光合细菌的补充以弥补反应器内菌体流失和菌体衰老、自溶所引起的菌体浓度下降，维持反应器正常的连续运行。反应器的产氢率和运行稳定性与菌体添加量呈正相关关系。试验表明维持反应器连续稳定运行的最低菌体添加量应大于 20%。

（8）光合制氢反应器在不同组合形式下的试验表明："长路径"条件下反应器的运行效率要高于"短路径"，其主要原因在于折流板结构的存在改善了反应液的流动状态，减少了反应死区和代谢产物的抑制。

（9）反应器运行过程中，产氢底物浓度对光合制氢反应器的稳定运行和产氢具有明显的影响。在相同试验条件下反应器的总产氢量随着浓度的增加而增加，但当进料浓度超过 4%后，由于高浓度葡萄糖的快速降解导致反应器内溶液快速酸化引起产气率下降。但在不同进料浓度下反应器产气的平均含氢量基本相等，只是在不同隔室中随浓度变化表现出不同的差异。3%的葡萄糖是反应器的最佳进料浓度。

（10）对于不能一步进行完成的分级反应来说，短的 HRT 可以减少中间产物对后继反应的抑制，但过小的 HRT 可能导致原料的利用率下降，甚至出现原料不完全利用的现象。长的 HRT 下虽然可以提高原料利用率，但代谢产物的长时间抑制将引起反应器溶液菌体浓度下降而导致产氢率下降。试验在 HRT=36h，反应器最高产氢率达到 1.92m³/(m³·d)。

（11）畜禽粪便污水经处理后可以用作光合细菌产氢的原料。在试验选定的 3种畜禽粪便中，牛粪较为适宜用作产氢的底物。牛粪污水的不同预处理期对试验系统的产氢运行有着显著的影响。反应器的产氢量随预处理周期的延长而增加，并在 5~7d 处理期中达到较好的产氢状态。过长的预处理周期并不能促进反应器的产氢。牛粪污水的进料浓度直接影响着反应液中可利用物质量的多少和溶液对光线的吸收。当溶液在较低浓度下时由于可转化物质减少导致产氢减少；但进料浓度过高时由于部分光合细菌无法吸收光照能量致使细胞能的电子传递链中断，导致产氢下降。试验表明当预处理牛粪污水 COD 浓度为 7 000mg/L 达到最高产氢量。

5.4 太阳能光合生物连续产氢自控系统研究

太阳能光合生物连续制氢自控系统是在太阳能光合生物连续制氢装置上建立的一套自动化控制系统，其研究必须建立在光合连续产氢相关理论基础上，而温度、pH、光照条件、水力滞留时间等正是重要的可控环境影响因素。

5.4.1 太阳能光合生物连续产氢自控系统组成及其工作原理

5.4.1.1 太阳能光合生物连续产氢自控系统组成

按照功能模块化分类设计，太阳能光合生物连续制氢自控系统主要包括以下 4 个子系统：

1）温度自动控制系统

由于太阳能光合生物连续产氢中，需要一个比较合适（一般 30℃）的温度环境，使反应液产出较多的氢气，因此该子系统主要由温度检测和控制两部分组成，需要实时监测环境温度，并进行实时调节，使其保持在一个比较适宜的温度范围内。同时为了降低运行成本，考虑充分利用太阳能进行温度补偿。

2）pH 自动控制系统

光合产氢的同时伴随有有机酸的形成，形成一个偏酸性的环境，抑制菌群细胞的生长能力，不利于微生物的代谢产氢，降低产氢效率。该子系统需要监测反应液的酸碱度环境，并进行中和滴定控制，为光合菌种提供一个相对中性的酸碱度环境。

3）流量自动控制系统

此系统一方面通过对进出料阀门的控制，实现系统具备"并联短路径"和"串联长路径"两种工作模式，便于适应不同的试验条件；另一方面通过流量的检测，控制进料反应液的流速，以获得最佳的水力滞留时间。

4）供光单元的控制系统

光照是光合生物产氢的重要影响因素，光照强度不足、光照时间短均会对太阳能光合生物产氢有很大的影响。结合光合反应器适宜太阳能与 LED 光源互补供光的原则，系统设计合理的光电转换装置，在不同的光照环境下实现供光方式的自动化切换与补充。同时对室外聚光器的光导纤维配备换水散热装置以增强光纤传输能力，还需要对反应器内供光管的透光情况进行检测，预警提示，避免衰亡菌体的色素附蚀降低供光效果。

　　总体来说太阳能光合生物连续制氢自控系统由检测系统、执行系统、通信系统、控制系统四大部分组成。检测系统包括各个部位的传感器；执行系统包括各个电磁阀、继电器开关等；通讯部分包括通讯传输、信号放大、驱动机构等；控制部分包括控制器、显示屏、上位管理机等，见图5.112。每个系统的检测和执行机构具有相对较强的独立性和针对性。共用一条通讯传输总线，控制部分可以进行级联，实现统一控制，集成化管理。

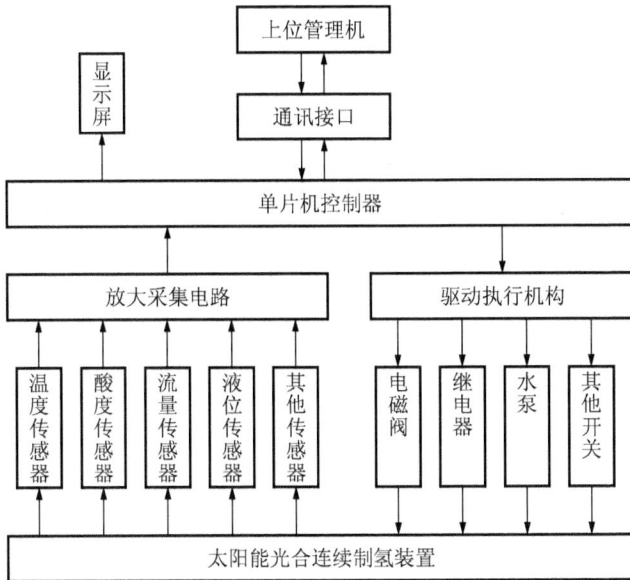

图 5.112　系统组成图

Fig. 5.112　System composition diagram

5.4.1.2　太阳能光合生物连续产氢自控系统工作原理

　　在自动化应用体系中，上位管理机是过程控制系统的中枢，能够对现场变量实时进行一体化检测、判断与控制，见图5.113，其基本工作原理包括三大部分。

　　（1）实时数据采集：对来自被控对象传感器的检测瞬时值进行收集和上传。这些检测对象既可以包括温度、压力、流量、速度等物理参数，也包括酶的活力、呼吸熵、菌群浓度、氧化还原电位等化学参数。实时采集系统中一般采用在线测量的方式上传给控制机。

　　（2）实时控制决策：对收集到的变量参数进行判断、比较和分析，按照一定的控制策略算法，确定将要采取的控制行为，并按照一定的程序下发命令。随着单片机、PLC、DCS等控制器件硬件技术的迅速发展，也逐步形成了线性控制、自适应控制、预测控制、模糊控制、神经网络控制等多个智能控制理论。

（3）实时控制输出：根据检测与判断结果，按照拟定的控制方法，控制器实时对执行机构发出控制指令，完成控制任务。执行机构包括电磁阀、电动调节阀、计时器、蠕动泵、变速电机等器件。

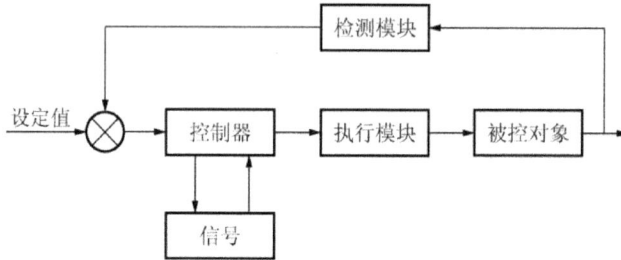

图 5.113　工作原理示意图

Fig. 5.113　Schematic diagram of working principle

太阳能光合生物连续制氢自控系统中检测模块使用传感器（包括温度、pH、流量、光照、液位等）依次轮循测量各个采集点的数据，单片机控制器作为系统的处理核心，根据采集的数据进行上下限判断，发出相应的指令给执行模块（包括电磁阀、继电器、水泵等），把各个测量点的数据存储并显示在相应的显示器上，同时通过网络通信，把信息传输到上位管理机。

系统 4 部分子系统采用 4 组单片机，通过 RS485 总线由组态软件进行上位机控制，并可以通过显示屏显示变量的数值，设计中每组单片机分别控制一个子系统，并与组态软件进行数据交换，既相对独立又相互联系，一方面避免了相互干扰，另一方面又保证了系统运行的稳定性与准确性。

5.4.2　太阳能光合生物连续产氢过程自动控制系统的特性

根据光合生物特点可知太阳能光合生物连续制氢过程的自动控制需要具备以下基本性能：一是运行持续、稳定。一旦控制系统装置中某个元器件或子系统出现故障也不至于引起整体系统的瘫痪；二是自控系统能实现有效的检测与控制。光合生物制氢反应器是由多个单元协调控制的，所以自控装置要能实现对某些单元进行有效的监控，比如对温度、pH、进料量、供光情况等的监控，才能保证产氢的可控性和高效性；三是充分利用太阳能。一方面光合细菌产氢过程中对光照要求较高，必须有足够强度的光照才能保证光合细菌的高效产氢，另一方面大量使用太阳能可以有效降低系统运行成本；四是保证系统反应装置内反应液的可控流动性。光合细菌产氢是一个动态的反应过程，控制料液合理的流动性，才能保证菌体和产氢原料的充分接触，使原料得到有效转化，提高产氢率；五是控制系统软件功能完备，能够自动进行记录与统计，可操控性强；六是预留扩展接口方便后期优化与维护，提高自控系统的经济实用性。

基于以上对太阳能光合生物连续制氢体系的综合分析，太阳能光合生物连续制氢自控系统既要实现过程变量的有效控制，又要保证生产工艺的连续性，充分考虑系统装置的实用性和适用性，其主要特性如下：

（1）建立一套自动化的太阳能光合生物连续制氢装置，不仅为光合生物提供一个可控的产氢环境，而且能够稳定控制、连续运行。

（2）需要适用性强，能够使用多种来源广泛、成本低廉的工农业废弃物作为原料，为连续产氢的原料提供基础保障。

（3）针对温度控制系统和 pH 控制系统中会出现的调节滞后性现象，需要建立数学模型，选择相应适合变量特点的控制算法，对环境因素变量进行精准调控。

（4）充分发挥自动控制功能，实现对太阳光、太阳热、太阳能光伏的合理控制与综合利用，降低系统整体运行成本。

（5）采用单片机技术，成本低，易于开发，可实时显示，方便在线实时测试。

（6）软件功能完备易于操控，同时采用模块化设计，每个子系统自动采集数据，并记录存储，生成报表曲线。

（7）通过系统过程中的自动化调配与控制，真正实现产氢工艺流程的连续性。

（8）整个系统进行数据冗余、物理链路的优化设计，保证数据的安全性和稳定性。

（9）预留软硬件接口，使用标准化的元器件，市面易于采购，利于后期的扩展与开发。

由于光合产氢机理的复杂性和多样性，时变性也较强，而且需要保持不间断性，太阳能光合生物连续制氢过程的自动控制可以认作是生物过程的控制与优化，控制精度不需太高，控制间接，经验和知识等人为影响较大。

5.4.3　太阳能光合生物连续产氢自控系统的设计要求

太阳能光合生物连续制氢自控系统应为光合反应装置的产氢过程提供测控管理和应用平台，将温度、pH、流量及光照四个子系统的功能集成为具有统一中心、统一数据库的综合集成系统，这些变量数据能够直观显示，还可以被其他系统所利用，最终形成一个真正实用有效地开放试验平台。

鉴于这种理念，综合考虑光合生物连续产氢过程的控制特点以及反应器装置自身的结构形式，太阳能光合生物连续制氢自控系统的设计应满足以下要求。

（1）要求对产氢反应过程中的温度、pH、流量等环境变量进行调控，给光合连续产氢提供一个最佳的产氢环境。另外运用自控技术对反应器供光单元部分进行深入优化设计，完善太阳能利用机制，提供更好的光照条件。

（2）要求自控系统具备人工和自动两种工作模式，具备保护功能。一旦在自动控制失灵的情况下还能进行手动操作，保障制氢工艺的连续性。同时当工艺参数超出要求范围，会自动发出报警信号。达到危险状态，能打开安全阀或切断某些通路，必要时紧急停止，提供有效的保护。

（3）要求具有自动操纵、自动调整功能。系统根据预先规定的步骤思路自动的对控制模块进行某种周期性操作，而且能够利用控制装置对生产中某些关键性参数进行自动调整，使它们在受到外界扰动的影响而偏离正常状态时能自动地回到规定范围内。

（4）要求能够实现数据的实时检测，可以显示在显示屏上。即使上位机处于关闭状态，还能通过外接显示屏实时观测光合生物产氢过程中温度、pH、流量、液位等试验数据，上位机开启后可以进行数据的自动上传。

（5）要求可以通过单片机键盘或者软件设定变量的预想值，经控制器判断进行调控，实现产氢过程控制的自动化。通过这样的设计要求可以改变变量的理想值，满足不同的测试条件，增强系统的实用性。

（6）要求每个子系统相对独立，即使在一个系统瘫痪的情况下也不会影响其他系统的正常运行。无论在物理线路上还是软件设计方面，都需要进行模块化设计。

（7）要求系统扩展性强，有冗余设计处理。单片机、传感器等硬件预留空余脚位可以即时增加检测点数，软件预留接口方便进行功能扩充和数据移植。

（8）要求在研究先期能够对单个控制参数提前进行在线调试，确定其可行性。这样可以提前判断单个控制量的运行特点，预知在整体系统运行中的影响作用，大大减少了系统设计的重复性和复杂性。

（9）要求整体系统稳定，可控性良好。不仅能够保证光合生物制氢反应与控制的连续化进行，还避免出现数据的丢失与间断，为持续化的观测提供完善的记录，以便探究连续产氢过程的持久运行变化规律。

（10）要求减低能源的消耗，运行成本低，易于推进制氢的规模化应用。这是研究开发太阳能光合生物制氢自控装置的基本宗旨，尽量减少传统能源的利用，满足低成本、高效环保的运行要求。

5.4.4　太阳能光合生物连续产氢温度控制系统的研发

5.4.4.1　温度控制方法的选择

目前光合生物制氢反应器中常用蒸汽加热或电加热等工艺方法对反应器的温度进行补偿。蒸汽加热方法常见于大型反应器，热量交换效率高，能够提供较高的加热温度，但存在需要较大压力、调节精度偏低等缺点。中小型反应器一般采用电加热方法，加热温度低，精度较高，但调节速度缓慢，加热均匀度较弱，差异性受热现象明显。高精度的反应器多采用热水加热补偿的方法，调节精度高、可控性好，而利用太阳能加热补偿温度方式，直接利用太阳能，不需外加能源加热，符合系统设计节约能源、使用方便的指导思想。针对温度受控对象的特点，系统对温度的实时测控采用基于数学模型的 PID 自适应控制器（CH402），其实时调节精准、可控性强，是一种理想的在线温度控制方式。

5.4.4.2 温度控制系统数学模型

1) 数学模型的确立

由于热交换过程中温度的升高依靠的是热水加热，而温度的降低依靠的是自然冷却，本身就存在严重的非线性，加上加热设备、装置结构等因素带来的控制滞后性，需要引入数学模型减小系统的失配、修正控制机制，这一过程符合一阶时滞过程，所以选用式（5-54）作为基本的 PID 参数数学模型。

$$K(s) = \frac{K}{Ts+1} e^{-ts} \qquad (5\text{-}54)$$

式中：K 为增益值；T 为时间常数；t 为滞后时间。

2) 数学模型的参数确定

常用的 PID 参数确定有两种方法：仿真法和试凑法。基于现场试验条件，本模型首先采用试凑法来确定其参数，方法如下：

$$Kp = \frac{\mathrm{d}k}{\mathrm{d}i}$$

（1）初始状态，根据温度静态特性微积分方程调节阀门（k 表示单位时间的相对温度，i 表示输出控制信号），逐渐将 Kp 值从 0 开始慢慢增大，观察温度增量的变化趋势及响应规律；当温度增量达到条件要求时，停止 Kp 的增加。

（2）将此时的 Kp 值减少 10%～15%，从 0 开始慢慢增大 Ki 值，逐级调节，直到达到满意效果，停止 Ki 的增加。

（3）将 Ki 值减少 10%～15%，从 0 开始慢慢增大 Kd 值，逐级调节，直到达到满意效果，停止调节。

重复以上的过程，反复调整测试，结合 CH402-Matlab 工具箱（图 5.114）的测试，确定如下参数：

K=4.5，T=242，t=3.6

所以，根据式（5-54）确定数学模型为

$$K(s) = \frac{4.5}{242s+1} e^{-3.6s} \qquad (5\text{-}55)$$

图 5.114 CH402 工具箱
Fig. 5.114 CH402 tool box

3) 单片机 PID 控制算法的实现原理与仿真

采用单片机对受控对象进行仿真控制时，首先初始化程序时将位存储器 M0.0 置为"0"，进入单输入单输出（SISO）自适应控制器的操作部分，在初次 e≤0 时，将 M0.0 置为"1"，程序将进入 PID 控制器的操作程序。然后通过 M0.0 的"0"与"1"来进行 SISO 自适应控制器与 PID-SISO 自适应控制器的模式辨识。程序开始后，数模转换模块将采集到的输入量存入单片机的输入暂存区 IW1、IW2，经自适应控制器模式识别，进入 SISO 自适应控制器。最后由执行机构完成控制。

用工具箱仿真软件进行仿真，在 PID 模式和在线 PID 自适应模式下，两种控制方法下的结果见图 5.115（为方便比较，将两种控制曲线放在一个坐标图表里）。

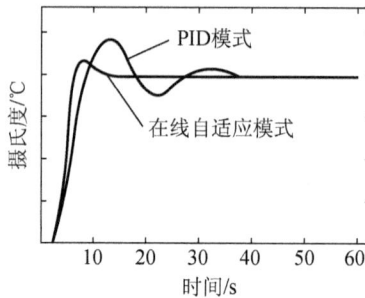

图 5.115　控制仿真结果的比较
Fig. 5.115　Comparison of simulation results

从图 5.115 中可以看出，在线自适应运行模式下的曲线比较平稳，说明在精确性、鲁棒性方面均有明显的控制优势，可以克服普通 PID 控制器的局限性，此方法适用于温度控制系统。

5.4.4.3　温度检测和控制系统的工作原理及设计方案

根据以上分析，本系统以太阳能加热方式对反应器温度进行自动补偿，并且采用单片机 PID 自适应算法实现温度的自动控制，具体工作过程是：太阳能热水器利用太阳能将冷水加热到 60～70℃，储存在热水箱内，当反应器内部温度低于 28℃时，由控制器自动启动热水泵，热水箱的热水经反应器底部的换热管和反应器内的料液进行热交换，升高反应液温度，换热后的冷却水则返回太阳能热水系统重新加热。当温度检测器检测到反应液温度高于 32℃时，则由控制器下达指令关闭热水泵，停止热交换，反应液温度开始降低，温度监测器检测到反应液温度低于设定下限值时，则重新开启热水泵和电磁阀，进行换热，如此循环，自动实现整体系统温度的控制。

当到晚上或阴天时，热水箱的温度低于 60℃，控制器启动电加热器，补充热水箱液体的热量。当温度传感器检测到热水箱内部温度高于 70℃时，则由控制器关断电加热器。通过此过程使热水箱中的热水温度维持在设定的 60～70℃。

本系统包括太阳能热水及太阳能光伏电辅助加热两大部分，分别相应由温度传感器、太阳能热水器、换热管、热水箱、电磁阀和电辅助加热管、太阳能光伏板、逆变器、蓄电池等组成。检测单元硬件包括温度传感器及线路桥接两部分，其他系统装置构成执行控制单元。温度控制系统结构见图 5.116。

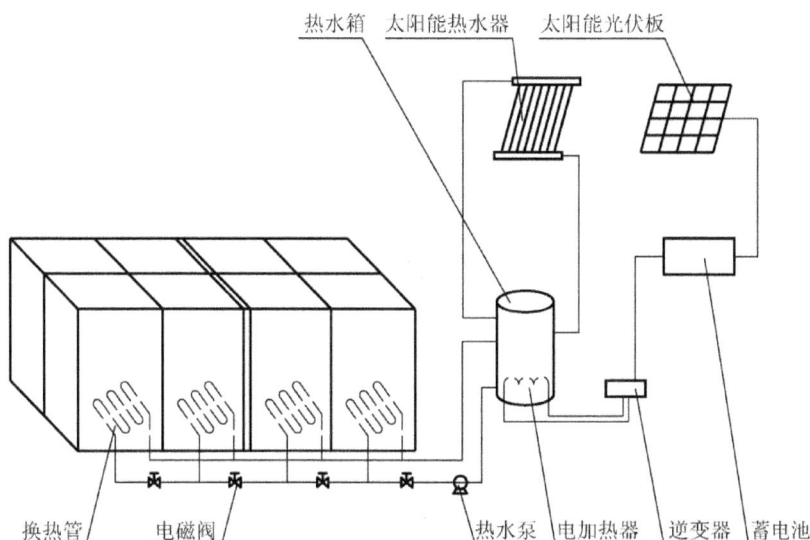

图 5.116 温度检测与控制系统结构图

Fig. 5.116 Structure diagram of temperature measurement and control system

反应液温度控制主要是对 8 个电磁阀的开关控制和对 1 个水泵的开关控制，控制的条件是依据单片机检测到的反应液平均温度与设定值是否相符，而决定相应位置的电磁阀及水泵的开与关。电磁阀或水泵的开关方法是：单片机通过 P1 口及 P3 口的有关管脚（共 10 个管脚）输出一低电平，经六非门反相后变成高电平，这个高电平再送至集成驱动芯片，使某一管脚变成低电平，则使接在该管脚上的继电器线圈流过 12V 的直流电，继电器线圈流过电流时，产生磁场，吸住电磁铁，即接通了接在该继电器上的 220V 的开关，使电磁阀上的线圈接通 220V 电源，从而打开电磁阀或水泵。若要关闭电磁阀或水泵，单片机通过 P1 口及 P3 口的有关管脚输出一高电平，经六非门反相后变成低电平，这个低电平再送至集成驱动芯片，使某一管脚变成高电平，则使接在该管脚上的继电器线圈断开 12V 的直流电，继电器线圈无电流流过，继电器中的弹簧就顶开接在该继电器上的 220V 的开关，即断开了 220V 电源，从而关闭电磁阀或水泵。

同样单片机检测到热水箱的温度低于热水箱要求的温度下限，就自动打开电加热器，补充热量。当加热到热水箱要求的温度上限，就关闭电加热器。温度检测与控制系统的设计方案见图 5.117。

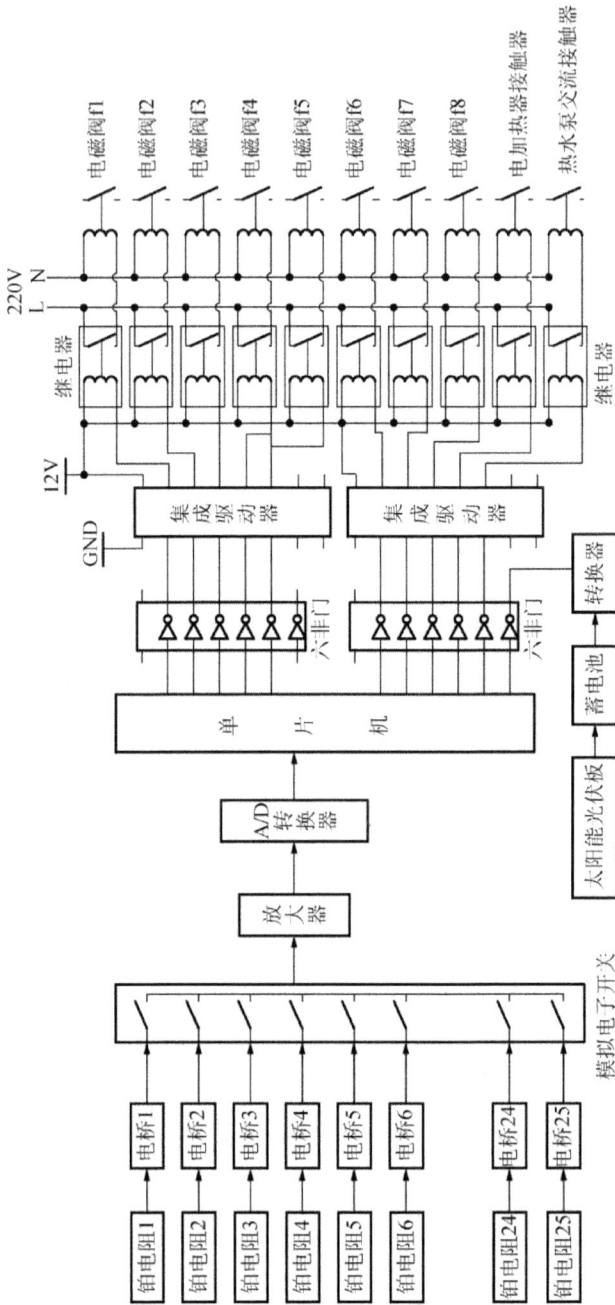

图 5.117 温度检测与控制系统设计方案

Fig. 5.117 Design diagram of temperature measurement and control system

5.4.4.4　温度检测和控制系统的主要技术指标与控制要求

系统检测响应时间小于 10ms,调控响应时间小于 30s,可将温度控制在(30±2)℃。

控制要求：整个测温系统各点的温度由单片机检测控制系统按时逐点进行 A/D 采样,温度的计算与显示,并与设定值进行比较,不停地自动检测与控制,使光合生物处在最适宜的温度环境下进行连续产氢。

同时太阳能热水箱采用太阳能加热温度自动补偿的方式,不需常规能源额外的加热,减少了能量的消耗。在阴雨天气和寒冷季节启动电辅助加热,确保热水箱温度保持在 60～70℃。

5.4.4.5　温度控制系统的硬件设计

1）铂电阻温度计的选择

温度是个非电量,要用单片机对温度进行检测与控制,必须首先将温度这个非电量转变成电量,形成数字化信号供单片机使用,这就需要选择合适的温度传感器。温度传感器的种类很多,常用的温度传感器有：电阻式温度传感器,热电偶温度传感器,热膨胀式温度计,压力计式温度计,热辐射式温度计等。

铂电阻作为一种工业级电阻式温度检测传感器（图 5.118）,具有以下优点：

（1）广泛用于测量-200～850℃内的温度,性能价格比高。

（2）在中低温区稳定性好、准确度高,且不需要冷端温度补偿,信号便于远传。

（3）与热电偶相比,同样温度下灵敏度高,输出信号大,易于测量。

（4）标准铂电阻温度计的准确度极高,在国际温标中作为 13.8～1 234.9 K 范围内的内插用标准温度计。

铂电阻温度传感器结构见图 5.119。电阻体部分采用铂金属,其物理化学性能细的铂丝（直径可达 0.02mm 或更细）或极薄的铂箔,与其他的常用热电阻材料相比,它有较高的电阻率。由于这一系列的优点,铂电阻被广泛地用来作为热电

图 5.118　铂电阻温度传感器
Fig. 5.118　Platinum resistance temperature sensor

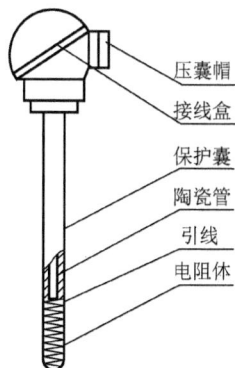

图 5.119　铂电阻温度传感器结构图
Fig. 5.119　Structure diagram of platinum resistance temperature sensor

极其稳定，尤其是耐氧化能力很强，并且在很宽的温度范围内（1 200℃以下）都可以保持上述特性。另外它易于提纯，赋值性好，有良好的工艺性，可以制成极阻温度计材料。铂电阻温度传感器是目前温度复现性最好的一种温度传感器，它长时稳定的复现性可达 10^{-4}K。本着节约成本、易于维护的设计原则，适宜用市面上常见的 PT100 铂电阻，其阻值与温度变化关系为：当 PT100 温度为 0℃时它的阻值为 100Ω，在 100℃时它的阻值约为 138.5Ω。

光合产氢反应器中的反应液温度在中温区域，设计要求检测响应是时间小于10ms，灵敏度要求高，而且需要把温度信号长距离传输到检测单元，这些特点均适宜采用铂电阻温度计作为温度测试单元。

2）三线制接桥方法的选择

测量时铂电阻先将其感受到的温度变化转变成电阻变化，而电阻也是非电量，这时就要用电桥将其电阻的变化再转变成电压的变化才能进行传输，所以铂电阻使用时必须由导线将其连接到电桥上。在太阳能光合生物产氢装置中，铂电阻距电桥的距离比较远（最远一个反应隔室达到 120m），传输导线上的电压损耗也较大，一般的桥接方法会出现明显的测量误差。下面就常见的二线制、三线制、四线制的接线方法进行比较分析，以确定适合该温度检测的桥接方式。

二线制接法见图 5.120，铂电阻用两根导线接到电桥的一个桥臂上，此时铂电阻受环境温度的影响其电阻要发生变化，产生一个 ΔR，因而使电桥失去平衡，电桥输出电压 ΔU。但导线的电阻也要受环境温度的影响，其导线电阻也要产生一个 $\Delta R_导$，$\Delta R_导$ 也会影响电桥的输出电压，而温度的阻值仅是铂电阻的电阻的变化 ΔR，而不是 $\Delta R_导$。因此 $\Delta R_导$ 就会造成测量误差，致使温度测量值并不能真实反应实际温度值。

要消除二线制因导线而引起的误差，就必须用三线制的接桥方法，见图 5.121。它是在原二线制接法的基础上，从电桥电源端又拉一根线拉到铂电阻上，因而成了三根线。等效电路见图 5.122。

ΔR_2、ΔR_3、ΔR_4 分别 R_2、R_3、R_4 桥接导线上的等效阻值。

$$\Delta R_2 + \Delta R_3 = V_3 - V_2 / I \qquad (5\text{-}56)$$
$$\Delta R_1 + \Delta R_3 + \Delta R_4 = V_4 - V_3 / I \qquad (5\text{-}57)$$

三线制接法的本质是将原来的两根线分配到了电桥相邻两个桥臂上，三根线长度一致。

$\Delta R_2 = \Delta R_3 = \Delta R_4$ 带入式（5-56）和式（5-57）得到

$$\Delta R_1 = V_4 + V_2 - 2V_3 / I \qquad (5\text{-}58)$$

这样由线路上的导线引起的电阻变化就相互抵消，消除了导线对温度测量的影响。

四线制采用在热电阻的根部两端各连接两根导线的方式，其中两根引线为热电阻提供恒定电流 I，把阻值 R 转换成电压信号 U，再通过另两根引线把 U 引至二次仪表。这种四线制的引线方式理论上可完全消除引线的电阻影响，但在实际的接线中，只要注意连线的线材统一，长度一致，连接点接触可靠，三线制由于线路及接触电阻不一致造成的影响一般可以忽略不计，完全没有必要采用四线制。

为了消除二线制中导线电阻的变化对温度测量的影响，加上反应器温度检测点位较多，避免四线制的繁杂线路，因此综合考虑温度检测系统采用三线制的桥接方式。

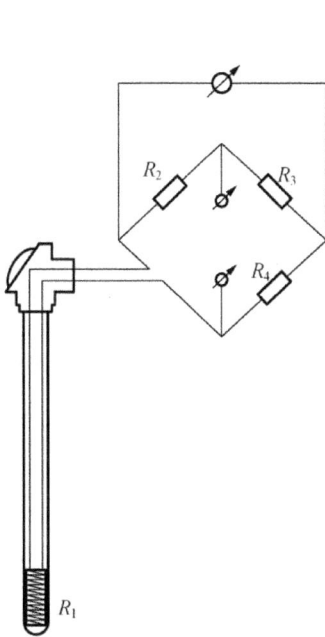

图 5.120　二线制桥接方法
Fig. 5.120　Two wire bridge method

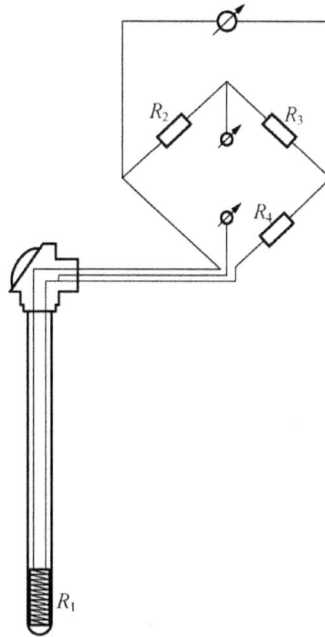

图 5.121　三线制桥接方法
Fig. 5.121　Three wire bridge method

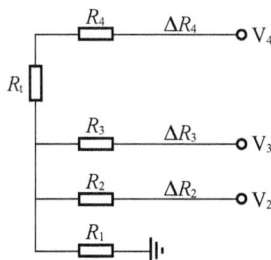

图 5.122　三线制等效电路
Fig. 5.122　Equivalent circuit of three-wire system

3）温度传感器的标定

铂电阻温度传感器虽然是一种性能良好的温度传感器，但由于在加工制作、信号放大、A/D 转换、A/D 采样等各个环节中都不可避免地要产生这样或那样的误差，所以测温系统中，需要对铂电阻温度传感器进行标定。

铂电阻将温度最后转换成单片机能够接收的数字信号，过程见图 5.123。

图 5.123　温度数模转换

Fig. 5.123　Analog to digital conversion of temperature

温度的变化通过铂电阻转化成相应的电阻的变化 ΔR，电阻再经过电桥转化成电压的变化，此电压是一个模拟量，单片机无法接收，所以还要经过 A/D 转换，再将电压这个模拟量转换成数字量，然后再送往单片机。在这一系列的转化过程中，最终温度与单片机得到的数字量之间的关系必须经过标定。

标定的本质就是找出温度与数字量之间的关系，首先将铂电阻与标准温度计放在同一环境温度中（如恒温水浴），通过标准温度计可读出一个温度值，同时再用传感器通过计算机读出一个采样数据，接着不断改变温度，就可获得一系列的温度采样值，然后根据 IEC 标准 60751-2008 工业铂电阻温度计和铂温度敏感器以及 60738-1-1-1998 热敏电阻器—直热式阶型正温度系数。

$$R_t=R_0[1+At+Bt^2+C\,(t-100)\,t^3\,]　　　　（-200℃<t<0℃）　　　　（5-59）$$
$$R_t=R\,(1+At+Bt^2)　　　　（0℃<t<850℃）　　　　（5-60）$$

将这一系列的温度、采样值回归成一个线性方程，这样单片机每获得一个采样值，通过回归方程就可以算出该采样值所对应的温度。

4）信号放大器和驱动器的使用

在温度检测过程中，前端信号比较微弱，为提高监测数据的有效性，各路温度传感器信号在数字化之前需经过放大电路处放大，数字化后的信号也需要经过高倍放大和滤波处理，这样就保证了数据的精确性与稳定性。

在用单片机控制电磁阀或水泵的开关过程中，因为单片机本身的负载能力较差，而水泵和电磁阀的启动瞬间载荷较大，所以中间还需要添加六非门（74LS04）和集成驱动器（ULN2003）等电子元件，增加单片机的驱动能力，使其能驱动电磁阀和水泵正常工作。

5.4.4.6　温度控制系统的程序设计

在程序设计中，单片机首先检测热水箱的温度，如果其温度低于要求的水箱温度下限，就打开电加热装置对水箱补充热量，若高于上限就停止加热；然后依次检测反应器各个隔室上中下 3 个部位料液的温度，计算其平均值代表该隔室反应液的温度，并用该平均值与设定温度的上限值比较，若该处的温度平均值低于设定温度下限值，就应打开该处相应的电磁阀，对该隔室进行加热；若该处的温度平均值高于设定温度上限值，就应关断该处相应的电磁阀，停止对该隔室加热。为减少电磁阀和水泵的频繁启动次数，故设定温度需要设计上限值或下限值。这样单片机依次从热水箱、第一个反应隔室的起始处开始检测与控制，直到最后一个反应隔室，反复不停地进行循环检测与控制，从而完成整个温度体系的自动化调控。反应液温度检测与控制程序设计流程见图 5.124。

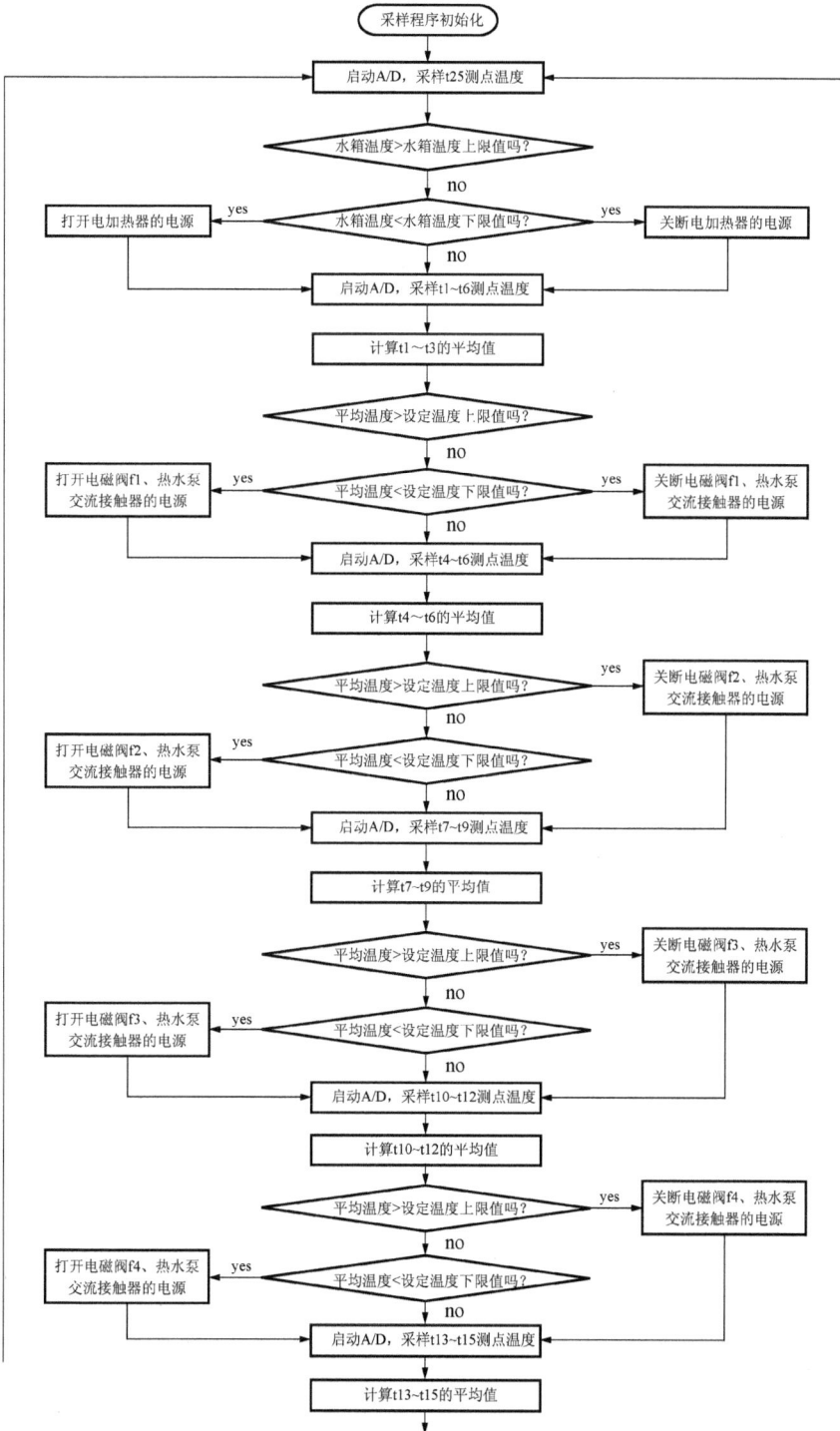

图 5.124 温度检测与控制程序流程图

Fig. 5.124 Program flow chart of temperature measurement and control system

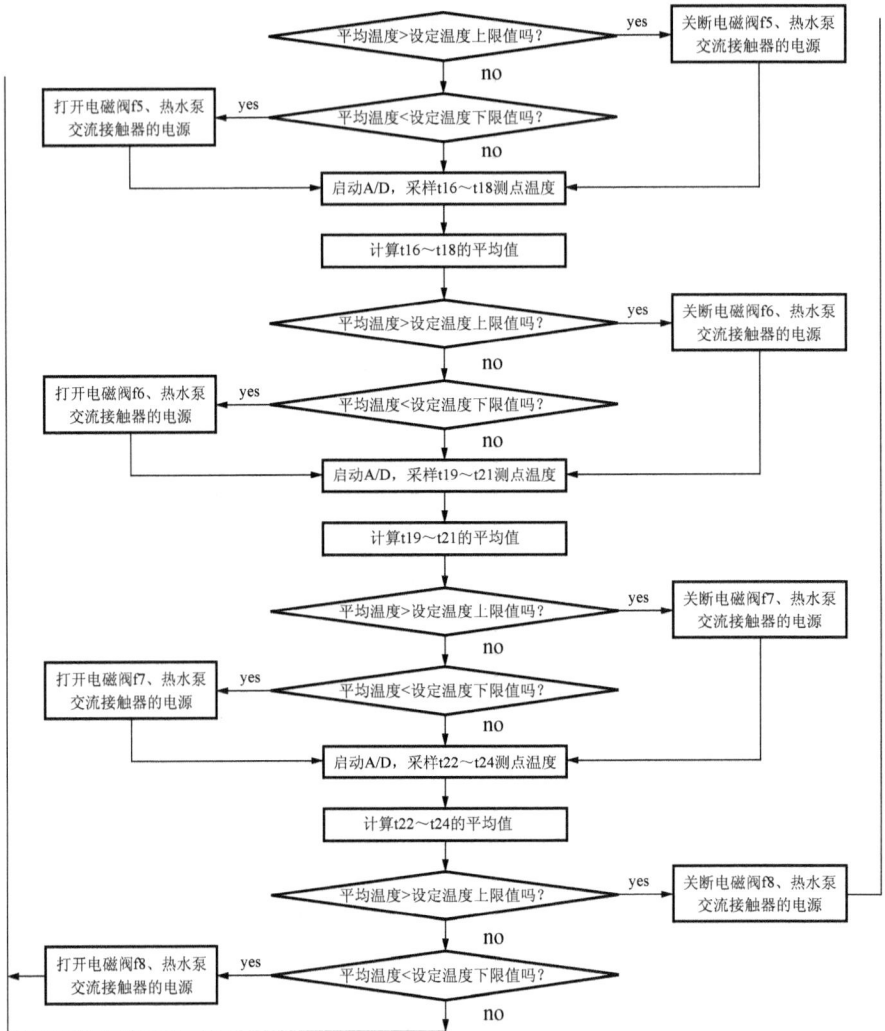

图 5.124　温度检测与控制程序流程图（续）

Fig. 5.124　Program flow chart of temperature measurement and control system（continued）

5.4.5　太阳能光合生物连续产氢 pH 控制系统的研发

5.4.5.1　pH 控制方法的选择

1）双回路控制器的确定

太阳能光合生物制氢过程中的 pH 随着产氢底物的成分、反应时间及成长阶段呈现酸化的变化趋势，这是因为一部分葡萄糖通过 EMP 途径为菌体提供能量，另一部分葡萄糖则被直接降解为氢气、二氧化碳和乙酸，随后光合细菌再利用产生的有机酸进行产氢代谢。但代谢的自由能大于对有机酸的利用速度而引起反应器内酸度的积累，这样就造成反应液 pH 的下降。而光合产氢细菌在中性环境条件下活性最好，反应液的中和调节对于氢气的产出有着重要的意义，因此需要对酸碱度进行实时调控。

生物反应器的 pH 控制系统是一个基于料液酸碱中和反应的 pH 调节系统，目前常用电位滴定仪对反应溶液进行调节和控制，但是无法满足长时间连续控制的要求，而单片机 PID 控制可以实现这一功能。结合光合制氢过程中反应液 pH 范围变化不大的特点，同时避免单回路 PID 模式存在状态不稳定的缺陷，故本系统采用单片机双回路 PID 控制器（M202215A），其调节范围小，调节稳定，结构简单，符合系统设计原则，适合在光合生物连续产氢 pH 控制系统使用。

2）模糊控制策略的确定

在控制系统中，模糊理论作为一种有效的策略之一，常用于解决常规的传统方法无法实现的复杂控制问题。主要应用于在线推断当前系统的信息，并据此建立被控参数与控制器输出的推理规则，从而达到控制被控对象的目的，其原理见图5.125。

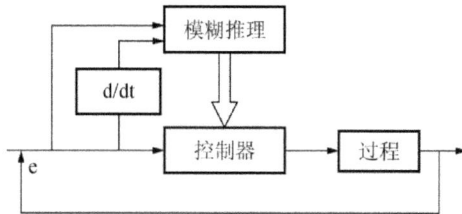

图 5.125 基于模糊推理的控制器原理

Fig. 5.125 Controller principle based on fuzzy reasoning

此原理中，利用输出误差 e 及其微分项 Δe 作为推理控制参数来建立模糊推理规则模型，结合自适应逻辑对当前系统的运行状态进行评估；然后依据反馈过来的评估结果来修正控制器的参数，通过这样的适应调校取得满意的控制效果。另外也可以直接建立控制器的输出参数、输出误差 e 及其微分项 Δe 三者直角的关系，也就是将这 3 个模糊逻辑模块直接作为一个控制器使用，直接构成模糊控制器建立规则模型。因为在模糊自适应策略推理过程中，没有直接考虑控制器的误差积分项，所以本设计中在被控对象之前再级联一个控制器形成双回路控制器加以补偿。

光合生物连续制氢过程中的 pH 控制系统需要依据产氢菌种的代谢生长特性建立一套自己的自适应模糊策略，结合系统的实时调节要求及精度指标，按照上述控制策略原理形成相应的计算机模糊条件编程语句。设置的模糊控制编程规则为：当计算出的 pH 偏差在设定范围内且数值偏差的变化趋势增大到一定值时，控制输出量就开始加倍。同样为了避免过度调节，当检测到的 pH 偏差在设定范围内且数值偏差的变化趋势减小到一定值时就立即停止输出。这样采用传统控制模式与人工智能控制模式相结合的混合模式，实现人工智能自适应调节，可以有效克服 pH 控制过程中的非线性及滞后性带来的影响，达到良好的控制效果。

综上，产氢微生物在密闭反应隔室里，菌种活性不断降低，自身在新陈代谢中不断衰亡，产氢过程中存在本质的非线性、不确定性和滞后性等特征。加上反应容器巨大，过程较长，这些非线性特征就更明显。反应液的酸碱度规律难以直接建立，传统的 PID 策略控制效果不佳。太阳能光合生物连续产氢 pH 控制系统采用双回路 PID 控制器，运用模糊控制策略，不仅可以避免 pH 中和过程中的非线性变化，而且可以最大实现调节过程的连续性和稳定性。

5.4.5.2　pH 控制系统数学建模

1）数学模型的确立

由于采用的是双回路控制器，需要引入数学模型减小系统误差，故选用式（5-61）作为基本的 PID 参数数学模型。

$$K(s) = \frac{K}{(T_1 s + 1)(T_2 s + 1)} e^{-ts} \quad (5\text{-}61)$$

式中：K 为增益值；T_1、T_2 为时间常数；t 为滞后时间。

2）数学模型的参数确定

同样本模型采用试凑法来确定其参数，结合控制器 M202215A 工具箱（如图 5.126），参数确定如下：

$K=67$，$T_1=204$，$T_2=170$，$t=16$

所以，根据式（5-61）确定数学模型为

$$K(s) = \frac{67}{(204s + 1)(170s + 1)} e^{-16s} \quad (5\text{-}62)$$

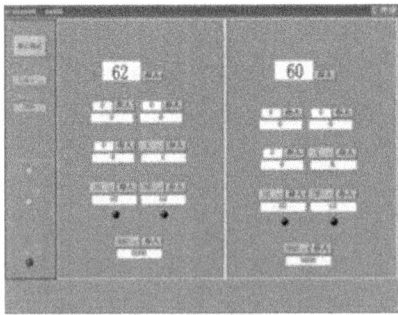

图 5.126　M202215A 工具箱
Fig. 5.126　M202215A toolbox

3）双回路 PID 模糊控制器的实现原理与仿真

反应液的 pH 作为被控对象，将中和液的流速设定为控制量，保证两者的增量趋势一致，这样就构成了单输入单输出（SISO）系统。连续制氢过程中，反应液的容量可以看作无限大，可以近似地认为内部溶液的体积是恒定的。

pH 滴定过程的非线性特点，单纯地利用单片机进行控制势必会造成中和点的偏离，引起控制系统的失控，起不到调节作用。引入双回路模式可以有效地提高调控效果，见图 5.127，工作原理就是通过提前预知检测系统的响应，判断其增益趋势，并采取自动补偿。双回路 PID 控制中，首先将输入参数与反馈参数进行比较，然后将期间的偏差经过放大器放大进入双回路闭环的内环，经过内环的积分把结果通过反馈传感器传输给比较器，这样就实现了内环的稳定调节。当内环的输入量在经过被控对象后还会出现一些误差，再结合 pH 控制策略通过外环的传感器进行补偿，将系统的误差调节过来。运用这种原理实现 pH 调节过程的稳定性和连续性。

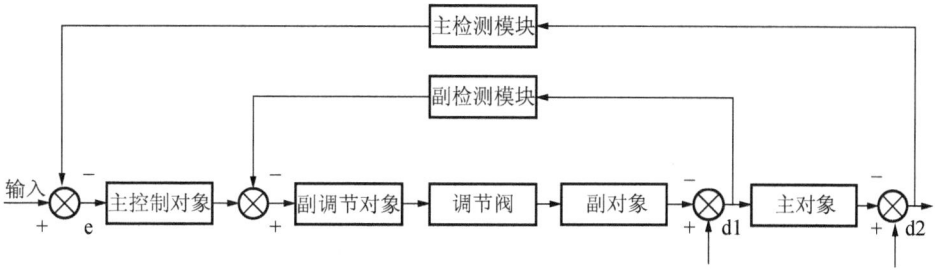

图 5.127 双回路控制原理图

Fig. 5.127 Schematic diagram of double-loop control

通过上述工作完成对双回路 PID 模糊控制器的设计，在模糊控制系统仿真框图中加入 PID 控制器，通过运用相应数学矩阵进行推理即可完成系统模糊控制的仿真。在仿真过程中可根据系统仿真或实际的控制结果反复调整输入、输出的隶属度函数，直到达到满意的控制效果为止。仿真结果见图 5.128（为方便分析，将两种控制效果放在一个坐标图表里）。

从系统仿真曲线看，双回路 PID 控制器的系统响应曲线比较平顺，没有超调现象，具有较好的响应速度、稳定性和鲁棒

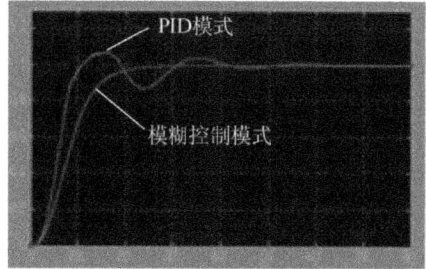

图 5.128 仿真结果的比较

Fig. 5.128 Comparison of simulation results

性，避免了一般控制器的缺陷，可以减小系统误差，适合生物制氢 pH 控制系统的调控应用。

5.4.5.3 pH 检测和控制系统的设计方案

光合生物制氢 pH 控制系统由 pH 传感器、碱性溶液、电磁阀、碱液分配器和单片机控制器等组成（图 5.129）。碱性溶液储存在高位容器内，电磁阀处于关闭状态。料液进入反应隔室内，pH 计开始工作。初始中性的培养液随着产氢反应的进行，光合细菌利用产生的有机酸进行产氢代谢，中性环境被破坏，开始酸化，pH 降低至 6.0 时，控制器接收到这一信号，通过单片机发出指令启动阀门，碱液进入反应液内进行滴定，pH 开始缓慢上升。当 pH 增大到 8.0 时即刻关闭阀门。随着产氢微生物代谢反应的继续进行，又开始逐渐形成偏酸环境，pH 又开始降低，降至 6.0 时重新开始启动碱液的注入。照此循环过程，反应器内料液的 pH 被控制在 6.0～8.0。

在线 pH 计的酸碱度信号同样需要经过 A/D 转换，再将电压这个模拟量转换成数字量送入单片机，供系统检测。单片机根据实时 pH 的上下限，通过六非门（74LS04）、集成驱动器（ULN2003）等电子元器件对电磁阀进行开关控制，碱液

从高位进入反应液，从而实现 pH 的自动调控。pH 检测与控制系统的设计方案见图 5.130。

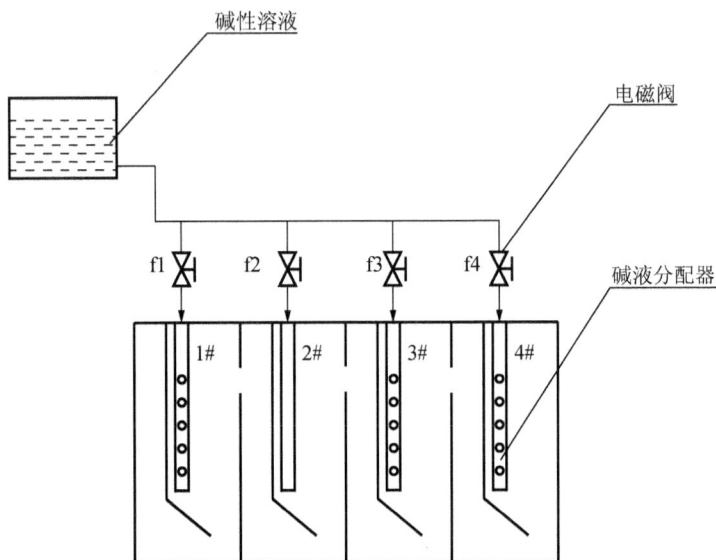

图 5.129　pH 检测与控制系统结构图

Fig. 5.129　Structure diagram of pH measurement and control system

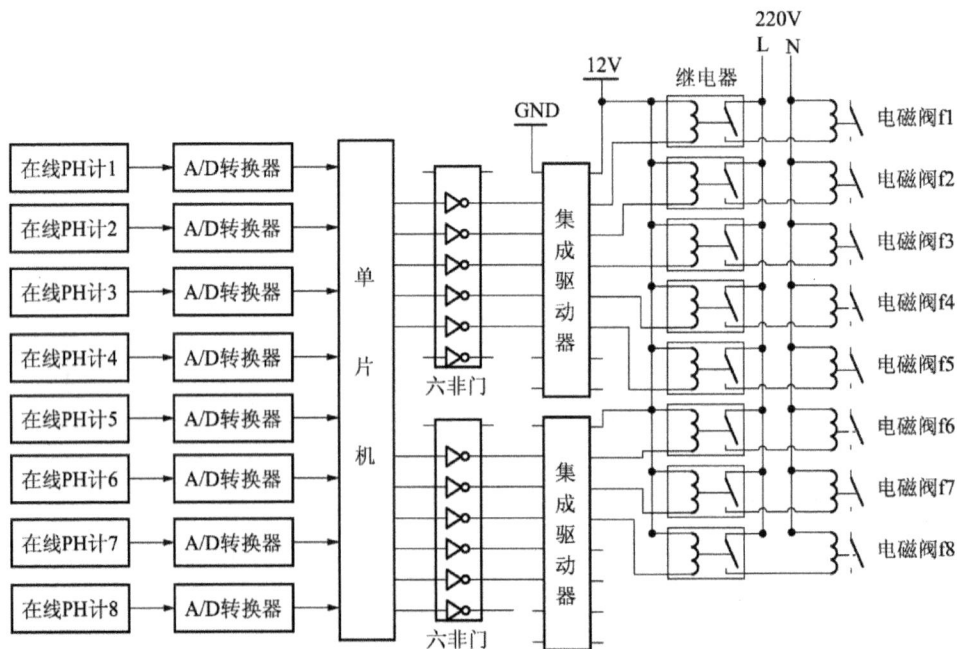

图 5.130　pH 检测与控制系统设计方案

Fig. 5.130　Design diagram of pH measurement and control system

5.4.5.4　主要技术指标与控制要求

系统检测响应时间小于30ms。调控响应时间小于30s，pH保持在（7±1）。

控制要求：系统运行时，在线pH计自动检测反应液的pH，并将结果传送至控制器，用单片机控制系统自动开启有关阀门，碱液经特殊设计的分配器来中和偏酸性环境的反应液。待pH上升到设定值后，关闭阀门。随着反应的继续进行，pH又开始下降，重新注入调节碱液进行中和，如此反复使料液酸碱度自动控制在一定的中性范围内。

5.4.5.5　pH控制系统的硬件设计

1）中和物料的设计

随着光合生物连续制氢的进行，pH开始下降，料液只是呈现弱酸化状态，故系统设计采用碱性物质（试验中采用10%的NaOH）作为中和物料。

产氢阶段pH只是轻微的酸化，而且碱液的加入量相对整个体系的容量来说非常小，故对反应液的液位、整体的代谢环境条件影响可以忽略不计。同时由于碱液的需用量很小，在制氢周期内碱液箱足以满足其使用量，故不需要考虑其液位过低的问题，人工添加碱液即能满足连续供应的需求。

另外中和物料放在高位能形成一定的压力，通过碱液分配器，不需要另行配置动力泵，这样的布局方式在一定程度上也减少了常规能源的消耗。

2）碱液分配器的设计

碱液分配器见图5.131，上部轴承固定，主体管部垂直方向均匀分布10组小孔，间隔100mm，安装在每个反应隔室的上方，便于安装和拆卸。

碱液分配器横截面见图5.132，管径水平面上每组均匀分布3个直径3mm的小孔。当中和液的阀门处于打开状态，在压力的作用下碱液呈一定范围的均匀对称喷淋，从而达到一致的酸碱度分布梯度。

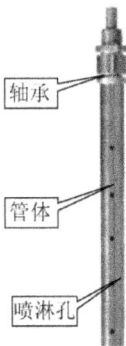

图 5.131　碱液分配器
Fig. 5.131　Lye dispenser

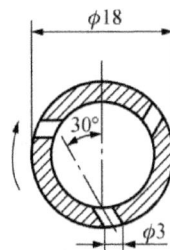

图 5.132　碱液分配器截面图
Fig. 5.132　Sectional view of lye dispenser

喷淋小孔的设计：

（1）小孔直径 3mm，太大不易控制，太细容易形成堵塞。

（2）小孔轴线与管壁切面垂直线角度 30°，以便形成推力。

（3）每个小孔在圆周上角度 120°，压力均匀。

通过这样的设计，当阀门打开时，碱液在高位压力作用下，小孔喷出的流体液与反应液的冲击引起反作用力，形成一定的漩涡，上部轴承游离，致使管体能够进行一定角度的旋转。采用这样的结构一方面能起到自搅拌功能，使碱液喷洒均匀，另一方面使得管体得到一定程度的转动清洗，孔口也不易堵塞。

碱液分配器基本参数见表 5.23。

表 5.23　碱液分配器基本参数

Table 5.23　Basic parameters of the lye dispenser

材质	长度/mm	管径/mm	喷淋孔		
			直径/mm	垂直间距/mm	孔经径向倾斜度/（°）
不锈钢管	1 150	Φ18	3	100	30

3）pH 传感器的标定

在线 pH 传感器（图 5.133）也称在线酸度传感器，由电极（图 5.134）、电计及传输部分组成。由于每支 pH 电极的内在微观结构组成不一造成零电位不尽相同，电极对溶液 pH 的转换系数（即斜率 S）又不能精确地做到理论值，存在一定的误差，并且更主要的是零电位和斜率在使用过程中因为环境因素的不同会不断地变化，产生影响实际效果的老化现象。而电极系数的校准往往是保证测量的准确度的关键，这就需要不时地通过测定标准缓冲溶液来求得电极实际的零电位 E0 和斜率 S，即进行标定。在线 pH 计由于是连续测定，需定期校准，校准周期可由试验周期和测量条件而定。

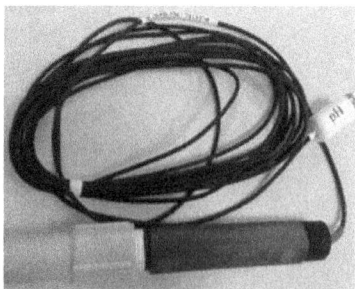

图 5.133　在线 pH 传感器　　　　　　图 5.134　pH 传感器电极

Fig. 5.133　Online pH sensor　　　　　Fig. 5.134　Electrode of pH sensor

由于光合生物制氢反应器内的料液电导率较低，往往会出现实验室的测量值与在线仪表的测量值不一致，这是因为在制氢反应器内在线测量的是有一定流速的料液，顶端部位的复合电极液接界很接近产氢菌种距离最近的 pH 敏感玻璃球泡，从液接界渗漏出的中和碱液聚集在电极敏感球泡周围，改变了其附近的总离子浓度。这种情况下检测到的酸碱度的响应值只是敏感球泡附近被改变了的 pH，而非产氢料液真实的 pH。在实验室的测试中，可以采用搅拌或摇动烧杯的方法来改善这一现象。而在光合连续制氢反应器中在线 pH 计的校准无法实现搅拌操作，可采用以下两种方法解决这一问题：

（1）在每个反应隔室的测量点附近取待测料液的水样用经过计量检定认可的 pH 计测出实际 pH 进行对比，据此对产氢过程中的在线 pH 计校准系数增加一次单点校正。

（2）使用前用行业标准部门或国家计量单位认可的标准缓冲溶液导入制氢反应隔室内代替样品溶液进行 pH 校准。

一般的溶液 pH 标定有一点标液标定和两点标液标定两种方式。在电极第一次使用时，必须用两点标液标定。确保相对准确后，以后每隔一段时间标定一次，如要确保检测的标量精度，也可以继续采用两点标液标定。一点标液标定后，若显示值不满意，应再用两点标液标定。由于光合生物料液在不断产氢中呈酸化趋势，在 8 个隔室的 pH 计标定操作中做到以下三点：

（1）由于电极受温度的影响比较大，而制氢反应器隔室的温度也存在差异性，所以在校准的时候，保持校准溶液温度与反应液的温度应尽量一致，减少误差的产生。

（2）在碱液滴定后的中性料液环境下，pH 计校准的操作过程从 7.0 开始，选择的标准溶液与产氢料液的 pH 相关，使溶液的 pH 能落在校准的 pH 范围内。

由于产氢反应液介质的 pH 一般在 6.0 上下浮动，实际操作中往往采用三点标定的方式。也可以采用（pH=6，pH=6）和（pH=6，pH=9）两点两次校准的方式。

（3）在 pH 计校准前用去离子水多次冲洗电极，保证敏感球泡周围清洁，然后产氢缓冲料液冲洗电极。

通过这三种方法在使用前对各个反应隔室的 pH 计进行了标定，但随着连续产氢反应的进行，难免会受到环境温度及球泡附着物等外来因素的影响，从而造成累积误差，此方面的研究需要进一步探讨。

5.4.5.6 pH 控制系统的程序设计

pH 系统控制中单片机不停轮换依次检测各个隔室反应液的 pH，用该值与设定 pH 的上下限进行比较。若该处的 pH 低于设定 pH 下限值，就应打开该隔室相应的电磁阀，对该隔室进行中和滴定；若该处的 pH 高于设定 pH 上限值，就应关断该隔室相应的电磁阀，停止中和滴定。同样为了减少电磁阀的频繁启动，设定 pH 需要设计上限值或下限值。单片机依次从第一个反应隔室的起始处开始检测与控制，直到最后一个反应隔室，反复不停地进行循环检测与调节。反应液 pH 控制程序设计流程见图 5.135。

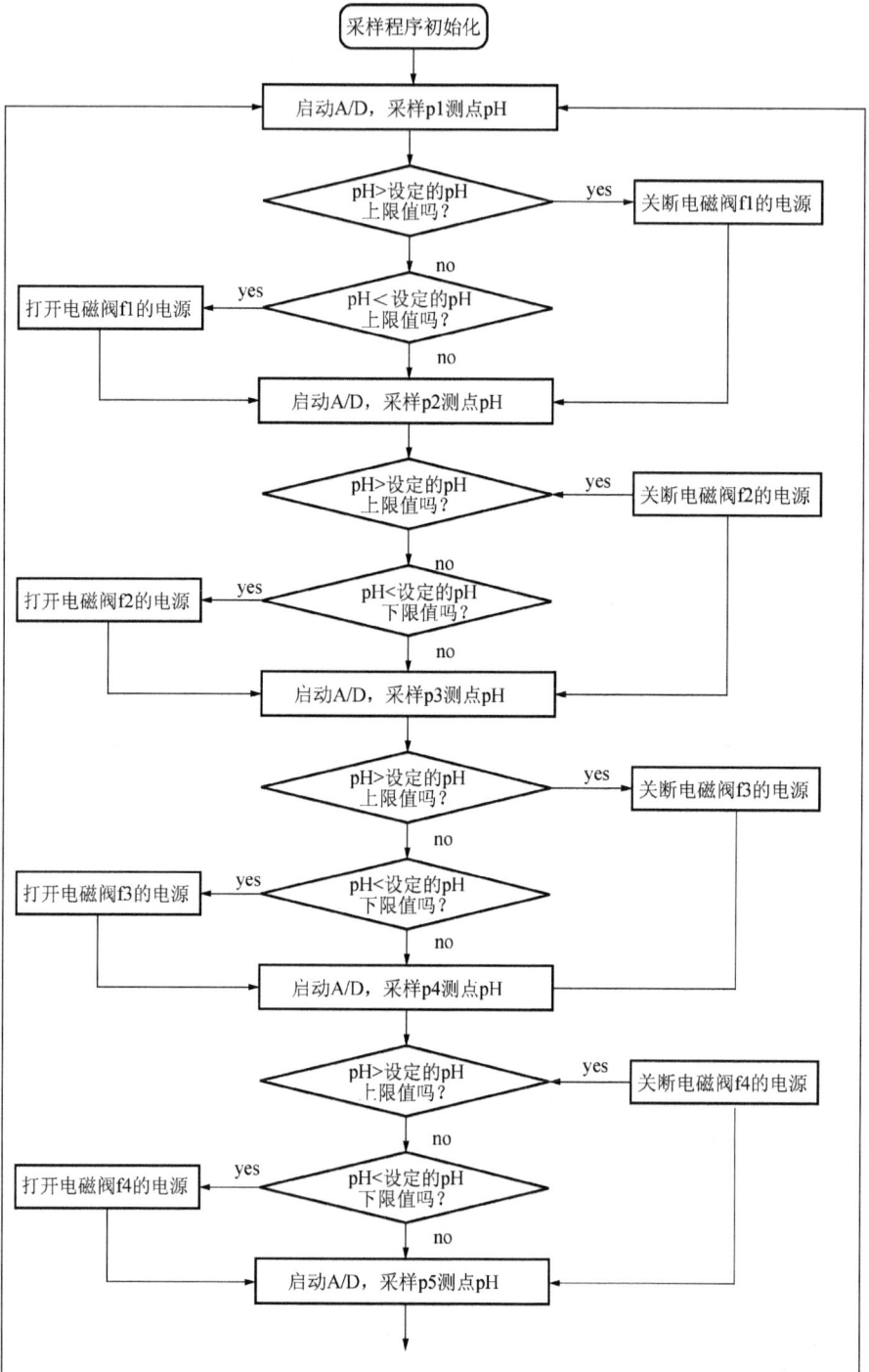

图 5.135 pH 检测与控制程序流程图

Fig. 5.135 Program flow chart of pH measurement and control system

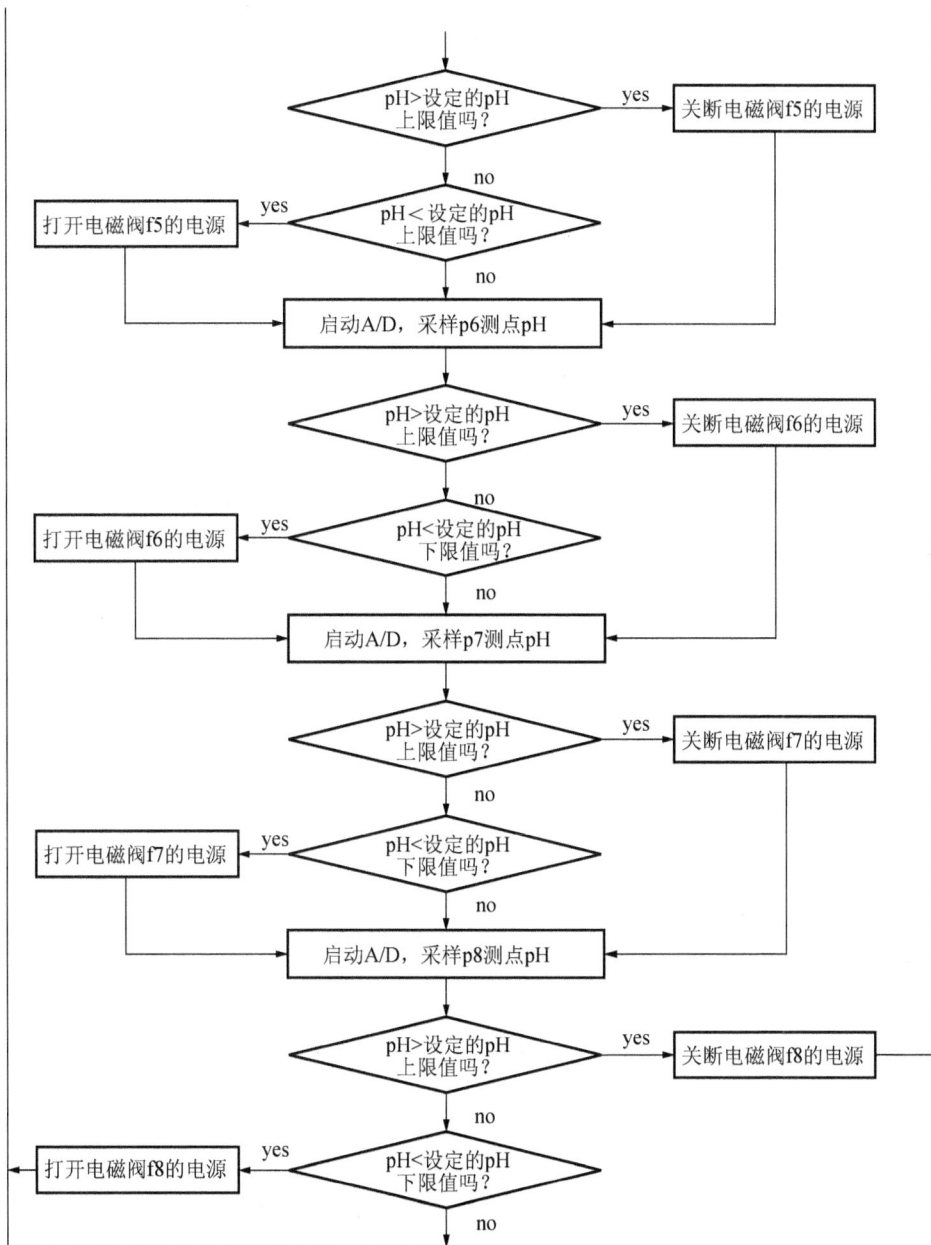

pH>设定的pH上限值吗？ — yes → 关断电磁阀f5的电源

no

打开电磁阀f5的电源 ← yes — pH<设定的pH上限值吗？

no

启动A/D，采样p6测点pH

pH>设定的pH上限值吗？ — yes → 关断电磁阀f6的电源

no

打开电磁阀f6的电源 ← yes — pH<设定的pH下限值吗？

no

启动A/D，采样p7测点pH

pH>设定的pH上限值吗？ — yes → 关断电磁阀f7的电源

no

打开电磁阀f7的电源 ← yes — pH<设定的pH下限值吗？

no

启动A/D，采样p8测点pH

pH>设定的pH上限值吗？ — yes → 关断电磁阀f8的电源

no

打开电磁阀f8的电源 ← yes — pH<设定的pH下限值吗？

no

图 5.135　pH 检测与控制程序流程图（续）

Fig. 5.135　Program flow chart of pH measurement and control system（continued）

5.4.6　太阳能光合生物连续产氢流量控制系统的研发

5.4.6.1　流量检测与控制方法的选择

整个太阳能光合生物连续产氢自控系统中包含气、液两种流量检测方式。

（1）氢气的流量检测。在 8 个反应隔室的上方分别布置 1 台燃气流量计检测氢气的流量，数字化输出，显示每个隔室的产氢量情况。

（2）反应液流量的检测。培养好的料液从上料箱通过水泵进入反应器，其流量的大小反映了它的水力滞留时间。而水力滞留时间是光合细菌产氢的主要影响因素之一，所以需要进行流量的控制，以达到最佳的水力滞留时间。

本光合细菌连续制氢反应器运行的是"一次进料、连续运行、依次再进"的模式，这就需要通过水泵的启停来实现进料过程，同时控制其进料的流量大小，保障料液在反应器中的最佳水力滞留时间。而且这种运行模式也决定了只需要流量计的累积流量即可，不需要计量瞬时流量。

5.4.6.2　流量检测与控制系统的设计方案

光合生物连续制氢流量控制系统由流量计、电磁阀、水泵、液位计和单片机控制器等组成，见图 5.136，反应料液在潜水泵的作用下从上料箱进入反应器，在隔室内进行产氢反应，可以通过阀门的开关实现串联、并联两种工作模式。

因反应液的水力滞留时间是光合生物产氢的主要影响因素之一，保持最佳的水力滞留时间一方面可以通过在反应器的持续停留时间保障产氢细菌的原料浓度，另一方面避免料液流程过长，致使产氢活性的料液推动力不足，增加能耗，降低产氢速率。而太阳能光合生物制氢的最佳水力滞留时间（HRT）为 36h，针对反应器串并联两种送料方式保持最佳滞留时间的要求下对流量控制进行如下两种设计。

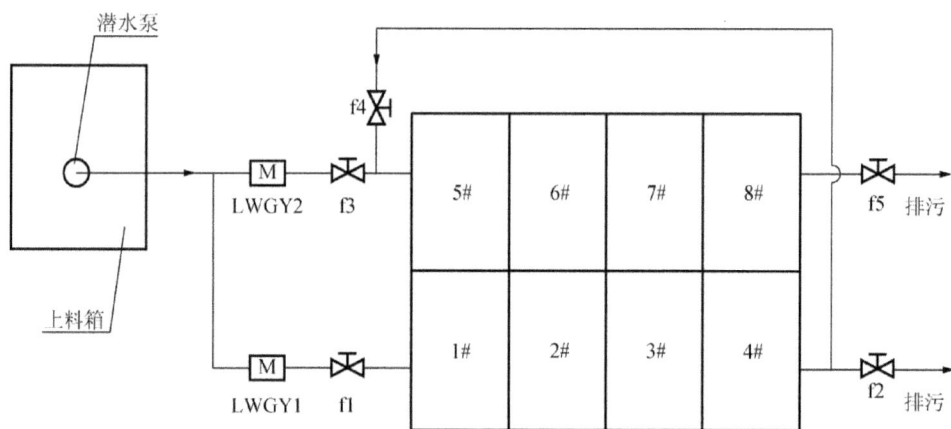

图 5.136　流量检测与控制系统结构图

Fig. 5.136　Structure diagram of flow measurement and control system

（1）当并联送料时，每条路径上 4 个隔室的有效容积为 2.59m³，为确保反应液的水力滞留时间为 36h，其送料流量应为：2.59m³/36h=0.072m³/h。

送料方式为：首次进料一次将 8 个隔室全部加满，然后开机，以后每 36h 为一个进料周期。每隔 1h 启动 1 次潜水泵，并用单片机不停读取 LWGY1 和 LWGY2 涡轮流量计的累计流量，并与设定流量 0.072m³ 比较，当累计流量≥设定流量时，停止加料。当定时器到第 2h 时，又启动潜水泵，单片机又不停地读取涡轮流量计的累计流量，当累计流量≥设定流量（0.072m³×2=0.144m³）时停止加料。依次类推，36h 到达后重新下一个周期，仍按 0.072m³/h 的速度加料，废料连续不断地被排出反应隔室，新料就连续不断更替进入隔室，从而确保反应液的水力滞留时间为 36h，使连续产氢获得最佳效果。

（2）当串联送料时，8 个反应隔室的有效容积为 5.18m³，为确保反应液的水力滞留时间为 36h，其送料流量应为 0.144m³/h。

送料方式为：首次进料一次将 8 个隔室全部加满，然后开机，以后每 36h 为一个进料周期。每隔 1h 启动 1 次潜水泵，并用单片机不停地读取 LWGY1 涡轮流量计的累计流量，并与设定流量 0.144m³ 比较，当累计流量≥设定流量时，停止加料。当定时器到第 2h 时，又启动潜水泵，单片机又不停地读取涡轮流量计的累计流量，当累计流量≥设定流量（0.144m³×2=0.288m³）时停止加料。依此类推，36h 到达后重新下一个周期，仍按 0.144m³/h 的速度加料，废料就连续不断地排出隔室，新料就连续不断地进入隔室，从而确保反应液的水力滞留时间为 36h，使连续产氢获得最佳效果。

另外上料箱中的料液随着被水泵不断地注入反应器，液位不断下降，如果液位过低，可能造成进料的不足，严重时会使潜水泵无法工作甚至损坏。这就需要安装液位传感器，避免水泵的干抽。当液面低于最低限时开始报警，停止潜水泵的工作，关闭阀门，人工补充培养料液。流量检测与控制系统的设计方案见图 5.137。

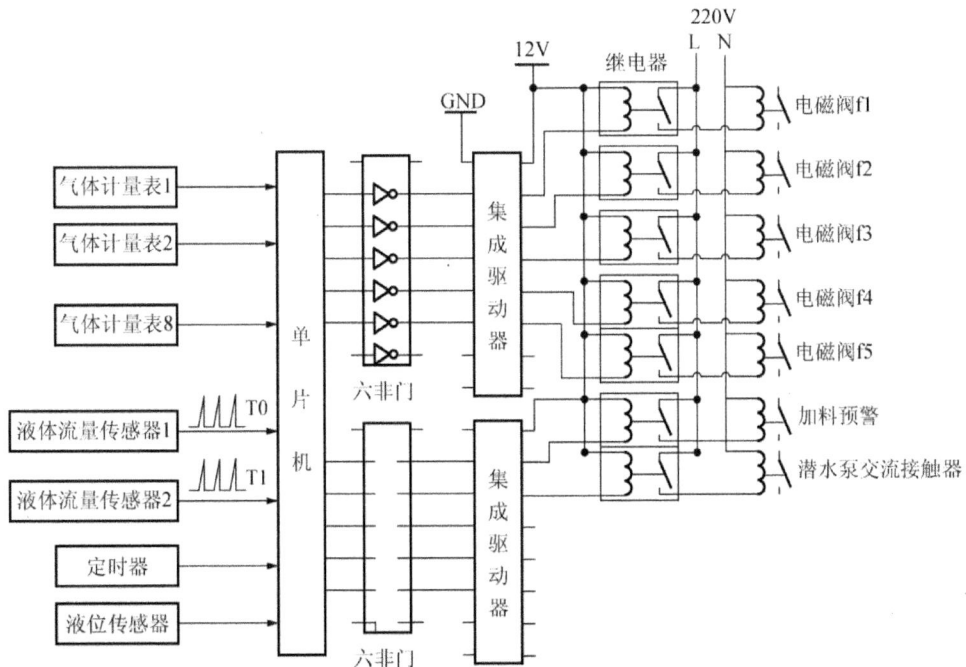

图 5.137　流量检测与控制系统设计方案

Fig. 5.137　Design diagram of flow measurement and control system

1）工作模式的选择与控制方法

反应料液是间歇性地送往 1#～8#隔室，有"并联送入"和"串连送入"两种工作模式，可以形成长、短两种反应路径。

（1）并联工作模式（图 5.138）：打开 f1、f3、f2、f5 阀门，f4 阀门处于关闭状态，然后打开反应液潜水泵，反应液即可由上料箱经由涡轮流量传感器 LWGY1 和 LWGY2 并联分别进入 1#、2#、3#、4#隔室和 5#、6#、7#、8#隔室两条短路径，新料液将反应后的旧料液经由阀门 f2、f5 挤出，排入污水管道。

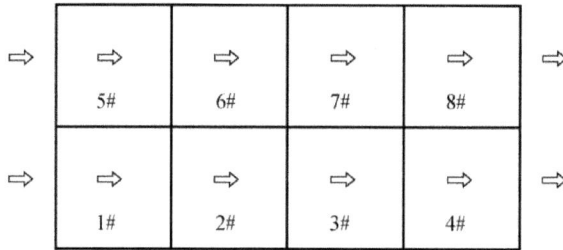

图 5.138　并联工作模式
Fig. 5.138　Parallel working mode

（2）串联工作模式（图 5.139）：打开 f1、f4、f5 阀门，关闭 f2、f3 阀门，然后打开反应液潜水泵，通过外围管道的连接，反应液即可由上料箱经涡轮流量传感器 LWGY1 串联进入 1#、2#、3#、4#、5#、6#、7#、8#隔室的长路径，新料液将反应后的旧料液经由阀门 f5 挤出，排入污水管道。

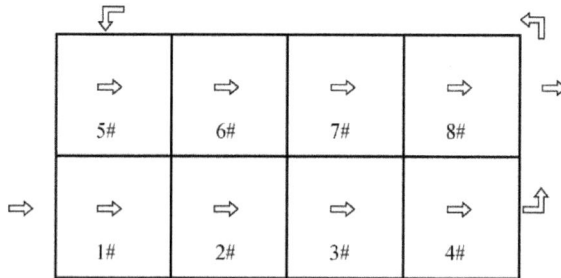

图 5.139　串联工作模式
Fig. 5.139　Serial working mode

2）流量的检测与控制

8 个燃气工业膜式燃气表负责计量检测各个反应隔室的产氢量，此过程只需将数据传输到上位管理机，无须进行控制。

反应液流量的检测可由涡轮流量传感器 LWGY1、LWGY2 和单片机来承担，LWGY1 的脉冲信号可接到单片机 T0 引脚，LWGY2 的脉冲信号可接到单片机 T1

引脚，通过单片机程序可同时或分别检测到 LWGY1 和 LWGY2 处的瞬时流量或累计流量。

反应液潜水泵和阀门 f1～f5 的开关控制量接到单片机的 6 个管脚，通过加六非门（74LS04）、集成驱动器（ULN2003）等电子元器件的作用，实现对水泵和电磁阀的开关控制。

3）上料箱的控制

进料开泵时，吸入管和泵内必须充满液体，这就要求上料箱必须保证一定的液位。当反应液上料箱的液位低于警戒下限时，单片机控制器会出现报警信号，提醒需要人工干预添加培养液到上料箱内。同时关闭水泵及阀门，不会影响光合产氢反应的持续进行，保障了制氢过程的连续性。

由于采用上海博禹泵业有限公司的 QDX1.5-16-0.37 小型水泵，最低液位界限为 20cm，所以上料箱的警戒线设计为 20cm。

因为培养箱的原液必须完成培养后才能进入上料箱，所以此处没有对培养箱到上料箱的自动进料进行设计。

5.4.6.3　主要技术指标与控制要求

系统检测响应时间小于 10ms，调控响应时间小于 30s，液体流量保持在（0.072±0.05）m^3/h（短路径）或（0.144±0.05）m^3/h（长路径）。

控制要求：首先给 8 个隔室完成初次上料，选择串、并联模式开关相应的阀门，然后根据反应液进料量的多少，用单片机自动开启输送泵及相关阀门，同时进行流量计量。当反应液流量达到设定值，单片机控制系统又自动关闭输送泵及相关阀门，达到反应液流量的检测与控制完全自动化。

同时在上料箱内布置液位计，在液面过低时提示报警信号，需要人工加料。

5.4.6.4　流量控制系统的硬件设计

1）涡轮流量传感器的选择

液体流量检测方法较多，常用流量检测传感器有：容积式、节流式、靶式、速度式，电磁式，超声波式等多种类型。基于太阳能光合生物连续制氢装置的实际情况，根据流量检测精度和生产成本控制的要求，综合多方面的考虑，此系统选择市面常见的涡轮流量传感器用作反应液流量的检测。其具有灵敏度高、不易受外界影响等特点适合在线监测反应料液的流量大小。

2）电容式液位计的选择

上料箱总高度 80cm，故选用量程 1m 的液位计。此液位计只用于液面限位报警的检测预警提示，测量对象是不超过 2m 范围的光合生物培养液，需要采用棒状带绝缘层（可用聚乙烯）电极，所以选用电容式液位计。电容式液位计是依据电容感应原理，当液位发生改变时被测介质浸没测量电极的高度即刻发生变化，从而引起介质电容发生变化。它可将各种物位、液位介质高度的变化通过电路转换成标准电流信号远传控制器，实现远距离的报警、液位实时指示和控制记录。因其从根本上解决了压力、温度、湿度、物质的导电性等外界因素对测量过程的影响，故可靠性强，具有极高的抗干扰能力，使用在上料箱中可以起到精准的液位提示作用。

3）液位计的标定

电容式液位计是通过测量电容的变化来体现被测液面的高低，其原理是将一根金属棒插入上料箱内，金属棒作为电容的一个极，上料箱壁作为电容的另一极，两个电极间的介质即为被测液体及其上面的气体。由于上料箱内料液的介电常数和料液面上的介电常数不同，往反应器进料时，料液液位减低，两电极间总的介电常数值随之减小引起电容量的减小。反之当液位上升时，介电常数值增大，电容量也增大。通过这样的办法，电容量的大小就体现出液位的高低。

现场上料箱的液面可以随意调整。首先不加料，将反应液的液位降到 0 位置，调节电位计位置处于 0 刻度，测定两电极的输出电流为 2mA；然后开始加料，将反应液的液位升到上料箱的最高位 80cm，调节电位计位置处于 100 满刻度，此时测定两电极的输出电流为 10mA。通过这样的办法，不停反复调整，直至零满位准确为止，完成上料箱中液位计的现场标定。

5.4.6.5　流量控制系统的程序设计

系统启动后，单片机首先检测上料箱内的液位高度，如果低于警戒值，报警提示，同时关闭所有的水泵和阀门。如在警戒值范围内，开启阀门 f1、f3 及潜水泵，关阀门 f2、f4、f5，给 8 个反应隔室进行首次加料。单片机开始不停地检测流量情况，当达到设定值后，完成隔室的初次填充，关断阀门 f1、f3 及潜水泵。然后进入串并联人工选择模式。系统流量检测与控制程序设计流程见图 5.140。

程序初始化

上料箱液位检测

液位≤警戒线吗？ —yes→ 关潜水泵及所有阀门, 报警

no

首次加母液, 打开电磁阀f1、f3, 关断电磁阀f2、f4、f5, 开潜水泵

读LWGY1的累计流量

累计流量≥设定值吗？ —yes→ 关断电磁阀f3

no

读LWGY2的累计流量

累计流量≥设定值吗？ —yes→ 关断电磁阀f1, 关潜水泵

no

选择串、并行模式

是串行运行模式吗？

no→ 并行检控   yes→ 串行检控

并行（左侧）：
并行检控
定时36h
36h到了吗？ —no→（循环）
yes
打开电磁阀f1、f2、f3、f5, 开潜水泵
读LWGY1累计流量
累计流量≥设定值吗？ —yes→ 关断电磁阀f1、f2
no
读LWGY2累计流量
累计流量≥设定值吗？ —yes→ 关断电磁阀f3、f5 关潜水泵
no
定时1h
1h到了吗？ —yes/no

串行（右侧）：
串行检控
定时36h
36h到了吗？ —no→（循环）
yes
打开电磁阀f1、f4、f5, 开潜水泵
读LWGY1累计流量
累计流量≥设定值吗？ —no→（循环）
yes
关断电磁阀f1、f4、f5, 关潜水泵
定时1h
1h到了吗？ —no/yes

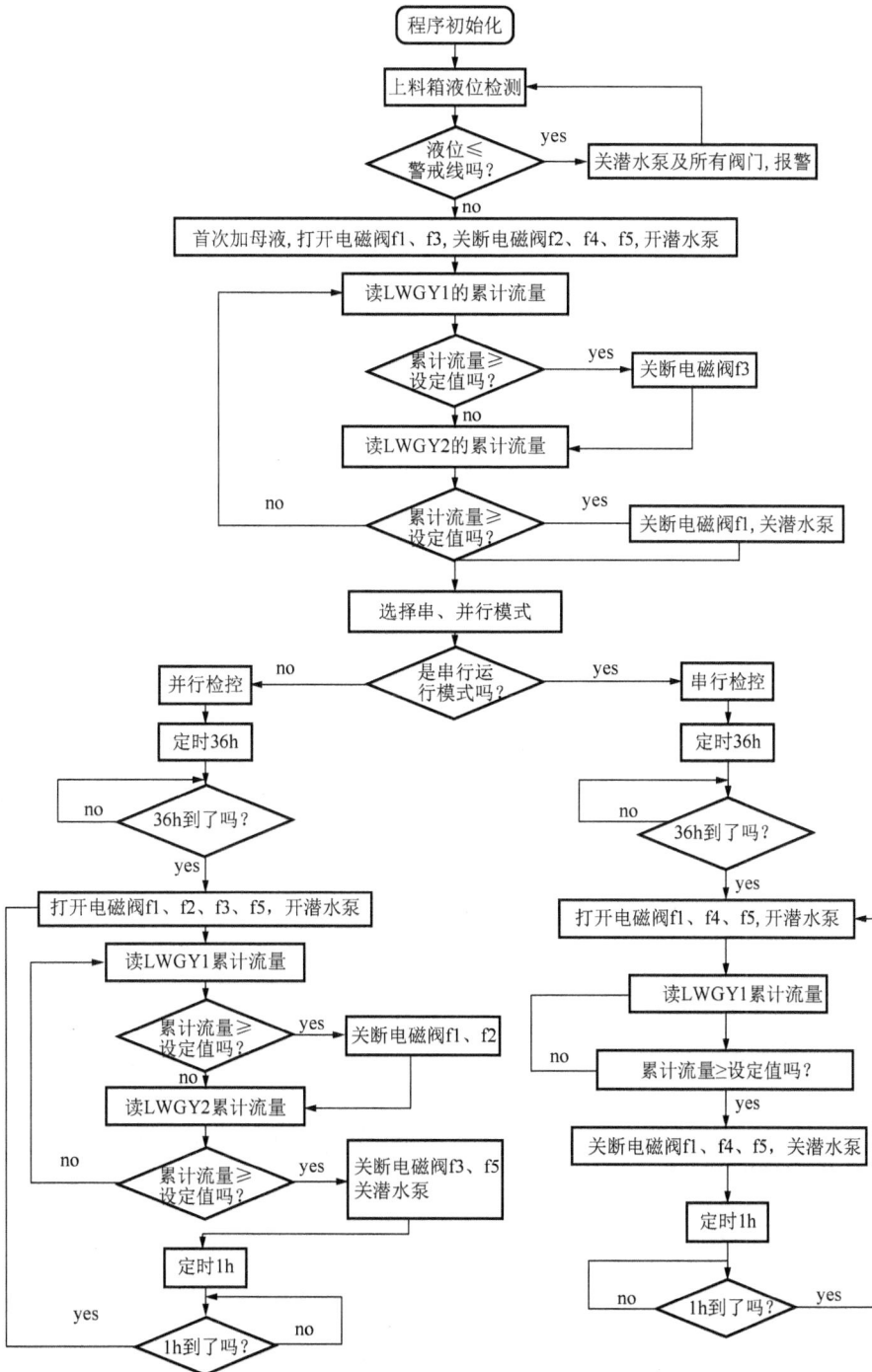

图 5.140 流量检测与控制程序流程图

Fig. 5.140 Program flow chart of flow measurement and control system

5.4.7　太阳能光合生物连续产氢供光单元控制系统设计

光照是光合生物产氢必不可少的关键条件，太阳能通过聚光器的收集，经光纤的传导，进入反应器的供光管，与 LED 光源互补为光合生物提供必需的光源补给。在本系统中进行了三部分的自控设计。

5.4.7.1　聚光器散热导管的自动换水装置的设计

室外的高温会烧坏聚光器内的光纤，影响光线导入效果，常用的做法是加装直角导管，在管内填充水液进行散热处理。而且室外的高温下会出现导管内水液自然蒸发问题，而且长时间的工作还会因填充液浑浊而影响透光度，降低光透效果。这就需要设计一套自动换水装置解决这一问题，见图 5.141。

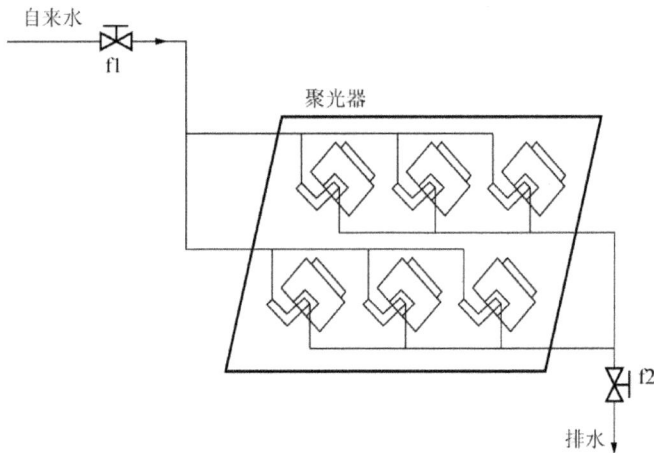

图 5.141　自动换水装置结构图

Fig. 5.141　Structure diagram of automatic water changing device

在直角导管内设计液位检测装置，当液位低于设定值时，打开出水阀门进行排水，然后打开进水阀门补水，一方面可以增强降温能力避免光纤的烧损，另一方面频繁更新的水液不会出现浑浊，大大提高光导效果。因为直角导管里水液在相同的天气环境下蒸发程度差别很小，所以只需在第一个直角导管里布置液位计即可。

1）直角导管中液位检测的设计

在直角导管的最高控制液位和最低控制液位处，各布置 1 根直径约为 1mm 左右抗氧化能力比较强的铜导线，中间断开约 3mm 左右，分别接一个 1K 左右的电阻，然后在电阻和铜导线的两端接上 +5V 的电源，见图 5.142。当铜导线断口 A 处有水时，由于水介质导电，所以在 1K 的电阻上有 2V 左右的压降。当断口 A 处无水时，由于空气不导电，所以整个回路无电流，在 1K 的电阻上也无压降，通过检测 A 处的 1K 电阻上有无电压，即可判断 A 处是否有水。同理可以探知 B

处有水或是无水。这样就实现了直角导管中液位检测设计。

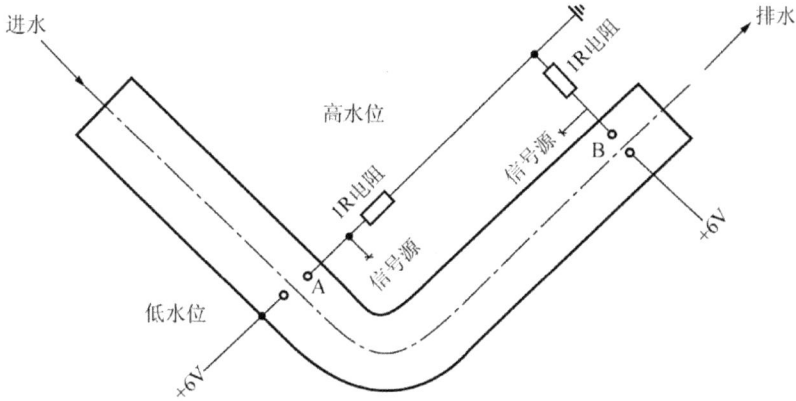

图 5.142 直角导管液位检测设计图
Fig. 5.142 Design chart of liquid level detection in rectangular duct

2）自动换水装置的实现

室外高温条件下，直角导管中的水温升高，自然挥发，水位开始下降。当水位下降到设置低水位时，铜导线断口 A 处无水，此时左边的 1K 电阻的信号源将无电压（右边的 1K 电阻的信号源也无电压），单片机检测到此处无电压时，单片机将打开进水阀门 f1 进行注水。直角导管中的水位开始升高。当水位升到设置高水位时，铜导线断口 B 处被水淹没，由于水导电，所以右边的 1K 电阻的信号源处将有 2V 左右的电压，当单片机检测到右边信号源处有电压时，单片机将关断进水阀 f1，停止注水。通过此过程完成直角导管内的自动换水功能。

由于整个聚光器下面的直角导管与进水阀水管全部连在一套管路上，安装角度、高低位置都一致，所以一组聚光器上只需要设计一套换水装置，就可以实现直角导管的全部自动换水功能。排水阀 f2 一般都处于开启状态，不需要关闭。由于用水量较小，而且利用的是无污染的自来水，所以也可以不设置排水阀，直接排水到地面。

5.4.7.2 供光管中 LED 光源的控制设计

1）LED 灯自动开启的设计

在光合生物制氢装置中，光的来源包括自光纤导入的太阳光和 LED 光照两部分。光照充分的情况下，不需要 LED 的使用，避免能源的浪费。否则就要开启LED 照明，补充光照条件。

在室外聚光器上安放光敏探头，当检测到光线不足，可能是夜晚或者阴雨天气，控制器自动启动 LED 照明开关。具体设计方法是：在其中一个聚光器上部安装 3 个 MG42 型硫化镉光敏电阻传感器，光敏电阻也叫光导管，它对光线很敏感，当无光线照射它时，其阻值很大，可在 1~100MΩ，当有光线照射时，其电阻值会变得很小，将光敏电阻和阻值很稳定的固定电阻组成电桥，即可将光敏电阻的电阻的变化转换成电压的变化，然后通过 A/D 转换成数字信号，可直接送往单片机中。通过光照度的标定，即可用光敏电阻测出当时的光照度，测出 3 个点的光照度后，取其平均值作为当时当地的光照度。当光照度低于设定值时，单片机可自动启动接通蓄电池的继电器，接通 LED 灯的电源，用 LED 光源为制氢系统提供必要的光源补充。

2）太阳能光伏供电与市电自动切换的设计

太阳能光伏板在白天时间内为蓄电池充电，储存能量，夜晚或者阴雨天气情况下为 LED 光源供电。同时可以实现与市电的自动切换，当连续工作蓄电池的电压降低于设定值时，控制器将电源切换为市电供电模式。

当蓄电池的电压低于最低值 12V 时，无法正常驱动 LED 光源工作。在单片机检测到蓄电池的电压低于这一下限时，就直接驱动继电器进行切换，将蓄电池切换到市电上，用市电为 LED 光源供电。

5.4.7.3　供光管的清洗预警设计

光导纤维和 LED 灯带放置在供光管内，产氢过程中的细菌衰亡会造成色素附着在管子外壁，大大降低光照强度，若不及时清洗会影响产氢效果。可以在管内布放光敏电阻，检测光照度以判断管子是否需要清洗。当光敏电阻测出管壁的光照度高于设定值时，不会出现警示；在低于设定值时，由单片机发出报警，表明供光管色素附着严重，提示需要清洗供光管。在反应器 8 个隔室中共有供光管 232 根，这 232 根管子的工作环境基本一致，所以只要测出某一根供光管的光照度，基本可代替其他管的光照度。

光敏电阻探头的使用要注意以下几点：

（1）使用前要将探头的灵敏度调节到适中的状态，太灵敏易出现误报信号，太迟钝就失去了使用的意义。

（2）安装探头适宜安装在反应路径末端部位，因为在产氢菌体进入衰亡期之前或者衰亡期存在的部位多为连续产氢路径的末端。

（3）探头装好后要进行位置的调试试验，以免探头在肉眼看不到的管道深处被光导纤维或 LED 灯带遮挡，影响使用效果。

5.4.7.4　供光单元中的控制系统设计方案

综上分析设计，整个供光系统的控制主要包括：室外聚光器自动换水控制（防止烧坏聚光器中的光纤）；LED 光源的控制（光线很暗时，用 LED 光源补充光纤供光），其中包括蓄电池与市电之间的自动切换控制；供光管清洗预警控制等三部分。供光单元的控制设计方案见图 5.143。

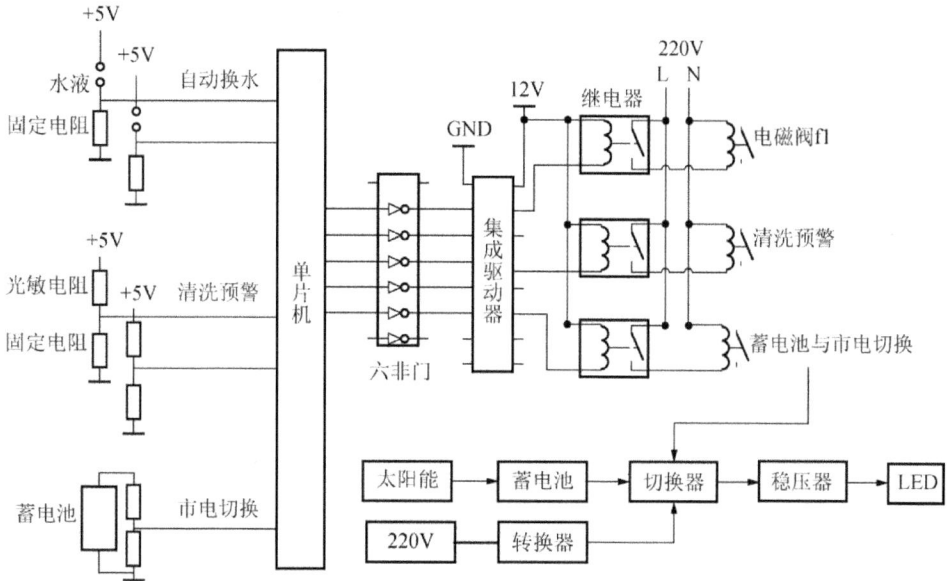

图 5.143 供光单元控制系统设计方案

Fig. 5.143 Design diagram of light using control system

5.4.8 太阳能光合生物连续产氢系统太阳能利用单元部分的参数确定

为尽量减少使用常规能源，本太阳能光合生物连续产氢系统中充分利用太阳能资源，包括太阳光的直接利用、太阳能光伏的利用和太阳能热水器三大部分。

5.4.8.1 太阳光的直接利用部分

太阳光的直接利用在本系统中指的就是太阳光通过聚光器的收集，光纤的传导，分别输送至反应器的供光管中，用于反应料液的光照供给。

根据光合连续制氢反应装置的基本光照需求，反应器内部需要 LED 供光管 112 根，光纤供光管 120 根，共计 232 根供光管。

太阳光的传输采用 75 芯、单根直径为 1.5cm 的光导纤维。每个聚光器用 4 条光缆合并进行传输，这样能保证每根光缆都处于聚光器的最佳受光位置，大大提高太阳光的传输通过量。聚光装置中 1 组聚光单元包含 6 个聚光器，120 根光纤共需要设计 5 组聚光单元。

5.4.8.2 太阳能光伏利用部分

利用太阳能光伏板在白天收集热量，转化为电能存储于蓄电池内，减少外部电力的使用。本着经济实用的原则，蓄电池主要为电子线路、LED 光源、照明装置等提供电力供应。

1）蓄电池容量的确定

本反应器共布置LED供光管112根，每根管内均匀安放20个高亮度黄色LED

灯，单支功率为 0.02W，日工作 14h。

计算出供光管内 LED 日用电量

$E_1=110\times20\times0.02\times14=627W\cdot h$

电子线路上主要包含放大器、转换器、单片机、驱动器等，由于是微小元器件，功耗很小，功耗取值 10W，每天工作 24h，计算用电量

$E_2=15\times24=360W\cdot h$

两盏 10 W LED 照明灯每天工作 4h，用电量

$E_3=10\times2\times4=80W\cdot h$

总用电量 $E=1\,067W\cdot h$

试验系统采用固定型密封式铅酸蓄电池，最大放电深度为 0.7，蓄电池自给天数为 2d。由此计算出蓄电池的能量：

$$C=\frac{E_0 D}{K\eta_4}=\frac{1067\times3}{0.7\times0.92}=4\,970(W\cdot h)$$

式中：C 为蓄电池能量，$W\cdot h$；E_0 为平均每天负荷用电量，$W\cdot h$；D 为蓄电池自给天数；K 为蓄电池放电深度；η_4 为逆变器效率，交流系统选 0.92。

系统为单块组件充电，采用 12V 蓄电池，计算蓄电池容量

$$4\,970W\cdot h\div12V=414.17A\cdot h$$

所以本系统需要的蓄电池容量为 420A·h。

2）太阳能光伏板的确定

系统处于交流供电模式，太阳日照时间为 $T_e=10h$。

$$W_0=\frac{\delta H}{QRF\eta_1\eta_2\eta_3\eta_4}=\frac{0.9\times365\times1\,067}{1820\times1.2\times0.9\times0.85\times0.9\times0.9\times0.92}=253.37(Wp)$$

式中：W_0 为太阳能电池容量，Wp；Δ 为年用电同时率，取 0.9；H 为年理论用电总量；Q 为水平面上太阳能年总辐射能量，$kW\cdot h/m^2$，郑州地区取 1 820 $kW\cdot h/(m^2\cdot a)$；R 为太阳能电池组件表面接受的太阳能年总辐射量与水平面年总辐射量的比值，参照取值为 1.2；F 为使用不当损失效率，取 0.9；η_1 为蓄电池充放电效率，取 0.85；η_2 为温度损失因子，取 0.9；η_3 为灰尘遮掩损失因子，取 0.9；η_4 为逆变器效率，交流系统选 0.92。

本系统需要的单晶硅太阳能电池组件的容量确定为 260Wp。

5.4.8.3 太阳能热水利用部分

为了保证反应器能给光合生物提供一个最佳的生长温度条件，在每个反应隔室的底部各设计一套换热器为反应料液进行加热。换热器的热量来自于太阳能热水器的供给。同时配置了电辅加热构件，以便在严冬季节和连续阴雨天气也能获取必备的热量。

为提高加热的高效性，同时考虑到便于拆卸清洗的问题，设计及安装工艺尺寸见图 5.144。

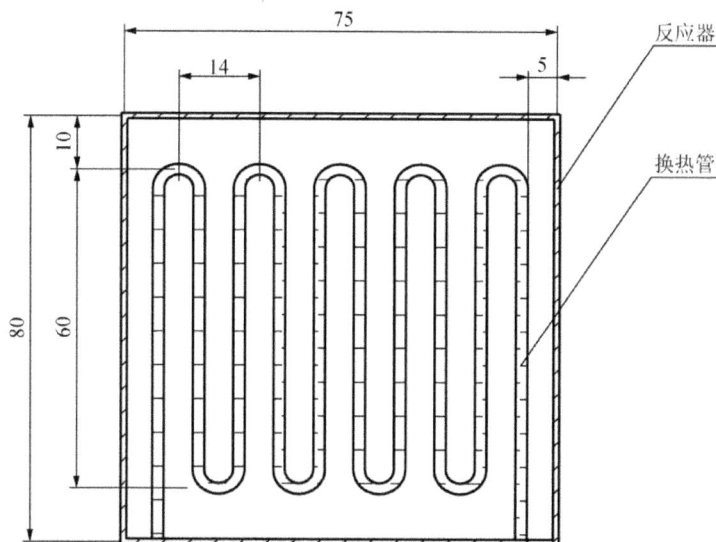

图 5.144　换热器相关尺寸图

Fig. 5.144　Heat exchanger size chart

依据图中尺寸，计算出每个反应器内的单个换热器的换热管长度 8.99m，整个反应器的内部换热管长度 71.92m，换热器的有效换热面积为 4.52m²。

5.4.9　太阳能光合生物连续产氢总体控制系统设计

5.4.9.1　总体系统结构图

光合生物连续制氢系统主体部分为反应器装置，采用 8 个相对独立的长方罐体隔室，每 2 个为一组共 4 组，总有效容积 5.18m³。可分别进行串联、并联等组合方式进行生产性运行，以适应不同的具体实验要求，达到获取不同组合条件下的工艺性能相关参数的目的。

首先在培养箱内培养菌种，完成后存入上料箱，经潜水泵注入反应器。在温度控制装置、pH 控制装置、流量控制装置、供光控制装置的共同作用下，反应料液中形成一个最佳的环境条件，实现光合菌群的高效产氢。最终收集氢气，存储于储气罐内。见图 5.145 和图 5.146，温度、pH、流量、供光等自动控制系统建立于光合生物连续产氢装置基础上，根据上述子系统的方案规划，在相应部位进行元器件的配备及结构的设计，通过物理线路的连接组网，在控制室进行通过调配和管理。所有的设备具有自动和手动模式，一方面保证在自动控制模式下出现故障的情况下可以进行手动控制，避免连续产氢过程的中断；另一方面可以手动关闭系统中的控制设备，只进行数据检测与上传，便于比较控制单元工作状态与非工作状态两种情况下控制系统的有效率。

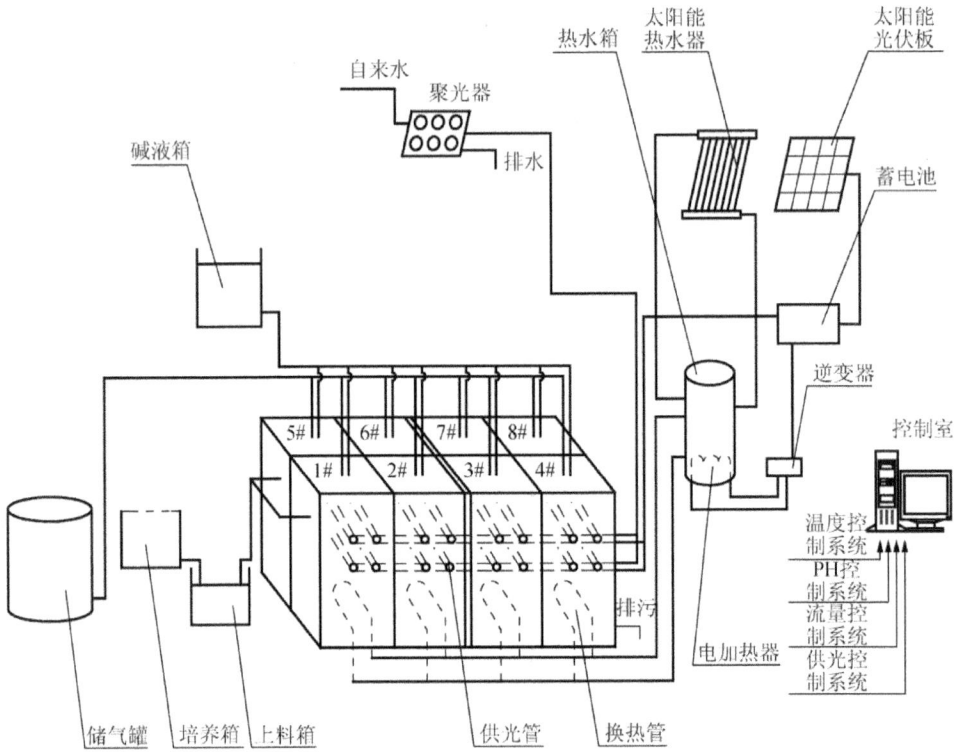

图 5.145　太阳能光合生物连续制氢自控系统总图

Fig. 5.145　General diagram of automation system of photobioreactor for continuous hydrogen production with solar energy

图 5.146　太阳能光合生物连续制氢自控装置

Fig. 5.146　Automation equipment of photobioreactor for continuous hydrogen production with solar energy

5.4.9.2 总体系统设计方案

1）总体自动控制系统的构建

太阳能光合生物连续产氢自控系统由一台工控 PC 机和 4 套独立的单片机测控系统组成，PC 机负责统一管理、协调工作。系统首次运行时，由 PC 机通过 485 串行线呼叫 1 号单片机，开始首次上料（8 个隔室首次添加反应液），将 8 个隔室的物料一次性全部加满。此时 1 号单片机不仅要打开有关阀门、潜水泵，而且要不断地检测 2 个涡轮流量计的累加流量，并不断地将这些数据、状态值传回给 PC 机，供 PC 机绘制有关图表、装置流程示意图使用。当 1 号单片机检测到 2 台流量计的累计流量≥设定值时，马上停泵，关闭有关阀门，并通知 PC 机，物料已全部加满，然后 1 号机开始定时 36h，在此 36h 内，1 号机不再加料。36h 以后，1 号单片机根据人为选择的运行模式，按运行模式每隔 1h，添加反应液依次，添加量按确保反应液在系统滞留时间为 36h 算出的，以后 1 号机按每 1h 添加反应液一次，一直循环下去。

当 PC 机收到 1 号机物料已加满的信号时，马上通知 2 号机，开始检测 8 个隔室的温度，并同时接收 2 号机返回的各温度值、阀门等状态值，并绘制温度控制曲线图、装置流程示意图等。然后 PC 机再与 3 号单片机通讯，3 号机开始检测各隔室的 pH，并与反应液要求的 pH 比较，用以判断是否开关某一加碱阀门，调节反应液的 pH，并向 PC 机回送各 pH 及有关阀门的开关状态值，PC 机再绘制 pH 控制曲线图、装置流程示意图。接下去 PC 机开始呼叫 4 号机，4 号机开始检测光控系统有关参数及状态值，自动控制相应的开关，实现换水、互补切换、预警提示等功能。同时 4 号机向 PC 机回送有关参数及阀门、开关的状态值，PC 机记录相关数据。当 PC 机依次呼叫完 1～4 号机后，再依次呼叫 1～4 号机，重复以上的工作，使整个光合连续产氢自控系统连续运行下去。总体检测与控制构架见图 5.147。

各个单片机控制单元都有各自的独立的检测、控制程序，确保各控制单元所控制的有关参数在设定值的范围内且都能按设计要求正常运行。1 号单片机主要负责反应液流量的检测与控制，确保反应液在连续产氢系统中的滞留时间为 36 h，并连续不断地运行下去；2 号机主要负责反应液温度的检测与控制，确保料液在系统中的反应温度维持在（30±2）℃范围内，加热水箱的水温维持在 60～70℃；3 号机主要负责反应液 pH 的检测与控制，确保系统反应液的酸碱度保持在中性范围内；4 号机主要负责系统光照利用情况的检测与控制，确保最佳的光照条件及利用效果。实现光导纤维对光合生物进行供光和 LED 光源补光的功能由 4 号机来控制，LED 灯是由太阳能蓄电池还是由市电进行供电也是由 4 号机判断来进行切换。

工控机
- 分别与单片机 1～单片机 4 通讯，传达有关命令、收集有关数据
- 使整个连续制氢系统统一部署、协调工作
- 显示各隔室的有关参数、工作状态，绘制图表

RS485 通讯线

单流量片检测机与控制 1
- 检测上料箱液位，判断是否开泵及相应的阀门
- 初始加母液，8个隔室一次性加满，不停地检测有关流量计的累计流量是否到设定值
- 人工选择串联或并联运行模式，按键输入单片机
- 通知单片机2、3、4同时各自独立开始工作，并定时36h
- 36h后，按工作模式，每隔1h启动有关泵、阀门，检测流量是否达到设定值，确保母液滞留时间36h

单温度片检测机与控制 2
- 依次检测各隔室的3个温度值，取平均值，确保各隔室的反应温度在30℃左右
- 根据温度检测值，判断是否开关有关泵、阀门，用热水加热母液，确保反应温度30℃左右
- 检测热水箱水温，判断是否开关电加热器、相关阀门，确保加热水箱水温在60～70℃

单PH值片检测机与控制 3
- 依次检测各隔室的PH值，判断隔室的PH值是否在母液要求的PH值范围内
- 根据检测的PH值，与设定值比较，确定是否开关有关加碱阀门，使PH值保持在设定的范围之内

单光照片检测机与控制 4
- 检测聚光器中的直角导管中的水位，实现自动换水，确保不烧坏光纤
- 检测聚光器中3个光敏电阻，确定光照度，以确定是否开关LED供光
- 检测供光管上的光敏电阻，确定光照度，用以判断是否该清洗供光管，保证有效的光照
- 检测蓄电池电压，判断是否将LED供电切换到市电上，确保LED供电充足，同时充分利用太阳能

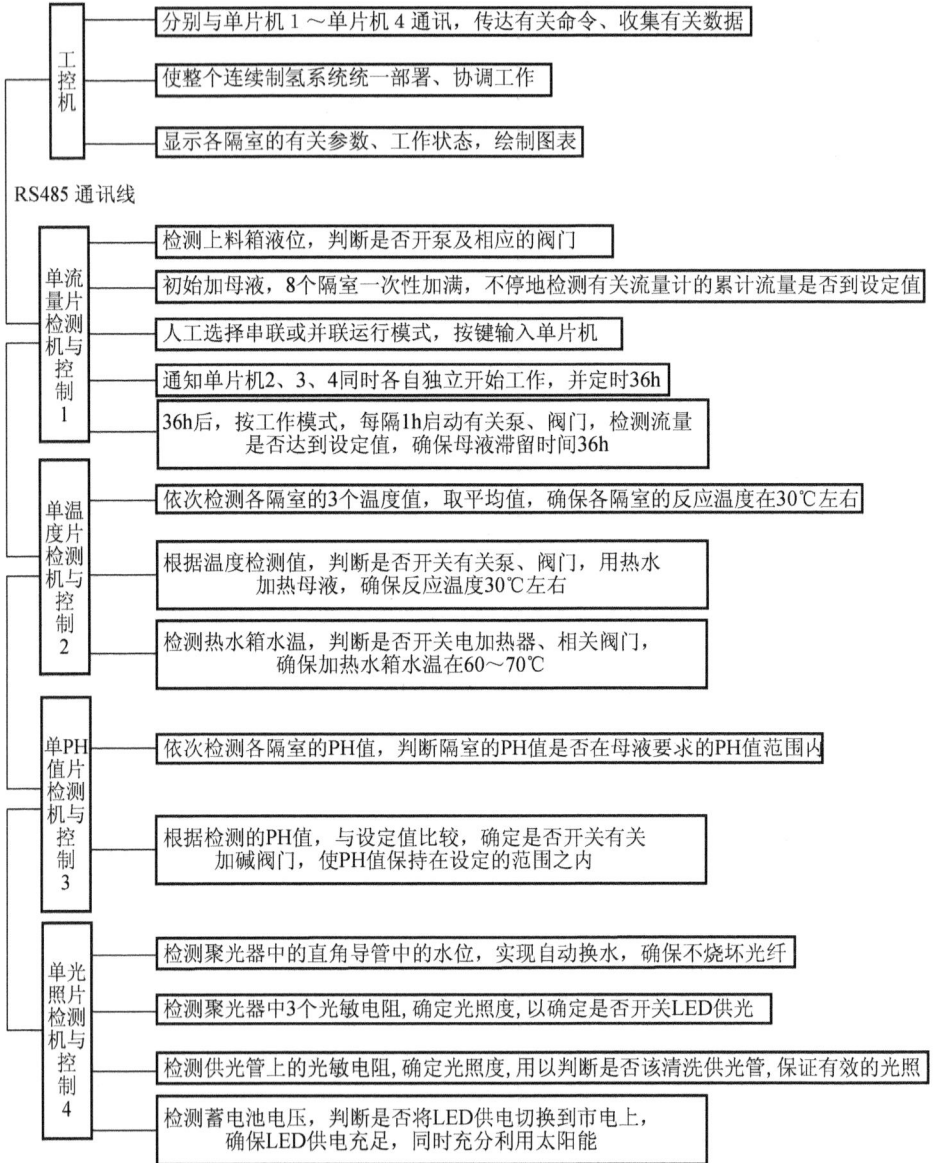

图 5.147　总体检测、控制构架原理图

Fig. 5.147　Overall architecture schematic of detection and control

2）总体检测与控制流程原理图

系统检测程序流程见图 5.148，控制程序流程见图 5.149。

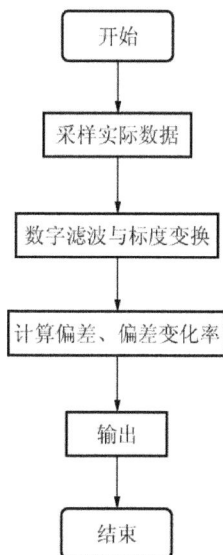

图 5.148　检测程序流程图
Fig. 5.148　Flow chart of detection program

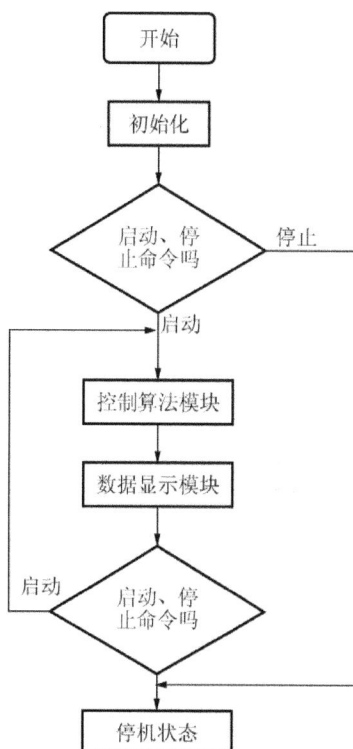

图 5.149　控制程序流程图
Fig. 5.149　Flow chart of control program

3）总体检测与控制编程结构图

光合细菌连续制氢装置总体检测与控制编程思路是前面几部分各种参数的检测、控制编程思路的基础上加以汇总，相互协调，进行统一编程的总体检测与控制编程思路，见图 5.150。

5.4.9.3　总体系统硬件配置及分布

1）系统硬件配置

整个太阳能光合生物连续制氢自控系统硬件配置包括上位机、单片机控制器、通讯传输模块以及检测采集模块、执行模块等部分。

（1）整个自控系统要采集检测的有关参数共 50 项：包括 25 个温度，8 个 pH，2 个液体流量，8 个气体流量，2 个液位，4 个光照度，1 个蓄电池电压。

其中前 16 个温度用电子模拟开关与单片机 STC12C5A08S2 的 P2.6 脚（A/D 转换之一）相连，通过程序将前 16 个温度的模拟量 A 逐个转换成 16 个数字量 D，再通过温度标定回归方程，转换成 16 个温度。因为 STC12C5A08S2 单片机本身带有 8 个通道的 A/D 转换（即 P2.0～P2.7），本次采样仅用了其中的 2 个通道（P2.6

程序初始化
确定通信模式，波特率、定时计数模式……等

呼叫1号机
命令开始首次加母液（8个隔室一次性加满）

接收1号机传回的各阀门、泵的状态参数, 累计流量等参数

绘制流量控制有关图表, 装置流程示意图

8个隔室的母液
全部加满了吗?

no

yes

请选择串行或并行运行模式? （人工选择）

通知1号机工作模式，1号机按选择的运行模式运行

呼叫2号机，开始检测各隔室，水箱的温度

接收2号机传回的各温度值，各阀门、泵的开关状态值

绘制温度控制曲线图，装置流程示意图

呼叫3号机，开始检测各隔室的pH

接收3号机传回的各pH，有关加碱阀门的开关状态

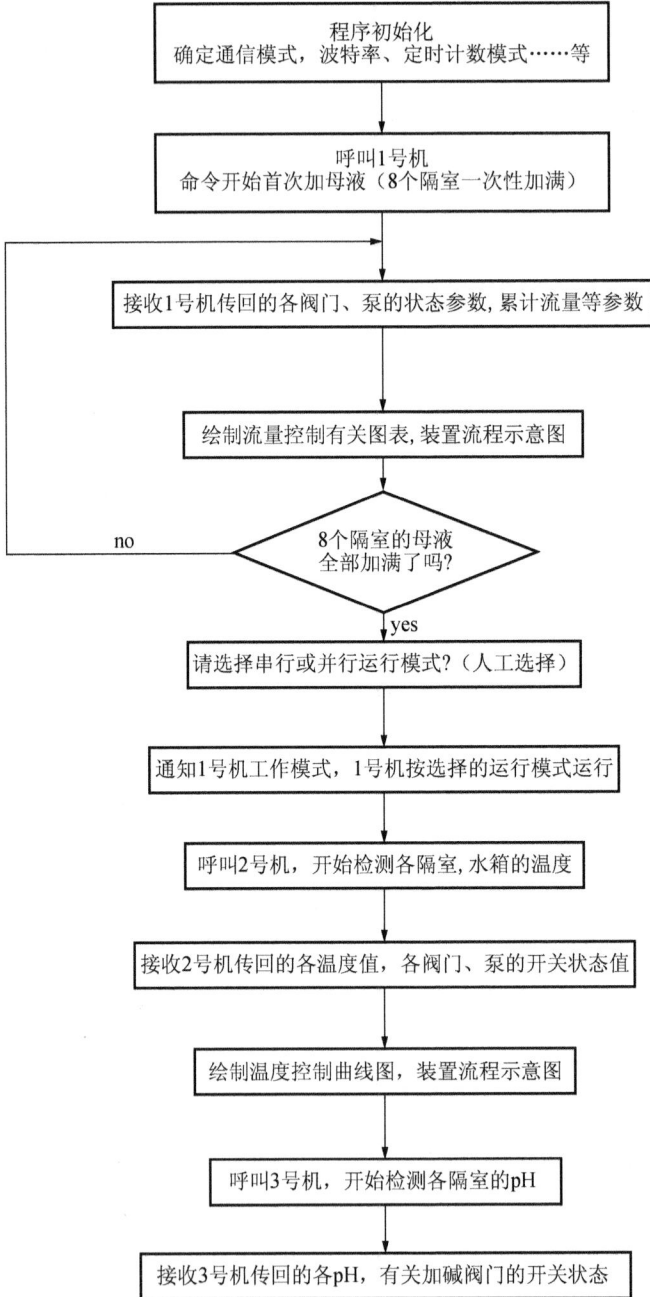

图 5.150 总体检测、控制编程结构图

Fig. 5.150 Overall program flow chart of detection and control

和 P2.5）；剩下的 9 个温度用另一个电子模拟开关与单片机的 P2.5 脚相连。同样道理，将剩下的 pH、流量计、光照度、液位计、蓄电池电压等参数输出与各自系统的单片机相应脚位相连。将变量转换成了数字量，再经过标定回归方程，转换成设备运行数据，从而完成整个控制系统的 50 个参数的检测采样。

（2）整个自控系统执行项目共有 27 项：包括电磁阀 22 个，电子开关 2 个，市电切换 1 个，水泵 2 个。

其中用于温度热交换的电磁阀 8 个、热水箱水泵 1 个、电加热器开关 1 个，这 10 项通过单片机 1 控制的 10 个继电器（J1～J10）的开关来进行控制的；用于 pH 调节的电磁阀 8 个，这 8 项通过单片机 2 控制的 8 个继电器（J1～J8）的开关来进行控制的；用于流量控制的电磁阀 5 个、上料箱水泵 1 个，这 6 项通过单片机 3 控制的 6 个继电器（J1～J6）的开关来进行控制的；用于光照控制系统的电磁阀 1 个、LED 光源开关 1 个、市电切换 1 个，这 3 项通过单片机 4 控制的 3 个继电器（J1～J3）的开关来进行控制的；

（3）由于单片机的驱动能力较差，所以单片机和执行系统之间加了 6 个六非门（74LS04）和 6 个集成驱动器（ULN2003），以增加驱动能力。

其余配置包括上位管理工控机 1 台，RS485 转换器一个，单片机控制器部分 4 套。

2）系统硬件分布

系统硬件分布见表 5.24。

表 5.24　系统硬件分布
Table 5.24　System hardware distribution

名称	数量/个	分布
检测部分 50 项		
温度传感器	25	1 个在热水箱的中部，其余 24 个均匀分布在反应器的上中下三个部位的两侧。
pH 传感器	8	每个反应隔室的中部
液体流量计	2	分布在进料的两条管道上
气体流量计	8	每个反应隔室的顶部中央
液位计	1	上料箱内
液位开关	1	聚光器直角导管内
光敏电阻	4	3 个在任意一个聚光器内，另 1 个在任意一个供光管内
蓄电池电压	1	单片机直接检测
控制部分 27 项		
电磁阀	22	8 个用于热水箱与每个反应隔室的热交换管路上，8 个用于碱液箱与 8 个反应隔室的中和调节管路上，5 个用于料液路径控制管路上，1 个用于自来水换水装置管路上。
交流继电器	1	热水箱电加热器
交流继电器	1	热水箱水泵
交流继电器	1	上料箱水泵
直流继电器	2	LED 光源及蓄电池的切换各一个

以上两大部分和控制室的上位机、RS485 转换器、单片机控制器单元、六非门及集成驱动器等共同构成了整个硬件系统。在控制室内集中安放动力柜和控制柜，见图 5.151。

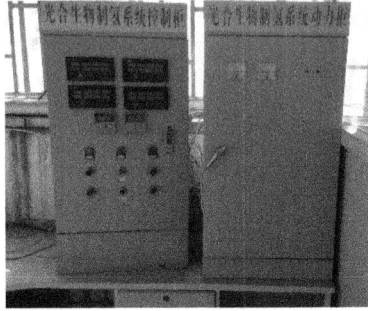

图 5.151　控制柜和动力柜
Fig. 5.151　Control cabinet and power cabinet

5.4.9.4　单片机程序

整个系统的单片机程序采用汇编语言编制。

5.4.9.5　软件设计逻辑图

从可靠性和直观性出发，光合制氢自控软件系统采用模块化的设计方法，便于根据控制需要量体裁衣，实现了系统资源的充分利用，又保证了系统的开放性和可扩展性，共设计温度、pH、流量、液位等检测控制模块，预留扩展接口，见图 5.152。

自控系统软件是基于 WINDOWS 管理平台建立统一的综合管理系统，应用软件以面向窗口的通用语言编写而成，编写时遵从标准设计惯例，适用性强。管理主机的应用维护以菜单方式提供给系统管理员，便于日常系统升级和数据库级维护。采用常用 SQL 数据库，结合备份恢复技术、镜像多段重做日志技术、只读表空间和并行恢复技术、使得数据库具有较高的可靠性。数据库的用户分成不同的类别，设置不同的账号、口令和权限，同时采取集中建库、分别授权的方法，既保证数据的共享性要求，又防止了无授权访问关系表数据。另外应用程序设计时，对用户的错误操作将给出中文提示信息，例如输入数据类型错误、输入非法数据等等，确保系统录入数据的正确性，防止因用户误操作引起的异常中断。系统提供与相关系统的数据接口，而且保证系统之间的可连接性、应用可移植性及系统将来的可扩充性。

软件各模块与中心数据库服务器的数据传送方式为实时传输方式，这样总能保证数据的一致性和共享性。每个模块设计具备模拟显示、数据管理、报表打印等功能，可根据需要生成温度、pH、流量的曲线图表，液位等其他管理需要实现报警功能。

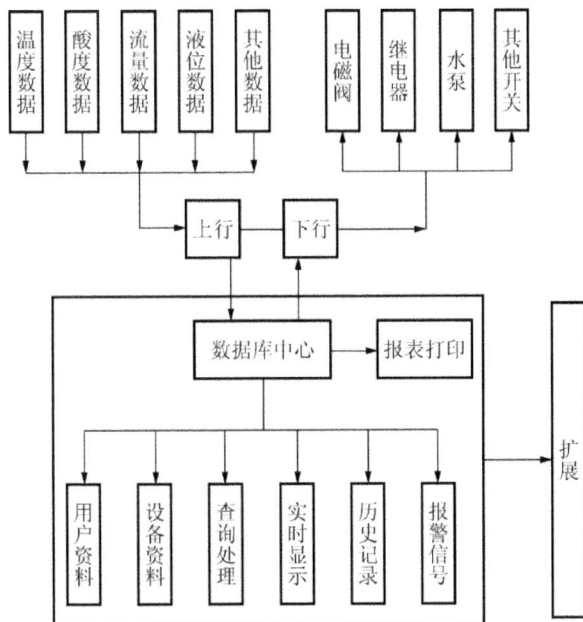

图 5.152　软件设计逻辑
Fig. 5.152　Logic diagram of software design

5.4.9.6　通信协议的选择

系统通讯传输采用 RS485 传输协议，利用差分信号负逻辑，+2～+6V 表示"0"，–6～2V 表示"1"。RS-485 收发器采用平衡发送和差分接收，因此具有抑制共模干扰的能力，同时接收器具有高的灵敏度，能检测低达 200mV 的电压，故传输信号能力稳定。加上布线简单、经济适用等特点，所有终端设备的数据均通过 RS232/RS485 转换电路将 RS485 信号转换为 PC 机串口能接受的 RS232 信号上传至控制中心。

5.4.10　太阳能光合生物连续产氢自控系统优化设计

本控制系统的优化包括数据、控制系统和物理链路等三方面的冗余设计。一方面保证整个系统数据的安全性和控制的稳定性，另一方面预留接口方便后续扩展。

5.4.10.1　数据的冗余

控制系统中任何部件出问题，都要保证产氢过程控制数据的完整性和正确性，因此系统软件在设计上均对数据库中的温度、pH、流量等数据存储进行镜像的完全备份和定期运行增量备份对事务日志及报警管理信息进行备份，灾难后系统可以即时还原数据库，还能根据灾难的时间初步判断出现故障的原因。

系统平台的中心数据库容纳了温度、流量、pH、液位等所有数据，系统软件考虑了周详的数据备份和恢复计划。控制室可以采用两台服务器构成双机热备系统，在两台服务器中安装所有的检测控制模块，相互实时监测，保持一致性，在故障切换过程中能使数据的完整性较好。

5.4.10.2　控制系统的冗余

控制系统的冗余设计是保证在一个系统出现意外时另一个系统能立即投入工作。

自控管理平台在中心数据库管理系统未建立和有故障时投入工作，如：温度控制子系统在一个区域的设备出现故障时不影响其他区域设备的正常工作，并且每个子系统及相应的仪器均可脱机独立工作。

光照等主要供电系统和主机系统都有相应的备份，一旦出现故障，故障部件单独被隔离，冗余的电源或服务器立即投入工作，同时电源线采用环路敷设，可有效降低压降，减小线路损耗引起的数据误差，保证系统不间断正常运转。

系统采用了分布式控制功能，如温度控制、流量控制等均备份了相应的默认参数设置，在网络故障时，仍可正常使用，记录会暂存本地控制器，一旦网络修复数据自动上传至管理中心存储。并且在系统单片机控制器设计安装了去峰值的滤波元件，可有效避免启动和关闭电源导致电源波动，确保设备的正常工作，保障了系统的稳定性。

5.4.10.3　物理链路的冗余

在系统检测控制网络中通信设备和通信线路是保障整个自动控制系统可靠工作的重要保证，系统在设计时充分考虑物理链路的冗余，在系统通信不畅或中断时，有备份的线路和可转接的通信线路供测试和正常使用。电源方面，在中心采用防腐、防潮、防尘的在线式 UPS 不间断电源，在断电情况下至少可工作 8h 以上，充分保证系统的安全可靠的工作和管理，并且在电源控制箱内分设控制节点，避免系统整体瘫痪，也方便维护管理。另外，在光照系统、液位检测等通信线路也预留多余的节点供设备测试和新增设备使用。

5.4.11　太阳能光合生物连续产氢自控系统运行试验

太阳能光合生物连续制氢自控软件系统采用集中控制系统，所有检测终端设备（包括温度、pH、流量、液位等）通过 RS-485 总线联成网络，由控制室管理计算机统一管理。实时采集仪器设备运行数据，实现对各系统的综合管理和联动控制。可以形成曲线图表，而且把数据加以存储记录，方便查询统计。

系统软件的功能模块包括编程功能、检测功能、报警功能、记录功能和扩展功能（图 5.153）。

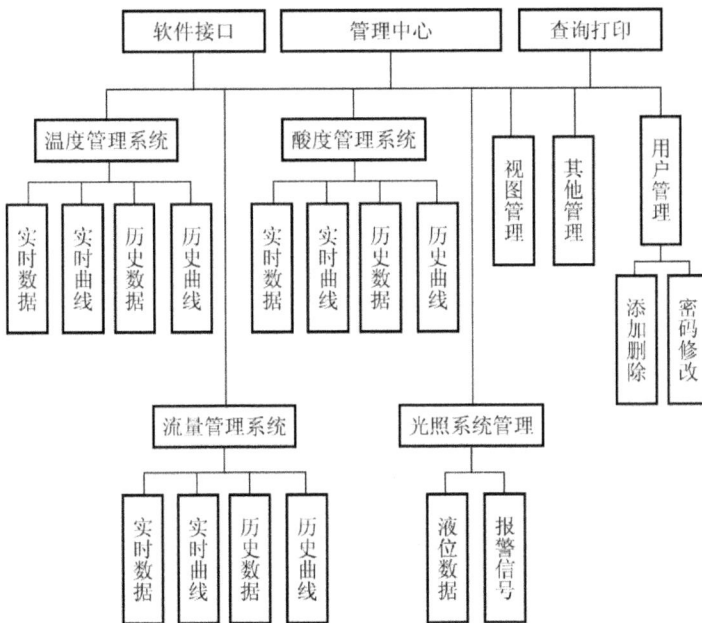

图 5.153　软件功能模块组成

Fig. 5.153　Diagram of software function module

（1）编程功能：管理人员可通过后台编辑模块的显示颜色、位置、字体等可视化界面，还可以对关键性变量数值进行输入。

（2）检测功能：检测传感器等终端设备的运行情况，并采集反应过程中的实时数据。

（3）报警功能：系统的报警功能可分为破坏性报警和临界性报警。控制模块采用轮巡的方式监视网络中各模块单元，在系统设备和线路遭受破坏时，监控中心会收到报警信号。而在检测数据大于安全值时会出现临界性报警信号。可根据预警类型查明报警原因和位置，并能立刻采取相应措施。

（4）记录功能：系统对各个模块发生的事件都有详细记录，如设备运行数据、用户登录记录等，并形成报表或文档。

（5）扩展功能：软件开放接口，可以扩展系统本身的模块，也可以与其他系统实现对接。

系统软件登陆及运行视图见图 5.154。

单独运行每个子系统，对比控制机构运行模式和非运行模式下的数据，测试子系统运行功能，检验其运行效果。

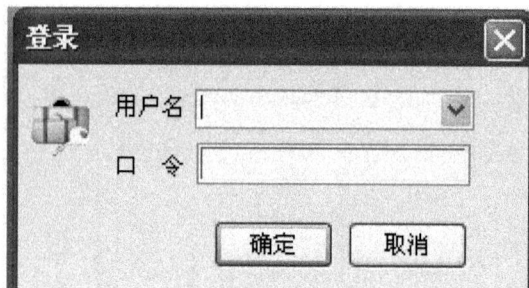

a. 用户登录
a. User login

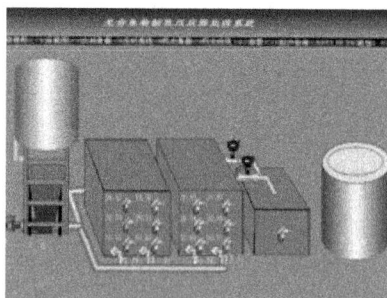

b. 模拟视图
b. Analog view

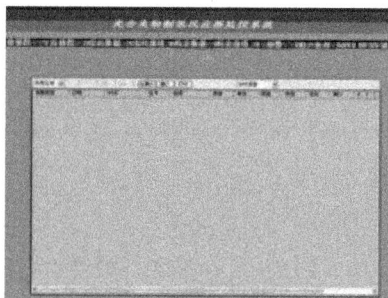

c. 报警信号
c. Alarm signal

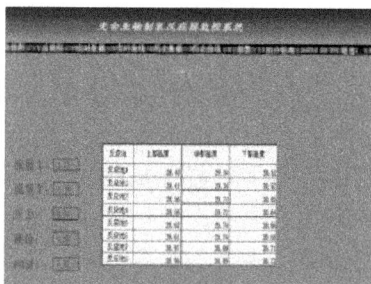

d. 实时数据
d. Real-time data

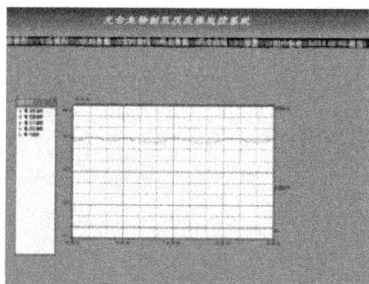

e. 实时曲线
e. Real-time curve

图 5.154　软件运行视图
Fig. 5.154　Software running view

5.4.11.1　温度控制系统的运行

只运行温度检测与控制系统，关闭其他子系统。主要研究在自控装置运行情况下温度的变化情况，检验温度测控系统运行的稳定性，证明其是否能起到有效调节作用。

本系统温度检测单元共设计 25 个温度传感器，控制单元共安装 8 个电磁阀、1 台水泵和 1 台电加热器。

整个系统的温度检测、控制都是由单片机不停地自动检测各处的温度，并判断其温度是否低于获高于设定值，然后打开或关闭相应的电磁阀和热水泵，对反应液进行加热，使整个系统为此在设定的温度范围内。

本系统共需输入 25 组温度信号，每个反应隔室的上中下 3 个温度信号为一组，其平均值分别代表该隔室的实际温度，最后 1 个温度信号为热水箱温度，所以输出 9 路执行信号，进而来控制电磁阀、水泵及电加热器。

1）反应器温度

为了较为全面地反映每个隔室相对准确的温度，在"串联长路径"工作模式下进行试验，反应器中的 24 个温度传感器每两个小时上传一次温度数据，1#～8# 隔室的上部（T）、中部（M）、下部（B）的温度曲线见图 5.155。

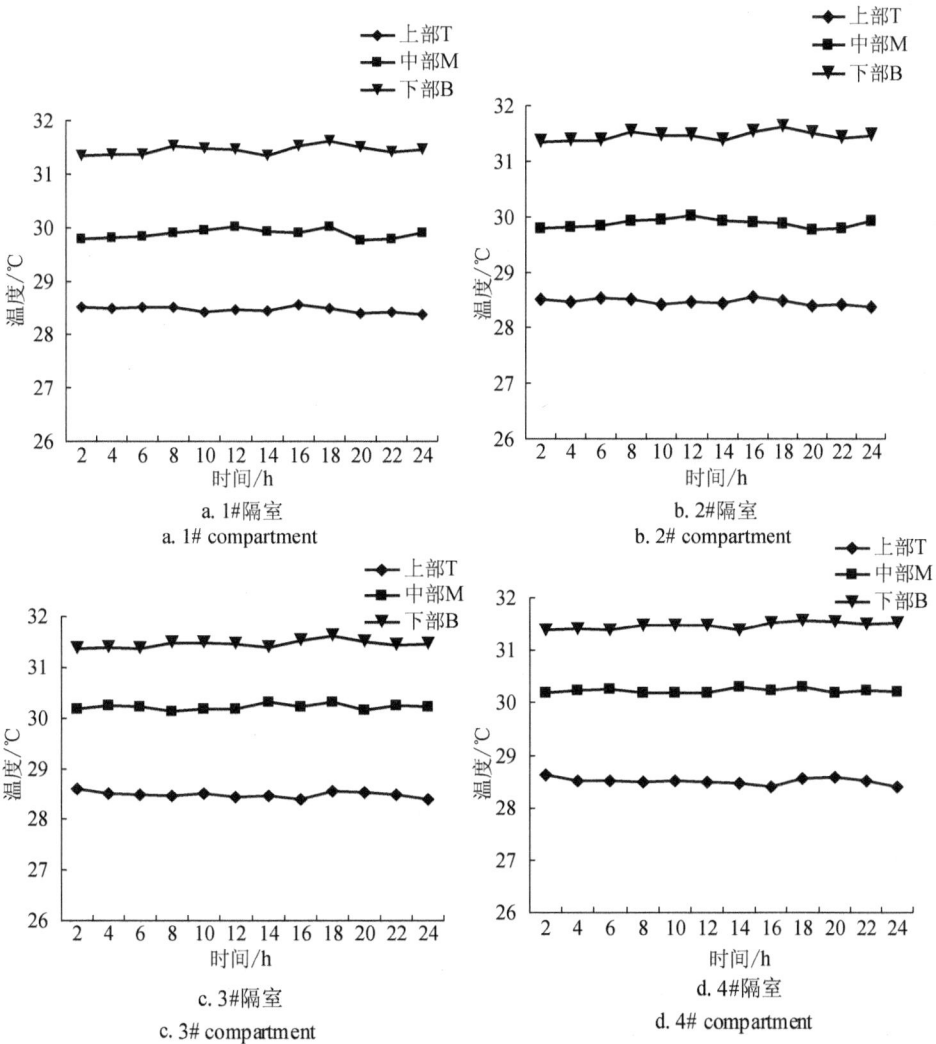

图 5.155　每个隔室三个部位的温度曲线

Fig. 5.155　Temperature curve of three parts of each compartment

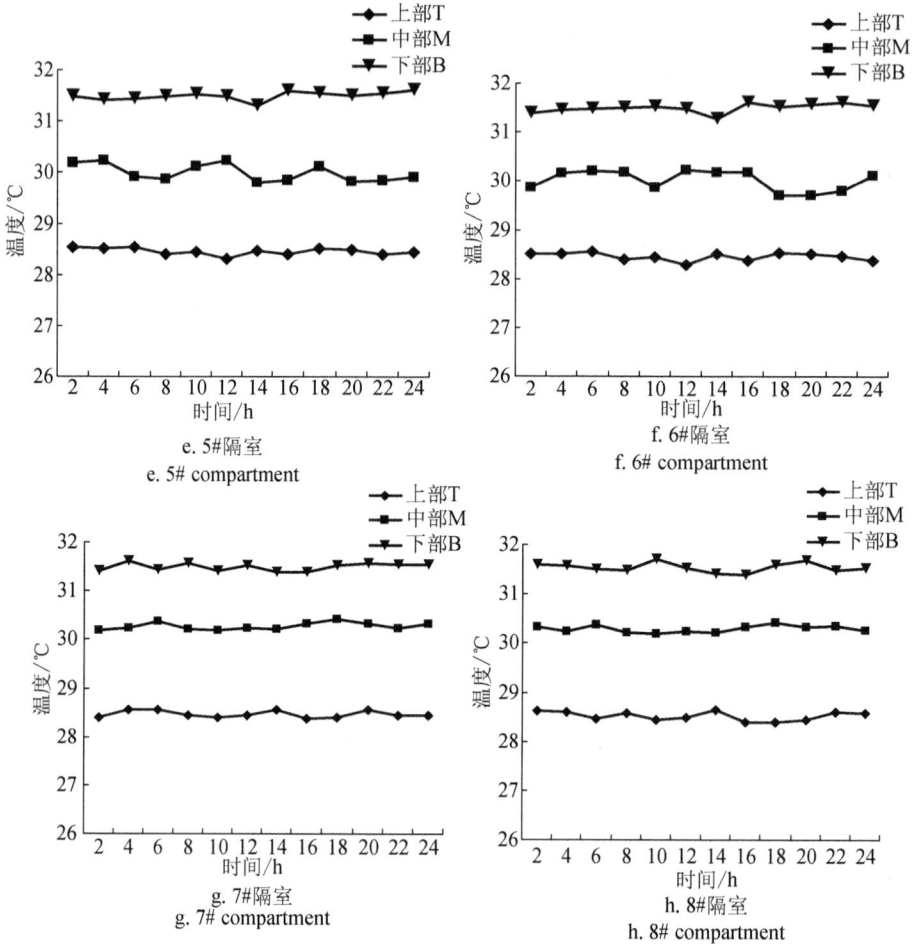

图 5.155　每个隔室三个部位的温度曲线（续）

Fig. 5.155　Temperature curve of three parts of each compartment（continued）

从图 5.155 中可以看出，整体温度调节稳定，且均在 28～32℃调控区间内，温度波动小于±2℃。在上、中、下三个高度层面的温度均呈现平稳趋势。表明此温度控制系统运行稳定，性能良好。

在底部热管进行热量补充的作用下，每个隔室的底部温度均保持在 31～32℃。随高度位置的上升，加热效果的降低，中部温度保持在 30℃左右。而上部因热量散失增加，温度保持在 28～29℃。

取每个隔室上、中、下三部分的温度平均值代表该隔室的温度，依次计算出 1#～8#隔室的测量温度见图 5.156。

从图 5.156 中可以看出 8 个隔室的温度都能控制在 30℃左右，调节效果非常良好。4#、8#隔室的温度值保持在高位，而 1#、5#隔室的温度相对低一些，这是因为热水箱的热水在阀门打开后进入换热管前的线程上，金属管材和执行器件损耗了一部分热量造成换热管路上后端的能量降低，因此在离热水箱较近的 4#、8# 隔室比相对较远的 1#、5#隔室温度较高。

另外可以看出，在"长路径"工作模式下，8 个隔室的温度数值都比较接近，所以在后面试验中只需要在"短路径"工作模式进行温度方面的试验就能体现其规律特点。

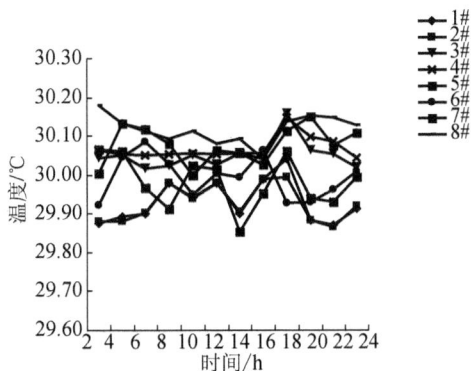

图 5.156 每个隔室温度曲线
Fig. 5.156 Temperature curve of each compartment

2）热水箱温度

温度子系统运行时，热水箱的温度控温功能正常，能使水箱的温度基本保持在 60～70℃，见图 5.157。

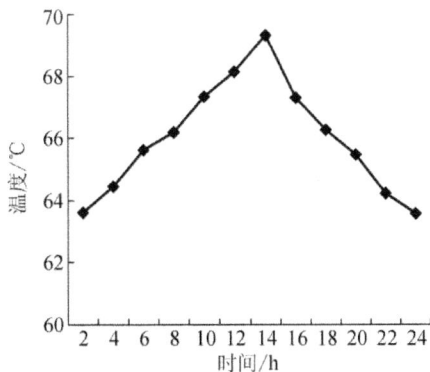

图 5.157 热水箱温度曲线
Fig. 5.157 Temperature curve of hot water tank

上午 12 点到下午 3 点之间温度值处于高峰，早上和晚上热水箱的温度并没有随着太阳能热水器温度的降低而降低，说明电加热起到了辅助加热作用。

对所得数据结果进行误差分析。温度控制中，通过温度传感器采集实时数据，然后注入热水进行温度补偿。这就使数据误差主要来源于两方面，一是传感器信号转换电路的电阻误差、放大电路的偏置漂移和 A/D 转换的误差，二是热水管线上的热量丢失。

将每个反应隔室的上、中、下 3 个温度数据的平均值代表此隔室的测量温度，并以此计算隔室温度单元的标定误差。由于铂热电阻是 PTC 热敏电阻的一种，又采用标准的铂电阻温度传感器进行标定，此计算中可以用测量温度和实际温度的差值取平均作为待标定温度传感器的系统误差。

每个反应隔室随机选取 12 个时间点的实时测量温度数据，分析方法如下。

（1）先以 1#隔室温度单元为例，12 组数据见表 5.25。

表 5.25 1#隔室温度误差数据

Table 5.25 Temperature error data of 1# compartment

序号	实际温度/℃	测量温度/℃	绝对误差
1	30.00	29.88	0.12
2	30.00	29.89	0.11
3	30.00	29.90	0.10
4	30.00	29.98	0.02
5	30.00	29.94	0.06
6	30.00	29.98	0.02
7	30.00	29.90	0.10
8	30.00	29.99	0.01
9	30.00	30.04	-0.04
10	30.00	29.88	0.12
11	30.00	29.87	0.13
12	30.00	29.91	0.09

（2）将表中的绝对误差取平均值得到+0.07℃，因此在 30℃标定条件下，1#隔室温度单元的系统误差为+0.07℃。显示温度减去系统误差其结果见表 5.26。

表 5.26 1#隔室温度标定误差数据

Table 5.26 Temperature calibration error data of 1# compartment

序号	实际温度/℃	测量温度-系统误差/℃	标定误差 Δ
1	30.00	29.81	0.19
2	30.00	29.82	0.18
3	30.00	29.83	0.17
4	30.00	29.91	0.09
5	30.00	29.87	0.13
6	30.00	29.91	0.09
7	30.00	29.83	0.17
8	30.00	29.92	0.08
9	30.00	29.97	0.03
10	30.00	29.81	0.19
11	30.00	29.80	0.20
12	30.00	29.84	0.16

由此计算出 1#隔室温度单元的标定误差为

$$\delta = \sqrt{\frac{\sum_{i=1}^{12} \Delta_i^2}{12}} = \sqrt{\frac{0.19^2 + 0.18^2 + \cdots + 0.16^2}{12}} = 0.15$$

（3）以此方法，以此计算出 1#～8#隔室温度单元标定误差见表 5.27，整体计算为误差为 0.085。

表 5.27 每个隔室的温度标定误差

Table 5.27 Temperature calibration error of each compartment

隔室温度单元	1#	2#	3#	4#	5#	6#	7#	8#
标定误差	0.15	0.15	0.04	0.03	0.11	0.09	0.05	0.06

为便于分析，以此表数据绘制出温度误差曲线见图 5.158。

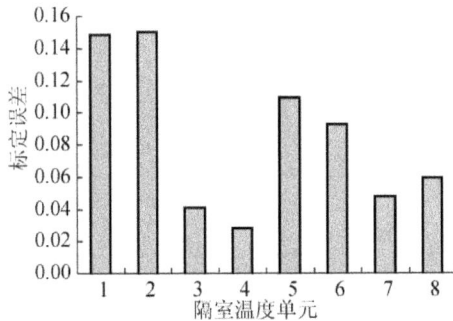

图 5.158 隔室温度误差曲线

Fig. 5.158 Temperature error curve of each compartment

因每两个隔室的温度误差较为接近，为方便分析，将 1#隔室和 2#隔室作为第 1 组，将 3#隔室和 4#隔室作为第 2 组，将 5#隔室和 6#隔室作为第 3 组，将 7#隔室和 8#隔室作为第 4 组，8 个隔室被分为 4 组。从图中可以看出，每组内的两个反应单元的标定误差比较接近，这是因为它们两隔室的性能比较接近。1#、2#隔室组成的第 1 组和 5#、6#隔室组成的第 3 组由于管线较长，热水在流动中热量损失较大，造成与第 2、4 两组相比误差较大。

在热水直接灌注加热的温度补偿中，3#、4#隔室组成的第 2 组，尤其 4#隔室，温度误差最小。这是因为热水先注入这两个单元隔室，离热源近、距离短，在线路上的阻值损失和热量消耗最小。所以在后期的设计中要合理布局热水管的灌注路线，尽量满足 8 个隔室等量的灌注路线，使误差达到均量最小值。

5.4.11.2 pH 控制系统的运行

只运行 pH 检测与控制系统，关闭其他控制系统。主要研究在自控装置运行情况下 pH 的变化情况，检验此系统运行的稳定性，证明其是否能起到调节作用。

在 8 个反应隔室的中部分别设计 1 个 pH 计和 1 个电磁阀，单片机每两个小时采集一次数据。pH 数值设置为上下限报警，可完成 pH 的显示、报警功能。通过采集到的酸碱度上下限数值，来控制中间继电器的动作，以达到控制电磁阀开合的目的。例如：电磁阀是常闭的，当反应液的 pH 低于 6 时，输出报警信号，使中间继电器动作，让电磁阀通电打开，中和液通过管路进入反应液实现调节功能。本系统共需输入 8 组酸碱度信号，输出 8 路报警信号，它们分别控制 8 个隔室的 8 个中间继电器。

连续运行 24 h，取 8 个隔室每两小时的 pH，pH 曲线见图 5.159。

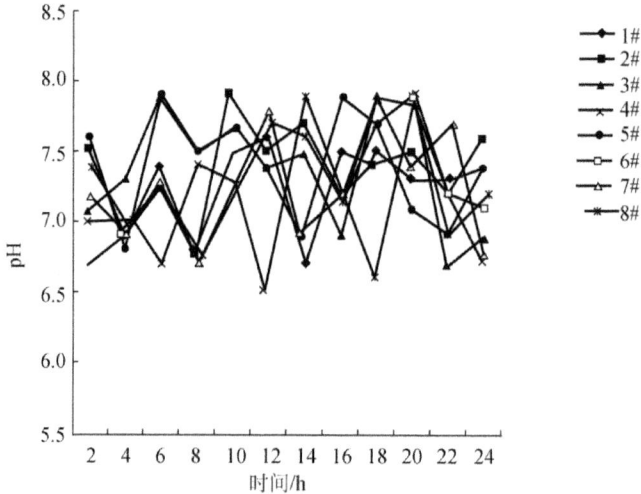

图 5.159　每个隔室 pH 曲线
Fig. 5.159　pH curve of each compartment

从图 5.159 中可以看出，碱性溶液起到了一定的中和作用，能将反应料液的 pH 调控在 6.0～8.0 的范围内，形成比较适宜光合菌种生长代谢的中性环境。

同时可以看到每个隔室的 pH 检测数据没有形成一定的规律性，这是因为生物制氢过程中生物代谢产酸引起了酸碱度细微波动，而这种微观酸碱度的变动规律及精准调节需要进一步深入研究。

由图可知系统中 pH 的控制比较有限，精度不是很高，相对误差偏大一些。此系统分析主要有以下几点原因。

（1）在线 pH 计的自身特点造成的。因为与实验室 pH 计相比，在线 pH 计包含数据数字化的传输部分、测试环境的持续变化、在线介质的温度都会造成数据上的偏差。

（2）不确定因素的扰乱。在针对反应液 pH 的控制过程中，由人工配置的中和溶液与作为被控对象的反应器内料液的组分和浓度会随着时间变化，造成中和过程中无法忽略的不确定扰动。

（3）pH 探头的腐蚀。使用过程中，探头的玻璃膜可能变成透明或附有沉积物，影响电极的灵敏度，致使测试的 pH 与实际的 pH 不十分相符。

（4）pH 计分布有限。可在增加成本的前提下，适当增加 pH 计设置，以完善 pH 场分布。

（5）无搅拌装置。由于电极测量到仅仅是玻璃膜顶端附近的 pH，如果没有经过搅拌或摇动均匀，碱液不能和反应液充分地进行中和作用，测试到的数据就不能非常准确的体现实际的酸碱度值。

（6）光合生物制氢过程的控制存在间接性，模糊控制方法不适合 pH 的过程调节，还需要进一步优化设计。

5.4.11.3　流量控制系统的运行

只运行流量检测与控制系统，关闭其他控制系统。主要研究在自控装置运行情况下流量的变化情况，检验此系统运行的稳定性，证明其是否能起到调节流量作用。同时试验上料箱的液位预警功能是否正常。

每 2h 检测一次两条路径上各自的累积流量，共检测一个水力滞留周期 36h。过了 36h 即时清零，第 37h 开始下一个水力滞留周期的流量累积流量检测，周而复始，故一个水力滞留周期的数据即能表明整个连续制氢过程中流量的变化情况。

（1）在并联工作模式下，整个光合连续制氢过程形成 1#-4#反应隔室和 5#-8#反应隔室两条"短路径"状态，阀门 f1、f3、f2、f5 打开，阀门 f4 闭合。涡轮流量传感器 LWGY1 和 LWGY2 处于工作状态，检测两条短路径上的累积流量，见表 5.28 和表 5.29。

表 5.28　流量传感器 1 的累积流量
Table 5.28　Cumulative flow of LWGY1

时间/h	2	4	6	8	10	12	14	16	18
流量 1/m³	0.144	0.288	0.432	0.576	0.72	0.864	1.008	1.152	1.296
时间/h	20	22	24	26	28	30	32	34	36
流量 1/m³	1.44	1.584	1.728	1.872	2.016	2.16	2.304	2.448	2.592

表 5.29　流量传感器 2 的累积流量
Table 5.29　Cumulative flow of LWGY2

时间/h	2	4	6	8	10	12	14	16	18
流量 2/m³	0.144	0.288	0.432	0.576	0.72	0.864	1.008	1.152	1.296
时间/h	20	22	24	26	28	30	32	34	36
流量 2/m³	1.44	1.584	1.728	1.872	2.016	2.16	2.304	2.448	2.590

从表 5.27 和表 5.28 中数据可以看出，并联模式下的两条路径上的流量情况除了最后一组数据外，累积流量数值基本一致。最后一组 36h 的流量值也仅仅相差 0.002，基本可以忽略不计。这表明两条路径上的流量情况基本相同，流量控制效果十分良好，均控制在 0.144m³/h。

（2）在串联工作模式下，整个光合连续制氢过程形成 1#～8#反应隔室的"长路径"状态，阀门 f1、f4、f5 打开，阀门 f2、f3 闭合，涡轮流量传感器 LWGY1

处于工作状态，每 2h 检测一次路径上的液体流量（见表 5.30）。

表 5.30　流量传感器 1 的累积流量
Table 5.30　Cumulative flow of LWGY1

时间/h	2	4	6	8	10	12	14	16	18
流量/m^3	0.288	0.576	0.864	1.152	1.44	1.728	2.016	2.304	2.592
时间/h	20	22	24	26	28	30	32	34	36
流量/m^3	2.88	3.168	3.456	3.744	4.032	4.32	4.603	4.886	5.169

从数据表 5.30 可以计算出前 30h 的每小时流量均为 0.144 m^3，从 30 h 开始到至 36h，累积值有所变化，表明流量开始出现偏差，见图 5.160，这期间每小时的流量数值分别为 0.143m^3/h，0.142m^3/h，0.141m^3/h。

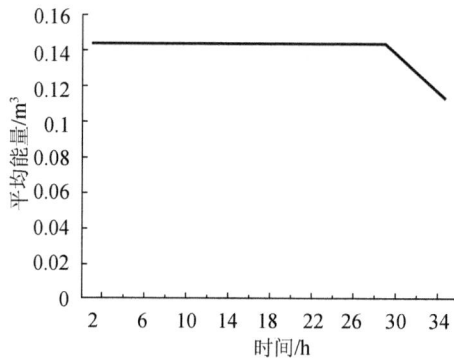

图 5.160　流量变化曲线
Fig. 5.160　Flow changing curve

两种工作模式的下的流量控制均达到设计指标要求，尤其在短路径上的液体流量控制非常良好。长路径下 30h 时开始出现流量误差，虽然到 36h 是的累积误差达到最大值 0.03m^3/h，但误差值在设计的 0.05m^3/h 范围之内。这表明此系统运行良好，适合光合生物连续制氢过程中的流量控制。

（3）上料箱的液位计检测到液面低于警戒线 20cm 时，上位机软件会出现报警信号，潜水泵停止工作，提示需要人工加料（见表 5.31）。功能测试正常。

表 5.31　报警功能测试结果
Table 5.31　Results of alarm function test

设定预警线值/cm	设定上限值/cm	显示到达液位/cm	水泵是否停止	是否报警
20	80	49.7	否	否
20	80	18.5	是	是
20	80	25.4	否	否
20	80	19.3	是	是

涡轮流量传感器是一种精密流量测量仪表，其测量原理是以机械计数或脉冲频率输出直接得到总数，适用于计量总量，其准确度较高。本系统的流量控制在

30h 时间段内十分精准，但 30h 后的误差基本控制在 0.03m³/h 范围内，分析其原因主要在以下三个方面。

（1）本系统采用的是涡轮流量传感器，其流量范围的选择直接影响着它的精确度和使用年限，它还决定着流量传感器口径的选择。选择流量范围一般按照如下准则：最小流量应大于等于仪表能够测量的最小流量，最大流量应小于等于仪表能够测量的最大流量。对于不间断工作小于 8h 的场合，其最大流量应为实际最大流量的 1.3 倍左右；对于不间断工作超过 8h 的场合，其最大流量应为实际最大流量的 1.4 倍以上，最小流量应为实际最小流量的 0.8 倍为最佳。本系统配置的涡轮流量传感器需要连续工作 36h 的周期，适合并联模式下的流量检测场合，但不是非常合适串联模式下的流量检测场合。

（2）管内液体若存在气体，由于背压不足致使其测量管内液体未能充满，误差的出现会因非充满程度和流动状况有不同表现。若在流动中此部分少量气体是气泡流或塞状流，偏差现象除测量值与实际值不符外，还会因气相瞬间遮盖电极表面而出现输出晃动，从而加大误差。而光合生物连续制氢过程中检测的流体中正是有大量的氢气气泡混杂其中，而且随着产氢量的增加气泡会更多，导致了长时间不间断工作后流量计误差的出现。

（3）按照标准的流量传感器使用说明，传感器前后直管段要求，上游端至少应有 10 倍公称通径长度的直管段，下游端应不少于 5 倍公称通径的直管段，避免折弯干扰带来的流量误差。在现场的试验装置安装工艺中没有考虑此结构尺寸的影响因素。

5.4.11.4 供光单元中的控制系统的运行及分析

（1）聚光器直角导管的换水装置运行良好。当直角导管中的自来水受热蒸发，液位下降到下线时，进水阀门自动打开，自来水液开始填充导管。到液位到达最上限时，阀门自动关闭。实现了自动换水功能。光纤端口被烧和导管浑浊的问题大大得到了改善。说明此装置一方面起到了降温作用，另一方面由于换水及时，直角导管的透光度也得到了加强。

（2）昼夜转换和市电切换功能正常。白天光照强度达到上限时，LED 光源处于关闭状态，夜晚和阴雨天气下，LED 光源自动启动。设计蓄电池的持续时间为 2d。当阴雨天气超过 2d 时，蓄电池的电压不足，控制器将 LED 供电电源自动切换到市电供应模式。

（3）供光管的预警功能正常。试验中，当出现清洗报警时，取下供光管，发现色素附着情况见图 5.161，的确需要清理。而且每个供光管的附着情况差别不大，说明只在一根管内安装一个光敏电阻就能实现报警功能的设计是正确的。

图 5.161　供光管色素附着
Fig. 5.161　Pigment deposit in light tube

5.4.11.5 温度控制系统运行前后情况的对比与分析

对每个控制子系统在非运行和运行模式下的数据进行对比，检验该子系统运行的有效性。同时，对两种模式下的产氢量和产氢率进行对比，分析该环境影响因素对光合产氢影响力的大小。

1）温度控制系统非运行与运行模式下温度的对比

温度控制系统不运行时，纯粹是太阳能热水器的单一热量直接来补偿反应器的反应液。运行温度控制系统后，通过太阳能热水和电热器辅助加热互补相结合的方式对反应器的反应液进行智能化的热交换。

根据以上的结论，在"短路径"模式下就能体现两种模式下的温度情况对比，1#～4#隔室进行试验的结果见图 5.162。

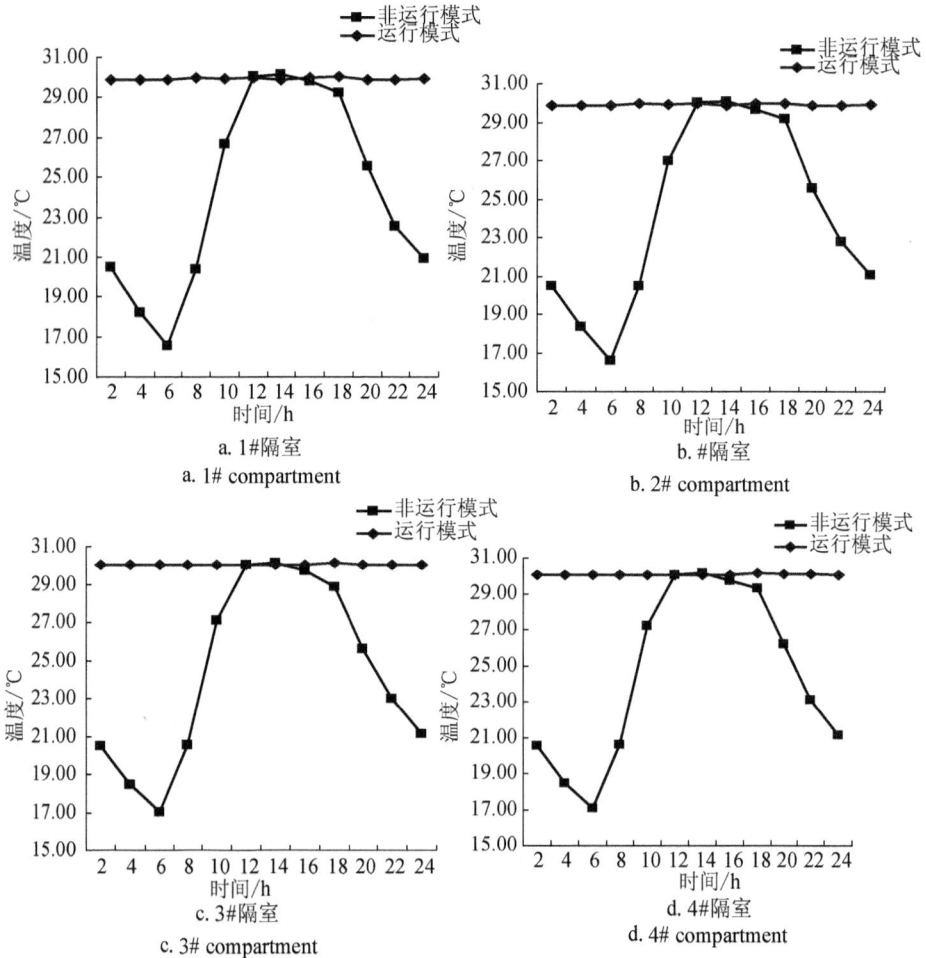

a. 1# compartment

b. 2# compartment

c. 3# compartment

d. 4# compartment

图 5.162 隔室温度两种模式对比

Fig. 5.162 Two modes contrast of each compartment temperature

两种情况下差别比较明显，在运行模式下，温度曲线平稳，变化很小，表明温度补偿系统起到了非常明显的效果，控制非常良好。

对热水箱控制系统的运行同样分以下两种情况：不运行电热器辅助加热功能，热水箱的温度完全来自于太阳能热水器的热量供给，但昼夜的更替，温度的起伏较大，在中午的时间温度过热，将近 70℃。而到了下午 5 点钟左右温度开始急剧下降至 30℃上下，这一情况一直持续到次日早上；运行电辅加热系统后，热水箱内的温度能够保持在 60～70℃，说明起到了有效的温度补偿效果，而且温度起伏不大，能为反应器提供稳定的热交换来源。两种情况下的温度曲线见图 5.163。

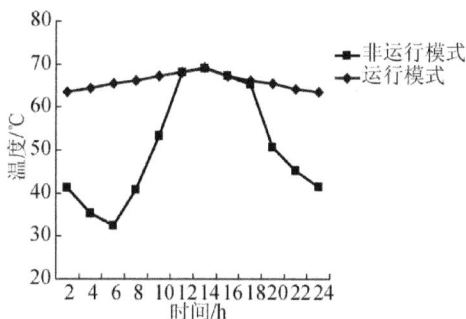

图 5.163　热水箱温度两种模式对比

Fig. 5.163　Two modes contrast of hot water tank temperature

2）温度控制系统非运行与运行模式下产氢量和产氢率的对比

为反映每个隔室的产氢情况，运行温度控制子系统，在长路径模式下连续运行 12d，8 个反应隔室两种模式下的产氢量和产氢率见图 5.164 和图 5.165。

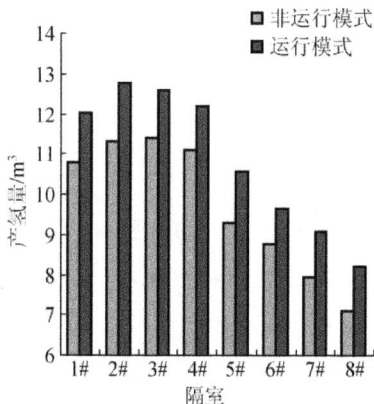

图 5.164　两种模式下温度对产氢量的影响

Fig. 5.164　Effects of two temperature mode on hydrogen yield

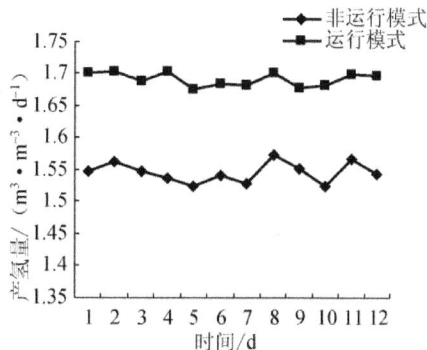

图 5.165　两种模式下温度对产氢率的影响

Fig. 5.165　Effects of two temperature mode on hydrogen production rate

图 5.164 中可以看出在 1#、4#、5#隔室产氢量较高，2#、3#隔室达到最高，6#、7#、8#偏低而且呈下降趋势。这是因为连续光合制氢过程中，在前 5 个隔室的菌种浓度较高因而产量较高；在 2#、3#隔室虽然菌种浓度相对 1#隔室有所降低，但是随着路径的增长，反应料液得到了充分的混合，大大增强了产氢菌种的活性，加速了产氢代谢，所以产氢量达到最高峰。而后期随着菌种的不断衰亡，新液的补充有限，造成后面隔室的产氢量明显不如前面隔室的产氢量。从产氢增长量分析，可以看出在前四个隔室内，在温度控制运行模式下的产氢量与非控制模式下的产氢量相比各个隔室的平均增长率在 12%左右。最后三个隔室的增长率均在 12%以上，8#隔室甚至达到 15%，这说明温度控制子系统的运行大大促进了氢气的产生，而且在路径末端的促进作用尤为明显。产氢率情况见图 5.165，产氢率均保持在 10%左右，温度调控促进作用良好，运行平稳。

上述表明温度对于光合高效连续产氢的影响非常显著，温度也是光合产氢的一个非常重要因素。本温度控制系统可靠稳定，实现了光合生物连续产氢反应的高效运行。

5.4.11.6　pH 控制系统运行前后情况的对比与分析

1）pH 控制系统非运行与运行模式下 pH 的对比

为方便比较每个隔室的 pH 情况，采用串联长路径方式，pH 控制系统非运行与运行状态两种模式下各隔室的 pH 情况对比见图 5.166。

两种情况下差别比较明显，在运行模式下，pH 在 7.0 上下波动，起到了设计的调节作用。但不是很平稳，有些时间段波动较大，表明 pH 控制系统能够起到基本的调控功能，但是需要进一步优化设计。

2）pH 控制系统非运行与运行模式下产氢量和产氢率的对比

在 pH 控制模式下连续运行 12d，8 个反应隔室两种模式下的产氢量和产氢率情况见图 5.167 和图 5.168。

从产氢量图 5.167 中可以看出产氢量在前 5 个隔室的产氢率较高，后两个隔室的产氢量较低。在 pH 控制运行模式下与非控制模式下相比，各个隔室的产氢量有所提高，增长率在 10%左右。产氢率图 5.168 中看出增长率在 8%左右。

这表明 pH 是影响光合生物制氢的一个重要因素，对产氢菌群环境的适应中和调节有利于产氢量及产氢率的增长，但增长有限，需要进一步研究其酸碱度内在规律，对于提升产氢效率有着较大的研究潜力。

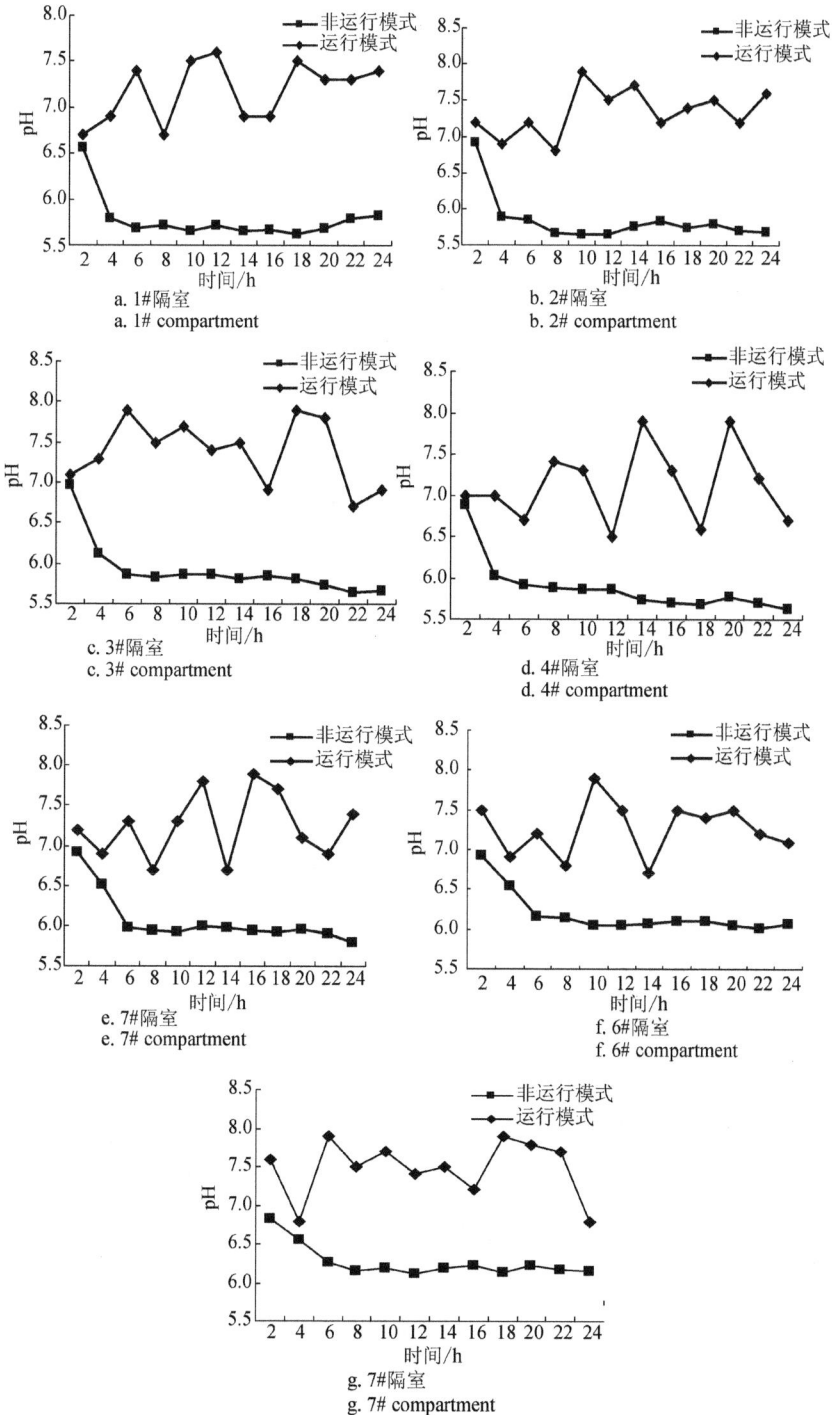

图 5.166　隔室 pH 两种模式对比

Fig. 5.166　Two modes contrast of each compartment pH

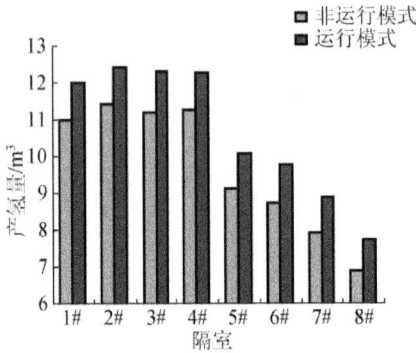

图 5.167　两种模式下 pH 对产氢量的影响
Fig. 5.167　Effects of two pH mode on
hydrogen yield

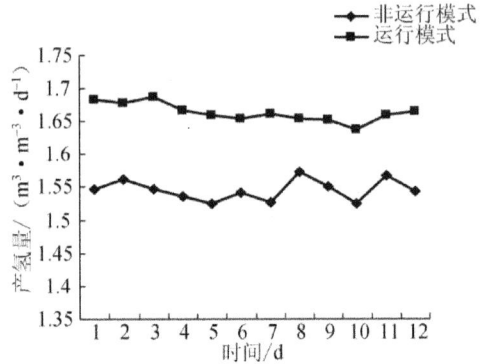

图 5.168　两种模式下 pH 对产氢率的影响
Fig. 5.168　Effects of two pH mode on hydrogen
production rate

5.4.11.7　流量控制系统运行前后情况的对比与分析

（1）由于运行流量控制系统的情况下是每隔一小时自动加料一次，但在不运行流量控制系统时需要人工加料，两种情况在流量大小的控制方面没有可比性，无法进行有效的对比。

（2）流量控制系统非运行与运行模式下产氢量和产氢率的对比。流量控制模式下连续运行 12d，8 个反应隔室两种模式下的产氢量和产氢率见图 5.169 和图 5.170。

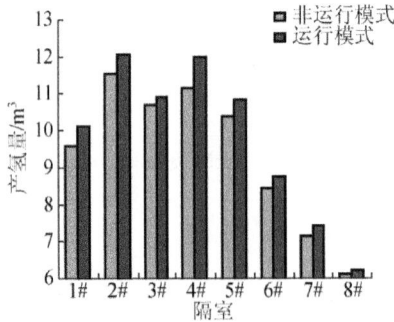

图 5.169　两种模式下流量对产氢量的影响
Fig. 5.169　Effects of two flow mode on
hydrogen yield

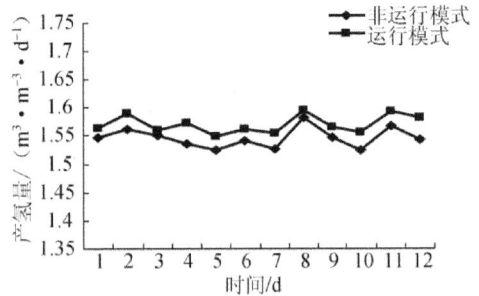

图 5.170　两种模式下流量对产氢率的影响
Fig. 5.170　Effects of two flow mode on
hydrogen production rate

从图 5.169 和图 5.170 中可以看出在运行初期,运行模式与非运行模式下的产氢量不相上下，最大增长不超过 5%；产氢率相差更小，不到 3%，但是从后半部分的变化趋势可以看到，针对运行模式与非运行模式下的产氢量增幅来说，路径中后短的增幅大于前段的增幅，这也体现了在均匀间隔的时段内及时上料对产氢效率有一定的促进作用。

总的来说，稳定的流速对产氢量和产氢率起到了一定的促进作用但不是很明显。只要在均匀的时间段内及时上料，加大料液在光合连续产氢路径上的更替，保障最佳的水力滞留时间，就能保证较高的产氢量和产氢率。

5.4.12　产氢系统整体系统的运行

5.4.12.1　功能性适应性试验

上述试验对太阳能光合生物连续产氢自控装置各子系统分别进行了分析，而且试验材料选用不同来源的有机废水、废弃物作为原料，因此一方面可以说明系统能够模块化运行并能自动调整运行参数，另一方面说明装置适应性强，符合太阳能光合生物连续产氢自控系统的工作特性，也达到了系统设计要求。

另外进行了人工输入变量试验操作，当受到外界影响干预出现偏差后，会自动回到设定范围内。在控制装置出现故障的情况下，可以进行手动操作，没有出现产氢过程的中断。说明系统具备自动调整、自动保护的功能。

5.4.12.2　连续性稳定性试验

太阳能光合连续产氢自控系统在温度、pH、流量、光照等环境变量处于可控的最佳范围内，持续运行40d，每个隔室的产氢量情况见图5.171。从图中的产氢量可以看出，在连续运行过程中未出现产氢过程的间断及产氢量的大幅度波动，说明整个自控系统促进了氢气的产出而且持续运行稳定。

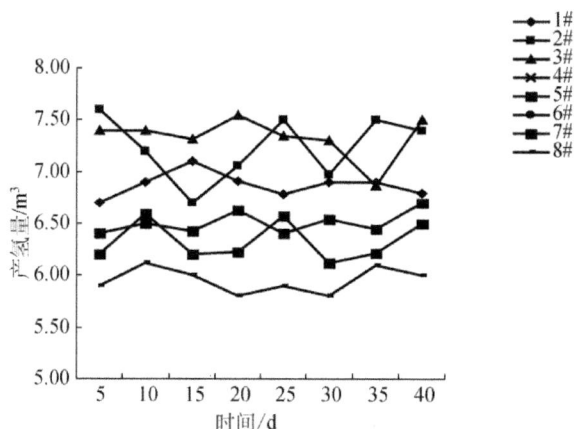

图5.171　每个隔室的连续产氢量

Fig. 5.171　Continuous hydrogen production of each compartment

5.4.12.3　产氢效率的促进作用试验

光合生物制氢的核心问题是如何提高氢气产出效率，太阳能光合生物连续产氢系统在氢气产出量及产出效率方面的指标是其性能验证的重要组成部分。

1）整体控制系统非运行与运行模式下产氢量的对比

太阳能光合生物连续产氢系统在运行模式与非运行模式下，按照长路径方式连续运行12d，每个隔室的氢气产量情况见图5.172。

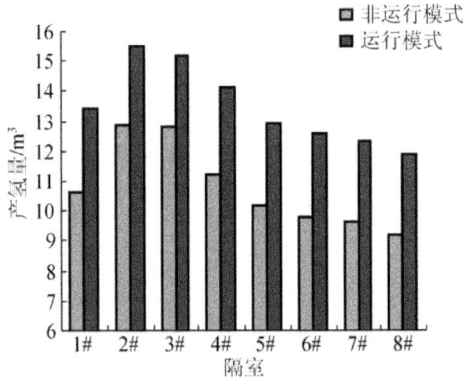

图 5.172　系统两种工作模式对产氢量的影响
Fig. 5.172　Effects of two working mode on hydrogen yield

从图5.172中可以看出2#、3#隔室的产氢量提高率在20%左右，6#~8#隔室的产氢量提高率将近30%，而1#、4#、5#隔室的产氢量提高率在20%~30%。这说明自控系统装置对氢气的产出明显起到了促进作用。

结合上面的分析结果"产氢量在1#、4#、5#隔室较高，2#、3#隔室达到最高，6#~8#偏低而且呈下降趋势"，进行比较不难发现，对产氢量本来就较高的2#、3#隔室来说其提高率不是很大，反而对产氢量较小的6#~8#隔室的提高率明显较大，最高甚至超过30%。这体现了整个自控系统的调节是有效的，也符合自然界弱项补偿原则。

2）整体控制系统非运行与运行模式下产氢率的对比

与产氢量的上升趋势相同，产氢率的增长率均保持在20%左右（图5.173），说明在连续工作的产氢过程中，太阳能光合产氢自控系统促进了氢气的产生效率。尽管在持续的时间段内产氢量增长率不尽相同，但长久来看产氢率的增长量还是比较均匀稳定的。

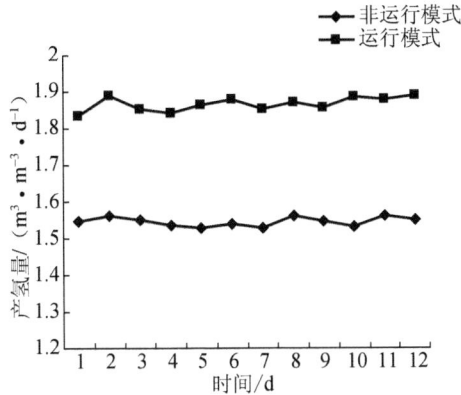

图 5.173　系统两种工作模式对产氢率的影响

Fig. 5.173　Effects of two working mode on hydrogen production rate

5.4.13　小结

（1）在温度制系统实际应用性能是可以的，符合制氢工艺要求。检测控制子系统运行中，生物反应器不同部位温度有所不同，但整体反应液温度稳定在（30±2）℃范围内，系统标定误差为±0.085。整体系统温度调控稳定，精确度高，并且实现温度的多点同时显示，快速准确的获得生物制氢系统的温度场分布，能够很好地满足生物反应器的运行过程中对温度调控的要求。需要注意的是，工艺设计中需要合理布局热水交换接入口的位置。

（2）通过传感器对反应液 pH 的检测，设置调控的上下限，控制阀门的开闭，实现碱液对反应液的中和作用，将 pH 控制在（7±1）的范围内，系统调控性能完好，技术可行，符合制氢工艺要求。控制系统稳定，精度较好，满足光合生物反应器对酸碱度调控的基本要求。在后续的工作中，控制方法、装置结构需要进一步探讨研究。

（3）本流量控制系统运行良好，满足光合制氢的流量控制，保证了最佳的水力滞留时间。尤其在并联短路径模式下，检测控制效果十分良好。在串联长路径模式下，36h 内的误差控制在 0.03m³/h 内，达到设计的标准要求。在后期的改良中需要合理选择合适流量范围的流量传感器，同时要考虑工艺结构的影响因素。流量自控系统实际应用性能是可以的，符合制氢工艺要求，在上料箱控制中的预警提示也能满足连续制氢的要求，不需要自动控制。

（4）对子系统模块分别进行试验，各个子系统运行稳定，功能齐备，控制系统也起到了良好的调控作用，温度控制在（30±2）℃范围内，pH 控制在（7±1）范围内，保证了 36h 的最佳水力滞留时间，达到了设计目标。从产氢情况分析，温度因素的影响最大，达到了 10%～15%；pH 因素的影响次之，在 8%～10%；而流量因素的影响较小，只有 3%～5%。这说明在太阳能光合连续产氢过程中，保持适宜的温度是提高产氢效率的重要条件。而流量不是主要的考虑因素，只要能保持最佳的水力滞留时间即可。由于条件有限，未能搭建更完善的平台，分析各个因素之间的内在联系与相互影响规律，这也是今后太阳能光合连续产氢自控系统需要进一步优化的地方。总体来说，太阳能光合生物连续产氢自控系统运行持续稳定、适应性强，而且在工作模式下产氢量的提升率达到 20%～30%，产氢率的提升率也达到了 20%，明显地促进了氢气的产出效果。

5.5　本章总结

　　尽管秸秆类生物质光合生物制氢技术近年来取得了显著的研究成果，但其工业化应用仍然存在很大的技术壁垒，尚需在高效反应器研发方面开展深入研究。开展大中型光合细菌生物制氢反应器的优化设计和研发，实现以太阳光能和风能作为产氢过程中的能量来源，同时研究反应器中光能传输、温度分布与光合生物制氢过程中微生物群落分布及产氢特性之间的关系。随着现代生物技术的发展以及现代化工程技术在光合生物制氢领域的不断深入应用，未来秸秆类生物质光合生物制氢技术的研究及应用也必将步入一个全新的时代。

　　课题组开展了各种不同形式光合生物制氢系统的研制，并对其辅助单元进行了研究，得出如下结论。

　　（1）对环流罐式对光合生物制氢反应器型式与结构、运行模式、反应器中流体的传输及混合、光源采集传输系统、热交换器及温度调控系统等方面进行了详细设计计算和试验研究。研制得出透明圆柱锥底立式罐组成的新型环流罐式光合生物制反应器。采用环流循环方式进行基质和光合细菌的混合，并在循环管路上设置了热交换装置，将循环混合与热交换相结合，这种混合方式不仅能够达到基质与光合细菌菌种较好地混合，还可以大大减小由于机械搅拌混合方式或气升混合方式产生的剪切力对细胞的损伤，也避免了一般生物反应器因搅拌器安装造成的漏气问题，还可在反应液循环的同时，实现了反应液的温度控制，解决热量的传输问题，取代了传统的双层罐体夹层或盘管保温方法，降低了反应器的生产成本和体积规格；

　　（2）采用由太阳能聚焦采光器、滤光器、光导纤维、光再分配器组成的太阳光高效聚焦传输系统，将与光合产氢菌的吸收光谱特性相耦合的光经由光导纤维和光再分配器从 4 个置于反应器中的透明套筒输送到反应器中，改善了深层区域光照度差的问题，使太阳光在反应液中较均匀地分配，达到了太阳光能的高效率转化，大大提高了太阳能的利用率；并配置有辅助光源于套筒中，在太阳光不足或晚间向反应器内提供光照。

　　（3）利用新型环流罐式光合生物反应器中，进行了以经过预处理的猪粪污水为产氢底物，利用经过海藻酸钠固定的光合细菌菌群产氢的实验研究，得出间歇产氢过程中，以初始 COD 为 5 130mg/L 猪粪污水为产氢底物产氢时，pH 有所升高，但波动幅度在 5.6～6.8，pH 无须调整，产氢可顺利进行；利用太阳光采集、传输设备和辅助光源连续照射，光照度在 1 840.2～3 012lx，可满足光合细菌产氢过程对光能的需求；采用循环管路中的换热器进行换热和模糊逻辑温度调节方法，反应器中反应液的温度可控制在（31±2）℃；间歇产氢实验较高产氢速率持续近96h，得到光合生物反应器平均产氢速率为 484.7mL/（L·d），最大产氢速率为877.4mL/（L·d），COD 产氢率为 1g COD 每天产氢 171.4mL H₂，原料的转化利用率为 68.4%。连续产氢过程中，以初始 COD 为 5 216mg/L 的猪粪污水为产氢底物，添加底物原料的 COD 调节在 5 000～5 500mg/L 之间时，pH 从初始的 5.63 升高至6.3～6.5，比较稳定，pH 无须调整，产氢可顺利进行；采用自行设计研制的新型环流罐式光合生物反应器可提供 1 557.8～3 079.9lx 的连续光照，温度可调节在（31±2）℃之间；连续产氢实验连续进行了 69d，连续稳定产氢达 63d。光合生物反应器最大产氢速率为 722.6mL/（L·d），稳定产氢期间，获得了平均 633.1mL/（L·d）的产氢速率，COD 产氢率为 1g COD 每天产氢 172.9mL，原料的平均转化利用率为 61.7%。

（4）采用菲涅耳透镜聚光方式，使太阳光高效聚集，在焦点前放置可更换的带通滤光片，在焦点处放置端光纤，使进入到光导纤维的能够被光合细菌高效吸收的光的密度大大增加；并根据太阳的运行规律，采用光电控制技术，设计出了太阳光自动跟踪装置，使信号探测器固定在集能平面上与其一起转动，当接收到太阳光线发生偏转信号后，传给电子自动控制电路，通过模数转换对信号进行分析，给出指令，使驱动电机通过减速机构转动集能平面，精确对准太阳，从而实现了对太阳方位角和高度角的全方位二维自动跟踪，跟踪精度为每 10.4min 跟踪一次，大大提高了太阳能利用率。对研制成功的太阳光聚焦传输系统的光传输特性进行了试验研究，通过 28d，每天 10 次的测定，在距光纤端部 5cm 处的日平均光照度达到了 3 374lx，在距光纤端部 10cm 处的日平均光照度达到了 1 081lx，完全能够达到光合细菌生长和代谢所需要的光照度。

（5）研发了 5m³ 规模的太阳能光合生物制氢系统，通过高效聚光装置，利用多芯照明光纤更能更好地适应光合细菌制氢反应器内复杂布光的需要。采用了真空管太阳能集热器为反应器提供热水以维持反应器内处于恒定温度。通过测试 5种 LED 光源得出黄光 LED 的产氢量最高，达到 6 050mL。可见光在光合细菌生长、产氢反应液中的传播受多种因素影响。当反应液接种量为 5% 进行连续培养和产氢时，随着反应液中菌体浓度的增强可见光在反应液中的透过性逐步降低。该制氢系统采用折流式反应器的结构形式不仅可以实现光合制氢反应液的搅拌和活性菌体滞留，减少反应死区，折流板的分隔作用可以满足不同隔室的布光要求，满足光合细菌高效产氢"暗反应"和"明反应"交替的要求。

（6）反应器顶部不同初始气体成分对光合细菌的生长和产氢有一定的影响。少量空气的存在虽然延缓了光合细菌的增殖速度和产氢时间，使总产氢量有所下降，但没有完全抑制现象；同时当反应器顶部空间中空气容积小于反应器总体积的 1/5 时，空气中氧的存在对试验系统产氢没有太多的影响，反应器设计时顶部空间容积要小于反应器总容积的 1/3。对于连续运行的光合制氢反应器设计来说可以不考虑气体置换对试验系统运行的影响以降低设计工艺和操作难度。

（7）光合生物制氢反应器在"零负荷"情况下启动过程中，如果仅以产氢底物葡萄糖作为反应器进料的唯一来源，由于菌体流失和营养物质缺乏引起反应器内菌体数量减少，并最终导致反应器的运行停止。在光合细菌生长培养基组成中，磷酸二氢钾对于促进光合细菌生长、缓解反应器内溶液的 pH 和产氢的促进能力上都优越于其他对照。反应器运行过程中应不断进行活性光合细菌的补充以弥补反应器内菌体流失和菌体衰老、自溶所引起的菌体浓度下降，维持反应器正常的连续运行。反应器的产氢率和运行稳定性与菌体添加量呈正相关关系。试验表明维持反应器连续稳定运行的最低菌体添加量应大于 20%。

（8）畜禽粪便污水经处理后可以用作光合细菌产氢的原料。在试验选定的各种三种畜禽粪便中，牛粪较为适宜用作产氢的底物。牛粪污水的不同预处理期对试验系统的产氢运行有着显著的影响。反应器的产氢量随预处理周期的延长而增加，并在 5～7 d 处理期中达到较好的产氢状态。过长的预处理周期并不能促进反应器的产氢。牛粪污水的进料浓度直接影响着反应液中可利用物质的量的多少和溶液对光线的吸收。当溶液在较低浓度下时由于可转化物质减少导致产氢减少；但进料浓度过高时由于部分光合细菌无法吸收光照能量致使细胞能的电子传递链中断，导致产氢下降。试验表明当预处理牛粪污水 COD 浓度为 7 000mg/L 达到最高产氢量。

（9）研发出太阳能光合生物连续产氢自控系统，实现温度、酸碱度等的在线监控和预警。整体系统中温度、pH、流量等控制系统调控稳定，精确度高，并且实现各数值的多点同时显示，系统调控性能完好，能够很好地满足生物反应器运行过程中对各参数调控的要求。

（10）对子系统模块分别进行试验，各个子系统运行稳定，功能齐备，控制系统也起到了良好的调控作用，温度控制在（30±2）℃范围内，pH 控制在（7±1）范围内，保证了 36h 的最佳水力滞留时间，达到了设计目标。从产氢情况分析，温度因素的影响最大，达到了 10%～15%；pH 因素的影响次之，在 8%～10%；而流量因素的影响较小，只有 3%～5%。这说明在太阳能光合连续产氢过程中，保持适宜的温度是提高产氢效率的重要条件。而流量不是主要的考虑因素，只要能保持最佳的水力滞留时间即可。由于条件有限，未能搭建更完善的平台，分析各个因素之间的内在联系与相互影响规律，这也是今后太阳能光合连续产氢自控系统需要进一步优化的地方。总体来说，太阳能光合生物连续产氢自控系统运行持续稳定、适应性强，而且在工作模式下产氢量的提升率达到 20%～30%，产氢率的提升率也达到了 20%，明显地促进了氢气的产出效果。

主要参考文献

艾伦著. 1981. 纤维光学[M]. 甘子光译. 北京: 轻工业出版社.

陈汝全. 2002. 电子技术常用器件应用手册[M]. 北京: 机械工业出版社.

杜金宇. 2013. 太阳能光合生物连续产氢自控系统与装置研究[D]. 郑州: 河南农业大学.

郭君. 1987. 分光光度技术及其在生物化学中的应用. [M]. 北京: 科学技术出版社.

郭廷书, 刘鉴民. 1987. 太阳能利用[M]. 北京: 科学技术文献出版社.

李宝骏. 1993. 太阳能光导采光设计原理[M]. 沈阳: 东北大学出版社.

李刚. 2008. 太阳能光合细菌连续制氢试验系统研究[D]. 郑州: 河南农业大学.

李建英, 吕文华, 贺晓雷, 等. 2003. 一种智能型全自动太阳跟踪装置的机械设计[J]. 太阳能学报, 24(3): 330-333.

李先源, 梁民基. 1980. 光学纤维基础[M]. 北京: 人民邮电出版社.

李业发, 杨廷柱. 1999. 能源工程导论[M]. 合肥: 中国科学技术大学出版社.

沈耀良, 王宝贞. 2006. 废水生物处理新技术——理论与应用(第二版)[M]. 北京: 中国环境科学出版社.

孙雨南, 王茜蒨, 伍剑, 等. 2006. 光纤技术——理论基础与应用[M]. 北京: 北京航空航天大学出版社, 7: 53,54, 78-81.

王建龙. 2004. 生物固定化技术与水污染控制[M]. 北京: 科学出版社.

言惠. 2004. 太阳能——21世纪的能源[J]. 上海大中型电机, 4: 1-9.

张翠莲, 杨家强, 邓善熙. 2002. 铂电阻温度传感器的非线性特性及其线性化校正方法[J]. 微计算机信息, (1): 43-45.

张军合, 张全国, 杨群发, 等. 2005. 光照度对猪粪污水条件下红假单胞菌光合产氢的影响[J]. 农业工程学报, 9: 134-136.

张军合. 2006. 太阳能光合生物制氢系统及其光谱耦合特性研究[D]. 郑州: 河南农业大学.

张耀明. 2002. 采集太阳光的照明系统研究[J]. 中国工程科学, 4(9): 63-68.

周萌, 李宝骏, 梁军保. 1997. 太阳能光导采光的设计方法[J]. 新能源, 19(8): 17-21.

周汝雁. 2007. 环流罐式光合生物制氢反应器及其能量传输过程研究[D]. 郑州: 河南农业大学.

Bagai R, Madamwar D. 1999. Long-term photo-evoLution of hydrogen in a packed bed reactor containing a combination of phormidium valderianum, Halobacterium halobium, and Escherichia coli immobilized in polyvinyl alchohol[J]. International Journal of Hydrogen Energy, 24: 311-317.

Böling J M, Seborg D E, Hespanha J P. 2007. Mult-imodel Adaptive Control of a Simulated pH Neutralization Process[J]. Control Engineering Practice, 15(6): 663-672.

Lata D B, Ramesh Chandra, Arvind Kumar. 2007. Effect of light on generation of hydrogen by Halobacterium halobium NCIM 2852 [J]. International Journal of Hydrogen Energy, 32: 3293-3300.

Ela Eroglu, Ufuk Gunduz, Meral Yucel , et al. 2004. Photobiological hydrogen production by using olive mill wastewater as a sole substrate source[J]. International Journal of Hydrogen Energy. 29: 163-171.

Harun Koku, Inci Eroglu, Ufuk Gunduz, et al. 2003. Kinetics of biological hydrogen production by the photosynthetic bacterium *Rhodobacter sphaeroides* O. U. 001[J]. International Journal Hydrogen Energy. 28: 381-388.

Jianlong Wang, Yongheng Huang, Xuan Zhao. 2004. Performance and characteristics of an anaerobic baffled reactor[J]. Bioresource Technology. 93: 205-208.

KM Foxon1, S Pillay, T Lalbahadur, , et, al. 2004. The anaerobic baffled reactor (ABR): An appropriate technology for on-site sanitation[J]. Water SA, Vol. 30(5): 44-50.

Oskar R. Zaborsky , Toshi Otsuki. 1998. BioHydrogen[M]. New York : Plenum Press. 369-374.

Dama P, Ell J, Foxon K M, et al. 2002. Pilot-scale study of an anaerobic baffled reactor for the treatment of domestic wastewater[J]. Water Science & Technology. 46(9): 263-270.

Prit, BradLey G. 1997. A study of a bacterial immobilization substratum for use in the bioremediation of crude oil in a saltwater system[J]. J Appl Microbiol, 23: 524-530.

Tsygankov A A, Fedorov A S, Laurinavavichene T V, et al . 1998. ActuaL and potentiaL rates of hydrogen photoproduction by continuous culture of the purpLe non-sulphur bacterium *Rhodobacterier capsulatus*[J]. Appl Microbial Biotech. 49: 102-107.

Xian Yang Shi, Han QingYu. 2006. Continuous production of hydrogen from mixed volatile fatty acids with Rhodopseudomonas Capsulate [J]. International Journal of Hydrogen Energy. 31: 1641-1647.

彩　图

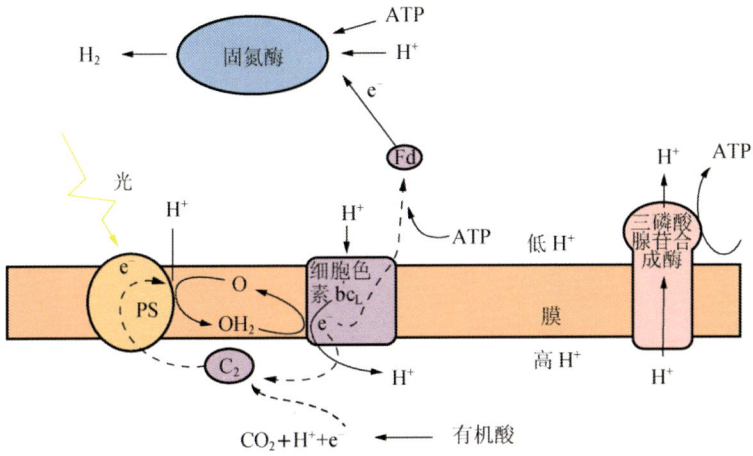

图 1.2　光合细菌光合产氢过程电子传递示意图

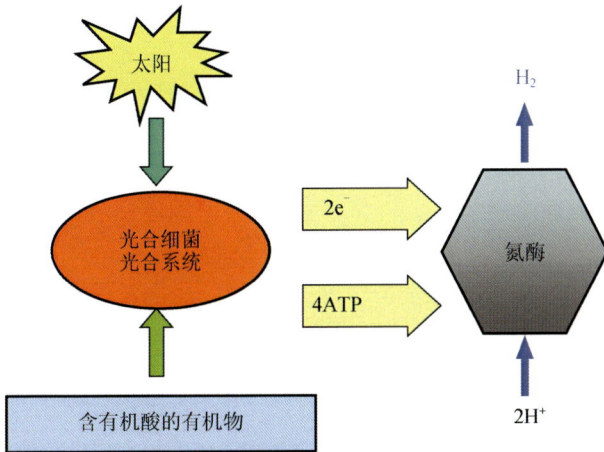

图 1.3　光合细菌产氢途径示意图

图 1.16 柱式光合生物反应器

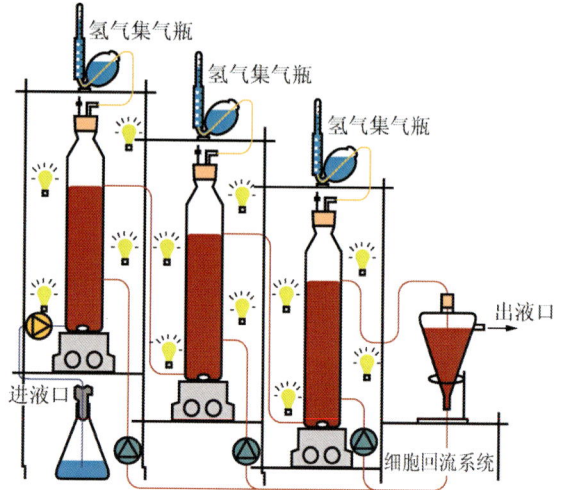

图 1.17 多柱回流式反应器

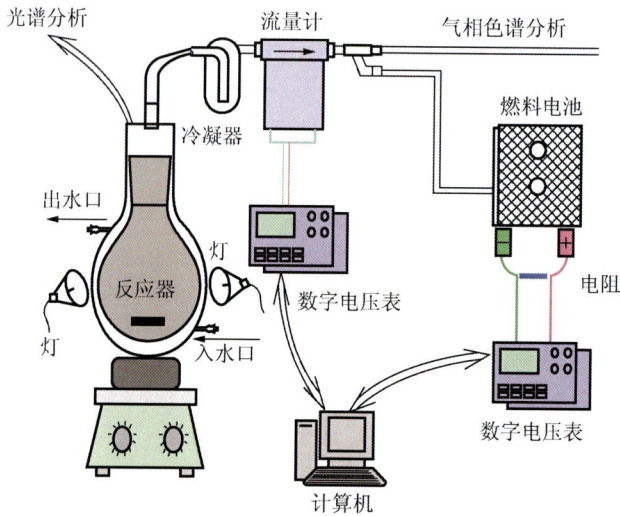

图 1.19 瓶状光合生物制氢反应器

图 1.21 太阳能采光器及光生物反应器

图 1.22 环流罐状反应器

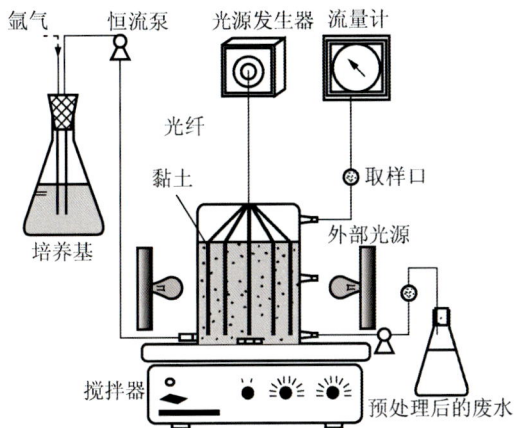

图 1.23　内置光纤与外置光源的罐状反应器

图 2.3　光合产氢菌群富集的四个阶段

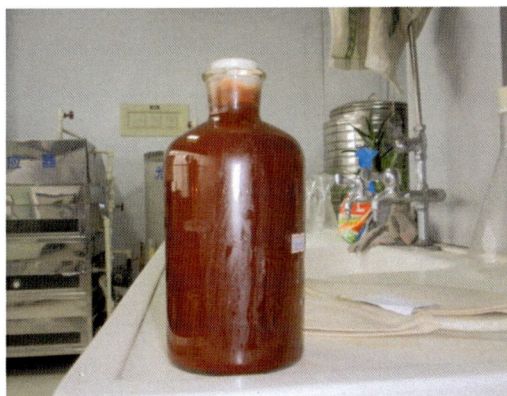

图 2.4　光合产氢菌群富集的最终图片

图 2.81　活塞流循环连续培养系统

图 3.48　LED 光源下光合细菌产氢实验装置

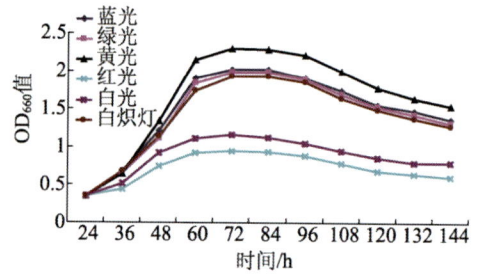

图 3.49　不同光源下光合产氢菌群生长特性

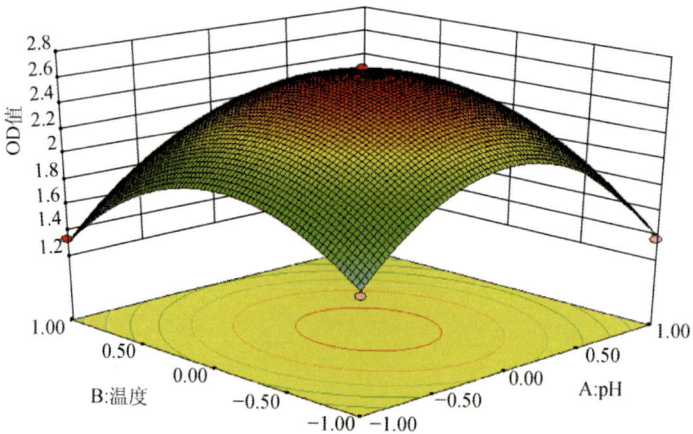

图 4.6　温度与 pH 交互作用 3D 曲面图

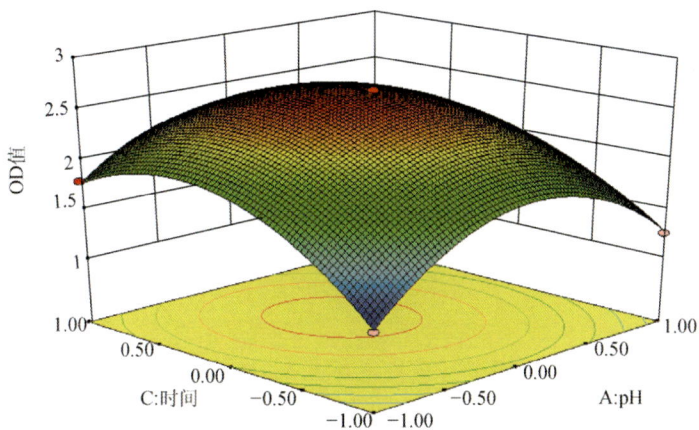

图 4.8 时间与 pH 交互作用 3D 曲面图

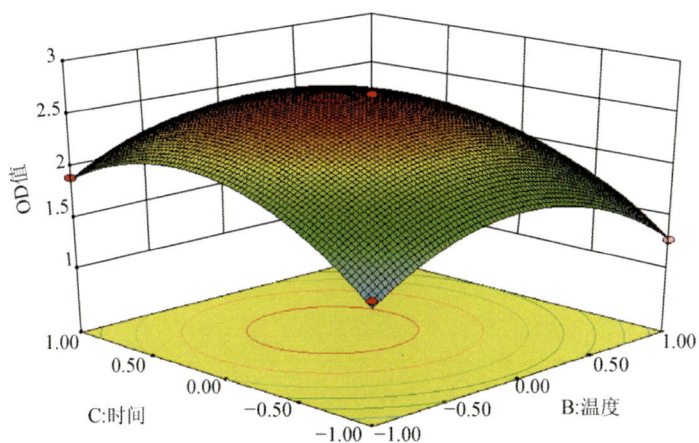

图 4.10 时间与温度交互作用 3D 曲面图

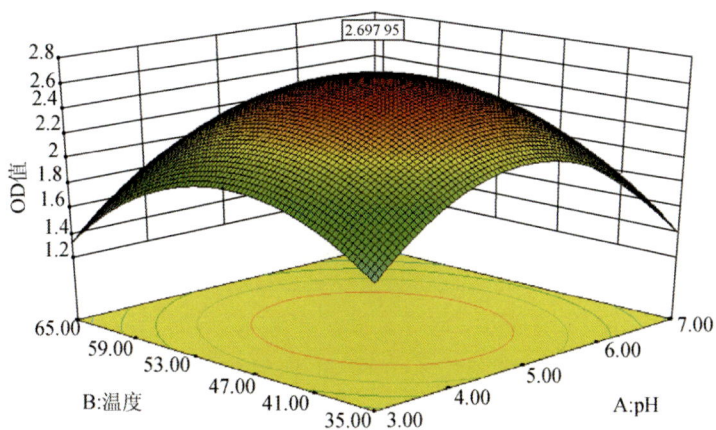

图 4.11 温度和 pH 基准预测最高点

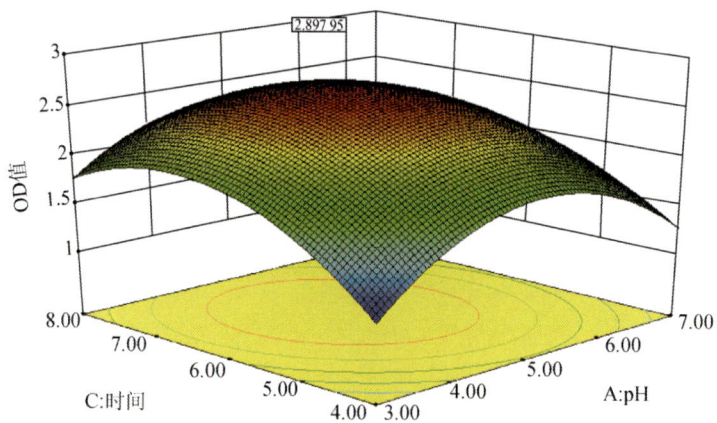

图 4.12　时间和 pH 基准预测最高点

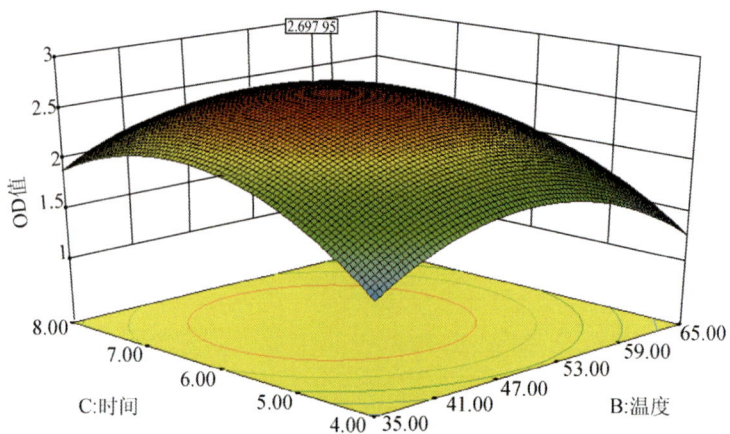

图 4.13　温度和时间基准预测最高点

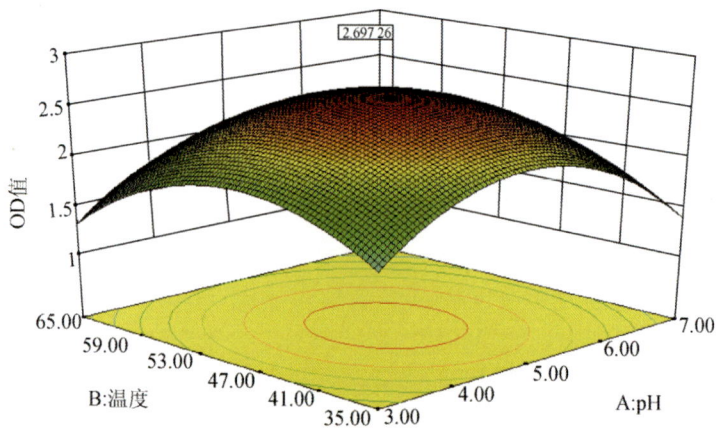

图 4.14　温度和 pH 基准修正预测点

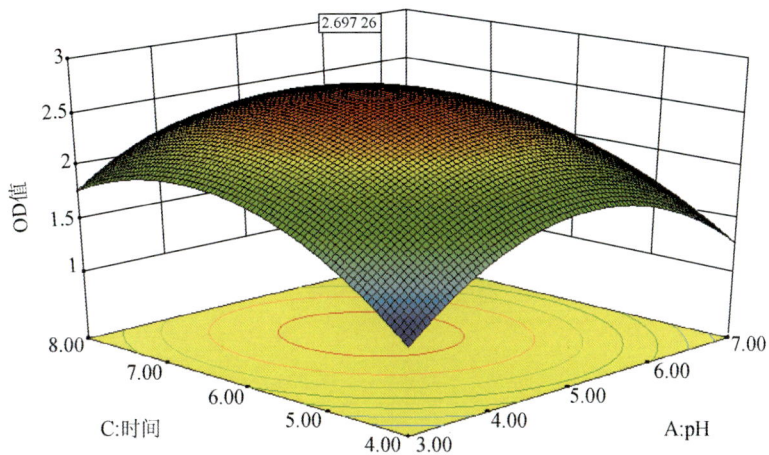

图 4.15　时间和 pH 修正预测点

图 5.5　新型环流罐式光合生物反应器实物图

图 5.37　太阳能聚焦传输系统实物照片

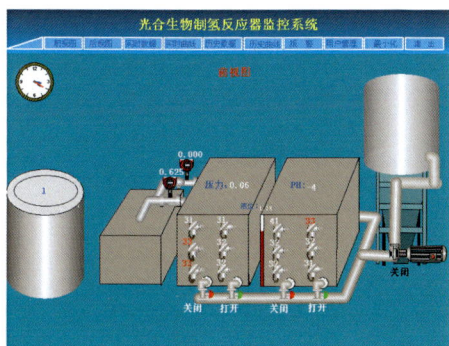

图 5.68　自控软件截图

图 5.146　太阳能光合生物连续制氢自控装置

作 者 简 介

张全国，男，汉族，1958 年 8 月出生，工学博士、教授、博士生导师。本科毕业于哈尔滨工程大学船舶内燃机专业，博士研究生毕业于大连理工大学动力机械及工程专业、获工学博士学位。1982 年 7 月大学毕业后曾先后在中国船舶总公司第 407 厂和河南新华一厂工作，于 1984 年调入河南农业大学任教至今。1987 年晋升讲师，1991 年晋升副教授，1995 年晋升教授，1999 年晋升博导，2012 年被评为二级教授。现任中国人民政治协商会议第十一届和第十二届全国委员会委员、全国政协教科文卫体委员会委员、民革中央委员、教育部农业工程类专业教学指导委员会副主任、农业部第九届科学技术委员会委员、民革河南省委副主委、河南农业大学副校长。兼任农业部可再生能源新材料与装备重点实验室主任、中国农业工程学会副理事长、中国高校工程热物理研究会副理事长、中国沼气学会副理事长、河南省可再生能源学会理事长、河南省农业工程学会理事长、生物质能源河南省协同创新中心主任、河南省沼气工程技术研究中心主任等社会学术职务。曾获"十一届全国政协优秀提案奖"、"中国青年科技创新奖"、"国家级优秀骨干教师"、"省管优秀专家"、"省青年科技奖"、"省优秀教师奖励基金奖"、"郑州十大杰出青年"、"郑州金水区优秀人大代表"等多项荣誉奖励。

长期从事可再生能源工程学科领域的教学科研工作，作为国家"863"计划和国家公益性行业科技专项的首席专家，是国家级特色专业、河南省可再生能源科技创新团队、河南省农业工程博士后创新团队、河南省农业工程省级重点学科等的第一学术带头人。近年内作为第一主持人承担多项国家"863"计划、国家自然科学基金、国家博士点基金项目、国家公益性行业科研专项和国家跨越计划等项目，获国家科技进步二等奖 1 项，获国家级教学成果二等奖 1 项，获省部级科技进步奖 12 项，获国家发明专利 16 项，主编出版 5 部学术专著或全国统编教材，发表论文 280 余篇，多篇发表在国际权威学术期刊并被 SCI 等收录，其在生物质能源研究方面取得了多项具有重要国际影响的原创性研究成果，尤其是光合生物制氢技术研究处于国际学术前沿，研制成功世界最大的太阳能光合生物制氢试验装置，发明的辅热集箱式沼气工程技术获得第十二届中国专利优秀奖，为我国可再生能源专业教育及科学技术的可持续发展作出了贡献。